弹性波散射研究与应用系列丛书

含缺陷压电材料中的反平面动力学分析

郭　晶　齐　辉　李振华
何　兵　吴国辉　编著

国防工业出版社

·北京·

内 容 简 介

本书是关于压电材料（含夹杂物或孔洞）散射问题的专著。全书阐述了处理弹性波散射问题的重要理论和主要方法，总结了近10年来该领域的主要研究成果，同时也反映了国内外的一些研究现状。

全书共8章。绪论部分主要对弹性波的散射问题及压电材料进行了简要介绍；第1章概述了波在压电材料中的传播特点，并介绍了近年来在该领域的国内外研究情况；第2章阐述了弹性动力学及压电材料的基本理论；第3章综述了解决弹性波散射问题的研究方法；第4~7章具体介绍了不同空间类型的压电介质中含不同缺陷的反平面动力学研究。

本书可供固体力学、无损探伤、介电陶瓷、压电陶瓷等领域的高年级学生和研究生学习参考，对压电元器件的设计制造及工程应用领域技术人员也具有一定的参考价值。

图书在版编目（CIP）数据

含缺陷压电材料中的反平面动力学分析 / 郭晶等编著. -- 北京：国防工业出版社，2024.8. --（弹性波散射研究与应用系列丛书）. -- ISBN 978-7-118-13020-1

Ⅰ. TM22

中国国家版本馆 CIP 数据核字第 2024XL4796 号

※

国防工业出版社出版发行

（北京市海淀区紫竹院南路23号　邮政编码100048）
北京凌奇印刷有限责任公司印刷
新华书店经售

*

开本 710×1000　1/16　印张 25¼　字数 442 千字
2024年8月第1版第1次印刷　印数 1—1000 册　定价 148.00 元

（本书如有印装错误，我社负责调换）

国防书店：(010) 88540777　　　书店传真：(010) 88540776
发行业务：(010) 88540717　　　发行传真：(010) 88540762

前　　言

压电材料因具有良好的机电耦合性，被广泛运用于电-机械传感、制动等装置中，又因其独特的特性，使其成为智能复合材料结构中主要的功能材料。目前，广泛用于工程实际的压电材料是典型的脆性材料，具有断裂韧性低和缺陷敏感性高的特点。由于外力载荷对含有介质缺陷的压电材料的力学性能有着显著的影响，故使得压电材料所制作的器件或结构在力电协同或单独作用下，常常会因制造和使用过程中出现的夹杂、孔洞、裂纹等缺陷引起的应力和电场集中而导致其设计功能的丧失，甚至发生压电介质击穿或断裂等损坏。这不但对工程的安全性产生不利影响，更限制了压电陶瓷更广泛的应用和相关器件性能的进一步提高。因此，研究压电材料断裂的物理力学机制，进行可靠性的分析和预测，并提出相应的增韧机制，无论是在理论上还是在实际应用上都有重要意义。

目前出版的同类书主要集中在静态荷载作用下含缺陷压电材料的力学性能研究，缺少动态荷载作用下含缺陷压电材料的力学性能的研究成果。因而本书将弹性材料动态断裂问题研究中的函数方法、契合思想以及裂纹切割技术推广应用到压电材料的动态断裂问题分析中。其主要为：在线性压电理论的框架下主要采用格林（Green）函数法、复变函数法、镜像技术以及裂纹"切割"技术并结合"契合"思想分别对压电介质、双相压电介质以及直角域等压电介质中含圆孔、裂纹、夹杂或复合缺陷的反平面动力学问题进行研究，建立动力学分析模型，以得到缺陷附近应力和电场强度集中的表达式，并根据得出的相应算例，讨论结构的几何参数、入射波的频率以及材料的物理参数等因素对其的影响规律。

本书是《弹性波散射研究与应用系列丛书》之一，全书具体内容安排如下：

绪论部分概述了压电介质材料中弹性波散射在各个发展阶段的主要进展，并对压电介质材料的制备、应用及研究现状进行了简要介绍。第1章叙述了压电材料中弹性波的传播特征，并综述了含缺陷压电材料对弹性波散射的国内外研究概况，并且与非压电介质波传播特征进行对比，最后对压电材料中存在的波型进行了简要介绍。第 2 章介绍了弹性波动理论和压电介质的力电耦合理论，并给出了与本书研究工作相关的压电材料的反平面动力特性分析的各种相对应的基本控制方程，还给出了弹性波动理论中的压电材料表面位移和应力的复变函数表达式。第 3 章对压电介质材料弹性波散射的研究所用到的方法进行了简要介绍，诸如格林函数法、摄动法、复变函数法、保角映射法等。第 4~7 章主要叙述了不同空间类型的压电材料中存在不同类型缺陷的研究方法，包括对无限空间电介质、半空间压电介质、双相压电介质以及直角域等压电介质中含圆孔、裂纹、夹杂或复合缺陷的反平面动力学问题的研究进行了介绍。

对于书中存在的不妥之处，恳请读者批评指正。

作　者
2024 年 5 月

目　　录

第0章　绪论 …………………………………………………………………… 1
　0.1　弹性波散射问题简介 ………………………………………………… 1
　0.2　压电材料简介 ………………………………………………………… 2
　　　0.2.1　压电材料的制备 ……………………………………………… 3
　　　0.2.2　压电材料的应用 ……………………………………………… 4
　　　0.2.3　压电材料的研究现状 ………………………………………… 5
　参考文献 ……………………………………………………………………… 9

第1章　压电材料中弹性波的传播 ……………………………………… 11
　1.1　压电材料中弹性波的传播特征 ……………………………………… 11
　1.2　含缺陷压电材料对弹性波散射情况 ………………………………… 14
　参考文献 ……………………………………………………………………… 18

第2章　压电材料弹性动力学基本方程 ………………………………… 24
　2.1　弹性波动的基本方程 ………………………………………………… 24
　　　2.1.1　运动方程及控制方程 ………………………………………… 24
　　　2.1.2　位移变量运动方程 …………………………………………… 26
　　　2.1.3　位移势函数解耦运动方程 …………………………………… 27
　2.2　分离变量法 …………………………………………………………… 28
　2.3　固体中的波动方程 …………………………………………………… 29
　　　2.3.1　固体中的平面波动方程 ……………………………………… 29
　　　2.3.2　固体中的柱面波动方程 ……………………………………… 30
　　　2.3.3　固体中的球面波动方程 ……………………………………… 31
　2.4　平面内与平面外问题 ………………………………………………… 32
　　　2.4.1　平面内问题 …………………………………………………… 32
　　　2.4.2　反平面问题 …………………………………………………… 33

2.5 压电材料基本理论 ·· 33
  2.5.1 基本变量 ·· 33
  2.5.2 压电平衡方程 ·· 34
  2.5.3 压电本构方程 ·· 34
  2.5.4 压电控制方程 ·· 37
参考文献 ·· 40

第3章 解决弹性波散射问题的主要研究方法 ·························· 41

3.1 复变函数法 ··· 41
3.2 波函数展开法 ··· 41
3.3 格林函数法 ··· 42
  3.3.1 格林函数定义 ·· 42
  3.3.2 格林函数性质 ·· 44
3.4 贝塞尔函数法 ··· 45
3.5 裂纹面的电边界条件 ·· 46
3.6 积分方程组的数值解法 ·· 47
3.7 摄动法 ··· 48
3.8 几何射线法 ··· 48
3.9 保角映射法 ··· 49
  3.9.1 基本性质 ·· 49
  3.9.2 常用的保角变换 ·· 50
3.10 第一类弗雷德霍姆积分方程的直接数值积分解法 ················· 53
  3.10.1 矩形公式 ··· 53
  3.10.2 梯形公式 ··· 54
参考文献 ·· 54

第4章 无限空间内含缺陷的压电介质的反平面动力学研究 ·············· 55

4.1 无限空间内含圆孔缺陷的压电介质的反平面动力学研究 ············ 55
  4.1.1 基本控制方程 ·· 55
  4.1.2 边值问题 ·· 57
  4.1.3 数值结果分析 ·· 59
4.2 无限空间内含圆孔缺陷的非均匀压电介质的反平面动力学研究 ······ 60
  4.2.1 控制方程 ·· 60

　　4.2.2　介质中的位移场 ································· 62
　　4.2.3　边界条件与定解方程 ··························· 63
　　4.2.4　动应力集中系数与电场强度系数 ············ 64
　　4.2.5　算例分析 ··· 64
4.3　无限空间内含多个圆孔缺陷的压电介质的反平面动力学研究······ 68
　　4.3.1　问题的表述及基本控制方程 ··················· 68
　　4.3.2　压电介质及圆孔内的波场 ······················ 70
　　4.3.3　应力及电位移表达式 ···························· 71
　　4.3.4　边值问题 ··· 74
　　4.3.5　动应力集中系数及电场集中 ··················· 78
　　4.3.6　算例与结果分析 ·································· 79
4.4　无限空间内含非圆孔缺陷的压电介质的反平面动力学研究······ 89
　　4.4.1　基本控制方程 ····································· 89
　　4.4.2　边值问题 ··· 91
　　4.4.3　算例与结果分析 ·································· 93
4.5　无限空间内含圆孔边裂纹的压电介质的反平面动力学研究······ 96
　　4.5.1　格林函数 ··· 96
　　4.5.2　压电介质中的圆孔边裂纹问题 ················ 99
　　4.5.3　算例和结果分析 ································· 107
4.6　无限空间内含多个圆孔边径向裂纹的压电介质的
　　 反平面动力学研究 ··· 112
　　4.6.1　力学模型 ··· 112
　　4.6.2　格林函数 ··· 113
　　4.6.3　定解积分方程 ····································· 115
　　4.6.4　算例和分析 ·· 118

参考文献 ··· 121

第5章　半空间内含缺陷的压电介质的反平面动力学研究 ········· 122

5.1　半空间内含圆孔缺陷的压电介质的反平面动力学研究 ········· 122
　　5.1.1　模型及控制方程 ································· 122
　　5.1.2　压电介质中的散射波 ···························· 125
　　5.1.3　压电介质中的解 ································· 126
　　5.1.4　边界条件 ··· 132
　　5.1.5　动应力集中系数 ································· 134

　　　　5.1.6　算例和结果讨论 ·········· 135
　5.2　半空间内含多个圆孔缺陷的压电介质的反平面动力学研究 ····· 142
　　　　5.2.1　问题的表述及基本控制方程 ·········· 143
　　　　5.2.2　压电介质及圆孔内的波场 ·········· 145
　　　　5.2.3　应力及电位移表达式 ·········· 147
　　　　5.2.4　孔边动应力集中系数表达式 ·········· 153
　　　　5.2.5　算例和结果讨论 ·········· 154
　5.3　半空间内含界面附近圆柱夹杂的压电介质的
　　　　反平面动力学研究 ·········· 169
　　　　5.3.1　模型及控制方程 ·········· 169
　　　　5.3.2　压电介质中的散射波 ·········· 172
　　　　5.3.3　压电介质中的解 ·········· 172
　　　　5.3.4　边界条件 ·········· 179
　　　　5.3.5　动应力集中系数 ·········· 184
　　　　5.3.6　算例和结果讨论 ·········· 185
　5.4　半空间内含界面附近局部脱胶圆柱夹杂的压电介质的
　　　　反平面动力学研究 ·········· 194
　　　　5.4.1　模型与控制方程 ·········· 194
　　　　5.4.2　格林函数 ·········· 197
　　　　5.4.3　SH波对界面附近局部脱胶圆柱夹杂的散射 ·········· 210
　　　　5.4.4　动应力强度因子 ·········· 213
　　　　5.4.5　算例和结果讨论 ·········· 214
　5.5　半空间内含界面附近圆孔及裂纹的压电介质的
　　　　反平面动力学研究 ·········· 219
　　　　5.5.1　模型与控制方程 ·········· 219
　　　　5.5.2　格林函数 ·········· 222
　　　　5.5.3　SH波对界面附近圆孔及裂纹的散射 ·········· 234
　　　　5.5.4　动应力集中系数和动应力强度因子 ·········· 237
　　　　5.5.5　算例和结果讨论 ·········· 238
参考文献 ·········· 253

第6章　双相压电介质内含缺陷的反平面动力学研究 ·········· 254
　6.1　双相压电介质内含界面裂纹的反平面动力学研究 ·········· 254
　　　　6.1.1　问题描述 ·········· 254

目录

    6.1.2   本问题的格林函数 ·· 255
    6.1.3   稳态 SH 波入射到两个相连的压电介质的半空间 ················ 259
    6.1.4   平面内电载荷施加到两个压电介质的半空间 ······················ 262
    6.1.5   应力和电位移的表达式 ·· 263
    6.1.6   定解积分方程组的推导 ·· 265
    6.1.7   界面裂纹尖端的 DSIF 和定解积分方程的求解 ··················· 268
    6.1.8   算例和分析 ·· 275
  6.2 双相压电介质界面附近含圆孔缺陷问题 ··· 285
    6.2.1   界面附近的单一圆形孔洞问题 ·· 285
    6.2.2   此问题的格林函数 ·· 285
    6.2.3   单圆孔问题的求解 ·· 291
    6.2.4   算例和分析 ·· 298
  6.3 双相压电介质界面裂纹与圆孔相互作用问题的求解 ······················ 301
    6.3.1   理论模型及边界条件 ·· 301
    6.3.2   定解积分方程的推导 ·· 302
    6.3.3   圆孔边的动应力集中系数 ·· 304
    6.3.4   裂纹尖端的动应力强度因子 ·· 304
    6.3.5   算例和分析 ·· 305
  6.4 双相压电介质内含界面圆孔的反平面动力学研究 ·························· 310
    6.4.1   此问题的格林函数 ·· 311
    6.4.2   稳态 SH 波的入射、反射、折射和散射 ····························· 314
    6.4.3   界面圆孔对稳态 SH 波的散射 ·· 319
    6.4.4   动应力集中系数 ·· 326
    6.4.5   含界面圆孔的压电弹性介质的动应力集中问题算例 ········· 330
  6.5 双相压电介质中界面圆孔边的裂纹问题 ··· 336
    6.5.1   理论模型及边界条件 ·· 337
    6.5.2   定解积分方程的推导 ·· 338
    6.5.3   动应力强度因子 ·· 343
    6.5.4   算例和分析 ·· 344
参考文献 ·· 348

第7章 直角域内含缺陷的压电介质的反平面动力学研究 ···························· 350
  7.1 直角域内含圆孔缺陷的压电介质的反平面动力学研究 ··················· 350
    7.1.1   基本控制方程 ··· 350

  7.1.2 问题的物理模型与理论分析 ……………………………… 351
  7.1.3 动应力集中和电场强度集中 ……………………………… 355
  7.1.4 数值计算和分析 …………………………………………… 355
 7.2 直角域内含弹性导电夹杂的压电介质的动力
   反平面动力学研究 ………………………………………………… 359
  7.2.1 理论模型及边界条件 ……………………………………… 359
  7.2.2 相关理论公式的推导 ……………………………………… 359
  7.2.3 动应力集中系数和电场强度集中系数 …………………… 363
  7.2.4 算例和结果分析 …………………………………………… 364
 7.3 直角域内含刚性导电夹杂的压电介质的动力
   反平面动力学研究 ………………………………………………… 370
  7.3.1 理论模型及边界条件 ……………………………………… 370
  7.3.2 相关理论公式的推导 ……………………………………… 370
  7.3.3 动应力集中系数和电场强度集中系数 …………………… 372
  7.3.4 算例和结果分析 …………………………………………… 374
 7.4 直角域内含可移动刚性导电夹杂的压电介质的动力
   反平面动力学研究 ………………………………………………… 375
  7.4.1 理论模型和边界条件 ……………………………………… 375
  7.4.2 相关理论公式的推导 ……………………………………… 376
  7.4.3 动应力集中系数和电场强度集中系数 …………………… 380
  7.4.4 算例和结果分析 …………………………………………… 381
 7.5 直角域内含圆柱形衬砌的压电介质的动力反平面动力学研究 … 384
  7.5.1 基本控制方程 ……………………………………………… 384
  7.5.2 问题的描述与理论分析 …………………………………… 385
  7.5.3 动应力集中和电场强度集中 ……………………………… 387
  7.5.4 算例和讨论 ………………………………………………… 389

参考文献 …………………………………………………………………… 391

附录 ………………………………………………………………………… 392

第0章 绪　　论

0.1　弹性波散射问题简介

弹性波衍射理论是在早期探索光的本质现象时逐步形成的。19世纪上半叶，人们把光理解为一个扰动在弹性以太中的传播，当时用来描述该种传播的理论就是后来发展起来的弹性动力学理论，并且用该理论解析了许多光波现象，这不足为奇，因为各种波动现象是有其共性的。因此，弹性波理论的建立是由来已久的。

弹性波和弹性振动是相互联系但又有所区别的弹性动力学现象，弹性波是弹性振动在弹性介质中的传播，是弹性介质内受扰动部分之间相互作用、相互牵动的运动形式，而弹性振动强调的是弹性介质中某一指定部分的连续动力学运动。

弹性动力分析的目的是获得弹性介质内的位移场、应力和应变场，尤其是应力集中现象的分布情况。众所周知，在各种各样的天然介质和工程材料中，总是或多或少地存在着形式各异的物理特性或几何特性不连续的界面和缺陷。这些界面和缺陷有些是天然存在的，有些是人为在生产、加工、运输和使用等过程中造成的，甚至有些还是为了满足功能或工艺要求而人为设计加上的。总之，它们以各种方式不可避免地存在着。当这些天然介质和工程材料承受动态载荷作用时，必然会在它们内部产生弹性振动，从而导致弹性波的传播，当弹性波在传播过程中遇到障碍物（夹杂孔洞、裂纹和界面）时，就会与障碍物发生作用。作用的结果会使得障碍物表面受到扰动的点成为新的波源，这些次生的新波源同样会向各个方向发出弹性波，这些子波的包络面就是波阵面，这种现象就是弹性波的散射，障碍物也就称为散射体，实践表明，应力集中通常发生在障碍物表面上。实际上，研究弹性介质内异质体对弹性波的散射问题在许多工程领域里都具有十分重要的意义。例如，地下矿产勘探、石油勘探、定量无损检测和探伤、雷达探测、水下声纳和爆破、医学CT技术等的应用和发展都离不开弹性波散射理论。究其实际，就是要弄清弹性波的散射效应与介质内的潜藏物的几何、方位及其物理特性之间的相互关系。并且许多问题表现为弹性动力学反问题，即通过实际检测在已得到弹性波散射效应的前提下，反推散射体的方位、大小、形状、物理特性及其周围介质的物理特性等。大量事实表明，要进一步研究弹性波散射反问题，相应正问题的充分研究是十分必要的。

0.2 压电材料简介

自 20 世纪出现压电材料以来，因其独特的性能，逐渐成为材料领域中的重要组成部分。随着电子、导航和生物等高技术领域的发展，人们对压电材料性能的要求越来越高。目前，研究和开发压电材料主要是从老材料中发掘新效应，开拓新应用，从控制材料组织和结构入手，运用新工艺制备各种新型压电材料。

压电晶体中，正负离子排列的不对称和晶胞正负电荷重心的不重合形成电偶极矩。这些电偶极矩在某些区域内方向一致成为电畴结构，如图 0.1 所示。电畴在晶体上杂乱分布，极化效应相互抵消，材料内极化强度为零，被直流电场极化后的电畴极化方向趋于同一方向，如图 0.2（a）所示，当外力作用到压电材料上引起变形，材料内部正负束缚电荷的间距变小，极化强度也变小，原来吸附在电极上的自由电荷有部分被释放，出现放电现象，称为正压电效应。如图 0.2（b）所示，在压电材料两极加一定强度电场，片内的正负电荷间距变大，极化强度也变大，电极上又吸附部分自由电荷而出现充电现象，电荷在电路中移动可对外输出机械能，称为逆压电效应。

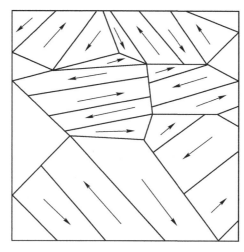

图 0.1　电畴结构

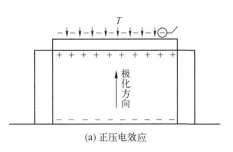
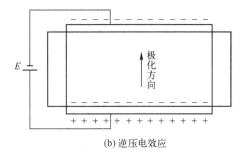

(a) 正压电效应　　　　　　　　(b) 逆压电效应

图 0.2　压电效应原理

压电材料按晶体结构分为钙钛矿结构、钨青铜结构、铋层状结构等；按用途或功能分为发射型和接收型压电材料；按性状分为粉体、纤维、薄膜及块体材料；按性质和组成组元分为压电单晶、压电陶瓷、压电聚合物和复合材料。

0.2.1　压电材料的制备

针对不同的压电材料，要根据其应用场合、特性和成本来选择合适的制备方法，制备方法按照制备时出现的物相分为固相法、液相法和气相法。

0.2.1.1　固相法

采用传统固相法制备压电陶瓷（PZT）时，烧结温度高于1200℃会引起PbO的挥发，难以控制化学计量比，导致材料的微观结构和电学性能难以控制，适用于原料便宜、工艺简单及对压电材料性能要求不高的场合。

0.2.1.2　液相法

液相法制备压电材料是目前最常用的方法，包括共沉淀法、水热合成法、溶胶-凝胶法、醇盐水解法等。

共沉淀法可实现低温烧结，能得到比理论密度更高的压电材料。吴东辉等人用共沉淀法得到前驱物，采用700℃程序升温焙烧法制得粒径为60nm的$BaTiO_3$粉体[1]；美国华盛顿大学的科研人员用共沉淀法结合冷冻干燥工艺，合成了纳米级PZT粉体，以800℃进行烧结获得理论密度98%的材料[2]。钟志成以Nb_2O_5和Ta_2O_5为前驱反应物，采用水热法和溶剂热法两种合成工艺制备了$KTaNbO_3$陶瓷粉体，烧结后的压电陶瓷耦合系数达到0.5，压电系数d_{33}为150~450PC/N，但水热法需要较高的温度和压力，设备投资大，限制了该法的应用[3]。溶胶-凝胶法是液相法中最常用的一种方法，初瑞清等人将溶胶-凝胶技术与超声雾化技术相结合,提出了一种制备PZT粉体的湿声化学法[4]。用溶胶-凝胶结合各种成型、烧结工艺,可以制备出高性能的薄膜。

0.2.1.3 气相法

气相法适合制备纳米级压电薄膜,主要有物理气相沉积和化学气相沉积。其中,溅射法是最常用的方法。李海燕等人采用对靶溅射法在 SiO_2/Si 基板上沉积 Pt/Ti 底电极,用射频(Radio Frequency,RF)溅射法制备出厚度约 800nm 的 PZT 薄膜[5]。化学气相沉积可以精确地控制反应产物的化学组成,掺杂方便,但难以获得合适的气源材料,不适合低成本、大量制备薄膜,实际中采用较少。

0.2.2 压电材料的应用

随着压电材料制备技术的发展,压电材料在生物工程、军事、光电信息、能源等领域有着更加广泛而重要的应用。

0.2.2.1 生物领域

将生物陶瓷与无铅压电陶瓷复合成生物压电陶瓷来实现生物仿生;纳米发电机用氧化锌纳米线将人体运动、肌肉收缩、体液流动产生的机械能转变为电能,供给纳米器件来检测细胞的健康状况;聚偏氟乙烯(PVDF)薄膜用在人体和动物器官的超声成像测量中。

0.2.2.2 军事方面

压电材料能在水中发生、接收声波,用于水下探测、地球物理探测、声波测试等方面;PZT 薄膜因其热释电效应而应用在夜视装置、红外探测器上;利用压电陶瓷的智能功能对飞机、潜艇的噪声主动控制;压电复合材料用在压力传感器检测机身外情况和卫星遥感探测装置中。

0.2.2.3 光电信息领域

压电材料具有电光效应、非线性光学效应、光折变效应等光电特性,在光电方面的应用有声表面滤波器、光快门、光波导调制器、光显示和光存储等;利用压电材料的压电效应和热释电效应可以对外界产生的信号进行处理、传输、储存。在机器人和其他智能结构中,用 PVDF 压电材料制成触觉传感器已能感知温度、压力及识别边角棱等几何特征。

0.2.2.4 可再生能源

利用压电效应收集海浪、风力、人力、汽车产生的振动能量实现机械能的再生利用。微机电系统可为各类小型装置提供平均输出功率为 250~950μW 的电源，Platt 等人用多层压电振子实现小体积压电结构的高能量输出，通过电路并联输出 30V 左右的开路电压；海浪发电利用海浪对压电材料的拉伸和放松，通过电子元件变成为低频高压电流；时速为 16km 的微风挤压或伸展微型风车中的压电材料便可产生 7.5mW 的电能，能将 18% 的风能转化为电能；发电鞋通过脚对鞋底的冲击使压电陶瓷变形而产生电流，在标准体重和步幅下能产生 250mW 的能量；汽车行驶中产生的振动冲击能具有很高的能量密度，利用高效压电材料及动力机械结构进行发电成为可能。以色列 Innowattech 公司在路面沥青中铺设大量压电晶体，通过汽车驶过时的压电转换已成功产生电流并点亮灯泡。

0.2.3 压电材料的研究现状

由于日常生活质量的显著提高与科学技术的持续高速发展，在工业生产和日常生活中压电材料逐渐被人们关注。压电现象最早发现于 1880 年，当时 Curie J 与 Curie P 利用做实验的方法，第一次观察到了石英晶体自身的压电行为[6]，在石英晶体的两个侧面施加外力后，端面之间就会产生电压，电压值和压力大小成正比。Curie 兄弟通过实验证明了逆压电效应，将压电材料放置在外部电场之中，压电材料出现机械变形，实验也证明了正逆压电效应二者的压电常数相等。在压电材料的理论研究方面，汉克尔（Hankel）最早创立"压电学"，之后又以 Kelvin 热力学为基础创立压电唯象理论。在晶体物理学研究中，20 世纪 40 年代，科研人员发现，对于 20 种异极对称型点群晶体，它们都具有非中心对称结构，若具有绝缘特性则可以归为压电体[7]，在这些压电体中，对于具有居里点的晶体，把这些晶体置于外电场中，自发极化的方向能够改变，这些晶体是铁电晶体。其中 10 种点群晶体，能够自发极化并且具有热电效应和单一极轴结构，这些晶体是热释电晶体，使压电学成为晶体物理学的重要组成部分[8-10]。

1916 年，Langevin 等人以石英晶体为原材料研制成换能器，用于探测海底暗礁和飞机沉船残骸，并且能实现水下接收和发射任务[11]。1918 年，Cady 等人通过实验分析了谐振频率作用下罗息盐的电性能；1919 年，罗息盐电声器被研制出来[12]。20 世纪 20 年代，压电晶体逐渐在通信信号和频率调控领域得到大量应用，石英滤波器和谐振器技术逐渐成熟。20 世纪 40 年代，由多晶体压电材料制造成的压电陶瓷发展迅速。40 年代中期，科研人员发现某些生物的身体组织具有压电性，有机压电材料逐渐被重视，研究人员最早发现并证明了PVDF薄膜的压电特性，对有机压电材料的普及和使用得到迅速提升。聚偏氟乙烯（PVF_2）和聚氟乙烯（PVF）等聚合物在众多有机压电材料中压电特性比较出众，科研人员利用聚合物和铁电陶瓷合成了一些具有类似高分子薄膜柔软性的有机压电材料。60年代的科学家制造出具有半导体特性的硫化铬、氧化锌和砷化镓等众多压电半导体晶体，可以广泛应用到电器制造中。在微波领域，科研人员利用波模工艺制作出具有压电半导体特性的波模材料，在超高额换能器中已经得到了大量应用。70年代随着晶体生长理论的逐渐完善，工程技术人员利用提拉法、溶液析出法和水热法等制造出大量满足工程需求的晶体。

20世纪40年代中期，铁电材料逐渐在工程中应用，部分学者深入研究和分析压电材料的性能，直到半个世纪以后，在工程中从事技术的人员才逐步以压电材料的物理特性为基础对其进行分析和研究，使之能在工程实际中得到应用，所以压电材料的制造和研究发展十分迅速。当今世界科学技术发展日新月异，大量实际工程中器件的制造都要求材料有更好的物理特性，这使科研人员对新型材料的制造工艺进行深入的探索和分析，从而研究出大量新型压电铁电材料。在单晶体领域的研究中，包括具有钙钛矿型结构的铌酸钾，具有类钛铁矿型结构的铌酸锂，具有层状结构的钛酸铋，具有钨青铜结构的铌酸钡钠、铌酸锶钡、铌酸钾锂，以及碘酸锂和锗酸铋等。经过30多年的发展，这些铁电材料的应用进步迅速，其中包括以正压电效应为原理进行制作的压电器件，如压电电源、压电引信等压电发生器件，流体监控器、振动加速度计等压敏传感器件；以逆压电效应为原理制作的压电器件，如超声波发生器和压电扬声器等；以正、逆压电效应为原理制造的压电元件，如压电声波表面器件、压电陀螺、压电线性加速度表和压电延迟线等工具元件；以压电振子的谐振特性和伸缩特性为原理制造的器件，如压电继电器、压电阀门、压电泵、压电滤波器、位移发生器、压电振荡器等器件。以光学效应和压电效应为基础制造的压电器件，声光调制器、电光偏转器、光倍频器、电光调制器、光参量振荡器、声光偏转器等器件；以非线性或线性热释电效应为原理制造的压电器件，如红外探测器、热释电发电机和红外摄像管等。在这些元件发明的同时，大量学者对压电介质的科研成果进行转化，增多了以压电元件为原料制造的产品种类，并且提高了居民生活和工程技术水平。

在日常生活和生产实践中，压电晶体具有压电性敏感性并且内部空间结构良好，石英晶体、锗酸钛、锗酸锂等压电晶体材料是比较常见的压电材料。目前，压电材料种类繁多，不仅局限于这些压电晶体材料，由于工程技术人员对压电材料物理特性的研究分析逐渐深入，物理特性呈现出压电性的材料也逐渐在工程中得到重视并且大量使用，压电陶瓷材料是最有代表性的压电复合材料。不仅如此，由于理论分析的逐渐完善，生产工艺逐渐提高，在工程中能够对具有压电特性的陶瓷材料进行大规模的制造，促进了压电陶瓷在日常生活和生产实践中的推广。

随着科研人员对压电材料研究的逐步深入，为了完善和交流压电材料的研究成果，压电晶体委员会在国际上随之成立。自1965年开始，在国际上众多国家举行压电晶体委员会并每隔4年召开一次，在会议上进行学术和科技交流，通过各个国家科研人员的交流，使热电、铁电以及压电等方面的新技术、新发现都能够快速应用于生产实践，丰富完善了压电学。在当今社会，由于热释电性、铁电性、介电性、光学、压电性等压电材料的物理特性，压电介质在微声、电子检测、超声探测、水声声纳、航空导航、生物仿真等大量高精尖行业中广泛使用。

压电材料在外部电场或机械应力作用下产生电极化效应和弹性效应的力电耦合原理以及在工程实践中的应用，这是压电学的主要研究内容。科研人员通过实验研究发现，压电多晶体如压电陶瓷与压电单晶体，两者在物理特性方面存在一定差异，下面通过对比两者的物理特性来说明差异。首先，压电单晶体和压电陶瓷相比，具有稳定性好和机械品质因子高的特点，所以在频率较高和稳定性较高的工程实践中主要应用压电单晶体材料；其次，压电陶瓷和压电单晶体相比，具有能量密度高和响应迅速等优势，所以在精密性比较高的工程实践中主要应用压电陶瓷，如利用压电陶瓷制造智能材料以及相关结构；通过以上分析可以看出，在具体的工程实践中，可以对比压电陶瓷材料的物理性能。对于具体的工程实践，为了节约成本，提高稳定性和可靠性，可以把两种压电材料进行组合，使其物理性能得到最大限度的发挥，也可以结合实际工程需要，考虑不同压电器件所需要的物理性能，对与之相应的特定类型的压电材料进行选择。

工程技术人员利用压电材料的机电耦合这一物理特性，在压电发生器的生产制造中大量使用压电材料，丰富和完善了智能复合材料结构。由于对压电材料研究的不断完善和深入，在压电材料的应用方面，大体可以分成三类：

第一类是利用压电材料的逆压电效应原理制作成的驱动器，该驱动器能够实现电能和机械能或机械运动的相互转化。驱动器的应用涵盖了微位移产生系统、显示器件控制、医学超声和减振降噪等方面。工程技术人员发现，当

P（VDF-TrFE）共聚合物放置于电子束下时，受到辐照作用，组成这种聚合材料的压电介质则发生应变性能，这个重大发现使工程技术人员对新型聚合物驱动器的研制有巨大的帮助，该新型驱动器的研制成功将对国防事业的发展产生极大的促进作用。

第二类是利用压电材料机电耦合性能制作的传感器，在生产生活领域常见的有压电式加速度传感器与压力传感器两种工具元件。对于传感器，工业领域中使用非常普遍，如利用机器人在海底探测障碍物（如暗礁或者沉船残骸），工作原理就是运行超声波传感器来探测，从而确定障碍物的位置。运行超声波传感器系统，使机器人能够对外界复杂的自然环境进行信号处理和探测，包括对机器人附近复杂环境和残骸的分析与成像处理，如沉船残骸和机器人超声波传感器的最近距离以及沉船残骸表面形状的图像信息处理，通过探测传递回的信号在海底环境中能够自行前进，并根据指令达到目的。

第三类是利用压电材料机电耦合性能制作的换能器，在生产生活领域常见的有电声换能器、水声换能器和超声换能器等器件。器件在受到外部电场作用下能把电能转化成机械振动，同样当器件外部受到机械振动时能把振动转变为电信号。这一物理特性使换能器在生产生活应用广泛，如日常生活中的扬声器、话筒、立体声耳机等器件，以及利用声波对矿物进行探测和地球物理中石油探测等领域的应用；在国防军事领域，可以在海底大范围内布置传感器列阵来对航空母舰和其他舰艇进行声纳探测，并对特定型号的舰艇进行监视，保障国家安全和领土完整。

随着航空探测、航海声纳、城市开发、新能源研发和国防军工等众多领域对压电材料的推广，压电介质的缺陷问题逐渐引起研究人员的关注[13-14]。由于各种自然原因，压电材料在打磨合成的过程中会生产各种各样的缺陷形式，如在形状上各不相同的孔隙，物理性质不一致的夹杂，非常微小的缝隙和夹杂某部分的开裂脱胶。压电元件都含有大量的类似缺陷形式，在压电材料制造的板和柱体元件中都存在，如由两种压电材料制作的板的接触界面合成位置，压电元件在进行焊接时的焊缝等，而且压电材料的缺陷会影响工程结构的正常使用及其可靠性。随着我国的经济发展，各种制造业工程的规模越来越大，其中压电材料的使用范围也越来越广泛，各种缺陷对压电介质在结构强度和工程安全方面的物理特性也越来越被工程技术人员与现场设计师所重视，所以在理想状况下，深入研究压电材料在缺陷位置的电场和力场的性能有着重大的理论意义与工程意义[14]。

第 0 章 绪 论

压电陶瓷在生产生活领域中的应用比较普遍，属于脆性材料的一类，容易断裂，所以韧性差，对缺陷部分特别敏感。由压电陶瓷材料制造的相关器件在使用过程中受到外力系的作用，或者被放置在外部电场中时，由于其物理特性的影响，会在生产制造过程中产生夹杂、孔洞、裂纹等缺陷，并产生动应力集中的现象，这些问题使压电陶瓷的实际功能很可能无法达到计划的工程要求，如果问题更严重，压电陶瓷器件可能发生损坏而导致工程事故，因此压电陶瓷材料在生产生活中的应用和推广遇到了障碍。所以压电陶瓷材料必须被工程技术人员在力学性能方面进行寿命预测和可靠性分析计算，工程技术人员可以根据检测数据制定相应的措施对压电材料进行改进和研发。

工程技术人员在考虑压电材料内部形成的缺陷情况下，还要考虑由不同的压电材料构成的压电元件中的界面问题。完全接触的界面是不同介质或材料相互完好接触部分组成的简化形式，如弹性介质和驱动器之间相互接触的界面、在压电复合介质中聚合物夹杂和压电陶瓷基体之间相互接触的界面，以及智能结构中的压电传感器之间的界面等。因为界面效应的存在，两种不同材料在外力和外电场的作用下，界面两侧介质可通过结界面互相作用和联系，所以界面效应的研究在复合材料可靠性分析中意义重大，并且由不同介质结合产生的界面效应对整个材料和结构都有着不可忽略的影响。

参 考 文 献

[1] 吴东辉，施新宇，张海军. 草酸盐共沉淀法制备钛酸钡粉体研究 [J]. 压电与声光，2009，31 (2)：251-253.

[2] 付波，王辉，孙杰. 压电材料的研究与发展 [J]. 科技创新导报，2007 (35)：1.

[3] 钟志成，张端明，韩祥云，等. $KTa_{0.6}Nb_{0.4}O_3$ 粉体溶剂热和水热法合成的对比研究 [J]. 无机材料学报，2007，22 (1)：4.

[4] 初瑞清，徐志军，李国荣. 湿声化学法制备 PZT (52/48) 压电陶瓷粉体 [J]. 材料研究学报，2008，22 (3)：307-311.

[5] 李海燕，张之圣，胡明. RF 溅射法制备 PZT 铁电薄膜及其表征 [J]. 压电与声光，2006，28 (3)：325-327.

[6] CURIE J. Developpement par compression de l'electricite polaire dans les cristaux hemiedres a faces inclinees [J]. Bull. Soc. Fr. Mineral, 1880.

[7] 王保林. 压电材料及其结构的断裂力学 [M]. 北京：国防工业出版社，2003.

[8] 袁慎芳. 智能材料结构 [J]. 海陆空天惯性世界，2000 (3)：2.

[9] 杨大智. 智能材料与智能系统 [M]. 天津：天津大学出版社，2000.

[10] ROGERS C A. Intelligent Material Systems [J]. J. intel. mater. syst. struct, 1993.

[11] CHILOWSKY C, LANGEVIN P. Procédés et appareils pour la production de signaux sous-marins dirigés et pour la localisation à distance d'obstacles sous-marins [J]. French patent, 1916, 502913.

[12] HYDE E P, FORSYTHE W E, CADY F E. The visibility of radiation [J]. The Astrophysical Journal, 1918, 48: 65.

[13] XU Y. Other ferroelectric crystal materials-Ferroelectric Materials and their Applications-8 [J]. Jpn. J. Appl. Phys, 2013, 54 (5): 301-327.

[14] SHEN M, BEVER M B. Gradients in polymeric materials [J]. Journal of Materials Science, 1972, 7 (7): 741-746.

第1章 压电材料中弹性波的传播

1.1 压电材料中弹性波的传播特征

压电体中弹性波的传播特性与在纯弹性介质中传播类似，压电介质中传播的弹性波也可以根据其几何形式分为体波和导波两类[1]。体波是指在无限大介质中传播的波，导波是指在具有表面或界面介质中传播的波，如表面波、Lamb波和界面波。现简要介绍波在无限大且各向同性的压电介质中传播的特征。

一块不受外力作用的电介质，在外电场中，电行为可以用电场强度式 E_i 和电位移 D_i 两个电学量来描写[2]，其矩阵形式为

$$D = kE \tag{1-1}$$

式中，k 为电介质的介电常数（F/m）。

对于同一电介质，在无外电场的情况下，力学行为可用应力 σ 和应变 ε 表示。在弹性限度范围内，它们遵守胡克定律，矩阵形式可写为

$$\sigma = c\varepsilon \tag{1-2}$$

式中，c 为弹性刚度系数。

利用热力学关系通过严格的理论推导可得到以矩阵形式表示的压电方程：

$$\begin{cases} \sigma = c^E \varepsilon - e^T E \\ D = e\varepsilon + k^\varepsilon E \end{cases} \tag{1-3}$$

其张量形式为

$$\begin{cases} \sigma_{ij} = c_{ijkl}^E \varepsilon_{kl} - e_{kij} E_k \\ D_i = e_{ikl} \varepsilon_{kl} + k_{ik}^\varepsilon E_k \end{cases} \tag{1-4}$$

式中，e_{kij} 为压电应力常数。

对于直角坐标系中的弹性体，假定位移和形变是微小的，则应变张量 ε_{ij} 可用弹性位移张量 u_i 表示，表达式可写成：

$$\varepsilon_{ij} = \frac{1}{2}(u_{i,j} + u_{j,i}) \tag{1-5}$$

根据电磁场理论，压电材料中的电场强度可以表示为

$$E_i = -\phi_{,i} \tag{1-6}$$

由弹性体动力学及电学方面的平衡条件，可知应力张量 $\boldsymbol{\sigma}_{ij}$ 和电位移张量 $\boldsymbol{D}_i$ 的动力学平衡方程和电荷平衡方程为

$$\begin{cases} \sigma_{ij,i} + f_j = \rho \ddot{u}_j \\ D_{i,i} - q = 0 \end{cases} \tag{1-7}$$

式（1-7）中采用了爱因斯坦求和表示法，约定对于重复的下标进行求和运算；f_j 表示对应方向上的体力；q 表示电荷密度；$\ddot{u}_j$ 表示对时间求二阶导数。

为得到力电耦合问题的控制方程，将式（1-5）和式（1-6）代入压电方程式（1-4），得到用位移 u_i 和电位势 ϕ 表示的压电方程，再将此方程代入平衡方程式（1-7），便可得控制方程如下：

$$\begin{cases} c_{ijkl} u_{k,il} + e_{kij} \phi_{,ik} + f_j = \rho \ddot{u} \\ e_{ikl} u_{k,il} - k_{il} \phi_{,il} - q = 0 \end{cases} \tag{1-8}$$

式中，略去 c_{ijkl} 和 k_{il} 的上标。

对于平面谐波情况，位移和电位势的解有以下形式：

$$\begin{cases} u_m = u_{m0} e^{ik(x_j n_j - ct)} \\ \phi = \phi_0 e^{ik(x_j n_j - ct)} \end{cases} \tag{1-9}$$

式中，u_{m0} 为位移幅值；ϕ_0 为电位势的幅值；k 为波数；n_j 为波的传播方向；c 为波的传播速度。

将式（1-9）代入式（1-8），在不考虑体力和自由电荷时，可得

$$\begin{cases} c_{ijms} n_j n_s u_{m0} + e_{mis} n_m n_s \phi_0 - \rho c^2 \delta_{im} u_{m0} = 0 \\ e_{jms} n_j n_s u_{m0} - k_{ij} n_i n_j \phi_0 = 0 \end{cases} \tag{1-10}$$

将式（1-10）中的第二式代入第一式以消去 ϕ_0，则有

$$\left[\left(c_{ijms} + \frac{e_{qij} e_{ms} n_q n_r}{k_{ij} n_i n_j} \right) n_j n_s - \rho c^2 \delta_{im} \right] u_{m0} = 0 \tag{1-11}$$

令 $\tilde{c}_{ijms} = c_{ijms} + \dfrac{e_{qij} e_{rms} n_q n_r}{k_{ij} n_i n_j}$，并设 $\Gamma_{im} = \tilde{c}_{ijms} n_j n_s$，代入式中（1-11）可得

$$(\Gamma_{im} - \rho c^2 \delta_{im}) u_{m0} = 0 \tag{1-12}$$

将式（1-12）与非压电介质中的克里斯托费尔（Christoffel）方程比较发现，二者形式完全相同，只需将非压电介质中克里斯托费尔方程中的弹性刚度常数用一个等效弹性刚度常数 $\tilde{c}_{ijms}$ 代换便可直接得到压电介质中的克里斯托费

尔方程。对于式（1-12），若给定波的传播方向，便可求出速度 c 及其对应的质点位移。

利用矩阵表示式（1-12），有

$$(\mathbf{\Gamma} - \rho c^2 \mathbf{I}) \mathbf{u}_0 = 0 \tag{1-13}$$

式中，$\mathbf{I}$ 为三阶单位矩阵；$\mathbf{u}_0 = [u_{10}, u_{20}, u_{30}]^T$，$\mathbf{\Gamma} = \mathbf{N}\tilde{\mathbf{c}}\mathbf{N}^T$，$\tilde{\mathbf{c}} = \mathbf{c} + (\mathbf{e}^T \mathbf{n})(\mathbf{n}^T \mathbf{e})/(\mathbf{n}^T \mathbf{k} \mathbf{n})$

其中

$$\mathbf{n} = [n_1, n_2, n_3]^T, \quad \mathbf{N} = \begin{bmatrix} n_1 & 0 & 0 & 0 & n_3 & n_2 \\ 0 & n_2 & 0 & n_3 & 0 & n_1 \\ 0 & 0 & n_3 & n_2 & n_1 & 0 \end{bmatrix}$$

现在分析横观各向同性压电介质中波沿 x_1 方向传播时的情况，设 x_1-x_2 为材料的各向同性面。其弹性常数、压电系数和介电常数的矩阵分别为

$$\mathbf{c} = \begin{bmatrix} c_{11} & c_{12} & c_{13} & 0 & 0 & 0 \\ c_{12} & c_{11} & c_{13} & 0 & 0 & 0 \\ c_{13} & c_{13} & c_{33} & 0 & 0 & 0 \\ 0 & 0 & 0 & c_{44} & 0 & 0 \\ 0 & 0 & 0 & 0 & c_{44} & 0 \\ 0 & 0 & 0 & 0 & 0 & \dfrac{c_{11}-c_{12}}{2} \end{bmatrix}, \quad \mathbf{e}^T = \begin{bmatrix} 0 & 0 & e_{31} \\ 0 & 0 & e_{31} \\ 0 & 0 & e_{33} \\ 0 & e_{15} & 0 \\ e_{15} & 0 & 0 \\ 0 & 0 & 0 \end{bmatrix}$$

$$\boldsymbol{\kappa} = \begin{bmatrix} k_{11} & 0 & 0 \\ 0 & k_{11} & 0 \\ 0 & 0 & k_{33} \end{bmatrix} \tag{1-14}$$

当波沿 x_1 方向传播时，$\mathbf{n} = [1, 0, 0]^T$。将式（1-14）代入式（1-13）中，可得克里斯托费尔方程为

$$\begin{bmatrix} c_{11} - \rho c^2 & 0 & 0 \\ 0 & \dfrac{c_{11}-c_{12}}{2} - \rho c^2 & 0 \\ 0 & 0 & c_{44} + \dfrac{e_{15}^2}{k_{11}} - \rho c^2 \end{bmatrix} \begin{bmatrix} u_{10} \\ u_{20} \\ u_{30} \end{bmatrix} = 0 \tag{1-15}$$

可以看到，式（1-15）中包含三个独立的方程，每个方程均代表一种类型的波。

第一种波是在 x_1 方向偏振且与波的传播方向平行，称为纵波（P波）。传播速度为

$$c_p = \sqrt{\frac{c_{11}}{\rho}} \qquad (1-16)$$

第二种波是在 x_2 方向偏振且与波的传播方向垂直,称为垂直剪切波(SV 波)。其传播速度为

$$c_{SV} = \sqrt{\frac{c_{11}-c_{12}}{2\rho}} \qquad (1-17)$$

第三种波是在 x_3 方向偏振也与波的传播方向垂直,称为水平剪切波(SH 波)。其传播速度为

$$c_{SH} = \sqrt{\frac{c_{44}+\dfrac{e_{15}^2}{k_{11}}}{\rho}} \qquad (1-18)$$

在同性面 x_1-x_2 内沿任意方向传播的波均可以分为上述三种类型。
根据式(1-10)的第二式,有

$$\phi_0 = \frac{e_{15}}{k_{11}} u_{30} \qquad (1-19)$$

式(1-19)说明,在 SH 波传播的过程中伴随着速度相同的电波传播。同时,从式(1-18)可以看出,在压电介质中 SH 波的传播速度要比在弹性介质中传播的速度大,这说明压电材料的压电性使材料变硬。此外,本书在后续研究中均只考虑 SH 波入射的情况。

1.2 含缺陷压电材料对弹性波散射情况

在压电材料的研究领域中,含有裂纹缺陷的研究文献较少。高存法和王永健利用柯西积分法与保角映射法对含圆孔的压电材料中圆孔周边 Ⅲ 型单双裂纹问题进行分析,在将裂纹假设为绝缘裂纹的假设下得到了在反平面剪力和面内电载荷的共同作用下裂纹尖端应力强度因子的解析解[3]。郭怀民等人求解了含有裂纹的压电和压磁属性材料的解析解[4],该裂纹具有唇形运动的特征,他们采用保角变换法与复变函数法,García-Sánchez 等人利用混合边界元法分析了各向异性的压电平面板中圆孔周边裂纹的尖端应力强度因子[5-6],并给出了数值解,随后再次利用混合边界元法求解了含孔边裂纹的复合材料板中裂纹尖端应力强度因子的数值解,并且做了数值分析。洪圣运等人利用 Fourier 变换法研究了含有裂纹的双相压电介质在反平面问题中的力学性能[7-8]。Wang 和 Gao 利用保角映射法和复变函数法求解了含圆孔的压电介质的能量释放率、

处于圆孔附近的Ⅲ型裂纹复势、场集中系数三者的解析解[9]。时朋朋等人求解了含有界面裂纹的压电和压磁介质的动态性能问题[10]，该界面裂纹具有周期性，他们采用积分方程法。Guo 等人求解了压电介质的应力强度因子与能量释放率的表达式[11-12]，该介质含有椭圆孔和双裂纹。其假设裂纹内部和圆孔内部均为电场绝缘，采用柯西积分法和保角映射法求解，并结合分析数据，最终得到了电场强度因子和能量释放率随圆孔尺寸与裂纹长度的变化规律。不久以后，又再次采用柯西积分法和保角映射法分析同样的问题，这次假设裂纹内电场是可导通的。最终通过分析数据得到了电场强度因子和能量释放率随材料的几何参数和所受外力的变化规律。

在静态荷载作用下压电材料的力学属性方面，科研人员已经积累了很多研究成果。Suzuki 等人利用复变函数法研究了含有多个圆形夹杂的压电材料在无穷远处受到出平面外力荷载与电载荷共同作用时的力场和电场的解析解[13]。不久之后，Suzuki 等人利用同样的方法，对含有多个椭圆形夹杂的压电材料在受到平面内剪切载荷和电荷载共同作用时的力场和电场进行分析研究，该压电材料也是各向同性的[14]。Xu 和 Rajapakse 利用边界元法分析了二维空间材料受外力荷载和电荷载共同作用下的力场和电场，并且考虑了耦合作用，这种方法的应用假设是平面内问题，如平面应变或平面应力问题[15]。Lee 等人采用积分变换法分析了含有界面裂纹的压电和压磁介质的动态性能[16]。Chen 等人利用线性压电理论，求解出含压电夹杂的压电介质的解析解，该夹杂具有多层结构并且是圆柱形[17]。得出假设反平面剪切力与平面内电场共同作用下，给出夹杂附近的电场和力场的解析解，并绘制出应力和电场集中的变化曲线。王静平等人采用插值矩阵法分析了三维双压电材料界面端部的力电耦合场[18]，Shodja 和 Ghazisaeidi 建立压电材料的本构方程[19]，研究了反平面剪切载荷和平面内电场作用时含有圆形夹杂的压电材料的应力场和电场，他们采用偶应力理论，通过数据研究了电场强度集中系数随偶应力的变化规律。Zhao 等人根据孔洞周边边界条件以及 Stroh 公式[20]，分析了含有椭圆形孔洞的二维无限大压电压磁复合材料在无穷远处受力-电-磁耦合载荷共同作用时的力学性能。杨娟和李星利用积分变换及奇异积分方程技术研究了电磁复合材料底层处裂纹对 SH 波散射问题[21]。Kirilyuk 和 Levchuk 利用特殊函数理论和抛物面坐标法求解了在轴向受到电荷载和外力荷载作用时含抛物面内壁压电材料的静力解[22]，该压电材料在横观上是各向同性的，该解为精确解。

Lee 以材料的能量密度系数的破坏准则为依据[23]，分析了含有斜椭圆形孔洞的压电板在无穷远处承受电荷载和外力荷载共同作用时的断裂力学问题。假设孔洞表面满足电场边界条件，分析和研究了该模型破坏的临界状态和破坏形式。Pak 依据线弹性压电理论[24]，利用保角映射法求解了当无穷远处受反平面外力载荷和面内电场共同作用时，含有椭圆夹杂的无限大压电介质中电场和位移场的封闭解。韩贵花等人利用复变函数法研究了横观各向同性双压电材料板在反平面剪切载荷作用下的界面裂纹问题[25]。Yang 等人分析研究了在无穷远处受剪切荷载和面内电场共同作用时，含有多个任意分布的圆柱形夹杂压电介质中的电场和应力场[26]。在假设介质和夹杂完全接触的条件下，采用复变函数法求解了介质和夹杂的电场与应力场的近似解。并通过数据分析研究了应力场和电场随介质内夹杂的物理特性、大小以及位置的变化规律，他们所采用的方法是复变函数法。

上述模型大多对压电介质中圆形夹杂在静态方面进行分析，但实际工程中非圆形夹杂也比较常见。Gao 和 Fan 利用复变函数法求解了含有椭圆孔洞二维平面压电介质在无穷远处受外力作用时的应力场和电场的封闭解[27]。在假设孔洞周边满足精确的电场连续条件下，把椭圆孔洞退化为直线裂纹，对裂纹尖端应力强度因子和电场强度因子进行分析研究，最终得到相应的解析解。舒小平研究了压电复合介质的动态性能[28]，他采用了等效法，除此之外，Gao 依据 Paschen 原理[29]，在假设椭圆孔洞充满空气的条件下，研究分析了含有椭圆孔洞的压电介质受电场和外力荷载同时作用时椭圆孔洞内的局部放电问题。Shodja 等人依据二维电弹性耦合理论对含椭圆孔洞的压电介质进行分析[19]。Meguid 和 Zhong 对在无穷远处受到电场和剪切载荷共同作用时含椭圆形夹杂的压电介质的力场和电场进行分析[30]。他们采用的方法是保角映射法和 Laurent 级数展开法，经求解分析得出了该模型的解析解。Shen 等人分析了无限大平面板内夹杂附近力场和电场[31]，该夹杂具有任意形状涂层，平板受到出平面剪切力与平面内电场的作用，他们所采用的方法是复变函数法、Laurent 级数展开法、保角映射法和 Faber 级数展开法。Chen 等人分析了当集中荷载和空间点电荷共同作用在中间层区域时含有圆形夹杂的复合材料的电场和力场[32]，该复合材料是三明治形式的，他们所采用的方法是解析延拓方法和交替技术，求解了电场和位移场的解析解。成建联等人利用拉格朗日方程法对单元结构建立运动方程[33]，分析了内嵌倾斜压电柱复合材料板的振动问题。Chung 等人利用 Stroh 公式[34]，对含有椭圆形孔洞和椭圆形刚性夹杂的二维压电介质进行研究，该压电介质是各向异性的。Yang 和 Gao 利用复变函数法求解了含多个压电夹杂的弹性基体的解析解[35]，该夹杂在反平面电荷载和平面内外荷载的作用下。其在假设夹杂和介质是完全接触的条件下求解了含多个压电夹杂的弹性基体的解析解。

Shodja 等人求解了无限大压电材料在无穷远处受到非均匀外电场和外力作

用下的应力场与电场分布问题[36]。他们采用了机电等效夹杂法，并对其进行拓展，该压电介质是各向同性的，并且含有两个任意大小、互成任意角度、不同材料参数的椭球形夹杂。杨金花和张鹏君利用变分法与 Newton-Newmark 算法求解了非线性 BNNTs 增强压电板的动力响应问题[37]。杨丽敏等人采用 Reissner 板理论分析了含圆形孔洞的无限大压电板受到纯弯曲作用时的应力集中和电场强度集中问题[38]。该压电板的上下表面电源短路，他们把有限元法和解析法结合起来求解了含圆孔的压电板方程的通解。周志东等人分析了压电介质的电场和位移场的解析解[39]。该介质在任意点位置受到广义电荷的作用，该方法依据对孔边进行加载时的 Stroh 广义应力和位移表达式。丁皓江等人利用状态空间法分析了三维压电板壳的振动问题[40]。杨新华等人利用胞元法分析了含周期性分布的椭球形和球形夹杂的压电材料的应力场和电场的损伤问题[41]，通过分析数据可知夹杂体积对电场与应力场的损伤都有明显的影响。

戴隆超和郭万林研究了含椭圆形孔洞的压电介质受远场均匀荷载作用时的应力场[42]。他们将电边界条件分别按照精确的和非导通型的两种情况进行处理，该压电介质横观各向同性，通过分析数据可知，当孔洞为圆孔时，当任意载荷作用时分别采用两种边界条件得到的结果一样，但当椭圆逐渐变扁平时，非导通型边界条件精确性逐渐降低，在工程中已经无法应用。乔印虎等人基于压电层合壳理论，推导压电扁壳的振动控制微分方程[43]。赵永茂和刘进利用保角映射法和 Laurent 级数展开法分析了含椭圆刚性夹杂的压电介质在外电池和集中荷载共同作用时的应力场和电场[44]。王祥琴和刘金喜利用复变函数法和级数展开法求解含椭圆夹杂的压电材料的反平面问题的基本解，这个基本解具有封闭形式[45]。侯密山和高存法求解了含椭圆形刚性夹杂的压电材料的封闭形式的基本解，通过分析数据可知夹杂内部电位移和电场强度都是不随变量变化的常量[46]。他们采用的方法是复变形式的 Faber 级数展开法，通过分析数据可知线性夹杂的尖端附近的场量具有振荡性和奇异性。王旭和王子昆分析求解了含有椭圆形夹杂的压电介质的反平面变形问题，通过分析数据可知当压电介质在无穷远处施加分布均匀的外力时，夹杂内电位移与应力均为常数[47]。陈颖和赵宝生利用调和函数法对特殊正交各向异性压电材料进行了精化分析，建立了特殊正交各向异性压电弯曲板在横向载荷作用下的近似方程[48]。

王旭和沈亚鹏利用奇点分析技术、解析延拓、Stroh 公式和共形映射，分析了含 Eshelby 夹杂的压电介质的电场和应力场，发现夹杂对压电介质的电场和应力场相互耦合的影响非常明显[49-50]。除此之外，他们利用同样的方法，分析求解了含部分脱胶的刚性椭圆夹杂导体的压电材料中应力场和电场。于静等人运用了保角变换法求解了无限大压电体的远场在出平面机械载荷和面内电载荷作用下的反平面问题[51]。仲政对压电介质中椭圆夹杂的动态脱胶问题进行了求解[52-53]，得出在受面内电场和反平面剪切力共同作用脱胶时压电材料的能量释放率，并给出了压电夹杂与基体的级数解。刘金喜等人采用级数展开法和扰动概念法求解分析了压电材料中椭圆形夹杂和螺形位错两者耦合情况下的应力场和电场，通过分析得到了新的相互作用机理[54]。

在压电材料的动态特性分析领域，科研人员积累的成果相对较少。Feng 等人利用奇异积分方程技术和波函数展开法对含有部分脱胶的圆形夹杂的压电介质在 SH 波作用下的动态特性进行分析[55]。分析研究了夹杂两处脱胶和一处脱胶两种情况下的动应力集中问题，通过分析数据给出了数值结果。Shindo 等人利用波函数展开法对含圆柱形夹杂的无限大压电材料的动态特性进行了解析研究，并给出了电场强度和动应力集中问题的数值算例，该压电材料受到平面内稳态电场和时间谐和剪切波的共同作用[56]。Du 等人利用波函数展开法对含有部分脱胶圆形夹杂的压电材料的动态性能进行分析求解，在计算过程中认为夹杂脱胶部分是非接触的裂纹，并且认为裂纹可导通[57]。宋天舒等人分析求解了压电材料中各种缺陷的动力学性能[58-61]。

在带形介质的动力学方面，Rekhovskikh 等人系统介绍了层状介质中的弹性波[62]，Achenbach 和 Thau 阐述了导波中谐波传播问题的一般方法[63]，Itou 求解了无限带形介质内圆柱夹杂对应力波的瞬态响应[64]，Lu 利用边界元法分析了平面板在 SH 波作用下的色散特性问题[65]，该板中含有多个圆形夹杂，板的四边均满足应力自由。Wang 和 Ying 用模式匹配法分析了含夹杂的板对 SH 型导波的散射问题[66]。通过建立多项式对散射波表达式进行拟合，并依据边界条件求解了多项式系数。齐辉等分析求解了含有夹杂的带形域的动力学性能[67-72]，多次利用镜像法，并结合大弧形假设、镜像法和 Graf 加法公式系统地研究了无限带形域内零阶 SH 型导波对圆形夹杂的散射问题。此外，他们还进一步分析了带形无限域内 SH 波对脱胶圆形夹杂及裂纹的散射情况。

参 考 文 献

[1] 李冬. 含界面附近多种缺陷压电介质动力反平面行为 [D]. 哈尔滨：哈尔滨工程大学, 2011.

[2] 孙慷, 张福学. 压电学：上册 [M]. 北京：国防工业出版社, 1984.

[3] 王永健, 高存法. 压电体内孔边裂纹的应力强度因子 [J]. 力学季刊, 2008, 29 (2)：5.

[4] 郭怀民, 高明, 赵国忠. 磁电弹性体中唇形运动裂纹问题分析 [J]. 力学季刊, 2017, 38 (3): 518-526. DOI: 10.15959/j.cnki.0254-0053.2017.03.014.

[5] GSS DOMÍNGUEZ. Anisotropic and piezoelectric materials fracture analysis by BEM [J]. Computers & Structures, 2005, 83 (10): 804-820.

[6] F. GARCÍA-SÁNCHEZ A, R. ROJAS-DÍAZ B, A. SÁEZ B, et al. Fracture of magneto-electroelastic composite materials using boundary element method (BEM) [J]. Theoretical and Applied Fracture Mechanics, 2007, 47 (3): 192-204.

[7] ZHOU W M, LI W J, HONG S Y, et al. Stoney formula for piezoelectric film/elastic substrate system [J]. 中国物理 B (英文版), 2017, 26 (3): 535-538.

[8] 洪圣运, 周旺民. 垂直于双压电材料界面裂纹的反平面问题研究 [J]. 压电与声光, 2017, 39 (5): 691-697.

[9] WANG Y J, GAO C F. The mode III cracks originating from the edge of a circular hole in a piezoelectric solid [J]. International Journal of Solids and Structures, 2008, 45 (16): 4590-4599.

[10] 时朋朋, 霍华颂, 李星. 功能梯度压电/压磁双材料的周期界面裂纹问题 [J]. 力学季刊, 2013, 34 (2): 191-198. DOI: 10.15959/j.cnki.0254-0053.2013.02.002.

[11] GUO J H, LU Z X, HAN H T, et al. The behavior of two non-symmetrical permeable cracks emanating from an elliptical hole in a piezoelectric solid [J]. European Journal of Mechanics - A/Solids, 2010, 29 (4): 654-663.

[12] GUO J H, LU Z X, HAN H T, et al. Exact solutions for anti-plane problem of two asymmetrical edge cracks emanating from an elliptical hole in a piezoelectric material [J]. International Journal of Solids and Structures, 2009, 46 (21): 3799-3809.

[13] SUZUKI T, SASAKI T, KIMURA K, et al. Analyses of isotropic piezoelectric materials with multilayered circular inclusions under out-of-plane shear loadings and their numerical examples [J]. Nihon Kikai Gakkai Ronbunshu, A Hen/Transactions of the Japan Society of Mechanical Engineers, Part A, 2003, 69 (679): 579-584.

[14] SUZUKI T, SASAKI T, HIRASHIMA K, et al. Analyses of isotropic piezoelectric materials with multilayered elliptical inclusion under out-of-plane shear loadings [J]. Acta Mechanica, 2005, 179 (3-4): 211-225.

[15] XU X L, RAJAPAKSE R. Boundary element analysis of piezoelectric solids with defects [J]. Composites Part B Engineering, 1998, 29 (5): 655-669.

[16] LEE K L, SOH A K, FANG D. Fracture behavior of inclined elliptical cavities subjected to mixed-mode I and II electro-mechanical loading [J]. Theoretical and Applied Fracture Mechanics, 2004, 41 (1): 125-135.

[17] CHEN F M, SHEN M H, HUNG S Y. Circularly cylindrical layered media in antiplane piezoelectricity [J]. Journal of Physics D Applied Physics, 2006, 39 (19): 4250.

[18] 王静平, 葛仁余, 韩有民, 等. 双压电材料三维界面端部力电耦合场奇异性 [J]. 计

算物理, 2016, 33 (1): 57-65. DOI: 10.19596/j.cnki.1001-246x.2016.01.007.

[19] SHODJA H M, GHAZISAEIDI M. Effects of couple stresses on anti-plane problems of piezoelectric media with inhomogeneities [J]. European Journal of Mechanics - A/Solids, 2007, 26 (4): 647-658.

[20] ZHAO M H, WANG H, YANG F, et al. A magnetoelectroelastic medium with an elliptical cavity under combined mechanical-electric-magnetic loading [J]. Theoretical and Applied Fracture Mechanics, 2006, 45 (3): 227-237.

[21] 杨娟, 李星. 压电拼接电磁复合材料中裂纹对SH波散射 [J]. 振动与冲击, 2014, 33 (20): 192-197. DOI: 10.13465/j.cnki.jvs.2014.20.036.

[22] KIRILYUK V S, LEVCHUK O I. Electroelastic stress state of a piezoceramic body with a paraboloidal cavity [J]. International Applied Mechanics, 2006, 42 (9): 1011-1020.

[23] LEE JUNGKI. Stress analysis of multiple anisotropic elliptical inclusions in composites [J]. Composite Interfaces, 2012, 19 (2): 93-119.

[24] PAK Y E. Elliptical inclusion problem in antiplane piezoelectricity: Implications for fracture mechanics [J]. International Journal of Engineering Science, 2010, 48 (2): 209-222.

[25] 韩贵花, 张雪霞, 解海玲, 等. 横观各向同性双压电板Ⅲ型界面裂纹力学分析 [J]. 太原科技大学学报, 2016, 37 (2): 144-148.

[26] YANG B H, GAO C F, NODA N. Interactions between N circular cylindrical inclusions in a piezoelectric matrix [J]. Acta Mechanica, 2008, 197: 31-42.

[27] GAO C F, FAN W X. Exact solutions for the plane problem in piezoelectric materials with an elliptic or a crack [J]. International Journal of Solids and Structures, 1999, 36 (17): 2527-2540.

[28] 舒小平. 正交压电复合材料层板各类边界的解析解 [J]. 工程力学, 2013, 30 (10): 288-295.

[29] GAO C F. Influence of mechanical stresses on partial discharge in a piezoelectric solid containing cavities [J]. Engineering Fracture Mechanics, 2008, 75 (17): 4920-4924.

[30] MEGUID S A, ZHONG Z. On the elliptical inhomogeneity problem in piezoelectric materials under antiplane shear and inplane electric field [J]. International Journal of Engineering Science, 1998, 36 (3): 329-344.

[31] SHEN M H, CHEN F M, HUNG S Y. Piezoelectric study for a three-phase composite containing arbitrary inclusion [J]. International Journal of Mechanical Sciences, 2010, 52 (4): 561-571.

[32] CHEN F M, SHEN M H, CHEN S N. Piezoelastic study on singularities interacting with circular and straight interfaces [J]. International Journal of Solids and Structures, 2006, 43 (18-19): 5541-5554.

[33] 成建联, 刘含文, 王越, 等. 内嵌倾斜压电柱复合材料板的压电振动特性分析 [J]. 振动与冲击, 2016, 35 (8): 187-193, 218. DOI: 10.13465/j.cnki.jvs.2016.08.030.

[34] CHUNG M Y, Ting. T C T. Piezoelectric solid with an elliptic inclusion or hole [J]. International Journal of Solids and Structures, 1996, 33 (23): 3343-3361.

[35] YANG B H, GAO C F. Plane problems of multiple piezoelectric inclusions in a non-piezoelectric matrix [J]. International Journal of Engineering Science, 2010, 48 (5): 518-528.

[36] SHODJA H M, KARGARNOVIN M H, HASHEMI R, et al. Electroelastic fields in interacting piezoelectric inhomogeneities by the electromechanical equivalent inclusion method [J]. Smart Materials and Structures, 2010, 19 (3): 035025.

[37] 杨金花, 张鹏君. 电-热-力载下BNNTs增强压电板的非线性动力响应 [J]. 振动与冲击, 2015, 34 (21): 150-156, 174. DOI: 10.13465/j.cnki.jvs.2015.21.026.

[38] 杨丽敏, 柳春图, 曾晓辉. 含圆孔压电板弯曲问题 [J]. 机械强度, 2005 (1): 85-94. DOI: 10.16579/j.issn.1001.9669.2005.01.017.

[39] 周志东, 赵社戌, 匡震邦. 任意点载荷下含椭圆孔压电介质中广义应力和位移分析 [J]. 上海交通大学学报, 2004, 38 (8): 1403-1407. DOI: 10.16183/j.cnki.jsjtu.2004.08.044.

[40] 丁皓江, 陈伟球, 徐荣桥. 压电板壳自由振动的三维精确分析 [J]. 力学季刊, 2001, 22 (1): 1-9.

[41] 杨新华, 曾国伟, 陈传尧. 含周期性分布导电夹杂压电陶瓷的力电损伤分析 [J]. 机械强度, 2008, 30 (5): 844-847. DOI: 10.16579/j.issn.1001.9669.2008.05.016.

[42] 戴隆超, 郭万林. 压电体椭圆孔边的力学分析 [J]. 力学学报, 2004, 36 (2): 224-228.

[43] 乔印虎, 韩江, 张春燕, 等. 压电板壳风力机叶片动力学建模与分析 [J]. 太阳能学报, 2016, 37 (6): 1560-1565.

[44] 赵永茂, 刘进. 含椭圆刚性夹杂压电材料反平面问题的电弹分析 [J]. 石家庄铁道学院学报, 1999, 12 (2): 40-43.

[45] 王祥琴, 刘金喜. 含椭圆夹杂压电材料反平面问题的基本解 [C]//第六届全国结构工程学术会议论文集 (第一卷), 1997: 420-423.

[46] 侯密山, 高存法. 压电材料反平面应变状态的任意形状夹杂问题 [J]. 应用力学学报, 1997, 14 (1): 137-142, 156.

[47] 王旭, 王子昆. 压电材料反平面应变状态的椭圆夹杂及界面裂纹问题 [J]. 上海力学, 1993, 14 (4): 26-34.

[48] 陈颖, 赵宝生. 特殊正交各向异性压电弯曲板的精化理论 [J]. 辽宁科技大学学报, 2016, 39 (2): 130-136. DOI: 10.13988/j.ustl.2016.02.010.

[49] 王旭, 沈亚鹏. 压电复合材料中的Eshelby夹杂问题 [J]. 力学学报, 2003, 35 (1): 26-32.

[50] 王旭, 沈亚鹏. 压电基体中部分脱开的刚性导体椭圆夹杂分析 [J]. 应用数学和力学, 2001, 22 (1): 32-46.

[51] 于静, 郭俊宏, 邢永明. 压电复合材料中Ⅲ型唇形裂纹问题的解析解 [J]. 复合材料

学报, 2014, 31 (5): 1357-1363.

[52] 仲政. 压电材料椭圆夹杂界面局部脱粘问题的分析 [J]. 应用数学和力学, 2004, 25 (4): 405-416.

[53] 仲政. 压电材料椭圆夹杂界面开裂问题的电弹性耦合解 [J]. 上海力学, 1998 (1): 9-14.

[54] 刘金喜, 姜稚清, 冯文杰. 压电螺位错与椭圆夹杂的电弹相互作用 [J]. 应用数学和力学, 2000 (11): 1185-1190.

[55] FENG W J, WANG L Q, JIANG Z Q, et al. Shear wave scattering from a partially debonded piezoelectric cylindrical inclusion [J]. Acta Mechanica Solida Sinica, 2004, 17 (3): 258-269.

[56] SHINDO Y, AND H M, NARITA F. Scattering of antiplane shear waves by a circular piezoelectric inclusion embedded in a piezoelectric medium subjected to a steady-state electrical load [J]. ZAMM - Journal of Applied Mathematics and Mechanics/Zeitschrift für Angewandte Mathematik and Mechanik, 2002.

[57] DU J K, SHEN Y P, WANG X. Scattering of anti-plane shear waves by a partially debonded piezoelectric circular cylindrical inclusion [J]. Acta Mechanica, 2002, 158 (3/4): 169-183.

[58] 李冬, 宋天舒. 双相压电介质中界面附近圆孔的动态性能分析 [J]. 振动与冲击, 2011, 30 (3): 91-95. DOI: 10.13465/j.cnki.jvs.2011.03.056.

[59] 李冬, 宋天舒. 含圆孔直角域压电介质的动力反平面特性 [J]. 哈尔滨工程大学学报, 2010, 31 (12): 1606-1612.

[60] HASSAN A, SONG T S. Dynamic anti-plane analysis for two symmetrically interfacial cracks near circular cavity in piezoelectric bi-materials [J]. 应用数学和力学 (英文版), 2014, 35 (10): 10.

[61] 宋天舒, 刘殿魁, 于新华. SH波在压电材料中的散射和动应力集中 [J]. 哈尔滨工程大学学报, 2002, 23 (1): 120-123.

[62] REKHOVSKIKH L M, LIEBERMAN D, BEYER R T, et al. Waves in layered media [J]. Physics Today, 1962, 15 (4): 70-74.

[63] ACHENBACH J D, THAU S A. Wave propagation in elastic solids [J]. Journal of Applied Mechanics, 1980, 41 (2): 544.

[64] ITOU S. Dynamic stress concentration around a circular hole in an infinite elastic strip [J]. Journal of Applied Mechanics, 1983, 50 (1): 57-62.

[65] LU Y C. Guided antiplane shear wave propagation in layers reinforced by periodically spaced cylinders [J]. Journal of the Acoustical Society of America, 1996, 99 (4): 1937-1943.

[66] WANG X, YING C. Scattering of guided SH-wave by a partly debonded circular cylinder in a traction free plate [J]. Science in China Series A: Mathematics, 2001, 44 (3): 378-388.

[67] QI H, YANG J, SHI Y. Scattering of sh-wave by cylindrical inclusion near interface in bi-material half-space [J]. Journal of Mechanics, 2011, 27 (1): 37-45.

[68] QI H, YANG J. Dynamic analysis for circular inclusions of arbitrary positions near interfacial crack impacted by SH-wave in half-space [J]. European Journal of Mechanics/A Solids, 2012, 36: 18-24.

[69] 齐辉, 折勇, 赵嘉喜. 带形域内圆柱形夹杂对 SH 型导波的散射 [J]. 振动与冲击, 2009, 28 (5): 142-145, 210. DOI: 10.13465/j.cnki.jvs.2009.05.005.

[70] 齐辉, 蔡立明, 潘向南, 等. 带形介质内 SH 型导波对圆柱孔洞的动力分析 [J]. 工程力学, 2015, 32 (3): 9-14, 21.

[71] QI H, ZHANG X M. Scattering of SH guided wave by a circular inclusion in an infinite piezoelectric material strip [J]. Waves in Random and Complex Media, 2017: 1-18.

[72] 张希萌, 齐辉, 孙学良. 径向非均匀压电介质中圆孔对 SH 波的散射 [J]. 爆炸与冲击, 2017, 37 (3): 464-470.

第 2 章 压电材料弹性动力学基本方程

本章主要介绍弹性材料和压电材料的相关基础理论,由于压电材料中存在力电耦合问题,使得其理论公式较弹性材料更为复杂,推导也更加烦琐,为了更准确地表述理论内容,本章引用了张量形式来叙述公式,并分别给出直角坐标系、极坐标系、复变函数坐标系下的平衡方程、梯度方程和本构方程等。其中,分别用 $\boldsymbol{\sigma}_{ij}$、$\boldsymbol{\varepsilon}_{ij}$、$\boldsymbol{u}_i$、$\boldsymbol{D}_i$、$\boldsymbol{E}_i$、$\boldsymbol{\phi}$ 表示应力张量、应变张量、机械位移矢量、电位移矢量、电场强度矢量和标量电位势,它们共同描述了力场和电场的行为特性,这些量统称为电弹变量。

2.1 弹性波动的基本方程

2.1.1 运动方程及控制方程

已知某弹性体满足均匀、各向同性和连续性假设,令此弹性体外表面积、体积分别为 S 与 V,物体受到外力作用时位移用 u_i 表示。面力 P_i 外施加在此弹性体表面的单位面积上,体力 f_i 作用在此弹性体的单位质量上,根据平衡关系可知[1]:

$$\oint_S P_i \mathrm{d}S + \int_V \rho f_i \mathrm{d}V = \int_V \rho \ddot{u}_i \mathrm{d}V \tag{2-1}$$

式中,ρ 为弹性体质量密度。

由高斯公式对式(2-1)左边进行变换得

$$\oint_S P_i \mathrm{d}S = \oint_S \boldsymbol{\sigma}_{ji} n_j \mathrm{d}S = \oint_V \frac{\partial \boldsymbol{\sigma}_{ji}}{\partial x_j} \mathrm{d}V \tag{2-2}$$

式中,$\boldsymbol{\sigma}_{ji}(i,j=1,2,3)$ 为应力张量。

将式(2-2)代入式(2-1)可得

$$\int_V \left(\frac{\partial \boldsymbol{\sigma}_{ij}}{\partial x_j} + \rho f_i - \rho \ddot{u}_i \right) \mathrm{d}V = 0 \tag{2-3}$$

由积分函数为 0 可得

$$\frac{\partial \sigma_{ij}}{\partial x_j} + \rho f_i = \rho \ddot{u}_i \tag{2-4}$$

根据互易定理得

$$\sigma_{ij} = \sigma_{ji} \tag{2-5}$$

采用能量法并求导得

$$\frac{dU(\varepsilon_{ij})}{dt} = \sigma_{ij} \frac{d\varepsilon_{ij}}{dt} \tag{2-6}$$

其中，能量函数 $U(\varepsilon_{ij})$ 的自变量是 ε_{ij}，$i=1,2,3; j=1,2,3$。此弹性体单位体积内能用 U 表示。

由对称关系可知：

$$\sigma_{ij} = \frac{1}{2}\left(\frac{\partial U}{\partial \varepsilon_{ij}} + \frac{\partial U}{\partial \varepsilon_{ji}}\right) \tag{2-7}$$

若假定弹性体发生的是小变形，则通过单元体的连续小变形几何位移分析，可推出弹性体内应变场 ε_{ij} 和位移场 u_j 之间的微分几何关系为

$$\varepsilon_{ij} = \frac{1}{2}\left(\frac{\partial u_i}{\partial x_j} + \frac{\partial u_j}{\partial x_i}\right) \tag{2-8}$$

式中，ε_{ij} 为应变张量；x_i 为质点的位置坐标。

若变形非常微小，则本构关系可得

$$\sigma_{kl} = c_{ijkl} \varepsilon_{ij} \tag{2-9}$$

由对称性得

$$c_{ijkl} = c_{jikl} = c_{ijlk} \tag{2-10}$$

式中，c_{ijkl} 是四阶张量。当绝热与等温情况时，由式（2-10）可得

$$c_{ijkl} = c_{klij} \tag{2-11}$$

若弹性体具有各向同性，则本构关系可以写成：

$$\sigma_{ij} = 2\mu\left(\varepsilon_{ij} - \frac{1}{3}\delta_{ij}\theta\right) + B\delta_{ij}\theta \tag{2-12}$$

式中，B 和 μ 均为弹性常量；θ 为体积膨胀率。

由式（2-12）可以推导得到

$$\sigma_{ij} = \lambda \varepsilon_{kk} \delta_{ij} + 2\mu \varepsilon_{ij} \tag{2-13}$$

其中，λ 与 μ 表示拉梅常数，λ 与 μ 分别为弹性介质材料的拉梅常数和剪切模量；δ_{ij} 为单位脉冲函数，即

$$\delta_{ij} = \begin{cases} 1, i=j \\ 0, i \neq j \end{cases}$$

ε_{kk} 为弹性体内的体积应变，可表示为

$$\varepsilon_{kk}=\theta=\varepsilon_{xx}+\varepsilon_{yy}+\varepsilon_{zz}=\varepsilon_{11}+\varepsilon_{22}+\varepsilon_{33}$$

对单元体列出动量矩守恒方程组，容易证明应力张量 $\boldsymbol{\sigma}_{ij}$ 是二阶对称张量。从方程式（2-8）可看出，应变张量 s 也是二阶对称张量。

要从上述偏微分方程组确定未知的位移 $\boldsymbol{u}_i$、应力张量 $\boldsymbol{\sigma}_{ij}$ 和应变张量 $\boldsymbol{\varepsilon}_{ij}$，还要考虑实际问题的边界条件和初始条件；当问题涉及无穷大弹性体时，尚需要给出无穷远处的条件（指辐射条件）。在弹性动力学问题中，最常见的边界条件有以下 4 种：

（1）边界位移已知的位移边界条件。

（2）边界应力已知的应力边界条件。

（3）边界面力和边界位移满足的弹性支撑条件。

（4）混合边界条件，要考察的弹性体边界的不同部分或同一部分具有上述三种边界条件的不同组合形式。

弹性力学中的基本方程（2-4）、方程（2-12）与方程（2-13）中偏微分方程数量为 15 个，空间变量为 15 个，时间变量为 1 个，所以当边界条件确定后则方程可解。

2.1.2 位移变量运动方程

对于均质、各向同性、小变形的线弹性体来说，它满足方程（2-4）、方程（2-8）、方程（2-13）三个控制方程，将方程（2-8）、方程（2-13）代入方程（2-4）中可得到动力学方程的位移表示形式：

$$(\lambda+\mu)\nabla(\nabla \boldsymbol{u})+\mu\nabla^2\boldsymbol{u}+\rho\boldsymbol{f}=\rho\ddot{\boldsymbol{u}} \qquad (2\text{-}14)$$

式中：λ、μ、ρ 分别为弹性介质的拉梅常数、剪切模量和质量体密度。

由张量分析中的算子关系可知：

$$\nabla\times(\nabla\times\boldsymbol{u})=\nabla(\nabla\cdot\boldsymbol{u})-\nabla^2\boldsymbol{u} \qquad (2\text{-}15)$$

将式（2-15）代入式（2-14）可以推导出：

$$(\lambda+2\mu)\nabla(\nabla\boldsymbol{u})-\mu\nabla\times(\nabla\times\boldsymbol{u})+\rho\boldsymbol{f}=\rho\ddot{\boldsymbol{u}} \qquad (2\text{-}16)$$

令 b 表示刚性转动矢量，对式（2-16）进行简化得

$$c_p^2\nabla(\nabla\cdot\boldsymbol{u})-c_s^2\nabla\times(2\boldsymbol{b})+\boldsymbol{f}=\ddot{\boldsymbol{u}} \qquad (2\text{-}17)$$

式中，$\boldsymbol{u}$、$\boldsymbol{f}$ 分别为介质中质点的位移矢量和单位质量的体积力矢量；其中，c_s 与 c_p 与具体表达式为

$$c_p^2=\frac{\lambda+2\mu}{\rho},\quad c_s^2=\frac{\mu}{\rho} \qquad (2\text{-}18)$$

式中，c_s 与 c_p 分别表示横波与纵波的波速。

2.1.3 位移势函数解耦运动方程

通过以上对弹性基本方程的介绍和推导，可以看出运动方程的各个变量相互耦合，不容易求解，因此推导出位移的势函数对原来的方程进行解耦。

由场论可知，一个矢量场都可以表示为旋度和梯度之和，所以可以对矢量 u 进行分解得

$$u = \nabla \times \psi + \nabla \varphi \tag{2-19}$$

式中，ψ 表示矢量场，φ 表示标量场。

利用引入势函数的方法，将体力、初始位移和初始速度进行分解，推导出分解后含有待定系数的表达式：

$$u(x,0) = \nabla A + \nabla \times B \tag{2-20}$$

$$\dot{u}(x,0) = \nabla C + \nabla \times D \tag{2-21}$$

$$f(x,t) = c_p^2 \nabla A + \nabla \times B \tag{2-22}$$

由张量分析中的算子关系可知：

$$\nabla \cdot B = \nabla \cdot D = \nabla \cdot G = 0 \tag{2-23}$$

由式（2-22）与式（2-18）对时间变量进行积分运算：

$$u = \nabla \phi + \nabla \times \psi \tag{2-24}$$

其中，ϕ 的积分表达式如下：

$$\phi = \int_0^t c_p^2 \int_0^\tau (\nabla u + E) \mathrm{d}s \mathrm{d}\tau + Ct + A \tag{2-25}$$

$$\psi = \int_0^t c_s^2 \int_0^\tau (-2b + G) \mathrm{d}s \mathrm{d}\tau + Dt + B \tag{2-26}$$

其中，∇b 由式（2-22）可以推导出 $\nabla \psi = 0$。对式（2-25）与式（2-26）中时间变量再次求导：

$$\ddot{\phi} = c_p^2 (\nabla u + E), \quad \ddot{\psi} = c_s^2 (-2b + G) \tag{2-27}$$

对式（2-24）进行简化：

$$\nabla \times u = -\nabla^2 \psi, \quad \nabla \cdot u = \nabla^2 \phi \tag{2-28}$$

由式（2-28）和式（2-27）可以推导出：

$$\nabla^2 \phi + E = \frac{1}{c_p^2} \ddot{\phi} \tag{2-29}$$

$$\nabla^2 \psi + G = \frac{1}{c_s^2} \ddot{\psi} \tag{2-30}$$

式（2-29）与式（2-30）均不存在耦合的变量，为方程的求解奠定了基础。

从上面讨论可看出，由于引进了势函数概念，使得线弹性动力学方程从形式上得到了很大程度的简化，这对于从理论上研究线弹性动力学问题无疑是有帮助的。

2.2 分离变量法

波动方程在数学物理上属于双曲型方程，研究这类方程有多种方法，如波函数展开法（分离变量法）、点源法（格林函数法）、特征线法、复变函数法、积分变换法、有限差分法等数值计算方法。其中，波函数展开法是最基本也是最常用的一种方法，尤其适用于边界规则的有界域数学物理问题求解。

首先，研究齐次波动方程，表达式如下：

$$c^2 \nabla^2 \psi = \ddot{\psi} \tag{2-31}$$

式中，c 为波速度（在这里是相速度，既可代表纵波速度，也可代表横波速度）。

为将其解表示为空间变量函数和时间变量函数的分离乘积形式，引入变量对 ψ 进行分离，有

$$\psi = w(x_j) \cdot T(t) \tag{2-32}$$

式中，$w(x_j)$ 和 $T(t)$ 分别表示空间变量和时间变量。

利用式（2-32）与式（2-31）进行推导，令等式两端均等于一个常数：

$$c^2 \frac{\nabla^2 w(x_j)}{w(x_j)} = \frac{\ddot{T}(t)}{T(t)} = -\omega^2 \tag{2-33}$$

式中，ω 表示圆周频率。

引入 $k = \omega/c$ 对式（2-33）进行简化：

$$\nabla^2 w(x_j) + k^2 w(x_j) = 0 \tag{2-34}$$

$$\ddot{T} + \omega^2 T = 0 \tag{2-35}$$

式（2-34）是亥姆霍兹方程，又称约化波动方程。该方程在不同坐标系下具有不同的变换形式，具体求解时，需要根据弹性体不同的边界形状而选择不同的坐标系。例如，当处理的弹性体边界形状是圆形（平面应力情形）时，可采用平面极坐标系；当弹性体边界形状是六边形或矩形时，可采用直角坐标系；当弹性体边界形状是球形时，可采用球坐标系；当弹性体边界形状是椭圆

形时，可采用椭圆坐标系。对于平面问题，当弹性体边界比较复杂时，可采用复变函数论中的保角映射变换技术，但往往不容易找到相应的保角映射变换函数。

式（2-35）是一个常系数线性齐次常微分方程，求解后有两个独立的解：$e^{i\omega t}$ 与 $e^{-i\omega t}$，所以式（2-32）能表示为时间谐和波：$\psi = w(x_j)e^{\pm i\omega t}$。

上述形式的解是时间谐和波，其中 ω 为时间谐和波的圆频率，$S(x)$ 为约化波动方程（2-34）的解，其解的形式将取决于问题的性质和边界条件，常见的有简谐函数（正余弦函数）第一类贝塞尔函数（代表驻波解）、第三类贝塞尔函数（常用来代表散射波解和汇聚波解）等。

2.3 固体中的波动方程

2.3.1 固体中的平面波动方程

从理论上讲，当波的相位面或波的波阵面是一个无限大平面时，这类波就是平面波。例如，假设空间函数 $S(x)$ 只与一个直角坐标分量 x 有关，则简化方程（2-34）就变成了一个一元函数的常微分方程[2]。

采用直角坐标系对式（2-34）中变量 $w(x_j)$ 进行转化求解，可得 $w(x_j)$ 在直角坐标系表达式为

$$\frac{\partial^2 w(x)}{\partial x^2} + k^2 w(x) = 0 \tag{2-36}$$

式（2-36）求解后有两个独立的解：$e^{i\omega x}$ 与 $e^{-i\omega x}$，所以式（2-32）能表示为简谐波：

$$\psi = A e^{\pm i(kx \pm \omega t)} \tag{2-37}$$

式中，k 表示波数，A 表示振幅，x 是坐标变量，$\theta = (kx \pm \omega t)$ 表示相位，此简谐波与 x 轴方向平行。$e^{i(kx-\omega t)}$ 表示在 x 轴正方向上进行传播，$e^{i(kx+\omega t)}$ 表示在 x 轴负方向上进行传播。其代表着两种传播方向相反的平面波。同时，它又是一个单色波，因为只有一个频率。容易证明，该波的传播速度就是相速度，即等相面在介质中的传播速度。此外，简谐波是周期性波，也是最简单的波，其他任何复杂形式的周期波都可以借助于傅里叶级数展开分解为这种具有不同频率简谐波的叠加，该过程也称频谱分析。作为最简单的波，简谐波几乎包含了波的所有特征和概念。下面对简谐波的一些主要概念进行简单介绍。

（1）波速：波在传播方向上单位时间内走过的距离。它与周期 T 和波长 λ 之间存在关系：$c = \lambda/T$。

(2) 相位：是一种反映波动状态的物理量，代表了波动现象每一时刻的状态。

(3) 振幅：波在振动方向上的最大幅值。

(4) 周期：波在传播方向上前进一个波长的距离所需要的时间。

(5) 波长：在一个周期内振动状态传播的距离，即在同一波线上两个相邻的、相位差为 2π 的质点之间的距离。

(6) 波矢：是矢量，代表了波的传播方向，从数量上说，它表示在波的传播方向上单位长度内所含有的波长数。通常把在 2π 长度内所含有的波长数称为角波数，简称为波数，用 K 表示，定义为

$$K = 2\pi/\lambda = \omega/c$$

(7) 圆周频率：在研究简谐振动和波动现象时，有时用一个动点以一定的半径和角速度做圆周运动来说明问题，即采用动点在 x 轴或 y 轴上的投影来表示介质质点的周期性振动。其中，动点的圆周角速度即为简谐振动或波动的圆频率。它与周期 T 频率 v 的关系为

$$\omega = 2\pi/T = 2\pi v$$

(8) 频率：介质质点或某种物理量在单位时间内完成的周期性运动（或变化）的次数。

另外，容易看出，当波的传播方向并不是沿着某一坐标轴而是沿着空间任意方向时，在方程（2-37）中，在复指数项里的 $\boldsymbol{K} \cdot \boldsymbol{x}$ 应该代换为以波数矢量 $\boldsymbol{K}$ 与点的位置矢量 $\boldsymbol{x}$ 或 $\boldsymbol{r}$ 的点乘积 $\boldsymbol{K} \cdot \boldsymbol{x}$ 或 $\boldsymbol{K} \cdot \boldsymbol{r}$，这也说明波数矢量的确代表了波的传播方向。

2.3.2 固体中的柱面波动方程

既然是柱面波，则说明其相位面或波振面一定是柱面，也就意味着波函数与其中的一个空间坐标无关。假设该坐标为 z，这样空间坐标函数 $S(x,y,z)$ 在柱坐标系 (r,θ,z) 下，将只是极径 r 和极角 θ 的函数。

在球坐标系 (r,θ,φ) 中对式（2-34）中变量 $w(x_j)$ 进行求解，则 $w(x_j)$ 表达式为

$$\frac{1}{r^2}\frac{\partial}{\partial r}\left(r^2\frac{\partial w}{\partial r}\right) + \frac{1}{r^2\sin\varphi}\frac{\partial}{\partial \varphi}\left(\sin\varphi\frac{\partial w}{\partial \varphi}\right) + \frac{1}{r^2\sin^2\theta}\frac{\partial^2 w}{\partial \theta^2} + k^2 w = 0 \quad (2-38)$$

其中，圆半径模量为 $r = \sqrt{x^2 + y^2}$，$\theta = \arctan(y/x)$。

为讨论方便，下面仅考虑轴对称的情况，此时空间函数（约化波函数）$w(r,\theta)$ 与极角 θ 无关，仅与半径 r 有关，所以式（2-38）表示为

第2章 压电材料弹性动力学基本方程

$$\frac{1}{r^2}\frac{\partial}{\partial r}\left(r^2\frac{\partial w}{\partial r}\right)+k^2 w = 0 \qquad (2\text{-}39)$$

其中，式（2-39）表示零阶 Bessel 方程，式（2-38）求解后有两个独立的解：$H_0^{(1)}(kr)\mathrm{e}^{-\mathrm{i}\omega t}$ 和 $H_0^{(2)}(kr)\mathrm{e}^{\mathrm{i}\omega t}$，这两个解与 $\mathrm{e}^{\pm\mathrm{i}\omega t}$ 的乘积就是与时间谐和的柱面波。$H_0^{(1)}$ 为零阶第一类汉克尔函数，$H_0^{(2)}$ 为零阶第二类汉克尔函数。且当 r 很大时，汉克尔函数的渐近表达式为

$$H_0^{(1)}(kr) = \sqrt{\frac{2}{\pi kr}}\exp\left[\mathrm{i}\left(kr-\frac{\pi}{4}\right)\right]+O(r^{-\frac{3}{2}}) \qquad (2\text{-}39\mathrm{a})$$

$$H_0^{(2)}(kr) = \sqrt{\frac{2}{\pi kr}}\exp\left[-\mathrm{i}\left(kr-\frac{\pi}{4}\right)\right]+O(r^{-\frac{3}{2}}) \qquad (2\text{-}39\mathrm{b})$$

从上面两式容易看出：

（1）当 r 很大时，柱面波与平面波有类似的表达形式。

（2）$H_0^{(1)}(kr)\mathrm{e}^{-\mathrm{i}\omega t}$、$H_0^{(2)}(kr)\mathrm{e}^{\mathrm{i}\omega t}$ 均表示由坐标原点向无穷远处以发散的方式进行传播的波。

（3）$H_0^{(1)}(kr)\mathrm{e}^{\mathrm{i}\omega t}$、$H_0^{(2)}(kr)\mathrm{e}^{-\mathrm{i}\omega t}$ 均表示由无穷远处向原点聚集的方式进行传播的波，又称汇聚波。

（4）式（2-39a）和式（2-39b）在波的远场分析和散射截面的近似分析计算中具有重要应用。

对于非对称情形，应采用分离变量法对极径 r 和极角 θ 再进行分离，分别得到关于极径 r 和极角 θ 的未知函数满足的常微分方程；再利用问题的已知条件确立它们满足的定解问题，求得它们的解后，采用线性叠加原理得到原问题的空间函数解。具体求解过程可参照有关数学物理方法教材及其他专著等。

2.3.3 固体中的球面波动方程

众所周知，现实中的波的传播都是三维的，详细研究三维空间中的波动现象更具有包容性和代表意义，但难度也是比较大的。当问题涉及的边界是球形或球弧面时，在球坐标系下研究问题是方便的。假设在球坐标系中，点的位置矢量 $\boldsymbol{x}$ 的模是 R；矢量 $\boldsymbol{x}$ 与 z 轴的夹角为 θ；矢量 $\boldsymbol{x}$ 在 (x,y) 平面上的投影分量与 x 轴的夹角为 φ。

在球坐标系 (r,θ,φ) 中对式（2-34）中变量 $w(x_j)$ 进行转化求解，则可得到 $w(x_j)$ 在球坐标系下表达式：

$$\frac{\partial^2 w(r,\theta)}{\partial r^2}+\frac{1}{r}\frac{\partial w(r,\theta)}{\partial r}+\frac{1}{r^2}\frac{\partial^2 w(r,\theta)}{\partial \theta^2}+k^2 w(r,\theta)=0 \qquad (2\text{-}40)$$

式中,球半径模量为 $r=|\boldsymbol{x}|$;φ 表示 $\boldsymbol{x}$ 与 z 轴之间夹角;θ 为 $\boldsymbol{x}$ 在 xy 坐标平面上的分量与 x 轴之间的夹角。

上述方程仍可采用分离变量法求解。下面仅以中心球对称的特殊情形为例来考虑球面波的一些特点。在这种情况下,空间坐标函数 $w(r,\theta,\varphi)$ 只与 r 有关,而与 θ、φ 无关。此时方程(2-40)可转化为

$$\frac{\partial^2 w}{\partial r^2}+\frac{1}{r}\frac{\partial w}{\partial r}+k^2 w=0 \qquad (2\text{-}41)$$

方程(2-41)求解后有两个独立的解:$\frac{1}{r}e^{ikr}$ 与 $\frac{1}{r}e^{-ikr}$,它们与时间因子 $e^{\pm(i\omega t)}$ 组合成的时间谐和球面波 $\frac{1}{r}e^{\pm(kr-\omega t)}$、$\frac{1}{r}e^{\pm(kr+\omega t)}$ 分别表示由坐标原点向无穷远处发散的方式进行传播的发散波和以无穷远处向原点聚集的方式进行传播的汇聚波。从前面柱面波部分和此处的球面波部分都能看出:它们两者的波函数中都含有振幅衰减因子。这主要是波源发射出来的能量被逐步扩大的波阵面分散了的缘故。

同样,当涉及的球面波问题是非球对称的,则波函数将与 (r,θ,φ) 都有关系,应采用分离变量法进行讨论,这会涉及球贝塞尔函数、勒让德(Legendre)函数等特殊函数。

2.4 平面内与平面外问题

2.4.1 平面内问题

(1) 如果与 x_3 相关的 σ_{33}、σ_{32} 与 σ_{31} 这三个应力的值均为零,除此之外的应力与 x_3 不相关,弹性体处于平面应力状态。此时,外力仅仅作用在 x_1、x_2 平面内,且与 x_3 无关;同时所有的位移分量也都与 x_3 无关。根据 $\sigma_{33}=0$ 推导出:

$$\varepsilon_{33}=-\frac{\lambda}{\lambda+2\mu}\frac{\partial u_\alpha}{\partial x_\alpha} \qquad (2\text{-}42)$$

根据式(2-42)对运动方程进行简化:

$$\frac{1+v}{2}\frac{\partial^2 u_\beta}{\partial x_\alpha \partial x_\beta}+\frac{1-v}{2}\frac{\partial^2 u_\alpha}{\partial x_\beta^2}+\frac{\rho(1-v^2)}{E}f_\alpha=\frac{\rho(1-v^2)}{E}\ddot{u}_\alpha \qquad (2\text{-}43)$$

式中，E 表示弹性模量；$v=\dfrac{\lambda}{2(\lambda+\mu)}$。

（2）如果位移变量满足 $u_3=0$，$u_1=u_1(x_1,x_2,t)$，$u_2=u_2(x_1,x_2,t)$，此时弹性体处于平面应变状态。根据 $\varepsilon_{31}=\varepsilon_{32}=0$ 推导出：

$$(\lambda+\mu)\dfrac{\partial\theta}{\partial x_\alpha}+\mu\dfrac{\partial^2 u_\alpha}{\partial x_\beta^2}+\rho f_\alpha=\rho\ddot{u}_\alpha \tag{2-44}$$

式中，$\theta=\varepsilon_{11}+\varepsilon_{32}$。

2.4.2 反平面问题

如果位移变量满足 $u_1=u_2=0$，$u_3=u_3(x_1,x_2,t)$，此时弹性体处于反平面应变状态，也被称为纯剪切状态。弹性体的应力分量 σ_{32}、σ_{31} 与应变分量 $\varepsilon_{31}=\dfrac{\partial u_3}{2\partial x_1}$，$\varepsilon_{32}=\dfrac{\partial u_3}{2\partial x_2}$ 的数值均不为零。根据 $u_1=u_2=0$ 推导出：

$$\mu\left(\dfrac{\partial^2 u_3}{\partial x_1^2}+\dfrac{\partial^2 u_3}{\partial x_2^2}\right)+\rho f_3=\rho\ddot{u}_3 \tag{2-45}$$

式（2-45）也可以简化为

$$c_s^2\left(\dfrac{\partial^2 u_3}{\partial x_1^2}+\dfrac{\partial^2 u_3}{\partial x_2^2}\right)+f_3=\ddot{u}_3 \tag{2-46}$$

式中，$c_s^2=\mu/\rho$，为剪切波波速。

2.5 压电材料基本理论

2.5.1 基本变量

压电介质具有力电耦合这一物理特性，因此是一种既可以导电，又可以压缩和拉伸的功能梯度复合材料，压电介质受到外部荷载和外电场的作用时，会发生电极化现象，而且介质也会发生变形，这种现象分别与电学行为和力学行为相对应[2]。

当采用直角坐标系 $x_i(i=1,2,3)$ 时，通常采用电弹变量和机械位移矢量来对电学行为和力学行为进行描述，其中电弹变量包括标量电位势 ϕ、电位移矢量 $\boldsymbol{D}_i$、电场强度矢量 $\boldsymbol{E}_i$。机械位移矢量包括机械位移矢量 $\boldsymbol{u}_i$、应变张量 $\boldsymbol{\varepsilon}_{ij}$、应力张量 $\boldsymbol{\sigma}_{ij}$。

2.5.2 压电平衡方程

对于直角坐标系中的弹性体，假定位移和形变是微小的，则应变张量 ε_{ij} 可用弹性位移张量 u_i 表示，表达式可写成：

$$\varepsilon_{ij} = \frac{1}{2}(u_{i,j} + u_{j,i}) \tag{2-47}$$

由电磁场理论可知，压电弹性材料产生的电场强度表达式如下：

$$E_i = -\phi_{,i} \tag{2-48}$$

在动力学方面，推导出平衡方程，在电学方面，也推导出平衡方程，具体表达式为

$$\begin{cases} \sigma_{ij,j} + f_i = \rho \ddot{u}_j \\ D_{i,i} - q = 0 \end{cases} \tag{2-49}$$

式中，σ_{ij} 表示应力张量；f_i 表示对应方向上的体力；$\ddot{u}_j$ 表示机械位移 u_j 对时间求二阶导数；D_i 表示电位移张量；q 表示电荷密度。并且式（2-49）中采用了爱因斯坦求和表示法，约定对于重复的下标进行求和运算。

2.5.3 压电本构方程

当压电弹性材料单独受到外电场的作用时，此时没有外部机械荷载的作用，压电弹性材料的电学行为可以表示为两个电学变量相互作用的形式，方程的具体表达式为

$$D = kE \tag{2-50}$$

式中，k 是压电材料的介电常数（F/m）；E 是电场强度；D 是电位移。对于各向异性的电介质，k 是一个二阶对称张量，有 9 个分量，独立分量最多有 6 个。式（2-50）可用张量形式表示为

$$D_i = k_{ij} E_j \tag{2-51}$$

类似地，当同一压电材料单独受到机械荷载的作用时，此时没有外电场的作用，压电弹性材料的力学行为可以表示为两个力学变量相互作用的形式，在弹性范围内，它们遵守胡克定律方程的具体表达式为

$$\sigma_{ij} = c_{ijkl}^E \varepsilon_{kl} \tag{2-52}$$

对于应力张量 σ_{ij} 和应变张量 ε_{ij}，均为对称张量，二者的独立分量有 6 个。所以式（2-52）简化为以下形式：

$$\sigma_i = c_{ij} \varepsilon_j, \quad i = j = 1, 2, 3, \cdots, 6 \tag{2-53}$$

式中，c_{ij}是压电弹性材料的刚度系数（N/m）。c_{ij}包括 36 个分量，在这些分量中，最多有 21 个相互独立的分量。

式（2-53）可以写成矩阵形式：

$$\boldsymbol{\sigma} = c\boldsymbol{\varepsilon} \tag{2-54}$$

以压电介质的物体特性为依据，压电方程的推导如下。在推导中自变量选取电场强度 E 和应力 $\boldsymbol{\sigma}$，由式（2-51）和式（2-52），可以推导出压电方程的表达式如下：

$$\sigma_{ij} = c_{ijkl}^{E}\varepsilon_{kl} - e_{kij}E_k \tag{2-55}$$

式中，e_{kij}表示压电应力常数，这个常数最多有 18 个变量是相互独立的。$c_{ijkl}^{E}\varepsilon_{kl}$表示应变对应力的影响，$e_{kij}E_k$表示电场强度对应力的影响，$c_{ijkl}^{E}$表示弹性刚度系数（短路弹性刚度系数），$c_{ijkl}^{E}$表示电场强度 E 为常数的情况。

由式（2-55）可知，压电介质内部的应力，同时受到位移场和电场的影响，二者对压电介质的应力均能产生作用。通过同样的方法，电位移变量 D，也可以表示成应变 ε 和电场强度 E 共同的作用，具体推导如下：

$$D_i = e_{ikl}\varepsilon_{kl} - k_{kl}^{\varepsilon}E_k \tag{2-56}$$

式中，$e_{ikl}\varepsilon_{kl}$表示应变对电位移的影响；$k_{kl}^{\varepsilon}E_k$表示电场强度对电位移的影响；k_{kl}^{ε}为介电常数。$k_{kl}^{\varepsilon}E_k$和c_{ijkl}^{E}均表示应变 ε 为常数的情况。

公式可以表示成矩阵形式：

$$\begin{cases}\boldsymbol{\sigma} = c^{E}\boldsymbol{\varepsilon} - e^{T}\boldsymbol{E} \\ \boldsymbol{D} = e\boldsymbol{\varepsilon} + k^{\varepsilon}\boldsymbol{E}\end{cases} \tag{2-57}$$

由以上公式推导可知，在压电材料的应变是常数的情况下，压电应力常数可以表为由电场强度变化所引起的应力和电场强度的比值：$e_{iu} = \left(\dfrac{\partial \sigma_u}{\partial \varepsilon_i}\right)_{\varepsilon}$；在压电材料的电场强度是常数的情况下，压电应力常数可以表示为由应变变化所引起的电位移和应变的比值：$e_{iu} = \left(\dfrac{\partial \sigma_i}{\partial \varepsilon_u}\right)_{\varepsilon}$。

通过上述论证可知，各向异性压电材料所包括的材料常数中有 45 个相互独立，这些材料常数中，弹性常数有 21 个，压电常数有 18 个，介电常数有 6 个。

由上述对压电介质的力电耦合公式的推导，能够加深对压电介质的物理参数的理解。压电介质的力电耦合现象包括正压电效应和逆压电效应，这两种压电效应的不同之处是由组成压电介质的晶体中的相邻原子的不同排列方式形成的，排列方式不同，形成的应力场和电场两种相互耦合的作用机理也不一样。可以通过实验和理论证明，对于正压电效应和逆压电效应，描述二者物理特性的系数是彼此相等的，压电材料发生正压电效应和逆压电效应的物理过程也是彼此相反的，所以压电材料如果体现出正压电效应，这种材料也一定具有逆压电效应。

外力荷载作用下，压电介质因为压力的作用发生压缩，导致相邻晶体之间的电偶极矩变短，晶体表面上正电荷和负电荷对压缩变形的抵抗作用，正负电荷二者发生相对位移，因此压电材料在受压表面的两侧发生极化作用，从而形成电位势差。正压电效应是机械能向电能发生转化。力场和电场二者之间的关系可以表示为

$$\boldsymbol{p} = \boldsymbol{d}\boldsymbol{\sigma} \qquad (2\text{-}58)$$

式中，$\boldsymbol{p}$ 表示极化强度；$\boldsymbol{d}$ 表示压电介质的压电应变张量。

当压电介质不受外电场作用时，$\boldsymbol{p} = \boldsymbol{D}$，式（2-58）张量的形式为

$$p_i = d_{ijk}\sigma_{jk} \qquad (2\text{-}59)$$

其中，$\boldsymbol{D}$ 表示电位移。

通过以上推导的应力应变之间的关系，可以推导出电位移和应变的关系，表达式如下：

$$\begin{cases} \boldsymbol{D} = \boldsymbol{e}\boldsymbol{\varepsilon} \\ D_i = e_{ijk}\varepsilon_{jk} \end{cases} \qquad (2\text{-}60)$$

式中，e_{ijk} 是压力应变常数。

逆压电效应的作用机理，是由于压电介质中晶体在外电场的作用下，导致相邻晶体之间的电偶极矩变短，由于晶体表面上正电荷和负电荷对外电场的抵抗作用，正负电荷二者发生相对位移，使压电介质发生压缩变形，从而形成机械位移。正压电效应是机械能向电能发生转化。类似地，电场和应变二者之间的关系可以表示为

$$\boldsymbol{\varepsilon} = \boldsymbol{d}^c\boldsymbol{E} \qquad (2\text{-}61)$$

式中，c 表示转置。

通过对实验数据的分析，科研人员建立起压电介质的热力学关系式，如果把压电介质假设成热力学系统，并且假设压电介质在短时间内能够完能量转换，即压电介质有绝热系统，内部的热量和外界热量无法发生转换，在以上假设均成立时通过理论分析，也可以得到同样的结果。科研人员发现，在工程实践中，压电介质内部和外界之间进行能量转换的速度非常快，和上述假设一致。

压电介质在工程实践中应用广泛，在不同的使用环境中，压电介质的边界

第 2 章 压电材料弹性动力学基本方程

条件也有所不同，根据实际应用，主要边界条件分为机械自由、机械夹紧、电短路和电开路 4 种。

外部激励信号和基波谐振频率的大小决定了压电介质的边界条件类型。在基波谐振频率远大于激励信号频率的情况下，压电介质内部机械位移和电位移发生变化，由于介质内部重新调整的时间比较充分，可以进行状态恢复，机械位移和电位移发生变化的频率就可以与频率保持同步，这时形变是自由的，压电介质内部的应力是保持不变的，这种情况可以认为是机械自由。

在基波谐振频率远小于激励信号频率的情况下，压电介质内部机械位移和电位移发生变化，介质内部重新进行调整的时间比较短暂，内部的状态无法进行恢复，因此可以认为压电介质没有发生变形，对应于机械加紧。

本章中模型的本构方程采用式（2-56）和式（2-57）。

2.5.4 压电控制方程

本章研究的压电介质模型是各向同性材料，建立直角坐标系，压电介质所在平面为 xoy 平面，电极化方向沿 z 轴方向，本章首先介绍压电材料的反平面动力分析问题的基本方程。因为本章中模型的动应力问题是反平面问题，位移场和电场中的变量包括出平面位移函数 $w(x,y)$ 和平面内电位势函数 $\phi(x,y)$ 两部分。当不考虑体力和自由电荷，且周期性变化的机械荷载和电荷载共同作用于压电材料时，时间谐和因子可以从变量中进行分离，使表达式得到简化，压电材料在稳态情况时其平衡方程表达式如下：

$$A^*(x,y,t) = A(x,y)\mathrm{e}^{-\mathrm{i}\omega t} \tag{2-62}$$

式中，A^* 可以取复数形式。

本章研究的模型均为含缺陷的压电板材或带形压电介质材料，假设材料具有横观各向同性，在各向同性面的平行面内建立 xoy 坐标系，令 z 轴方向为极化方向，在此 xoy 坐标系中对压电材料的出平面问题进行分析研究，建立出平面的位移场和平面内电场，分别用函数 $w(x,y)$ 和 $\phi(x,y)$ 表示，利用力场和电场相互耦合的理论推导出压电弹性介质在出平面问题中的基本方程。由平衡方程可知，当压电介质在稳态情况下，并且内部体力和自由电荷均为零时，压电介质在出平面荷载作用下的平衡方程可以写成：

$$\begin{cases} \dfrac{\partial \tau_{xz}}{\partial x} + \dfrac{\partial \tau_{yz}}{\partial y} + \rho\omega^2 w = 0 \\ \dfrac{\partial D_x}{\partial x} + \dfrac{\partial D_y}{\partial y} = 0 \end{cases} \tag{2-63}$$

式中，τ_{xz}、τ_{yz} 为剪切应力分量；D_x、D_y 为电位移分量；w 为位移场函数；ρ 为质量密度；ω 为 SH 波的圆频率。

对于各向同性面内的坐标系 xoy，压电材料的本构关系方程可以表示为

$$\begin{cases} \tau_{xz}=c_{44}\dfrac{\partial w}{\partial x}+e_{15}\dfrac{\partial \phi}{\partial x} \\ \tau_{yz}=c_{44}\dfrac{\partial w}{\partial y}+e_{15}\dfrac{\partial \phi}{\partial y} \\ D_x=e_{15}\dfrac{\partial w}{\partial x}-k_{11}\dfrac{\partial \phi}{\partial x} \\ D_y=e_{15}\dfrac{\partial w}{\partial y}-k_{11}\dfrac{\partial \phi}{\partial y} \end{cases} \tag{2-64}$$

式中，c_{44} 为弹性常数；e_{15} 为压电常数；k_{11} 为介电常数；ϕ 为电位势函数。

将本构关系方程（2-64）代入平衡方程（2-51）中，便可以得到反平面压电动态问题中以位移 w 和电位势 ϕ 两个物理量表示的控制方程：

$$\begin{cases} c_{44}\nabla^2 w+e_{15}\nabla^2 \phi+\rho\omega^2 w=0 \\ e_{15}\nabla^2 w-k_{11}\nabla^2 \phi=0 \end{cases} \tag{2-65}$$

式中，∇^2 为拉普拉斯（Laplace）算子。

可以看到，在上述控制方程（2-65）中，位移函数 $w(x,y)$ 和电位势函数 $\phi(x,y)$ 相互耦合在一起，这给方程的求解带来了困难，为了解决此问题引入一个新函数 $f(x,y)$，其满足下面方程，即

$$f=\phi-\dfrac{e_{15}}{k_{11}}w \tag{2-66}$$

将变量 f 代入控制方程（2-65）中，得到解耦的控制方程：

$$\nabla^2 w+k^2 w=0, \quad \nabla^2 f=0 \tag{2-67}$$

式中，k 为波数，$k^2=\rho\omega^2/c^*$，$c^*=c_{44}+e_{15}^2/k_{11}$。

在极坐标系 (r,θ) 中，控制方程（2-67）可以转变为以下形式：

$$\begin{cases} \dfrac{\partial^2 w}{\partial r^2}+\dfrac{1}{r}\dfrac{\partial w}{\partial r}+\dfrac{1}{r^2}\dfrac{\partial^2 w}{\partial \theta^2}+k^2 w=0 \\ \dfrac{\partial^2 f}{\partial r^2}+\dfrac{1}{r}\dfrac{\partial f}{\partial r}+\dfrac{1}{r^2}\dfrac{\partial^2 f}{\partial \theta^2}=0 \end{cases} \tag{2-68}$$

本构方程在极坐标系 (r,θ) 中可以表示为

$$\begin{cases}\tau_{rz}=c_{44}\dfrac{\partial w}{\partial r}+e_{15}\dfrac{\partial \phi}{\partial r}\\ \tau_{\theta z}=c_{44}\dfrac{1}{r}\dfrac{\partial w}{\partial \theta}+e_{15}\dfrac{1}{r}\dfrac{\partial \phi}{\partial \theta}\\ D_{r}=e_{15}\dfrac{\partial w}{\partial r}-k_{11}\dfrac{\partial \phi}{\partial r}\\ D_{\theta}=e_{15}\dfrac{1}{r}\dfrac{\partial w}{\partial \theta}-k_{11}\dfrac{1}{r}\dfrac{\partial \phi}{\partial \theta}\end{cases} \quad (2\text{-}69)$$

将式（2-66）代入式（2-69）中，则式（2-69）可以转化为以下形式：

$$\begin{cases}\tau_{rz}=\left(c_{44}+\dfrac{e_{15}^{2}}{k_{11}}\right)\dfrac{\partial w}{\partial r}+\dfrac{e_{15}^{2}}{k_{11}}\dfrac{\partial f}{\partial r}\\ \tau_{\theta z}=\left(c_{44}+\dfrac{e_{15}^{2}}{k_{11}}\right)\dfrac{1}{r}\dfrac{\partial w}{\partial \theta}+\dfrac{e_{15}^{2}}{k_{11}}\dfrac{1}{r}\dfrac{\partial \phi}{\partial \theta}\\ D_{r}=-e_{15}\dfrac{\partial f}{\partial r}\\ D_{\theta}=-e_{15}\dfrac{1}{r}\dfrac{\partial f}{\partial \theta}\end{cases} \quad (2\text{-}70)$$

利用复变函数理论，引入复变量 $z=x+y\mathrm{i}$，$\bar{z}=x-y\mathrm{i}$，在复平面 $(z,\bar{z})$ 内上述方程式又可分别写为

$$\begin{cases}\tau_{xz}=c_{44}\left(\dfrac{\partial w}{\partial z}+\dfrac{\partial w}{\partial \bar{z}}\right)+e_{15}\left(\dfrac{\partial \phi}{\partial z}+\dfrac{\partial \phi}{\partial \bar{z}}\right)\\ \tau_{yz}=\mathrm{i}c_{44}\left(\dfrac{\partial w}{\partial z}-\dfrac{\partial w}{\partial \bar{z}}\right)+\mathrm{i}e_{15}\left(\dfrac{\partial \phi}{\partial z}-\dfrac{\partial \phi}{\partial \bar{z}}\right)\\ D_{x}=e_{15}\left(\dfrac{\partial w}{\partial z}+\dfrac{\partial w}{\partial \bar{z}}\right)-k_{11}\left(\dfrac{\partial \phi}{\partial z}+\dfrac{\partial \phi}{\partial \bar{z}}\right)\\ D_{y}=\mathrm{i}e_{15}\left(\dfrac{\partial w}{\partial z}-\dfrac{\partial w}{\partial \bar{z}}\right)-\mathrm{i}k_{11}\left(\dfrac{\partial \phi}{\partial z}-\dfrac{\partial \phi}{\partial \bar{z}}\right)\end{cases} \quad (2\text{-}71)$$

采用复变函数论中的极坐标形式，令 $z=r\mathrm{e}^{\mathrm{i}\theta}$，$\bar{z}=r\mathrm{e}^{-\mathrm{i}\theta}$，则有

$$\begin{cases}\tau_{rz}=c_{44}\left(\dfrac{\partial w}{\partial z}\mathrm{e}^{\mathrm{i}\theta}+\dfrac{\partial w}{\partial \bar{z}}\mathrm{e}^{-\mathrm{i}\theta}\right)+e_{15}\left(\dfrac{\partial \phi}{\partial z}\mathrm{e}^{\mathrm{i}\theta}+\dfrac{\partial \phi}{\partial \bar{z}}\mathrm{e}^{-\mathrm{i}\theta}\right)\\ \tau_{\theta z}=\mathrm{i}c_{44}\left(\dfrac{\partial w}{\partial z}\mathrm{e}^{\mathrm{i}\theta}-\dfrac{\partial w}{\partial \bar{z}}\mathrm{e}^{-\mathrm{i}\theta}\right)+\mathrm{i}e_{15}\left(\dfrac{\partial \phi}{\partial z}\mathrm{e}^{\mathrm{i}\theta}-\dfrac{\partial \phi}{\partial \bar{z}}\mathrm{e}^{-\mathrm{i}\theta}\right)\\ D_{r}=e_{15}\left(\dfrac{\partial w}{\partial z}\mathrm{e}^{\mathrm{i}\theta}+\dfrac{\partial w}{\partial \bar{z}}\mathrm{e}^{-\mathrm{i}\theta}\right)-k_{11}\left(\dfrac{\partial \phi}{\partial z}\mathrm{e}^{\mathrm{i}\theta}+\dfrac{\partial \phi}{\partial \bar{z}}\mathrm{e}^{-\mathrm{i}\theta}\right)\end{cases}$$

$$\left\{ D_\theta = \mathrm{i}e_{15}\left(\frac{\partial w}{\partial z}\mathrm{e}^{\mathrm{i}\theta} - \frac{\partial w}{\partial \bar{z}}\mathrm{e}^{-\mathrm{i}\theta}\right) - \mathrm{i}k_{11}\left(\frac{\partial \phi}{\partial z}\mathrm{e}^{\mathrm{i}\theta} - \frac{\partial \phi}{\partial \bar{z}}\mathrm{e}^{-\mathrm{i}\theta}\right) \right. \quad (2-72)$$

本章介绍了压电介质中的一些基本方程，给出了各向同性压电介质中在直角坐标、极坐标和复数形式下弹性位移场与电位势场的控制方程以及相应的本构方程，这些为后续章节中问题的研究奠定了基础。

参 考 文 献

[1] 张希萌. 带形压电介质中脱胶圆形夹杂与裂纹对 SH 波的散射 [D]. 哈尔滨：哈尔滨工程大学, 2018.
[2] 黎在良, 刘殿魁. 固体中的波 [M]. 北京：科学出版社, 1995.

第3章 解决弹性波散射问题的主要研究方法

由于弹性波散射问题在理论和工程中的重要性，几十年来，人们发展了许多切实可行的方法，其中比较典型的主要有复变函数法、波函数展开法、格林函数法、贝塞尔函数法、裂纹面的电边界条件、积分方程组的数值解法、摄动法、几何射线法、保角映射法、第一类弗雷德霍姆（Fredholm）积分方程的直接数值积分解法等。下文将简要介绍在求解弹性波散射问题中所使用的方法。

3.1 复变函数法

将复变函数法引入弹性静力学是由 L. N. G. Filon 首先提出的，后由 Kolosoff 和 N. IMuskhelishvili 发展，形成了一套完整的复变函数理论。最早将复变函数理论引入二维弹性波的散射问题研究中的是刘殿魁等人，他们于20世纪80年代完成。该方法的特点是将问题中所有的场物理量表达为平面复变量及其共轭复变量的函数。其优点是可以利用保角映射技术将问题中的不规则边界变换为容易处理的简单边界（如单位圆边界），引入的"域函数"概念使得变换后的方程的解可以表示成以"域函数"为通项核心的级数形式，利用问题的边界条件和复数傅里叶变换得到一个仅包含波函数中未知系数的无穷代数方程组，在满足一定计算精度的前提下，通过有限项截断进行求解。该方法不仅适用于单个或多个任意形状的缺陷对弹性波散射问题的研究，而且其提出的"域函数"概念大大拓宽了经典波函数展开法的使用范围。

3.2 波函数展开法

波函数展开法在数学物理方法中又称为分离变量法。其特点是通过变量分离将某个场量的函数表达为几个单变量函数的乘积形式，根据该场量函数所满足的齐次偏微分方程及相应的边界条件和自然边界条件，可以将原来的定解问题转化为几个常微分方程定解问题。其中，部分问题就是原定解问题对应的特征值（固有值）问题。求解这些特征值问题得到问题的特征值和特征函数后，再由问题的线性解，利用叠加原理构造出问题的无穷级数解（其中含有未知系数）。必要时还应利用问题的初始条件和傅里叶级数展开的办法确定未知系数，这种方法就称为波函数展开法。其详细内容在数学物理方法中有介绍，不过需要注意的是，根据问题的特点，问题的特征函数系可能是正弦或余弦函数系，还可能是贝塞尔函数系、汉克尔函数系、勒让德函数系、韦伯（Weber）数系、马修（Mathijeu）函数系等特殊函数系。对于稳态问题，可直接利用边界条件求解边值问题；对于瞬态问题，应首先对方程和定解条件进行积分变换，将原来的含时间变量的定解问题转化为频域内的边值问题，再利用上述办法得到问题的频域解，然后通过积分反变换得到问题的时域解。到目前为止，曲线坐标系的种类有11种，而对于矢量波动方程仅有6种坐标（笛卡儿坐标、球坐标、锥面坐标、圆柱坐标、椭圆柱坐标和抛物坐标）可以分离变量，因而分离变量法在应用上受到一定限制。不过，刘殿魁等人利用复变函数法提出的"域函数"概念，使得波函数展开法的适用范围得到推广。

3.3 格林函数法

格林函数是一种用来解决有初始条件或边界条件的非齐次微分方程的函数。该方法是根据具体问题构造出一个新的定解问题，当该定解问题只有一个定解方程时（非齐次的，且非齐次项是一个广义点源函数），便可得到基本解。在考虑某一模型问题的边界条件后便可以得到问题对应的格林函数解，最后利用问题的线性性质，通过叠加原理得到原来问题的积分解。

格林函数从物理上看，一个数学物理方程是表示一种特定的"场"和产生这种场的"源"之间的关系。例如，热传导方程表示温度场和热源之间的关系，泊松方程表示静电场和电荷分布的关系。这样，当"源"被分解成很多点源的叠加时，如果能设法知道点源产生的场，利用叠加原理，就可以求出同样边界条件下任意源的场。

3.3.1 格林函数定义

很多具有不规则边界的物理问题都可以用格林函数法进行求解。本章构造适合此问题的格林函数，在垂直边界上任意位置作用一个出平面线源荷载，利用圆形夹杂周边连续性条件求解未知系数，得到当线源荷载作用时压电材料中电位势与位移函数二者的表达式。

构造非齐次线性函数表达式：

$$Lu(x) = a_0(x)D^n + a_1(x)D^{n-1} + \cdots + a_{n-1}(x)D + a_n(x) = f(x) \tag{3-1}$$

式中，L 表示微分算子；$D = \dfrac{\mathrm{d}}{\mathrm{d}x}$；$a_0(x) \neq 0$；$f(x)$ 是一连续函数。

对于式（3-1）中等式右端的连续函数 $f(x)$，其表达式为

$$f(x) = \int_{-\infty}^{+\infty} \delta(x-y)f(y)\,\mathrm{d}y \tag{3-2}$$

即把连续分布在空间中的外力或外源 $f(x)$ 看成鳞次排列的许许多多个点的作用力或点源。其中，δ 函数是线性问题中描写点源或瞬时量的用途非常广泛的一个广义函数。我们可以把 $\delta(\cdot)$ 理解成：

$$\delta(x) = \begin{cases} 0, x \neq 0 \\ \infty, x = 0 \end{cases}, \quad \int_{-\infty}^{+\infty} \delta(x) = 1 \tag{3-3}$$

因为微分方程是线性的，可用叠加原理。若 u_1 和 u_2 分别是 $Lu_i = f_i (i=1,2)$ 的解，则 $u = b_1 u_1 + b_2 u_2$ 是微分方程 $Lu = f = b_1 f_1 + b_2 f_2$ 的解，其中的 b_1 和 b_2 是任意常数。这样的叠加可以推广到 i 为无穷多个，即连续分布的情形。将式（3-2）左边的函数 $f(x)$ 看成右边一系列连续分布 $\delta(x-y)f(y)$ 之和。

令 $G(x,y)$ 作为式（3-1）的基本解，则根据函数的线性特征可知：

$$LG(x,y) = \delta(x-y) \tag{3-4}$$

将式（3-4）代入式（3-2），再将式（3-2）代入式（3-1），推导出关系式：

$$u(x) = \int_{-\infty}^{+\infty} G(x,y) f(y) \,\mathrm{d}y \tag{3-5}$$

每一个这样的 G 乘以任意常数 $f(y)$ 并相加（即对 y 积分），按叠加原理应有

$$f(x) = \int_{-\infty}^{\infty} G(x,y)f(y)\,\mathrm{d}y = \int_{-\infty}^{\infty} LG(x,y)f(y)\,\mathrm{d}y = L\int_{-\infty}^{\infty} G(x,y)f(y)\,\mathrm{d}y = Lu$$

这就表明，若能求出方程（3-4）的解 G，则对于任意非齐次项的微分方程（3-1）的解便立即可由式（3-5）求出。可见式（3-4）的解 G 很重要，一般称其为算子 L 的基本解。

应该注意，微分方程的边值问题总是和边界条件相联系的，因此，应选择满足边界条件的基本解来解微分方程的边值问题，这类满足边界条件的基本解就称为格林函数。

在力学问题中，微分方程（3-1）的非齐次项 f 常称为强迫力项，格林函数 G 是非齐次项为脉冲函数时微分方程（3-1）的解，按脉冲函数的定义，G

是任意点处作用一个集中的源（力、电荷等）引起的全场的响应，这就是格林函数的物理意义。

3.3.2 格林函数性质

为了能更好地使用格林函数法对弹性体中不规则边界的情况进行求解，下面对其性质进行介绍，如分段连续性、奇异性、对称关系、振荡性、可积性等。

3.3.2.1 分段连续性

若把某一确定的区间分割成若干小区间，则格林函数在各个小区间内均连续。

3.3.2.2 Sommerfield 辐射条件

$$\lim_{r\to\infty} r^{\frac{n-1}{2}} |G| \leq A \tag{3-6}$$

$$\lim_{r\to\infty} r^{\frac{n-1}{2}} \left| \frac{\partial G}{\partial r} - ikG \right| = 0 \tag{3-7}$$

式中，r 表示空间某点的矢径；A 表示常数。

式（3-6）的物理意义是波动从原点传递到无穷远时函数值有界，式（3-7）的物理意义是能量不可能从无穷远处向有限的空间内传递。

3.3.2.3 奇异性

对于零阶汉克尔函数，如果遇到宗量特别小的情况，可以用以下渐近式进行展开：

$$H_0^{(1)}(\cdot) = J_0(\cdot) + iY_0(\cdot) = J_0(\cdot) + i\frac{2}{\pi}\left[\gamma + \ln\left(\frac{\cdot}{2}\right)\right]J_0(\cdot) + O \tag{3-8}$$

如果计算中遇到奇点，可以考虑利用格林函数的渐近表达式来进行替换：

$$\int_{r_i-\varepsilon}^{r_1+\varepsilon} f(r_{01},\theta_{01}) G^{(i)}(r_1,\theta_1,r_{01},\theta_{01}) dr_{01} = \frac{i}{2\mu}\int_{r_i-\varepsilon}^{r_1+\varepsilon} f(r_{01},\theta_{01}) H_0^{(1)}(k|r_{01}-r_1|) dr_{01}$$

$$\approx \frac{i}{2\mu}\int_{r_1-\varepsilon}^{r_1+\varepsilon} f(r_{01},\theta_{01}) J_0^{(1)}(k|r_{01}-r_1|)\left[1 + i\frac{2}{\pi}\gamma + \ln\left(\frac{k|r_{01}-r_1|}{2}\right)\right] dr_{01}$$

$$\approx \frac{f(r_{01},\theta_{01})}{\mu}\int_{r_1}^{r_1+\varepsilon}\left[i - \frac{2}{\pi}\left(\gamma + \ln\frac{k|r_{01}-r_1|}{2}\right)\right] dr_{01}$$

$$= \frac{f(r_{01},\theta_{01})}{\mu}\varepsilon\left[i - \frac{2}{\pi}\left(\gamma - 1 + \ln\frac{k\varepsilon}{2}\right)\right]$$

$$\tag{3-9}$$

其中，$\gamma = 0.5772157$ 表示欧拉常数。式（3-9）中，第一个近似表达式等根据汉克尔函数的小宗量近似表达式得出，第二个近似表达式根据中值定理得出。

3.3.2.4 对称关系

有以下对称关系成立：

$$G(r, \theta, r_0, \theta_0) = G(r_0, \theta_0, r, \theta) \tag{3-10}$$

3.3.2.5 振荡性

如果格林函数源点与像点之间距离非常大，对应 $r \to \infty$，格林函数发生振荡，若考虑阻尼的存在，则会发生收敛。

$$H_0^{(1)}(kr) = \sqrt{\frac{2}{\pi kr}} e^{i\left(kr - \frac{\pi}{4}\right)} + O(r^{-\frac{3}{2}}) \tag{3-11}$$

$$H_0^{(2)}(kr) = \sqrt{\frac{2}{\pi kr}} e^{-i\left(kr - \frac{\pi}{4}\right)} + O(r^{-\frac{3}{2}}) \tag{3-12}$$

3.3.2.6 可积性

若外力 $f(r_{01}, \theta_{01})$ 作用于弹性体内某点 (r_{01}, θ_{01}) 的邻域，则可以利用积分式表示此外力产生的位移场：

$$\begin{aligned}
&\int_{r_1 - \varepsilon}^{r_1 + \varepsilon} f(r_{01}, \theta_{01}) G(r_1, \theta_1, r_{01}, \theta_{01}) \mathrm{d}r_{01} \\
&= \int_{r_1 - \varepsilon}^{r_1 + \varepsilon} f(r_{01}, \theta_{01}) \left[G^{(i)}(r_1, \theta_1, r_{01}, \theta_{01}) + G^{(s)}(r_1, \theta_1, r_{01}, \theta_{01}) \right] \mathrm{d}r_{01}
\end{aligned} \tag{3-13}$$

3.4 贝塞尔函数法

1817 年，德国数学家贝塞尔在研究开普勒提出的三体引力系统的运动问题时，第一次系统地提出了贝塞尔函数的总体理论框架，后人以他的名字来命名了这种函数。贝塞尔方程是在柱坐标或球坐标下使用分离变量法求解拉普拉斯方程和亥姆霍兹方程时得到的，因此贝塞尔函数在波动问题以及各种涉及有势场的问题中占有非常重要的地位，最典型的问题有：①在圆柱形波导中的电磁波传播问题；②圆盘（圆柱体）中的热传导问题；③圆形（或环形）薄膜的振动模态分析问题。在这里以球柱面波为研究对象来推导出贝塞尔方程。

本书中使用的数学物理方法中的相关函数有第一类贝塞尔函数和第三类贝塞尔函数（汉克尔函数），柱面波可以用 $J_\nu(x)$ 和 $N_\nu(x)$ 来进行描述，渐进展开如下：

$$\begin{cases} J_v(x) \sim \sqrt{\dfrac{2}{\pi x}}\cos\left(x-\dfrac{v\pi}{2}-\dfrac{\pi}{4}\right) \\ N_v(x) \sim \sqrt{\dfrac{2}{\pi x}}\sin\left(x-\dfrac{v\pi}{2}-\dfrac{\pi}{4}\right) \end{cases} \quad (3\text{-}14)$$

式（3-14）中描述的柱面波既有发散又有汇聚。处理问题时，如果仅涉及发散波或汇聚波，或者明确区分发散波或汇聚波，这两个函数就不方便使用了。需要进行线性组合加上相应的时间因子 $e^{i\omega t}$，则 $H_V^{(1)}$ 和 $H_V^{(2)}$ 分别代表发散波和汇聚波：

$$\begin{cases} H_v^{(1)}(x) \equiv J_v(x)+\mathrm{i}N_v(x) \sim \sqrt{\dfrac{2}{\pi x}}\exp\left[\mathrm{i}\left(x-\dfrac{v\pi}{2}-\dfrac{\pi}{4}\right)\right] \\ H_v^{(2)}(x) \equiv J_v(x)-\mathrm{i}N_v(x) \sim \sqrt{\dfrac{2}{\pi x}}\exp\left[-\mathrm{i}\left(x-\dfrac{v\pi}{2}-\dfrac{\pi}{4}\right)\right] \end{cases} \quad (3\text{-}15)$$

$H_v^{(1)}$ 称为第一种汉克尔函数，$H_v^{(2)}$ 称为第二种汉克尔函数，又统称为第三类贝塞尔函数，都是贝塞尔方程的解，也称第三类柱函数。在复平面 $(z,\bar{z})$ 上对其求偏导可以表示成：

$$\begin{cases} \dfrac{\partial}{\partial z}\left[H_n(k|z|)\left\{\dfrac{z}{|z|}\right\}^n\right] = \dfrac{k}{2}H_{n-1}(k|z|)\left\{\dfrac{z}{|z|}\right\}^{n-1} \\ \dfrac{\partial}{\partial \bar{z}}\left[H_n(k|z|)\left\{\dfrac{z}{|z|}\right\}^n\right] = -\dfrac{k}{2}H_{n+1}(k|z|)\left\{\dfrac{z}{|z|}\right\}^{n+1} \\ \dfrac{\partial}{\partial z}\left[H_n(k|z|)\left\{\dfrac{z}{|z|}\right\}^{-n}\right] = -\dfrac{k}{2}H_{n+1}(k|z|)\left\{\dfrac{z}{|z|}\right\}^{-n-1} \\ \dfrac{\partial}{\partial \bar{z}}\left[H_n(k|z|)\left\{\dfrac{z}{|z|}\right\}^{-n}\right] = \dfrac{k}{2}H_{n-1}(k|z|)\left\{\dfrac{z}{|z|}\right\}^{-n+1} \end{cases} \quad (3\text{-}16)$$

3.5 裂纹面的电边界条件

目前，对压电介质进行断裂分析时，裂纹面电边界条件的提法存在几种不同的观点，对此有必要做一简单介绍[1-2]。

第一种观点认为裂纹的厚度非常小，因而裂纹处上、下表面的电位势和电位移是相等的，即

$$\phi^+ = \phi^-(E_t^+ = E_t^-), D_n^+ = D_n^- \quad (3\text{-}17)$$

式中，上标"+"和"-"分别表示裂纹上、下表面的物理量；D_n 表示法向电位移分量；E_t 表示切向电场，它与电位势连续的条件是等价的。这种边界条件

通常称为可导通边界条件，相应的裂纹称为导通裂纹。

第二种观点认为实际当中压电材料的介电常数比空气或真空中的介电常数大3个数量级，因此可以忽略裂纹内部电位移的存在，则有

$$D_n^+ = D_n^- = 0 \tag{3-18}$$

这种边界条件通常称作为导通边界条件，相应情况的裂纹称为非导通裂纹或绝缘裂纹。

第三种观点考虑裂纹内部空气类介质的存在，认为压电材料中裂纹面上的电场量和裂纹内部的相应物理量相等，即有

$$\phi = \phi^c(E_t = E_t^c), \quad D_n = D_n^c \tag{3-19}$$

式中，上标"c"表示裂纹内部的电位势和电位移。这种情况下的裂纹称为介电裂纹。

第四种观点认为压电介质在受力电载荷作用后其裂纹的张开位移非常小，电位势沿裂纹的法线方向呈线性变化，从而提出了下面的电边界条件：

$$D_n^+ = D_n^-, D_n^+(u_n^+ - u_n^-) = k^c(\phi^- - \phi^+) \tag{3-20}$$

式中，k^c 为裂纹内部的介电常数。此条件将裂纹表面的电位移与裂纹张开位移和电位势差相关联，一般称为半导通边界条件。可以看到，在式（3-20）中，若令 $k^c = 0$，则式（3-20）就退化为式（3-17）表示的绝缘边界条件。

还有一种观点认为在导电裂纹的表面，切向电场强度应为零，即有

$$E_t^+ = E_t^- = 0 \tag{3-21}$$

这种情况下的裂纹就称为导电裂纹。

3.6　积分方程组的数值解法

如果格林函数的源点与像点发生重合的情况下，格林函数出现出奇异性，由于散射波具有逐渐衰减的特性，利用"离散点法"对积分方程组进行处理并求解。对于二元积分方程：

$$\int_a^b F(y)g(x,y)\mathrm{d}y = B(x) \tag{3-22}$$

式中，$F(y)$ 表示未知函数，不具有奇异性；$B(x)$ 表示已知函数；$g(x,y)$ 表示被积函数，但具有奇异性。

将式（3-22）采用离散法进行处理：

$$\sum_{i=1}^{N+1} C_i F(y_i) g(x, y_i) \approx B(x) \tag{3-23}$$

式中，y_i 表示第 i 个点处的函数值；C_i 表示待定系数。

将 x 也在 $N+1$ 个节点取函数值，与 y_i 相对应，从而得到以下等式：

$$\sum_{i=1}^{N+1} C_i F(y_i) g(x_j, y_i) = B(x_j), j=1,2,\cdots,N+1 \quad (3-24)$$

将式（3-24）进行变换得

$$\boldsymbol{AF} = \boldsymbol{B} \quad (3-25)$$

式中，$A_{ij} = C_i g(x_j, y_i)$，$F_i = F(x_i)$，$B_j = B(x_j)$，$i,j=1,2,\cdots,N+1$

对式（3-25）进行变换得

$$\frac{h}{2}\sum_{i=1}^{N}\{F[a+(i-1)h]g[a+jh, a+(i-1)h] + F(a+ih)g[a+jh, a+ih]\}$$
$$= B(a+jh), \quad j=1,2,\cdots,N+1 \quad (3-26)$$

3.7 摄 动 法

摄动法主要是针对波动方程和边界条件进行一定的摄动，然后再进行求解的一种近似方法，其中以摄动边界法居多。该方法常与其他方法结合在一起对问题进行研究。近年来，这一方法又逐渐发展成渐近匹配法，将原来问题变成内问题和外问题，而内、外问题用不同的级数进行求解，最后按照一定的条件匹配起来。

3.8 几何射线法

几何射线法是一种直接渐近展开的分析方法，主要用于分析高频波对散射体的作用效应。其中，"高频"表示弹性波的波长远大于散射体的特征尺寸（如长、宽、高或曲率半径等）。其基本分析思路是：基于问题的控制方程，将位移或位移势函数等弹性波场直接表示为幅值函数和相函数的乘积形式，其中幅值函数直接表达为频率倒数（小参数）的无穷幂级数形式，最后推导出相应的光程方程和运输方程，通过分析这些方程，得到未知函数和问题的最终渐近解。只要保证高频条件的成立，射线理论对于分析任意形状散射体的稳态和瞬态波散射问题都是有效的。

此外，如传输矩阵法（又称 T 矩阵法）[3-4]、等效内含物法[4]、积分方程法和有限元法等也都是研究弹性波散射问题的有效方法。

3.9 保角映射法

保角映射法的基本理论于 1933 年提出，保角映射法系统地介绍了平面弹性力学的基本问题借助复变函数理论的解法，保角映射法是求解应力和位移解析解的重要工具，这种方法是将不规则轮廓映射到规则的已知平面的边界上，在边界上受力的规则区域内的应力就可以转换到不规则区域受力的状态中去，从而使一些难以求解的平面弹性力学问题得到完整的解答，并且这种解法能够得到单连体以及半无限平面问题的精确解。

3.9.1 基本性质

对于非圆形边界的数学描述存在一定的困难，如果用适当的变换：

$$\zeta=\zeta(z), z=z(\zeta) \tag{3-27}$$

即

$$\begin{cases}\xi=\xi(x,y)\\z=z(x,y)\end{cases}, \begin{cases}x=x(\xi,z)\\y=y(\xi,z)\end{cases} \tag{3-28}$$

就可以将复杂的边界映射成较简单的边界，如单位圆。经过这样的变换，拉普拉斯方程

$$u_{xx}+u_{yy}=0$$

化成：

$$(\xi_x^2+\xi_y^2)u_{\xi\xi}+2(\xi_x z_x+\xi_y z_y)u_{\zeta z}+(z_x^2+z_y^2)u_{zz}+(\xi_{xx}+\xi_{yy})u_\xi+(z_{xx}+z_{yy})u_z=0 \tag{3-29}$$

若新的自变数 ξ 在所研究的区域上是 z 的解析函数，则根据公式

$$\begin{cases}\xi_x^2+\xi_y^2=|\zeta'(z)|^2\\z_x^2+z_y^2=|\zeta'(z)|^2\\\xi_x z_x+\xi_y \xi_y=0\\\xi_{xx}+\xi_{yy}=0\\z_{xx}+z_{yy}=0\end{cases} \tag{3-30}$$

即可得

$$|\xi'(z)|^2(u_{\xi\xi}+u_{yy})=0 \tag{3-31}$$

若 $\xi(z)$ 是解析函数，则除了 $\xi'(z)$ 的点，z 平面某个区域上的调和函数经过代换之后成为 ξ 平面相应区域上的调和函数。

这个办法也可用来求解二维泊松方程

$$u_{xx}+u_{yy}=f(x,y) \tag{3-32}$$

边值问题。事实上，在解析函数 $\xi=\xi(z)$ 的代换下，泊松方程变为

$$u_{xx}+u_{yy}=\frac{1}{|\zeta'(z)|^2}f[x(\xi,z),y(\xi,z)] \tag{3-33}$$

仍然是泊松方程，只是"源"的强度（对于静电场来说，即电荷密度）变为 $1/|\zeta'(z)|^2$ 倍。注意，这个倍数一般来说不是常数而是逐点而异的。

现在着重研究由解析函数 $\xi=\xi(z)$ 所表征的自变数代换的基本性质。

在 z 平面上每给定一点，ξ 平面必有一点 $\xi=\xi(z)$ 跟它相对应。这样，在 z 平面上每给定一根曲线 ξ 平面必有一根对应的曲线。在相应的两根曲线上各截取相应的一小段，$(z,z+\Delta z)$ 和 $(\xi,\xi+\Delta\xi)$，则有

$$\lim_{\Delta z \to 0}\frac{\Delta\xi}{\Delta z}=\frac{d\xi}{dz}=\lim_{\Delta z \to 0}\frac{|\Delta\xi|}{|\Delta z|}e^{i(\arg\Delta\xi-\arg\Delta z)} \tag{3-34}$$

由此可见，解析函数的导数具有以下几何意义：它的模代表的是经过该解析函数所表示的变换，z 平面上无穷小线段元 dz 变为 ξ 平面上的无穷小线段元 $d\xi$。幅角 $e^{i(\arg\Delta\xi-\arg\Delta z)}$ 则代表相对于 dz 逆时针方向转过的角度。

由于 $d\xi/dz$ 的值与式（3-34）无关，若 z 平面上有两根曲线相交于点 Z，则在 ξ 平面上也有相应的两根曲线相交于相应的点 ξ。从 z 平面到 ξ 平面，两根曲线都是逆时针方向旋转 $\arg\xi'(z)$，所以两根曲线交角不变。因此，解析函数 $\xi=\xi(z)$ 所表征的代换称为保角变换或保角映象。

在 $\xi'(z)=0$ 的点，$\arg\xi'(z)$ 失去意义，也就谈不上交角不变。

若 ξ 是 z^* 的解析函数，则两曲线的交角大小也保持不变，但由于 z^* 是 z 对 x 轴的反应，交角的方向反转，顺时针变为逆时针，逆时针变为顺时针。通常这类变换称为第二类保角变换。

3.9.2 常用的保角变换

3.9.2.1 线性变换

线性函数为

$$\xi(z)=az+b \tag{3-35}$$

式中：a 和 b 是复常数，方程的导数

$$\xi'(z)=a \tag{3-36}$$

是常数，这就是说，长度放大率是常数，图形的各个部分按同样比例放大而其形状不变。

事实上，

$$\xi(z)=az+b=a\left(z+\frac{b}{a}\right)=|a|e^{\mathrm{i}\arg a}\left(z+\frac{b}{a}\right) \qquad (3\text{-}37)$$

式（3-37）可以分解为

$$z_1=z+\frac{b}{a}, \quad z_2=e^{\mathrm{i}\arg a}z_1, \quad \xi=|a|z_2 \qquad (3\text{-}38)$$

从 z 平面到 z_1 平面，图像作为整体而平移，位移矢量对应于复数 b/a；从 z_1 平面到 z_2 平面，图像绕原点旋转 $\arg a$；从 z_2 平面到 z_1 平面，图像放大到 $|a|$ 倍。形状确实保持不变，或者说，线性变换只是把图像变为它的相似形。

既然图像在线性变换下保持形状不变，那么线性变换如果单独使用，对于研究平面场并无帮助。但线性变换跟其他保角变换联合使用可能还是有作用的。

3.9.2.2 幂函数和根式

幂函数为

$$\xi(z)=z^n \qquad (3\text{-}39)$$

其导数为

$$\xi'(z)=nz^{n-1} \qquad (3\text{-}40)$$

在原点，导数 $\zeta'(z)=0$，交角并不保持不变。事实上，

$$\arg\xi=\arg(z^n)=n\arg z \qquad (3\text{-}41)$$

这就是说，在原点的交角放大为 n 倍。在原点以外任意有限远点，交角保持不变。

3.9.2.3 指数函数和对数函数

指数函数为

$$\xi(z)=e^z=e^x e^{\mathrm{i}y} \qquad (3\text{-}42)$$

这就是说，$|\xi|=e^x$，$\arg\zeta=y$。这样，z 平面上平行于实轴的直线"$y=$ 常数"变为 ξ 平面上的"$\arg\xi=$ 常数"，即通过原点的射线。z 平面上平行于虚轴的直线"$x=$ 常数"变为 ξ 平面上的"$|\xi|=$ 常数"，即以原点为圆心的圆。

指数函数具有纯虚数周 $2\pi\mathrm{i}$。平面上 x 相同而 y 相差 2π 的整数倍的点变为平面上的同一点。z 平面上任何一个平行于实轴而宽度为 2π 的带域变为 ξ 的全平面。带域上的直角坐标网变为 ξ 平面上的极坐标网。

对数函数为

$$\xi(z)=\ln z=\ln(|z|e^{\mathrm{i}\arg z})=\ln|z|+\mathrm{i}\arg z \qquad (3\text{-}43)$$

其中，$\mathrm{Re}\xi=\ln|z|$，$\mathrm{Im}\xi=\arg z$，这样，z 平面上以原点为圆心的圆"$|z|=$ 常数"变为 ξ 平面上的"$\mathrm{Im}\xi=$ 常数"，即平行于实轴的直线。z 平面上的极坐标网变为 ξ 平面上的直角坐标网。点 Z 的幅角 $\arg z$ 可以加减 2π 的任意整数倍，所以

ξ 是 z 的多值函数。沿 z 平面上的正实轴作割线,把 $\arg z$ 限制在 0 与 2π 之间,就是说,取 ξ 的主值,则 Z 的全平面变为 ξ 平面上 $0 \le \mathrm{Im}\xi \le 2\pi$ 的带域。

3.9.2.4 茹科夫斯基变换

茹科夫斯基变换为

$$\xi = \frac{1}{2}\left(z + \frac{1}{z}\right) \tag{3-44}$$

其实部和虚部分别为

$$\begin{cases} \xi = \frac{1}{2}\left(x + \frac{x}{x^2+y^2}\right) = \frac{1}{2}\left(\rho + \frac{1}{\rho}\right)\cos\varphi \\ z = \frac{1}{2}\left(y - \frac{y}{x^2+y^2}\right) = \frac{1}{2}\left(\rho + \frac{1}{\rho}\right)\sin\varphi \end{cases} \tag{3-45}$$

z 平面上的同心圆族变为 ξ 平面上的:

$$\begin{cases} \xi = \frac{1}{2}\left(\rho_0 + \frac{1}{\rho_0}\right)\cos\varphi \\ z = \frac{1}{2}\left(\rho_0 - \frac{1}{\rho_0}\right)\sin\varphi \end{cases} \tag{3-46}$$

这是参数方程式。消去参数 φ,得

$$\frac{\xi^2}{a^2} + \frac{z^2}{b^2} = 1 \tag{3-47}$$

式中,$a = \frac{1}{2}\left(\rho_0 + \frac{1}{\rho_0}\right) b = \frac{1}{2}\left|\rho_0 - \frac{1}{\rho_0}\right|$,这是椭圆族,长、短半轴分别是 a 和 b。$\sqrt{a^2 - b^2} = 1$,这是说,椭圆族共焦点的,焦点在 $\xi \pm 1$。

ρ_0 从 1 开始而无限增大,则 a 和 b 随着无限增大。这样 z 平面单位圆外部变为 ξ 的全平面,只是从 -1 到 +1 沿着实轴有一割线。

ρ_0 从 1 开始而逼近于零,则 a 和 b 也无限增大。这样 z 平面单位圆内部也变为 ξ 的全平面,从 -1 到 +1 沿着实轴有割线。

z 平面上的射线族 $\arg = \varphi_0$。变为 ξ 平面上的:

$$\begin{cases} \xi = \frac{1}{2}\left(\rho + \frac{1}{\rho}\right)\cos\varphi_0 \\ z = \frac{1}{2}\left(\rho - \frac{1}{\rho}\right)\sin\varphi_0 \end{cases} \tag{3-48}$$

式中,$a = |\cos\varphi_0|$ 和 $b = |\sin\varphi_0|$ 是双曲线族。实半轴和虚半轴分别是 $|\cos\varphi_0|$ 和 $|\sin\varphi_0|$。$\sqrt{a^2 + b^2} = 1$,这就是说,双曲线族是共焦点的,焦点在 $\xi = \pm 1$。

茹科夫斯基函数把圆变为椭圆，射线变为双曲线，同心圆族变为共焦点椭圆族，共点射线族变为共焦点双曲线族，这是有助于求解椭圆或双曲线边值问题的。

3.10　第一类弗雷德霍姆积分方程的直接数值积分解法

第一类弗雷德霍姆积分方程的应用遍及科学领域，不仅许多问题可转化为积分方程来解，而且可将微分方程的初、边值问题也转化为积分方程来解，好处是只需要将积分方程沿边界来离散求解，而微分方程初、边值问题则在体内和边界上都要离散求解。弗雷德霍姆积分方程应用极其广泛。但只有极个别的积分方程能找到解析解，大量的积分方程需要寻找数值解。现将介绍数值积分法求解第一类弗雷德霍姆积分方程的解法。

数值积分法就是用数值积分公式把积分方程中的积分用有限项和的式子代替，进而把原问题转化为求解线性代数方程组，最后求出近似解，这样就避免了复杂的积分计算，减少了计算量。正是由于其简单和实用，本章拟采用数值积分法求解后面章节中遇到的第一类弗雷德霍姆型积分方程，下面就此方法做一简单介绍。

考虑第一类弗雷德霍姆积分方程为

$$\int_a^b K(x,t)\phi(t)\mathrm{d}t = f(x) \tag{3-49}$$

首先建立工程中经常遇到的定积分的一种近似计算方法，即数值积分法，将定积分用一个适当的形 Riemann 和来近似代替，通常将其写为

$$\int_a^b f(x)\mathrm{d}x \approx \sum_{j=1}^n \varepsilon_j f(x_j) \tag{3-50}$$

式中，x_1，x_2，x_3，$\cdots$，x_n 称为积分坐标点或节点；ε_1，ε_2，ε_3，$\cdots$，ε_n 称为积分系数或伴随于这些节点的"权"，它与函数 $f(x)$ 的形式无关。对于不同的数值积分公式，积分系数及积分坐标 x_j 也不同。

3.10.1　矩形公式

节点：$x_1 = a$，$x_2 = a+h$，$\cdots$，$x_n = a+(n-1)h$

权：$\varepsilon_1 = \varepsilon_2 = \varepsilon_3 = \cdots = \varepsilon_n = h, h = \dfrac{(b-a)}{(n-1)}$

公式：

$$\int_a^b f(x)\,\mathrm{d}x \approx h[f(a) + f(a+h) + \cdots + f(a+(n-1)h)]$$

$$= h\sum_{j=1}^{n} f[a+(j-1)h] \tag{3-51}$$

$$= h\sum_{j=1}^{n} f(x_j)$$

3.10.2 梯形公式

节点：$x_1=a$, $x_2=a+h,\cdots,x_n=a+(n-1)h$

权：$\varepsilon_1=\varepsilon_2=\varepsilon_3=\cdots=\varepsilon_n=\dfrac{h}{2}$，$h=\dfrac{(b-a)}{(n-1)}$

公式：

$$\int_a^b f(x)\,\mathrm{d}x \approx h\left[\frac{f(a)}{2} + f(a+h) + \cdots + f(a+(n-1)h) + \frac{f(b)}{2}\right]$$

$$= \frac{h}{2}\left[f(a) + 2\sum_{j=2}^{n-1} f(a+jh) + f(b)\right]$$

$$= \frac{h}{2}\left[f(a) + 2\sum_{j=2}^{n-1} f(x_j) + f(b)\right]$$

$$\tag{3-52}$$

本章中拟采用梯形公式进行求解。将式（3-52）取代式（3-51）左端的积分便可得到线性代数方程组：

$$\sum_{j=1}^{n} \varepsilon_j k_{ij}\phi_j = f_i, \quad i=1,2,\cdots,n \tag{3-53}$$

式中，$k_{ij}=k(x_i,x_j)$；$\phi_j=\phi(x_j)$；$f_i=f(x_i)$。

参 考 文 献

[1] 方岱宁，刘金喜. 压电与铁电体的断裂力学 [M]. 北京：清华大学出版社，2008.
[2] 王保林，韩杰才，杜善义. 压电材料中裂纹面电边界条件的适用性 [J]. 固体力学学报，2004, 25 (4)：399-403. DOI：10.19636/j.cnki.cjsm42-1250/o3.2004.04.006.
[3] 黎在良，刘殿魁. 固体中的波 [M]. 北京：科学出版社，1995.
[4] 钟伟芳，聂国华. 弹性波的散射理论 [M]. 武汉：华中理工大学出版社，1997.

第4章 无限空间内含缺陷的压电介质的反平面动力学研究

4.1 无限空间内含圆孔缺陷的压电介质的反平面动力学研究

本节研究压电材料中圆孔对稳态 SH 波散射与动应力问题,获得压电材料圆形缺陷对入射波强度和外加电场的依赖关系,为压电材料断裂动力学问题的研究提供一种行之有效的分析方法。

4.1.1 基本控制方程

对周期性载荷作用之下的稳态弹性场和电场,场变量均可表示成时间谐和因子与空间变量分离形式,即

$$A^*(x,y,t) = A(x,y)\mathrm{e}^{-\mathrm{i}\omega t} \tag{4-1}$$

式中,A^* 为复变量,且实部为问题的解。在求解过程中待解的场变量 A^* 将被 A 代替,而成为主要的研究对象。

在压电介质中,设 z 轴为极化方向,则稳态的反平面动力学问题的控制方程为

$$\begin{cases} \dfrac{\partial \tau_{xz}}{\partial x} + \dfrac{\partial \tau_{yz}}{\partial y} + \rho\omega^2 w = 0 \\ \dfrac{\partial D_x}{\partial x} + \dfrac{\partial D_y}{\partial y} = 0 \end{cases} \tag{4-2}$$

式中,τ_{xz} 和 τ_{yz} 为剪应力分量;D_x 和 D_y 为电位移分量;w、ρ 和 ω 分别表示出平面位移、质量密度和 SH 波的圆频率。压电材料的本构关系可以写成:

$$\begin{cases} D_y = e_{15}\dfrac{\partial w}{\partial y} - k_{11}\dfrac{\partial \phi}{\partial y} \\ D_y = e_{15}\dfrac{\partial w}{\partial y} - k_{11}\dfrac{\partial \phi}{\partial y} \\ D_x = e_{15}\dfrac{\partial w}{\partial x} - k_{11}\dfrac{\partial \phi}{\partial x} \\ D_y = e_{15}\dfrac{\partial w}{\partial y} - k_{11}\dfrac{\partial \phi}{\partial y} \end{cases} \quad (4\text{-}3)$$

式中，e_{15} 和 k_{11} 分别为压电材料的压电系数和介电常数；ϕ 为介质中的电位势。代本构关系式（4-3）至控制方程（4-2），则可得[1]

$$\begin{cases} \nabla^2 w + k^2 w = 0 \\ \nabla^2 f = 0 \end{cases} \quad (4\text{-}4)$$

式中，k 为波数，$c^* = c_{44} + \dfrac{e_{15}^2}{k_{11}}$，其中 c_{44} 为压电材料的弹性常数，且 $k^2 = \dfrac{\rho \omega^2}{c^*}$。而电位势的决定公式为

$$\phi = \dfrac{e_{15}}{k_{11}} w + f \quad (4\text{-}5)$$

在问题的具体求解中，ϕ 将写成更为方便的形式：

$$\phi = \dfrac{e_{15}}{k_{11}} (w + f) \quad (4\text{-}6)$$

在极坐标系中，控制方程（4-4）可写成：

$$\begin{cases} \dfrac{\partial^2 w}{\partial r^2} + \dfrac{1}{r}\dfrac{\partial w}{\partial r} + \dfrac{1}{r^2}\dfrac{\partial^2 w}{\partial \theta^2} + k^2 w = 0 \\ \dfrac{\partial^2 f}{\partial r^2} + \dfrac{1}{r}\dfrac{\partial f}{\partial r} + \dfrac{1}{r^2}\dfrac{\partial^2 f}{\partial \theta^2} = 0 \end{cases} \quad (4\text{-}7)$$

而本构关系式（4-3）为

$$\begin{cases} D_y = e_{15}\dfrac{\partial w}{\partial y} - k_{11}\dfrac{\partial \phi}{\partial y} \\ D_y = e_{15}\dfrac{\partial w}{\partial y} - k_{11}\dfrac{\partial \phi}{\partial y} \\ D_y = e_{15}\dfrac{\partial w}{\partial y} - k_{11}\dfrac{\partial \phi}{\partial y} \\ D_\theta = e_{15}\dfrac{1}{r}\dfrac{\partial w}{\partial \theta} - k_{11}\dfrac{1}{r}\dfrac{\partial \phi}{\partial \theta} \end{cases} \quad (4\text{-}8)$$

4.1.2 边值问题

书中研究在压电介质中沿 x 轴方向入射的 SH 波对于圆形孔洞的散射,其弹性场和电场的入射波可写成:

$$\begin{cases} w^{(i)} = w_0 e^{i(kx-\omega t)} \\ \phi^{(i)} = \dfrac{e_{15}}{k_{11}} w_0 e^{i(kx-\omega t)} \end{cases} \quad (4-9)$$

式中,w_0 为入射 SH 波的弹性位移幅值。忽略时间因子,并利用波函数展开法,还可以将式(4-9)在极坐标系 (r,θ) 中表示成式(4-10)中:$\varepsilon_0 = 1$, $\varepsilon_n = 2(n \geq 1)$,下同。

由圆孔所产生的散射波可写成:

$$w^{(s)} = w_0 \sum_{n=0}^{\infty} A_n H_n^{(1)}(kr) \cos(n\theta) \quad (4-10)$$

$$\phi^{(s)} = \frac{e_{15}}{k_{11}} w_0 \sum_{n=0}^{\infty} A_n H_n^{(1)}(kr) \cos(n\theta) + \frac{e_{15}}{k_{11}} w_0 \sum_{n=0}^{\infty} B_n k^{-n} r^{-n} \cos(n\theta) \quad (4-11)$$

式中,$H_n^{(1)}$ 表示第一类汉克尔函数;A_n 和 B_n 为待定常数。压电材料中总弹性场和总电位势可分别表示为

$$\begin{cases} w^{(t)} = w_0 \sum_{n=0}^{\infty} \varepsilon_n i^n J_n(kr)\cos(n\theta) + w_0 \sum_{n=0}^{\infty} A_n H n^{(1)} J_n(kr)\cos(n\theta) \\ \phi^{(t)} = \dfrac{e_{15}}{k_{11}} w^{(t)} + \dfrac{e_{15}}{k_{11}} \sum_{n=0}^{\infty} w_0 B_n k^{-n} r^{-n} \cos(n\theta) \end{cases} \quad (4-12)$$

在圆孔内只有电场而无弹性场,其电位势 ϕ^I 应满足拉普拉斯方程 $\nabla^2 \phi^I = 0$,于是有

$$\phi^I = \frac{e_{15}}{k_{11}} w_0 \sum_{n=0}^{\infty} C_n k^n r^n \cos(n\theta) \quad (4-13)$$

对于半径 $r=a$ 的圆孔,其边界条件为应力自由、电位势和法向电位移连续,即

$$\begin{cases} \tau_{rz} = c_{44} \dfrac{\partial w^{(t)}}{\partial r} + e_{15} \dfrac{\partial \phi^{(t)}}{\partial r} = 0 \\ D_r = e_{15} \dfrac{\partial w^{(t)}}{\partial r} - k_{11} \dfrac{\partial \phi^{(t)}}{\partial r} = -k_0 \dfrac{\partial \phi^I}{\partial r}, r=a \end{cases} \quad (4-14)$$

式中,k_0 为真空中的介电常数。

利用 $r\to\infty$，$\varphi^{(t)}\to\varphi^{(i)}$ 的无穷远处条件，比较式（4-10）和式（4-12）第二式，可得到 $B_0=0$。再将式（4-12）、式（4-13）代入边界条件式（4-14）中，可求出待定常数分别为

$$\begin{cases} A_0 = -\dfrac{J_0'(ka)}{H_0^{(1)'}(ka)} \\ B_0 = 0 \\ C_0 = J_0(ka) - \dfrac{J_0'(ka)}{H_0^{(1)'}(ka)}H_0^{(1)}(ka) \end{cases} \quad (4-15)$$

$$\begin{cases} A_n = \dfrac{n\lambda B_n}{(1+\lambda)(ka)^{n+1}H_n^{(1)'}(ka)} - \dfrac{\varepsilon_n \mathrm{i}^n J_n'(ka)}{H_n^{(1)'}(ka)} \\ B_n = \dfrac{(ka)^{n+1}\varepsilon_n \mathrm{i}'[J_n'(ka)H_n^{(1)}(ka) - J_n(ka)H_n^{(1)'}(ka)]}{\left(1+\dfrac{k_{11}}{k_0}\right)kaH_n^{(1)'}(ka) + \dfrac{\lambda}{1+\lambda^n}H_n^{(1)}(ka)}, n \geqslant 1 \\ C_n = -\dfrac{k_{11}}{k_0}\dfrac{B_n}{(ka)^{2n}} \end{cases} \quad (4-16)$$

式中，$\lambda = \dfrac{e_{15}^2}{c_{44}k_{11}}$ 是一个无量纲参数，代表压电材料的基本特征。

于是由式（4-1）和式（4-8）可得到孔边动应力为

$$\tau_{\theta z}^{(t)} = -\dfrac{c^* k w_0}{ka}\mathrm{e}^{-\mathrm{i}(\omega t - \frac{\pi}{2})}\sum_{n=0}^{\infty}\left[\varepsilon_n \mathrm{i}^{n-1}J_n(ka) + A_n \mathrm{i}^{-1}H_n^{(1)}(ka) + \dfrac{\lambda}{1+\lambda}\times B_n \mathrm{i}^{-1}(ka)^{-n}\right]n\sin(n\theta) \quad (4-17)$$

式（4-17）表示的动应力 $\tau_{\theta z}^{(t)}$ 是以 $T=\dfrac{2\pi}{\omega}$ 为周期的复函数。其实部和虚部分别代表 $t=\dfrac{T}{4}$ 和 $t=\dfrac{T}{2}$ 的动应力。令 $\tau_0 = c^* k w_0$，其物理意义为入射波式（4-10）产生的最大应力幅值。于是孔边动应力集中系数可表示为

$$\tau_z^* = -\dfrac{\tau_{\theta z}^{(t)}}{\tau_0} = -\dfrac{1}{ka}\mathrm{e}^{-\mathrm{i}(\omega t - \frac{\pi}{2})}\sum_{n=0}^{\infty}\left[\varepsilon_n \mathrm{i}^{n-1}J_n(ka) + A_{ni}^{-1}H_n^{(1)}(ka) + \dfrac{\lambda}{1+\lambda}B_n \mathrm{i}^{-1}(ka)^{-n}\right]n\sin(n\theta) \quad (4-18)$$

4.1.3 数值结果分析

按式（4-18）定义，对孔边动应力集中系数进行了数值计算，取 $k_{11}/k_0=2$，图 4.1 和图 4.2 分别给出了不同特征参数 λ 情况下，动应力集中系数峰值 $|\tau_{\theta z}^*|$ 沿孔边的分布和在孔边 $\theta=\pi/2$ 处随波数 ka 变化的数值结果。

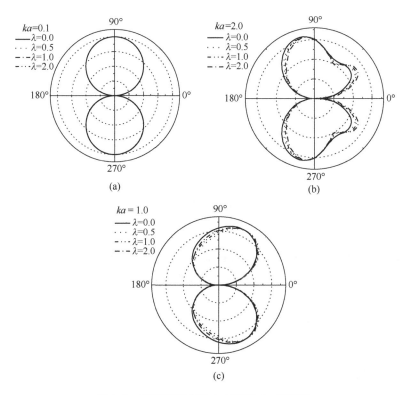

图 4.1 不同特征参数 λ 与波数 ka 情况下，
动应力集中系数沿孔边的分布

由图 4.1 可以看出：当波数 $ka=0.1$ 时，接近准静态情况，动应力集中系数的分布与静力情况相差无几，几乎以 $\theta=\pi/2$ 轴对称；当 $ka=2.0$ 时，迎波面的应力（图的左半侧）要大于背波面应力（图的右半侧）。动应力集中系数在 $ka=0.6$ 以内比不含压电（$\lambda=0$）的普通材料[2]要大，且随 λ 值的增大而增大，但其分布规律变化不大。

由图 4.2 可以看出，动应力集中系数随 λ 值的增大而增加，低频段 ($ka\leqslant 1.0$) 的动应力集中系数明显大于高频段（$1.0\leqslant ka\leqslant 2.0$），其最大值发

生在低频段 $ka=0.3\sim 0.4$ 之间。这样就有理由认为，对于含圆形缺陷的压电材料进行低频和大特征参数情况下的动力分析是非常重要的。

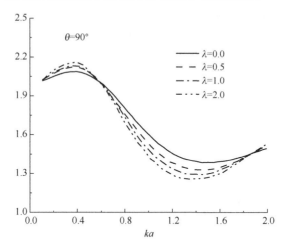

图 4.2　不同特征参数 λ 情况下，孔边 $\theta=\pi/2$ 处动应力集中系数随波数 ka 变化

4.2　无限空间内含圆孔缺陷的非均匀压电介质的反平面动力学研究

本节利用复变函数理论，将对径向非均匀压电介质中圆孔对 SH 波的散射问题进行研究。

4.2.1　控制方程

含圆孔径向非均匀压电介质模型如图 4.3 所示，已知其密度 $\rho(r)=\rho_1\beta^2 r^{2(\beta-1)}$，其中 ρ_1 为常数，β 为幂次。弹性常数、压电常数、介电常数分别为 c_{44}、e_{15}、k_{11}；圆孔内部可以形成电场，其压电常数为 e_{15}^c，介电常数为 k_{11}^c。在直角坐标系中：$r^2=x^2+y^2$，$\rho(x,y)=\rho_1\beta^2(x^2+y^2)^{(\beta-1)}$。满足控制方程：

$$\begin{cases} c_{44}\nabla^2 w+e_{15}\nabla^2\phi+\rho(x,y)\omega^2 w=0 \\ e_{15}\nabla^2 w-k_{11}\nabla^2\phi=0 \end{cases} \quad (4-19)$$

式中，w 和 ϕ 分别为压电材料的位移和电位势；ω 为 SH 波的圆频率。令 $\varphi=\dfrac{e_{15}(\omega+f)}{k_{11}}$，对式（4-19）化简得

第4章 无限空间内含缺陷的压电介质的反平面动力学研究

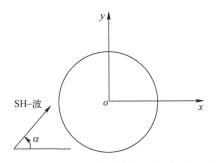

图 4.3 含圆孔径向非均匀压电介质模型

$$\begin{cases} \nabla^2 w + k_0^2 \beta^2 (x^2+y^2)^{(\beta-1)} w = 0 \\ \nabla^2 f = 0 \end{cases} \quad (4-20)$$

波数满足：

$$k^2 = \frac{\rho \omega^2}{c^*} = k_0^2 \beta^2 (x^2+y^2)^{(\beta-1)} \quad (4-21)$$

式中，k 为波数：$k_0^2 = \frac{\rho_1 \omega^2}{c^*}$；$c^*$ 为压电介质的剪切波速，且 $c^* = c_{44} + \frac{e_{15}^2}{k_{11}}$。

利用复变函数法，令 $z = x+\mathrm{i}y$，$\bar{z} = x-\mathrm{i}y$，在复平面 $(z,\bar{z})$ 中控制方程可化为

$$\begin{cases} \dfrac{\partial^2 w}{\partial z \partial \bar{z}} + \dfrac{1}{4} \beta^2 (z\bar{z})^{\beta-1} k_0^2 w = 0 \\ \dfrac{\partial^2 f}{\partial z \partial \bar{z}} = 0 \end{cases} \quad (4-22)$$

引入变量 $\zeta = z^\beta$，$\bar{\zeta} = \bar{z}^\beta$ 控制方程可进一步转化为

$$\frac{\partial^2 w}{\partial \zeta \partial \bar{\zeta}} + \frac{1}{4} k_0^2 w = 0 \quad (4-23)$$

本构方程为

$$\begin{cases} \tau_{rz} = \left(c_{44}+\dfrac{e_{15}^2}{k_{11}}\right)\left(\dfrac{\partial w}{\partial z}\mathrm{e}^{\mathrm{i}\theta}+\dfrac{\partial w}{\partial \bar{z}}\mathrm{e}^{-\mathrm{i}\theta}\right)+\dfrac{e_{15}^2}{k_{11}}\left(\dfrac{\partial f}{\partial z}\mathrm{e}^{\mathrm{i}\theta}+\dfrac{\partial f}{\partial \bar{z}}\mathrm{e}^{-\mathrm{i}\theta}\right) \\ \tau_{\theta z} = \mathrm{i}\left(c_{44}+\dfrac{e_{15}^2}{k_{11}}\right)\left(\dfrac{\partial w}{\partial z}\mathrm{e}^{\mathrm{i}\theta}-\dfrac{\partial w}{\partial \bar{z}}\mathrm{e}^{-\mathrm{i}\theta}\right)+\mathrm{i}\dfrac{e_{15}^2}{k_{11}}\left(\dfrac{\partial f}{\partial z}\mathrm{e}^{\mathrm{i}\theta}-\dfrac{\partial f}{\partial \bar{z}}\mathrm{e}^{-\mathrm{i}\theta}\right) \\ D_r = -e_{15}\left(\dfrac{\partial f}{\partial z}\mathrm{e}^{\mathrm{i}\theta}+\dfrac{\partial f}{\partial \bar{z}}\mathrm{e}^{-\mathrm{i}\theta}\right) \\ D_\theta = -\mathrm{i}e_{15}\left(\dfrac{\partial f}{\partial z}\mathrm{e}^{\mathrm{i}\theta}-\dfrac{\partial f}{\partial \bar{z}}\mathrm{e}^{-\mathrm{i}\theta}\right) \end{cases} \quad (4-24)$$

式中，τ_{rz} 和 $\tau_{\theta z}$ 分别为非均匀压电介质的径向应力和切向应力；D_r 和 D_θ 分别为圆孔中电场的径向电位移和切向电位移。

4.2.2 介质中的位移场

SH 波散射过程中，入射波引起的压电材料位移 $w^{(i)}$ 表达式为

$$w^{(i)} = w_0 \exp\left[\frac{\mathrm{i}k}{2}(\zeta \mathrm{e}^{-\mathrm{i}\alpha} + \bar{\zeta} \mathrm{e}^{\mathrm{i}\alpha})\right] \quad (4-25)$$

散射波引起的压电材料位移 $w^{(s)}$ 表达式为

$$w^{(s)} = \frac{\mathrm{i}}{2c_{44}(1+\lambda)} \sum_{n=-\infty}^{+\infty} A_n H_n^{(1)}(k|\zeta|) \left(\frac{\zeta}{|\zeta|}\right)^n \quad (4-26)$$

式中，$H_n^{(1)}(k|\zeta|)$ 为 n 阶第一类汉克尔函数；$\lambda = \dfrac{e_{15}^2}{c_{44}k_{11}}$；$A_n$ 为系数。

$$\varphi = \frac{e_{15}}{k_{11}}(\omega^{in} + w^s + f^s) \quad (4-27)$$

散射波引起的电场附加函数 f^s 表达式为

$$f^s = \sum_{n=1}^{+\infty} B_n z^{-n} + C_n \bar{z}^{-n} \quad (4-28)$$

式中，B_n 和 C_n 为系数。

由此得到

$$\begin{cases} \tau_{rz}^{(i)} = \dfrac{\mathrm{i}k}{2}\left(c_{44} + \dfrac{e_{15}^2}{k_{11}}\right)\beta w_0 (z^{\beta-1}\mathrm{e}^{\mathrm{i}(\theta-\alpha)} + \bar{z}^{\beta-1}\mathrm{e}^{-\mathrm{i}(\theta-\alpha)}) \exp\left[\dfrac{\mathrm{i}k}{2}(\zeta \mathrm{e}^{-\mathrm{i}\alpha} + \bar{\zeta}\mathrm{e}^{\mathrm{i}\alpha})\right] \\ \tau_{rz}^{(s)} = \dfrac{\mathrm{i}\beta k}{4}\sum_{n=-\infty}^{+\infty} A_n \left[H_{n-1}^{(1)}(k|\zeta|)\left(\dfrac{\zeta}{|\zeta|}\right)^{n-1}z^{\beta-1}\mathrm{e}^{\mathrm{i}\theta} - H_{n+1}^{(1)}(k|\zeta|)\left(\dfrac{\zeta}{|\zeta|}\right)^{n+1}\bar{z}^{\beta-1}\mathrm{e}^{-\mathrm{i}\theta}\right] \\ \qquad - \dfrac{e_{15}^2}{k_{11}}n\left(\sum_{n=1}^{+\infty} B_n z^{-n-1}\mathrm{e}^{\mathrm{i}\theta} + \sum_{n=1}^{+\infty} C_n \bar{z}^{-n-1}\mathrm{e}^{-\mathrm{i}\theta}\right) \\ D_r^{(s)} = e_{15}n\left(\sum_{n=1}^{+\infty} B_n z^{-n-1}\mathrm{e}^{\mathrm{i}\theta} + \sum_{n=1}^{+\infty} C_n \bar{z}^{-n-1}\mathrm{e}^{-\mathrm{i}\theta}\right) \end{cases} \quad (4-29)$$

式中，上标 i、s 分别表示物理量与入射波、反射波相关。圆孔内部存在电场，满足方程：

$$\frac{\partial^2 f^c}{\partial z \partial \bar{z}} = 0 \quad (4-30)$$

式中，f^c为圆孔内部的电场附加函数。

求解式（4-30）可得

$$f^c = \sum_{n=0}^{+\infty} D_n z^n + \sum_{n=1}^{+\infty} E_n \bar{z}^n \tag{4-31}$$

式中，D_n和E_n为系数。由此可得

$$\begin{cases} \tau_{rz}^c = 0 \\ \varphi^c = \dfrac{e_{15}^c}{k_{11}^c} f^c \\ D_r^c = -e_{15}^c n \Big(\sum_{n=1}^{+\infty} D_n z^{n-1} \mathrm{e}^{\mathrm{i}\theta} + \sum_{n=1}^{+\infty} E_n \bar{z}^{n-1} \mathrm{e}^{-\mathrm{i}\theta} \Big) \end{cases} \tag{4-32}$$

式中，上标 c 表示物理量与圆孔中空气形成的电场相关。

4.2.3 边界条件与定解方程

圆孔处的边界条件为

$$\tau_{rz} = \tau_{rz}^{(i)} + \tau_{rz}^{(s)} + \tau_{rz}^c = 0, \quad \varphi = \varphi^c, \quad D_r^{(s)} = D_r^c \tag{4-33}$$

利用以上边界条件式（4-33）建立关于 A_n、B_n、C_n、D_n、E_n 的方程组：

$$\begin{cases} \xi^{(1)} = \sum_{n=-\infty}^{+\infty} A_n \xi_n^{(11)} + \sum_{n=1}^{+\infty} B_n \xi_n^{(12)} + \sum_{n=1}^{+\infty} C_n \xi_n^{(13)} \\ \xi^{(2)} = \sum_{n=-\infty}^{+\infty} A_n \xi_n^{(21)} + \sum_{n=1}^{+\infty} B_n \xi_n^{(22)} + \sum_{n=1}^{+\infty} C_n \xi_n^{(23)} + \sum_{n=0}^{+\infty} D_n \xi_n^{(24)} + \sum_{n=1}^{+\infty} E_n \xi_n^{(25)} \\ \xi^{(3)} = \sum_{n=1}^{+\infty} B_n \xi_n^{(32)} + \sum_{n=1}^{+\infty} C_n \xi_n^{(33)} + \sum_{n=0}^{+\infty} D_n \xi_n^{(34)} + \sum_{n=1}^{+\infty} E_n \xi_n^{(35)} \end{cases}$$

$$\tag{4-34}$$

式中，

$$\xi_n^{(11)} = \frac{\mathrm{i}\beta k}{4} \Big[H_{n-1}^{(1)}(k|\zeta|) \Big(\frac{\zeta}{|\zeta|}\Big)^{n-1} z^{\beta-1} \mathrm{e}^{\mathrm{i}\theta} - H_{n+1}^{(1)}(k|\zeta|) \Big(\frac{\zeta}{|\zeta|}\Big)^{n+1} \bar{z}^{\beta-1} \mathrm{e}^{-\mathrm{i}\theta} \Big]$$

$$\xi_n^{(12)} = -\frac{e_{15}^2}{k_{11}} n z^{-n-1} \mathrm{e}^{\mathrm{i}\theta}$$

$$\xi_n^{(13)} = -\frac{e_{15}^2}{k_{11}} n \bar{z}^{-n-1} \mathrm{e}^{-\mathrm{i}\theta}$$

$$\xi_n^{(21)} = \frac{\mathrm{i}e_{15}}{2c_{44}k_{11}(1+\lambda)} H_n^{(1)}(k|\zeta|) \Big(\frac{\zeta}{|\zeta|}\Big)^n$$

$$\xi_n^{(22)} = \frac{e_{15}}{k_{11}} z^{-n}$$

$$\xi_n^{(23)} = \frac{e_{15}}{k_{11}} \bar{z}^{-n}$$

$$\xi_n^{(24)} = -\frac{e_{15}^c}{k_{11}^c} z^n$$

$$\xi_n^{(25)} = -\frac{e_{15}^c}{k_{11}^c} \bar{z}^n$$

$$\xi_n^{(32)} = e_{15} n z^{n-1} \mathrm{e}^{\mathrm{i}\theta}$$
$$\xi_n^{(33)} = e_{15} n \bar{z}^{n-1} \mathrm{e}^{-\mathrm{i}\theta}$$
$$\xi_n^{(34)} = e_{15}^c n z^{n-1} \mathrm{e}^{\mathrm{i}\theta}$$
$$\xi_n^{(35)} = e_{15}^c n \bar{z}^{n-1} \mathrm{e}^{-\mathrm{i}\theta}$$

$$\xi^{(1)} = -\frac{\mathrm{i}k}{2}\left(c_{44} + \frac{e_{15}^2}{k_{11}}\right)\beta w_0 (z^{\beta-1}\mathrm{e}^{\mathrm{i}(\theta-\alpha)} + \bar{z}^{\beta-1}\mathrm{e}^{-\mathrm{i}(\theta-\alpha)})\exp\left[\frac{\mathrm{i}k}{2}(\zeta \mathrm{e}^{-\mathrm{i}\alpha} + \bar{\zeta}\mathrm{e}^{\mathrm{i}\omega_0})\right]$$

$$\xi^{(2)} = -\frac{e_{15}}{k_{11}} w_0 \exp\left[\frac{\mathrm{i}k}{2}(\zeta \mathrm{e}^{-\mathrm{i}\alpha} + \bar{\zeta}\mathrm{e}^{\mathrm{i}\omega_0})\right]$$

$$\xi^{(3)} = 0 \tag{4-35}$$

将式（4-34）取有限截断项，等式两边同时乘以 $\mathrm{e}^{-\mathrm{i}m\theta}$ ($m = 0, \pm 1, \pm 2, \pm 3, \cdots$)，从 $(-\pi, \pi)$ 积分得到多元一次方程组，从而求解出未知系数 A_n、B_n、C_n、D_n、E_n。

4.2.4 动应力集中系数与电场强度系数

根据参考文献[3]可知，动应力集中系数 $\tau_{\theta z}^*$ 和电场强度集中系数 E_θ^* 表达式分别为

$$\tau_{\theta z}^* = \left|\frac{\tau_{\theta z}}{\tau_0}\right|, \quad E_\theta^* = \left|\frac{E_\theta}{E_0}\right| \tag{4-36}$$

式中，

$$\tau_0 = \mathrm{i}k\left(c_{44} + \frac{e_{15}^2}{k_{11}}\right)w_0, \quad E_0 = \frac{ke_{15}w_0}{k_{11}}, \quad E_\theta = -\mathrm{i}\left(\frac{\partial \varphi}{\partial z}\mathrm{e}^{\mathrm{i}\theta} - \frac{\partial \varphi}{\partial \bar{z}}\mathrm{e}^{-\mathrm{i}\theta}\right)。$$

4.2.5 算例分析

当 $\beta = 1$ 时，本节模型退化为均匀压电介质模型。为对本节方法进行验证，采用与参考文献[4]中相同的参数，求解得到动应力系数 $\tau_{\theta z}^*$ 沿圆孔周边的

第4章 无限空间内含缺陷的压电介质的反平面动力学研究

分布情况,如图4.4所示。可以看出,计算结果与参考文献[4]中结果吻合较好,说明本节方法精确可行。以下取 $k_{11}/k_{11}^c = 1000$ 进行建模,分析各参数对动应力集中系数及电场强度系数的影响。

图4.5给出了SH波以不同角度(α)入射时圆孔周围动应力系数的变化情况。由图4.3可知:SH波垂直入射时,$\tau_{\theta z}^*$ 达到最大值3.8;SH波水平入射时,$\tau_{\theta z}^*$ 最大值为均匀压电介质的2~3倍。由此可见,入射角度 α 对非均匀介质具有一定的影响。

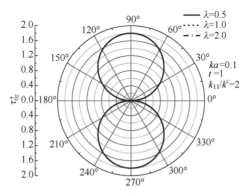

图 4.4 方法验证(与参考文献[4]比较)

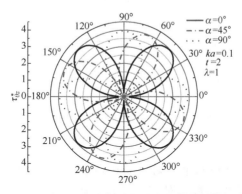

图 4.5 SH波入射角度不同时动应力集中系数的变化

图4.6给出了SH波水平入射时圆孔周边动应力集中系数随波数 ka 的变化情况。图4.6显示:$\tau_{\theta z}^*$ 随波数 ka 的增大而减小,SH波低频入射时,$\tau_{\theta z}^*$ 的最大值约为高频入射时的2倍。

图4.7给出了SH波垂直入射时圆孔周边动应力集中系数随波数 ka 的变化情况。图4.5显示:$\tau_{\theta z}^*$ 随波数 ka 的增大而减小,与图4.6中规律相同,但图4.7中 $\tau_{\theta z}^*$ 的最大值比图4.6中约大18%。由图4.5~图4.7可知,SH波低频

垂直入射对径向非均匀压电介质破坏较大，在工程中应该对这种情况引起注意。

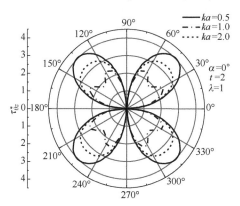

图 4.6 SH 波水平入射时圆孔周边动应力集中
系数随波数 ka 的变化情况

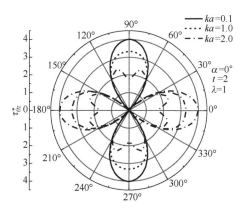

图 4.7 SH 波垂直入射时圆孔周边动应力集中
系数随波数 ka 的变化情况

图 4.8 给出了 SH 波水平入射时圆孔周边动应力集中系数随 λ 的变化情况。图 4.8 显示：压电参数 λ 对 $\tau_{\theta z}^*$ 几乎没有影响。图 4.9 给出了 SH 波水平入射时圆孔周边动应力集中系数随 β 的变化情况。由图 4.9 可知，$\tau_{\theta z}^*$ 随幂次 β 的增大而增大，当 $\beta=4$ 时，$\tau_{\theta z}^*$ 达到最大值 3.2，约为均匀压电材料 $\tau_{\theta z}^*$ 最大值的 2 倍，因此工程中应该合理调整参数，避免幂次 β 过大。

图 4.10 给出了 SH 波水平入射时圆孔 $\theta=\pi/2$ 处动应力集中系数随波数 ka 的变化情况。图 4.10 显示：$\tau_{\theta z}^*$ 随 ka 的值的增大而减小，下降率约 1.1%。不同压电参数 λ 条件下得到的 $\tau_{\theta z}^*$ 曲线几乎完全重合，说明 λ 对 $\tau_{\theta z}^*$ 几乎没有影响，与图 4.8 中的结论一致。

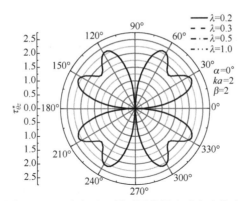

图 4.8 SH 波水平入射时圆孔周边动应力集中系数随 λ 变化情况

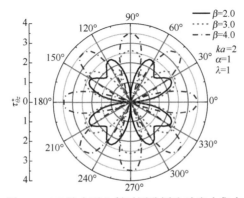

图 4.9 SH 波水平入射时圆孔周边动应力集中系数随幂次 β 的变化情况

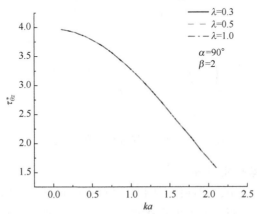

图 4.10 SH 波垂直入射时圆孔 $\theta=\pi/2$ 处动应力集中系数随 ka 的变化

4.3 无限空间内含多个圆孔缺陷的压电介质的反平面动力学研究

压电材料中,由缺陷引起的弹性波的散射与动应力集中问题是弹性动力学的重要课题之一。它在工程材料和测量等学科领域中,有着广泛的应用。

本节利用 SH 波散射的对称性和多极坐标的方法[8-9],构造一个可以预先满足自由表面上应力自由边界条件的稳态波散射的波函数。同时,利用孔边界应力自由、电位势连续、法向电位移连续的边界条件将问题归结为一组无穷代数方程,求解该方程组即可确定未知系数。文中最后给出了动应力集中系数及电场强度集中系数的表达式。

4.3.1 问题的表述及基本控制方程

4.3.1.1 问题的表述

含多个圆孔压电介质示意图如图 4.11 所示,介质的密度为 ρ。建立总体坐标系 xoy 和局部坐标系 $x_j o_j y_j$。其中,c_h 为第 h 个圆孔的孔心在总体坐标系下的坐标,R_h 为第 h 个圆孔的半径,T_h 为第 h 个圆孔的围线,局部坐标 $x_j o_j y_j$ 以 c_j 为坐标原点。

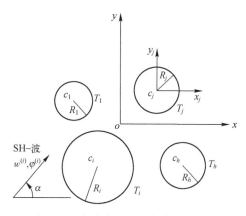

图 4.11 含多个圆孔压电介质示意图

4.3.1.2 基本控制方程

在各向同性介质中,弹性波对圆形孔洞的散射问题,最简单的数学模型就是反平面剪切运动。假定入射波在平面 xy 内,而它所引起的散射位移场只有垂直于 xy 平面的位移分量 $w(x,y,t)$,且与 z 轴无关。压电介质中,设 z 轴为

电极化方向，则稳态的反平面动力学问题的控制方程为

$$\begin{cases} \dfrac{\partial \tau_{xz}}{\partial x}+\dfrac{\partial \tau_{yz}}{\partial y}+\rho\omega^2 w=0 \\ \dfrac{\partial D_x}{\partial x}+\dfrac{\partial D_y}{\partial y}=0 \end{cases} \tag{4-37}$$

式中，ρ 为介质的密度。对于各向同性压电材料的本构关系可以写成：

$$\begin{cases} \tau_{xz}=c_{44}\dfrac{\partial w}{\partial x}+e_{15}\dfrac{\partial \phi}{\partial x} \\ \tau_{yz}=c_{44}\dfrac{\partial w}{\partial y}+e_{15}\dfrac{\partial \phi}{\partial y} \\ D_x=e_{15}\dfrac{\partial w}{\partial x}-k_{11}\dfrac{\partial \phi}{\partial x} \\ D_y=e_{15}\dfrac{\partial w}{\partial y}-k_{11}\dfrac{\partial \phi}{\partial y} \end{cases} \tag{4-38}$$

式中，c_{44}、e_{15} 和 k_{11} 分别是压电材料的弹性常数、压电系数和介电常数；ϕ 为介质中的电位势。

把本构关系式（4-38）代入控制方程（4-37）中，可得

$$\begin{cases} c_{44}\nabla^2 w+e_{15}\nabla^2\phi+\rho\omega^2 w=0 \\ e_{15}\nabla^2 w-k_{11}\nabla^2\phi=0 \end{cases} \tag{4-39}$$

式（4-39）可以简化成

$$\begin{cases} \nabla^2 w+k^2 w=0 \\ \nabla^2 f=0 \end{cases} \tag{4-40}$$

式中，k 为波数，$k^2=\dfrac{\rho\omega^2}{c^*}$，且 $c^*=c_{44}+\dfrac{e_{15}^2}{k_{11}}$。电位势 ϕ 为

$$\phi=\dfrac{e_{15}}{k_{11}}(w+f) \tag{4-41}$$

在极坐标系中，控制方程（4-39）可写成：

$$\begin{cases} \dfrac{\partial^2 w}{\partial r^2}+\dfrac{1}{r}\dfrac{\partial w}{\partial r}+\dfrac{1}{r^2}\dfrac{\partial^2 w}{\partial \theta^2}+k^2 w=0 \\ \dfrac{\partial^2 f}{\partial r^2}+\dfrac{1}{r}\dfrac{\partial f}{\partial r}+\dfrac{1}{r^2}\dfrac{\partial^2 f}{\partial \theta^2}=0 \end{cases} \tag{4-42}$$

而本构关系式（4-38）则为

$$\begin{cases} \tau_{rz} = c_{44}\dfrac{\partial w}{\partial r}+e_{15}\dfrac{\partial \phi}{\partial r} \\ \tau_{\theta z} = c_{44}\dfrac{1}{r}\dfrac{\partial w}{\partial \theta}+e_{15}\dfrac{1}{r}\dfrac{\partial \phi}{\partial \theta} \\ D_r = e_{15}\dfrac{\partial w}{\partial r}-k_{11}\dfrac{\partial \phi}{\partial r} \\ D_\theta = e_{15}\dfrac{1}{r}\dfrac{\partial w}{\partial \theta}-k_{11}\dfrac{1}{r}\dfrac{\partial \phi}{\partial \theta} \end{cases} \qquad (4\text{-}43)$$

4.3.2 压电介质及圆孔内的波场

4.3.2.1 压电介质中的入射波

本节研究在压电介质中沿与 x 轴正向成 α 角入射的位移场及电场对 k 个大小不等、任意分布的圆形孔洞的散射。其位移场和电场的入射波可以写成：

$$\begin{cases} w^{(i)} = w_0 \mathrm{e}^{\mathrm{i}kr\cos(\theta-\alpha)}\mathrm{e}^{-\mathrm{i}\omega t} \\ \phi^{(i)} = \dfrac{e_{15}}{k_{11}}w_0 \mathrm{e}^{\mathrm{i}kr\cos(\theta-\alpha)}\mathrm{e}^{-\mathrm{i}\omega t} \end{cases} \qquad (4\text{-}44)$$

式中，w_0 为入射 SH 波的弹性位移幅值；ω 为入射波的圆频率。忽略稳态时间因子 $\mathrm{e}^{-\mathrm{i}\omega t}$，式（4-44）在柱坐标系 (r,θ,z) 中可表示成：

$$\begin{cases} w^{(i)} = w_0 \mathrm{e}^{\mathrm{i}kr\cos(\theta-\alpha)} \\ \phi^{(i)} = \dfrac{e_{15}}{k_{11}}w_0 \mathrm{e}^{\mathrm{i}kr\cos(\theta-\alpha)} \end{cases} \qquad (4\text{-}45)$$

将 $\mathrm{e}^{\mathrm{i}kr\cos(\theta-\alpha)}$ 展开成 Fourier 级数的形式：

$$\mathrm{e}^{\mathrm{i}kr\cos(\theta-\alpha)} = \sum_{n=-\infty}^{\infty} \mathrm{i}^n J_n(kr)\mathrm{e}^{\mathrm{i}n(\theta-\alpha)} \qquad (4\text{-}46)$$

式中，$J_n(\cdot)$ 为 n 阶第一类贝塞尔函数。则入射波式（4-45）可以表示成为

$$\begin{cases} w^{(i)} = w_0 \sum_{n=-\infty}^{\infty} \mathrm{i}^n J_n(kr)\mathrm{e}^{\mathrm{i}n(\theta-\alpha)} \\ \phi^{(i)} = \dfrac{e_{15}}{k_{11}}w_0 \sum_{n=-\infty}^{\infty} \mathrm{i}^n J_n(kr)\mathrm{e}^{\mathrm{i}n(\theta-\alpha)} \end{cases} \qquad (4\text{-}47)$$

引入复变量 $z=x+\mathrm{i}y$，$\bar{z}=x-\mathrm{i}y$，则在复平面 $(z,\bar{z})$ 上，式（4-47）可以进一步写成：

$$\begin{cases} w^{(i)} = w_0 \sum_{n=-\infty}^{\infty} \mathrm{i}^n J_n(k|z|) \left\{\frac{z}{|z|}\right\}^n \mathrm{e}^{-\mathrm{i}n\alpha} \\ \phi^{(i)} = \frac{e_{15}}{k_{11}} w_0 \sum_{n=-\infty}^{\infty} \mathrm{i}^n J_n(k|z|) \left\{\frac{z}{|z|}\right\}^n \mathrm{e}^{-\mathrm{i}n\alpha} \end{cases} \quad (4\text{-}48)$$

4.3.2.2 压电介质中的散射波

为了求解波对 k 个大小相等,任意分布的圆形孔洞的散射问题,可利用参考文献 [5] 中提出的方法,将 k 个圆孔的散射波场写成:

$$w^{(s)}(z,\bar{z}) = \sum_{h=1}^{k} \sum_{n=-\infty}^{\infty} {}^h A_n H_n^{(1)}(k|z_h|) \left\{\frac{z_h}{|z_h|}\right\}^n \quad (4\text{-}49)$$

式 (4-49) 也可以写成:

$$w^{(s)}(z,\bar{z}) = \sum_{h=1}^{k} \sum_{n=-\infty}^{\infty} {}^h A_n H_n^{(1)}(k|z-c_h|) \left\{\frac{z-c_h}{|z-c_h|}\right\}^n \quad (4\text{-}50)$$

式中,c_h 为第 h 个圆孔的孔心在总体坐标系下的坐标;${}^h A_n$ 为一组待定的未知系数。进一步要解决的问题是利用边界条件确定未知的待定常数。

电位势 ϕ 的散射场:

$$\phi^{(s)}(z,\bar{z}) = \frac{e_{15}}{k_{11}}(w^{(s)} + f^{(s)}) \quad (4\text{-}51)$$

f^s 满足拉普拉斯方程且为有限值,因而 ϕ 的散射场可以写成:

$$\phi^{(s)}(z,\bar{z}) = \frac{e_{15}}{k_{11}} w^{(s)} + B_0 + \frac{e_{15}}{k_{11}} \cdot \sum_{h=1}^{k} \sum_{n=1}^{\infty} \left({}^h B_n k^{-n} |z_h|^{-n} \left\{\frac{z_h}{|z_h|}\right\}^{-n} + {}^h C_n k^{-n} |\bar{z}_h|^{-n} \left\{\frac{\bar{z}_h}{|\bar{z}_h|}\right\}^{-n} \right) \quad (4\text{-}52)$$

利用无穷远处条件: $r \to \infty$,$\phi^t \to \phi^i$ 可得到 $B_0 = 0$。

4.3.2.3 圆孔内的波场

圆孔内只有电场而无弹性场,第 j 个圆孔内的 ϕ^j 应该满足拉普拉斯方程 $\nabla^2 \phi^j = 0$ 且为有限值,则第 j 个圆孔内的波场为

$$\phi^j = \frac{e_{15}}{k_{11}} E_0 + \frac{e_{15}}{k_{11}} \sum_{n=1}^{\infty} \left({}^j E_n k^n |z_j|^n \left\{\frac{z_j}{|z_j|}\right\}^n + {}^j F_n k^n |\bar{z}_j|^n \left\{\frac{\bar{z}_j}{|\bar{z}_j|}\right\}^n \right) \quad (4\text{-}53)$$

4.3.3 应力及电位移表达式

应力表达式 (4-38) 在复平面 $(z,\bar{z})$ 上可以写成

$$\begin{cases}\tau_{xz}=c_{44}\left(\dfrac{\partial w}{\partial z}+\dfrac{\partial w}{\partial \bar{z}}\right)+e_{15}\left(\dfrac{\partial \phi}{\partial z}+\dfrac{\partial \phi}{\partial \bar{z}}\right)\\[4pt]\tau_{yz}=\mathrm{i}c_{44}\left(\dfrac{\partial w}{\partial z}-\dfrac{\partial w}{\partial \bar{z}}\right)+\mathrm{i}e_{15}\left(\dfrac{\partial \phi}{\partial z}-\dfrac{\partial \phi}{\partial \bar{z}}\right)\\[4pt]D_{x}=e_{15}\left(\dfrac{\partial w}{\partial z}+\dfrac{\partial w}{\partial \bar{z}}\right)-k_{11}\left(\dfrac{\partial \phi}{\partial z}+\dfrac{\partial \phi}{\partial \bar{z}}\right)\\[4pt]D_{y}=\mathrm{i}e_{15}\left(\dfrac{\partial w}{\partial z}-\dfrac{\partial w}{\partial \bar{z}}\right)-\mathrm{i}k_{11}\left(\dfrac{\partial \phi}{\partial z}-\dfrac{\partial \phi}{\partial \bar{z}}\right)\end{cases} \quad (4-54)$$

而在极坐标中应力表达式为

$$\begin{cases}\tau_{rz}=c_{44}\left(\dfrac{\partial w}{\partial z}\mathrm{e}^{\mathrm{i}\theta}+\dfrac{\partial w}{\partial \bar{z}}\mathrm{e}^{-\mathrm{i}\theta}\right)+e_{15}\left(\dfrac{\partial \phi}{\partial z}\mathrm{e}^{\mathrm{i}\theta}+\dfrac{\partial \phi}{\partial \bar{z}}\mathrm{e}^{-\mathrm{i}\theta}\right)\\[4pt]\tau_{\theta z}=\mathrm{i}c_{44}\left(\dfrac{\partial w}{\partial z}\mathrm{e}^{\mathrm{i}\theta}-\dfrac{\partial w}{\partial \bar{z}}\mathrm{e}^{-\mathrm{i}\theta}\right)+\mathrm{i}e_{15}\left(\dfrac{\partial \phi}{\partial z}\mathrm{e}^{\mathrm{i}\theta}-\dfrac{\partial \phi}{\partial \bar{z}}\mathrm{e}^{-\mathrm{i}\theta}\right)\\[4pt]D_{r}=e_{15}\left(\dfrac{\partial w}{\partial z}\mathrm{e}^{\mathrm{i}\theta}+\dfrac{\partial w}{\partial \bar{z}}\mathrm{e}^{-\mathrm{i}\theta}\right)-k_{11}\left(\dfrac{\partial \phi}{\partial z}\mathrm{e}^{\mathrm{i}\theta}+\dfrac{\partial \phi}{\partial \bar{z}}\mathrm{e}^{-\mathrm{i}\theta}\right)\\[4pt]D_{\theta}=\mathrm{i}e_{15}\left(\dfrac{\partial w}{\partial z}\mathrm{e}^{\mathrm{i}\theta}-\dfrac{\partial w}{\partial \bar{z}}\mathrm{e}^{-\mathrm{i}\theta}\right)-\mathrm{i}k_{11}\left(\dfrac{\partial \phi}{\partial z}\mathrm{e}^{\mathrm{i}\theta}-\dfrac{\partial \phi}{\partial \bar{z}}\mathrm{e}^{-\mathrm{i}\theta}\right)\end{cases} \quad (4-55)$$

4.3.3.1 压电介质中的应力及电位移表达式

为了计算压电介质中由入射波及散射波引起的应力及电位移表达式，可以把位移表达式及电位势表达式代入式（4-55）中，同时利用关系式：

$$\begin{aligned}\dfrac{\partial}{\partial z}\left[H_{n}(k|z|)\left\{\dfrac{z}{|z|}\right\}^{n}\right]&=\dfrac{k}{2}H_{n-1}(k|z|)\left\{\dfrac{z}{|z|}\right\}^{n-1}\\[4pt]\dfrac{\partial}{\partial \bar{z}}\left[H_{n}(k|z|)\left\{\dfrac{z}{|z|}\right\}^{n}\right]&=-\dfrac{k}{2}H_{n+1}(k|z|)\left\{\dfrac{z}{|z|}\right\}^{n+1}\end{aligned} \quad (4-56)$$

入射波在压电介质中产生的应力及电位移为

$$\begin{cases}\tau_{rz}^{(i)}=\dfrac{1}{2}kw_{0}c_{44}\left[\sum_{n=-\infty}^{\infty}\mathrm{i}^{n}J_{n-1}(k|z|)\left\{\dfrac{z}{|z|}\right\}^{n-1}\mathrm{e}^{\mathrm{i}\theta}-\sum_{n=-\infty}^{\infty}\mathrm{i}^{n}J_{n+1}(k|z|)\left\{\dfrac{z}{|z|}\right\}^{n+1}\mathrm{e}^{-\mathrm{i}\theta}\right]\mathrm{e}^{-\mathrm{i}n\alpha}\\[6pt]\quad+\dfrac{1}{2}kw_{0}\dfrac{e_{15}^{2}}{k_{11}}\left[\sum_{n=-\infty}^{\infty}\mathrm{i}^{n}J_{n-1}(k|z|)\left\{\dfrac{z}{|z|}\right\}^{n-1}\mathrm{e}^{\mathrm{i}\theta}-\sum_{n=-\infty}^{\infty}\mathrm{i}^{n}J_{n+1}(k|z|)\left\{\dfrac{z}{|z|}\right\}^{n+1}\mathrm{e}^{-\mathrm{i}\theta}\right]\mathrm{e}^{-\mathrm{i}n\alpha}\\[6pt]\tau_{\theta z}^{(i)}=\dfrac{1}{2}\mathrm{i}kw_{0}c_{44}\left[\sum_{n=-\infty}^{\infty}\mathrm{i}^{n}J_{n-1}(k|z|)\left\{\dfrac{z}{|z|}\right\}^{n-1}\mathrm{e}^{\mathrm{i}\theta}+\sum_{n=-\infty}^{\infty}\mathrm{i}^{n}J_{n+1}(k|z|)\left\{\dfrac{z}{|z|}\right\}^{n+1}\mathrm{e}^{-\mathrm{i}\theta}\right]\mathrm{e}^{-\mathrm{i}n\alpha}\\[6pt]\quad+\dfrac{1}{2}\mathrm{i}kw_{0}\dfrac{e_{15}^{2}}{k_{11}}\left[\sum_{n=-\infty}^{\infty}\mathrm{i}^{n}J_{n-1}(k|z|)\left\{\dfrac{z}{|z|}\right\}^{n-1}\mathrm{e}^{\mathrm{i}\theta}+\sum_{n=-\infty}^{\infty}\mathrm{i}^{n}J_{n+1}(k|z|)\left\{\dfrac{z}{|z|}\right\}^{n+1}\mathrm{e}^{-\mathrm{i}\theta}\right]\mathrm{e}^{-\mathrm{i}n\alpha}\end{cases}$$

$$\begin{cases} D_r^{(i)} = 0 \\ D_\theta^{(i)} = 0 \end{cases} \tag{4-57}$$

散射波在压电介质中产生的应力及电位移为

$$\begin{cases}
\tau_{rz}^{(s)} = \dfrac{1}{2}kc_{44}\sum_{h=1}^{K}\sum_{n=-\infty}^{\infty} {}^nA_n H_{n-1}^{(1)}(k|z_h|)\left\{\dfrac{z_h}{|z_h|}\right\}^{n-1} e^{i\theta} \\
\quad - \dfrac{1}{2}kc_{44}\sum_{h=1}^{K}\sum_{n=-\infty}^{\infty} {}^nA_n H_{n+1}^{(1)}(k|z_h|)\left\{\dfrac{z_h}{|z_h|}\right\}^{n+1} e^{-i\theta} \\
\quad + \dfrac{1}{2}k\dfrac{e_{15}^2}{k_{11}}\sum_{h=1}^{K}\sum_{n=-\infty}^{\infty} {}^nA_n H_{n-1}^{(1)}(k|z_h|)\left\{\dfrac{z_h}{|z_h|}\right\}^{n-1} e^{i\theta} \\
\quad - \dfrac{1}{2}k\dfrac{e_{15}^2}{k_{11}}\sum_{h=1}^{K}\sum_{n=-\infty}^{\infty} {}^nA_n H_{n+1}^{(1)}(k|z_h|)\left\{\dfrac{z_h}{|z_h|}\right\}^{n+1} e^{-i\theta} \\
\quad + \dfrac{e_{15}^2}{k_{11}}\sum_{h=1}^{K}\sum_{n=1}^{\infty} {}^hC_n(-n)k^{-n}|\bar{z}_n|^{-n-1}\left\{\dfrac{\bar{z}_h}{|\bar{z}_h|}\right\}^{-n-1} e^{-i\theta} \\
\quad + \dfrac{e_{15}^2}{k_{11}}\sum_{h=1}^{K}\sum_{n=1}^{\infty} {}^hB_n(-n)k^{-n}|z_h|^{-n-1}\left\{\dfrac{z_n}{|z_h|}\right\}^{-n-1} e^{i\theta} \\
\tau_{\theta z}^{(s)} = \dfrac{1}{2}ikc_{44}\sum_{h=1}^{K}\sum_{n=-\infty}^{\infty} {}^hA_n H_{n-1}^{(1)}(k|z_h|)\left\{\dfrac{z_h}{|z_h|}\right\}^{n-1} e^{i\theta} \\
\quad + \dfrac{1}{2}ikc_{44}\sum_{h=1}^{K}\sum_{n=-\infty}^{\infty} {}^hA_n H_{n+1}^{(1)}(k|z_h|)\left\{\dfrac{z_h}{|z_h|}\right\}^{n+1} e^{-i\theta} \\
\quad + \dfrac{1}{2}ik\dfrac{e_{15}^2}{k_{11}}\sum_{h=1}^{K}\sum_{n=-\infty}^{\infty} {}^hA_n H_{n-1}^{(1)}(k|z_h|)\left\{\dfrac{z_h}{|z_h|}\right\}^{n-1} e^{i\theta} \\
\quad + \dfrac{1}{2}ik\dfrac{e_{15}^2}{k_{11}}\sum_{h=1}^{K}\sum_{n=-\infty}^{\infty} {}^hA_n H_{n+1}^{(1)}(k|z_h|)\left\{\dfrac{z_h}{|z_h|}\right\}^{n+1} e^{-i\theta} \\
\quad + i\dfrac{e_{15}^2}{k_{11}}\sum_{h=1}^{K}\sum_{n=1}^{\infty} {}^hB_n(-n)k^{-n}|z_h|^{-n-1}\left\{\dfrac{z_h}{|z_h|}\right\}^{-n-1} e^{i\theta} \\
\quad - i\dfrac{e_{15}^2}{k_{11}}\sum_{h=1}^{K}\sum_{n=1}^{\infty} {}^hC_n(-n)k^{-n}|\bar{z}_h|^{-n-1}\left\{\dfrac{\bar{z}_h}{|\bar{z}_h|}\right\}^{-n-1} e^{-i\theta} \\
D_r^{(s)} = -e_{15}\sum_{n=1}^{K}\sum_{n=1}^{\infty} {}^hB_n(-n)k^{-n}|z_h|^{-n-1}\left\{\dfrac{z_h}{|z_h|}\right\}^{-n-1} e^{i\theta}
\end{cases}$$

$$\begin{cases} \quad - e_{15} \sum_{h=1}^{K} \sum_{n=1}^{\infty} {}^{h}C_n(-n)k^{-n} |\bar{z}_h|^{-n-1} \left\{ \frac{\bar{z}_h}{|\bar{z}_h|} \right\}^{-n-1} \mathrm{e}^{-\mathrm{i}\theta} \\ D_{\theta}^{(s)} = -\mathrm{i}e_{15} \sum_{h=1}^{K} \sum_{n=1}^{\infty} {}^{h}B_n(-n)k^{-n} |z_h|^{-n-1} \left\{ \frac{z_h}{|z_h|} \right\}^{-n-1} \mathrm{e}^{\mathrm{i}\theta} \\ \quad + \mathrm{i}e_{15} \sum_{h=1}^{K} \sum_{n=1}^{\infty} {}^{h}C_n(-n)k^{-n} |\bar{z}_h|^{-n-1} \left\{ \frac{\bar{z}_h}{|\bar{z}_h|} \right\}^{-n-1} \mathrm{e}^{-\mathrm{i}\theta} \end{cases}$$

(4-58)

4.3.3.2 圆孔内的电场表达式

圆孔内只有电场而无弹性场，把圆孔内电位势表达式代入式（4-55）中，得到第 j 个圆孔内的电位移表达式：

$$\begin{cases} D_r^j = -k_0 \frac{e_{15}}{k_{11}} \sum_{n=1}^{\infty} \left[{}^{j}E_n n k^n |z_j|^{n-1} \left\{ \frac{z_j}{|z_j|} \right\}^{n-1} \mathrm{e}^{\mathrm{i}\theta_j} + {}^{j}F_n n k^n |\bar{z}_j|^{n-1} \left\{ \frac{\bar{z}_j}{|\bar{z}_j|} \right\}^{n-1} \mathrm{e}^{-\mathrm{i}\theta_j} \right] \\ D_{\theta}^j = -\mathrm{i}k_0 \frac{e_{15}}{k_{11}} \sum_{n=1}^{\infty} \left[{}^{j}E_n n k^n |z_j|^{n-1} \left\{ \frac{z_j}{|z_j|} \right\}^{n-1} \mathrm{e}^{\mathrm{i}\theta_j} - {}^{j}F_n n k^n |\bar{z}_j|^{n-1} \left\{ \frac{\bar{z}_j}{|\bar{z}_j|} \right\}^{n-1} \mathrm{e}^{-\mathrm{i}\theta_j} \right] \\ \qquad\qquad\qquad\qquad\qquad j = 1,2,\cdots,K \end{cases}$$

(4-59)

4.3.4 边值问题

在研究各向同性压电介质中诸圆孔的散射和动应力集中问题时，作用在第 j 个圆孔周边上的外力为 0，即在圆孔边界满足应力自由边界条件，则在每个圆孔上，均给出边界条件：

$$\tau_{r_jz}^{(t)} = \tau_{r_jz}^{(i)} + \tau_{r_jz}^{(s)} = 0, \quad |z_j| = R_j \qquad (4\text{-}60)$$

电的边界条件可以表示为

$$\begin{cases} \phi^j = \phi^{(t)} \\ D_r^j = D_r^{(t)} \\ |z_j| = R_j \end{cases} \qquad (4\text{-}61)$$

为了确定待定系数 ${}^hA_n$，${}^hB_n$，${}^hC_n$，${}^hD_n$，${}^hE_n$，当 z 在 T_j 上时，把坐标原点移到 j 孔的圆心 C_j 上，这时有

$$z = z_j + c_j$$
$$z - c_h = z_j + c_j - c_h = z_j - {}^hd_j$$

式中，${}^hd_j = c_h - c_j$，是以 c_j 为坐标原点时，第 h 个孔的圆心 c_h 的复坐标。

第4章 无限空间内含缺陷的压电介质的反平面动力学研究

把各表达式分别代入边界条件,当$|z_j|=R_j$时,边界条件式(4-60)可写成:

$$\sum_{h=1}^{K}\sum_{n=-\infty}^{\infty} {}^hA_n {}^h\zeta_{jn} + \sum_{h=1}^{K}\sum_{n=1}^{\infty} {}^hB_n {}^hz_{jn} + \sum_{h=1}^{K}\sum_{n=1}^{\infty} {}^hC_n {}^hz_{jn}^* = \zeta_j, j=1,2,\cdots,K$$
(4-62)

式中,

$${}^h\zeta_{jn} = \frac{1}{2}kc_{44}H_{n-1}^{(1)}(k|z_j-{}^hd_j|)\left\{\frac{z_j-{}^hd_j}{|z_j-{}^hd_j|}\right\}^{n-1}e^{i\theta_j}$$

$$-\frac{1}{2}kc_{44}H_{n+1}^{(1)}(k|z_j-d_j|)\left\{\frac{z_j-{}^hd_j}{|z_j-{}^hd_j|}\right\}^{n+1}e^{-i\theta_j}$$

$$+\frac{1}{2}k\frac{e_{15}^2}{k_{11}}H_{n-1}^{(1)}(k|z_j-{}^hd_j|)\left\{\frac{z_j-{}^hd_j}{|z_j-{}^hd_j|}\right\}^{n-1}e^{i\theta_j}$$

$$-\frac{1}{2}k\frac{e_{15}^2}{k_{11}}H_{n+1}^{(1)}(k|z_j-d_j|)\left\{\frac{z_j-{}^hd_j}{|z_j-{}^hd_j|}\right\}^{n+1}e^{-i\theta_j}$$

$$\zeta_j = -\frac{1}{2}ke^{-in\alpha}w_0c_{44}\sum_{n=-\infty}^{\infty} i^n J_{n-1}(k|z_j+c_j|)\left\{\frac{z_j+c_j}{z_j+c_j}\right\}^{n-1}e^{i\theta_j}$$

$$+\frac{1}{2}ke^{-in\alpha}w_0c_{44}\sum_{n=-\infty}^{\infty} i^n J_{n+1}(k|z_j+c_j|)\left\{\frac{z_j+c_j}{|z_j+c_j|}\right\}^{n+1}e^{-i\theta_j}$$

$$+\frac{1}{2}k\frac{e_{15}^2}{k_{11}}\left[H_{n-1}^{(1)}(k|z_j-{}^hd_j|)\left\{\frac{z_j-{}^hd_j}{|z_j-{}^hd_j|}\right\}^{n-1}e^{i\theta_j}-H_{n+1}^{(1)}(k|z_j-d_j|)\left\{\frac{z_j-{}^hd_j}{|z_j-{}^hd_j|}\right\}^{n+1}e^{-i\theta_j}\right]$$

$${}^hz_{jn} = \frac{e_{15}^2}{k_{11}}(-n)k^{-n}|z_j-{}^hd_j|^{-n-1}\left\{\frac{z_j-{}^hd_j}{|z_j-{}^hd_j|}\right\}^{-n-1}e^{i\theta_j}$$

$${}^hz_{jn}^* = \frac{e_{15}^2}{k_{11}}(-n)k^{-n}|\bar{z}_j-{}^h\bar{d}_j|^{-n-1}\left\{\frac{\bar{z}_j-{}^h\bar{d}_j}{|\bar{z}_j-{}^h\bar{d}_j|}\right\}^{-n-1}e^{-i\theta_j}$$

在表达式(4-62)的两边同时乘以$e^{-im\theta_j}$,并在区间$(-\pi,\pi)$上积分,则有

$$\sum_{h=1}^{K}\sum_{n=-\infty}^{\infty} {}^hA_n {}^h\zeta_{jn,m} + \sum_{h=1}^{K}\sum_{n=1}^{\infty} {}^hB_n {}^hz_{jn,m} + \sum_{h=1}^{K}\sum_{n=1}^{\infty} {}^hC_n {}^hz_{jn,m}^* = \zeta_{j,m}$$
$$j=1,2,\cdots,K, \quad m=0,\pm 1,\pm 2,\cdots$$
(4-63)

式中,

$${}^h\zeta_{jn,m} = \frac{1}{2\pi}\int_{-\pi}^{\pi} {}^h\zeta_{jn} e^{-im\theta_j} d\theta_j$$

$$\zeta_{j,m} = \frac{1}{2\pi}\int_{-\pi}^{\pi} \zeta_j \mathrm{e}^{-\mathrm{i}m\theta_j}\mathrm{d}\theta_j$$

$$^h z_{jn,m} = \frac{1}{2\pi}\int_{-\pi}^{\pi} {}^n z_{jn} \mathrm{e}^{-\mathrm{i}m\theta_j}\mathrm{d}\theta_j$$

$$^h z_{jn,m}^0 = \frac{1}{2\pi}\int_{-\pi}^{\pi} {}^h z_{jn}^* \mathrm{e}^{-\mathrm{i}m\theta_j}\mathrm{d}\theta_j$$

同样，由电边界条件（4-61）第一式 $\phi^j = \phi^{(t)}$ 有

$$\sum_{n=0}^{\infty}{}^j E_n \xi_{jn} + \sum_{n=1}^{\infty}{}^j F_n \xi_{jn}^* - \sum_{h=1}^{K}\sum_{n=-\infty}^{\infty}{}^h A_n {}^h\zeta_{jn}^* - \sum_{h=1}^{K}\sum_{n=1}^{\infty}{}^h B_n {}^h\chi_{jn} - \sum_{h=1}^{K}\sum_{n=1}^{\infty}{}^h C_n {}^h\chi_{jn}^* = \zeta_j^*$$

$$j = 1, 2, \cdots, K \tag{4-64}$$

式中，

$$\xi_{jn} = k^n |z_j|^n \left\{\frac{z_j}{|z_j|}\right\}^n$$

$$\xi_{jn}^* = k^n |\bar{z}_j|^n \left\{\frac{\bar{z}_j}{|\bar{z}_j|}\right\}^n$$

$$^h\zeta_{jn}^* = H_n^{(1)}(k|z_j - {}^h d_j|)\left\{\frac{z_j - {}^h d_j}{|z_j - {}^h d_j|}\right\}^n$$

$$^h\chi_{jn} = k^{-n} |z_j - {}^h d_j|^{-n} \left\{\frac{z_j - {}^h d_j}{|z_j - {}^h d_j|}\right\}^{-n}$$

$$^h\chi_{jn}^* = k^{-n} |\overline{z_j - {}^h d_J}|^{-n}\left\{\frac{\overline{z_j - {}^h d_J}}{|\overline{z_j - {}^h d_J}|}\right\}^{-n}$$

$$\zeta_j^* = w_0 \sum_{n=-\infty}^{\infty} \mathrm{i}^n J_n(k|z_j + c_j|)\left\{\frac{z_j + c_j}{|z_j + c_j|}\right\}^n \mathrm{e}^{-\mathrm{i}n\alpha}$$

式（4-64）两边同时乘以 $\mathrm{e}^{-\mathrm{i}m\theta_j}$，并在区间$(-\pi, \pi)$上积分，并整理得

$$\sum_{n=0}^{\infty}{}' E_n \xi_{jn,m} + \sum_{n=1}^{\infty}{}^j F_n \xi_{jn,m}^* - \sum_{h=1}^{K}\sum_{n=-\infty}^{\infty}{}^h A_n {}^h\xi_{jn,m}^* - \sum_{h=1}^{K}\sum_{n=1}^{\infty}{}^h B_n {}^h\chi_{m,m} - \sum_{h=1}^{K}\sum_{n=1}^{\infty}{}^h C_n {}^h\chi_{jn,m}^* = \zeta_{j,m}^*$$

$$j = 1, 2, \cdots, k, m = 0, \pm 1, \pm 2, \cdots \tag{4-65}$$

式中，

$$\xi_{jn,m} = \frac{1}{2\pi}\int_{-\pi}^{\pi} \xi_{jn} \mathrm{e}^{-\mathrm{i}m\theta_j}\mathrm{d}\theta_j$$

$$\xi_{jn,m}^* = \frac{1}{2\pi}\int_{-\pi}^{\pi} \xi_{jn}^* \mathrm{e}^{-\mathrm{i}m\theta_j}\mathrm{d}\theta_j$$

$$^h\zeta_{jn,m}^* = \frac{1}{2\pi}\int_{-\pi}^{\pi} {}^h\zeta_{jn}^* \mathrm{e}^{-\mathrm{i}m\theta_j}\mathrm{d}\theta_j$$

$$^h\chi_{jn,m} = \frac{1}{2\pi}\int_{-\pi}^{\pi} {}^h\chi_{jn} e^{-im\theta_j} d\theta_j$$

$$^h\chi_{jn,m}^* = \frac{1}{2\pi}\int_{-\pi}^{\pi} {}^h\chi_{jm}^* e^{-im\theta_j} d\theta_j$$

$$\zeta_{j,m}^* = \frac{1}{2\pi}\int_{-\pi}^{\pi} \zeta_j^* e^{-im\theta_j} d\theta_j$$

由电边界条件（4-61）第二式 $D_r^j = D_r^{(t)}$ 有

$$\sum_{n=1}^{\infty} {}^jE_n\vartheta_{jn} + \sum_{n=1}^{\infty} {}^jF_n\vartheta_{jn}^* - \sum_{h=1}^{K}\sum_{n=1}^{\infty} {}^hB_n {}^h\psi_{jn} - \sum_{h=1}^{K}\sum_{n=1}^{\infty} {}^hC_n {}^h\psi_{jn}^* = 0$$
$$j = 1,2,\cdots,K \tag{4-66}$$

式中，

$$\vartheta_{jn} = \frac{k_0}{k_{11}}nk^n |z_j|^{n-1}\left\{\frac{z_j}{|z_j|}\right\}^{n-1} e^{i\theta_j}$$

$$\vartheta_{jn}^* = \frac{k_0}{k_{11}}nk^n |\bar{z}_j|^{n-1}\left\{\frac{\bar{z}_J}{|\bar{z}_j|}\right\}^{n-1} e^{-i\theta_j}$$

$$^h\psi_{jn} = (-n)k^{-n}|z_j - {}^hd_j|^{-n-1}\left\{\frac{z_j - {}^hd_j}{|z_j - {}^hd_j|}\right\}^{-n-1} e^{i\theta_j}$$

$$^h\dot{\psi}_{jn}^* = (-n)k^{-n}|\bar{z}_j - {}^h\bar{d}_j|^{-n-1}\left\{\frac{\bar{z}_j - {}^h\bar{d}_j}{|\bar{z}_j - {}^h\bar{d}_j|}\right\}^{-n-1} e^{-i\theta_j}$$

式（4-66）两边同时乘以 $e^{-im\theta_j}$，并在区间$(-\pi,\pi)$上积分，并整理得

$$\sum_{n=1}^{\infty} {}^jE_n\vartheta_{jn,m} + \sum_{n=1}^{\infty} {}^jF_n\vartheta_{jn,m}^* - \sum_{h=1}^{K}\sum_{n=1}^{\infty} {}^hB_n {}^h\psi_{jn,m} - \sum_{h=1}^{K}\sum_{n=1}^{\infty} {}^hC_n {}^h\psi_{jn,m}^* = 0$$
$$j = 1,2,3,\cdots,k,\ m = 0,\pm 1,\pm 2,\cdots \tag{4-67}$$

式中，

$$\vartheta_{jn,m} = \frac{1}{2\pi}\int_{-\pi}^{\pi}\vartheta_{jn} e^{-im\theta_j} d\theta_j$$

$$\vartheta_{jn,m}^* = \frac{1}{2\pi}\int_{-\pi}^{\pi} g_{jn}^* e^{-im\theta_j} d\theta_j$$

$$^h\psi_{jn,m} = \frac{1}{2\pi}\int_{-\pi}^{\pi}\psi_{jn} e^{-im\theta_j} d\theta_j$$

$$^h\psi_{jn,m}^* = \frac{1}{2\pi}\int_{-\pi}^{\pi} {}^h\psi_{jn}^* e^{-imj} d\theta_j$$

方程（4-65）~方程（4-67）即为确定未知系数的无穷代数方程组。

为了求解无穷代数方程组，可以利用柱函数的收敛性，将式中 n 的最大正

整数取值 $N_{\max}$，即有 $n=0,\pm 1,\pm 2,\cdots,\pm N_{\max}$，则未知数 ${}^hA_n, {}^hB_n, {}^hC_n, {}^hE_n, {}^hF_n$ 的项数分别为 $k\times(2N_{\max}+1)$，$k\times N_{\max}$，$k\times N_{\max}$，$k\times(N_{\max}+1)$，$k\times N_{\max}$，共有 $(6k\times N_{\max}+2k)$ 个未知数，三个无穷代数方程组可以构建 $k\times(2N_{\max}+1)+k\times(2N_{\max}+1)+k\times 2N_{\max}=(6k\times N_{\max}+2k)$ 个方程。显然，求解未知数的条件是充分的，问题转化为求解 $(6k\times N_{\max}+2k)$ 个线性方程组。利用线性代数理论 $\boldsymbol{AX}=\boldsymbol{B}$ 来求解方程。式中 $\boldsymbol{X}$ 为 $(6k\times N_{\max}+2k)$ 个未知数构成的 $(6k\times N_{\max}+2k)+1$ 阶列向量。$\boldsymbol{A}$ 为系数矩阵，其阶数为 $(6k\times N_{\max}+2k)\times(6k\times N_{\max}+2k)$，$\boldsymbol{B}$ 为非齐次项系数矩阵。然后利用 $\boldsymbol{X}=\boldsymbol{A}^{-1}\boldsymbol{B}$，得到待求未知数构成的列阵。

4.3.5　动应力集中系数及电场集中

利用式（4-57）和式（4-58），令 $\tau_0=c_{44}kw_0$，其物理意义为非压电材料中无孔洞时入射波产生的应力幅值，于是孔边动应力集中系数可表示为

$$\begin{aligned}\tau_{\theta jz}^* =& \frac{1}{2}\mathrm{i}\mathrm{e}^{-\mathrm{i}n\alpha}(1+\lambda)\sum_{n=-\infty}^{\infty}\mathrm{i}^n J_{n-1}(k|z_j+c_j|)\left\{\frac{z_j+c_j}{|z_j+c_j|}\right\}^{n-1}\mathrm{e}^{\mathrm{i}\theta_j}\\ &+\frac{1}{2}\mathrm{i}\mathrm{e}^{-\mathrm{i}n\alpha}(1+\lambda)\sum_{n=-\infty}^{\infty}\mathrm{i}^n J_{n+1}(k|z_j+c_j|)\left\{\frac{z_j+c_j}{|z_j+c_j|}\right\}^{n+1}\mathrm{e}^{-\mathrm{i}\theta_j}\\ &+\frac{1}{2}\mathrm{i}(1+\lambda)\sum_{h=1}^{K}\sum_{n=-\infty}^{\infty}{}^hA_n H_{n-1}^{(1)}(k|z_j-{}^hd_j|)\left\{\frac{z_j-{}^hd_j}{|z_j-{}^hd_j|}\right\}^{n-1}\mathrm{e}^{\mathrm{i}\theta_j}\\ &+\frac{1}{2}\mathrm{i}(1+\lambda)\sum_{h=1}^{K}\sum_{n=-\infty}^{\infty}{}^hA_n H_{n+1}^{(1)}(k|z_j-{}^hd_j|)\left\{\frac{z_j-{}^hd_j}{|z_j-{}^hd_j|}\right\}^{n+1}\mathrm{e}^{-\mathrm{i}\theta_j}\\ &+\mathrm{i}\lambda\sum_{h=1}^{K}\sum_{n=1}^{\infty}{}^hB_n(-n)k^{-n-1}|z_j-{}^hd_j|^{-n-1}\left\{\frac{z_j-{}^hd_j}{|z_j-{}^hd_j|}\right\}^{-n-1}\mathrm{e}^{\mathrm{i}\theta_j}\\ &-\mathrm{i}\lambda\sum_{h=1}^{K}\sum_{n=1}^{\infty}{}^hC_n(-n)k^{-n-1}|\overline{z_j}-\overline{{}^hd_j}|^{-n-1}\left\{\frac{\overline{z_j}-\overline{{}^hd_j}}{|\overline{z_j}-\overline{{}^hd_j}|}\right\}^{-n-1}\mathrm{e}^{-\mathrm{i}\theta_j}\end{aligned}$$

（4-68）

对于电场，有

$$E_\theta=-\mathrm{i}\left\{\frac{\partial\varphi}{\partial z}\mathrm{e}^{\mathrm{i}\theta}-\frac{\partial\varphi}{\partial\overline{z}}\mathrm{e}^{-\mathrm{i}\theta}\right\} \quad (4-69)$$

将式（4-48）、式（4-52）代入式（4-69）中，可以得到 E_θ 的表达式。令 $E_\theta=kw_0\dfrac{e_{15}}{k_{11}}$，其物理意义为入射波产生的电场强度幅值，于是孔边电场强度集中系数可以表示为

$$E_{\theta_j}^* = -\mathrm{i}\mathrm{e}^{-\mathrm{i}n\alpha}\sum_{n=-\infty}^{\infty}\mathrm{i}^n J_{n-1}(k|z_j+c_j|)\left\{\frac{z_j+c_j}{|z_j+c_j|}\right\}^{n-1}\mathrm{e}^{\mathrm{i}\theta_j}$$

$$-\mathrm{i}\mathrm{e}^{-\mathrm{i}n\alpha}\sum_{n=-\infty}^{\infty}\mathrm{i}^n J_{n+1}(k|z_j+c_j|)\left\{\frac{z_j+c_j}{|z_j+c_j|}\right\}^{n+1}\mathrm{e}^{-\mathrm{i}\theta_j}$$

$$-\mathrm{i}\left[\frac{1}{2}\sum_{h=1}^{K}\sum_{n=-\infty}^{\infty}{}^h A_n H_{n-1}^{(1)}(k|z_j-{}^h d_j|)\left\{\frac{z_j-{}^h d_j}{|z_j-{}^h d_j|}\right\}^{n-1}\mathrm{e}^{\mathrm{i}\theta_j}\right.$$

$$+\frac{1}{2}\sum_{h=1}^{K}\sum_{n=-\infty}^{\infty}{}^h A_n H_{n+1}^{(1)}(k|z_j-{}^h d_j|)\left\{\frac{z_j-{}^h d_j}{|z_j-{}^h d_j|}\right\}^{n+1}\mathrm{e}^{-\mathrm{i}\theta_j}$$

$$+\sum_{h=1}^{K}\sum_{n=1}^{\infty}{}^h B_n(-n)k^{-n-1}|z_j-{}^h d_j|^{-n-1}\left\{\frac{z_j-{}^h d_j}{|z_j-{}^h d_j|}\right\}^{-n-1}\mathrm{e}^{\mathrm{i}\theta_j}$$

$$\left.-\sum_{h=1}^{K}\sum_{n=1}^{\infty}{}^h C_n(-n)k^{-n-1}|\bar{z}_j-{}^h \bar{d}_j|^{-n-1}\left\{\frac{\bar{z}_j-{}^h \bar{d}_j}{|\bar{z}_j-{}^h \bar{d}_j|}\right\}^{-n-1}\mathrm{e}^{-\mathrm{i}\theta_j}\right]$$

(4-70)

令 $\bar{D}=\dfrac{k_{11}}{e_{15}}\tau_0$,则

$$D_{\theta_j}^* = \frac{D_\theta^{(s)}}{\bar{D}} = -\mathrm{i}\lambda\sum_{h=1}^{K}\sum_{n=1}^{\infty}\left[{}^h B_n(-n)k^{-n}|z_j-{}^h d_j|^{-n-1}\left\{\frac{z_j-{}^h d_j}{|z_j-{}^h d_j|}\right\}^{-n-1}\mathrm{e}^{\mathrm{i}\theta}\right.$$

$$\left.-{}^h C_n(-n)k^{-n}|\bar{z}_j-{}^h \bar{d}_j|^{-n-1}\left\{\frac{\bar{z}_j-{}^h \bar{d}_j}{|\bar{z}_j-{}^h \bar{d}_j|}\right\}^{-n-1}\mathrm{e}^{-\mathrm{i}\theta}\right]$$

(4-71)

4.3.6 算例与结果分析

4.3.6.1 双圆孔的解答

在前一节里,我们讨论了多圆孔压电材料的动力反平面特性,给出了动应力集中及电场集中情况的一般表达式。作为算例,本章讨论含双圆孔压电材料对 SH 波的散射,基本模型和总体坐标系的位置如图 4.12 所示。

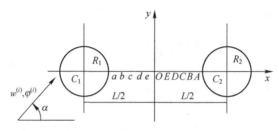

图 4.12 双圆孔压电介质示意图

对于双圆孔情况上一章推导得到的动应力集中系数式（4-68）简化为

$$\tau_{\theta_1 z}^* = \frac{1}{2}\mathrm{i}e^{-\mathrm{i}n\alpha}(1+\lambda)\sum_{n=-\infty}^{\infty}\mathrm{i}^n J_{n-1}(k|z_1+c_1|)\left\{\frac{z_1+c_1}{|z_1+c_1|}\right\}^{n-1}e^{\mathrm{i}\theta_1}$$

$$+\frac{1}{2}\mathrm{i}e^{-\mathrm{i}n\alpha}(1+\lambda)\sum_{n=-\infty}^{\infty}\mathrm{i}^n J_{n+1}k|z_1+c_1|\left\{\frac{z_1+c_1}{|z_1+c_1|}\right\}^{n+1}e^{-\mathrm{i}\theta_1}$$

$$+\frac{1}{2}\mathrm{i}(1+\lambda)\sum_{n=-\infty}^{\infty}{}^1\!A_n H_{n-1}^{(1)}(k|z_1-{}^1d_1|)\left\{\frac{z_1-{}^1d_1}{|z_1-{}^1d_1|}\right\}^{n-1}e^{\mathrm{i}\theta_1}$$

$$+\frac{1}{2}\mathrm{i}(1+\lambda)\sum_{n=-\infty}^{\infty}{}^1\!A_n H_{n+1}^{(1)}(k|z_1-{}^1d_1|)\left\{\frac{z_1-1d_1}{|z_1-1^1d_1|}\right\}^{n+1}e^{-\mathrm{i}\theta_1}$$

$$+\frac{1}{2}\mathrm{i}(1+\lambda)\sum_{n=-\infty}^{\infty}{}^2\!A_n H_{n-1}^{(1)}(k|z_1-{}^2d_1|)\left\{\frac{z_1-{}^2d_1}{|z_1-{}^2d_1|}\right\}^{n-1}e^{\mathrm{i}\theta_1}$$

$$+\frac{1}{2}\mathrm{i}(1+\lambda)\sum_{n=-\infty}^{\infty}{}^2\!A_n H_{n+1}^{(1)}(k|z_1-{}^2d_1|)\left\{\frac{z_1-{}^2d_1}{|z_1-{}^2d_1|}\right\}^{n+1}e^{-\mathrm{i}\theta_1}$$

$$+\mathrm{i}\lambda\sum_{n=1}^{\infty}{}^1\!B_n(-n)k^{-n-1}|z_1-{}^2d_1|^{-n-1}\left\{\frac{z_1-{}^1d_1}{|z_1-{}^1d_1|}\right\}^{-n-1}e^{\mathrm{i}\theta_1}$$

$$+\mathrm{i}\lambda\sum_{n=1}^{\infty}{}^2\!B_n(-n)k^{-n-1}|z_1-{}^2d_1|^{-n-1}\left\{\frac{z_1-{}^2d_1}{|z_1-{}^2d_1|}\right\}^{-n-1}e^{\mathrm{i}\theta_1}$$

$$+\mathrm{i}\lambda\sum_{n=1}^{\infty}{}^1\!C_n(-n)k^{-n-1}|\bar{z}_1-{}^1\bar{d}_1|^{-n-1}\left\{\frac{\bar{z}_1-1\bar{d}_1}{|\bar{z}_1-1\bar{d}_1|}\right\}^{-n-1}e^{-\mathrm{i}\theta_1}$$

$$-\mathrm{i}\lambda\sum_{n=1}^{\infty}{}^2\!C_n(-n)k^{-n-1}|\bar{z}_1-{}^2\bar{d}_1|^{-n-1}\left\{\frac{\bar{z}_1-{}^2\bar{d}_1}{|\bar{z}_1-{}^2\bar{d}_1|}\right\}^{-n-1}e^{-\mathrm{i}\theta_1}$$

$$\tau_{\theta_2 z}^* = \frac{1}{2}\mathrm{i}(1+\lambda)e^{-\mathrm{i}n\alpha}\sum_{n=-\infty}^{\infty}\mathrm{i}^n J_{n-1}(k|z_2+c_2|)\left\{\frac{z_2+c_2}{|z_2+c_2|}\right\}^{n-1}e^{\mathrm{i}\theta_2}$$

$$+\frac{1}{2}\mathrm{i}(1+\lambda)e^{-\mathrm{i}n\alpha}\sum_{n=-\infty}^{\infty}\mathrm{i}^n J_{n+1}(k|z_2+c_2|)\left\{\frac{z_2+c_2}{|z_2+c_2|}\right\}^{n+1}e^{-\mathrm{i}\theta_2}$$

$$+\frac{1}{2}\mathrm{i}(1+\lambda)\sum_{n=-\infty}^{\infty}A_n H_{n-1}^{(1)}(k|z_2-{}^1d_2|)\left\{\frac{z_2-1d_2}{|z_2-1d_2|}\right\}^{n-1}e^{\mathrm{i}\theta_2}$$

$$+\frac{1}{2}\mathrm{i}(1+\lambda)\sum_{n=-\infty}^{\infty}{}^1\!A_n H_{n+1}^{(1)}(k|z_2-{}^1d_2|)\left\{\frac{z_2-{}^1d_2}{|z_2-{}^1d_2|}\right\}^{n+1}e^{\mathrm{i}\theta_2}$$

$$+\frac{1}{2}\mathrm{i}(1+\lambda)\sum_{n=-\infty}^{\infty}{}^2\!A_n H_{n-1}^{(1)}(k|z_2-{}^2d_2|)\left\{\frac{z_2-{}^2d_2}{|z_2-{}^2d_2|}\right\}^{n-1}e^{\mathrm{i}\theta_2}$$

$$+\frac{1}{2}\mathrm{i}(1+\lambda)\sum_{n=-\infty}^{\infty}{}^2\!A_n H_{n+1}^{(1)}(k|z_2-{}^2d_2|)\left\{\frac{z_2-{}^2d_2}{|z_2-{}^2d_2|}\right\}^{n+1}e^{-\mathrm{i}\theta_2}$$

$$+ \mathrm{i}\lambda \sum_{n=1}^{\infty} {}^1B_n(-n)k^{-n-1} |z_2 - {}^1d_2|^{-n-1} \left\{ \frac{z_2 - {}^1d_2}{|z_2 - {}^1d_2|} \right\}^{-n-1} \mathrm{e}^{\mathrm{i}\theta_2}$$

$$+ \mathrm{i}\lambda \sum_{n=1}^{\infty} {}^2B_n(-n)k^{-n-1} |z_2 - {}^2d_2|^{-n-1} \left\{ \frac{z_2 - {}^2d_2}{|z_2 - {}^2d_2|} \right\}^{-n-1} \mathrm{e}^{\mathrm{i}\theta_2}$$

$$- \mathrm{i}\lambda \sum_{n=1}^{\infty} {}^1C_n(-n)k^{-n-1} |\bar{z}_2 - 1\bar{d}_2|^{-n-1} \left\{ \frac{\bar{z}_2 - 1\bar{d}_2}{|\bar{z}_1 - 1\bar{d}_1|} \right\}^{-n-1} \mathrm{e}^{-\mathrm{i}\theta_2}$$

$$- \mathrm{i}\lambda \sum_{n=1}^{\infty} {}^2C_n(-n)k^{-n-1} |\bar{z}_2 - {}^2\bar{d}_2|^{-n-1} \left\{ \frac{\bar{z}_2 - {}^2\bar{d}_2}{|\bar{z}_2 - {}^2\bar{d}_2|} \right\}^{-n-1} \mathrm{e}^{-\mathrm{i}\theta_2}$$

电场集中系数式（4-70）简化为

$$E_{\theta_1}^* = -\mathrm{i}\mathrm{e}^{-\mathrm{i}n\alpha} \sum_{n=-\infty}^{\infty} \mathrm{i}^n J_{n-1}(k|z_1+c_1|) \left\{ \frac{z_1+c_1}{|z_1+c_1|} \right\}^{n-1} \mathrm{e}^{\mathrm{i}\theta_1}$$

$$- \mathrm{i}\mathrm{e}^{-\mathrm{i}n\alpha} \sum_{n=-\infty}^{\infty} \mathrm{i}^n J_{n+1}(k|z_1+c_1|) \left\{ \frac{z_1+c_1}{|z_1+c_1|} \right\}^{n+1} \mathrm{e}^{-\mathrm{i}\theta_1}$$

$$- \frac{1}{2}\mathrm{i} \sum_{h=1}^{2} \sum_{n=-\infty}^{\infty} {}^hA_n H_{n-1}^{(1)}(k|z_1 - {}^hd_1|) \left\{ \frac{z_1 - {}^hd_1}{|z_1 - {}^hd_1|} \right\}^{n-1} \mathrm{e}^{\mathrm{i}\theta_1}$$

$$- \frac{1}{2}\mathrm{i} \sum_{h=1}^{2} \sum_{n=-\infty}^{\infty} {}^hA_n H_{n+1}^{(1)}(k|z_1 - {}^hd_1|) \left\{ \frac{z_1 - {}^hd_1}{|z_1 - {}^hd_1|} \right\}^{n+1} \mathrm{e}^{-\mathrm{i}\theta_1}$$

$$- \mathrm{i} \sum_{h=1}^{2} \sum_{n=1}^{\infty} {}^hB_n(-n)k^{-n-1} |z_1 - {}^hd_1|^{-n-1} \left\{ \frac{z_1 - {}^hd_1}{|z_1 - {}^hd_1|} \right\}^{-n-1} \mathrm{e}^{\mathrm{i}\theta_1}$$

$$+ \mathrm{i} \sum_{h=1}^{2} \sum_{n=1}^{\infty} {}^hC_n(-n)k^{-n-1} |\bar{z}_1 - {}^h\bar{d}_1|^{-n-1} \left\{ \frac{\bar{z}_1 - {}^h\bar{d}_1}{|\bar{z}_1 - {}^h\bar{d}_1|} \right\}^{-n-1} \mathrm{e}^{-\mathrm{i}\theta_1}$$

$$E_{\theta_2}^* = -\mathrm{i}\mathrm{e}^{-\mathrm{i}n\alpha} \sum_{n=-\infty}^{\infty} \mathrm{i}^n J_{n-1}(k|z_2+c_2|) \left\{ \frac{z_2+c_2}{|z_2+c_2|} \right\}^{n-1} \mathrm{e}^{\mathrm{i}\theta_2}$$

$$- \mathrm{i}\mathrm{e}^{-\mathrm{i}n\alpha} \sum_{n=-\infty}^{\infty} \mathrm{i}^n J_{n+1}(k|z_2+c_2|) \left\{ \frac{z_2+c_2}{|z_2+c_2|} \right\}^{n+1} \mathrm{e}^{-\mathrm{i}\theta_2}$$

$$- \frac{1}{2}\mathrm{i} \sum_{h=1}^{2} \sum_{n=-\infty}^{\infty} {}^hA_n H_{n-1}^{(1)}(k|z_2 - {}^hd_2|) \left\{ \frac{z_2 - {}^hd_2}{|z_2 - {}^hd_2|} \right\}^{n-1} \mathrm{e}^{\mathrm{i}\theta_2}$$

$$- \frac{1}{2}\mathrm{i} \sum_{h=1}^{2} \sum_{n=-\infty}^{\infty} {}^hA_n H_{n+1}^{(1)}(k|z_2 - {}^hd_2|) \left\{ \frac{z_2 - {}^hd_2}{|z_2 - {}^hd_2|} \right\}^{n+1} \mathrm{e}^{-\mathrm{i}\theta_2}$$

$$- \mathrm{i} \sum_{h=1}^{2} \sum_{n=1}^{\infty} {}^nB_n(-n)k^{-n-1} |z_2 - {}^hd_2|^{-n-1} \left\{ \frac{z_2 - {}^hd_2}{|z_2 - {}^hd_2|} \right\}^{-n-1} \mathrm{e}^{\mathrm{i}\theta_2}$$

$$+ \mathrm{i} \sum_{h=1}^{2} \sum_{n=1}^{\infty} {}^{h}C_{n}(-n) k^{-n-1} |\bar{z}_{2} - {}^{h}\bar{d}_{2}|^{-n-1} \left\{ \frac{\bar{z}_{2} - {}^{h}\bar{d}_{2}}{|\bar{z}_{2} - {}^{h}\bar{d}_{2}|} \right\}^{-n-1} \mathrm{e}^{-\mathrm{i}\theta_{2}}$$

位移集中系数式（4-70）化为

$$D_{\theta_{1}}^{*} = \frac{D_{\theta}^{(s)}}{\bar{D}} = -\mathrm{i}\lambda \sum_{h=1}^{2} \sum_{n=1}^{\infty} \left[{}^{n}B_{n}(-n) k^{-n} |z_{1} - {}^{h}d_{1}|^{-n-1} \left\{ \frac{z_{1} - {}^{h}d_{1}}{|z_{1} - {}^{h}d_{1}|} \right\}^{-n-1} \mathrm{e}^{\mathrm{i}\theta_{1}} \right.$$

$$\left. - {}^{h}C_{n}(-n) k^{-n} |\bar{z}_{1} - {}^{h}\bar{d}_{1}|^{-n-1} \left\{ \frac{\bar{z}_{1} - {}^{h}\bar{d}_{1}}{|\bar{z}_{1} - {}^{h}\bar{d}_{1}|} \right\}^{-n-1} \mathrm{e}^{-\mathrm{i}\theta_{1}} \right]$$

$$D_{\theta_{2}}^{*} = \frac{D_{\theta}^{(s)}}{\bar{D}} = -\mathrm{i}\lambda \sum_{h=1}^{2} \sum_{n=1}^{\infty} \left[{}^{h}B_{n}(-n) k^{-n} |z_{2} - {}^{h}d_{2}|^{-n-1} \left\{ \frac{z_{2} - {}^{h}d_{2}}{|z_{1} - {}^{h}d_{1}|} \right\}^{-n-1} \mathrm{e}^{\mathrm{i}\theta_{2}} \right.$$

$$\left. - {}^{h}C_{n}(-n) k^{-n} |\bar{z}_{2} - {}^{h}\bar{d}_{2}|^{-n-1} \left\{ \frac{\bar{z}_{2} - {}^{h}\bar{d}_{2}}{|\bar{z}_{2} - {}^{h}\bar{d}_{2}|} \right\}^{-n-1} \mathrm{e}^{-\mathrm{i}\theta_{2}} \right]$$

4.3.6.2 双圆孔算例

本章对双圆孔在水平入射波和竖直入射波两种情况进行了数值计算。实际计算表明，当截取 $n=5$ 时即可得到很好的收敛结果。

算例1：入射角度 $\alpha = \frac{\pi}{2}$，$k_{11}/k_0 = 1000$，$R_1 = R_2 = R$ 时动应力集中系数随角度的改变，每组图分别取不同的 ka 值及 λ 值；随波数的改变，每组图分别取不同的 λ 值。

算例2：入射角度 $\alpha = 0.0$，$k_{11}/k_0 = 1000$，$R_1 = R_2 = R$ 时动应力集中系数随角度的改变，每组图分别取不同的 ka 值及 λ 值；随波数的改变，每组图分别取不同的 λ 值。

算例结果如图 4.13～图 4.29 所示。

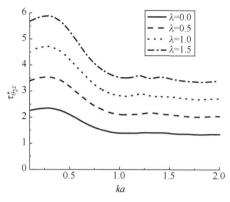

图 4.13　$\alpha = \pi/2$，$L/R = 2.5$，$\theta = 0$ 时动应力集中系数 $\tau_{\theta_2 z}^{*}$ 随波数 ka 的变化

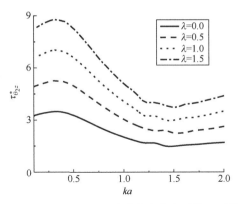

图 4.14　$\alpha=\pi/2$，$L/R=2.5$，$\theta=\pi$ 时动应力集中系数 $\tau_{\theta_2 z}^*$ 随波数 ka 的变化

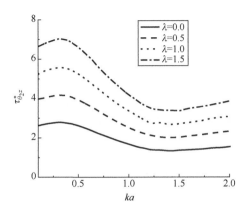

图 4.15　$\alpha=\pi/2$，$L/R=3.0$，$\theta=\pi$ 时动应力集中系数 $\tau_{\theta_2 z}^*$ 随波数 ka 的变化

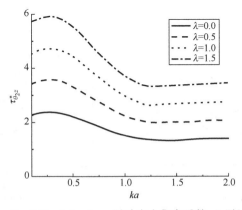

图 4.16　$\alpha=\pi/2$，$L/R=4.0$，$\theta=\pi$ 时动应力集中系数 $\tau_{\theta_2 z}^*$ 随波数 ka 的变化

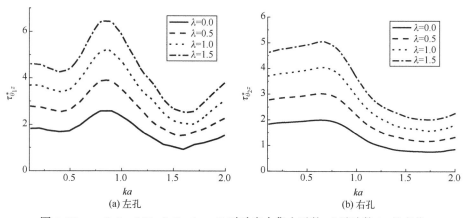

图 4.17　$\alpha=0.0$，$L/R=2.5$，$\theta=\pi/2$ 时动应力集中系数 $\tau_{\theta z}^*$ 随波数 ka 的变化

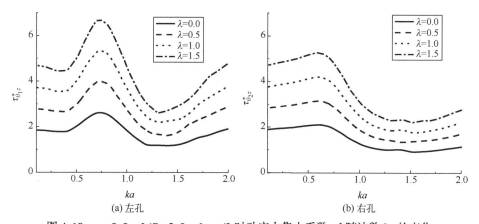

图 4.18　$\alpha=0.0$，$L/R=3.0$，$\theta=\pi/2$ 时动应力集中系数 $\tau_{\theta z}^*$ 随波数 ka 的变化

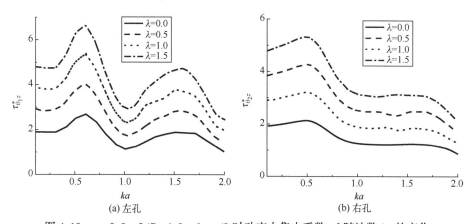

图 4.19　$\alpha=0.0$，$L/R=4.0$，$\theta=\pi/2$ 时动应力集中系数 $\tau_{\theta z}^*$ 随波数 ka 的变化

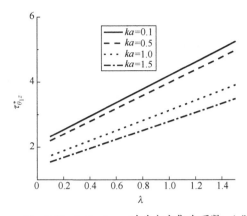

图 4.20　$\alpha=\pi/2$, $L/R=6.0$, $\theta=\pi$ 时动应力集中系数 $\tau^*_{\theta_2 z}$ 随 λ 的变化

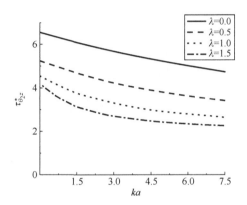

图 4.21　$\alpha=\pi/2$, $\theta=\pi$, $ka=0.1$ 时动应力集中系数 $\tau^*_{\theta_2 z}$ 随 L/R 的变化

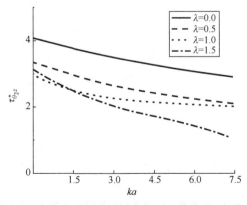

图 4.22　$\alpha=\pi/2$, $\theta=\pi$, $ka=1.0$ 时动应力集中系数 $\tau^*_{\theta_2 z}$ 随 L/R 的变化

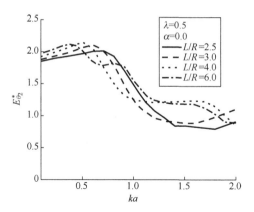

图 4.23　$\alpha=0.0$，$\theta=\pi/2$，$\lambda=0.5$ 时电场集中系数 $E^*_{\theta_2}$ 随波数 ka 的变化

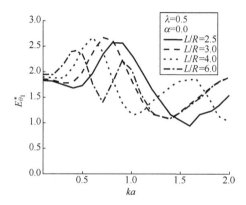

图 4.24　$\alpha=0.0$，$\theta=\pi/2$，$\lambda=0.5$ 时电场集中系数 $E^*_{\theta_1}$ 随波数 ka 的变化

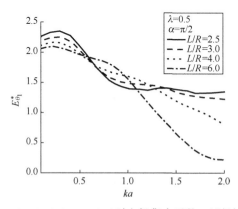

图 4.25　$\alpha=\pi/2$，$\theta=0.0$，$\lambda=0.5$ 时电场集中系数 $E^*_{\theta_1}$ 随波数 ka 的变化

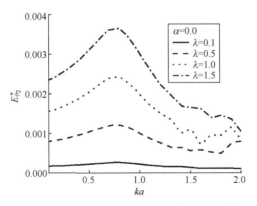

图 4.26　$\theta=\pi/2$，$L/R=2.5$ 时电场集中系数 $E_{\theta_2}^*$ 随波数 ka 的变化

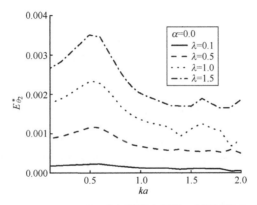

图 4.27　$\theta=\pi/2$，$L/R=4$ 时电场集中系数 $E_{\theta_2}^*$ 随波数 ka 的变化

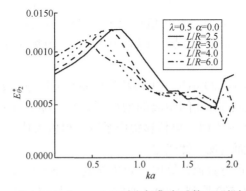

图 4.28　$\theta=\pi/2$，$\lambda=0.5$，$\alpha=0.0$ 时电场集中系数 $E_{\theta_2}^*$ 随波数 ka 的变化

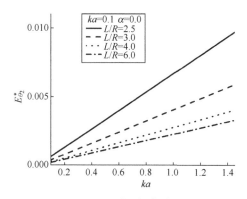

图 4.29 $\theta=\pi$,$\lambda=0.1$,$\alpha=\pi/2$ 时电场集中系数 $E_{\theta_2}^*$ 随波数 ka 的变化

4.3.6.3 结果分析

在动应力集中系数的计算中,我们给出了动应力集中系数的绝对值,因为它代表动应力集中系数的最大值。在孔的边界 R_j 上,动应力集中系数 $|\tau_{\theta_j^*}|$ 随无量纲波数 ka 的变化情况由图 4.13~图 4.19 给出。图 4.21 和图 4.22 给出了动应力集中系数随距孔边远近的变化。

(1) 图 4.13~图 4.20 给出了不同 λ 值(压电特征参数)情况下 $\frac{\pi}{2}$ 处动应力集中系数随 ka 的变化。可以看出,ka 处动应力集中系数的峰值出现在 $ka=0.5$ 左右,这说明在低频波入射时对含多个圆孔的压电介质进行动应力分析是很重要的。

(2) 图 4.21 和图 4.22 给出了不同的 L/R 情况下,动应力集中系数随距孔边距离的变化。由图中可以看出,随着与孔边距离的增加,动应力集中系数逐渐减小,随着 L/R 的增加,动应力集中系数逐渐减小。

(3) 图 4.23~图 4.25 给出了电场集中系数随角度及无量纲波数 ka 的变化趋势。由图可知,在低频情况下($ka<0.5$),电场集中情况应引起足够的重视。

(4) 图 4.26~图 4.29 给出了电位移集中系数随压电参数 λ 及波数 ka 的变化。电位移集中系数随着孔间距离的增加而减小,随着 λ 的增加而增加,在无量纲波数 $ka=0.5$ 左右时,电位移集中系数取得极大值。同时,电位移集中系数随着 λ 的增加而呈现线性变化。

(5) 本章中在进行数值计算时,曾尝试着将压电介质与空腔之间的介电常数比值 k_{11}/k_0,从 500 取到 1200(通常压电材料的介电常数比真空或空气大 3 个数量级),但对计算结果几乎没有影响,故本章仅给出了 $k_{11}/k_0=1000$ 情况的图例。

通过研究多圆孔压电材料的动力学特性，数值解给出了具有不同压电特征参数、不同波数及不同的孔间距离情况下的边界动应力集中系数，本节得出了以下结论：

(1) 远离圆孔边界的动应力集中系数（在 0 点的 $\tau_{\theta z}^*$ 的值），随着到孔边距离的增加而减小，即在孔边界处动应力集中系数取得最大值。所以在研究含圆孔的压电材料的动力学特性时，以研究孔洞边界的动应力集中为主是有科学依据的。

(2) 动应力集中系数随压电特征参数 λ 值的增加而线性增加，即动应力集中系数与外加电场有线性依赖关系。这说明，对含缺陷的压电材料进行大压电参数情况下的动力分析具有重要意义。

(3) 圆形孔边界的动应力集中系数 $\tau_{\theta z}^*$ 随无量纲波数 ka 的变化规律表明动应力集中系数 $\tau_{\theta z}^*$ 的峰值出现在低频段 $ka=0.5$ 左右，且相同波数的情况下，动应力集中系数随 λ 值的增加而增大。

因而认为，含多个圆孔的压电材料对材料本身的力学性能有着重要影响，对于多圆孔压电材料进行低频和大的压电特征参数情况下的动力学特性研究十分重要。

4.4 无限空间内含非圆孔缺陷的压电介质的反平面动力学研究

本节采用复变函数与保角映射方法对时间谐和的 SH 波在含非圆孔无限压电介质中的动应力集中问题进行研究[10-13]，获得应力场和电场对入射波强度、外加电场的依赖关系，为含任意形状孔洞压电介质的动力学问题的研究提供一种行之有效的理论分析方法。

4.4.1 基本控制方程

时间谐和的场变量均可表示成时间谐和因子与空间变量分离形式：

$$A^*(x,y,z,t)=A(x,y,z)\mathrm{e}^{-\mathrm{i}\omega t} \tag{4-72}$$

式中，A^* 为复变量，且其实部为问题的解；ω 为稳态波的圆频率。在求解过程中待解的场变量 A^* 将被 A 代替，而成为主要的研究对象。

在压电介质中，假设垂直于 xoy 平面的 z 轴为电极化方向，则稳态的反平面动力学问题的控制方程为

$$\frac{\partial \tau_{xz}}{\partial x}+\frac{\partial \tau_{yz}}{\partial y}+\rho\omega^2 w=0, \quad \frac{\partial D_x}{\partial x}+\frac{\partial D_y}{\partial y}=0 \tag{4-73}$$

式中，τ_{xz}、τ_{yz} 和 D_x、D_y 分别表示反平面剪应力分量和平面内电位移分量；ω 和 ρ 分别表示 z 方向位移和介质的质量密度。压电材料本构关系可表示成：

$$\begin{cases} \tau_{xz} = c_{44}\dfrac{\partial w}{\partial x} + e_{15}\dfrac{\partial \phi}{\partial x} \\[4pt] \tau_{yz} = c_{44}\dfrac{\partial w}{\partial y} + e_{15}\dfrac{\partial \phi}{\partial y} \\[4pt] D_x = e_{15}\dfrac{\partial w}{\partial x} - k_{11}\dfrac{\partial \phi}{\partial x} \\[4pt] D_y = e_{15}\dfrac{\partial w}{\partial y} - k_{11}\dfrac{\partial \phi}{\partial y} \end{cases} \quad (4\text{-}74)$$

式中，c_{44}、e_{15} 和 k_{11} 分别为材料的弹性常数、压电系数和介电常数；ϕ 为电位势。

将式（4-74）代入式（4-73），可得

$$\nabla^2 w + k^2 w = 0, \quad \nabla^2 f = 0 \quad (4\text{-}75)$$

式中，k 为波数，$k^2 = \dfrac{\rho \omega^2}{c^*}$；$c^* = c_{44} + \dfrac{e_{15}^2}{k_{11}}$。而电位势的决定公式为

$$\phi = \dfrac{e_{15}}{k_{11}}(w + f) \quad (4\text{-}76)$$

解决非圆孔的边值问题采用复变函数与保角映射方法是很方便的，即利用映射函数 $x + \mathrm{i}y = \omega(z)$，$x - \mathrm{i}y = \overline{\omega(z)}$ 将 xoy 平面非圆孔外域保角映射成 z 平面单位圆外域，只要在映射域内满足 $\omega'(z) \neq 0$。下面所有的分析均在映射平面 $z = re^{\mathrm{i}\theta}$ 内进行。在以极坐标表示的映射平面内，控制方程（4-75）可表示成：

$$\dfrac{\partial^2 w}{\partial z \partial \bar{z}} = \left(\dfrac{\mathrm{i}k}{2}\right)^2 \omega'(z)\omega'(\bar{z})\omega(z,\bar{z}), \quad \dfrac{\partial^2 f}{\partial z \partial \bar{z}} = 0 \quad (4\text{-}77)$$

而本构关系式（4-74）改写为

$$\begin{cases} \tau_{rz} = \dfrac{c_{44}}{|\omega'(z)|}\left(\dfrac{\partial w}{\partial z}e^{\mathrm{i}\theta} + \dfrac{\partial w}{\partial \bar{z}}e^{\mathrm{i}\theta}\right) + \dfrac{e_{15}}{|\omega'(z)|}\left(\dfrac{\partial \phi}{\partial z}e^{\mathrm{i}\theta} + \dfrac{\partial \phi}{\partial \bar{z}}e^{\mathrm{i}\theta}\right) \\[6pt] \tau_{\theta z} = \dfrac{\mathrm{i}c_{44}}{|\omega'(z)|}\left(\dfrac{\partial w}{\partial z}e^{\mathrm{i}\theta} - \dfrac{\partial w}{\partial \bar{z}}e^{\mathrm{i}\theta}\right) + \dfrac{\mathrm{i}e_{15}}{|\omega'(z)|}\left(\dfrac{\partial \phi}{\partial z}e^{\mathrm{i}\theta} + \dfrac{\partial \phi}{\partial \bar{z}}e^{\mathrm{i}\theta}\right) \\[6pt] D_r = \dfrac{c_{15}}{|\omega'(z)|}\left(\dfrac{\partial w}{\partial z}e^{\mathrm{i}\theta} - \dfrac{\partial w}{\partial \bar{z}}e^{-\mathrm{i}\theta}\right) - \dfrac{k_{11}}{|\omega'(z)|}\left(\dfrac{\partial \phi}{\partial z}e^{\mathrm{i}\theta} + \dfrac{\partial \phi}{\partial \bar{z}}e^{\mathrm{i}\theta}\right) \\[6pt] D_\theta = \dfrac{\mathrm{i}e_{15}}{|\omega'(z)|}\left(\dfrac{\partial w}{\partial z}e^{\mathrm{i}\theta} - \dfrac{\partial w}{\partial \bar{z}}e^{-\mathrm{i}\theta}\right) - \dfrac{\mathrm{i}k_{11}}{|\omega'(z)|}\left(\dfrac{\partial \phi}{\partial z}e^{\mathrm{i}\theta} - \dfrac{\partial \phi}{\partial \bar{z}}e^{\mathrm{i}\theta}\right) \end{cases} \quad (4\text{-}78)$$

4.4.2 边值问题

研究压电介质中沿与 x 轴正向成 α 角入射的 SH 波对于非圆孔的散射问题,省略时间因子 $\mathrm{e}^{\mathrm{i}\omega t}$,并利用波函数展开法,入射弹性场和电场在映射平面上可表示为

$$\begin{cases} w^{(i)} = w_0 \sum_{n=-\infty}^{\infty} \mathrm{i}^n J_n(k|\omega(z)|) \left\{ \dfrac{\omega(z)}{|\omega(z)|} \right\}^n \mathrm{e}^{-\mathrm{i}n\alpha} \\ \phi^{(i)} = \dfrac{e_{15}}{k_{11}} w_0 \sum_{n=-\infty}^{\infty} \mathrm{i}^n J_n(k|\omega(z)|) \left\{ \dfrac{\omega(z)}{|\omega(z)|} \right\}^n \mathrm{e}^{-\mathrm{i}n\alpha} \end{cases} \quad (4\text{-}79)$$

式中,w_0 为入射波位移幅值,$H_0^{(1)}$ 和 J_n 分别表示第一类 n 阶汉克尔函数和 n 阶贝塞尔函数。

映射平面内圆孔产生的满足控制方程式 (4-76) 和式 (4-77) 的散射波可以写成

$$\begin{cases} w^{(s)} = w_0 \sum_{n=-\infty}^{\infty} A_n H_n^{(1)}(k|\omega(z)|) \left\{ \dfrac{\omega(z)}{|\omega(z)|} \right\}^n \\ \phi^{(s)} = \dfrac{e_{15}}{k_{11}} w^{(s)} + \dfrac{e_{15}}{k_{11}} w^{(s)} + \dfrac{e_{15}}{k_{11}} w_0 \sum_{n=-\infty}^{\infty} (B_n z^{-n} + C_n \bar{z}^{-n}) \end{cases} \quad (4\text{-}80)$$

式中,A_n、B_n 和 C_n 为待定常数。考虑到无穷远处应有 $|z| \to \infty$,$\phi^{(s)} \to 0$。由式 (4-80) 第二个方程可知当 $n \leq 0$ 时,$B_n = C_n = 0$。于是,压电介质中的总位移场和总电位势场分别为

$$\begin{cases} w^{(t)} = w^{(i)} + w^{(s)} = w_0 \sum_{n=-\infty}^{\infty} [\mathrm{i}^n J_n(k|\omega(z)|) \mathrm{e}^{\mathrm{i}n\alpha} + A_n H_n^{(1)}(k|\omega(z)|)] \left\{ \dfrac{\omega(z)}{|\omega(z)|} \right\}^n \\ \phi^{(t)} = \phi^{(i)} + \phi^{(s)} = \dfrac{e_{15}}{k_{11}} w^{(t)} + \dfrac{e_{15}}{k_{11}} w_0 \sum_{n=1}^{\infty} (B_n z^{-n} + C_n \bar{z}^{-n}) \end{cases}$$

$$(4\text{-}81)$$

圆孔内只存在电场,其有限电位势 ϕ^{I} 可表示为

$$\phi^{\mathrm{I}} = \dfrac{e_{15}}{k_{11}} w_0 \left[F_0 + \sum_{n=1}^{\infty} (E_n \bar{z}^n + F_n z^n) \right] \quad (4\text{-}82)$$

式中,F_0、E_n 和 F_n 为待定常数。

孔的边界条件应为孔边应力自由,法向电位移连续及电位势连续,即

$$\tau_{rz}^t = 0, \quad D_r^{(t)} = D_r^{\mathrm{I}}, \quad \phi^{(t)} = \phi^{\mathrm{I}}, \quad |z|=1 \quad (4\text{-}83)$$

将式 (4-82) 和式 (4-83) 代入式 (4-83) 第二个方程可得到

$$E_n = -\dfrac{k_{11}}{k_0} B_n, \quad F_n = -\dfrac{k_{11}}{k_0} C_n, \quad n \geq 1 \quad (4\text{-}84)$$

式中，k_0 为空腔的介电常数。再将式（4-81）和式（4-82）代入式（4-83）第一个和第三个方程，并利用式（4-84）化简，然后将得到的两个等式两端分别同乘因子 $\mathrm{e}^{-\mathrm{i}m\theta}(m=0,\pm1,\pm2,\cdots)$，并在区间 $[-\pi,\pi]$ 上积分，得到关于未知常数 A_n、B_n、C_n、F_0 的无穷代数方程组：

$$\begin{cases} \sum_{n=-\infty}^{\infty} p_{1_{nm}} A_n + \sum_{n=1}^{\infty} q_{1_{nm}} B_n + \sum_{n=1}^{\infty} s_{1_{nm}} C_n - F_0 = \varepsilon_{1_m} \\ \sum_{n=-\infty}^{\infty} p_{2_{nm}} A_n + \sum_{n=1}^{\infty} q_{2_{nm}} B_n + \sum_{n=1}^{\infty} s_{2_{nm}} C_n = \varepsilon_{2_m} \end{cases} \quad (4-85)$$

式中，

$$\varepsilon_{1_m} = -\frac{1}{2\pi} \sum_{n=-\infty}^{\infty} \int_{-\pi}^{\pi} \mathrm{i}^n J_n(k|\omega(z)|) \left\{ \frac{\omega(z)}{|\omega(z)|} \right\}^n \mathrm{e}^{\mathrm{i}(n\alpha+m)\theta} \mathrm{d}\theta$$

$$\varepsilon_{2_m} = -\frac{k}{2\pi} \sum_{n=-\infty}^{\infty} \int_{-\pi}^{\pi} \mathrm{i}^n J_{n-1}(k|\omega(z)|) \mathrm{e}^{-\mathrm{i}n\alpha} \left\{ \frac{\omega(z)}{|\omega(z)|} \right\}^{n-1} \omega'(z) \mathrm{e}^{\mathrm{i}(1-m)\theta} \mathrm{d}\theta$$
$$- \frac{k}{2\pi} \sum_{n=-\infty}^{\infty} \int_{-\pi}^{\pi} \mathrm{i}^n J_{n+1}(k|\omega(z)|) \mathrm{e}^{-\mathrm{i}n\alpha} \left\{ \frac{\omega(z)}{|\omega(z)|} \right\}^{n+1} \overline{\omega'(z)} \mathrm{e}^{-\mathrm{i}(1+m)\theta} \mathrm{d}\theta$$

$$p_{1_{nm}} = \frac{1}{2\pi} \int_{-\pi}^{\pi} H_n^{(1)}(k|\omega(z)|) \left\{ \frac{\omega(z)}{|\omega(z)|} \right\}^n \mathrm{e}^{-\mathrm{i}(1-m)\theta} \mathrm{d}\theta$$

$$p_{2_{nm}} = \frac{k}{2\pi} \int_{-\pi}^{\pi} H_{n-1}^{(1)}(k|\omega(z)|) \left\{ \frac{\omega(z)}{|\omega(z)|} \right\}^{n-1} \omega'(z) \mathrm{e}^{\mathrm{i}(1-m)\theta} \mathrm{d}\theta$$
$$- \frac{k}{2\pi} \int_{-\pi}^{\pi} H_{n+1}^{(1)}(k|\omega(z)|) \left\{ \frac{\omega(z)}{|\omega(z)|} \right\}^{n+1} \overline{\omega'(z)} \mathrm{e}^{\mathrm{i}(1+m)\theta} \mathrm{d}\theta$$

$$q_{1_{nm}} = \left(1 + \frac{k_{11}}{k_0}\right) \frac{1}{2\pi} \int_{-\pi}^{\pi} \mathrm{e}^{-\mathrm{i}n\theta} \mathrm{e}^{-\mathrm{i}m\theta} \mathrm{d}\theta$$

$$q_{2_{nm}} = \left(-\frac{2\lambda_n}{1+\lambda}\right) \frac{1}{2\pi} \int_{-\pi}^{\pi} \mathrm{e}^{-\mathrm{i}n\theta} \mathrm{e}^{-\mathrm{i}m\theta} \mathrm{d}\theta$$

$$s_{1_{nm}} = \left(1 + \frac{k_{11}}{k_0}\right) \frac{1}{2\pi} \int_{-\pi}^{\pi} \mathrm{e}^{-\mathrm{i}n\theta} \mathrm{e}^{-\mathrm{i}m\theta} \mathrm{d}\theta$$

$$s_{2_{nm}} = \left(-\frac{2\lambda_n}{1+\lambda}\right) \frac{1}{2\pi} \int_{-\pi}^{\pi} \mathrm{e}^{-\mathrm{i}n\theta} \mathrm{e}^{-\mathrm{i}m\theta} \mathrm{d}\theta$$

式中，无量纲量 $\lambda = \dfrac{e_{15}^2}{c_{44} k_{11}}$ 代表压电材料的基本特征。

令 $\tau_0 = c_{44} k \omega_0$，其物理意义为非压电均匀弹性介质入射波产生的应力幅值。于是，式（4-78）结合式（4-81），当 $z = \mathrm{e}^{\mathrm{i}\theta}$，得到孔边动应力集中系数表达式：

$$\tau_{\theta z}^{*} = \frac{\tau_{\theta z}^{(1)}}{\tau_0} = -\frac{i\lambda}{k|\omega'(z)|}\sum_{n=1}^{\infty} n(B_n e^{in\theta} + C_n e^{in\theta})$$

$$+ (1+\lambda i)\sum_{n=-\infty}^{\infty}[i^n e^{-in\alpha}J_{n-1}(k|\omega(z)|) + A_n H_{n-1}^{(1)}(k|\omega(z)|)]\left\{\frac{\omega(z)}{|\omega(z)|}\right\}^{n-1}\frac{\omega'(z)e^{i\theta}}{2|\omega'(z)|}$$

$$+ (1+\lambda i)\sum_{n=-\infty}^{\infty}[i^n e^{-in\alpha}J_{n+1}(k|\omega(z)|) + A_n H_{n+1}^{(1)}(k|\omega(z)|)]\left\{\frac{\omega(z)}{|\omega(z)|}\right\}^{n+1}\frac{\overline{\omega'(z)}e^{-i\theta}}{2|\omega'(z)|}$$

(4-86)

再令 $E_0 = kw_0 e_{15}/k_{11}$，其物理意义为入射波产生的电场强度幅值。于是利用式（4-78）和式（4-81），当 $z = e^{i\theta}$，得到孔边电场强度集中系数的表达式：

$$E_0^* = \frac{E_\theta^{(t)}}{E_0} = -\frac{i}{E_0|\omega'(z)|}\left(\frac{\partial\phi^{(t)}}{\partial z}e^{i\theta} - \frac{\partial\phi^{(t)}}{\partial\bar{z}}e^{-i\theta}\right) = \sum_{n=1}^{\infty}(B_n e^{-in\theta})\frac{ni}{k|\omega'(z)|} =$$

$$-i\sum_{-\infty}^{\infty}[i^n e^{-in\alpha}J_{n-1}(k|\omega(z)|) + A_n H_{n-1}^{(1)}(k|\omega(z)|)]\left\{\frac{\omega(z)}{|\omega(z)|}\right\}^{n-1}\frac{\omega'(z)e^{in}}{2|\omega'(z)|}$$

$$-i\sum_{-\infty}^{\infty}[i^n e^{-in\alpha}J_{n+1}(k|\omega(z)|) + A_n H_{n+1}^{(1)}(k|\omega(z)|)]\left\{\frac{\omega(z)}{|\omega(z)|}\right\}^{n+1}\frac{\overline{\omega'(z)}e^{-i\theta}}{2|\omega'(z)|}$$

(4-87)

4.4.3 算例与结果分析

对含椭圆孔压电介质孔边动应力集中系数和电场强度集中系数进行计算，将 xoy 平面椭圆孔外域保角映射为 z 平面单位圆孔外域的函数为

$$x + iy = \omega(z) = \frac{a+b}{2}z + \frac{a-b}{2z}$$

式中，a、b 分别代表椭圆 x、y 方向的两个半轴长度。

由于多数压电介质的介电常数比空腔（真空或空气）的介电常数大三个量级，故取 $k_{11}/k_0 = 1000$。实际计算表明，k_{11}/k_0 的变化对结果影响非常小。图 4.30~图 4.32 与图 4.33~图 4.34 分别给出稳态波沿水平轴入射时，孔边动应力集中系数幅值 $|\tau_\theta^*|$ 按式（4-86）的计算曲线以及压电特征参数 $\lambda = 1.0$ 时，孔边电场强度集中系数幅值 E_θ^* 按式（4-87）的计算曲线。计算表明，截取项数 $M = N = 10$ 就可得到满意的收敛结果。

(1) 由图 4.30（a）、图 4.31（a）和图 4.33（a）看出，无量纲波数时，即准静态情况，孔边动应力集中系数和电场强度集中系数的分布与静态相差无几，几乎以 $\theta = \pi/2$ 轴对称；且当 $\lambda = 0$ 时，在 $\theta = \pi/2$ 处的动应力集中系数幅

值非常接近 $1+b/a$，这与含椭圆孔普通弹性材料的情况相符[8]。

（2）由图 4.30~图 4.32 看出，当 λ 和 ka 一定时，动应力集中系数随椭圆孔半轴比 b/a 的增大而增加，这是压电弹性体在 x 方向上刚度逐渐削弱的结果，而 b/a 和 ka 一定时，孔边动应力集中系数随 λ 的增大而增加，且呈线性规律。

（3）从整个计算结果来看（图 4.30~图 4.34），$\theta = \pi/2$ 处的动应力集中系数和电场强度集中系数的最大值均出现在低频段 $ka = 0.1 \sim 0.5$。

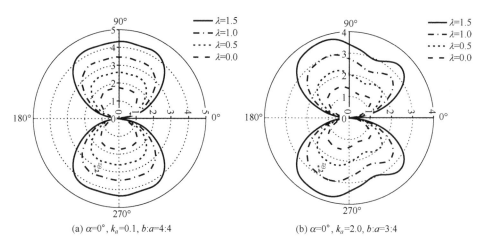

(a) $\alpha=0°$, $k_a=0.1$, $b:a=4:4$ (b) $\alpha=0°$, $k_a=2.0$, $b:a=3:4$

图 4.30 $b:a = 3:4$ 时，孔边动应力集中系数的分布

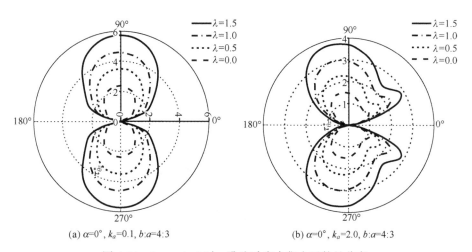

(a) $\alpha=0°$, $k_a=0.1$, $b:a=4:3$ (b) $\alpha=0°$, $k_a=2.0$, $b:a=4:3$

图 4.31 $b:a = 4:3$ 时，孔边动应力集中系数的分布

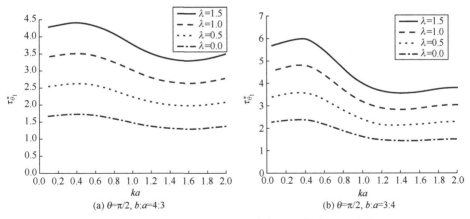

图 4.32 孔边 $\theta=\pi/2$ 处，动应力集中系数随 ka 的变化

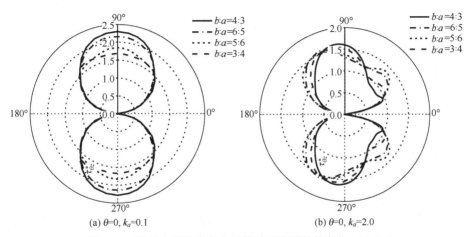

图 4.33 孔边电场强度集中系数随开孔形状的变化，$\lambda=1.0$

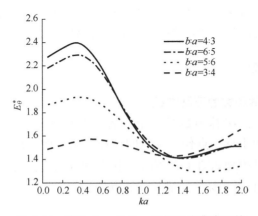

图 4.34 孔边 $\theta=\pi/2$ 处，电场强度集中系数

由以上案例可以得出以下结论：

（1）含非圆形孔洞的无限压电介质在反平面剪切波入射的情况下，孔边动应力比同样结构的传统弹性介质的情况要大，并随外加电场压电特征参数的增加而增加，且具有线性的依赖关系。

（2）压电介质与空腔的介电常数比的变化对孔边动应力及电场强度的影响很小。

（3）孔边动应力集中系数和电场强度集中系数的最大值均出现在低频段，因而对这类结构进行大压电特征参数下的低频动力分析是十分重要的。

4.5 无限空间内含圆孔边裂纹的压电介质的反平面动力学研究

材料在生产、加工和使用过程中可能产生多种形式的缺陷，如空腔、缺口、夹杂等，裂纹也是其中一种，但是由于其特殊性而常常被单独指出研究。含有非裂纹缺陷的材料受外加荷载作用时在缺陷处会产生应力集中，很可能在应力最大点起源裂纹，从而形成非裂纹缺陷与裂纹组成的复合缺陷。在以往有关的研究中，这类复合缺陷通常被简化为单一的格里菲斯（Griffith）直线裂纹，被认为是偏于安全的简化。但在实际过程中，含有此类缺陷的材料在受外加荷载作用时，非裂纹缺陷和其边缘萌生的裂纹肯定会相互作用，从而影响裂纹尖端场的力学特性。

本节将采用格林函数方法、"裂纹切割"技术并结合"契合"思想分别研究各向同性压电介质和双相压电介质中的孔边径向对称双裂纹以及单一裂纹的模型，得到裂纹尖端动应力强度因子的解析表达式，并对其进行数值求解，给出相关的计算结果图。分别讨论入射波频率、孔边裂纹尺寸、圆孔尺寸以及材料的物理参数等因素对裂纹尖端处应力集中的影响。

4.5.1 格林函数

4.5.1.1 格林函数的控制方程

该问题所用到的格林函数是一个具有半圆形缺口的压电介质弹性半空间，在其水平表面上任一点作用与时间谐和的出平面荷载时位移函数和电场函数的基本解，其模型如图 4.35 所示，圆孔半径为 r_0。它们与时间的依赖关系为 $\exp(-\mathrm{i}\omega t)$，在极坐标系中满足控制方程：

第4章 无限空间内含缺陷的压电介质的反平面动力学研究

$$\begin{cases} \dfrac{\partial^2 w}{\partial r^2}+\dfrac{1}{r}\dfrac{\partial w}{\partial r}+\dfrac{1}{r^2}\dfrac{\partial^2 w}{\partial \theta^2}+k^2 w=0 \\ \phi=\dfrac{e_{15}}{k_{11}}w+f \\ \dfrac{\partial^2 f}{\partial r^2}+\dfrac{1}{r}\dfrac{\partial f}{\partial r}+\dfrac{1}{r^2}\dfrac{\partial^2 f}{\partial \theta^2}=0 \end{cases} \quad (4\text{-}88)$$

式中,k 为波数,且 $k^2=\dfrac{\rho\omega^2}{c^*}$,$c^*=c_{44}+\dfrac{e_{15}^2}{k_{11}}$ 为压电介质中的剪切波速;c_{44}、e_{15}、k_{11} 分别为压电材料的弹性常数、压电系数和介电常数;w、ϕ、ρ 和 ω 分别表示出平面位移、平面内电位势、质量密度和入射 SH 波的圆频率。

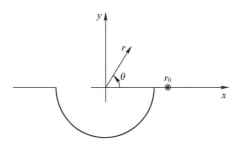

图 4.35 含有半圆形缺口的半空间模型

其边界条件可表述为:

$$\tau_{\theta z}=\delta(\boldsymbol{r}-\boldsymbol{r_0}),\theta=0,\pi \quad (4\text{-}89)$$

$$\tau_{rz}=0,\quad D_r=D_r^c,\quad \phi=\phi^c r=R_0 \quad (4\text{-}90)$$

式中,上标"c"表示圆形缺口内的物理量,下同。

4.5.1.2 格林函数的导出

构造满足条件式(4-89)的位移格林函数 w 和电位势格林函数 ϕ,其表达式分为入射波和散射波两部分,分别用上标 i 和 s 表示,入射波部分可写为[9]

$$w^{(i)}=\dfrac{\mathrm{i}}{2c_{44}(1+\lambda)}H_0^{(1)}(k|\boldsymbol{r}-\boldsymbol{r_0}|)\mathrm{e}^{-\mathrm{i}\omega t},\quad \phi^{(i)}=\dfrac{e_{15}}{k_{11}}w^{(i)} \quad (4\text{-}91)$$

式中,$H_0^{(1)}(*)$ 是零阶的第一类汉克尔函数;$\lambda=\dfrac{e_{15}^2}{c_{44}k_{11}}$ 为无量纲的压电常数。

略去时间因子,根据汉克尔函数的加法公式,式(4-91)可以写成

$$w^{(i)} = \frac{\mathrm{i}}{2c_{44}(1+\lambda)} \sum_{m=0}^{\infty} \varepsilon_m \cos(m\theta)\cos(m\theta_0) \cdot \begin{cases} J_m(kr_0)H_m^{(1)}(kr), & r > r_0 \\ J_m(kr)H_m^{(1)}(kr_0), & r < r_0 \end{cases}$$

(4-92)

式中，当 $m=0$ 时，$\varepsilon_m=1$；当 $m \geq 1$ 时，$\varepsilon_m=2$。

散射波部分可写为

$$\begin{cases} w^{(s)} = \dfrac{\mathrm{i}}{2c_{44}(1+\lambda)} \sum_{m=0}^{\infty} A_m H_m^{(1)}(kr)\cos(m\theta) \\ w^{(s)} = \dfrac{e_{15}}{k_{11}} w^{(s)} + \dfrac{\mathrm{i}}{2c_{44}(1+\lambda)} \sum_{m=0}^{\infty} B_m (kr)^{-m} \cos(m\theta) \end{cases}$$

(4-93)

由此便可得到本问题的位移格林函数 w 和电位势格林函数 ϕ 的表达式为

$$w = w^{(i)} + w^{(s)}, \quad \phi = \phi^{(i)} + \phi^{(s)} \tag{4-94}$$

将式（4-94）分别代入本构方程中可得

$$\begin{cases} \tau_{rz} = \dfrac{k\mathrm{i}}{2} \left[\sum_{n=0}^{+\infty} \varepsilon_m \cos(m\theta)\cos(m\theta_0) J'_m(kr) H_m^{(1)}(kr_0) + \sum_{m=0}^{+\infty} A_m H_m^{(1)'}(kr)\cos(m\theta) \right] \\ \quad + \dfrac{e_{15}}{c_{44}(1+\lambda)} \cdot \dfrac{k\mathrm{i}}{2} \cdot \sum_{m=0}^{+\infty} B_m \cdot (-m)(kr)^{-(m+1)}\cos(m\theta) \\ D_r = -\dfrac{k_{11}}{c_{44}(1+\lambda)} \cdot \dfrac{k\mathrm{i}}{2} \cdot \sum_{m=0}^{+\infty} B_m \cdot (-m)(kr)^{-(m+1)} \cos(m\theta) \\ D_r^c = -\dfrac{k_0}{c_{44}(1+\lambda)} \cdot \dfrac{k\mathrm{i}}{2} \cdot \sum_{m=0}^{+\infty} C_m \cdot m(kr)^{m-1}\cos(m\theta) \end{cases}$$

(4-95)

式中，k_0 为真空中的介电常数。

当 $r \to \infty$ 时，有 $\phi \to \phi^{(i)}$，利用此条件比较式（4-91）和式（4-94）中的第二式可得 $B_0=0$，然后将（4-94）中第二式、式（4-95）和式（4-96）代入边界条件式（4-90）便可求得系数 A_m、B_m、C_m 的值：

$$\begin{cases} A_0 = -\dfrac{J'_0(kR_0)}{H_0^{(1)'}(kR_0)} H_0^{(1)}(kr_0) = L_0 \cdot H_0^{(1)}(kr_0) \\ B_0 = 0 \qquad\qquad\qquad\qquad\qquad\qquad\qquad\qquad (m=0) \\ C_0 = \dfrac{e_{15}}{k_{11}} \cdot H_0^{(1)}(kr_0) \cdot \left[J_0(kR_0) - \dfrac{J'_0(kR_0) H_0^{(1)}(kR_0)}{H_0^{(1)'}(kR_0)} \right] \end{cases}$$

$$\begin{cases}
A_m = \left[\dfrac{m \cdot e_{15} \cdot P_m}{c_{44}(1+\lambda) H_m^{(1)\prime}(kR_0) \cdot (kR_0)^{(m+1)}} - \dfrac{\varepsilon_m J_m'(kR_0)}{H_m^{(1)\prime}(kR_0)}\right] \cdot H_m^{(1)}(kr_0)\cos(m\theta_0) \\
\quad = L_m \cdot H_m^{(1)}(kr_0)\cos(m\theta_0) \\
B_m = \dfrac{\varepsilon_m \cdot (kR_0)^{(m+1)}[J_m'(kR_0)H_m^{(1)}(kR_0) - J_m(kR_0)H_m^{(1)\prime}(kR_0)]}{\dfrac{k_{11}}{e_{15}}\left(1+\dfrac{k_{11}}{k_0}\right) \cdot (kR_0) \cdot H_m^{(1)\prime}(kR_0) + \dfrac{e_{15}}{c_{44}(1+\lambda)} H_m^{(1)}(kR_0) \cdot m}(kr_0)\cos(m\theta_0) \\
\quad = P_m \cdot H_m^{(1)}(kr_0)\cos(m\theta_0) \\
C_m = -\dfrac{k_{11}}{k_0} \cdot B_m \cdot (kR_0)^{-2m}
\end{cases}$$

4.5.2 压电介质中的圆孔边裂纹问题

4.5.2.1 理论模型及边界条件

压电材料中孔边有裂纹的力学模型如图 4.36 所示。圆形孔洞的半径为 r_0，在 x 轴的正方向和负方向上分别含有有限长度为 A_1、A_2 的裂纹。当 x 轴正方向上的裂纹长度 $A_1 = 0$ 时，模型就变为孔边单裂纹情况。一束力电波沿与 x 轴成 α 的角度入射到含孔边裂纹缺陷的压电材料中，本节拟推导得出裂纹尖端的动应力强度因子。

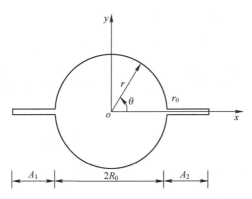

图 4.36 压电材料中孔边有裂纹的力学模型

各向同性压电材料中孔边径向双裂纹问题的裂纹处边界条件为

$$\begin{cases} D_\theta^+(r,\theta) = D_\theta^-(r,\theta) \\ \tau_{\theta z}^+(r,\theta) = \tau_{\theta z}^-(r,\theta) = 0, \\ \phi^+(r,\theta) = \phi^-(r,\theta) \end{cases} \begin{cases} r \in [R_0, R_0+A_1], \theta = \pi \\ r \in [R_0, R_0+A_2], \theta = 0 \end{cases} \quad (4-96)$$

圆孔处的边界条件可表示为

$$\begin{cases} \tau_{rz}(r,\theta) = 0 \\ \phi(r,\theta) = \phi^c, \quad |r| = R_0 \\ D_r(r,\theta) = D_r^c \end{cases} \quad (4\text{-}97)$$

式中，上标"+"和"-"分别表示 y 轴的正半轴和负半轴；上标"c"表示圆孔内部介质的相应场量。

4.5.2.2 定解积分方程的推导

首先考虑仅含圆孔而无裂纹的无限域压电介质情况，一束稳态的 SH 波沿与 x 轴成 α 的角度入射，相应的出平面位移场 $w^{(i)}$ 和平面内电位势场 $\phi^{(i)}$ 可表示成：

$$w^{(i)} = w_0 \sum_{n=0}^{\infty} \varepsilon_n i^n J_n(kr) \cos[n(\theta - \alpha)], \quad \phi^{(i)} = \frac{e_{15}}{k_{11}} w^{(i)} \quad (4\text{-}98)$$

圆孔所激发的散射波场可写为

$$\begin{cases} w^{(s)} = w_0 \sum_{n=0}^{\infty} D_n H_n^{(1)}(kr) \cos[n(\theta - \alpha)] \\ \phi^{(s)} = \frac{e_{15}}{k_{11}} w^{(s)} + w_0 \sum_{n=0}^{\infty} E_n k^{-n} r^{-n} \cos[n(\theta - \alpha)] \end{cases} \quad (4\text{-}99)$$

则含圆孔无限域压电介质中的总场为

$$w^{(t)} = w^{(i)} + w^{(s)}, \quad \phi^{(t)} = \phi^{(i)} + \phi^{(s)}$$

圆孔内没有弹性位移场而只有电位势场，其解答同样应该满足拉普拉斯方程 $\nabla^2 \phi^c = 0$，考虑到圆孔内的电位势应为有限值而不能为无限大，所以其表达式可写成：

$$\phi^c = w_0 \sum_{n=0}^{\infty} F_n k^n r^n \cos[n(\theta - \alpha)] \quad (4\text{-}100)$$

未知系数 D_n、E_n、F_n 可由边界条件式（4-98）求出：

$$\begin{cases} D_0 = -\dfrac{J_0'(kR_0)}{H_0^{(1)'}(kR_0)} \\ E_0 = 0 \\ F_0 = \dfrac{e_{15}}{k_{11}} \cdot \left[J_0(kR_0) - \dfrac{J_0'(kR_0)}{H_0^{(1)'}(kR_0)} H_0^{(1)}(kR_0) \right] \end{cases} \quad (n=0)$$

$$\begin{cases} D_n = \dfrac{n \cdot e_{15} \cdot E_n}{c_{44}(1+\lambda)(kR_0)^{(n+1)} \cdot H_n^{(1)'}(kR_0)} - \dfrac{\varepsilon_n \mathrm{i}^n J_n'(kR_0)}{H_n^{(1)}(kR_0)} \\ E_n = \dfrac{\varepsilon_n \mathrm{i}^n (kR_0)^{(n+1)} [J_n'(kR_0)H_n^{(1)}(kR_0) - J_n(kR_0)H_n^{(1)'}(kR_0)]}{\dfrac{k_{11}}{e_{15}} \cdot \left(1+\dfrac{k_{11}}{k_0}\right) \cdot (kR_0) \cdot H_n^{(1)'}(kR_0) + \dfrac{e_{15}}{c_{44}(1+\lambda)} \cdot n \cdot H_n^{(1)}(kR_0)} \quad (n \geq 1) \\ F_n = -\dfrac{k_{11}}{k_0} \cdot E_n \cdot (kR_0)^{-2n} \end{cases}$$

将式（4-100）代入本构方程可得压电介质场中的总应力表达式：

$$\tau_{\theta z}^{(t)} = \tau_{\theta z}^{(i)} + \tau_{\theta z}^{(s)}$$

$$= -\dfrac{c_{44}(1+\lambda)}{r} \cdot w_0 \sum_{n=0}^{\infty} \left[\varepsilon_n \mathrm{i}^n J_n(kr) + D_n H_n^{(1)}(kr) + \dfrac{e_{15}}{c_{44}(1+\lambda)} E_n k^{-n} r^{-n} \right] \cdot n \sin[n(\theta - \alpha)]$$

(4-101)

根据得到的格林函数以及仅含圆孔时各向同性无限域压电介质中的总位移场、电位势场、应力场和电位移场，根据参考文献 [7] 的思路按"裂纹切割"的方式并结合"契合"思想可以构造出长度分别为 A_1 和 A_2 的孔边径向导通裂纹的力学模型，如图 4.37 所示。

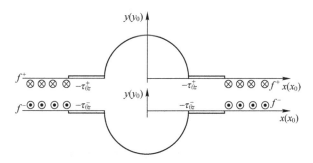

图 4.37 压电介质中裂纹切割与剖面契合模型

首先，沿 x 轴将无限域介质"剖开"，则上剖面上包含位移 $w^{(t+)}$ 和应力 $\tau_{\theta z}^{(t)+}$，下剖面上包含有位移 $w^{(t-)}$ 和应力 $\tau_{\theta z}^{(t)-}$。接下来在裂纹欲出现的相应区域的剖面上施加一对大小相等而方向相反的出平面反力 $[-\tau_{\theta z}^{(t)}]$，考虑到 $\tau_{\theta z}^{(t)+} = \tau_{\theta z}^{(t)-} = \tau_{\theta z}^{(t)}$，则这些相应区域上下剖面的合应力就为零，而电场因没有受到干扰仍然连续，又因上下剖面之间的距离无限小，即可看作导通裂纹；但是所施加的这对反力扰乱了剖分面上裂纹以外区域的应力和位移连续性条件，为了使其重新达到平衡，必须在裂纹以外区域的上下剖面上继续施加一对大小相等、方向相反的出平面附加外力系 $f^- \cdot \mathrm{e}^{-\mathrm{i}\omega t}$ 和 $f^+ \cdot \mathrm{e}^{-\mathrm{i}\omega t}$，它们是未知的，可根据剖

面上的连续性条件求得。分析上面的裂纹构造过程可以发现，剖面上的应力连续性条件是自动满足的，即

$$\tau_{\theta z}^{(t)+}\cos\theta_0+f^+(r_0,\theta_0)=\tau_{\theta z}^{(t)-}\cos\theta_0+f^-(r_0,\theta_0)$$
$$r_0\geqslant A_1,\ \theta_0=\pi;\quad r_0\geqslant A_2,\ \theta_0=0 \quad (4-102)$$

而剖分面上的位移分段连续性条件可以表述为

$$w^{(t+)}+w^{(f+)}+w^{(c+)}=w^{(t-)}+w^{(f-)}+w^{(c-)}$$
$$r_0\geqslant A_1,\ \theta_0=\pi;\quad r_0\geqslant A_2,\ \theta_0=0 \quad (4-103)$$

注意到，$w^{(t+)}=w^{(t-)}=w^{(t)}$，而

$$\begin{cases} w^{(f-)}=-\int_{A_1+R_0}^{\infty}f(r_0,\pi)w(r,\theta;r_0,\pi)\mathrm{d}r_0-\int_{A_2+R_0}^{\infty}f(r_0,0)w(r,\theta;r_0,0)\mathrm{d}r_0 \\ w^{(c+)}=\int_{R_0}^{A_1+R_0}\tau_{\theta z}^{(t)}(r_0,\pi)w(r,\theta;r_0,\pi)\mathrm{d}r_0-\int_{R_0}^{A_2+R_0}\tau_{\theta z}^{(t)}(r_0,0)w(r,\theta;r_0,0)\mathrm{d}r_0 \\ w^{(c-)}=-\int_{R_0}^{A_1+R_0}\tau_{\theta z}^{(t)}(r_0,\pi)w(r,\theta;r_0,\pi)\mathrm{d}r_0+\int_{R_0}^{A_2+R_0}\tau_{\theta z}^{(t)}(r_0,0)w(r,\theta;r_0,0)\mathrm{d}r_0 \\ w^{(f+)}=\int_{A_1+R_0}^{\infty}f(r_0,\pi)w(r,\theta;r_0,\pi)\mathrm{d}r_0+\int_{A_2+R_0}^{\infty}f(r_0,0)w(r,\theta;r_0,0)\mathrm{d}r_0 \end{cases}$$

将上述各式代入式（4-103）便可得求解未知外力系的定解积分方程组：

$$\int_{A_1+R_0}^{\infty}f(r_0,\pi)w(r,\pi;r_0,\pi)\mathrm{d}r_0+\int_{A_2+R_0}^{\infty}f(r_0,0)w(r,\pi;r_0,0)\mathrm{d}r_0$$
$$=\int_{R_0}^{A_2+R_0}\tau_{\theta z}^{(t)}(r_0,0)w(r,\pi;r_0,0)\mathrm{d}r_0-\int_{R_0}^{A_1+R_0}\tau_{\theta z}^{(t)}(r_0,\pi)w(r,\pi;r_0,\pi)\mathrm{d}r_0$$

$$(4-104)$$

$$\int_{A_1+R_0}^{\infty}f(r_0,\pi)w(r,0;r_0,\pi)\mathrm{d}r_0+\int_{A_2+R_0}^{\infty}f(r_0,0)w(r,0;r_0,0)\mathrm{d}r_0$$
$$=\int_{R_0}^{A_2+R_0}\tau_{\theta z}^{(t)}(r_0,0)w(r,0;r_0,0)\mathrm{d}r_0-\int_{R_0}^{A_1+R_0}\tau_{\theta z}^{(t)}(r_0,\pi)w(r,0;r_0,\pi)\mathrm{d}r_0$$

$$(4-105)$$

这样，就把问题归结为求解一组定解积分方程。式（4-104）和式（4-105）是第一类弗雷德霍姆积分方程，分析其核函数可知其具有对数奇异性，且表达式比较复杂，而方程的右端也难以给出显式的表达，所以想获得解析解还很困难。本章中拟采用直接数值积分方法，并结合散射波的衰减特性，将积分方程转化为有限线性代数方程组来求解离散点上的附加外力系的值。

4.5.2.3 动应力强度因子

求解剖面上附加外力系的定解积分方程已经得到，它与最终要求的动应力强度因子是有关联的。在裂纹的尖端点，应力场一般具有平方根奇异性，故本

章引入动态应力强度因子 k_III,其关系式为:

$$k_\text{III} = \lim_{r_0 \to A+R_0} f(r_0, \theta_0) \cdot \sqrt{2(r_0-R_0-A)}, \quad A=A_1, A_2 \quad (4-106)$$

为了在式(4-104)和式(4-105)中直接包含动应力强度因子 k_III,从而在求解过程中直接给出 k_III 的值,可对其中的被积函数作代换:

$$f \cdot w = [f \cdot \sqrt{2(r_0-R_0-A)}] \cdot \left[\frac{w}{\sqrt{2(r_0-R_0-A)}}\right] \quad (4-107)$$

那么,在裂纹的尖端点处($r_0 = A+R_0, \theta_0 = 0, \pi$)则有

$$\lim_{r_0 \to A+R_0} [f \cdot \sqrt{2(r_0-R_0-A)}] \cdot \left[\frac{w}{\sqrt{2(r_0-R_0-A)}}\right] = k_\text{III} \cdot \left[\frac{w}{\sqrt{2(r_0-R_0-A)}}\right]$$

$$(4-108)$$

这样代换后的定解积分方程可以直接给出 k_III 的数值结果。其求解过程将在后面介绍。

在应用中,通常定义一个无量纲的动应力强度因子 k_3^σ,即

$$k_3^\sigma = \left|\frac{k_\text{III}}{\tau_0 Q}\right| \quad (4-109)$$

式中,τ_0 为入射波 ω^i 的应力幅值 $\tau_0 = c^* kw_0$;Q 是一个具有长度平方根量纲的特征参数。对于孔边径向双裂纹情况,Q 在研究均匀介质中对称的孔边径向共线裂纹受无穷远处反平面静力剪切荷载作用时给出的解析表达式,即

$$Q = \frac{\sqrt{(A+R_0)^4 - R_0^4}}{\sqrt{(A+R_0)^3}} \quad (4-110)$$

对于孔边径向单裂纹情况,Q 可取研究此类裂纹受反平面剪力和面内电载荷作用时给出的表达式:

$$Q = \sqrt{\frac{A}{2} + R_0} \quad (4-111)$$

4.5.2.4 定解积分方程的求解

代换后的式(4-104)和式(4-105)中的核函数不仅具有对数奇异性,而且还具有平方根奇异性,本章采用直接数值积分方法对其进行求解。利用散射波的衰减特性,用一有限值将半无限域积分区间代替,并对具有奇异性的点单独处理,从而把无穷积分方程转化为仅含有限项的线性代数方程,用高斯消元法便可求出各待求函数值。

本章中的数值积分公式采用的是式(3-52)表示的梯形公式,求解过程中选取较小的步长以满足精度的要求,尤其是在距离裂纹尖端点比较近的区

域，应力变化比较剧烈，因此步长的选取更要谨慎。取一有限值 S 代替积分区间中的无穷大，则积分区间变为 $[A_1+R_0,S]$ 和 $[A_2+R_0,S]$，S 的具体值在保证精度的前提下由程序中试算得到。

设积分区间上两个相邻节点间的距离为 h，则两个区间积分节点的数目分别为 $na_1=(S-A_1-R_0)/h+1$ 和 $na_2=(S-A_2-R_0)/h+1$。将式（4-104）和式（4-105）离散成有限项的线性代数方程组，其矩阵形式可表示为

$$Af=B$$

式中，f 代表未知的附加外力系，是一个列向量。元素 $f_m(m=1,2,\cdots)$ 为离散节点上附加外力系的值，其代表源点，个数为 $nt=na_1+na_2$；B 为 nt 阶的列向量，其元素 B_n 为相应表达式的像点取对应节点时得到的值；A 为 $nt\times nt$ 的系数矩阵，其元素 A_{nm} 为被积核函数的像点和源点，分别取对应节点时得到的值。

列向量 B 的元素可具体写为

$$B_n = \int_{R_0}^{A_2+R_0} \tau_{\theta z}^{(t)}(r_0,0) G_w(r,\theta;r_0,0)\,\mathrm{d}r_0 - \int_{R_0}^{A_1+R_0} \tau_{\theta z}^{(t)}(r_0,\pi) G_w(r,\theta;r_0,\pi)\,\mathrm{d}r_0$$

式中，B_n 是关于 r 和 θ 的函数，当 $1\leqslant n\leqslant na_1$ 时，$r=A_1+R_0+(n-1)h,\theta=\pi$；当 $na_1+1\leqslant n\leqslant nt$ 时，$r=A_2+R_0+(n-na_1-1)h,\theta=0$。

f_m 是关于 r_0 和 θ_0 的函数，对于不同的 m 取值如表4.1所列。

表 4.1 不同的 m 所取值

列号 m	元素 f_m	r_0 的值	θ_0 的值
$m=1$	k_{III}（左端）	A_1+R_0	π
$2\leqslant m\leqslant na_1$	$f_1(r_0,\theta_0)$	$A_1+R_0+(m-1)/h$	π
$m=na_1+1$	k_{III}（右端）	A_2+R_0	0
$na_1+2\leqslant m\leqslant nt$	$f_1(r_0,\theta_0)$	$A_2+R_0+(m-na_1-1)/h$	0

系数矩阵 A 的分量 A_{nm} 的通式为

$$A_{nm} = \frac{h}{2}\gamma_m G_w(r,\theta;r_0,\theta_0)$$

式中，γ_m 为方程中的积分系数。对于不同的行和列，其分量表达式说明如下：

（1）当 $1\leqslant n\leqslant na_1$ 时，$r=A_1+R_0+(m-1)/h\theta=\pi$；而当 $na_1+1\leqslant n\leqslant nt$ 时，$r=A_2+R_0+(n-na_1-1)h,\theta=0$。定义 $m_1\leqslant m\leqslant m_2$，其他有关的量如表4.2所列。

表 4.2 与 m_1、m_2 及其有关的量

m_1	m_2	r_0	θ_0
1	na_1	$A_1+R_0+(m-1)h$	π
na_1+1	nt	$A_2+R_0+(m-na_1-1)h$	0

(2) 当像点与源点重合时（$m=n$，但 $m=n\neq 1$ 且 $m=n\neq na_1+1$），被积函数具有对数奇异性，系数矩阵的元素需要单独处理。将矩阵中对角线上（除 $m=n=1$ 和 $m=n=na_1+1$ 两点）的元素 A_{nm} 采用进行代替，即

$$\begin{aligned}A_{nn}&=\frac{\int_{C+nh-\frac{h}{2}}^{C+nh+\frac{h}{2}}G_w(C+nh,\theta;r_0,\theta_0)}{\sqrt{2(r_0-C)}\mathrm{d}r_0}\\&=\frac{1}{\sqrt{2(r_0-C)}}\int_{C+nh-\frac{h}{2}}^{C+nh+\frac{h}{2}}\frac{\mathrm{i}}{2c_{44}(1+\lambda)}H_0^{(1)}(k|C+nh-r_0|)\\&\quad+\sum_{j=0}^{+\infty}L_jH_j^{(1)}(kr_0)\cos(j\theta_0)H_j^{(1)}(k|C+nh|)\cos(j\theta)\}\mathrm{d}r_0\\&=\frac{1}{\sqrt{2(r_0-C)}}\frac{h}{2}\cdot\frac{1}{c_{44}(1+\lambda)}\cdot\left[\mathrm{i}-\frac{2}{\pi}\left(\gamma-1+\ln\frac{kh}{4}\right)\right]\\&\quad+\frac{1}{\sqrt{2(r_0-C)}}h\sum_{j=0}^{+\infty}L_jH_j^{(1)}(k|C+nh|)\cos(j\theta_0)H_j^{(1)}(k|C+nh|)\cos(j\theta)\\&=\sqrt{\frac{h}{2n}}\left\{\frac{1}{2c_{44}(1+\lambda)}\cdot\left[\mathrm{i}-\frac{2}{\pi}\left(\gamma-1+\ln\frac{kh}{4}\right)\right]\right.\\&\quad\left.+\sum_{j=0}^{+\infty}L_j\left[H_j^{(1)}(k|C+nh|)\right]^2\cos(j\theta)\cos(j\theta_0)\right\}\end{aligned}$$

(4-112)

式中，$\lambda=0.5772$，是欧拉常数；$n=1,2,\cdots,nt$；$C=A_1+R_0$ 或 $C=A_2+R_0$。式 (4-112) 运算过程中运用了零阶汉克尔函数在宗量趋于零时的渐进表达式。当二者重合在两个积分区间的上限端点时，上述元素 A_{nm} 的估计值要取一半。

(3) 在裂纹的两个尖端点处，被积核函数具有平方根奇异性，因此其对应的系数矩阵元素也需要单独处理。由奇异积分形成的矩阵的元素都位于特定的列上，即 $m=1$ 和 $m=na_1+1$ 的列上，此时有

$$\begin{aligned}A_{nm}&=\frac{\int_C^{C+\frac{h}{2}}G_w(r,\theta;r_0,\theta_0)}{\sqrt{2(r_0-C)}\mathrm{d}r_0}\\&=\sqrt{2(r_0-C)}\cdot G_w(r,\theta;r_0,\theta_0)\Big|_C^{C+\frac{h}{2}}-\int_C^{C+\frac{h}{2}}\sqrt{2(r_0-C)}\cdot G_w'(r,\theta;r_0,\theta_0)\mathrm{d}r_0\\&=\sqrt{h}\cdot G_w\left(r,\theta;C+\frac{h}{2},\theta_0\right)-\lim_{r_0\to C}G_w(r,\theta;r_0,\theta_0)\cdot\sqrt{2(r_0-C)}\\&\quad-\frac{\mathrm{i}\cdot k}{2c_{44}(1+\lambda)}\mathrm{d}r_0\int_C^{C+\frac{h}{2}}\sqrt{2(r_0-C)}H_0^{(1)'}(k|\boldsymbol{r}-\boldsymbol{r}_0|)\end{aligned}$$

$$-\frac{\mathrm{i}\cdot k}{2c_{44}(1+\lambda)}\mathrm{d}r_0\int_{C}^{C+\frac{h}{2}}\sqrt{2(r_0-C)}\sum_{j=0}^{+\infty}H_j^{(1)'}(kr_0)\cos(j\theta_0)H_j^{(1)}(kr)\cos(j\theta)\mathrm{d}r_0$$

$$=\sqrt{h}\cdot G_w(r,\theta;C+\frac{h}{2},\theta_0)+\frac{\mathrm{i}\cdot k}{2c_{44}(1+\lambda)}\int_{C}^{C+\frac{h}{2}}\sqrt{2(r_0-C)}\cdot H_1^{(1)}(k|\boldsymbol{r}-\boldsymbol{r}_0|)\mathrm{d}r_0$$

$$-\frac{\mathrm{i}\cdot k}{2c_{44}(1+\lambda)}\int_{C}^{C+\frac{h}{2}}\sqrt{2(r_0-C)}\left[\sum_{j=0}^{+\infty}L_jH_j^{(1)'}(kr_0)\cos(j\theta_0)H_j^{(1)}(kr)\cos(j\theta)\right]\mathrm{d}r_0$$

$$=\sqrt{h}\cdot G_w(r,\theta;C+\frac{h}{2},\theta_0)+\frac{\mathrm{i}\cdot k}{\sqrt{2}c_{44}(1+\lambda)}\int_{C}^{C+\frac{h}{2}}\sqrt{r_0-C}\cdot H_1^{(1)}(k|\boldsymbol{r}-\boldsymbol{r}_0|)\mathrm{d}r_0$$

$$-\frac{\mathrm{i}\cdot k}{\sqrt{2}c_{44}(1+\lambda)}\int_{C}^{C+\frac{h}{2}}\sqrt{r_0-C}\left[\sum_{j=0}^{+\infty}L_j\frac{H_{j-1}^{(1)}(kr_0)-H_{j+1}^{(1)}(kr_0)}{2}\cos(j\theta_0)H_j^{(1)}(kr)\cos(j\theta)\right]\mathrm{d}r_0$$

(4-113)

像点与源点是否在裂纹尖端点重合，对被积核函数的奇异性产生的影响不同，因此式（4-113）需分两种情况讨论。当二者不在裂纹尖端点重合，即 $m=1\neq n$ 和 $m=na_1+1\neq n$ 时，式（4-113）可写成：

$$A_{nm}=\sqrt{h}\cdot G_w(r,\theta;C+h/2,\theta_0)+\frac{\mathrm{i}\cdot k}{\sqrt{2}c_{44}(1+\lambda)}\left\{H_1^{(1)}(k|r\cos(\theta-\theta_0)-C|)\right.$$
$$\left.-\left[\sum_{j=0}^{+\infty}L_j\frac{H_{j-1}^{(1)}(kC)-H_{j+1}^{(1)}(kC)}{2}\cos(j\theta_0)H_j^{(1)}(kr)\cos(j\theta)\right]\right\}\cdot\frac{(h/2)^{\frac{3}{2}}}{\frac{3}{2}}$$

(4-114)

当像点与源点在裂纹尖端点重合，即 $m=1=n$ 和 $m=na_1+1=n$ 时，被积核函数具有双重奇异性，即平方根奇异性和对数奇异性。一阶汉克尔函数在自变量 $x\to 0$ 时的渐进表达式为

$$H_1^{(1)}(x)\to-\frac{\mathrm{i}}{\pi}\cdot\left(\frac{x}{2}\right)^{-1}$$

将上式代入式（4-114），可得 $m=1=n$ 和 $m=na_1+1=n$ 情况的 A_{nm} 为

$$A_{nm}\approx\sqrt{h}\cdot G_w(r,\theta;C+\frac{h}{2},\theta_0)$$
$$+\frac{\mathrm{i}\cdot k}{\sqrt{2}c_{44}(1+\lambda)}\int_{C}^{C+\frac{h}{2}}\sqrt{r_0-C}\cdot H_1^{(1)}(k|C-r_0|)\mathrm{d}r_0$$
$$-\frac{\mathrm{i}\cdot k}{\sqrt{2}c_{44}(1+\lambda)}\left[\sum_{j=0}^{+\infty}L_j\frac{H_{j-1}^{(1)}(kC)-H_{j+1}^{(1)}(kC)}{2}\cos(j\theta_0)H_j^{(1)}(kr)\cos(j\theta)\right]\left[\int_{C}^{C+\frac{h}{2}}\sqrt{r_0-C}\mathrm{d}r_0\right]$$

$$= \sqrt{h} \cdot G_w(C,\theta;C+\frac{h}{2},\theta_0) + \frac{i \cdot k}{\sqrt{2}c_{44}(1+\lambda)} \int_{C}^{C+\frac{h}{2}} \sqrt{r_0-C}\left[-\frac{i}{\pi}\cdot\left(\frac{k|C-r_0|}{2}\right)^{-1}\right]dr_0$$

$$-\frac{i \cdot k}{\sqrt{2}c_{44}(1+\lambda)}\cdot\left[\sum_{j=0}^{+\infty}L_j\frac{H_{j-1}^{(1)}(kC)-H_{j+1}^{(1)}(kC)}{2}\cos(j\theta_0)H_j^{(1)}(kr)\cos(j\theta)\right]\cdot\frac{(h/2)^{\frac{3}{2}}}{3/2}$$

$$= \sqrt{h}\cdot G_w(C,\theta;C+h/2,\theta_0) + \frac{i\cdot k}{\sqrt{2}c_{44}(1+\lambda)}\cdot\frac{-4i}{\pi k}\sqrt{\frac{h}{2}}$$

$$-\frac{i\cdot k}{\sqrt{2}c_{44}(1+\lambda)}\left[\sum_{j=0}^{+\infty}L_j\frac{H_{j-1}^{(1)}(kC)-H_{j+1}^{(1)}(kC)}{2}\cos(j\theta_0)H_j^{(1)}(kC)\cos(j\theta)\right]\cdot\frac{(h/2)^{\frac{3}{2}}}{3/2}$$

(4-115)

对于所得的系数矩阵是否奇异的问题，这里没有给出数学上的证明，但是由问题的物理意义，我们知道矩阵对角线及其附近的元素稠密分布，结合实际算例的结果，可以说在绝大多数情况下，方程组是稳定可解的。

4.5.3 算例和结果分析

作为算例，本节将给出圆孔两边含相等长度 A 以及圆孔单边含长度为 A 的裂纹两种情况下的计算结果，下面以裂纹左尖端点的动应力强度因子为例，讨论材料的物理参数、结构的几何参数、波入射角度以及入射波频率对其的影响规律。图中以 λ 表示压电综合参数，α 表示入射波的角度，kR_0 表示无量纲波数，A/R_0 表示裂纹长度与圆孔半径的比值。图 4.38~图 4.44 给出的是各向同性压电介质中孔边对称裂纹模型的结果，图 4.45~图 4.47 给出的是孔边单裂纹模型时的结果。

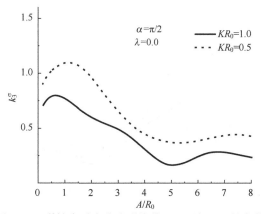

图 4.38 弹性介质中孔边裂纹的 DSIF 随 A/R_0 的变化

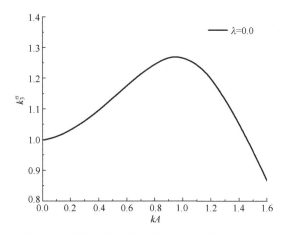

图 4.39 弹性介质中单裂纹的 DSIF 随 kA 的变化

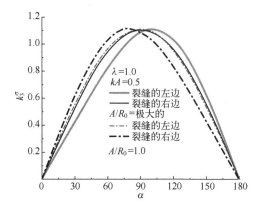

图 4.40 裂尖的 DSIF 随入射角度 α 的变化

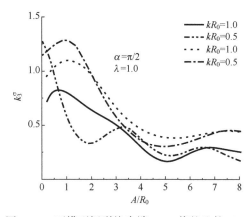

图 4.41 两模型间裂纹尖端 DSIF 值的比较（1）

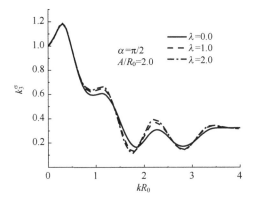

图 4.42　裂尖的 DSIF 随 kR_0 和 λ 的变化

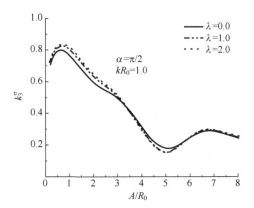

图 4.43　裂尖的 DSIF 随 A/R_0 和 λ 的变化

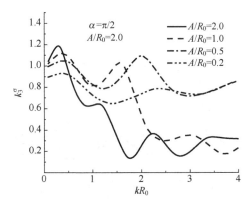

图 4.44　裂尖的 DSIF 随 kR_0 和 A/R_0 的变化（1）

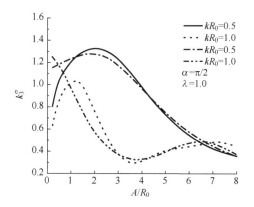

图 4.45 两模型间裂纹尖端 DSIF 值的比较（2）

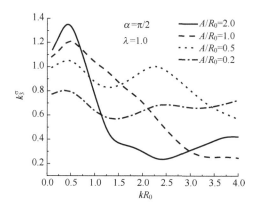

图 4.46 裂尖的 DSIF 随 kR_0 和 A/R_0 的变化（2）

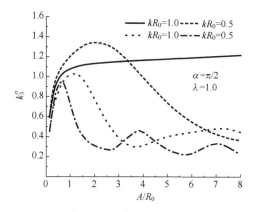

图 4.47 裂尖的 DSIF 随 A/R_0 和 kR_0 的变化

第4章 无限空间内含缺陷的压电介质的反平面动力学研究

(1) 图 4.38 给出的是将本章问题退化到相同情况下弹性材料时的分析结果，与参考文献 [7] 中的数据比较发现二者基本吻合。图 4.39 给出的是在弹性材料情况下，将圆孔半径无限趋于零，从而使孔边裂纹退化成直线型裂纹时动应力强度因子随无量纲波数变化的数值结果，与 Loeber 和 Sih 利用积分变换方法得到的结果比较发现二者也基本吻合[10-11]。

(2) 图 4.40 给出当压电参数 λ 和无量纲波数一定时，在模型退化到直线型裂纹和 $A/R_0=1.0$ 两种情况下，裂纹左右两尖端的动应力强度因子随波入射角度 α 的变化。从图中可以发现，直线型裂纹情况时，裂纹两端点的动应力强度因子曲线几乎重合，它们均在 $\alpha=\pi/2$ 时取得最大值。但在 $A/R_0=1.0$ 情况时，两根曲线取得最大值的点发生了变化，分别在 $\alpha=4\pi/9$ 和 $\alpha=5\pi/9$ 时取得，这是圆孔产生的影响。为了与直线型裂纹的结果进行比较，下面的结果图均是在 $\alpha=\pi/2$ 情况下计算得到的。

(3) 图 4.41 给出了波垂直入射，在 $\lambda=1.0$、$kR_0=0.5$ 和 $kR_0=1.0$ 情况下，圆孔边裂纹尖端的 DSIF 和相应长度的直线型裂纹的 DSIF 随 A/R_0 变化时的比较结果。可以看到，孔边裂纹的 DSIF 值曲线围绕直线型裂纹的 DSJF 值曲线呈现出一定的波动性，它既可以小于又可以大于直线型裂纹的 DSIF，范围从-66%至 50%，这应该是圆孔影响的结果，而随着裂纹长度的相对增加这种影响越来越小。

(4) 图 4.42 给出了 SH 波垂直入射到孔边裂纹时，在 A/R_0 情况下，裂纹尖端的 DSIF 随压电参数 λ 和无量纲波数 kR_0 的变化。从图中可以看到，在低频段 ($kR_0<1.0$) 时，压电参数 k_3^e 对裂纹尖端 DSIF 的影响比较小。在高频段 ($kR_0>1.0$) 时影响变得比较明显，随着压电参数 λ 值的增大，其对应的 DSIF 曲线的峰值越高，谷值反而越低。

(5) 图 4.43 给出了 SH 波垂直入射时，在 $kR_0=0$ 情况下，圆孔边裂纹尖端的 DSIF 随压电参数 λ 和裂纹长度与圆孔半径比值 A/R_0 的变化。由图中可以发现与图 4.42 中类似的现象，即随着压电参数 λ 值的增大，裂纹尖端 DSIF 曲线中峰值越高谷值越低。同时可以看到，各曲线均在 $A/R_0=0.7$ 附近取得最大值，这说明当裂纹长度与圆孔半径相差不大时圆孔对裂纹的影响最为显著。

(6) 图 4.44 给出了波垂直入射时，在压电参数 $\lambda=1.0$ 情况下，孔边裂纹尖端的 DSIF 随无量纲波数 kR_0 和 A/R_0 的变化。可以看到，随着 A/R_0 取值的减小，其对应 DSIF 曲线的最大峰值位置逐渐向高频移动，且各 DSIF 曲线都随无量纲波数的增大而振荡衰减，因此低频情况下的动力学分析更为重要。

(7) 图 4.45 给出了波垂直入射时，在 $\lambda=1.0$、$kR_0=0.5$ 和 $kR_0=1.0$ 情况下，孔边单裂纹尖端的 DSIF 和长度为 $2R_0+A$ 的直线型裂纹的 DSIF 分别随 A/R_0 的变化曲线。从图中可以看到，同孔边对称裂纹模型相似，随裂纹长度的相对增加圆孔对裂纹尖端 DSIF 值的影响逐渐变小，且其 DSIF 值曲线并不总是小于直线型裂纹的情况，而是既可以大于也可以小于直线型裂纹时的 DSIF。

（8）图 4.46 给出了波垂直入射时，在压电参数 $\lambda = 1.0$ 情况下，孔边单裂纹尖端的 DSIF 随无量纲波数 kR_0 和 A/R_0 的变化。可以发现，随无量纲波数 kR_0 的增加，各 DSIF 值曲线振荡衰减，且各曲线均在低频段 $kR_0 = 0.5$ 附近取得最大值。这说明，对于含此类缺陷结构的动力学分析在低频情况下更为重要。

（9）图 4.47 给出了波垂直入射时，在压电参数 $\lambda = 1.0$ 情况下，孔边单裂纹尖端的 DSIF 随无量纲波数 kR_0 和 A/R_0 的变化。容易看到，在准静态 $kR_0 = 0.1$ 情况时，裂纹尖端的 DSIF 随 A/R_0 的增加而缓慢增大，而其他情况下的 DSIF 值均随 A/R_0 的增加振荡衰减。在裂纹长度与圆孔半径相差不多时，$kR_0 = 0.5$ 情况下的 DSIF 值要比其他情况大很多，这同样说明了低频情况下的动力学分析比较重要。

4.6 无限空间内含多个圆孔边径向裂纹的压电介质的反平面动力学研究

本节将对含有多个圆孔边径向裂纹缺陷的横观各向同性压电材料的动力反平面问题进行分析，讨论在一组稳态电弹波场作用下，裂纹尖端的动应力强度因子随材料的几何参数、物理参数以及入射波频率等因素的变化规律。

4.6.1 力学模型

含多个圆孔边径向有限长度裂纹的横观各向同性压电材料力学模型如图 4.48 所示。介质中含有 N 个圆孔边径向裂纹，且各裂纹均在一条直线上。沿裂纹方向建立 xoy 整体直角坐标系，并以各圆孔中心为原点建立局部坐标系 $x_n o_n y_n$，各圆孔半径分别为 R_n，孔边裂纹长度取为 A_n，其中，$n = 1, 2, \cdots, N$。相邻裂纹间的距离为 $d_1, d_2, \cdots, d_{n-1}$，SH 波与 x 轴呈角度 α 入射，假定 z 轴为电极化方向。

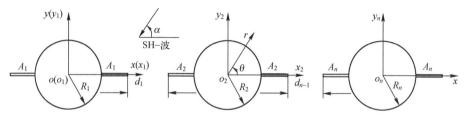

图 4.48　压电材料中孔边径向裂纹模型

4.6.2 格林函数

此类问题的格林函数采用的是具有多个半圆形凹陷的半无限压电介质,在其水平表面任意一点 z_0 处承受与时间谐和的出平面线源荷载 $\delta(z-z_0)$ 作用时位移函数 w 和电位势函数 ϕ 的基本解,满足控制方程式(2-71)的表达式由入射和散射两部分组成,分别用上标 i 和 s 表示:

$$w = w^{(i)} + w^{(s)}, \quad \phi = \phi^{(i)} + \phi^{(s)} \tag{4-116}$$

式中,

$$w^{(i)} = \frac{\mathrm{i}}{2c_{44}(1+\lambda)} H_0^{(1)}(k|z-z_0|)$$

$$w^{(s)} = \sum_{j=1}^{N} \sum_{m=-\infty}^{\infty} A_m^j H_m^{(1)}(k|z_j|) \left[\left(\frac{z_j}{|z_j|}\right)^m + \left(\frac{z_j}{|z_j|}\right)^{-m} \right]$$

$$\phi^{(i)} = \frac{e_{15}}{k_{11}} w^{(i)}$$

$$\phi^{(s)} = \frac{e_{15}}{k_{11}} w^{(s)} + \sum_{j=1}^{N} \sum_{m=1}^{\infty} \left[B_m^j z_j^{-m} + C_m^j \bar{z}_j^{-m} \right]$$

式中,$H_m^{(1)}(*)$ 为 m 阶第一类汉克尔函数。半圆孔凹陷内没有位移场只有电场,第 j 个凹陷内的电位势 ϕ^{Ij} 应满足拉普拉斯方程 $\nabla^2 \phi^{Ij} = 0$,其表达式可写为

$$\phi^{Ij} = D_0 + \sum_{m=1}^{\infty} \left[D_m^j z_j^m + E_m^j \bar{z}_j^m \right] \tag{4-117}$$

式中,未知系数 A_m^j、B_m^j、C_m^j、D_m^j 和 E_m^j 可由第 j 个圆孔处的边界条件求得。

$$\begin{cases} \tau_{rz}^j = 0 \\ D_r = D_r^{Ij}, \quad |z_j| = R_j (j=1,2,\cdots,N) \\ \phi = \phi^{Ij} \end{cases} \tag{4-118}$$

将式(4-116)代入本构方程式,得到相应的应力和电位移表达式,利用边界条件式(4-118)可得到求解未知系数的无穷代数方程组:

$$\begin{cases} \xi^{(1)} = \sum_{j=1}^{N} \sum_{m=-\infty}^{\infty} A_m^{ij} \xi_m^{(11)} + \sum_{j=1}^{N} \sum_{m=1}^{\infty} B_m^{ij} \xi_m^{(12)} + \sum_{j=1}^{N} \sum_{m=1}^{\infty} C_m^{ij} \xi_m^{(13)} \\ \xi^{(2)} = \sum_{j=1}^{N} \sum_{m=1}^{\infty} B_m^{j} \xi_m^{(22)} + \sum_{j=1}^{N} \sum_{m=1}^{\infty} C_m^{j} \xi_m^{(23)} + \sum_{m=1}^{\infty} D_m^{ij} \xi_m^{(24)} + \sum_{m=1}^{\infty} E_m^{ij} \xi_m^{(25)} \\ \xi^{(3)} = \sum_{j=1}^{N} \sum_{m=-\infty}^{\infty} A_m^{ij} \xi_m^{(31)} + \sum_{j=1}^{N} \sum_{m=1}^{\infty} B_m^{ij} \xi_m^{(32)} + \sum_{j=1}^{N} \sum_{m=1}^{\infty} C_m^{ij} \xi_m^{(33)} + \sum_{m=0}^{\infty} D_m^{ij} \xi_m^{(34)} + \sum_{m=1}^{\infty} E_m^{ij} \xi_m^{(35)} \end{cases} \tag{4-119}$$

式中，

$$^j\xi_m^{(11)} = \left\{\left[H_{m-1}^{(1)}(k|z_j|)\left(\frac{z_j}{|z_j|}\right)^{m-1} - H_{m+1}^{(1)}(k|z_j|)\left(\frac{z_j}{|z_j|}\right)^{-(m+1)}\right]\cdot e^{i\theta_j}\right.$$
$$\left. + \left[H_{m-1}^{(1)}(k|z_j|)\left(\frac{z_j}{|z_j|}\right)^{-(m-1)} - H_{m+1}^{(1)}(k|z_j|)\left(\frac{z_j}{|z_j|}\right)^{m+1}\right]\cdot e^{-i\theta_j}\right\}\cdot\frac{c_{44}(1+\lambda)k}{2}$$

$$^j\xi_m^{(12)} = e_{15}\cdot(-m)\cdot z_j^{-(m+1)}\cdot e^{i\theta_j}$$

$$^j\xi_m^{(13)} = e_{15}\cdot(-m)\cdot \bar{z}_j^{-(m+1)}\cdot e^{-i\theta_j}$$

$$^j\xi_m^{(22)} = k_{11}\cdot(-m)\cdot z_j^{-(m+1)}\cdot e^{i\theta_j}$$

$$^j\xi_m^{(23)} = k_{11}\cdot(-m)\cdot \bar{z}_j^{-(m+1)}\cdot e^{-i\theta_j}$$

$$^j\xi_m^{(24)} = k_0\cdot(-m)\cdot z_j^{m-1}\cdot e^{i\theta_j}$$

$$^j\xi_m^{(25)} = k_0\cdot(-m)\cdot \bar{z}_j^{m-1}\cdot e^{-i\theta_j}$$

$$^j\xi_m^{(31)} = \frac{e_{15}}{k_{11}}\cdot H_m^{(1)}(k|z_j|)\left[\left(\frac{z_j}{|z_j|}\right)^m + \left(\frac{z_j}{|z_j|}\right)^{-m}\right]$$

$$^j\xi_m^{(32)} = z_j^{-m},\; ^j\xi_m^{(33)} = \bar{z}_j^{-m}$$

$$^j\xi_m^{(34)} = -z_j^m,\; ^j\xi_m^{(35)} = -\bar{z}_j^m$$

$$\zeta^{(1)} = \frac{k\cdot i}{4}H_1^{(1)}(k|z-z_0|)\times\left[\frac{\bar{z}-\bar{z}_0}{|z-z_0|}\cdot e^{i\theta} + \frac{z-z_0}{|z-z_0|}\cdot e^{-i\theta}\right]$$

$$\zeta^{(2)} = 0$$

$$\zeta^{(3)} = -\frac{e_{15}}{k_{11}}\cdot\frac{i}{2c_{44}(1+\lambda)}H_0^{(1)}(k|z-z_0|)$$

式中，k_0 为圆孔内的介电常数。

利用周期函数的正交性，式（4-119）两边同乘 $e^{-in\theta}(n=0,\pm1,\pm2,\cdots)$，并在 $(-\pi,+\pi)$ 上积分得

$$\begin{cases}\zeta_n^{(1)} = \sum_{j=1}^N\sum_{m=-\infty}^\infty A_m^{ij}\xi_{mn}^{(11)} + \sum_{j=1}^N\sum_{m=1}^\infty B_m^{ij}\xi_{mn}^{(12)} + \sum_{j=1}^N\sum_{m=1}^\infty C_m^{ij}\xi_{mn}^{(13)}\\ \zeta_n^{(2)} = \sum_{j=1}^N\sum_{m=1}^\infty B_m^{ij}\xi_{mn}^{(22)} + \sum_{j=1}^N\sum_{m=1}^\infty C_m^{ij}\xi_{mn}^{(23)} + \sum_{m=1}^\infty D_m^{ij}\xi_{mn}^{(24)} + \sum_{m=1}^\infty E_m^{ij}\xi_{mn}^{(25)}\\ \zeta_n^{(3)} = \sum_{j=1}^N\sum_{m=-\infty}^\infty A_m^{ij}\xi_{mn}^{(31)} + \sum_{j=1}^N\sum_{m=1}^\infty B_m^{ij}\xi_{mn}^{(32)} + \sum_{j=1}^N\sum_{m=1}^\infty C_m^{ij}\xi_{mn}^{(33)} + \sum_{m=0}^\infty D_m^{ij}\xi_{mn}^{(34)} + \sum_{m=1}^\infty E_m^{ij}\xi_{mn}^{(35)}\end{cases}$$

(4-120)

式中，

$$^j\xi_{mn}^{(11)} = \frac{1}{2\pi}\int_{-\pi}^\pi {}^j\xi_m^{(11)}e^{-in\theta}d\theta$$

$$\zeta_n^{(1)} = \frac{1}{2\pi}\int_{-\pi}^{\pi}\zeta^{(1)}\mathrm{e}^{-in\theta}\mathrm{d}\theta$$

其余各式类似，这里不再给出。式（4-120）即为确定未知系数 A_m^{ij}、B_m^{ij}、C_m^{ij}、D_m^{ij} 和 E_m^{ij} 的无穷代数方程组。

4.6.3 定解积分方程

4.6.3.1 圆孔对 SH 波的散射

一束稳态的 SH 波入射到含多个圆孔的无限域压电介质中，入射角度为 α，其产生的位移场和电位势由入射和散射两部分组成。其中，入射位移场 $w^{(i)}$ 和电位势 $\phi^{(i)}$ 可写成[14-16]：

$$w^{(i)} = w_0 \cdot \exp\left\{-\mathrm{i}\frac{k}{2}\left[(z+ih)\mathrm{e}^{-\mathrm{i}\alpha}+(\bar{z}-ih)\mathrm{e}^{\mathrm{i}\alpha}\right]\right\}$$

$$\phi^{(i)} = \frac{e_{15}}{k_{11}}w^{(i)} \tag{4-121}$$

由圆孔产生的散射位移场 $w^{(s)}$ 和电位势 $\phi^{(s)}$ 可分别写为

$$\begin{cases} w^{(s)} = \sum_{j=1}^{N}\sum_{m=-\infty}^{\infty}{}^{j}A_m^s H_m^{(1)}(k|z_j|)\left(\frac{z_j}{|z_j|}\right)^m \\ \phi^{(s)} = \frac{e_{15}}{k_{11}}w^{(s)} + \sum_{j=1}^{N}\sum_{m=1}^{+\infty}{}^{j}B_m^{(s)} z_j^{-m} + \sum_{j=1}^{N}\sum_{m=1}^{+\infty}{}^{j}C_m^{(s)}\bar{z}_j^{-m} \end{cases} \tag{4-122}$$

则含多个圆孔无限域压电介质中的总场为

$$w^{(t)} = w^{(i)}+w^{(s)}, \quad \phi^{(t)} = \phi^{(i)}+\phi^{(s)} \tag{4-123}$$

同样，圆孔内没有位移场只有电场，第 j 个圆孔内的满足 $\nabla^2\phi_j^c = 0$ 的电位势 ϕ_j^c 可写为

$$\phi_j^c = {}^jD_0^{(s)} + \sum_{m=1}^{\infty}\left[{}^jD_m^{(s)} z_j^m + {}^jE_m^{(s)}\bar{z}^m\right] \tag{4-124}$$

式（4-122）和式（4-124）中的系数 ${}^jA_m^s$、${}^jB_m^s$、${}^jC_m^s$、${}^jD_m^s$ 和 ${}^jE_m^s$ 仍由第 j 个圆孔处的边界条件计算得到，方法同上。

4.6.3.2 定解积分方程的建立

根据已经得到的含多个圆孔的无限域压电介质中 SH 波入射时的总位移场和总电位势以及半无限域中的格林函数，利用"裂纹切割"技术并结合"契合"思想[17-19]可构造得到压电介质中多个孔边径向导通裂纹对 SH 波散射的模型，其过程如图 4.49 所示。

首先，将含多个圆孔的无限域压电介质沿 x 轴剖开，则上剖面上包含位移 $w^{(t+)}$ 和应力 $\tau_{\theta z}^{(t)+}$，下剖面上包含有位移 $w^{(t-)}$ 和应力 $\tau_{\theta z}^{(t)-}$。其次，在欲出现裂

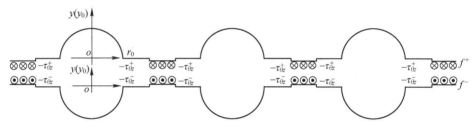

图 4.49 压电介质中裂纹切割与剖面契合模型

纹的相应区域的上下剖面上施加一对分别为 $[-\tau_{\theta z}^{(t)+}]$ 和 $[-\tau_{\theta z}^{(t)-}]$ 的剪应力，则这些相应区域上下剖面的合应力就为零，而电场连续，即形成导通裂纹。为保证剖分面上圆孔及裂纹以外区域的应力和位移连续条件，需在此区域施加一对未知的反平面外力 f^+ 和 f^-。最后，将上下两半无限域压电介质契合在一起，剖分面上的应力连续性条件为

$$\tau_{\theta z}^{(t)+} \cos\theta_0 + f^+(r_0,\theta_0) = \tau_{\theta z}^{(t)-}\cos\theta_0 + f^-(r_0,\theta_0) \tag{4-125}$$

考虑到 $\tau_{\theta z}^{(t)+} = \tau_{\theta z}^{(t)-} \tau_{\theta z}^{(t)}$，因此有

$$f^+(r_0,\theta_0) = f^-(r_0,\theta_0) = f(r_0,\theta_0)$$

位移连续性条件为

$$w^{(t+)} + w^{(f+)} + w^{(c+)} = w^{(t-)} + w^{(f-)} + w^{(c-)} \tag{4-126}$$

式中，

$$w^{(t+)} = w^{(t-)} = w^{(t)}$$

$$w^{(f+)} = \int_{\Gamma_0} f^+(r_0,\pi) G_w(r,\theta;r_0,\pi)\mathrm{d}r_0 + \sum_{n=1}^{N-1}\int_{\Gamma_n} f^+(r_0,0)G_w(r,\theta;r_0,0)\mathrm{d}r_0$$
$$+ \int_{\Gamma_N} f^+(r_0,0)G_w(r,\theta;r_0,0)\mathrm{d}r_0$$

$$w^{(f-)} = -\int_{\Gamma_0} f^-(r_0,\pi) G_w(r,\theta;r_0,\pi)\mathrm{d}r_0 - \sum_{n=1}^{N-1}\int_{\Gamma_n} f^-(r_0,0)G_w(r,\theta;r_0,0)\mathrm{d}r_0$$
$$- \int_{\Gamma_N} f^-(r_0,0)G_w(r,\theta;r_0,0)\mathrm{d}r_0$$

$$w^{(c+)} = \int_{\Pi_1}\tau_{\theta z}^{(t)}(r_0,\pi)G_w(r,\theta;r_0,\pi)\mathrm{d}r_0 - \int_{\Pi_2}\tau_{\theta z}^{(t)}(r_0,0)G_w(r,\theta;r_0,0)\mathrm{d}r_0$$
$$- \sum_{n=2}^{N}\int_{\Pi_{2n-1}}\tau_{\theta z}^{(t)}(r_0,0)G_w(r,\theta;r_0,0)\mathrm{d}r_0 - \sum_{n=2}^{N}\int_{\Pi_{2n}}\tau_{\theta z}^{(t)}(r_0,0)G_w(r,\theta;r_0,0)\mathrm{d}r_0$$

$$w^{(c-)} = -\int_{\Pi_1}\tau_{\theta z}^{(t)}(r_0,\pi)G_w(r,\theta_i^*;r_0,\pi)\mathrm{d}r_0 + \int_{\Pi_2}\tau_{\theta z}^{(t)}(r_0,0)G_w(r,\theta;r_0,0)\mathrm{d}r_0$$
$$+ \sum_{n=2}^{N}\int_{\Pi_{2n-1}}\tau_{\theta z}^{(t)}(r_0,0)G_w(r,\theta_i;r_0,0)\mathrm{d}r_0 + \sum_{n=2}^{N}\int_{\Pi_{2n}}\tau_{\theta z}^{(t)}(r_0,0)G_w(r,\theta;r_0,0)\mathrm{d}r_0$$

第4章 无限空间内含缺陷的压电介质的反平面动力学研究

式中，

$\Gamma_0 \in [R_1 + A_1, \infty]$

$\Gamma_n \in [C_n + R_n + A_n, C_n + R_n + A_n + d_n]$

$\Gamma_N \in [C_N + R_N + A_N, \infty]$

$\Pi_1 = \Pi_2 \in [R_1, R_1 + A_1]$

$\Pi_{2n-1} \in [C_n - R_n - A_n, C_n - R_n]$

$\Pi_{2n} \in [C_n + R_n, C_n + R_n + A_n]$

其中，C_n 为各圆孔中心到整体坐标系原点的距离，$n = 1, 2, \cdots, N$。

由式（4-125）和式（4-126）并结合上面几式便可得到求解未知力系 $f(r_0, \theta_0)$ 的定解积分方程：

$$\int_{\Gamma_0} f^+(r_0, \pi) w(r, \theta; r_0, \pi) \mathrm{d}r_0 + \sum_{n=1}^{N-1} \int_{\Gamma_n} f^+(r_0, 0) w(r, \theta; r_0, 0) \mathrm{d}r_0$$

$$+ \int_{\Gamma_N} f^+(r_0, 0) w(r, \theta; r_0, 0) \mathrm{d}r_0 = - \int_{\Pi_1} \tau_{\theta z}^{(t)}(r_0, \pi) w(r, \theta; r_0, \pi) \mathrm{d}r_0$$

$$+ \int_{\Pi_2} \tau_{\theta z}^{(t)}(r_0, 0) w(r, \theta; r_0, 0) \mathrm{d}r_0 + \sum_{n=2}^{N} \int_{\Pi_{2n-1}} \tau_{\theta z}^{(t)}(r_0, 0) w(r, \theta; r_0, 0) \mathrm{d}r_0$$

$$\sum_{n=2}^{N} \int_{\Pi_{2n}} \tau_{\theta z}^{(t)}(r_0, 0) w(r, \theta; r_0, 0) \mathrm{d}r_0$$

$$\theta = 0 \quad (4-127)$$

4.6.3.3 动应力强度因子的定义与求解

附加的外力系 f 在裂纹尖端处具有平方根奇异性。引入孔边径向裂纹的动应力强度因子 k_{III} 如下：

$$k_{\mathrm{III}} = \lim_{r_0 \to s_n} f(r_0, \theta_0) \cdot \sqrt{2(r_0 - s_n)} \quad (4-128)$$

式中，$S_n = C_n - R_n - A_n$ 或 $C_n + R_n + A_n$（分别对应孔边裂纹的左端点和右端点）。

为了在定解积分方程中直接包含动应力强度因子以便于求解，对式（4-128）中的被积函数做代换：

$$fG_w = [f\sqrt{2(r_0 - S_n)}] \left[\frac{w}{\sqrt{2(r_0 - S_n)}}\right] \quad (4-129)$$

代换后的定解积分方程在裂纹尖端处的数值结果即为动应力强度因子 k_{III} 的值。本章采用直接数值积分方法，利用散射波的衰减特性，把无穷积分方程转化为仅含有限项的线性代数方程，用高斯消元法求解。

应用中，定义一个无量纲的动应力强度因子 k_3^σ，即

$$k_3^\sigma = \left|\frac{k_{\mathrm{III}}}{\tau_0 Q}\right| \quad (4-130)$$

式中，τ_0 为入射波 $w^{(i)}$ 的应力幅值，$\tau_0 = c^* k w_0$；Q 为特征参数，具有长度平方根的量纲，其值取 SIH 在研究此类问题时给出的表达式：

$$Q = \frac{\sqrt{(A_n + R_n)^4 - R_n^4}}{\sqrt{(A_n + R_n)^3}} \qquad (4-131)$$

4.6.4 算例和分析

作为算例，本章主要给出了双圆孔情况下，波垂直入射时，孔边径向裂纹内端点的动应力强度因子随圆孔半径、裂纹长度、入射波频率和压电常数等参数变化的数值结果。其中，各圆孔半径和孔边裂纹长度假定相等，分别用 R 和 A 表示。

图 4.50 给出了孔边径向裂纹和等效长度的直线型裂纹尖端的 DSIF 值在不同无量纲波数时随 A/R_0 的变化。可以看到，两种模型下裂纹尖端的 DSIF 值大小交替变化，范围为 $-73\% \sim 98\%$。由此表明，"将非裂纹缺陷一律简化为格里菲斯裂纹是偏于安全的"假设并不总成立。

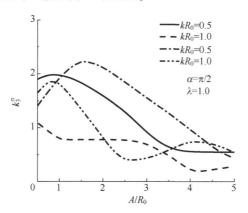

图 4.50 两模型裂纹尖端 DSIF 值的比较

图 4.51 给出了 A/R_0 取不同值时，DSIF 值随无量纲波数 kR_0 的变化情况。分析发现，当 $A/R_0 = 1000$，即退化到两直线型裂纹模型时，其值与参考文献 [12] 中的数据基本吻合。各 DSIF 值曲线随波数的增大而振荡衰减，其峰值随 A/R_0 减小而减小。当 $A/R_0 = 1.0$ 和 2.0 时，其 DSIF 曲线峰值分别比 $A/R_0 = 1000$ 时的峰值大 14% 和 31%。由此说明，当裂纹尺寸相对于圆孔半径相差不大时，圆孔对 DSIF 峰值的影响较明显。

图 4.52 给出了压电常数 λ 取不同值时，DSIF 值的变化情况。由图可见，当波数 $kR_0 = 0.3$ 左右时，各 DSIF 曲线取得峰值，且其值随 λ 增加而增大。当

波数 $kR_0>0.6$ 时,各曲线变化趋势刚好相反。随着波数的增加,以上变化趋势又重复出现。

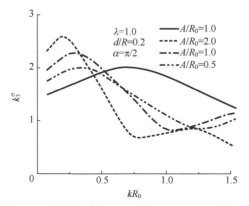

图 4.51　裂纹尖端的 DSIF 随 A/R_0 和 kR_0 的变化

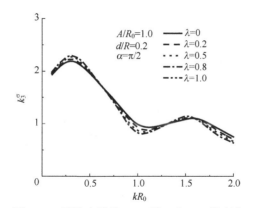

图 4.52　裂纹尖端的 DSIF 随 λ 和 kR_0 的变化

图 4.53 给出了两圆孔边裂纹间相对距离 d/R 不同时,DSIF 值的变化情况。可以看到,d/R 值越小,DSIF 峰值越大,表明两圆孔边裂纹间的相互作用越明显。随着无量纲波数的增加,各 DSIF 值曲线振荡衰减。

图 4.54 给出了不同孔边裂纹数量,各裂纹间距离均为 d 时,DSIF 值随波数 kR_0 的变化情况。由图可见,孔边裂纹数目为 1 时,其 DSIF 值曲线与参考文献 [13] 中的结果基本吻合,进一步验证了计算结果的正确性。各曲线峰值均在低频 $kR_0<0.5$ 时取得,随着孔边裂纹数量的增加,其 DSIF 峰值逐渐增大,取得峰值时的频率逐渐向低频移动。随着无量纲波数的增加,孔边裂纹数量的影响逐渐减弱。

本章采用格林函数法、复变函数方法、裂纹"切割"技术和"契合"思想对压电材料中多个孔边径向裂纹在 SH 波作用下裂纹尖端的动应力强度因子问题进行了研究。其主要结论如下：

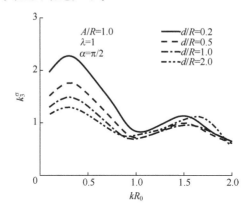

图 4.53　裂纹尖端的 DSIF 随 d/R 和 kR_0 的变化

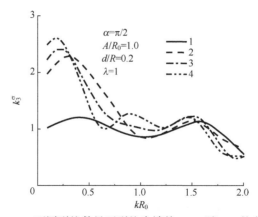

图 4.54　不同裂纹数量下裂纹尖端的 DSIF 随 kR_0 的变化

（1）在动态问题中，孔边径向裂纹尖端的 DSIF 值并不总是小于等效长度的直线型裂纹尖端的 DSIF 值。特别是当裂纹长度与圆孔半径相差不大时，将孔边径向裂纹简化成直线型裂纹计算将引起明显误差，最高可达 98% 左右。

（2）孔边径向裂纹尖端的 DSIF 值随入射波频率的增加振荡衰减，在低频段时 DSIF 曲线取得峰值，因此低频情况下的动力分析更为重要。

（3）圆孔与裂纹尺寸、裂纹间距离及压电常数等都影响裂纹尖端的 DSIF 值。裂纹尺寸与圆孔半径为同一量级，裂纹间距离越小，压电常数越大，孔边径向裂纹尖端的 DSIF 峰值就越大。

（4）圆孔边裂纹数目的增加会改变裂纹尖端的 DSIF 峰值，孔边裂纹数量越多，DSIF 曲线峰值越大。

参 考 文 献

[1] MEGUID S A, WANG X D. Dynamic antiplane behaviour of interacting cracks in a piezoelectric medium [J]. International Journal of Fracture, 1998, 91 (4): 391-403.
[2] 黎在良, 刘殿魁. 固体中的波 [M]. 北京: 科学出版社, 1995.
[3] 丁晓浩, 齐辉, 赵元博. 含有直线裂纹的直角域中椭圆形夹杂对SH波的散射 [J]. 天津大学学报 (自然科学与工程技术版), 2016, 49 (4): 415-421.
[4] 宋天舒, 刘殿魁, 于新华. SH波在压电材料中的散射和动应力集中 [J]. 哈尔滨工程大学学报, 2002, 23 (1): 120-123.
[5] 唐立民. 相邻几个圆孔的应力集中问题 [J]. 大连工学院学刊, 1959 (6): 31-48.
[6] ZHANG T Y, QIAN C F, TONG P, et al. Linear-electro elastic analysis of dynamic interaction bet ween piezoelectric actuators [J]. Int. J. Solids and Structures, 1998, 35: 2121-2149.
[7] 刘殿魁, 刘宏伟. 孔边裂纹对SH波的散射及其动应力强度因子 [J]. 力学学报, 1999 (3): 292-299.
[8] 史守峡, 刘殿魁. SH波与界面多圆孔的散射及动应力集中 [J]. 力学学报, 2001, 33 (1): 60-70.
[9] 刘殿魁, 王宁伟. 相邻多圆孔各向异性介质中SH波的散射 [J]. 地震工程与工程振动, 1989 (4): 15-28. DOI: 10.13197/j. eeev. 1989. 04. 002.
[10] LOEBER J F. Diffraction of Antiplane Shear Waves by a Finite Crack [J]. The Journal of the Acoustical Society of America, 1968, 44 (1): 90-98.
[11] SIH G C. Stress Distribution Near Internal Crack Tips for Longitudinal Shear Problems [J]. Journal of Applied Mechanics, 1965, 32 (1): 51.
[12] WANG X D, MEGUID S A. Modelling and analysis of the dynamic behaviour of piezoelectric materials containing interacting cracks [J]. Mechanics of Materials, 2000, 32 (12): 723-737.
[13] 宋天舒, 李冬, 牛士强. 压电材料中孔边径向裂纹的动应力强度因子 [J]. 工程力学, 2010, 27 (9): 7-11.
[14] 李冬, 王慧聪, 宋天舒. 压电材料中多个孔边径向裂纹的动力相互作用 [J]. 振动与冲击, 2016, 35 (16): 176-180, 225. DOI: 10.13465/j. cnki. jvs. 2016. 16. 028.
[15] 李冬. 含界面附近多种缺陷压电介质动力反平面行为 [D]. 哈尔滨: 哈尔滨工程大学, 2011.
[16] 宋天舒, 郑华勇, 李辉, 等. 含非圆孔无限压电介质的动力反平面特性研究 [J]. 哈尔滨工程大学学报, 2006, 27 (5): 709-713.
[17] 孙丽丽. 含多个圆孔压电介质的动力反平面行为 [D]. 哈尔滨: 哈尔滨工程大学, 2006.
[18] 张希萌, 齐辉, 孙学良. 径向非均匀压电介质中圆孔对SH波的散射 [J]. 爆炸与冲击, 2017, 37 (3): 464-470.

第5章 半空间内含缺陷的压电介质的反平面动力学研究

5.1 半空间内含圆孔缺陷的压电介质的反平面动力学研究

本节将研究半无限压电介质中界面附近圆孔对波的散射问题,并求解圆孔周边的动应力集中系数(Dynamic Stress Concentration Factor,DSCF)。首先利用圆柱坐标系与其相关联的特殊函数,通过波函数展开法得到稳态 SH 波在压电衬砌结构中的散射波场的基本解,然后将其转化到复坐标系下的解。

本节所研究的稳态情况,求解技巧有二:其一是构造一个能自动满足水平界面处应力为零和电绝缘边界条件的半无限压电空间界面附近圆形孔洞的散射波,这个散射波可以利用波散射所具有的对称性质和使用多极坐标方法来得到;其二是要设计好入射波和自由界面上的边界条件。最后在无限压电介质中界面附近圆形孔洞周边上的边界条件来确定该散射波。

随后推导出 SH 波在不同区域内的动应力集中系数,得到动应力集中系数和外加电场、入射角度、压电参数的依赖关系。

5.1.1 模型及控制方程

5.1.1.1 模型

半无限压电介质中界面附近圆孔的弹性半空间如图 5.1 所示。孔内为Ⅰ,孔外为Ⅱ,其中区域Ⅱ为无限大弹性压电介质,包含有 xoy 和 $x_1o_1y_1$ 两个坐标系,它们之间存在着下面的关系:

$$x = x_1, \quad y = y_1 - \mathrm{i}h$$

该模型受到无穷远处反平面位移场和平面内电场的作用,是一个解耦问题。

5.1.1.2 控制方程

在各向同性介质中研究弹性波对孔洞的散射问题,其最为简单的模型就是反平面剪切运动的 SH 波模型。在 xy 平面内的 SH 波所激发的位移 $w=(x,y,t)$ 垂直于 xy 平面,且只与 xy 轴有关。

第5章 半空间内含缺陷的压电介质的反平面动力学研究

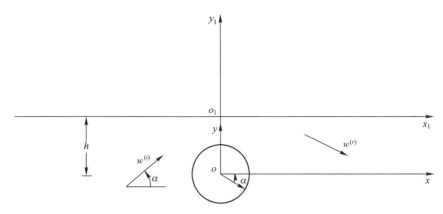

图 5.1 沿 α 角入射的波作用于含圆孔的半无限压电空间

对于荷载作用之下的稳态弹性场和电场，其场变量均可表示成时间谐和因子与空间变量分离形式[1-2]：

$$A^*(x,y,t) = A(x,y) e^{-i\omega t} \tag{5-1}$$

式中，A^* 为复变量，且其实部为问题的解，在求解过程中待解的场变量 A^* 将被 A 代替，而成为主要的研究对象。

压电介质中，设电极化方向垂直于 xy 平面，则稳态（时间谐和）的反平面动力学问题的控制方程为

$$\begin{cases} \dfrac{\partial \tau_{xz}}{\partial x} + \dfrac{\partial \tau_{yz}}{\partial y} + \rho \omega^2 w = 0 \\ \dfrac{\partial D_x}{\partial x} + \dfrac{\partial D_y}{\partial y} = 0 \end{cases} \tag{5-2}$$

式中，τ_{xz} 和 τ_{yz} 为剪应力分量；D_x 和 D_y 为电位移分量；w、ω、ρ 分别为出平面位移、SH 波的圆频率和质量密度。压电材料的本构关系可以写成：

$$\begin{cases} \tau_{xz} = c_{44} \dfrac{\partial w}{\partial x} + e_{15} \dfrac{\partial \phi}{\partial x} \\ \tau_{yz} = c_{44} \dfrac{\partial w}{\partial y} + e_{15} \dfrac{\partial \phi}{\partial y} \\ D_x = e_{15} \dfrac{\partial w}{\partial x} - k_{11} \dfrac{\partial \phi}{\partial x} \\ D_y = e_{15} \dfrac{\partial w}{\partial y} - k_{11} \dfrac{\partial \phi}{\partial y} \end{cases} \tag{5-3}$$

式中，c_{44}、e_{15} 和 k_{11} 分别是压电材料的弹性常数、压电常数和介电常数；ϕ 为介质中的电位势。将本构关系式（5-3）代入控制方程（5-2），则可得

$$\begin{cases} c_{44}\nabla^2 w + e_{15}\nabla^2 \phi + \rho\omega^2 w = 0 \\ e_{15}\nabla^2 w - k_{11}\nabla^2 \phi = 0 \end{cases} \tag{5-4}$$

式（5-4）可以化简为

$$\begin{cases} \nabla^2 w + k^2 w = 0 \\ \nabla^2 f = 0 \end{cases} \tag{5-5}$$

式中，k 为波数，$c^* = c_{44} + \dfrac{e_{15}^2}{k_{11}}$，且 $k^2 = \dfrac{\rho\omega^2}{c^*}$。而电位势的决定公式为

$$\phi = \frac{e_{15}}{k_{11}} w + f$$

为了方便计算，将上式写成：

$$\phi = \frac{e_{15}}{k_{11}}(w + f) \tag{5-6}$$

在极坐标系中，控制方程（5-4）可写成：

$$\begin{cases} \dfrac{\partial^2 w}{\partial r^2} + \dfrac{1}{r}\dfrac{\partial w}{\partial r} + \dfrac{1}{r^2}\dfrac{\partial^2 w}{\partial \theta^2} + k^2 w = 0 \\ \dfrac{\partial^2 f}{\partial r^2} + \dfrac{1}{r}\dfrac{\partial f}{\partial r} + \dfrac{1}{r^2}\dfrac{\partial^2 f}{\partial \theta^2} = 0 \end{cases} \tag{5-7}$$

而本构关系式（5-3）则为

$$\begin{cases} \tau_{rz} = c_{44}\dfrac{\partial w}{\partial r} + e_{15}\dfrac{\partial \phi}{\partial r} \\ \tau_{\theta z} = c_{44}\dfrac{1}{r}\dfrac{\partial w}{\partial \theta} + e_{15}\dfrac{1}{r}\dfrac{\partial \phi}{\partial \theta} \\ D_r = e_{15}\dfrac{\partial w}{\partial r} - k_{11}\dfrac{\partial \phi}{\partial r} \\ D_\theta = e_{15}\dfrac{1}{r}\dfrac{\partial w}{\partial \theta} - k_{11}\dfrac{1}{r}\dfrac{\partial \phi}{\partial \theta} \end{cases} \tag{5-8}$$

引入复变量 $z = x+iy, \bar{z} = x-iy$，在复平面 $(z,\bar{z})$ 上，控制方程（5-5）则变为

$$\begin{cases} \dfrac{\partial^2 w}{\partial z \partial \bar{z}} + \dfrac{1}{4}k^2 w = 0 \\ \dfrac{\partial^2 f}{\partial z \partial \bar{z}} = 0 \end{cases} \tag{5-9}$$

复平面 $(z,\bar{z})$ 上，式（5-3）变为

$$\begin{cases} \tau_x = \left(c_{44}+\dfrac{e_{15}^2}{k_{11}}\right)\left(\dfrac{\partial w}{\partial z}+\dfrac{\partial w}{\partial \bar{z}}\right)+\dfrac{e_{15}^2}{k_{11}}\left(\dfrac{\partial f}{\partial z}+\dfrac{\partial f}{\partial \bar{z}}\right) \\ \tau_{yz} = \left(c_{44}+\dfrac{e_{15}^2}{k_{11}}\right)\mathrm{i}\left(\dfrac{\partial w}{\partial z}-\dfrac{\partial w}{\partial \bar{z}}\right)+\dfrac{e_{15}^2}{k_{11}}\mathrm{i}\left(\dfrac{\partial f}{\partial z}-\dfrac{\partial f}{\partial \bar{z}}\right) \\ D_x = -e_{15}\left(\dfrac{\partial f}{\partial z}+\dfrac{\partial f}{\partial \bar{z}}\right) \\ D_y = -e_{15}\mathrm{i}\left(\dfrac{\partial f}{\partial z}-\dfrac{\partial f}{\partial \bar{z}}\right) \end{cases} \quad (5\text{-}10)$$

又 $z=r\mathrm{e}^{\mathrm{i}\theta}$, $\bar{z}=r\mathrm{e}^{-\mathrm{i}\theta}$, 则复平面$(z,\bar{z})$上, 式 (5-8) 变为

$$\begin{cases} \tau_{rz} = \left(c_{44}+\dfrac{e_{15}^2}{k_{11}}\right)\left(\dfrac{\partial w}{\partial z}\mathrm{e}^{\mathrm{i}\theta}+\dfrac{\partial w}{\partial \bar{z}}\mathrm{e}^{-\mathrm{i}\theta}\right)+\dfrac{e_{15}^2}{k_{11}}\left(\dfrac{\partial f}{\partial z}\mathrm{e}^{\mathrm{i}\theta}+\dfrac{\partial f}{\partial \bar{z}}\mathrm{e}^{-\mathrm{i}\theta}\right) \\ \tau_{\theta z} = \left(c_{44}+\dfrac{e_{15}^2}{k_{11}}\right)\mathrm{i}\left(\dfrac{\partial w}{\partial z}\mathrm{e}^{\mathrm{i}\theta}-\dfrac{\partial w}{\partial \bar{z}}\mathrm{e}^{-\mathrm{i}\theta}\right)+\dfrac{e_{15}^2}{k_{11}}\mathrm{i}\left(\dfrac{\partial f}{\partial z}\mathrm{e}^{\mathrm{i}\theta}-\dfrac{\partial f}{\partial \bar{z}}\mathrm{e}^{-\mathrm{i}\theta}\right) \\ D_r = -e_{15}\left(\dfrac{\partial f}{\partial z}\mathrm{e}^{\mathrm{i}\theta}+\dfrac{\partial f}{\partial \bar{z}}\mathrm{e}^{-\mathrm{i}\theta}\right) \\ D_\theta = -e_{15}\mathrm{i}\left(\dfrac{\partial f}{\partial z}\mathrm{e}^{\mathrm{i}\theta}-\dfrac{\partial f}{\partial \bar{z}}\mathrm{e}^{-\mathrm{i}\theta}\right) \end{cases} \quad (5\text{-}11)$$

5.1.2 压电介质中的散射波

现在构思图 5.1 所示的圆孔激发的散射波。它除了要满足控制方程, 还要满足无穷远处的辐射条件和在半空间自由表面 $o_1 x_1$ 上应力自由的条件。这样规定散射波, 将会为求解半空间界面附近圆孔的散射问题带来方便。

那么, 在复平面$(z,\bar{z})$上, 利用 SH 波散射的对称性和多极坐标的方法来构造这样的散射波 $w^{(s)}$:

$$w^{(s)} = \sum_{n=-\infty}^{+\infty} A_n\left\{H_n^{(1)}(k|z|)\left(\dfrac{z}{|z|}\right)^n + H_n^{(1)}(k|z-2\mathrm{i}h|)\left(\dfrac{z-2\mathrm{i}h}{|z-2\mathrm{i}h|}\right)^{-n}\right\} \quad (5\text{-}12)$$

而在复平面$(z,\bar{z})$上, $w^{(s)}$ 可以写为

$$w^{(s)} = \sum_{n=-\infty}^{+\infty} A_n\left\{H_n^{(1)}(k|z_1+\mathrm{i}h|)\left(\dfrac{z_1+\mathrm{i}h}{|z_1+\mathrm{i}h|}\right)^n + H_n^{(1)}(k|z_1-\mathrm{i}h|)\left(\dfrac{z_1-\mathrm{i}h}{|z_1-\mathrm{i}h|}\right)^{-n}\right\} \quad (5\text{-}13)$$

5.1.3 压电介质中的解

5.1.3.1 弹性场中的解

设在弹性半空间中,入射的 SH 波与 ox 轴成夹角 α。

在一个完整的弹性半空间中,有一个稳态的 SH 波 $w^{(i)}$ 入射,则在界面上就会产生一个反射的 SH 波 $w^{(r)}$,它们在复平面 $(z,\bar{z})$ 上的表达形式为

$$w^{(i)} = w_0 e^{i\frac{k}{2}[(z-ih)e^{-i\alpha}+(\bar{z}+ih)e^{i\alpha}]} e^{-i\omega t} \quad (5-14)$$

$$w^{(r)} = w_0 e^{i\frac{k}{2}[(z-ih)e^{i\alpha}+(\bar{z}+ih)e^{-i\alpha}]} e^{-i\omega t} \quad (5-15)$$

忽略时间因子,其表达式为

$$w^{(i)} = w_0 e^{i\frac{k}{2}[(z-ih)e^{-i\alpha}+(\bar{z}+ih)e^{i\alpha}]} \quad (5-16)$$

或者

$$w^{(i)} = w_0 \sum_{n=-\infty}^{\infty} i^n e^{-in\alpha} J_n(k|z-ih|) \left[\frac{z-ih}{|z-ih|}\right]^n \quad (5-17)$$

$$w^{(r)} = w_0 e^{i\frac{k}{2}[(z-ih)e^{i\alpha}+(\bar{z}+ih)e^{-i\alpha}]} \quad (5-18)$$

或者

$$w^{(r)} = w_0 \sum_{n=-\infty}^{\infty} i^n e^{in\alpha} J_n(k|z-ih|) \left[\frac{z-ih}{|z-ih|}\right]^n \quad (5-19)$$

5.1.3.2 电场中的解

下面分别给出入射波、反射波和散射波对应的电场。

1. 入射波的电场

直接给出入射波对应的电位势为

$$\phi^{(i)} = \frac{e_{15}}{k_{11}} w_0 e^{i\frac{k}{2}[(z-ih)e^{-i\alpha}+(\bar{z}+ih)e^{i\alpha}]} \quad (5-20)$$

或者

$$\phi^{(i)} = \frac{e_{15}}{k_{11}} w_0 \sum_{n=-\infty}^{\infty} i^n e^{-in\alpha} J_n(k|z-ih|) \left[\frac{z-ih}{|z-ih|}\right]^n \quad (5-21)$$

在复平面 (r,θ) 上对应的应力表达式分别为

$$\tau_{rz}^{(i)} = i\left(c_{44}+\frac{e_{15}^2}{k_{11}}\right) w_0 k \cos(\alpha-\theta) e^{i\frac{k}{2}[(z-ih)e^{-i\alpha}+(\bar{z}+ih)e^{i\alpha}]} \quad (5-22)$$

或者

$$\tau_{rz}^{(i)} = \frac{\left(c_{44}+\dfrac{e_{15}^2}{k_{11}}\right)w_0 k}{2} \sum_{n=-\infty}^{\infty} i^n e^{-in\alpha} [J_{n-1}(k|z-ih|)-J_{n+1}(k|z-ih|)]\left[\frac{z-ih}{|z-ih|}\right]^n$$

$$(5-23)$$

第5章 半空间内含缺陷的压电介质的反平面动力学研究

$$\tau_{\theta z}^{(i)} = -\mathrm{i}\left(c_{44}+\frac{e_{15}^2}{k_{11}}\right)w_0 k\sin(\theta-\alpha)\mathrm{e}^{\mathrm{i}\frac{k}{2}[(z-\mathrm{i}h)\mathrm{e}^{-\mathrm{i}\alpha}+(\bar{z}+\mathrm{i}h)\mathrm{e}^{\mathrm{i}\alpha}]} \tag{5-24}$$

2. 反射波的电场

下面考虑没有圆孔的情况，模型如图 5.2 所示，目的是导出反射波的电位势。

这里入射波的形式取$(z,\bar{z})$复平面上的表达式（5-16），那么反射波对应的电位势设为

$$\phi^{(r)} = \frac{e_{15}}{k_{11}} w^{(r)} + f_r \tag{5-25}$$

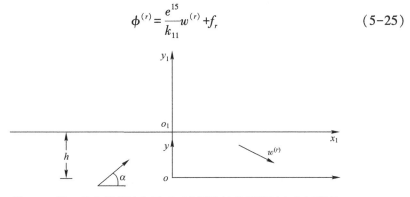

图 5.2 沿 α 角入射的波作用于不含圆孔的半无限压电空间模型

$$f_r = \sum_{-\infty}^{+\infty} B_n(z-\mathrm{i}h)^n + C_n(\bar{z}+\mathrm{i}h)^n \tag{5-26}$$

我们知道，无穷远处电位势无能为无穷大，所以有

$$f_r = \sum_0^{+\infty} B_n(z-\mathrm{i}h)^{-n} + C_n(\bar{z}+\mathrm{i}h)^n \tag{5-27}$$

为了确定系数，检验在界面处的自由条件。

$$\tau_{yz}=0, D_y=0$$

先讨论 τ_{yz}：

$$\tau_{yz} = \tau_{yz}^{(i)} + \tau_{yz}^{(r)}$$

在复平面$(z,\bar{z})$，入射波和反射波分别对应的 τ_{yz} 的表达式为

$$\tau_{yz}^{(i)} = \mathrm{i}\left(c_{44}+\frac{e_{15}^2}{k_{11}}\right)w_0 \mathrm{e}^{-\mathrm{i}\omega t} k\sin\alpha \mathrm{e}^{\mathrm{i}\frac{k}{2}[(z-\mathrm{i}h)\mathrm{e}^{-\mathrm{i}\alpha}+(\bar{z}+\mathrm{i}h)\mathrm{e}^{\mathrm{i}\alpha}]} \tag{5-28}$$

$$\tau_{yz}^{(i)} = -\mathrm{i}\left(c_{44}+\frac{e_{15}^2}{k_{11}}\right)w_0 \mathrm{e}^{-\mathrm{i}\omega t} k\sin\alpha \mathrm{e}^{\mathrm{i}\frac{k}{2}[(z-\mathrm{i}h)\mathrm{e}^{\mathrm{i}\alpha}+(\bar{z}+\mathrm{i}h)\mathrm{e}^{-\mathrm{i}\alpha}]}$$
$$-\mathrm{i}\frac{e_{15}^2}{k_{11}}\sum_1^\infty nk^{-n}[B_n(z-\mathrm{i}h)^{-n-1} - C_n(\bar{z}+\mathrm{i}h)^{-n-1}] \tag{5-29}$$

所以

$$\tau_{yz} = i\left(c_{44} + \frac{e_{15}^2}{k_{11}}\right)w_0 e^{-i\omega t} k\sin\alpha \left\{ e^{i\frac{k}{2}[(z-ih)e^{-i\alpha}+(\bar{z}+ih)e^{i\alpha}]} - e^{i\frac{k}{2}[(z-ih)e^{i\alpha}+(\bar{z}+ih)e^{-i\alpha}]} \right\}$$

$$- i\frac{e_{15}^2}{k_{11}} \sum_1^\infty nk^{-n}[B_n(z-ih)^{-n-1} - C_n(\bar{z}+ih)^{-n-1}] \quad (5-30)$$

由 τ_{yz} 的第一项,在界面处,即 $z=x+ih$ 处,将 $z=x+ih$ 代入式(5-30),有

$$i\left(c_{44}+\frac{e_{15}^2}{k_{11}}\right)w_0 e^{-i\omega t}k\sin\alpha\left\{e^{i\frac{k}{2}[(z-ih)e^{-i\alpha}+(\bar{z}+ih)e^{i\alpha}]} - e^{i\frac{k}{2}[(z-ih)e^{i\alpha}+(\bar{z}+ih)e^{-i\alpha}]}\right\}\bigg|_{\substack{z=x+ih\\\bar{z}=x-ih}}$$

$$= i\left(c_{44}+\frac{e_{15}^2}{k_{11}}\right)w_0 e^{-i\omega t}k\sin\alpha\left\{e^{i\frac{k}{2}[xe^{-i\alpha}+xe^{i\alpha}]} - e^{i\frac{k}{2}[xe^{i\alpha}+xe^{-i\alpha}]}\right\} = 0 \quad (5-31)$$

那么就等于考虑第二式为零,即表达式:

$$- i\frac{e_{15}^2}{k_{11}} \sum_1^\infty nk^{-n}[B_n(z-ih)^{-n-1} - C_n(\bar{z}+ih)^{-n-1}] = 0 \quad (5-32)$$

先不急于讨论,再看看 $D_y=0$,

$$D_y = ie_{15} \sum_1^\infty nk^{-n}[B_n(z-ih)^{-n-1} + C_n(\bar{z}+ih)^{-n-1}] = 0 \quad (5-33)$$

不难看出,式(5-32)、式(5-33)的解是等价的,考虑:

$$B_n(z-ih)^{-n-1}+C_n(\bar{z}+ih)^{-n-1}\big|_{\substack{z=x+ih\\\bar{z}=x-ih}} = B_n x^{-n-1} - C_n x^{-n-1} = 0$$

因为上式对于任意的 x 都成立,我们推出 $B_n = C_n$。

这样,有

$$f_r = \sum_0^{+\infty} B_n(z-ih)^{-n} = B_0 + \sum_1^{+\infty} B_n(z-ih)^{-n} \quad (5-34)$$

压电介质中总弹性位移场和总电位势可分别表示为

$$w = w^{(i)} + w^{(r)} = w_0 e^{i\frac{k}{2}[(z-ih)e^{-i\alpha}+(\bar{z}+ih)e^{i\alpha}]} + w_0 e^{i\frac{k}{2}[(z-ih)e^{i\alpha}+(\bar{z}+ih)e^{-i\alpha}]} \quad (5-35)$$

$$\phi = \frac{e_{15}}{k_{11}}w + \sum_0^{+\infty} B_n(z-ih)^{-n} \quad (5-36)$$

当 $n=0$,利用 $r\to\infty$,$\phi\to\phi^{(i)}$ 的无穷远处条件,比较式(5-20)和式(5-36),可得 $B_0=0$。

这样, $f_r = \sum_1^{+\infty} B_n(z-ih)^{-n}$,它在界面处即 $z=x+ih$ 处应该满足不能为无穷大,将 $z=x+ih$ 代入 f_r 的表达式,则有

$$f_r\big|_{z=x+ih} = \sum_1^{+\infty} B_n x^{-n}$$

那么，当 $x=0$ 时，上式不能为无穷大。则当 $n \geq 1$ 时，$B_n=0$。
则有 $f_r=B_0=0$。这样，有

$$\phi^{(r)} = \frac{e_{15}}{k_{11}} w_0 e^{i\frac{k}{2}[(z-ih)e^{i\alpha}+(\bar{z}+ih)e^{-i\alpha}]} \quad (5-37)$$

3. 散射波的电场

模型见图 5.1，那么散射波对应的电位势项为

$$\phi^{(s)} = \frac{e_{15}}{k_{11}} w^{(s)} + f_s \quad (5-38)$$

其中

$$\sum_{n=-\infty}^{+\infty} [D_n z^n + E_n (\bar{z})^n + F_n (z-2ih)^{-n} + G_n (\bar{z}+2ih)^{-n}] = 0$$

同样，f_s 满足无穷远处不能为无穷大，那么上式简化为

$$f_s = \sum_0^{+\infty} [D_n z^{-n} + E_n (\bar{z})^{-n} + F_n (z-2ih)^{-n} + G_n (\bar{z}+2ih)^{-n}] \quad (5-39)$$

$$\tau_{yz}^{(s)} = i\left(c_{44} + \frac{e_{15}^2}{k_{11}}\right) \frac{k}{2} \sum_{n=-\infty}^{+\infty} A_n \left\{ \left[H_{n-1}^{(1)}(k|z|) \left(\frac{z}{|z|}\right)^{n-1} - H_{n+1}^{(1)}(k|z-2ih|) \left(\frac{z-2ih}{|z-2ih|}\right)^{-(n+1)} \right] \right.$$

$$\left. - \left[-H_{n+1}^{(1)}(k|z|)\left(\frac{z}{|z|}\right)^{n+1} + H_{n-1}^{(1)}(k|z-2ih|)\left(\frac{z-2ih}{|z-2ih|}\right)^{-(n-1)} \right] \right\}$$

$$- i \frac{e_{15}^2}{k_{11}} \sum_1^{\infty} nk^{-n} [D_n z^{-n-1} - E_n \bar{z}^{-n-1} + F_n (z-2ih)^{-n-1} - G_n (\bar{z}+2ih)^{-n-1}]$$

$$(5-40)$$

$$D_y = ie_{15} \sum_0^{\infty} n[D_n z^{-n-1} - E_n \bar{z}^{-n-1} + F_n (z-2ih)^{-n-1} - G_n (\bar{z}+2ih)^{-n-1}]$$

$$(5-41)$$

同样，为了满足界面处的边界条件，有

$$\tau_{yz}=0, \quad D_y=0$$

先讨论 $\tau_{yz}=0$：

$$\tau_{yz} = \tau_{yz}^{(i)} + \tau_{yz}^{(r)} + \tau_{yz}^{(s)}$$

由前面可知 $\tau_{yz}^{(i)}+\tau_{yz}^{(r)}$ 在界面处为 0 已经满足，则只需满足 $\tau_{yz}^{(s)}$ 在界面处为 0。

先分析 $\tau_{yz}^{(s)}|_{x+ih}$ 的第一项：

$$i\left(c_{44} + \frac{e_{15}^2}{k_{11}}\right) \frac{k}{2} \sum_{n=-\infty}^{+\infty} A_n \left\{ H_{n-1}^{(1)}(k|x+ih|)\left(\frac{x+ih}{|x+ih|}\right)^{n-1} - H_{n-1}^{(1)}(k|x-ih|)\left(\frac{x-ih}{|x-ih|}\right)^{-(n-1)} \right]$$

$$-\left[-H_{n+1}^{(1)}(k|x+\mathrm{i}h|)\left(\frac{x+\mathrm{i}h}{|x+\mathrm{i}h|}\right)^{n+1}+H_{n+1}^{(1)}(k|x-\mathrm{i}h|)\left(\frac{x-\mathrm{i}h}{|x-\mathrm{i}h|}\right)^{-(n+1)}\right]\right\}=0$$

自动满足，那么就只需第二项满足即可。
即

$$-\mathrm{i}\frac{e_{15}^2}{k_{11}}\sum_0^\infty n[D_n(z)^{-n-1}-E_n\bar{z}^{-n-1}+F_n(z-2\mathrm{i}h)^{-n-1}-G_n(\bar{z}+2\mathrm{i}h)^{-n-1}]=0$$

再看

$$D_y=\mathrm{i}e_{15}\sum_0^\infty n[D_nz^{-n-1}-E_n\bar{z}^{-n-1}+F_n(z-2\mathrm{i}h)^{-n-1}-G_n(\bar{z}+2\mathrm{i}h)^{-n-1}]$$

那么与前面的道理一样，不难看出上面满足第二项为 0 与满足 $D_y=0$ 是等价的。

$$D_y=\mathrm{i}e_{15}\sum_0^\infty n[D_nz^{-n-1}-E_n\bar{z}^{-n-1}+F_n(z-2\mathrm{i}h)^{-n-1}-G_n(\bar{z}+2\mathrm{i}h)^{-n-1}]$$

$D_y\big|_{\substack{z=x+\mathrm{i}h\\\bar{z}=x-\mathrm{i}h}}$

$$=\mathrm{i}e_{15}\sum_0^\infty n[D_n(x+\mathrm{i}h)^{-n-1}-E_n(x-\mathrm{i}h)^{-n-1}+F_n(x-\mathrm{i}h)^{-n-1}-G_n(x+\mathrm{i}h)^{-n-1}]=0$$

$$\rightarrow\mathrm{i}e_{15}\sum_0^\infty n[D_n(x+\mathrm{i}h)^{-n-1}-E_n(x-\mathrm{i}h)^{-n-1}+F_n(x-\mathrm{i}h)^{-n-1}-G_n(x+\mathrm{i}h)^{-n-1}]=0$$

$\rightarrow D_n=G_n, E_n=F_n$

那么

$$f_s=\sum_0^{+\infty}\{D_n[z^{-n}+(\bar{z}+2\mathrm{i}h)^{-n}]+E_n[(\bar{z})^{-n}+(z-2\mathrm{i}h)^{-n}]\} \quad (5-42)$$

压电介质中总弹性位移场和总电位势可分别表示为

$$w=w^{(i)}+w^{(r)}+w^{(s)}=w_0\mathrm{e}^{\mathrm{i}\frac{k}{2}[(z-\mathrm{i}h)\mathrm{e}^{-\mathrm{i}\alpha}+(\bar{z}+\mathrm{i}h)\mathrm{e}^{\mathrm{i}\alpha}]}+w_0\mathrm{e}^{\mathrm{i}\frac{k}{2}[(z-\mathrm{i}h)\mathrm{e}^{\mathrm{i}\alpha}+(\bar{z}+\mathrm{i}h)\mathrm{e}^{-\mathrm{i}\alpha}]}$$

$$=w_0\mathrm{e}^{\mathrm{i}\frac{k}{2}[(z-\mathrm{i}h)\mathrm{e}^{-\mathrm{i}\alpha}+(\bar{z}+\mathrm{i}h)\mathrm{e}^{\mathrm{i}\alpha}]}+w_0\mathrm{e}^{\mathrm{i}\frac{k}{2}[(z-\mathrm{i}h)\mathrm{e}^{\mathrm{i}\alpha}+(\bar{z}+\mathrm{i}h)\mathrm{e}^{-\mathrm{i}\alpha}]}$$

$$+\sum_{n=-\infty}^{+\infty}A_n\left\{\left[H_n^{(1)}(k|z|)\left(\frac{z}{|z|}\right)^n-H_n^{(1)}(k|z-\mathrm{i}h|)\left(\frac{z-2\mathrm{i}h}{|z-2\mathrm{i}h|}\right)^{-n}\right]\right\}$$

(5-43)

$$\phi=\frac{e_{15}}{k_{11}}w+\sum_0^{+\infty}\{D_n[z^{-n}+(\bar{z}+2\mathrm{i}h)^{-n}]+E_n[(\bar{z})^{-n}+(z-2\mathrm{i}h)^{-n}]\}$$

(5-44)

当 $n=0$，利用 $r\rightarrow\infty$，$\phi\rightarrow\phi^{(i)}$ 中的无穷远处条件，比较式（5-20）和式（5-44），可得 $D_0=E_0=0$，这样，有

$$f_s = \sum_{1}^{+\infty} \{D_n[z^{-n} + (\bar{z} + 2\mathrm{i}h)^{-n}] + E_n[(\bar{z})^{-n} + (z - 2\mathrm{i}h)^{-n}]\} \quad (5\text{-}45)$$

对于 f_s，在界面处不能为无穷大。取 $z=x+\mathrm{i}h$ 处，有

$$f_s|_{z=x+\mathrm{i}h} = \sum_{1}^{+\infty} \{D_n[(x+\mathrm{i}h)^{-n} + (x+\mathrm{i}h)^{-n}] + E_n[(x-\mathrm{i}h)^{-n} + (x-\mathrm{i}h)^{-n}]\}$$

$$= 2\sum_{1}^{+\infty} [D_n(x+\mathrm{i}h)^{-n} + E_n(x-\mathrm{i}h)^{-n}]$$

当 $x=0$ 或任意值时，满足不为无穷大。

当 $x \to \infty$ 时满足 $f_s \to 0$。

所以，取 $f_s = \sum_{1}^{+\infty} \{D_n[z^{-n} + (\bar{z} + 2\mathrm{i}h)^{-n}] + E_n[(\bar{z})^{-n} + (z - 2\mathrm{i}h)^{-n}]\}$，那么有

$$\phi^{(s)} = \frac{e_{15}}{k_{11}} \sum_{n=-\infty}^{+\infty} A_n \left\{ \left[H_n^{(1)}(k|z|)\left(\frac{z}{|z|}\right)^n + H_n^{(1)}(k|z-2\mathrm{i}h|)\left(\frac{z-2\mathrm{i}h}{|z-2\mathrm{i}h|}\right)^{-n} \right] \right\}$$
$$+ \frac{e_{15}}{k_{11}} \sum_{1}^{\infty} k^{-n} [D_n z^{-n} + E_n(\bar{z})^{-n} + F_n(z-2\mathrm{i}h)^{-n} + G_n(\bar{z}+2\mathrm{i}h)^{-n}]$$

$$(5\text{-}46)$$

5.1.3.3 压电介质中的应力及电位移

将方程式（5-12）、式（5-16）、式（5-18）、式（5-20）、式（5-37）、式（5-46）代入本构关系在复坐标$(z,\bar{z})$的表达式中，可以得到介质中的应力及电位移表达式：

$$\tau_{rz}^{(i)} = \mathrm{i}\left(c_{44} + \frac{e_{15}^2}{k_{11}}\right) w_0 \mathrm{e}^{-\mathrm{i}\omega t} k \cos(\alpha-\theta) \mathrm{e}^{\frac{\mathrm{i}k}{2}[(z-\mathrm{i}h)\mathrm{e}^{-\mathrm{i}\alpha} + (\bar{z}+\mathrm{i}h)\mathrm{e}^{-\mathrm{i}\alpha}]} \quad (5\text{-}47)$$

或者

$$\tau_{rz}^{(i)} = \frac{\left(c_{44} + \dfrac{e_{15}^2}{k_{11}}\right) kw_0}{2} \sum_{n=-\infty}^{+\infty} \mathrm{i}^n \mathrm{e}^{-\mathrm{i}n\alpha} [J_{n-1}(k|z|) - J_{n+1}(k|z|)] \left[\frac{z}{|\bar{z}|}\right]^n$$

$$(5\text{-}48)$$

$$\tau_{rz}^{(r)} = \mathrm{i}\left(c_{44} + \frac{e_{15}^2}{k_{11}}\right) w_0 \mathrm{e}^{-\mathrm{i}\omega t} \cos(\alpha+\theta) \mathrm{e}^{\frac{\mathrm{i}k}{2}[(z-\mathrm{i}h)\mathrm{e}^{\mathrm{i}\alpha} + (\bar{z}+\mathrm{i}h)\mathrm{e}^{-\mathrm{i}\alpha}]} \quad (5\text{-}49)$$

或者

$$\tau_{rz}^{(r)} = \frac{\left(c_{44} + \dfrac{e_{15}^2}{k_{11}}\right) kw_0}{2} \sum_{n=-\infty}^{+\infty} \mathrm{i}^n \mathrm{e}^{\mathrm{i}n\alpha} [J_{n-1}(k|z|) - J_{n+1}(k|z|)] \left[\frac{z}{|\bar{z}|}\right]^n$$

$$(5\text{-}50)$$

$$\tau_{rz}^{(s)} = \left(c_{44} + \frac{e_{15}^2}{k_{11}}\right)\frac{k}{2}\sum_{n=-\infty}^{+\infty} A_n \left\{\left[H_{n-1}^{(1)}(k|z|)\left(\frac{z}{|z|}\right)^n + H_{n+1}^{(1)}(k|z-2ih|)\left(\frac{z-2ih}{|z-2ih|}\right)^{-(n+1)}\right]e^{i\theta}\right.$$
$$\left. + \left[-H_{n+1}^{(1)}(k|z|)\left(\frac{z}{|z|}\right)^{n+1} + H_{n-1}^{(1)}(k|z-2ih|)\left(\frac{z-2ih}{|z-2ih|}\right)^{-(n-1)}\right]e^{-i\theta}\right\}$$
$$-\frac{e_{15}^2}{k_{11}}\sum_{1}^{+\infty} nk^{-n}\left\{\left[D_n(z)^{-n-1} + E_n(z-2ih)^{-n-1}\right]e^{i\theta} + \left[E_n(\bar{z})^{-n-1} + (\bar{z}+2ih)^{-n-1}\right]e^{-i\theta}\right\}$$

(5-51)

$$D_r = e_{15}\sum_{1}^{+\infty} n\left\{\left[D_n(z)^{-n-1} + E_n(z-2ih)^{-n-1}\right]e^{i\theta} + \left[E_n(\bar{z})^{-n-1} + (\bar{z}+2ih)^{-n-1}\right]e^{-i\theta}\right\}$$

(5-52)

5.1.3.4 圆孔内部的电场

圆孔内部没有位移，而且电位势应满足在孔心处的电位势不能为无穷大，那么圆孔内电位势及电位移表达式为

$$\phi^{\mathrm{I}} = F_0 + \sum_{n=1}^{+\infty}\left[F_n z^n + G_n \bar{z}^n\right] \tag{5-53}$$

$$D_r^{\mathrm{I}} = -k_0 \sum_{1}^{+\infty} n\left(F_n z^{n-1}e^{i\theta} + G_n \bar{z}^{n-1}e^{-i\theta}\right) \tag{5-54}$$

5.1.4 边界条件

研究图 5.1 所示的半无限空间中界面附近圆孔的散射。若半空间中的入射波、反射波和散射波写成式（5-16）、式（5-18）、式（5-12）的形式，则可以自动满足半空间界面上应力自由和电位移为零的条件。

另外，圆孔周边上的边界条件为：在 $r=a$ 处，介质和圆孔的电位势与电位移连续，圆孔表面应力为零。

因此，在复平面 $(z,\bar{z})$ 上，边界条件可以表示为

$$\tau_{rz} = \tau_{rz}^{(i)} + \tau_{rz}^{(r)} + \tau_{rz}^{(s)} = 0 \tag{5-55}$$

$$D_r = D_r^{\mathrm{I}} \tag{5-56}$$

$$\phi = \phi^{(i)} + \phi^{(r)} + \phi^{(s)} = \phi^{\mathrm{I}} \tag{5-57}$$

则有

$$\tau_{rz} = i\left(c_{44} + \frac{e_{15}^2}{k_{11}}\right)w_0 e^{-i\omega t}k\cos(\alpha-\theta)e^{\frac{ik}{2}[(z-ih)e^{-i\alpha}+(\bar{z}+ih)e^{i\alpha}]}$$
$$+ i\left(c_{44} + \frac{e_{15}^2}{k_{11}}\right)w_0 e^{-i\omega t}k\cos(\alpha+\theta)e^{\frac{ik}{2}[(z-ih)e^{i\alpha}+(\bar{z}+ih)e^{-i\alpha}]}$$

第5章 半空间内含缺陷的压电介质的反平面动力学研究

$$+\left(c_{44}+\frac{e_{15}^2}{k_{11}}\right)\frac{k}{2}\sum_{n=-\infty}^{+\infty}A_n\left\{\left[H_{n-1}^{(1)}(k|z|)\left(\frac{z}{|z|}\right)^{n-1}-H_{n+1}^{(1)}(k|z-2ih|)\left(\frac{z-2ih}{|z-2ih|}\right)^{-(n+1)}\right]e^{i\theta}\right.$$

$$\left.+\left[-H_{n+1}^{(1)}(k|z|)\left(\frac{z}{|z|}\right)^{n+1}+H_{n-1}^{(1)}(k|z-2ih|)\left(\frac{z-2ih}{|z-2ih|}\right)^{-(n-1)}\right]e^{-i\theta}\right\}$$

$$-\frac{e_{15}^2}{k_{11}}\sum_1^\infty n\{[D_n(z)^{-n-1}+E_n(z-2ih)^{-n-1}]e^{i\theta}+[E_n\bar{z}^{-n-1}+D_n(\bar{z}+2ih)^{-n-1}]e^{-i\theta}\}=0$$

(5-58)

式中：

$$-\frac{e_{15}^2}{k_{11}}\sum_1^\infty n\{[D_n(z)^{-n-1}+E_n(z-2ih)^{-n-1}]e^{i\theta}+[E_n\bar{z}^{-n-1}+D_n(\bar{z}+2ih)^{-n-1}]e^{-i\theta}\}=0$$

(5-59)

$$k_{11}\sum_1^\infty n\{[D_n(z)^{-n-1}+E_n(z-2ih)^{-n-1}]e^{i\theta}+[E_n\bar{z}^{-n-1}+D_n(\bar{z}+2ih)^{-n-1}]e^{-i\theta}\}$$

$$=-k_0\sum_0^{+\infty}n(F_n z^{n-1}e^{i\theta}+G_n\bar{z}^{n-1}e^{-i\theta})$$

(5-60)

$$\frac{e_{15}}{k_{11}}w_0 e^{i\frac{k}{2}((z-ih)e^{-i\alpha}+(\bar{z}+ih)e^{i\alpha})}+\frac{e_{15}}{k_{11}}w_0 e^{i\frac{k}{2}((z-ih)e^{i\alpha}+(\bar{z}+ih)e^{-i\alpha})}$$

$$+\frac{e_{15}}{k_{11}}\sum_{n=-\infty}^{+\infty}A_n\left\{H_n^{(1)}(k|z|)\left(\frac{z}{|z|}\right)^n+H_n^{(1)}(k|z-2ih|)\left(\frac{z-2ih}{|z-2ih|}\right)^n\right\}$$

$$+\sum_1^{+\infty}D_n[z^{-n}+(\bar{z}+2ih)^{-n}]+E_n[(\bar{z})^{-n}+(z-2ih)^{-n}]=\sum_1^{+\infty}[F_n z^n+G_n(\bar{z})^n]+F_0$$

(5-61)

引入代表压电材料基本特性的一个无量纲参数 $\lambda=\dfrac{e_{15}^2}{c_{44}k_{11}}$，令 $\tau_0=c_{44}kw_0$，其物理意义代表非压电的弹性材料中入射波产生的应力幅值。于是有

$$\sum_{-\infty}^\infty A_n\xi^{(11)}+\sum_1^\infty[D_n\xi^{(12)}+E_n\xi^{(13)}]=\xi^{(1)} \qquad (5\text{-}62)$$

$$\sum_1^\infty D_n\xi^{(22)}+\sum_1^\infty E_n\xi^{(23)}+\sum_1^\infty F_n\xi^{(24)}+\sum_1^\infty G_n\xi^{(25)}=\xi^{(2)} \qquad (5\text{-}63)$$

$$\sum_{-\infty}^\infty A_n\xi^{(31)}+\sum_1^\infty D_n\xi^{(32)}+\sum_1^\infty E_n\xi^{(33)}+\sum_1^\infty F_n\xi^{(34)}+\sum_1^\infty G_n\xi^{(35)}=\xi^{(3)}+F_0 \qquad (5\text{-}64)$$

式中：

$$\xi^{(11)}=-\frac{1}{2\pi}\left[\frac{1}{2(1+\lambda)}\right]\int_{-\pi}^\pi\left\{\left[H_{n-1}^{(1)}(k|z|)\left(\frac{z}{|z|}\right)^{n-1}-H_{n+1}^{(1)}(k|z-2ih|)\left(\frac{z-2ih}{|z-2ih|}\right)^{-(n+1)}\right]e^{i\theta}\right.$$

$$+ \left[-H_{n+1}^{(1)}(k|z|)\left(\frac{z}{|z|}\right)^{n+1} + H_{n-1}^{(1)}(k|z-2\mathrm{i}h|)\left(\frac{z-2\mathrm{i}h}{|z-2\mathrm{i}h|}\right)^{-(n-1)} \right] \mathrm{e}^{-\mathrm{i}\theta} \Big\} \mathrm{e}^{-\mathrm{i}m\theta} \mathrm{d}\theta$$

$$\xi^{(12)} = \frac{1}{2\pi}\frac{\lambda}{k}\int_{-\pi}^{\pi} n[z^{-n-1}\mathrm{e}^{\mathrm{i}\theta} + (\bar{z}+2\mathrm{i}h)^{-n-1}\mathrm{e}^{-\mathrm{i}\theta}]\mathrm{e}^{-\mathrm{i}m\theta}\mathrm{d}\theta$$

$$\xi^{(13)} = \frac{1}{2\pi}\frac{\lambda}{k}\int_{-\pi}^{\pi} n[(z-2\mathrm{i}h)^{-n-1}\mathrm{e}^{\mathrm{i}\theta} + (\bar{z})^{-n-1}\mathrm{e}^{-\mathrm{i}\theta}]\mathrm{e}^{-\mathrm{i}m\theta}\mathrm{d}\theta$$

$$\xi^{(1)} = \frac{1}{2\pi}(1+\lambda)\int_{-\pi}^{\pi}\mathrm{i}\big[\cos(\alpha-\theta)\mathrm{e}^{\mathrm{i}\frac{k}{2}((z-\mathrm{i}h)\mathrm{e}^{-\mathrm{i}\alpha}+(\bar{z}+\mathrm{i}h)\mathrm{e}^{\mathrm{i}\alpha})}$$
$$+ \cos(\alpha+\theta)\mathrm{e}^{\mathrm{i}\frac{k}{2}((z-\mathrm{i}h)\mathrm{e}^{\mathrm{i}\alpha}+(\bar{z}+\mathrm{i}h)\mathrm{e}^{-\mathrm{i}\alpha})}\big]\mathrm{e}^{-\mathrm{i}m\theta}\mathrm{d}\theta$$

$$\xi^{(22)} = \frac{1}{2\pi}\frac{k_{11}}{k_0}\int_{-\pi}^{\pi} n[z^{-n-1}\mathrm{e}^{\mathrm{i}\theta} + (\bar{z}+2\mathrm{i}h)^{-n-1}\mathrm{e}^{-\mathrm{i}\theta}]\mathrm{e}^{-\mathrm{i}m\theta}\mathrm{d}\theta$$

$$\xi^{(23)} = \frac{1}{2\pi}\frac{k_{11}}{k_0}\int_{-\pi}^{\pi} n[(z-2\mathrm{i}h)^{-n-1}\mathrm{e}^{\mathrm{i}\theta} + (\bar{z})^{-n-1}\mathrm{e}^{-\mathrm{i}\theta}]\mathrm{e}^{-\mathrm{i}m\theta}\mathrm{d}\theta$$

$$\xi^{(24)} = \frac{1}{2\pi}\int_{-\pi}^{\pi} n z^{n-1}\mathrm{e}^{\mathrm{i}\theta}\mathrm{e}^{-\mathrm{i}m\theta}\mathrm{d}\theta$$

$$\xi^{(25)} = \frac{1}{2\pi}\int_{-\pi}^{\pi} n(\bar{z})^{n-1}\mathrm{e}^{-\mathrm{i}\theta}\mathrm{e}^{-\mathrm{i}m\theta}\mathrm{d}\theta$$

$$\xi^{(2)} = 0$$

$$\xi^{(31)} = -\frac{1}{2\pi}\int_{-\pi}^{\pi}\left[H_n^{(1)}(k|z|)\left(\frac{z}{|z|}\right)^n + H_n^{(1)}(k|z-2\mathrm{i}h|)\left(\frac{z-2\mathrm{i}h}{|z-2\mathrm{i}h|}\right)^n \right]\mathrm{e}^{-\mathrm{i}m\theta}\mathrm{d}\theta$$

$$\xi^{(32)} = -\frac{1}{2\pi}\int_{-\pi}^{\pi}[z^{-n} + (\bar{z}+2\mathrm{i}h)^{-n}]\mathrm{e}^{-\mathrm{i}m\theta}\mathrm{d}\theta$$

$$\xi^{(33)} = -\frac{1}{2\pi}\int_{-\pi}^{\pi}[(\bar{z})^{-n} + (z-2\mathrm{i}h)^{-n}]\mathrm{e}^{-\mathrm{i}m\theta}\mathrm{d}\theta$$

$$\xi^{(34)} = \frac{1}{2\pi}\int_{-\pi}^{\pi} z^n \mathrm{e}^{-\mathrm{i}m\theta}\mathrm{d}\theta$$

$$\xi^{(35)} = \frac{1}{2\pi}\int_{-\pi}^{\pi}(\bar{z})^n \mathrm{e}^{-\mathrm{i}m\theta}\mathrm{d}\theta$$

$$\xi^{(3)} = \frac{1}{2\pi}\int_{-\pi}^{\pi}\big[\mathrm{e}^{\mathrm{i}\frac{k}{2}((z-\mathrm{i}h)\mathrm{e}^{-\mathrm{i}\alpha}+(\bar{z}+\mathrm{i}h)\mathrm{e}^{\mathrm{i}\alpha})} + w_0 \mathrm{e}^{\mathrm{i}\frac{k}{2}((z-\mathrm{i}h)\mathrm{e}^{\mathrm{i}\alpha}+(\bar{z}+\mathrm{i}h)\mathrm{e}^{-\mathrm{i}\alpha})}\big]\mathrm{e}^{-\mathrm{i}m\theta}\mathrm{d}\theta$$

5.1.5 动应力集中系数

在入射的 SH 波作用之下，求得动应力集中系数是一项重要的任务。在本问题中，主要研究圆孔边缘的动应力集中。

通常动应力集中系数 $\tau_{\theta z}^* = \dfrac{\tau_{\theta z}^{(i)}}{\tau_0}$，将式（5-12）、式（5-16）、式（5-48）、式（5-45）代入式（5-11）第二式，得

$$\tau_{\theta z}^{(i)} = -\mathrm{i}\left(c_{44} + \dfrac{e_{15}^2}{k_{11}}\right) w_0 k \sin(\theta-\alpha) \mathrm{e}^{\mathrm{i}\frac{k}{2}((z-\mathrm{i}h)\mathrm{e}^{-\mathrm{i}\alpha}+(\bar{z}+\mathrm{i}h)\mathrm{e}^{\mathrm{i}\alpha})}$$

$$= -\mathrm{i}(1+\lambda)\tau_0 \sin(\theta-\alpha) \mathrm{e}^{\mathrm{i}\frac{k}{2}((z-\mathrm{i}h)\mathrm{e}^{-\mathrm{i}\alpha}+(\bar{z}+\mathrm{i}h)\mathrm{e}^{\mathrm{i}\alpha})} \tag{5-65}$$

$$\tau_{\theta z}^{(r)} = -\mathrm{i}\left(c_{44} + \dfrac{e_{15}^2}{k_{11}}\right) w_0 k \sin(\theta+\alpha) \mathrm{e}^{\mathrm{i}\frac{k}{2}((z-\mathrm{i}h)\mathrm{e}^{-\mathrm{i}\alpha}+(\bar{z}+\mathrm{i}h)\mathrm{e}^{\mathrm{i}\alpha})}$$

$$= -\mathrm{i}(1+\lambda)\tau_0 \sin(\theta+\alpha) \mathrm{e}^{\mathrm{i}\frac{k}{2}[(z-\mathrm{i}h)\mathrm{e}^{\mathrm{i}\alpha}+(\bar{z}+\mathrm{i}h)\mathrm{e}^{-\mathrm{i}\alpha}]} \tag{5-66}$$

$$\begin{aligned}\tau_{\theta z}^{(s)} &= \left(c_{44} + \dfrac{e_{15}^2}{k_{11}}\right) \mathrm{i} \dfrac{k}{2} \sum_{-\infty}^{\infty} A_n \left\{\left[H_{n-1}^{(1)}(k|z|)\left(\dfrac{z}{|z|}\right)^{n-1} - H_{n+1}^{(1)}(k|z-2\mathrm{i}h|)\left(\dfrac{z-2\mathrm{i}h}{|z-2\mathrm{i}h|}\right)^{-(n+1)}\right] \mathrm{e}^{\mathrm{i}\theta}\right.\\ &\quad \left. - \left[-H_{n+1}^{(1)}(k|z|)\left(\dfrac{z}{|z|}\right)^{n+1} + H_{n-1}^{(1)}(k|z-2\mathrm{i}h|)\left(\dfrac{z-2\mathrm{i}h}{|z-2\mathrm{i}h|}\right)^{-(n-1)}\right] \mathrm{e}^{-\mathrm{i}\theta}\right\}\\ &\quad - \dfrac{e_{15}^2}{k_{11}} \mathrm{i} \sum_{1}^{\infty} n \left\{\left[D_n z^{-n-1} + E_n (z-2\mathrm{i}h)^{-n-1}\right]\mathrm{e}^{\mathrm{i}\theta} - \left[D_n (\bar{z}+2\mathrm{i}h)^{-n-1} + E_n \bar{z}^{-n-1}\right]\mathrm{e}^{-\mathrm{i}\theta}\right\}\\ &= (1+\lambda) \mathrm{i} \dfrac{1}{2} \sum_{-\infty}^{\infty} A_n \left\{\left[H_{n-1}^{(1)}(k|z|)\left(\dfrac{z}{|z|}\right)^{n-1} - H_{n+1}^{(1)}(k|z-2\mathrm{i}h|)\left(\dfrac{z-2\mathrm{i}h}{|z-2\mathrm{i}h|}\right)^{-(n+1)}\right]\mathrm{e}^{\mathrm{i}\theta}\right.\\ &\quad \left. - \left[-H_{n+1}^{(1)}(k|z|)\left(\dfrac{z}{|z|}\right)^{n+1} + H_{n-1}^{(1)}(k|z-2\mathrm{i}h|)\left(\dfrac{z-2\mathrm{i}h}{|z-2\mathrm{i}h|}\right)^{-(n-1)}\right]\mathrm{e}^{-\mathrm{i}\theta}\right\}\\ &\quad - \dfrac{\lambda}{k} \mathrm{i} \sum_{1}^{\infty} n \left\{\left[D_n z^{-n-1} + E_n (z-2\mathrm{i}h)^{-n-1}\right]\mathrm{e}^{\mathrm{i}\theta} - \left[D_n (\bar{z}+2\mathrm{i}h)^{-n-1} + E_n \bar{z}^{-n-1}\right]\mathrm{e}^{-\mathrm{i}\theta}\right\}\end{aligned} \tag{5-67}$$

$$\begin{aligned}\tau_{\theta z}^* &= -\mathrm{i}(1+\lambda)\tau_0 \sin(\theta-\alpha) \mathrm{e}^{\mathrm{i}\frac{k}{2}((z-\mathrm{i}h)\mathrm{e}^{-\mathrm{i}\alpha}+(\bar{z}+\mathrm{i}h)\mathrm{e}^{\mathrm{i}\alpha})}\\ &\quad - \mathrm{i}(1+\lambda)\tau_0 \sin(\theta+\alpha) \mathrm{e}^{\mathrm{i}\frac{k}{2}((z-\mathrm{i}h)\mathrm{e}^{\mathrm{i}\alpha}+(\bar{z}+\mathrm{i}h)\mathrm{e}^{-\mathrm{i}\alpha})}\\ &\quad + (1+\lambda)\mathrm{i} \dfrac{1}{2} \sum_{-\infty}^{\infty} A_n \left\{\left[H_{n-1}^{(1)}(k|z|)\left(\dfrac{z}{|z|}\right)^{n-1} - H_{n+1}^{(1)}(k|z-2\mathrm{i}h|)\left(\dfrac{z-2\mathrm{i}h}{|z-2\mathrm{i}h|}\right)^{-(n+1)}\right]\mathrm{e}^{\mathrm{i}\theta}\right.\\ &\quad \left. - \left[-H_{n+1}^{(1)}(k|z|)\left(\dfrac{z}{|z|}\right)^{n+1} + H_{n-1}^{(1)}(k|z-2\mathrm{i}h|)\left(\dfrac{z-2\mathrm{i}h}{|z-2\mathrm{i}h|}\right)^{-(n-1)}\right]\mathrm{e}^{-\mathrm{i}\theta}\right\}\\ &\quad - \dfrac{\lambda}{k} \mathrm{i} \sum_{1}^{\infty} n k^{-n} \left\{\left[D_n z^{-n-1} + E_n (z-2\mathrm{i}h)^{-n-1}\right]\mathrm{e}^{\mathrm{i}\theta} - \left[D_n (\bar{z}+2\mathrm{i}h)^{-n-1} + E_n \bar{z}^{-n-1}\right]\mathrm{e}^{-\mathrm{i}\theta}\right\}\end{aligned} \tag{5-68}$$

5.1.6 算例和结果讨论

本章在前一节理论推导的基础上，建立了压电材料中界面附近圆孔的计算

模型。书中给出了一些不同参数匹配情况下的数值解,得到了动应力集中系数与外加电场、入射波角度和频率,以及圆孔中心到界面的距离与孔半径比的依赖关系。计算结果表明,当 $\lambda=0$ 时纯弹性介质,与稳态的波入射下含单个孔洞的压电材料的计算结果吻合。同时,计算结果分析表明,对于含界面附近孔洞的压电材料进行低频、大压电特征参数的动力分析十分重要。

5.1.6.1 压电材料中界面附近圆孔的解答

前一节讨论了压电材料中界面附近圆孔的动力反平面特性。给出了动应力集中情况的一般表达式。作为算例,本章讨论压电材料中界面附近圆孔对波的散射。总体坐标系和局部坐标系如图 5.3 所示。

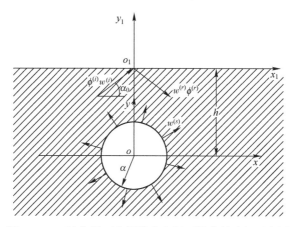

图 5.3 SH 波作用下含圆孔半空间区域内的波场示意图

$$
\begin{aligned}
\tau_{\theta z}^* = & -\mathrm{i}(1+\lambda)\tau_0 \sin(\theta-\alpha)\mathrm{e}^{\mathrm{i}\frac{k}{2}((z-\mathrm{i}h)\mathrm{e}^{-\mathrm{i}\alpha}+(\bar{z}+\mathrm{i}h)\mathrm{e}^{\mathrm{i}\alpha})} \\
& -\mathrm{i}(1+\lambda)\tau_0 \sin(\theta+\alpha)\mathrm{e}^{\mathrm{i}\frac{k}{2}((z-\mathrm{i}h)\mathrm{e}^{\mathrm{i}\alpha}+(\bar{z}+\mathrm{i}h)\mathrm{e}^{-\mathrm{i}\alpha})} \\
& -(1+\lambda)\mathrm{i}\frac{1}{2}\sum_{-\infty}^{\infty}A_n\left\{\left[H_{n-1}^{(1)}(k|z|)\left(\frac{z}{|z|}\right)^{n-1}-H_{n+1}^{(1)}(k|z-2\mathrm{i}h|)\left(\frac{z-2\mathrm{i}h}{|z-2\mathrm{i}h|}\right)^{-(n+1)}\right]\mathrm{e}^{\mathrm{i}\theta}\right.\\
& \left.-\left[-H_{n+1}^{(1)}(k|z|)\left(\frac{z}{|z|}\right)^{n+1}+H_{n-1}^{(1)}(k|z-2\mathrm{i}h|)\left(\frac{z-2\mathrm{i}h}{|z-2\mathrm{i}h|}\right)^{-(n-1)}\right]\mathrm{e}^{-\mathrm{i}\theta}\right\} \\
& -\frac{\lambda}{k}\mathrm{i}\sum_{1}^{\infty}nk^{-n}\left\{\left[D_n z^{-n-1}+E_n(z-2\mathrm{i}h)^{-n-1}\right]\mathrm{e}^{\mathrm{i}\theta}-\left[D_n(\bar{z}+2\mathrm{i}h)^{-n-1}+E_n\bar{z}^{-n-1}\right]\mathrm{e}^{-\mathrm{i}\theta}\right\}
\end{aligned}
$$

5.1.6.2 压电材料中界面附近圆孔算例

情况一:入射角 $\alpha=0$、$\dfrac{\pi}{6}$、$\dfrac{\pi}{4}$、$\dfrac{\pi}{3}$、$\dfrac{\pi}{2}$,$k_{11}/k_0=1000$,$h/a=1.5$ 时动应力集中系数在圆孔周边的分布,每组图分别取不同的波数 ka 值或不同的压电

第5章 半空间内含缺陷的压电介质的反平面动力学研究

综合参数 λ 值。

情况二：入射角 $\alpha=0$、$\frac{\pi}{6}$、$\frac{\pi}{4}$、$\frac{\pi}{3}$ 或 $\alpha=\frac{\pi}{2}$，$k_{11}/k_0=1000$，$h/a=1.5$，入射角 $\theta=\frac{\pi}{2}$ 或 $\theta=0$ 时动应力集中系数随无量纲量波数 ka 的改变，每组图分别取不同的 λ 值。

情况三：入射角 $\alpha=0$、$\frac{\pi}{6}$、$\frac{\pi}{4}$、$\frac{\pi}{3}$ 或 $\alpha=\frac{\pi}{2}$，$k_{11}/k_0=1000$，$h/a=1.5$，入射角 $\theta=\frac{\pi}{2}$ 或 $\theta=0$ 时动应力集中系数随 h/a 的改变，每组图分别取不同的 ka 值及 λ 值。

5.1.6.3 结果分析

作为算例，本节给出了压电材料中界面附近圆孔散射的数值结果，讨论了不同的波数、不同入射角度及不同的压电特征参数对动应力集中系数的影响。其中，波数由 ka 来表示，压电特征参数由 λ 来表示。那么，考虑孔心与界面的距离和孔半径之比 h/a，由于在各种情况下，包括不同的入射角和不同的压电特征参数。随着圆孔与界面距离的增加，总的趋势是动应力集中系数 $|\tau_{\theta z}^*|$ 要减小。而且，当 h/a 达到 6 倍以上时，可以不考虑自由边界与圆孔相互之间的影响，本节重点研究界面附近的计算，所以本节重点研究 $h/a=1.5$ 的情况。由于压电介质的介电常数比真空或空气大三个数量级，而且当 $k_{11}/k_0=500\sim1200$ 时计算结果几乎一样，本节计算中取 $k_{11}/k_0=1000$。

1. 圆形空洞周边上的动应力集中系数 $|\tau_{\theta z}^*|$ 的分布

图 5.4~图 5.5 给出了在水平入射波、垂直入射波和斜入射波 $\alpha=\frac{\pi}{6}$、$\frac{\pi}{4}$、$\frac{\pi}{3}$ 的作用下，不同的压电特征参数下，动应力集中系数的分布规律。可以看到，在准静态情况下（$ka=0.1$），图形的左右是对称的。水平入射、垂直入射时图形显然对称。斜入射的情况下，考虑到界面的反射，而且入射角等于反射角，它们的联合作用相当于水平入射的情况。而图形上下是明显不对称的，上半部的动应力集中系数要高于下半部，这显然是因为界面的影响。当 $\lambda=0$ 时与参考文献相比较，结果吻合。当 $\lambda\neq 0$ 时，可以看到相同波数情况下动应力集中系数随压电特征参数 λ 的增大而增大，这样，由不同压电特征参数的压电材料构成的界面附近圆孔结构与非压电弹性材料圆孔结构相比较，具有更为明显的动力学特性。

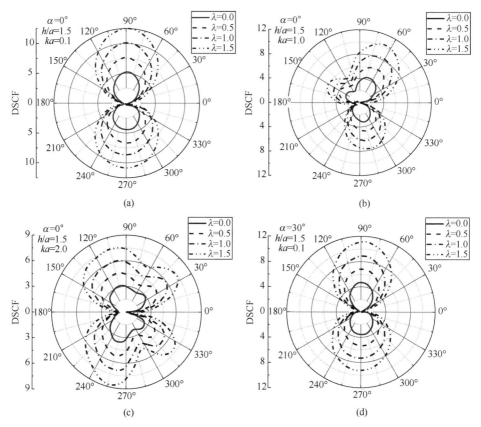

图 5.4 SH 波分别沿水平和 30°角入射到含圆孔的半无限压电空间时孔边动应力集中系数的分布

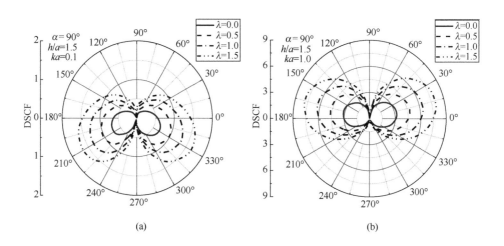

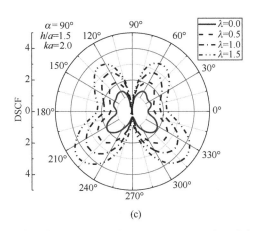

(c)

图 5.5 SH 波垂直入射到含圆孔的半无限压电空间时孔边动应力集中系数的分布

2. 圆形孔洞周边上的动应力集中系数 $|\tau_{\theta z}^*|$ 与无量纲波数 ka 的关系

图 5.6~图 5.8 给出了不同 λ 值情况下，$\alpha = 0$、$\dfrac{\pi}{6}$、$\dfrac{\pi}{4}$、$\dfrac{\pi}{3}$、$\dfrac{\pi}{2}$ 处 $|\tau_{\theta z}^*|$ 随波数 ka 的变化情况，当 $\alpha = 0$、$\dfrac{\pi}{6}$、$\dfrac{\pi}{4}$、$\dfrac{\pi}{3}$ 时，$\theta = \dfrac{\pi}{2}$ 处和 $\alpha = \dfrac{\pi}{2}$，$\theta = 0$ 处时都可以看到动应力集中系数的峰值在低频段 $ka = 0.3 \sim 0.5$。而且还可以看到，当 $\alpha = 0$ 时，$\theta = \dfrac{\pi}{2}$ 处，低频段（$ka \leqslant 1.0$）背波面动应力集中系数明显高于迎波面，高频段（$ka = 1.0 \sim 2.0$），迎波面动应力集中系数明显高于背波面。然而，当 $\alpha = 0$、$\dfrac{\pi}{6}$、$\dfrac{\pi}{4}$、$\dfrac{\pi}{3}$ 时，$\theta = \dfrac{\pi}{2}$ 处，可以看到，无论是高频段还是低频段迎面波动应力集中系数都高于背面波，而且随着入射角的增大，相差的幅度逐渐减小，当 $\alpha = \dfrac{\pi}{2}$ 时，$\theta = 0$ 处无论是高频段还是低频段迎面波动应力集中系数都几乎等于背面波。峰值分析：当 $\alpha = 0$、$\dfrac{\pi}{6}$、$\dfrac{\pi}{4}$、$\dfrac{\pi}{3}$ 时，$\theta = \dfrac{\pi}{2}$ 处，动应力集中系数的峰值出现在低频段（$ka = 0.3 \sim 0.5$），$\alpha = \dfrac{\pi}{2}$ 时，$\theta = 0$ 处，动应力集中系数的峰值出现在低频段（$ka = 0.7$）附近处，并且可以看到上述特征随材料的压电特征参数 λ 的增大变得更加明显。

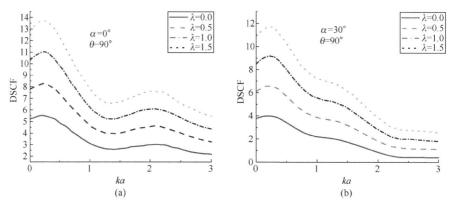

图 5.6　SH 波分别沿水平和 30°角入射到半无限压电空间界面附近
圆孔时孔边动应力集中系数随入射波数 ka 的变化

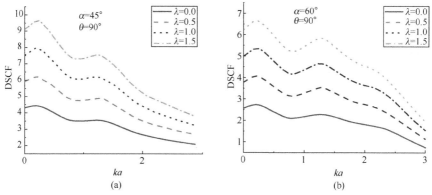

图 5.7　SH 波分别沿 45°角和 60°角入射到半无限压电空间界面附近
圆孔时孔边动应力集中系数随入射波数 ka 的变化

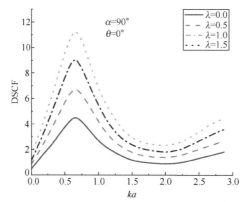

图 5.8　SH 波垂直入射到半无限压电空间界面附近
圆孔时孔边动应力集中系数随入射波数 ka 的变化

3. 圆形孔洞周边上的动应力集中系数 $|\tau_{\theta z}^*|$ 与 h/a 的关系

图 5.9~图 5.12 给出了 SH 波以 $\alpha=0°$、$45°$ 入射时，$\theta=90°$ 处和 $\alpha=0°$ 处的 $|\tau_{\theta z}^*|$ 随 h/a 的变化规律。当 $ka=0.1$、1.0、2.0 时，各种情况曲线的峰值基本不变，体现了水平界面的影响。随 h/a 的变化规律，总的趋势是随 h/a 的增大，动应力集中系数 $|\tau_{\theta z}^*|$ 要减小。例如，当 SH 波水平入射时，当 h/a 很大时，$|\tau_{\theta z}^*|$ 接近于一个常数。

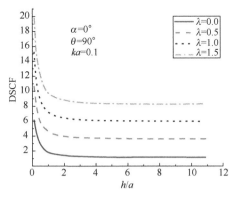

图 5.9　ka 相同时，SH 波水平入射到半无限压电空间圆孔时孔边的动应力集中系数随 h/a 的变化

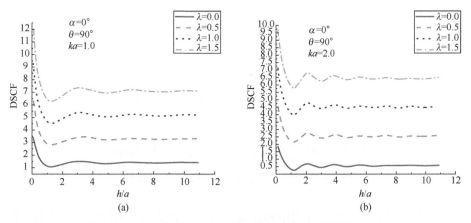

图 5.10　ka 相同时，SH 波沿 30°角入射到半无限压电空间圆孔时孔边的动应力集中系数随 h/a 的变化

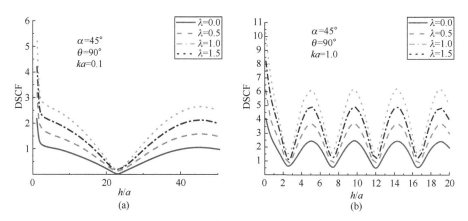

图 5.11 ka 相同时，SH 波沿 45°角入射到半无限压电空间圆孔时孔边的动应力集中系数随 h/a 的变化

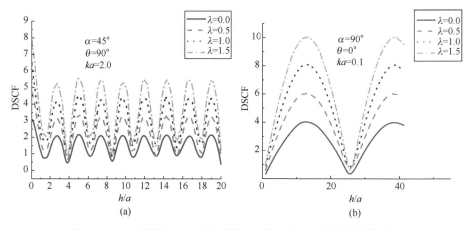

图 5.12 ka 相同时，SH 波分别沿 45°角和垂直入射到半无限压电空间圆孔时孔边的动应力集中系数随 h/a 的变化

5.2 半空间内含多个圆孔缺陷的压电介质的反平面动力学研究

本节研究半无限压电介质中界面附近多圆孔对波的散射问题，并求解了圆孔周边的动应力集中系数。利用 SH 波散射的对称性和多极坐标的方法，构造了一个能自动满足水平界面处应力自由和电绝缘边界条件的半无限压电空间界面附近圆形孔洞的散射波。再利用半无限压电介质中界面附近圆形孔洞周边上

的边界条件来确定该散射波。同时，利用孔边界应力自由、电位势连续、法向电位移连续的边界条件将问题归结为一组无穷代数方程，求解该方程组即可确定未知系数。最后给出了动应力集中系数的表达式。

5.2.1 问题的表述及基本控制方程

5.2.1.1 问题的表述

含多个圆孔半无限压电介质示意图如图 5.13 所示，压电介质的密度为 ρ，界面外密度为 ρ_0。建立总体坐标系 xoy、局部坐标系 $x_jc_jy_j$ 及界面处坐标系 $x_1o_1y_1$。其中，c_s 为第 s 个圆孔的半径，T_s 为第 s 个圆孔的围线，局部坐标 $x_jc_jy_j$ 以 c_j 为坐标原点。

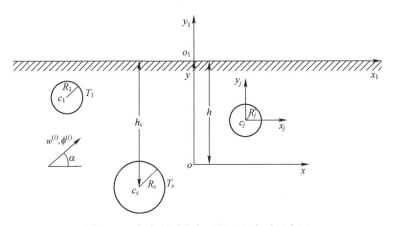

图 5.13 含多个圆孔半无限压电介质示意图

5.2.1.2 基本控制方程

在各向同性介质中，弹性波对圆形孔洞的散射问题，最简单的数学模型就是反平面剪切运动。假定入射波在平面 xy 内，而它所引起的散射位移场只有垂直于 xy 平面的位移分量 $w(x,y,t)$，且与 z 轴无关，则稳态的反平面动力学压电介质的平衡方程和麦克斯韦方程为

$$\begin{cases} \dfrac{\partial \tau_{xz}}{\partial x}+\dfrac{\partial \tau_{yz}}{\partial y}+\rho\omega^2 w=0 \\ \dfrac{\partial D_x}{\partial x}+\dfrac{\partial D_y}{\partial y}=0 \end{cases} \tag{5-69}$$

式中，ρ 为介质的密度。对于各向同性压电材料的本构关系可以写成：

$$\begin{cases}\tau_{xz}=c_{44}\dfrac{\partial w}{\partial x}+e_{15}\dfrac{\partial \phi}{\partial x}\\ \tau_{yz}=c_{44}\dfrac{\partial w}{\partial y}+e_{15}\dfrac{\partial \phi}{\partial y}\\ D_x=e_{15}\dfrac{\partial w}{\partial x}-k_{11}\dfrac{\partial \phi}{\partial x}\\ D_y=e_{15}\dfrac{\partial w}{\partial y}-k_{11}\dfrac{\partial \phi}{\partial y}\end{cases} \quad (5-70)$$

式中，c_{44}、e_{15} 和 k_{11} 分别是压电材料的弹性常数、压电常数和介电系数；ϕ 为介质中的电位势。代本构关系式（5-70）至控制方程（5-69），则可得

$$\begin{cases}c_{44}\nabla^2 w+e_{15}\nabla^2\phi+\rho\omega^2 w=0\\ e_{15}\nabla^2 w-k_{11}\nabla^2\phi=0\end{cases} \quad (5-71)$$

式（5-71）可以化简为

$$\begin{cases}\nabla^2 w+k^2 w=0\\ \nabla^2 f=0\end{cases} \quad (5-72)$$

式中，k 为波数，$c^*=c_{44}+\dfrac{e_{15}^2}{k_{11}}$，且 $k^2=\dfrac{\rho\omega^2}{c^*}$。电位势 ϕ 为

$$\phi=\dfrac{e_{15}}{k_{11}}(w+f) \quad (5-73)$$

在极坐标系中，控制方程（5-71）可写成：

$$\begin{cases}\dfrac{\partial^2 w}{\partial r^2}+\dfrac{1}{r}\dfrac{\partial w}{\partial r}+\dfrac{1}{r^2}\dfrac{\partial^2 w}{\partial \theta^2}+k^2 w=0\\ \dfrac{\partial^2 f}{\partial r^2}+\dfrac{1}{r}\dfrac{\partial f}{\partial r}+\dfrac{1}{r^2}\dfrac{\partial^2 f}{\partial \theta^2}=0\end{cases} \quad (5-74)$$

而本构关系式（5-70）则为

$$\begin{cases}\tau_{rz}=c_{44}\dfrac{\partial w}{\partial r}+e_{15}\dfrac{\partial \phi}{\partial r}\\ \tau_{\theta z}=c_{44}\dfrac{1}{r}\dfrac{\partial w}{\partial \theta}+e_{15}\dfrac{1}{r}\dfrac{\partial \phi}{\partial \theta}\\ D_r=e_{15}\dfrac{\partial w}{\partial r}-k_{11}\dfrac{\partial \phi}{\partial r}\\ D_\theta=e_{15}\dfrac{1}{r}\dfrac{\partial w}{\partial \theta}-k_{11}\dfrac{1}{r}\dfrac{\partial \phi}{\partial \theta}\end{cases} \quad (5-75)$$

5.2.2 压电介质及圆孔内的波场

5.2.2.1 压电介质中的入射波

本节研究在半无限压电介质中沿与 x 轴正向成 α 角入射的位移场及电场对 k 个大小不等,任意分布的圆形孔洞的散射。其位移场和电场的入射波可以写成:

$$\begin{cases} w^{(i)} = w_0 \mathrm{e}^{\mathrm{i}kr\cos(\theta-\alpha)} \mathrm{e}^{-\mathrm{i}\omega t} \\ \phi^{(i)} = \dfrac{e_{15}}{k_{11}} w_0 \mathrm{e}^{\mathrm{i}kr\cos(\theta-\alpha)} \mathrm{e}^{-\mathrm{i}\omega t} \end{cases} \quad (5\text{-}76)$$

式中,w_0 为入射波的弹性位移幅值;ω 为入射波的圆频率。忽略时间因子,在柱坐标系 (r,θ,z) 中表示为

$$\begin{cases} w^{(i)} = w_0 \mathrm{e}^{\mathrm{i}kr\cos(\theta-\alpha)} \\ \phi^{(i)} = \dfrac{e_{15}}{k_{11}} w_0 \mathrm{e}^{\mathrm{i}kr\cos(\theta-\alpha)} \end{cases} \quad (5\text{-}77)$$

式 (5-77) 也可以展开成级数的形式:

$$\mathrm{e}^{\mathrm{i}kr\cos(\theta-\alpha)} = \sum_{n=-\infty}^{\infty} \mathrm{i}^n J_n(kr) \mathrm{e}^{\mathrm{i}n(\theta-\alpha)} \quad (5\text{-}78)$$

式中,$J_n(\cdot)$ 为 n 阶第一类贝塞尔函数。则入射波场式 (5-77) 可以表示成为

$$\begin{cases} w^{(i)} = w_0 \sum_{n=-\infty}^{\infty} \mathrm{i}^n J_n(kr) \mathrm{e}^{\mathrm{i}n(\theta-\alpha)} \\ \phi^{(i)} = \dfrac{e_{15}}{k_{11}} w_0 \sum_{n=-\infty}^{\infty} \mathrm{i}^n J_n(kr) \mathrm{e}^{\mathrm{i}n(\theta-\alpha)} \end{cases} \quad (5\text{-}79)$$

引入复变量 $z=x+\mathrm{i}y$,$\bar{z}=x-\mathrm{i}y$,则在复平面 $(z,\bar{z})$ 上,式 (5-79) 可以进一步写成

$$\begin{cases} w^{(i)} = w_0 \sum_{n=-\infty}^{\infty} \mathrm{i}^n \mathrm{e}^{-\mathrm{i}n\alpha} J_n(k|z-\mathrm{i}h|) \left\{ \dfrac{z-\mathrm{i}h}{|z-\mathrm{i}h|} \right\}^n \\ \phi^{(i)} = \dfrac{e_{15}}{k_{11}} w_0 \sum_{n=-\infty}^{\infty} \mathrm{i}^n \mathrm{e}^{-\mathrm{i}n\alpha} J_n(k|z-\mathrm{i}h|) \left\{ \dfrac{z-\mathrm{i}h}{|z-\mathrm{i}h|} \right\}^n \end{cases} \quad (5\text{-}80)$$

5.2.2.2 界面附近的反射波

设在弹性半空间中,入射的 SH 波与 ox 轴成夹角 α。在一个完整的弹性半空间中界面应力自由,电绝缘有一个稳态的 SH 波 $w^{(i)}$ 入射,则在界面上会产生一个反射的波 $w^{(r)}$,它们在复平面 $(z,\bar{z})$ 上的表达形式为

$$w^{(r)} = w_0 e^{i\frac{k}{2}[(z-ih)e^{i\alpha}+(\bar{z}+ih)e^{-i\alpha}]} e^{-i\omega t} \quad (5-81)$$

忽略时间因子,其表达式为

$$w^{(r)} = w_0 e^{i\frac{k}{2}[(z-ih)e^{i\alpha}+(\bar{z}+ih)e^{-i\alpha}]} \quad (5-82)$$

或者

$$w^{(r)} = w_0 \sum_{n=-\infty}^{\infty} i^n e^{in\alpha} J_n(k|z-ih|) \left\{ \frac{z-ih}{|z-ih|} \right\}^n \quad (5-83)$$

由参考文献[3]得出反射波的电场为

$$\phi^{(r)} = \frac{e_{15}}{k_{11}} w_0 e^{i\frac{k}{2}[(z-ih)e^{i\alpha}+(\bar{z}+ih)e^{-i\alpha}]} \quad (5-84)$$

5.2.2.3 半无限压电介质的散射波

为了求解 k 个大小不等、任意分布的圆形孔洞在半无限压电介质中的散射问题,可利用参考文献[4]中提出的方法,将 k 个圆孔的散射波场写成

$$w^{(s)}(z,\bar{z}) = \sum_{s=1}^{K} \sum_{n=-\infty}^{+\infty} {}^s A_n \left\{ H_n^{(1)}(k|z_s|) \left(\frac{z_s}{|z_s|} \right)^n + H_n^{(1)}(k|z_s-2h_s i|) \left(\frac{z_s-2h_s i}{|z_s-2h_s i|} \right)^{-n} \right\} \quad (5-85)$$

式(5-85)也可以写成

$$w^{(s)}(z,\bar{z}) = \sum_{s=1}^{K} \sum_{n=-\infty}^{+\infty} {}^s A_n \left\{ H_n^{(1)}(k|z-c_s|) \left(\frac{z-c_s}{|z-c_s|} \right)^n + H_n^{(1)}(k|z_s-2h_s i|) \left(\frac{z_s-2h_s i}{|z_s-2h_s i|} \right)^{-n} \right\} \quad (5-86)$$

式中,c_s 为第 s 个圆孔的孔心在总体坐标系下的坐标;R_s 为第 s 个圆孔的半径;${}^s A_n$ 为一组待定的未知系数。电位势 ϕ 的散射场为

$$\phi^{(s)}(z,\bar{z}) = \frac{e_{15}}{k_{11}}(w^{(s)}+f^{(s)}) \quad (5-87)$$

$f^{(s)}$ 满足拉普拉斯方程。因而 φ 的散射场可以写成

$$\phi^{(s)} = \frac{e_{15}}{k_{11}} \sum_{s=1}^{K} \sum_{n=-\infty}^{+\infty} {}^s A_n \left\{ H_n^{(1)}(k|z_s|) \left(\frac{z_s}{|z_s|} \right)^n + H_n^{(1)}(k|z_s-2h_s i|) \left(\frac{z_s-2h_s i}{|z_s-2h_s i|} \right)^{-n} \right\}$$
$$+ \frac{e_{15}}{k_{11}} \sum_{s=1}^{K} \sum_{1}^{+\infty} k^{-n} \{ {}^s B_n [z_s^{-n}+(\bar{z}_s+2h_s i)^{-n}] + {}^s C_n [(\bar{z}_s)^{-n}+(z_s-2h_s i)^{-n}] \} \quad (5-88)$$

5.2.2.4 圆孔内的波场

圆孔内只有电场而无弹性场,第 j 个圆孔内的 φ^j 应该满足拉普拉斯方程,

$\nabla^2 \phi^j = 0$ 且为有限值,则第 j 个圆孔内的电场为

$$\phi^j = \frac{e_{15}}{k_{11}} D_0 + \frac{e_{15}}{k_{11}} \sum_{n=1}^{\infty} \left({}^j D_n k^n |z_j|^n \left\{ \frac{z_j}{|z_j|} \right\}^n + {}^j E_n k^n |\bar{z}_j|^n \left\{ \frac{\bar{z}_j}{|\bar{z}_j|} \right\}^n \right) \quad (5-89)$$

5.2.3 应力及电位移表达式

引入复变量 $z = x + \mathrm{i}y$, $\bar{z} = x - \mathrm{i}y$,则在复平面 $(z, \bar{z})$ 上,本构方程 (5-70) 在复平面 $(z, \bar{z})$ 上可以写成

$$\begin{cases} \tau_{xz} = c_{44} \left(\frac{\partial w}{\partial z} + \frac{\partial w}{\partial \bar{z}} \right) + e_{15} \left(\frac{\partial \phi}{\partial z} + \frac{\partial \phi}{\partial \bar{z}} \right) \\ \tau_{yz} = \mathrm{i}c_{44} \left(\frac{\partial w}{\partial z} - \frac{\partial w}{\partial \bar{z}} \right) + \mathrm{i}e_{15} \left(\frac{\partial \phi}{\partial z} - \frac{\partial \phi}{\partial \bar{z}} \right) \\ D_x = e_{15} \left(\frac{\partial w}{\partial z} + \frac{\partial w}{\partial \bar{z}} \right) - k_{11} \left(\frac{\partial \phi}{\partial z} + \frac{\partial \phi}{\partial \bar{z}} \right) \\ D_y = \mathrm{i}e_{15} \left(\frac{\partial w}{\partial z} - \frac{\partial w}{\partial \bar{z}} \right) - \mathrm{i}k_{11} \left(\frac{\partial \phi}{\partial z} - \frac{\partial \phi}{\partial \bar{z}} \right) \end{cases} \quad (5-90)$$

又 $z = r\mathrm{e}^{\mathrm{i}\theta}, \bar{z} = r\mathrm{e}^{-\mathrm{i}\theta}$,则在复平面 $(z, \bar{z})$ 上,极坐标中应力表达式为

$$\begin{cases} \tau_{rz} = c_{44} \left(\frac{\partial w}{\partial z} \mathrm{e}^{\mathrm{i}\theta} + \frac{\partial w}{\partial \bar{z}} \mathrm{e}^{-\mathrm{i}\theta} \right) + e_{15} \left(\frac{\partial \phi}{\partial z} \mathrm{e}^{\mathrm{i}\theta} + \frac{\partial \phi}{\partial \bar{z}} \mathrm{e}^{-\mathrm{i}\theta} \right) \\ \tau_{\theta z} = \mathrm{i}c_{44} \left(\frac{\partial w}{\partial z} \mathrm{e}^{\mathrm{i}\theta} - \frac{\partial w}{\partial \bar{z}} \mathrm{e}^{-\mathrm{i}\theta} \right) + \mathrm{i}e_{15} \left(\frac{\partial \phi}{\partial z} \mathrm{e}^{\mathrm{i}\theta} - \frac{\partial \phi}{\partial \bar{z}} \mathrm{e}^{-\mathrm{i}\theta} \right) \\ D_r = e_{15} \left(\frac{\partial w}{\partial z} \mathrm{e}^{\mathrm{i}\theta} + \frac{\partial w}{\partial \bar{z}} \mathrm{e}^{-\mathrm{i}\theta} \right) - k_{11} \left(\frac{\partial \phi}{\partial z} \mathrm{e}^{\mathrm{i}\theta} + \frac{\partial \phi}{\partial \bar{z}} \mathrm{e}^{-\mathrm{i}\theta} \right) \\ D_\theta = \mathrm{i}e_{15} \left(\frac{\partial w}{\partial z} \mathrm{e}^{\mathrm{i}\theta} - \frac{\partial w}{\partial \bar{z}} \mathrm{e}^{-\mathrm{i}\theta} \right) - \mathrm{i}k_{11} \left(\frac{\partial \phi}{\partial z} \mathrm{e}^{\mathrm{i}\theta} - \frac{\partial \phi}{\partial \bar{z}} \mathrm{e}^{-\mathrm{i}\theta} \right) \end{cases} \quad (5-91)$$

5.2.3.1 压电介质中的应力及电位移表达式

为了计算压电介质中由入射波及散射波引起的应力及电位移表达式,可以把位移表达式及电位势表达式代入式 (5-91) 中,同时利用关系式:

$$\begin{cases} \frac{\partial}{\partial z} \left[H_n(k|z|) \left\{ \frac{z}{|z|} \right\}^n \right] = \frac{k}{2} H_{n-1}(k|z|) \left\{ \frac{z}{|z|} \right\}^{n-1} \\ \frac{\partial}{\partial z} \left[H_n(k|z|) \left\{ \frac{z}{|z|} \right\}^n \right] = -\frac{k}{2} H_{n+1}(k|z|) \left\{ \frac{z}{|z|} \right\}^{n+1} \end{cases} \quad (5-92)$$

入射波在压电介质中产生的应力及电位移为

$$\begin{cases}
\tau_r^{(i)} = \frac{1}{2}kw_0 c_{44}\left[\sum_{n=-\infty}^{\infty} i^n J_{n-1}(k|z|)\left\{\frac{z}{|z|}\right\}^{n-1}\mathrm{e}^{\mathrm{i}\theta} - \sum_{n=-\infty}^{\infty} i^n J_{n+1}(k|z|)\left\{\frac{z}{|z|}\right\}^{n+1}\mathrm{e}^{-\mathrm{i}\theta}\right]\mathrm{e}^{-\mathrm{i}n\alpha} \\
\qquad + \frac{1}{2}kw_0 \frac{e_{15}^2}{k_{11}}\left[\sum_{n=-\infty}^{\infty} i^n J_{n-1}(k|z|)\left\{\frac{z}{|z|}\right\}^{n-1}\mathrm{e}^{\mathrm{i}\theta} - \sum_{n=-\infty}^{\infty} i^n J_{n+1}(k|z|)\left\{\frac{z}{|z|}\right\}^{n+1}\mathrm{e}^{-\mathrm{i}\theta}\right]\mathrm{e}^{-\mathrm{i}n\alpha} \\
\tau_{\theta z}^{(i)} = \frac{1}{2}\mathrm{i}kw_0 c_{44}\left[\sum_{n=-\infty}^{\infty} i^n J_{n-1}(k|z|)\left\{\frac{z}{|z|}\right\}^{n-1}\mathrm{e}^{\mathrm{i}\theta} + \sum_{n=-\infty}^{\infty} i^n J_{n+1}(k|z|)\left\{\frac{z}{|z|}\right\}^{n+1}\mathrm{e}^{-\mathrm{i}\theta}\right]\mathrm{e}^{-\mathrm{i}n\alpha} \\
\qquad + \frac{1}{2}\mathrm{i}kw_0 \frac{e_{15}^2}{k_{11}}\left[\sum_{n=-\infty}^{\infty} i^n J_{n-1}(k|z|)\left\{\frac{z}{|z|}\right\}^{n-1}\mathrm{e}^{\mathrm{i}\theta} + \sum_{n=-\infty}^{\infty} i^n J_{n+1}(k|z|)\left\{\frac{z}{|z|}\right\}^{n+1}\mathrm{e}^{-\mathrm{i}\theta}\right]\mathrm{e}^{-\mathrm{i}n\alpha} \\
D_r^{(i)} = 0,\ D_\theta^{(i)} = 0
\end{cases}$$

$$(5-93)$$

反射波在压电介质中产生的应力及电位移为

$$\begin{cases}
\tau_{rz}^{(r)} = \dfrac{\left(c_{44} + \dfrac{e_{15}^2}{k_{11}}\right)kw_0}{2}\sum_{n=-\infty}^{\infty} i^n \mathrm{e}^{\mathrm{i}n\alpha}\left[J_{n-1}(k|z|) - J_{n+1}(k|z|)\right]\left[\dfrac{z}{|z|}\right]^n \\
\tau_{\theta z}^{(r)} = \dfrac{\mathrm{i}\left(c_{44} + \dfrac{e_{15}^2}{k_{11}}\right)\mathrm{i}kw_0}{2}\sum_{n=-\infty}^{\infty} i^n \mathrm{e}^{\mathrm{i}n\alpha}\left[J_{n-1}(k|z|) + J_{n+1}(k|z|)\right]\left[\dfrac{z}{|z|}\right]^n \\
D_r^{(r)} = 0 \\
D_\theta^{(r)} = 0
\end{cases}$$

$$(5-94)$$

散射波在压电介质中产生的应力及电位移为

$$\begin{aligned}
\tau_r^{(s)} = &\left(c_{44} + \frac{e_{15}^2}{k_{11}}\right)\frac{k}{2}\sum_{s=1}^{K}\sum_{n=-\infty}^{+\infty} {}^sA_n\Bigg\{\left[H_{n-1}^{(1)}(k|z_s|)\left(\frac{z_s}{|z_s|}\right)^{n-1}\right.\\
&\left. - H_{n+1}^{(1)}(k|z_s - 2h_s\mathrm{i}|)\left(\frac{z_s - 2h_s\mathrm{i}}{|z_s - 2h_s\mathrm{i}|}\right)^{-(n+1)}\right]\mathrm{e}^{\mathrm{i}\theta} \\
&+ \left[-H_{n+1}^{(1)}(k|z_s|)\left(\frac{z_s}{|z_s|}\right)^{n+1}\right.\\
&\left. + H_{n-1}^{(1)}(k|z_s - 2h_s\mathrm{i}|)\left(\frac{z_s - 2h_s\mathrm{i}}{|z_s - 2h_s\mathrm{i}|}\right)^{-(n-1)}\right]\mathrm{e}^{-\mathrm{i}\theta}\Bigg\} \\
& - \frac{e_{15}^2}{k_{11}}\sum_{s=1}^{K}\sum_{1}^{\infty} k^{-n}n\{\left[{}^sD_n(z_s)^{-n-1} + {}^sE_n(z_s - 2h_s\mathrm{i})^{-n-1}\right]\mathrm{e}^{\mathrm{i}\theta} \\
& + \left[{}^sE_n(\bar{z}_s)^{-n-1} + {}^sD_n(\bar{z}_s + 2h_s\mathrm{i})^{-n-1}\right]\mathrm{e}^{-\mathrm{i}\theta}\}
\end{aligned} \qquad (5-95)$$

$$\tau_{\theta z}^{(s)} = \left(c_{44} + \frac{e_{15}^2}{k_{11}}\right)\frac{\mathrm{i}k}{2}\sum_{s=1}^{K}\sum_{n=-\infty}^{+\infty} {}^s A_n \bigg\{ \bigg[H_{n-1}^{(1)}(k|z_s|)\left(\frac{z_s}{|z_s|}\right)^{n-1}$$

$$- H_{n+1}^{(1)}(k|z_s - 2h_s\mathrm{i}|)\left(\frac{z_s - 2h_s\mathrm{i}}{|z_s - 2h_s\mathrm{i}|}\right)^{-(n+1)}\bigg]\mathrm{e}^{\mathrm{i}\theta}$$

$$- \bigg[-H_{n+1}^{(1)}(k|z_s|)\left(\frac{z_s}{|z_s|}\right)^{n+1}$$

$$+ H_{n-1}^{(1)}(k|z_s - 2h_s\mathrm{i}|)\left(\frac{z_s - 2h_s\mathrm{i}}{|z_s - 2h_s\mathrm{i}|}\right)^{-(n-1)}\bigg]\mathrm{e}^{-\mathrm{i}\theta}\bigg\}$$

$$- \frac{\mathrm{i}e_{15}^2}{k_{11}}\sum_{s=1}^{K}\sum_{s=1}^{\infty} k^{-n}n\{[{}^sD_n(z_s)^{-n-1} + {}^sE_n(z_s - 2h_s\mathrm{i})^{-n-1}]\mathrm{e}^{\mathrm{i}\theta}$$

$$- [{}^sE_n(\bar{z}_s)^{-n-1} + {}^sD_n(\bar{z}_s + 2h_s\mathrm{i})^{-n-1}]\mathrm{e}^{-\mathrm{i}\theta}\}$$

$$D_r^{(s)} = e_{15}\sum_{s=1}^{K}\sum_{1}^{\infty} nk^{-n}\{[{}^sD_n(z_s)^{-n-1} + {}^sE_n(z_s - 2h_s\mathrm{i})^{-n-1}]\mathrm{e}^{\mathrm{i}\theta}$$

$$- [{}^sE_n\bar{z}_s^{-n-1} + {}^sD_n(\bar{z}_s + 2h_s\mathrm{i})^{-n-1}]\mathrm{e}^{-\mathrm{i}\theta}\}$$

$$D_\theta^{(s)} = \mathrm{i}e_{15}\sum_{s=1}^{K}\sum_{1}^{\infty} nk^{-n}\{[{}^sD_n(z_s)^{-n-1} + {}^sE_n(z_s - 2h_s\mathrm{i})^{-n-1}]\mathrm{e}^{\mathrm{i}\theta}$$

$$- [{}^sE_n\bar{z}_s^{-n-1} + {}^sD_n(\bar{z}_s + 2h_s\mathrm{i})^{-n-1}]\mathrm{e}^{-\mathrm{i}\theta}\} \quad (5\text{-}96)$$

5.2.3.2 圆孔内的电位移表达式

圆孔内只有电场而无弹性场，把圆孔内电位势表达式代入式（5-88）中，得到第 j 个圆孔内的电位移表达式：

$$\begin{cases} D_r^j = -k_0\dfrac{e_{15}}{k_{11}}\sum_{n=1}^{\infty}\left[{}^jD_n nk^n|z_j|^{n-1}\left\{\dfrac{z_j}{|z_j|}\right\}^{n-1}\mathrm{e}^{\mathrm{i}\theta_j} + {}^jE_n nk^n|\bar{z}_j|^{n-1}\left\{\dfrac{\bar{z}_j}{|\bar{z}_j|}\right\}^{n-1}\mathrm{e}^{-\mathrm{i}\theta_j}\right] \\ D_\theta^j = -\mathrm{i}k_0\dfrac{e_{15}}{k_{11}}\sum_{n=1}^{\infty}\left[{}^jD_n nk^n|z_j|^{n-1}\left\{\dfrac{z_j}{|z_j|}\right\}^{n-1}\mathrm{e}^{\mathrm{i}\theta_j} - {}^jE_n nk^n|\bar{z}_j|^{n-1}\left\{\dfrac{\bar{z}_j}{|\bar{z}_j|}\right\}^{n-1}\mathrm{e}^{-\mathrm{i}\theta_j}\right] \\ \qquad\qquad\qquad\qquad j = 1,2,\cdots,k \end{cases}$$

$$(5\text{-}97)$$

在研究各向同性半无限压电介质中诸圆孔的散射和动应力集中问题时，认为第 j 个圆孔周边满足应力自由、电位势及法向电位移连续的边界条件，同时假定在水平表面上满足应力自由，以及电绝缘的边界条件（与实际情况相符的假定）。则在每个圆孔上，均给出以下条件。

应力边界条件：

$$\tau_{r_j z}^{(t)} = \tau_{r_j z}^{(i)} + \tau_{r_j z}^{(r)} + \tau_{r_j z}^{(s)} = 0, \quad |z_j| = R_j \quad (5\text{-}98)$$

电边界条件：

$$\begin{cases} \phi^j = \phi^{(i)} + \phi^{(r)} + \phi^{(s)} \\ D_r^j = D_r^{(i)} + D_r^{(r)} + D_r^{(s)} \\ |z_j| = R_j \end{cases} \quad (5\text{-}99)$$

为了确定待定系数 ^sA_n、^sD_n、^sE_n、^sB_n、^sC_n。当 z 在 T_j 上时,把坐标原点移到 j 孔的圆心 c_j 上,这时有

$$z = z_j + c_j$$
$$z - c_s = z_j + c_j - c_s = z_j - {}^s d_j$$

式中,$^s d_j = c_s - c_j$,代表以 c_j 为坐标原点时,第 s 个孔的圆心 c_s 的复坐标。把各表达式分别代入边界条件,当 $|z_j| = R_j$ 时,应力边界条件式(5-98)可写成:

$$\sum_{s=1}^{K} \sum_{n=-\infty}^{\infty} {}^s A_n {}^s \zeta_{jn} + \sum_{s=1}^{K} \sum_{n=1}^{\infty} {}^s B_n {}^s z_{jn} + \sum_{s=1}^{K} \sum_{n=1}^{\infty} {}^s C_n {}^s z_{jn}^* = \xi_j, \quad j = 1, 2, \cdots, k$$
$$(5\text{-}100)$$

式中,

$$\begin{aligned}
{}^s \zeta_{jn} &= \left(c_{44} + \frac{e_{15}^2}{k_{11}}\right) \frac{k}{2} \sum_{s=1}^{K} \sum_{n=1}^{+\infty} {}^s A_n \Bigg\{ \Bigg[H_{n-1}^{(1)}(k|z_j - {}^s d_j|) \left(\frac{z_j - {}^s d_j}{|z_j - {}^s d_j|}\right)^{n-1} \\
&\quad - H_{n+1}^{(1)}(k|z_s - 2h_s \mathrm{i}|) \left(\frac{z_j - {}^s d_j - 2h_s \mathrm{i}}{|z_j - {}^s d_j - 2h_s \mathrm{i}|}\right)^{-(n+1)} \Bigg] \mathrm{e}^{\mathrm{i}\theta_j} \\
&\quad + \Bigg[- H_{n+1}^{(1)}(k|z_j - {}^s d_j|) \left(\frac{z_j - {}^s d_j}{|z_j - {}^s d_j|}\right)^{n+1} \\
&\quad + H_{n-1}^{(1)}(k|z_j - {}^s d_j - 2h_s \mathrm{i}|) \left(\frac{z_j - {}^s d_j - 2h_s \mathrm{i}}{|z_j - {}^s d_j - 2h_s \mathrm{i}|}\right)^{-(n-1)} \Bigg] \mathrm{e}^{-\mathrm{i}\theta_j} \Bigg\}
\end{aligned}$$

$$\begin{aligned}
\zeta_j &= -\frac{1}{2} k w_0 \left(c_{44} + \frac{e_{15}^2}{k_{11}}\right) \Bigg[\sum_{n=1}^{\infty} \mathrm{i}^n J_{n-1}(k|z_j + c_j|) \left\{\frac{z_j + c_j}{|z_j + c_j|}\right\}^{n-1} \mathrm{e}^{\mathrm{i}\theta_j} \\
&\quad - \sum_{n=-\infty}^{\infty} \mathrm{i}^n J_{n+1}(k|z_j|) \left\{\frac{z_j + c_j}{|z_j + c_j|}\right\}^{n+1} \mathrm{e}^{-\mathrm{i}\theta_j} \Bigg] \mathrm{e}^{-\mathrm{i}n\alpha} \\
&\quad - \frac{1}{2} k w_0 \left(c_{44} + \frac{e_{15}^2}{k_{11}}\right) \sum_{n=-\infty}^{\infty} \mathrm{i}^n \Big[J_{n-1}(k|z_j + c_j|) - J_{n+1}(k|z_j + c_j|) \Big] \left[\frac{z_j + c_j}{|z_j + c_j|}\right]^n \mathrm{e}^{\mathrm{i}n\alpha}
\end{aligned}$$

$${}^s z_{jn} = -\frac{e_{15}^2}{k_{11}} k^{-n} n \Big[(z_j - {}^s d_j)^{-n-1} \mathrm{e}^{\mathrm{i}\theta_j} + {}^s (\bar{z}_j - {}^s \bar{d}_j + 2\mathrm{i}h_s)^{-n-1} \mathrm{e}^{-\mathrm{i}\theta_j} \Big]$$

$${}^s z_{jn}^* = -\frac{e_{15}^2}{k_{11}} k^{-n} n \Big[(z_j - {}^s d_j - 2\mathrm{i}h_s)^{-n-1} \mathrm{e}^{\mathrm{i}\theta_j} + (\bar{z}_j - {}^s \bar{d}_j)^{-n-1} \mathrm{e}^{-\mathrm{i}\theta_j} \Big]$$

在表达式(5-100)的两边同时乘以 $\mathrm{e}^{-\mathrm{i}m\theta_j}$,并在区间 $(-\pi, \pi)$ 上积分,

则有

$$\sum_{s=1}^{K}\sum_{n=-\infty}^{\infty} {}^sA_n {}^s\zeta_{jn,m} + \sum_{h=1}^{K}\sum_{n=1}^{\infty} {}^sB_n {}^sz_{jn,m} + \sum_{s=1}^{K}\sum_{n=1}^{\infty} {}^sC_n {}^sz^*_{jn,m} = \zeta_{j,m}$$
$$j=1,2,\cdots,K, \quad m=0,\pm 1,\pm 2,\cdots \tag{5-101}$$

式中，

$${}^s\zeta_{jn,m} = \frac{1}{2\pi}\int_{-\pi}^{\pi} {}^s\zeta_{jn} e^{-im\theta_j} d\theta_j$$

$$\xi_{j,m} = \frac{1}{2\pi}\int_{-\pi}^{\pi} \zeta_j e^{-im\theta_j} d\theta_j$$

$${}^sz_{jn,m} = \frac{1}{2\pi}\int_{-\pi}^{\pi} {}^s\zeta_{jn} e^{-im\theta_j} d\theta_j$$

$${}^sz^*_{jn,m} = \frac{1}{2\pi}\int_{-\pi}^{\pi} {}^sz^*_{jn} e^{-im\theta_j} d\theta_j$$

同样，由电边界条件式（5-99）第一式可得

$$\sum_{n=0}^{\infty} {}^jD_n \xi_{jn} + \sum_{n=1}^{\infty} {}^jE_n \xi^*_{jn} - \sum_{s=1}^{K}\sum_{n=-\infty}^{\infty} {}^sA^h_n \zeta^*_{jn} - \sum_{s=1}^{K}\sum_{n=1}^{\infty} {}^sB_n {}^s\chi_{jn} - \sum_{s=1}^{K}\sum_{n=1}^{\infty} {}^sC_n {}^s\chi^*_{jn} = \xi^*_j$$
$$j=1,2,\cdots,K \tag{5-102}$$

式中，

$$\xi_{jn} = k^n |z_j|^n \left\{\frac{z_j}{|z_j|}\right\}^n$$

$$\xi^*_{jn} = k^n |\bar{z}_j|^n \left\{\frac{\bar{z}_j}{|\bar{z}_j|}\right\}^n$$

$${}^s\zeta^*_{jn} = \left\{H_n^{(1)}(k|z_j-{}^sd_j|)\left(\frac{z_j-{}^sd_j}{|z_j-{}^sd_j|}\right)^n + H_n^{(1)}(k|z_j-{}^sd_j-2h_s i|)\left(\frac{z_j-{}^sd_j-2h_s i}{|z_j-{}^sd_j-2h_s i|}\right)^n\right\}$$

$${}^s\chi_{jn} = k^{-n}(z_j-{}^sd_j)^{-n} + k^{-n}(\bar{z}_j-{}^s\bar{d}_j+2h_s i)^{-n}$$

$${}^s\chi^*_{jn} = k^{-n}(\bar{z}_j-{}^s\bar{d}_j)^{-n} + k^{-n}(\bar{z}_j-{}^s\bar{d}_j-2h_s i)^{-n}$$

$$\xi^*_j = w_0 e^{i\frac{k}{2}[(z_j+c_j-ih)e^{-i\alpha}+(\bar{z}_j+\bar{c}_j+ih)e^{i\alpha}]} + w_0 e^{i\frac{k}{2}[(z_j+c_j-ih)e^{i\alpha}+(\bar{z}_j+\bar{c}_j+ih)e^{-i\alpha}]}$$

上式两边同时乘以 $e^{-im\theta_j}$，并在区间$(-\pi,\pi)$上积分，并整理得

$$\zeta^*_{j,m} = \sum_{n=0}^{\infty} {}^jD_n \xi_{jn,m} + \sum_{n=1}^{\infty} {}^jE_n \xi^*_{j,m} - \sum_{s=1}^{K}\sum_{n=-\infty}^{\infty} {}^sA^h_n \zeta^*_{jn,m}$$
$$- \sum_{s=1}^{K}\sum_{n=1}^{\infty} {}^sB_n {}^s\chi_{jn,m} - \sum_{s=1}^{K}\sum_{n=1}^{\infty} {}^sC_n {}^s\chi^*_{jn,m}$$
$$j=1,2,\cdots,K \tag{5-103}$$

式中：

$$\xi_{jn,m} = \frac{1}{2\pi}\int_{-\pi}^{\pi} {}^s\xi_{jn} \mathrm{e}^{-\mathrm{i}m\theta_j} \mathrm{d}\theta_j$$

$$\xi_{jn,m}^* = \frac{1}{2\pi}\int_{-\pi}^{\pi} {}^s\xi_{jn}^* \mathrm{e}^{-\mathrm{i}m\theta_j} \mathrm{d}\theta_j$$

$${}^s\zeta_{jn,m}^* = \frac{1}{2\pi}\int_{-\pi}^{\pi} {}^s\zeta_{jn}^* \mathrm{e}^{-\mathrm{i}m\theta_j} \mathrm{d}\theta_j$$

$${}^s\chi_{jn,m} = \frac{1}{2\pi}\int_{-\pi}^{\pi} {}^s\chi_{jn} \mathrm{e}^{-\mathrm{i}m\theta_j} \mathrm{d}\theta_j$$

$${}^s\chi_{jn,m}^* = \frac{1}{2\pi}\int_{-\pi}^{\pi} {}^s\chi_{jn}^* \mathrm{e}^{-\mathrm{i}m\theta_j} \mathrm{d}\theta_j$$

$$\zeta_{j,m}^* = \frac{1}{2\pi}\int_{-\pi}^{\pi} {}^s\zeta_j^* \mathrm{e}^{-\mathrm{i}m\theta_j} \mathrm{d}\theta_j$$

由电边界条件式（5-99）第二式可以得到

$$\sum_{n=1}^{\infty} {}^jD_n \vartheta_{jn} + \sum_{n=1}^{\infty} {}^jE_n \vartheta_{jn}^* - \sum_{s=1}^{K}\sum_{n=1}^{\infty} {}^sB_n {}^s\psi_{jn} - \sum_{s=1}^{K}\sum_{n=1}^{\infty} {}^sC_n {}^s\psi_{jn}^* = 0, \quad j=1,2,\cdots,K$$

(5-104)

式中：

$$\vartheta_{jn} = \frac{k_0}{k_{11}} n k^n |z_j|^{n-1} \left\{\frac{z_j}{|z_j|}\right\}^{n-1} \mathrm{e}^{\mathrm{i}\theta_j}$$

$$\vartheta_{jn}^* = \frac{k_0}{k_{11}} n k^n |\bar{z}_j|^{n-1} \left\{\frac{\bar{z}_j}{|\bar{z}_j|}\right\}^{n-1} \mathrm{e}^{-\mathrm{i}\theta_j}$$

$${}^s\psi_{jn} = -k^{-n} n \left[(z_j - {}^sd_j)^{-n-1} \mathrm{e}^{\mathrm{i}\theta_j} + (\bar{z}_j - {}^s\overline{d_j} + 2\mathrm{i}h_s)^{-n-1} \mathrm{e}^{-\mathrm{i}\theta_j} \right]$$

$${}^s\psi_{jn}^* = -k^{-n} n \left[(z_j - {}^sd_j - 2h_s\mathrm{i})^{-n-1} \mathrm{e}^{\mathrm{i}\theta_j} + (\bar{z}_j - {}^s\overline{d_j})^{-n-1} \mathrm{e}^{-\mathrm{i}\theta_j} \right]$$

上式两边同时乘以 $\mathrm{e}^{-\mathrm{i}m\theta_j}$，并在区间$(-\pi,\pi)$上积分，并整理得

$$\sum_{n=1}^{\infty} {}^jB_n \vartheta_{jn,m} + \sum_{n=1}^{\infty} {}^jC_n \vartheta_{jn,m}^* - \sum_{s=1}^{K}\sum_{n=1}^{\infty} {}^sD_n {}^s\psi_{jn,m} - \sum_{s=1}^{K}\sum_{n=1}^{\infty} {}^sE_n {}^s\psi_{jn,m}^* = 0$$

$$j=1,2,\cdots,K, \quad m=\pm 1, \pm 2, \cdots$$

(5-105)

式中：

$$\vartheta_{jn,m} = \frac{1}{2\pi}\int_{-\pi}^{\pi} \vartheta_{jn} \mathrm{e}^{-\mathrm{i}m\theta_j} \mathrm{d}\theta_j$$

$$\vartheta_{jn,m}^* = \frac{1}{2\pi}\int_{-\pi}^{\pi} \vartheta_{jn}^* \mathrm{e}^{-\mathrm{i}m\theta_j} \mathrm{d}\theta_j$$

$${}^s\psi_{jn,m} = \frac{1}{2\pi}\int_{-\pi}^{\pi} {}^s\psi_{jn} \mathrm{e}^{-\mathrm{i}m\theta_j} \mathrm{d}\theta_j$$

$$^s\psi_{jn,m}^* = \frac{1}{2\pi}\int_{-\pi}^{\pi}\psi_{jn}^* \mathrm{e}^{-\mathrm{i}m\theta_j}\mathrm{d}\theta_j$$

方程（5-101）、方程（5-103）、方程（5-105）即为确定未知系数的无穷代数方程组。

由于柱函数具有良好的收敛性，可以利用截断有限项的办法求解上述无穷代数方程组，即取 $n=0,\pm1,\pm2,\cdots,\pm N_{\max}$，则未知数 ^sA_n、^sB_n、^sC_n、^sD_n、^sE_n 的项数分别为 $k\times(2N_{\max}+1)$、$k\times N_{\max}$、$k\times N_{\max}$、$k\times(N_{\max}+1)$、$k\times N_{\max}$，共有 $6k\times N_{\max}+2k$ 个未知数，三组代数方程可以构建 $k\times(2N_{\max}+1)+k\times(N_{\max}+1)+k\times 3N_{\max}=6k\times N_{\max}+2k$ 个方程。显然，求解未知数的条件是充分的，问题转化为求解 $6k\times N_{\max}+2k$ 个未知数的线性代数方程组。于是，可以利用线性代数理论 $\boldsymbol{AX}=\boldsymbol{B}$ 来求解方程。式中，$\boldsymbol{X}$ 为 $6k\times N_{\max}+2k$ 个未知数构成的 $(6k\times N_{\max}+2k)\times 1$ 阶列向量。$\boldsymbol{A}$ 为系数矩阵，其阶数为 $(6k\times N_{\max}+2k)\times(6k\times N_{\max}+2k)$，$\boldsymbol{B}$ 为非齐次项系数矩阵。然后利用 $\boldsymbol{X}=\boldsymbol{A}^{-1}\boldsymbol{B}$，得到待求未知数构成的列阵。

5.2.4 孔边动应力集中系数表达式

利用式（5-94）、式（5-95）和式（5-96），令 $\tau_0=c_{44}kw_0$，其物理意义为非压电材料中无孔洞时入射波产生的应力幅值，于是孔边动应力集中系数可表示为

$$\tau_{\theta z}^* = \tau_{\theta z}^{(t)}/\tau_0$$

$$\tau_{\theta\bar{z}}^{(i)} = -\mathrm{i}\left(c_{44}+\frac{e_{15}^2}{k_{11}}\right)w_0 k\sin(\theta_j-\alpha)\mathrm{e}^{\mathrm{i}\frac{k}{2}[(z_j+c_j-\mathrm{i}h)\mathrm{e}^{-\mathrm{i}\alpha}+(\bar{z}_j+\bar{c}_j+\mathrm{i}h)\mathrm{e}^{\mathrm{i}\alpha}]}$$

$$= -\mathrm{i}(1+\lambda)\tau_0\sin(\theta_j-\alpha)\mathrm{e}^{\mathrm{i}\frac{k}{2}[(z_j+c_j-\mathrm{i}h)\mathrm{e}^{-\mathrm{i}\alpha}+(\bar{z}_j+\bar{c}_j+\mathrm{i}h)\mathrm{e}^{\mathrm{i}\alpha}]} \quad (5-106)$$

$$\tau_{\theta\bar{z}}^{(r)} = -\mathrm{i}\left(c_{44}+\frac{e_{15}^2}{k_{11}}\right)w_0 k\sin(\theta_j+\alpha)\mathrm{e}^{\mathrm{i}\frac{k}{2}[(z_j+c_j-\mathrm{i}h)\mathrm{e}^{\mathrm{i}\alpha}+(\bar{z}_j+\bar{c}_j+\mathrm{i}h)\mathrm{e}^{-\mathrm{i}\alpha}]}$$

$$= -\mathrm{i}(1+\lambda)\tau_0\sin(\theta_j+\alpha)\mathrm{e}^{\mathrm{i}\frac{k}{2}[(z_j+c_j-\mathrm{i}h)\mathrm{e}^{\mathrm{i}\alpha}+(\bar{z}_j+\bar{c}_j+\mathrm{i}h_h)\mathrm{e}^{-\mathrm{i}\alpha}]} \quad (5-107)$$

$$\tau_{\theta\bar{z}}^{(s)} = \left(c_{44}+\frac{e_{15}^2}{k_{11}}\right)\mathrm{i}\frac{k}{2}\sum_{s=1}^{K}\sum_{-\infty}^{\infty}A_n\left\{\left[H_{n-1}^{(1)}(k|z_j-{}^sd_j|)\left(\frac{z_j-{}^sd_j}{|z_j-{}^sd_j|}\right)^{n-1}\right.\right.$$

$$\left. - H_{n+1}^{(1)}(k|z_j-2h_s\mathrm{i}|)\left(\frac{z_j-{}^sd_j-2h_s\mathrm{i}}{|z_j-{}^sd_j-2h_s\mathrm{i}|}\right)^{-(n+1)}\right]\mathrm{e}^{\mathrm{i}\theta_j}$$

$$\left. - \left[-H_{n+1}^{(1)}(k|z_j-{}^sd_j|)\left(\frac{z_j-{}^sd_j}{|z_j-{}^sd_j|}\right)^{n+1}\right.\right.$$

$$+ H_{n-1}^{(1)}(k|z_j - {}^sd_j - 2h_s\mathrm{i}|)\left(\frac{z_j - {}^sd_j - 2h_s\mathrm{i}}{|z_j - {}^sd_j - 2h_s\mathrm{i}|}\right)^{-(n-1)}\right]\mathrm{e}^{-\mathrm{i}\theta_j}\Big\}$$

$$- \frac{e_{15}^2}{k_{11}}\mathrm{i}\sum_{s=1}^{K}\sum_{1}^{\infty}n\big\{\big[{}^sD_n\,(z_j - {}^sd_j)^{-n-1} + {}^sE_n\,(z_j - sd_j - 2h_s\mathrm{i})^{-n-1}\big]\mathrm{e}^{\mathrm{i}\theta_j}$$

$$- \big[{}^sD_n\,(\bar{z}_j - {}^s\overline{d_j} + 2h_s\mathrm{i})^{-n-1} + {}^sE_n\,(\bar{z}_j - {}^s\overline{d_j})^{-n-1}\big]\mathrm{e}^{-\mathrm{i}\theta_j}\big\} \quad (5-108)$$

$$\tau_{\theta z}^* = -\mathrm{i}(1+\lambda)\sin(\theta_j+\alpha)\mathrm{e}^{\mathrm{i}\frac{k}{2}[(z_j+c_j-\mathrm{i}h)\mathrm{e}^{\mathrm{i}\alpha}+(\bar{z}_j+\bar{c}_j+\mathrm{i}h)\mathrm{e}^{-\mathrm{i}\alpha}]}$$

$$- \mathrm{i}(1+\lambda)\sin(\theta_j-\alpha)\mathrm{e}^{\mathrm{i}\frac{k}{2}[(z_j+c_j-\mathrm{i}h_j)\mathrm{e}^{-\mathrm{i}\alpha}+(\bar{z}_j+\bar{c}_j+\mathrm{i}h_j)\mathrm{e}^{\mathrm{i}\alpha}]}$$

$$+ \frac{1}{2}\mathrm{i}(1+\lambda)\sum_{s=1}^{K}\sum_{-\infty}^{\infty}{}^sA_n\bigg\{\bigg[H_{n-1}^{(1)}(k|z_j - {}^sd_j|)\left(\frac{z_j - {}^sd_j}{|z_j - {}^sd_j|}\right)^{n-1}$$

$$- H_{n+1}^{(1)}(k|z_j - 2h_s\mathrm{i}|)\left(\frac{z_j - {}^sd_j - 2h_s\mathrm{i}}{|z_j - {}^sd_j - 2h_s\mathrm{i}|}\right)^{-(n+1)}\bigg]\mathrm{e}^{\mathrm{i}\theta_j}$$

$$- \bigg[-H_{n+1}^{(1)}(k|z_j - {}^sd_j|)\left(\frac{z_j - {}^sd_j}{|z_j - {}^sd_j|}\right)^{n+1}$$

$$+ H_{n-1}^{(1)}(k|z_j - {}^sd_j - 2h_s\mathrm{i}|)\left(\frac{z_j - {}^sd_j - 2h_s\mathrm{i}}{|z_j - {}^sd_j - 2h_s\mathrm{i}|}\right)^{-(n-1)}\bigg]\mathrm{e}^{-\mathrm{i}\theta_j}\bigg\}$$

$$- \frac{\lambda}{k}\mathrm{i}\sum_{s=1}^{K}\sum_{1}^{\infty}n\big\{\big[{}^sD_n\,(z_j - {}^sd_j)^{-n-1} + {}^sE_n\,(z_j - {}^sd_j - 2h_s\mathrm{i})^{-n-1}\big]\mathrm{e}^{\mathrm{i}\theta_j}$$

$$- \big[{}^sD_n\,(\bar{z}_j - {}^s\overline{d_j} + 2h_s\mathrm{i})^{-n-1} + {}^sE_n\,(\bar{z}_j - {}^s\overline{d_j})^{-n-1}\big]\mathrm{e}^{-\mathrm{i}\theta_j}\big\} \quad (5-109)$$

5.2.5 算例和结果讨论

在前一节一般性理论推导的基础上，考虑双圆孔压电材料模型。利用截断有限项的方法联立求解方程组，确定待定系数，进而确定动应力集中系数和电场集中系数。文中给出了一些不同参数匹配情况下的数值解，得到了动应力集中系数对外加电场、位移场、压电参数、介电常数及两孔洞间的距离、孔距界面的距离的依赖关系。由算例可以看出，当孔间距离较远时，结果与稳态的 SH 波入射下含单个孔洞的压电材料的情况吻合。计算结果同时表明，对于含孔洞的压电材料进行低频和大压电特征参数下的动力分析十分重要。

5.2.5.1 双圆孔的解答

前一节讨论了多圆孔在半无限压电材料中的动力反平面特性。给出了动应力集中情况的一般表达式。作为算例，本章讨论含双圆孔半无限压电材料对波的散射，基本模型如图 5.14 所示。总体坐标系的位置见图。

第5章 半空间内含缺陷的压电介质的反平面动力学研究

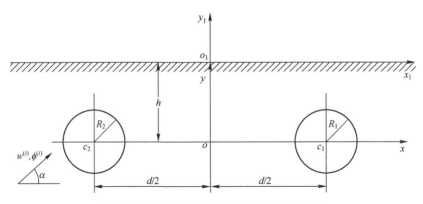

图 5.14 双圆孔半无限压电材料模型（一）

对于双圆孔情况上一节推导得到的动应力集中系数简化为

$$\begin{aligned}
\tau_{\theta_1 z}^* = & -\mathrm{i}(1+\lambda)\sin(\theta_1+\alpha)\mathrm{e}^{\mathrm{i}\frac{k}{2}[(z_1+c_1-\mathrm{i}h)\mathrm{e}^{-\mathrm{i}\alpha}+(\bar{z}_1+\bar{c}_1+\mathrm{i}h)\mathrm{e}^{\mathrm{i}\alpha}]} \\
& -\mathrm{i}(1+\lambda)\sin(\theta_1-\alpha)\mathrm{e}^{\mathrm{i}\frac{k}{2}[(z_1+c_1-\mathrm{i}h)\mathrm{e}^{\mathrm{i}\alpha}+(\bar{z}_1+\bar{c}_1+\mathrm{i}h)\mathrm{e}^{-\mathrm{i}\alpha}]} \\
& +\frac{1}{2}\mathrm{i}(1+\lambda)\left[\sum_{n=-\infty}^{\infty} {}^1A_n H_{n-1}^{(1)}(k|z_1-{}^1d_1|)\left\{\frac{z_1-{}^1d_1}{|z_1-{}^1d_1|}\right\}^{n-1}\mathrm{e}^{\mathrm{i}\theta_1} \right.\\
& -\sum_{n=-\infty}^{\infty} {}^1A_n H_{n+1}^{(1)}(k|z_1-{}^1d_1-2h_1\mathrm{i}|)\left\{\frac{z_1-{}^1d_1-2h_1\mathrm{i}}{\|z_1-{}^1d_1-2h_1\mathrm{i}|}\right\}^{-n-1}\mathrm{e}^{\mathrm{i}\theta_1} \\
& +\sum_{n=-\infty}^{\infty} {}^1A_n H_{n+1}^{(1)}(k|z_1-{}^1d_1|)\left\{\frac{z_1-{}^1d_1}{|z_1-{}^1d_1|}\right\}^{n+1}\mathrm{e}^{-\mathrm{i}\theta_1} \\
& -\sum_{n=-\infty}^{\infty} {}^1A_n H_{n-1}^{(1)}(k|z_1-{}^1d_1-2h_1\mathrm{i}|)\left\{\frac{z_1-{}^1d_1-2h_1\mathrm{i}}{|z_1-{}^1d_1-2h_1\mathrm{i}|}\right\}^{-n+1}\mathrm{e}^{-\mathrm{i}\theta_1} \\
& +\sum_{n=-\infty}^{\infty} {}^2A_n H_{n-1}^{(1)}(k|z_1-{}^2d_1|)\left\{\frac{z_1-{}^2d_1}{|z_1-{}^2d_1|}\right\}^{n-1}\mathrm{e}^{\mathrm{i}\theta_1} \\
& -\sum_{n=-\infty}^{\infty} {}^2A_n H_{n+1}^{(1)}(k|z_1-{}^2d_1-2\mathrm{i}h|)\left\{\frac{z_1-{}^2d_1-2h_2\mathrm{i}}{|z_1-{}^2d_1-2h_2\mathrm{i}|}\right\}^{-n-1}\mathrm{e}^{\mathrm{i}\theta_1} \\
& -\sum_{n=-\infty}^{\infty} {}^2A_n H_{n-1}^{(1)}(k|z_1-{}^2d_1-2h_2\mathrm{i}|)\left\{\frac{z_1-{}^2d_1-2h_2\mathrm{i}}{|z_1-{}^2d_1-2h_2\mathrm{i}|}\right\}^{-n+1}\mathrm{e}^{-\mathrm{i}\theta_1} \\
& \left. +\sum_{n=-\infty}^{\infty} {}^2A_n H_{n+1}^{(1)}(k|z_1-{}^2d_1|)\left\{\frac{z_1-{}^2d_1}{|z_1-{}^2d_1|}\right\}^{n+1}\mathrm{e}^{-\mathrm{i}\theta_1} \right] \\
& +\mathrm{i}\lambda\left[\sum_{n=1}^{\infty} {}^1B_n(-n)k^{-n-1}|z_1-{}^1d_1|^{-n-1}\left\{\frac{z_1-{}^1d_1}{|z_1-{}^1d_1|}\right\}^{-n-1}\mathrm{e}^{\mathrm{i}\theta_1} \right.
\end{aligned}$$

$$-\sum_{n=1}^{\infty} {}^1B_n(-n)k^{-n-1}|\bar{z}_1 - {}^1\bar{d}_1 + 2ih|^{-n-1}\left\{\frac{\bar{z}_1 - {}^1\bar{d}_1 + 2h_1i}{|\bar{z}_1 - {}^1\bar{d}_1 + 2h_1i|}\right\}^{-n-1} e^{-i\theta_1}$$

$$+\sum_{n=1}^{\infty} {}^2B_n(-n)k^{-n-1}|z_1 - {}^2d_1|^{-n-1}\left\{\frac{z_1 - {}^2d_1}{|z_1 - {}^2d_1|}\right\}^{-n-1} e^{i\theta_1}$$

$$-\sum_{n=1}^{\infty} {}^2B_n(-n)k^{-n-1}|\bar{z}_1 - {}^2\bar{d}_1 + 2h_2i|^{-n-1}\left\{\frac{\bar{z}_1 - {}^2\bar{d}_1 + 2h_2i}{\|\bar{z}_1 - {}^2\bar{d}_1 + 2h_2i|}\right\}^{-n-1} e^{-i\theta_1}$$

$$-\sum_{n=1}^{\infty} {}^1C_n(-n)k^{-n-1}|\bar{z}_1 - {}^1\bar{d}_1|^{-n-1}\left\{\frac{\bar{z}_1 - {}^1\bar{d}_1}{|\bar{z}_1 - {}^1\bar{d}_1|}\right\}^{-n-1} e^{-i\theta_1}$$

$$+\sum_{n=-\infty}^{\infty} {}^1C_n(-n)k^{-n-1}|z_1 - {}^1d_1 - 2h_1i|^{-n-1}\left\{\frac{z_1 - {}^1d_1 - 2h_1i}{|z_1 - {}^1d_1 - 2h_1i|}\right\}^{-n-1} e^{i\theta_1}$$

$$+\sum_{n=-\infty}^{\infty} {}^2C_n(-n)k^{-n-1}|z_1 - {}^2d_1 - 2h_2i|^{-n-1}\left\{\frac{z_1 - {}^2d_1 - 2h_2i}{|z_1 - {}^2d_1 - 2h_2i|}\right\}^{-n-1} e^{i\theta_1}$$

$$-\sum_{n=1}^{\infty} {}^2C_n(-n)k^{-n-1}|\bar{z}_1 - {}^2\bar{d}_1|^{-n-1}\left\{\frac{\bar{z}_1 - {}^2\bar{d}_1}{|\bar{z}_1 - {}^2\bar{d}_1|}\right\}^{-n-1} e^{-i\theta_1}\Bigg]$$

$$\dot{\tau}^*_{\theta_2 z} = -i(1+\lambda)\sin(\theta_2 - \alpha)e^{i\frac{k}{2}[(z_2+c_2-ih)e^{-i\alpha}+(\bar{z}_2+\bar{c}_2+ih)e^{i\alpha}]}$$

$$-i(1+\lambda)\sin(\theta_2 + \alpha)e^{i\frac{k}{2}[(z_2+c_2-ih)e^{i\alpha}+(\bar{z}_2+\bar{c}_2+ih)e^{-i\alpha}]}$$

$$+\frac{1}{2}i(1+\lambda)\left[\sum_{n=-\infty}^{\infty} {}^1A_n H^{(1)}_{n-1}(k|z_2 - {}^1d_2|)\left\{\frac{z_2 - {}^1d_2}{|z_2 - {}^1d_2|}\right\}^{n-1} e^{i\theta_2}\right.$$

$$-\sum_{n=-\infty}^{\infty} {}^1A_n H^{(1)}_{n+1}(k|z_2 - {}^1d_2 - 2h_1i|)\left\{\frac{z_2 - {}^1d_2 - 2h_1i}{|z_2 - {}^1d_2 - 2h_1i|}\right\}^{-n-1} e^{i\theta_2}$$

$$+\sum_{n=-\infty}^{\infty} {}^1A_n H^{(1)}_{n+1}(k|z_2 - {}^1d_2|)\left\{\frac{z_2 - {}^1d_2}{|z_2 - {}^1d_2|}\right\}^{n+1} e^{-i\theta_2}$$

$$-\sum_{n=-\infty}^{\infty} {}^1A_n H^{(1)}_{n-1}(k|z_2 - {}^1d_2 - 2h_1i|)\left\{\frac{z_2 - {}^1d_2 - 2h_1i}{|z_2 - {}^1d_2 - 2h_1i|}\right\}^{-n+1} e^{i\theta_2}$$

$$+\sum_{n=-\infty}^{\infty} {}^2A_n H^{(1)}_{n-1}(k|z_2 - {}^2d_2|)\left\{\frac{z_2 - {}^2d_2}{|z_2 - {}^2d_2|}\right\}^{n-1} e^{i\theta_2}$$

$$-\sum_{n=-\infty}^{\infty} {}^2A_n H^{(1)}_{n+1}(k|z_2 - {}^2d_2 - 2h_2i|)\left\{\frac{z_2 - {}^2d_2 - 2h_2i}{|z_2 - {}^2d_2 - 2h_2i|}\right\}^{-n-1} e^{i\theta_2}$$

$$-\sum_{n=-\infty}^{\infty} {}^2A_n H^{(1)}_{n-1}(k|z_2 - {}^2d_2 - 2h_2i|)\left\{\frac{z_2 - {}^2d_2 - 2h_2i}{|z_2 - {}^2d_2 - 2h_2i|}\right\}^{-n+1} e^{-i\theta_2}$$

$$+ \sum_{n=-\infty}^{\infty} {}^2A_n H_{n+1}^{(1)}(k|z_2 - {}^2d_2|) \left\{ \frac{z_2 - {}^2d_2}{|z_2 - {}^2d_2|} \right\}^{n+1} e^{-i\theta_2} \Bigg]$$

$$+ i\lambda \Bigg[\sum_{n=1}^{\infty} {}^1B_n(-n)k^{-n-1}|z_2 - {}^1d_2|^{-n-1}\left\{ \frac{z_2 - {}^1d_2}{|z_2 - {}^1d_2|} \right\}^{-n-1} e^{i\theta_2}$$

$$- \sum_{n=1}^{\infty} {}^1B_n(-n)k^{-n-1}|\bar{z}_2 - {}^1\bar{d}_2 + 2h_1 i|^{-n-1}\left\{ \frac{\bar{z}_2 - {}^1\bar{d}_2 + 2h_1 i}{|\bar{z}_2 - {}^1\bar{d}_2 + 2h_1 i|} \right\}^{-n-1} e^{-i\theta_2}$$

$$+ \sum_{n=1}^{\infty} {}^2B_n(-n)k^{-n-1}|z_2 - {}^2d_2|^{-n-1}\left\{ \frac{z_2 - {}^2d_2}{|z_2 - {}^2d_2|} \right\}^{-n-1} e^{i\theta_2}$$

$$- \sum_{n=1}^{\infty} {}^2B_n(-n)k^{-n-1}|\bar{z}_2 - {}^2\bar{d}_2 + 2h_2 i|^{-n-1}\left\{ \frac{\bar{z}_2 - {}^2\bar{d}_2 + 2h_2 i}{|\bar{z}_2 - {}^2\bar{d}_2 + 2h_2 i|} \right\}^{-n-1} e^{-i\theta_2}$$

$$- \sum_{n=1}^{\infty} {}^1C_n(-n)k^{-n-1}|\bar{z}_2 - {}^1\bar{d}_2|^{-n-1}\left\{ \frac{\bar{z}_2 - {}^1\bar{d}_2}{|\bar{z}_2 - {}^1\bar{d}_2|} \right\}^{-n-1} e^{-i\theta_2}$$

$$+ \sum_{n=-\infty}^{\infty} {}^1C_n(-n)k^{-n-1}|z_2 - {}^1d_2 - 2h_1 i|^{-n-1}\left\{ \frac{z_2 - {}^1d_2 - 2h_1 i}{|z_2 - {}^1d_2 - 2h_1 i|} \right\}^{-n-1} e^{i\theta_2}$$

$$+ \sum_{n=-\infty}^{\infty} {}^2C_n(-n)k^{-n-1}|z_2 - {}^2d_2 - 2h_2 i|^{-n-1}\left\{ \frac{z_2 - {}^2d_2 - 2h_2 i}{|z_2 - {}^2d_2 - 2h_2 i|} \right\}^{-n-1} \cdot e^{i\theta_2}$$

$$- \sum_{n=1}^{\infty} {}^2C_n(-n)k^{-n-1}|\bar{z}_2 - {}^2\bar{d}_2|^{-n-1}\left\{ \frac{\bar{z}_2 - {}^2\bar{d}_2}{|\bar{z}_2 - {}^2\bar{d}_2|} \right\}^{-n-1} e^{-i\theta_2} \Bigg]$$

5.2.5.2 双圆孔算例

1. 双圆孔算例一

本节将对双圆孔在水平入射波和竖直入射波及与 x 轴成 45°角入射波界面附近 $h/r=1.5$、$h/r=4.0$ 的情况进行数值计算。实际计算表明，当截取 $N=5$ 时即可得到较好的收敛结果。具体如图 5.15~图 5.36 所示。

情况一：入射角度 $\alpha=\pi/2$、$k_{11}/k_0=1000$、$R_1=R_2=R$ 时动应力集中系数随角度的改变，每组图分别取不同的 ka 值及 λ 值随波数的改变，每组图分别取不同的 λ 值。

情况二：入射角度 $\alpha=\pi/4$、$k_{11}/k_0=1000$、$R_1=R_2=R$ 时动应力集中系数随角度的改变，每组图分别取不同的 ka 值及 λ 值随波数的改变，每组图分别取不同的 λ 值。

情况三：入射角度 $\alpha=0°$、$k_{11}/k_0=1000$、$R_1=R_2=R$ 时动应力集中系数随角度的改变，每组图分别取不同的 ka 值及 λ 值随波数的改变，每组图分别取不同的 λ 值。

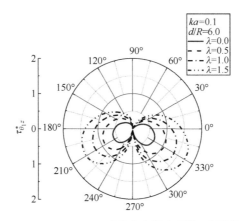

图 5.15　$\alpha=\pi/2$、$h/R=1.5$ 时动应力集中系数 $\tau_{\theta_1 z}^*$ 随角度的变化

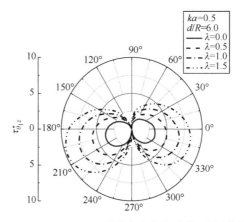

图 5.16　$\alpha=\pi/2$、$h/R=1.5$ 时动应力集中系数 $\tau_{\theta_1 z}^*$ 随角度的变化

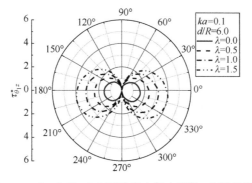

图 5.17　$\alpha=\pi/2$、$h/R=4.0$ 时动应力集中系数 $\tau_{\theta_1 z}^*$ 随角度的变化

第5章 半空间内含缺陷的压电介质的反平面动力学研究

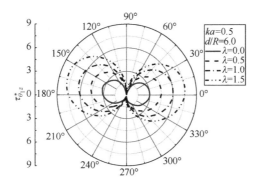

图 5.18　$\alpha=\pi/2$、$h/R=4.0$ 时动应力集中系数 $\tau^*_{\theta_1 z}$ 随角度的变化

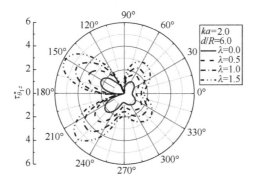

图 5.19　$\alpha=\pi/2$、$h/R=3.0$ 时动应力集中系数 $\tau^*_{\theta_1 z}$ 随角度的变化

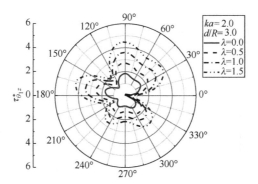

图 5.20　$\alpha=\pi/4$、$h/R=1.5$ 时动应力集中系数 $\tau^*_{\theta_1 z}$ 随角度的变化

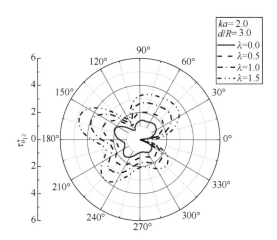

图 5.21 $\alpha=\pi/4$、$h/R=4.0$ 时动应力集中系数 $\tau^*_{\theta_1 z}$ 随角度的变化

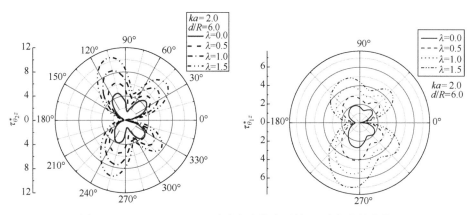

图 5.22 $\alpha=0$、$h/R=1.5$ 时动应力集中系数 $\tau^*_{\theta z}$ 随角度的变化

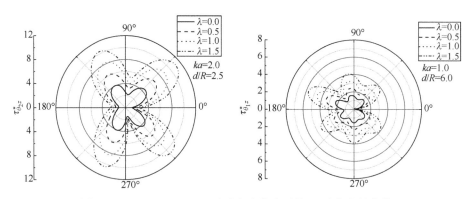

图 5.23 $\alpha=0$、$h/R=3.0$ 时动应力集中系数 $\tau^*_{\theta z}$ 随角度的变化

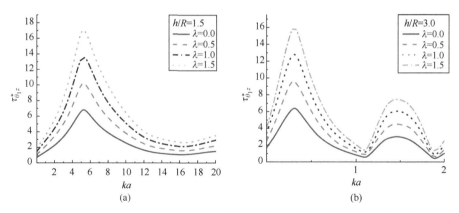

图 5.24 $\alpha=\pi/2$、$d/R=3.0$、$\theta=0$ 时动应力集中系数 $\tau_{\theta_2 z}^*$ 随波数 ka 的变化

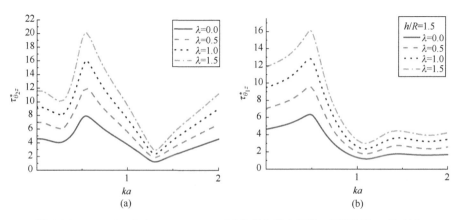

图 5.25 $\alpha=\pi/2$、$d/R=3.0$、$\theta=\pi/2$ 时动应力集中系数 $\tau_{\theta z}^*$ 随波数 ka 的变化

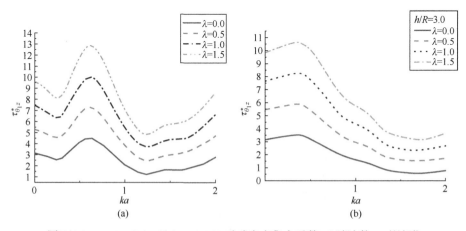

图 5.26 $\alpha=0$、$d/R=3.0$、$\theta=\pi/2$ 时动应力集中系数 $\tau_{\theta z}^*$ 随波数 ka 的变化

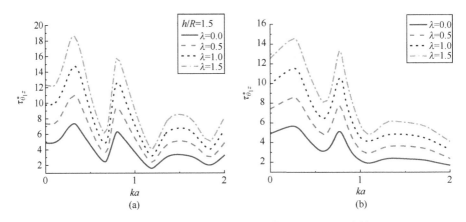

图 5.27　$\alpha=0$、$d/R=6.0$、$\theta=\pi/2$ 时动应力集中系数 $\tau_{\theta z}^*$ 随波数 ka 的变化

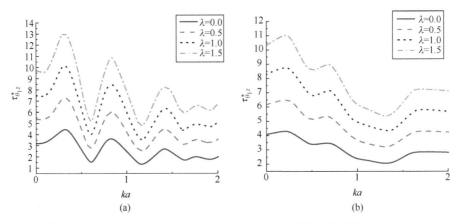

图 5.28　$\alpha=0$、$d/R=6.0$、$\theta=\pi/2$ 时动应力集中系数 $\tau_{\theta z}^*$ 随波数 ka 的变化

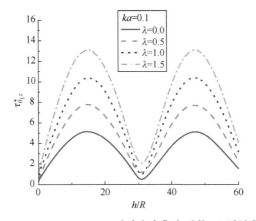

图 5.29　$\alpha=\pi/2$、$d/R=3.0$、$\theta=0$ 时动应力集中系数 $\tau_{\theta_2 z}^*$ 随波数 h/R 的变化

第5章 半空间内含缺陷的压电介质的反平面动力学研究

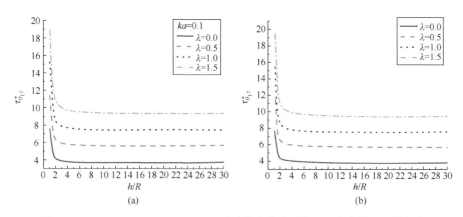

图 5.30　$\alpha=0$、$d/R=3.0$、$\theta=\pi/2$ 时动应力集中系数 $\tau^*_{\theta_2 z}$ 随波数 h/R 的变化

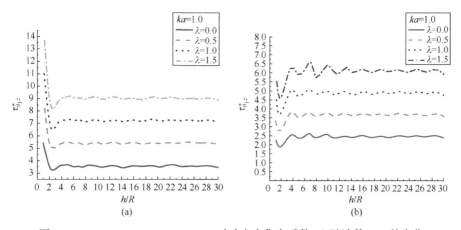

图 5.31　$\alpha=0$、$d/R=3.0$、$\theta=\pi/2$ 时动应力集中系数 $\tau^*_{\theta_2 z}$ 随波数 h/R 的变化

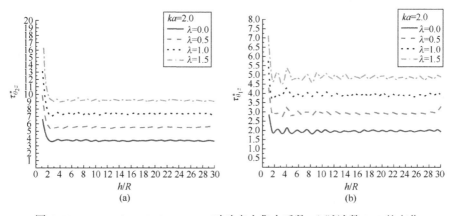

图 5.32　$\alpha=0$、$d/R=3.0$、$\theta=\pi/2$ 时动应力集中系数 $\tau^*_{\theta_2 z}$ 随波数 h/R 的变化

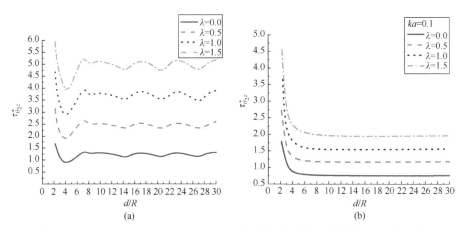

图 5.33　$\alpha=\pi/2$、$h/R=2.0$、$\theta=0$ 时动应力集中系数 $\tau_{\theta_2 z}^*$ 随波数 d/R 的变化

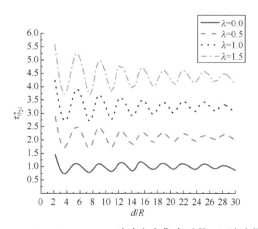

图 5.34　$\alpha=\pi/2$、$h/R=2.0$、$\theta=0$ 时动应力集中系数 $\tau_{\theta_2 z}^*$ 随波数 d/R 的变化

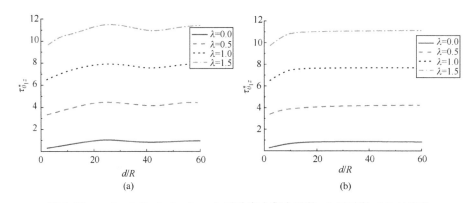

图 5.35　$\alpha=0$、$h/R=2.0$、$\theta=\pi/2$ 时动应力集中系数 $\tau_{\theta_2 z}^*$ 随波数 d/R 的变化

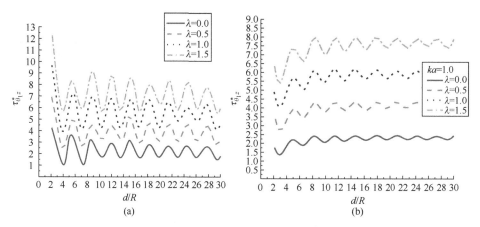

图 5.36 $\alpha=0$、$h/R=2.0$、$\theta=\pi/2$ 时动应力集中系数 $\tau_{\theta_2 z}^*$ 随波数 d/R 的变化

2. 双圆孔算例二

本节讨论含双圆孔半无限压电材料对波的散射,基本模型如图 5.37 所示,总体坐标系的位置见图。

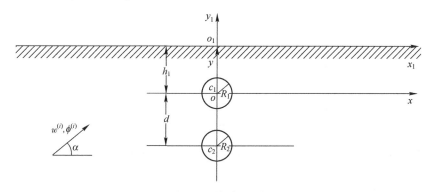

图 5.37 双圆孔半无限压电材料模型(二)

以图 5.38 和图 5.39 表示的是对双圆孔在水平入射波 $\alpha=0$、$h/R=3.0$、$d/R=3.0$ 的情况下 $k_{11}/k_0=1000$、$R_1=R_2=R$,$\tau_{\theta_1 z}^*$ 为动应力集中系数随角度的改变,每组图分别取不同的 ka 值及 λ 值随波数的改变,每组图分别取不同的 λ 值。

3. 双圆孔算例三

讨论含双圆孔任一位置半无限压电材料对 SH 波的散射,基本模型如图 5.40 所示,总体坐标系的位置见图。

以图 5.41 和图 5.42 表示的是对双圆孔在水平入射波 $\alpha=0$,$dx=3.0$,$dy=-3.0$ 的情况下 $k_{11}/k_0=1000$,$R_1=R_2=R$,$\tau_{\theta_1 z}^*$ 动应力集中系数随角度的改变,

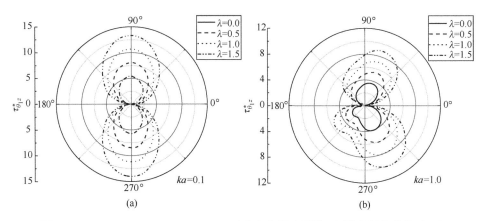

图 5.38 $\alpha=0$、$h/R=3.0$、$d/R=3.0$ 时动应力集中系数 $\tau_{\theta_1 z}^*$ 随角度的变化（一）

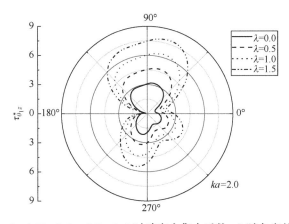

图 5.39 $\alpha=0$、$h/R=3.0$、$d/R=3.0$ 时动应力集中系数 $\tau_{\theta_1 z}^*$ 随角度的变化（二）

每组图分别取不同的 ka 值及 λ 值随波数的改变，每组图分别取不同的 λ 值。

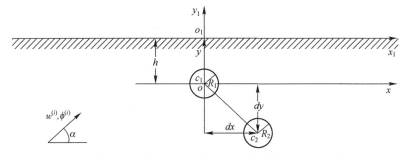

图 5.40 双圆孔半无限压电材料模型（三）

第5章 半空间内含缺陷的压电介质的反平面动力学研究

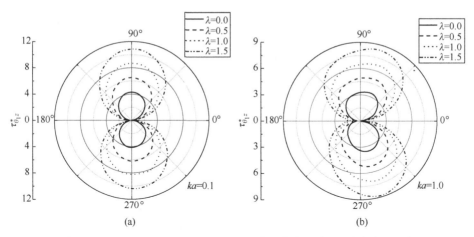

图 5.41　$\alpha=0$、$dx=3.0$、$dy=3.0$ 时动应力集中系数 $\tau^*_{\theta_1 z}$ 随角度的变化

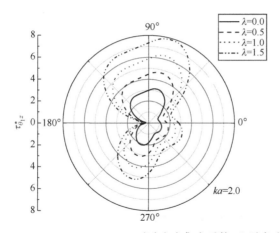

图 5.42　$\alpha=0$、$dx=3.0$、$dy=3.0$ 时动应力集中系数 $\tau^*_{\theta_1 z}$ 随角度的变化

5.2.5.3　结果分析

在动应力集中系数的计算中,我们给出了动应力集中系数的绝对值,因为它代表动应力集中系数的最大值。

(1) 由图 5.15~图 5.16 可知,当稳态的 SH 波沿 $\alpha=\pi/2$ 入射时,在孔距界面距离较近时,如果入射波的频率比较低,而两个孔又比较靠近,由于两个孔的相互作用,孔边上的动应力集中系数要高出单孔时的 50% 左右。若入射波的频率提高,则孔边的动应力集中系数减小。

(2) 由图 5.17~图 5.19 可知,当稳态的 SH 波沿 $\alpha=\pi/2$ 入射时,在孔距界面距离较远时,随两孔距离的增加,孔边动应力集中随之减小。在低频段

($ka=0.1\sim1.0$),$d/R\geq6.0$时,两孔的相互作用几乎没有影响。在高频段($ka=1.0\sim2.0$),$d/R\geq6.0$时,两孔的影响几乎消失。

(3) 由图5.20~图5.21可知,当稳态的SH波沿$\alpha=\pi/4$入射时,低频的情况下,动应力集中系数与沿$\alpha=0$入射时变化趋势相近,其他的情况介于水平入射和垂直入射之间。

(4) 由图5.22~图5.23可知,当稳态的SH波沿$\alpha=0$入射时,在低频情况下,左右孔应力集中系数相差不大,在高频段,左孔应力集中明显大于右孔,表明在高频段,左孔对右孔有较强的阻挡作用。

(5) 由图5.15、图5.17可以看出:当波数$ka=0.1$时,入射波接近于准静态,动应力集中系数与静态时的差不多,几乎是以$\theta=\pi/2$为对称轴的。

(6) 图5.24~图5.28给出了不同λ值(压电特征参数)情况下$\theta=0$,$\theta=\pi/2$处动应力集中系数随ka的变化。可以看出,动应力集中系数的峰值出现在$ka=0.5$左右,这说明在低频波入射时对含多个圆孔的压电介质进行动应力分析是很重要的。

(7) 图5.29~图5.32给出了不同λ值(压电特征参数)情况下$\theta=0$,$\theta=\pi/2$处动应力集中系数随d/R的变化。由图中可以看出,随着距界面距离的增加,动应力集中系数逐渐减小,随着频率的增高,动应力集中系数振荡趋势增大。

(8) 图5.33~图5.36给出了不同λ值(压电特征参数)情况下$\theta=0$,$\theta=\pi/2$处动应力集中系数随d/R的变化。由图中可以看出,随着两孔距离的增加,动应力集中系数逐渐减小,随着频率的增高,动应力集中系数的振荡趋势增大。

(9) 图5.38、图5.39给出了不同λ值(压电特征参数)两孔垂直的情况下,左孔的动应力集中系数。通过计算可知当$d/R\geq20.0$,$h/R\geq6.0$时,动应力集中系数与图5.13解析计算结果基本吻合。

(10) 由图5.41、图5.42可知,当稳态的SH波沿$\alpha=0$入射时,在高频的情况下,左孔趋于刚性,同时,高频情况背波面($-\pi/2<\theta<\pi/2$)动应力集中系数明显高于迎波面。右孔的动应力集中系数介于同条件下两孔水平和两孔垂直之间。

(11) 本章中在进行数值计算时,曾尝试将压电介质与空腔之间的介电常数比值k_{11}/k_0,从500取到1200(通常压电材料的介电常数比真空或空气大3个数量级),但对计算结果几乎没有影响,故本章仅给出了$k_{11}/k_0=1000$情况的图形。

5.3 半空间内含界面附近圆柱夹杂的压电介质的反平面动力学研究

本节将研究半无限压电介质中界面附近圆柱夹杂对 SH 波的散射问题,并求解圆柱夹杂周边的动应力集中系数。本节首先利用圆柱坐标系与其相关联的特殊函数,利用波函数展开法得到稳态 SH 波在半无限压电介质中的散射波场的基本解,然后将其转化到复坐标系下的解。

本节所研究的稳态情况,求解技巧有二:其一是构造了一个能自动满足水平界面处应力为零和电绝缘边界条件的半无限压电空间界面附近圆柱夹杂的散射波,这个散射波可以利用 SH 波散射所具有的对称性质和使用多极坐标方法来得到;其二是要设计好入射波和自由界面上的边界条件。最后再利用半无限压电介质中界面附近圆柱夹杂周边上的边界条件来确定该散射波。

随后推导出了 SH 波在不同区域内的动应力集中系数,得到动应力集中系数和外加电场、入射角度、压电参数的依赖关系。

5.3.1 模型及控制方程

5.3.1.1 模型

沿 α 角入射的 SH 波作用于含圆柱夹杂的半无限压电空间如图 5.43 所示。圆柱夹杂内为 I,圆柱夹杂外为 II,其中区域 II 为无限大弹性压电介质,包含有两个坐标系 xoy 和 $x_1 o_1 y_1$。它们之间存在的关系为

$$x = x_1, y = y_1 - \mathrm{i}h$$

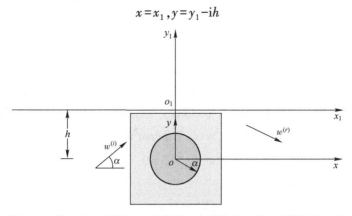

图 5.43　沿 α 角入射的 SH 波作用于含圆柱夹杂的半无限压电空间

该模型受到无穷远处反平面位移场和平面内电场的作用,是一个解耦问题。

5.3.1.2 控制方程

在各向同性介质中研究弹性波对孔洞的散射问题,其最为简单的模型就是反平面剪切运动的 SH 波模型。在 xy 平面内的 SH 波所激发的位移 $w(x,y,t)$ 垂直于 xy 平面,且只与 xy 轴有关。

对于荷载作用之下的稳态弹性场和电场,其场变量均可表示成时间谐和因子与空间变量分离形式[5-6]:

$$A^*(x,y,t) = A(x,y)\mathrm{e}^{-\mathrm{i}\omega t} \tag{5-110}$$

式中,A^* 为复变量,且其实部为问题的解,在求解过程中待解的场变量 A^* 将被 A 代替,而成为主要的研究对象。

压电介质中,设电极化方向垂直于 xy 平面,则稳态(时间谐和)的反平面动力学问题的控制方程为

$$\begin{cases} \dfrac{\partial \tau_{xz}}{\partial x} + \dfrac{\partial \tau_{yz}}{\partial y} + \rho\omega^2 w = 0 \\ \dfrac{\partial D_x}{\partial x} + \dfrac{\partial D_y}{\partial y} = 0 \end{cases} \tag{5-111}$$

式中,τ_{xz} 和 τ_{yz} 为剪应力分量;D_x 和 D_y 为电位移分量;w 和 ω 分别为出平面位移、SH 波的圆频率。压电材料的本构关系可以写成:

$$\begin{cases} \tau_{xz} = c_{44}\dfrac{\partial w}{\partial x} + e_{15}\dfrac{\partial \phi}{\partial x} \\ \tau_{yz} = c_{44}\dfrac{\partial w}{\partial y} + e_{15}\dfrac{\partial \phi}{\partial y} \\ D_x = e_{15}\dfrac{\partial w}{\partial x} - k_{11}\dfrac{\partial \phi}{\partial x} \\ D_y = e_{15}\dfrac{\partial w}{\partial y} - k_{11}\dfrac{\partial \phi}{\partial y} \end{cases} \tag{5-112}$$

式中,c_{44}、e_{15} 和 k_{11} 分别是压电材料的弹性常数、压电常数和介电常数;ϕ 为介质中的电位势。代本构关系式(5-112)至控制方程(5-111),则可得

$$\begin{cases} c_{44}\nabla^2 w + e_{15}\nabla^2 \phi + \rho\omega^2 w = 0 \\ e_{15}\nabla^2 w - k_{11}\nabla^2 \phi = 0 \end{cases} \tag{5-113}$$

式(5-113)可以化简为

$$\begin{cases} \nabla^2 w + k^2 w = 0 \\ \nabla^2 f = 0 \end{cases} \tag{5-114}$$

式中,k 为波数,$c^* = c_{44} + \dfrac{e_{15}^2}{k_{11}}$,且 $k^2 = \dfrac{\rho\omega^2}{c^*}$。而电位势的决定公式为

$$\phi = \frac{e_{15}}{k_{11}}w + f$$

为了方便计算,将上式写成:

$$\phi = \frac{e_{15}}{k_{11}}(w+f) \tag{5-115}$$

在极坐标系中,控制方程(5-113)可写成:

$$\begin{cases} \dfrac{\partial^2 w}{\partial r^2} + \dfrac{1}{r}\dfrac{\partial w}{\partial r} + \dfrac{1}{r^2}\dfrac{\partial^2 w}{\partial \theta^2} + k^2 w = 0 \\ \dfrac{\partial^2 f}{\partial r^2} + \dfrac{1}{r}\dfrac{\partial f}{\partial r} + \dfrac{1}{r^2}\dfrac{\partial^2 f}{\partial \theta^2} = 0 \end{cases} \tag{5-116}$$

而本构关系式(5-112)则为

$$\begin{cases} \tau_{rz} = c_{44}\dfrac{\partial w}{\partial r} + e_{15}\dfrac{\partial \phi}{\partial r} \\ \tau_{\theta z} = c_{44}\dfrac{1}{r}\dfrac{\partial w}{\partial \theta} + e_{15}\dfrac{1}{r}\dfrac{\partial \phi}{\partial \theta} \\ D_r = e_{15}\dfrac{\partial w}{\partial r} - k_{11}\dfrac{\partial \phi}{\partial r} \\ D_\theta = e_{15}\dfrac{1}{r}\dfrac{\partial w}{\partial \theta} - k_{11}\dfrac{1}{r}\dfrac{\partial \phi}{\partial \theta} \end{cases} \tag{5-117}$$

引入复变量 $z = x+\mathrm{i}y, \bar{z} = x-\mathrm{i}y$,在复平面 $(z,\bar{z})$ 上,控制方程(5-114)则变为

$$\begin{cases} \dfrac{\partial^2 w}{\partial z \partial \bar{z}} + \dfrac{1}{4}k^2 w = 0 \\ \dfrac{\partial^2 f}{\partial z \partial \bar{z}} = 0 \end{cases} \tag{5-118}$$

在复平面 $(z,\bar{z})$ 上,式(5-112)变为

$$\begin{cases} \tau_x = \left(c_{44} + \dfrac{e_{15}^2}{k_{11}}\right)\left(\dfrac{\partial w}{\partial z} + \dfrac{\partial w}{\partial \bar{z}}\right) + \dfrac{e_{15}^2}{k_{11}}\left(\dfrac{\partial f}{\partial z} + \dfrac{\partial f}{\partial \bar{z}}\right) \\ \tau_{yz} = \left(c_{44} + \dfrac{e_{15}^2}{k_{11}}\right)\mathrm{i}\left(\dfrac{\partial w}{\partial z} - \dfrac{\partial w}{\partial \bar{z}}\right) + \dfrac{e_{15}^2}{k_{11}}\mathrm{i}\left(\dfrac{\partial f}{\partial z} - \dfrac{\partial f}{\partial \bar{z}}\right) \\ D_x = -e_{15}\left(\dfrac{\partial f}{\partial z} + \dfrac{\partial f}{\partial \bar{z}}\right) \\ D_y = -e_{15}\mathrm{i}\left(\dfrac{\partial f}{\partial z} - \dfrac{\partial f}{\partial \bar{z}}\right) \end{cases} \tag{5-119}$$

又 $z = r\mathrm{e}^{\mathrm{i}\theta}, \bar{z} = r\mathrm{e}^{-\mathrm{i}\theta}$,则复平面 $(z,\bar{z})$ 上,式(5-117)变为

$$\begin{cases} \tau_{rz} = \left(c_{44}+\dfrac{e_{15}^2}{k_{11}}\right)\left(\dfrac{\partial w}{\partial z}\mathrm{e}^{\mathrm{i}\theta}+\dfrac{\partial w}{\partial \bar{z}}\mathrm{e}^{-\mathrm{i}\theta}\right)+\dfrac{e_{15}^2}{k_{11}}\left(\dfrac{\partial f}{\partial z}\mathrm{e}^{\mathrm{i}\theta}+\dfrac{\partial f}{\partial \bar{z}}\mathrm{e}^{-\mathrm{i}\theta}\right) \\ \tau_{\theta z} = \left(c_{44}+\dfrac{e_{15}^2}{k_{11}}\right)\mathrm{i}\left(\dfrac{\partial w}{\partial z}\mathrm{e}^{\mathrm{i}\theta}-\dfrac{\partial w}{\partial \bar{z}}\mathrm{e}^{-\mathrm{i}\theta}\right)+\dfrac{e_{15}^2}{k_{11}}\mathrm{i}\left(\dfrac{\partial f}{\partial z}\mathrm{e}^{\mathrm{i}\theta}-\dfrac{\partial f}{\partial \bar{z}}\mathrm{e}^{-\mathrm{i}\theta}\right) \\ D_r = -e_{15}\left(\dfrac{\partial f}{\partial z}\mathrm{e}^{\mathrm{i}\theta}+\dfrac{\partial f}{\partial \bar{z}}\mathrm{e}^{-\mathrm{i}\theta}\right) \\ D_\theta = -e_{15}\mathrm{i}\left(\dfrac{\partial f}{\partial z}\mathrm{e}^{\mathrm{i}\theta}-\dfrac{\partial f}{\partial \bar{z}}\mathrm{e}^{-\mathrm{i}\theta}\right) \end{cases} \quad (5-120)$$

5.3.2 压电介质中的散射波

现在构思图 5.43 所示的圆柱夹杂激发的散射波。它除了要满足控制方程，还要满足无穷远处的辐射条件和在半空间自由表面 $o_1 x_1$ 上应力自由的条件。这样规定散射波，将会为求解半空间界面附近的散射问题带来方便。

那么，在复平面 $(z,\bar{z})$ 上，利用 SH 波散射的对称性和多极坐标的方法来构造这样的散射波 $w^{(s)}$：

$$w^{(s)} = \sum_{n=-\infty}^{+\infty} A_n \left\{ H_n^{(1)}(k|z|)\left(\dfrac{z}{|z|}\right)^n + H_n^{(1)}(k|z-2\mathrm{i}h|)\left(\dfrac{z-2\mathrm{i}h}{|z-2\mathrm{i}h|}\right)^{-n} \right\} \quad (5-121)$$

而在复平面 $(z,\bar{z})$ 上，$w^{(s)}$ 可以写为

$$w^{(s)} = \sum_{n=-\infty}^{+\infty} A_n \left\{ H_n^{(1)}(k|z_1+\mathrm{i}h|)\left(\dfrac{z_1+\mathrm{i}h}{|z_1+\mathrm{i}h|}\right)^n + H_n^{(1)}(k|z_1-\mathrm{i}h|)\left(\dfrac{z_1-\mathrm{i}h}{|z_1-\mathrm{i}h|}\right)^{-n} \right\} \quad (5-122)$$

5.3.3 压电介质中的解

5.3.3.1 弹性场中的解

设在弹性半空间中，入射的 SH 波与 ox 轴成夹角 α。

在一个完整的弹性半空间中，有一个稳态的 SH 波 $w^{(i)}$ 入射，则在界面上会产生一个反射的 SH 波 $w^{(r)}$，它们在复平面 $(z,\bar{z})$ 上的表达形式为

$$w^{(i)} = w_0 \mathrm{e}^{\mathrm{i}\frac{k}{2}[(z-\mathrm{i}h)\mathrm{e}^{-\mathrm{i}\alpha}+(\bar{z}+\mathrm{i}h)\mathrm{e}^{\mathrm{i}\alpha}]} \mathrm{e}^{-\mathrm{i}\omega t} \quad (5-123)$$

$$w^{(r)} = w_0 \mathrm{e}^{\mathrm{i}\frac{k}{2}[(z-\mathrm{i}h)\mathrm{e}^{\mathrm{i}\alpha}+(\bar{z}+\mathrm{i}h)\mathrm{e}^{-\mathrm{i}\alpha}]} \mathrm{e}^{-\mathrm{i}\omega t} \quad (5-124)$$

忽略时间因子，其表达式为

$$w^{(t)} = w_0 \mathrm{e}^{\mathrm{i}\frac{k}{2}[(z-\mathrm{i}h)\mathrm{e}^{-\mathrm{i}\alpha}+(\bar{z}+\mathrm{i}h)\mathrm{e}^{\mathrm{i}\alpha}]} \quad (5-125)$$

或者

第5章 半空间内含缺陷的压电介质的反平面动力学研究

$$w^{(i)} = w_0 \sum_{n=-\infty}^{\infty} i^n e^{-in\alpha} J_n(k|z-ih|) \left[\frac{z-ih}{|z-ih|}\right]^n \tag{5-126}$$

$$w^{(r)} = w_0 e^{i\frac{k}{2}[(z-ih)e^{i\alpha}+(\bar{z}+ih)e^{-i\alpha}]} \tag{5-127}$$

或者

$$w^{(r)} = w_0 \sum_{n=-\infty}^{\infty} i^n e^{in\alpha} J_n(k|z-ih|) \left[\frac{z-ih}{|z-ih|}\right]^n \tag{5-128}$$

5.3.3.2 电场中的解

下面给出入射波、反射波和散射波对应的电场。

1. 入射波的电场

直接给出入射波对应的电位势为

$$\phi^{(i)} = \frac{e_{15}}{k_{11}} w_0 e^{i\frac{k}{2}[(z-ih)e^{-i\alpha}+(\bar{z}+ih)e^{i\alpha}]} \tag{5-129}$$

或者

$$\phi^{(i)} = \frac{e_{15}}{k_{11}} w_0 \sum_{n=-\infty}^{\infty} i^n e^{-in\alpha} J_n(k|z-ih|) \left[\frac{z-ih}{|z-ih|}\right]^n \tag{5-130}$$

在复平面 (r,θ) 上对应的应力表达式分别为

$$\tau_{rz}^{(i)} = i\left(c_{44}+\frac{e_{15}^2}{k_{11}}\right) w_0 k \cos(\alpha-\theta) e^{i\frac{k}{2}[(z-ih)e^{-i\alpha}+(\bar{z}+ih)e^{i\alpha}]} \tag{5-131}$$

或者

$$\tau_{rz}^{(i)} = \frac{\left(c_{44}+\frac{e_{15}^2}{k_{11}}\right) w_0 k}{2} \sum_{n=-\infty}^{\infty} i^n e^{-in\alpha} \left[J_{n-1}(k|z-ih|)-J_{n+1}(k|z-ih|)\right] \left[\frac{z-ih}{|z-ih|}\right]^n \tag{5-132}$$

$$\tau_{\theta z}^{(i)} = -i\left(c_{44}+\frac{e_{15}^2}{k_{11}}\right) w_0 k \sin(\theta-\alpha) e^{i\frac{k}{2}[(z-ih)e^{-i\alpha}+(\bar{z}+ih)e^{i\alpha}]} \tag{5-133}$$

2. 反射波的电场

下面考虑没有圆柱夹杂的情况,模型如图 5.44 所示,目的是导出反射波的电位势。

这里入射波的形式取 $(z,\bar{z})$ 复平面上的表达式 (5-125),那么反射波对应的电位势设为

$$\phi^{(r)} = \frac{e_{15}}{k_{11}} w^{(r)} + f_r \tag{5-134}$$

$$f_r = \sum_{-\infty}^{+\infty} B_n (z-ih)^n + C_n (\bar{z}+ih)^n \tag{5-135}$$

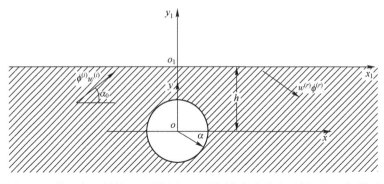

图 5.44 沿 α 角入射的 SH 波作用于不含圆柱夹杂的半无限压电空间模型

我们知道，无穷远处电位势不能为无穷大，所以有

$$f_r = \sum_0^{+\infty} B_n (z - \mathrm{i}h)^{-n} + C_n (\bar{z} + \mathrm{i}h)^n \tag{5-136}$$

为了确定系数，检验在界面处的自由条件。

$$\tau_{yz} = 0, D_y = 0$$

先讨论 τ_{yz}：

$$\tau_{yz} = \tau_{yz}^{(i)} + \tau_{yz}^{(r)}$$

在复平面 $(z, \bar{z})$ 上，入射波和反射波分别对应的 τ_{yz} 的表达式为

$$\tau_{yz}^{(i)} = \mathrm{i}\left(c_{44} + \frac{e_{15}^2}{k_{11}}\right) w_0 \mathrm{e}^{-\mathrm{i}\omega t} k \sin\alpha\, \mathrm{e}^{\mathrm{i}\frac{k}{2}[(z-\mathrm{i}h)\mathrm{e}^{-\mathrm{i}\alpha}+(\bar{z}+\mathrm{i}h)\mathrm{e}^{\mathrm{i}\alpha}]} \tag{5-137}$$

$$\tau_{yz}^{(i)} = -\mathrm{i}\left(c_{44} + \frac{e_{15}^2}{k_{11}}\right) w_0 \mathrm{e}^{-\mathrm{i}\omega t} k \sin\alpha\, \mathrm{e}^{\mathrm{i}\frac{k}{2}[(z-\mathrm{i}h)\mathrm{e}^{\mathrm{i}\alpha}+(\bar{z}+\mathrm{i}h)\mathrm{e}^{-\mathrm{i}\alpha}]}$$

$$- \mathrm{i} \frac{e_{15}^2}{k_{11}} \sum_1^\infty n k^{-n} [B_n (z - \mathrm{i}h)^{-n-1} - C_n (\bar{z} + \mathrm{i}h)^{-n-1}] \tag{5-138}$$

所以有

$$\tau_{yz} = \mathrm{i}\left(c_{44} + \frac{e_{15}^2}{k_{11}}\right) w_0 \mathrm{e}^{-\mathrm{i}\omega t} k \sin\alpha \{\mathrm{e}^{\mathrm{i}\frac{k}{2}[(z-\mathrm{i}h)\mathrm{e}^{-\mathrm{i}\alpha}+(\bar{z}+\mathrm{i}h)\mathrm{e}^{\mathrm{i}\alpha}]} - \mathrm{e}^{\mathrm{i}\frac{k}{2}[(z-\mathrm{i}h)\mathrm{e}^{\mathrm{i}\alpha}+(\bar{z}+\mathrm{i}h)\mathrm{e}^{-\mathrm{i}\alpha}]}\}$$

$$- \mathrm{i} \frac{e_{15}^2}{k_{11}} \sum_1^\infty n k^{-n} [B_n (z - \mathrm{i}h)^{-n-1} - C_n (\bar{z} + \mathrm{i}h)^{-n-1}] \tag{5-139}$$

由 τ_{yz} 的第一项，在界面处，即 $z=x+\mathrm{i}h$ 处，将 $z=x+\mathrm{i}h$ 代入式 (5-139)，有

$$\mathrm{i}\left(c_{44}+\frac{e_{15}^2}{k_{11}}\right) w_0 \mathrm{e}^{-\mathrm{i}\omega t} k \sin\alpha \{\mathrm{e}^{\mathrm{i}\frac{k}{2}[(z-\mathrm{i}h)\mathrm{e}^{-\mathrm{i}\alpha}+(\bar{z}+\mathrm{i}h)\mathrm{e}^{\mathrm{i}\alpha}]} - \mathrm{e}^{\mathrm{i}\frac{k}{2}[(z-\mathrm{i}h)\mathrm{e}^{\mathrm{i}\alpha}+(\bar{z}+\mathrm{i}h)\mathrm{e}^{-\mathrm{i}\alpha}]}\} \bigg|_{\substack{z=x+\mathrm{i}h \\ \bar{z}=x-\mathrm{i}h}}$$

$$=\mathrm{i}\left(c_{44}+\frac{e_{15}^2}{k_{11}}\right)w_0\mathrm{e}^{-\mathrm{i}\omega t}k\sin\alpha\left\{\mathrm{e}^{\mathrm{i}\frac{k}{2}[xe^{-\mathrm{i}\alpha}+xe^{\mathrm{i}\alpha}]}-\mathrm{e}^{\mathrm{i}\frac{k}{2}[xe^{\mathrm{i}\alpha}+xe^{-\mathrm{i}\alpha}]}\right\}=0 \quad (5\text{-}140)$$

那么就等于考虑第二式为零，即表达式：

$$-\mathrm{i}\frac{e_{15}^2}{k_{11}}\sum_1^\infty nk^{-n}[B_n(z-\mathrm{i}h)^{-n-1}-C_n(\bar{z}+\mathrm{i}h)^{-n-1}]=0 \quad (5\text{-}141)$$

而由 $D_y=0$ 可得

$$D_y=\mathrm{i}e_{15}\sum_1^\infty nk^{-n}[B_n(z-\mathrm{i}h)^{-n-1}+C_n(\bar{z}+\mathrm{i}h)^{-n-1}]=0 \quad (5\text{-}142)$$

不难看出，式（5-141）、式（5-142）的解是等价的。

考虑：

$$B_n(z-\mathrm{i}h)^{-n-1}+C_n(\bar{z}+\mathrm{i}h)^{-n-1}\Big|_{\substack{z=x+\mathrm{i}h\\\bar{z}=x-\mathrm{i}h}}=B_nx^{-n-1}-C_nx^{-n-1}=0$$

因为上式对于任意的 x 都成立，我们推出 $B_n=C_n$。

这样，有

$$f_r=\sum_0^{+\infty}B_n(z-\mathrm{i}h)^{-n}=B_0+\sum_1^{+\infty}B_n(z-\mathrm{i}h)^{-n} \quad (5\text{-}143)$$

压电介质中总弹性位移场和总电位势可分别表示为

$$w=w^{(i)}+w^{(r)}=w_0\mathrm{e}^{\mathrm{i}\frac{k}{2}[(z-\mathrm{i}h)\mathrm{e}^{-\mathrm{i}\alpha}+(\bar{z}+\mathrm{i}h)\mathrm{e}^{\mathrm{i}\alpha}]}+w_0\mathrm{e}^{\mathrm{i}\frac{k}{2}[(z-\mathrm{i}h)\mathrm{e}^{\mathrm{i}\alpha}+(\bar{z}+\mathrm{i}h)\mathrm{e}^{-\mathrm{i}\alpha}]} \quad (5\text{-}144)$$

$$\phi=\frac{e_{15}}{k_{11}}w+\sum_0^{+\infty}B_n(z-\mathrm{i}h)^{-n} \quad (5\text{-}145)$$

当 $n=0$，利用 $r\to\infty$，$\phi\to\phi^{(i)}$ 的无穷远处条件，比较式（5-129）和式（5-145），可得 $B_0=0$。这样，$f_r=\sum_1^{+\infty}B_n(z-\mathrm{i}h)^{-n}$，它在界面处即 $z=x+\mathrm{i}h$ 处应该满足不能为无穷大，将 $z=x+\mathrm{i}h$ 代入 f_r 的表达式，有

$$f_r\big|_{z=x+\mathrm{i}h}=\sum_1^{+\infty}B_nx^{-n}$$

那么，当 $x=0$ 时，上式不能为无穷大。则当 $n\geq 1$ 时，$B_n=0$。

则有 $f_r=B_0=0$。这样，有

$$\phi^{(r)}=\frac{e_{15}}{k_{11}}w_0\mathrm{e}^{\mathrm{i}\frac{k}{2}[(z-\mathrm{i}h)\mathrm{e}^{\mathrm{i}\alpha}+(\bar{z}+\mathrm{i}h)\mathrm{e}^{-\mathrm{i}\alpha}]} \quad (5\text{-}146)$$

3. 散射波的电场

散射波的电场模型见图 5.13，那么散射波对应的电位势项为

$$\phi^{(s)}=\frac{e_{15}}{k_{11}}w^{(s)}+f_s \quad (5\text{-}147)$$

式中，$f_s = \sum_{-\infty}^{+\infty}[D_n z^n + E_n (\bar{z})^n + F_n (z-2\mathrm{i}h)^{-n} + G_n (\bar{z}+2\mathrm{i}h)^{-n}]$

同样，f_s满足无穷远处不能为无穷大，那么上式可简化为

$$f_s = \sum_0^{+\infty}[D_n z^{-n} + E_n (\bar{z})^{-n} + F_n (z-2\mathrm{i}h)^{-n} + G_n (\bar{z}+2\mathrm{i}h)^{-n}] \quad (5-148)$$

$$\tau_{yz}^{(s)} = \mathrm{i}\left(c_{44}+\frac{e_{15}^2}{k_{11}}\right)\frac{k}{2}\sum_{n=-\infty}^{+\infty}A_n\left\{\left[H_{n-1}^{(1)}(k|z|)\left(\frac{z}{|z|}\right)^{n-1} - H_{n+1}^{(1)}(k|z-2\mathrm{i}h|)\left(\frac{z-2\mathrm{i}h}{|z-2\mathrm{i}h|}\right)^{-(n+1)}\right]\right.$$

$$\left. - \left[-H_{n+1}^{(1)}(k|z|)\left(\frac{z}{|z|}\right)^{n+1} + H_{n-1}^{(1)}(k|z-2\mathrm{i}h|)\left(\frac{z-2\mathrm{i}h}{|z-2\mathrm{i}h|}\right)^{-(n-1)}\right]\right\}$$

$$- \mathrm{i}\frac{e_{15}^2}{k_{11}}\sum_1^{\infty}nk^{-n}[D_n z^{-n-1} - E_n \bar{z}^{-n-1} + F_n (z-2\mathrm{i}h)^{-n-1} - G_n (\bar{z}+2\mathrm{i}h)^{-n-1}] \quad (5-149)$$

$$D_y = \mathrm{i}e_{15}\sum_0^{\infty}n[D_n z^{-n-1} - E_n \bar{z}^{-n-1} + F_n (z-2\mathrm{i}h)^{-n-1} - G_n (\bar{z}+2\mathrm{i}h)^{-n-1}] \quad (5-150)$$

同样，为了满足界面处的边界条件，有

$$\tau_{yz} = 0, D_y = 0$$

先讨论 $\tau_{yz} = 0$：

$$\tau_{yz} = \tau_{yz}^{(i)} + \tau_{yz}^{(r)} + \tau_{yz}^{(s)}$$

由前面可知 $\tau_{yz}^{(i)} + \tau_{yz}^{(r)}$ 在界面处为0已经满足，则只需满足 $\tau_{yz}^{(s)}$ 在界面处为0。

先分析 $\tau_{yz}^{(s)}|_{z=x+\mathrm{i}h}$ 的第一项：

$$\mathrm{i}\left(c_{44}+\frac{e_{15}^2}{k_{11}}\right)\frac{k}{2}\sum_{n=-\infty}^{+\infty}A_n\left\{\left[H_{n-1}^{(1)}(k|x+\mathrm{i}h|)\left(\frac{x+\mathrm{i}h}{|x+\mathrm{i}h|}\right)^{n-1} - H_{n+1}^{(1)}(k|x-\mathrm{i}h|)\left(\frac{x-\mathrm{i}h}{|x-\mathrm{i}h|}\right)^{-(n-1)}\right]\right.$$

$$\left. - \left[-H_{n+1}^{(1)}(k|x+\mathrm{i}h|)\left(\frac{x+\mathrm{i}h}{|x+\mathrm{i}h|}\right)^{n+1} + H_{n-1}^{(1)}(k|x-\mathrm{i}h|)\left(\frac{x-\mathrm{i}h}{|x-\mathrm{i}h|}\right)^{-(n+1)}\right]\right\} = 0$$

自动满足。那么就只需第二项满足即可。

即

$$- \mathrm{i}\frac{e_{15}^2}{k_{11}}\sum_0^{\infty}n[D_n (z)^{-n-1} - E_n \bar{z}^{-n-1} + F_n (z-2\mathrm{i}h)^{-n-1} - G_n (\bar{z}+2\mathrm{i}h)^{-n-1}] = 0$$

再看

$$D_y = \mathrm{i}e_{15}\sum_0^{\infty}n[D_n z^{-n-1} - E_n \bar{z}^{-n-1} + F_n (z-2\mathrm{i}h)^{-n-1} - G_n (\bar{z}+2\mathrm{i}h)^{-n-1}]$$

那么与前面的道理一样，不难看出上面满足第二项为0与满足 $D_y=0$ 是等价的。

$$D_y = \mathrm{i}e_{15}\sum_0^\infty n[D_n z^{-n-1} - E_n \bar{z}^{-n-1} + F_n(z-2\mathrm{i}h)^{-n-1} - G_n(\bar{z}+2\mathrm{i}h)^{-n-1}]$$

$$D_y\bigg|_{\substack{z=x+\mathrm{i}h\\ \bar{z}=x-\mathrm{i}h}}$$

$$= \mathrm{i}e_{15}\sum_0^\infty n[D_n(x+\mathrm{i}h)^{-n-1} - E_n(x-\mathrm{i}h)^{-n-1} + F_n(x-\mathrm{i}h)^{-n-1} - G_n(x+\mathrm{i}h)^{-n-1}] = 0$$

$$\rightarrow \mathrm{i}e_{15}\sum_0^\infty n[D_n(x+\mathrm{i}h)^{-n-1} - E_n(x-\mathrm{i}h)^{-n-1} + F_n(x-\mathrm{i}h)^{-n-1} - G_n(x+\mathrm{i}h)^{-n-1}] = 0$$

$$\rightarrow D_n = G_n, E_n = F_n$$

那么

$$f_s = \sum_0^{+\infty} \{D_n[z^{-n} + (\bar{z}+2\mathrm{i}h)^{-n}] + E_n[(\bar{z})^{-n} + (z-2\mathrm{i}h)^{-n}]\} \quad (5\text{-}151)$$

压电介质中总弹性位移场和总电位势可分别表示为

$$w = w^{(i)} + w^{(r)} + w^{(s)}$$

$$= w_0 \mathrm{e}^{\mathrm{i}\frac{k}{2}[(z-\mathrm{i}h)\mathrm{e}^{-\mathrm{i}\alpha}+(\bar{z}+\mathrm{i}h)\mathrm{e}^{\mathrm{i}\alpha}]} + w_0 \mathrm{e}^{\mathrm{i}\frac{k}{2}[(z-\mathrm{i}h)\mathrm{e}^{\mathrm{i}\alpha}+(\bar{z}+\mathrm{i}h)\mathrm{e}^{-\mathrm{i}\alpha}]}$$

$$+ \sum_{n=-\infty}^{+\infty} A_n\left\{\left[H_n^{(1)}(k|z|)\left(\frac{z}{|z|}\right)^n - H_n^{(1)}(k|z-\mathrm{i}h|)\left(\frac{z-2\mathrm{i}h}{|z-2\mathrm{i}h|}\right)^{-n}\right]\right\}$$

$$(5\text{-}152)$$

$$\phi = \frac{e_{15}}{k_{11}}w + \sum_0^{+\infty}\{D_n[z^{-n}+(\bar{z}+2\mathrm{i}h)^{-n}] + E_n[(\bar{z})^{-n}+(z-2\mathrm{i}h)^{-n}]\}$$

$$(5\text{-}153)$$

当 $n=0$，利用 $r\rightarrow\infty$，$\phi\rightarrow\phi^{(i)}$ 中的无穷远处条件，比较式（5-129）和式（5-153），可得 $D_0=E_0=0$，这样，有

$$f_s = \sum_1^{+\infty}\{D_n[z^{-n}+(\bar{z}+2\mathrm{i}h)^{-n}] + E_n[(\bar{z})^{-n}+(z-2\mathrm{i}h)^{-n}]\} \quad (5\text{-}154)$$

对于 f_s，我们知道在界面处不能为无穷大。取 $z=x+\mathrm{i}h$ 处，有

$$f_s\big|_{z=x+\mathrm{i}h} = \sum_1^{+\infty}\{D_n[(x+\mathrm{i}h)^{-n}+(x+\mathrm{i}h)^{-n}] + E_n[(x-\mathrm{i}h)^{-n}+(x-\mathrm{i}h)^{-n}]\}$$

$$= 2\sum_1^{+\infty}[D_n(x+\mathrm{i}h)^{-n} + E_n(x-\mathrm{i}h)^{-n}]$$

当 $x=0$ 或任意值时，满足不为无穷大。

当 $x\rightarrow\infty$ 时满足 $f_s\rightarrow 0$。

所以，取 $f_s = \sum_1^{+\infty}\{D_n[z^{-n}+(\bar{z}+2\mathrm{i}h)^{-n}] + E_n[(\bar{z})^{-n}+(z-2\mathrm{i}h)^{-n}]\}$

那么，有

$$\phi^{(s)} = \frac{e_{15}}{k_{11}} \sum_{n=-\infty}^{+\infty} A_n \left\{ \left[H_n^{(1)}(k|z|)\left(\frac{z}{|z|}\right)^n + H_n^{(1)}(k|z-2\mathrm{i}h|)\left(\frac{z-2\mathrm{i}h}{|z-2\mathrm{i}h|}\right)^{-n} \right] \right\}$$
$$+ \frac{e_{15}}{k_{11}} \sum_{1}^{\infty} k^{-n} [D_n z^{-n} + E_n(\bar{z})^{-n} + F_n(z-2\mathrm{i}h)^{-n} + G_n(\bar{z}+2\mathrm{i}h)^{-n}]$$

(5-155)

5.3.3.3 压电介质中的应力及电位移

将方程（5-121）、方程（5-125）、方程（5-127）、方程（5-129）、方程（5-146）、方程（5-155）代入本构关系在复坐标$(z,\bar{z})$的表达式中，可以得到介质中的应力及电位移表达式：

$$\tau_{rz}^{(i)} = \mathrm{i}\left(c_{44} + \frac{e_{15}^2}{k_{11}}\right) w_0 \mathrm{e}^{-\mathrm{i}\omega t} k\cos(\alpha-\theta) \mathrm{e}^{\mathrm{i}\frac{k}{2}[(z-\mathrm{i}h)\mathrm{e}^{-\mathrm{i}\alpha}+(\bar{z}+\mathrm{i}h)\mathrm{e}^{\mathrm{i}\alpha}]} \quad (5\text{-}156)$$

$$\tau_{rz}^{(r)} = \mathrm{i}\left(c_{44} + \frac{e_{15}^2}{k_{11}}\right) w_0 \mathrm{e}^{-\mathrm{i}\omega t} \cos(\alpha+\theta) \mathrm{e}^{\mathrm{i}\frac{k}{2}[(z-\mathrm{i}h)\mathrm{e}^{\mathrm{i}\alpha}+(\bar{z}+\mathrm{i}h)\mathrm{e}^{-\mathrm{i}\alpha}]} \quad (5\text{-}157)$$

$$\tau_{rz}^{(s)} = \left(c_{44} + \frac{e_{15}^2}{k_{11}}\right)\frac{k}{2} \sum_{n=-\infty}^{+\infty} A_n \left\{ \left[H_{n-1}^{(1)}(k|z|)\left(\frac{z}{|z|}\right)^{n-1} + H_{n+1}^{(1)}(k|z-2\mathrm{i}h|)\left(\frac{z-2\mathrm{i}h}{|z-2\mathrm{i}h|}\right)^{-(n+1)}\right]\mathrm{e}^{\mathrm{i}\theta} \right.$$
$$\left. + \left[-H_{n+1}^{(1)}(k|z|)\left(\frac{z}{|z|}\right)^{n+1} + H_{n-1}^{(1)}(k|z-2\mathrm{i}h|)\left(\frac{z-2\mathrm{i}h}{|z-2\mathrm{i}h|}\right)^{-(n-1)}\right]\mathrm{e}^{-\mathrm{i}\theta} \right\}$$
$$- \frac{e_{15}^2}{k_{11}} \sum_{1}^{+\infty} nk^{-n} \left\{ [D_n(z)^{-n-1} + E_n(z-2\mathrm{i}h)^{-n-1}]\mathrm{e}^{\mathrm{i}\theta} + [E_n(\bar{z})^{-n-1} + (\bar{z}+2\mathrm{i}h)^{-n-1}]\mathrm{e}^{-\mathrm{i}\theta} \right\}$$

(5-158)

$$D_r = e_{15} \sum_{1}^{+\infty} n\{[D_n(z)^{-n-1} + E_n(z-2\mathrm{i}h)^{-n-1}]\mathrm{e}^{\mathrm{i}\theta} + [E_n(\bar{z})^{-n-1} + (\bar{z}+2\mathrm{i}h)^{-n-1}]\mathrm{e}^{-\mathrm{i}\theta}\}$$

(5-159)

5.3.3.4 夹杂内部的电场

$$\varphi' = \frac{e_{15}^\mathrm{I}}{k_{11}^\mathrm{I}} \left[w^\mathrm{I} + I_0 + \sum_{n=1}^{+\infty}(L_n z^n + I_n \bar{z}^n) \right] \quad (5\text{-}160)$$

$$w^\mathrm{I} = \sum_{-\infty}^{\infty} M_n J_n(k'|z|)\left(\frac{z}{|z|}\right)^n \quad (5\text{-}161)$$

$$D_r^\mathrm{I} = -\frac{e_{15}^\mathrm{I}}{k_{11}^\mathrm{I}} \sum_{n=1}^{\infty}(L_n z^{n-1} n \mathrm{e}^{\mathrm{i}\theta} + I_n \bar{z}^{n-1} n \mathrm{e}^{-\mathrm{i}\theta}) \quad (5\text{-}162)$$

$$\tau_{rz}' = \frac{1}{2}k^\mathrm{I}\left(c_{44}^\mathrm{I} + \frac{e_{15}^{\mathrm{I}2}}{k_{11}^\mathrm{I}}\right) \cdot \left\{\sum_{n=-\infty}^{\infty} M_n J_{n-1}(k'|z|)\left(\frac{z}{|z|}\right)^{n-1}\right\}\mathrm{e}^{\mathrm{i}\theta}$$

$$-\left\{\sum_{n=-\infty}^{\infty}M_nJ_{n+1}(k'|z|)\left(\frac{z}{|z|}\right)^{n+1}\right\}\mathrm{e}^{-\mathrm{i}\theta}$$

$$+\frac{k'}{2}\frac{e_{15}^{I2}}{k_{11}^{I}}\sum_{n=1}^{\infty}nL_nz^{n-1}\mathrm{e}^{\mathrm{i}\theta}+\frac{k'}{2}\frac{e_{15}^{I2}}{k_{11}^{I}}\sum_{n=1}^{\infty}nI_n\bar{z}^{n-1}\mathrm{e}^{-\mathrm{i}\theta} \tag{5-163}$$

5.3.4 边界条件

研究图 5.43 所示的半无限空间中界面附近圆柱夹杂的散射，圆柱夹杂周边上的边界条件为

$$\tau_{rz}^{\mathrm{I}}=\tau_{rz}^{(i)}+\tau_{rz}^{(r)}+\tau_{rz}^{(s)} \tag{5-164}$$

$$D_r^{\mathrm{I}}=D_r^{(i)}+D_r^{(r)}+D_r^{(s)} \tag{5-165}$$

$$\varphi_r^{\mathrm{I}}=\varphi_r^{(i)}+\varphi_r^{(r)}+\phi_r^{(s)} \tag{5-166}$$

$$w^{\mathrm{I}}=w^{(i)}+w^{(r)}+w^{(s)} \tag{5-167}$$

则有

$$\tau_{rz}^{\mathrm{I}}=\tau_{rz}^{(i)}+\tau_{rz}^{(r)}+\tau_{rz}^{(s)}$$

$$\Rightarrow \tau_{rz}^{\mathrm{I}}=\frac{1}{2}k^{\mathrm{I}}\left(c_{44}^{\mathrm{I}}+\frac{e_{15}^{I2}}{k_{11}^{\mathrm{I}}}\right)\mathrm{e}^{\mathrm{i}\theta}\sum_{n=-\infty}^{\infty}M_nJ_{n-1}(k'|z|)\left(\frac{z}{|z|}\right)^{n-1}$$

$$+\frac{e_{15}^{I2}}{k_{11}^{\mathrm{I}}}\left(\sum_{n=1}^{\infty}L_nz^{n-1}\mathrm{e}^{\mathrm{i}\theta}n+\sum_{n=1}^{\infty}nI_n\bar{z}^{n-1}\mathrm{e}^{-\mathrm{i}\theta}\right)$$

$$=\mathrm{i}\left(c_{44}+\frac{e_{15}^{2}}{k_{11}}\right)w_0\mathrm{e}^{-\mathrm{i}\omega t}k\cos(\alpha-\theta)\mathrm{e}^{\mathrm{i}\frac{k}{2}[(z-\mathrm{i}h)\mathrm{e}^{-\mathrm{i}\alpha}+(\bar{z}+\mathrm{i}h)\mathrm{e}^{\mathrm{i}\alpha}]}$$

$$+\mathrm{i}\left(c_{44}+\frac{e_{15}^{2}}{k_{11}}\right)w_0\mathrm{e}^{-\mathrm{i}\omega t}k\cos(\alpha+\theta)\mathrm{e}^{\mathrm{i}\frac{k}{2}[(z-\mathrm{i}h)\mathrm{e}^{\mathrm{i}\alpha}+(\bar{z}+\mathrm{i}h)\mathrm{e}^{-\mathrm{i}\alpha}]}$$

$$+\left(c_{44}+\frac{e_{15}^{2}}{k_{11}}\right)\frac{k}{2}\sum_{n=-\infty}^{+\infty}A_n\left\{\left[H_{n-1}^{(1)}(k|z|)\left(\frac{z}{|z|}\right)^{n-1}\right.\right.$$

$$-H_{n+1}^{(1)}(k|z-2\mathrm{i}h|)\left(\frac{z-2\mathrm{i}h}{|z-2\mathrm{i}h|}\right)^{-(n+1)}\bigg]\mathrm{e}^{\mathrm{i}\theta}$$

$$+\left[-H_{n+1}^{(1)}(k|z|)\left(\frac{z}{|z|}\right)^{n+1}+H_{n-1}^{(1)}(k|z-2\mathrm{i}h|)\left(\frac{z-2\mathrm{i}h}{|z-2\mathrm{i}h|}\right)^{-(n-1)}\right]\mathrm{e}^{-\mathrm{i}\theta}\bigg\}$$

$$-\frac{e_{15}^{2}}{k_{11}}\sum_{1}^{\infty}n\{[D_n(z)^{-n-1}+E_n(z-2\mathrm{i}h)^{-n-1}]\mathrm{e}^{\mathrm{i}\theta}+[E_n\bar{z}^{-n-1}+D_n(\bar{z}+2\mathrm{i}h)^{-n-1}]\mathrm{e}^{-\mathrm{i}\theta}\}$$

$$\Rightarrow M_n\frac{1}{2}k^{\mathrm{I}}\left(c_{44}^{\mathrm{I}}+\frac{e_{15}^{I2}}{k_{11}^{\mathrm{I}}}\right)\cdot\left\{\mathrm{e}^{\mathrm{i}\theta}\sum_{n=-\infty}^{\infty}J_{n-1}(k'|z|)\left(\frac{z}{|z|}\right)^{n-1}-\mathrm{e}^{-\mathrm{i}\theta}\sum_{n=-\infty}^{\infty}M_nJ_{n+1}(k'|z|)\left(\frac{z}{|z|}\right)^{n+1}\right\}$$

$$+ A_n \left(c_{44} + \frac{e_{15}^2}{k_{11}} \right) \frac{k}{2} \sum_{n=-\infty}^{+\infty} \left\{ \left[H_{n-1}^{(1)}(k|z|) \left(\frac{z}{|z|} \right)^{n-1} \right. \right.$$

$$\left. - H_{n+1}^{(1)}(k|z-2ih|) \left(\frac{z-2ih}{|z-2ih|} \right)^{-(n+1)} \right] e^{i\theta}$$

$$+ \left[-H_{n+1}^{(1)}(k|z|) \left(\frac{z}{|z|} \right)^{n+1} + H_{n-1}^{(1)}(k|z-2ih|) \left(\frac{z-2ih}{|z-2ih|} \right)^{-(n-1)} \right] e^{-i\theta} \right\}$$

$$- D_n \frac{e_{15}^2}{k_{11}} \sum_{1}^{\infty} n [(z)^{-n-1} + (\bar{z}+2ih)^{-n-1}] e^{-i\theta}$$

$$- E_n \frac{e_{15}^2}{k_{11}} \sum_{1}^{\infty} n [(z-2ih)^{-n-1} + (\bar{z})^{-n-1}] e^{-i\theta}$$

$$+ L_n \frac{e_{15}^{'2}}{k_{11}^{\mathrm{I}}} \sum_{n=1}^{\infty} z^{n-1} e^{i\theta} n + I_n \frac{e_{15}^{'2}}{k_{11}^{\mathrm{I}}} \sum_{n=1}^{\infty} \bar{z}^{n-1} e^{-i\theta} n$$

$$= i \left(c_{44} + \frac{e_{15}^2}{k_{11}} \right) w_0 e^{-i\omega t} k \cos(\alpha - \theta) e^{i\frac{k}{2}[(z-ih)e^{-i\alpha} + (\bar{z}+ih)e^{i\alpha}]}$$

$$+ i \left(c_{44} + \frac{e_{15}^2}{k_{11}} \right) w_0 e^{-i\omega t} k \cos(\alpha + \theta) e^{i\frac{k}{2}[(z-ih)e^{i\alpha} + (\bar{z}+ih)e^{-i\alpha}]}$$

$$\Rightarrow M_n \frac{1}{2} k^{\mathrm{I}} \frac{c_{44}^{\mathrm{I}}(1+\lambda)}{c_{44}(1+\lambda)} \cdot \left\{ e^{i\theta} \sum_{n=-\infty}^{\infty} J_{n-1}(k'|z|) \left(\frac{z}{|z|} \right)^{n-1} - e^{-i\theta} \sum_{n=-\infty}^{\infty} J_{n+1}(k'|z|) \left(\frac{z}{|z|} \right)^{n+1} \right\}$$

$$+ A_n \frac{k}{2} \sum_{n=-\infty}^{+\infty} \left\{ \left[H_{n-1}^{(1)}(k|z|) \left(\frac{z}{|z|} \right)^{n-1} - H_{n+1}^{(1)}(k|z-2hi|) \left(\frac{z-2ih}{|z-2ih|} \right)^{-(n+1)} \right] e^{i\theta} \right.$$

$$\left. + \left[-H_{n+1}^{(1)}(k|z|) \left(\frac{z}{|z|} \right)^{n+1} + H_{n-1}^{(1)}(k|z-2ih|) \left(\frac{z-2ih}{|z-2ih|} \right)^{-(n-1)} \right] e^{-i\theta} \right\}$$

$$- D_n \frac{\lambda}{(1+\lambda)} \sum_{1}^{\infty} n [e^{i\theta}(z)^{-n-1} + e^{-i\theta}(\bar{z}+2ih)^{-n-1}]$$

$$- E_n \frac{\lambda}{(1+\lambda)} \sum_{1}^{\infty} n [e^{i\theta}(z-2ih)^{-n-1} + (\bar{z})^{-n-1}] e^{-i\theta}$$

$$+ L_n \frac{c_{44}^{\mathrm{I}}}{c_{44}} \frac{\lambda'}{(1+\lambda)} \sum_{n=1}^{\infty} z^{n-1} e^{i\theta} n + I_n \frac{c_{44}^{\mathrm{I}}}{c_{44}} \frac{\lambda'}{(1+\lambda)} \sum_{n=1}^{\infty} \bar{z}^{n-1} e^{-i\theta} n$$

$$= i w_0 e^{-i\omega t} k \cos(\alpha - \theta) e^{i\frac{k}{2}[(z-ih)e^{-i\alpha} + (\bar{z}+ih)e^{i\alpha}]}$$

$$+ i w_0 e^{-i\omega t} k \cos(\alpha + \theta) e^{i\frac{k}{2}[(z-ih)e^{i\alpha} + (\bar{z}+ih)e^{-i\alpha}]} \qquad (5\text{-}168)$$

$$D_r^1 = D_r^{(i)} + D_r^{(r)} + D_r^{(s)}$$

$$\Rightarrow -\frac{e_{15}^{'2}}{k_{11}^{\mathrm{I}}} n \sum_{n=1}^{\infty} (L_n z^{n-1} e^{i\theta} + I_n \bar{z}^{n-1} e^{-i\theta})$$

第5章 半空间内含缺陷的压电介质的反平面动力学研究

$$= e_{15} \sum_{n=1}^{\infty} n \{ D_n [(\bar{z}+2ih)^{-n-1} e^{-i\theta} + (z)^{-n-1} e^{i\theta}] + E_n [(z-2ih)^{-n-1} e^{i\theta} + \bar{z}^{-n-1} e^{-i\theta}] \}$$

$$\Rightarrow D_n \sum_{n=1}^{\infty} n [(\bar{z}+2ih)^{-n-1} e^{-i\theta} + (z)^{-n-1} e^{i\theta}] + E_n \sum_{n=1}^{\infty} n [(z-2ih)^{-n-1} e^{i\theta} + \bar{z}^{-n-1} e^{-i\theta}]$$

$$+ L_n \frac{e_{15}^I}{e_{15}} \frac{e_{15}}{k_{11}^I} \sum_{n=1}^{\infty} z^{n-1} e^{i\theta} n + I_n \frac{e_{15}^I}{e_{15}} \frac{e_{15}}{k_{11}^I} \sum_{n=1}^{\infty} \bar{z}^{n-1} e^{-i\theta} n = 0 \qquad (5\text{-}169)$$

$$\varphi_r^I = \varphi_r^{(i)} + \varphi_r^{(r)} + \varphi_r^{(s)}$$

$$\Rightarrow \varphi^I = \frac{e_{15}^I}{k_{11}^I} \sum_{n=\infty}^{\infty} M_n J_n(k|z|) \left(\frac{z}{|z|} \right)^n + I_0 + \frac{e_{15}^I}{k_{11}^I} \sum_{n=1}^{+\infty} [L_n z^n] + \frac{e_{15}^I}{k_{11}^I} \sum_{n=0}^{+\infty} [I_n \bar{z}^n]$$

$$= \frac{e_{15}}{k_{11}} w_0 e^{i\frac{k}{2}[(z-ih)e^{-i\alpha}+(\bar{z}+ih)e^{i\alpha}]} + \frac{e_{15}}{k_{11}} w_0 e^{i\frac{k}{2}[(z-ih)e^{i\alpha}+(\bar{z}+ih)e^{-i\alpha}]}$$

$$+ \frac{e_{15}}{k_{11}} \sum_{n=-\infty}^{+\infty} A_n \left\{ H_n^{(1)}(k|z|) \left(\frac{z}{|z|} \right)^n + H_n^{(1)}(k|z-2ih|) \left(\frac{z-2ih}{|z-2ih|} \right)^{-n} \right\}$$

$$+ \frac{e_{15}}{k_{11}} \sum_{1}^{+\infty} k^{-n} D_n [z^{-n} + (\bar{z}+2ih)^{-n}] + \frac{e_{15}}{k_{11}} \sum_{1}^{+\infty} E_n [(\bar{z})^{-n} + (z-2ih)^{-n}]$$

$$\Rightarrow M_n \frac{e_{15}^I}{k_{11}^I} \sum_{n=\infty}^{\infty} J_n(k|z|) \left(\frac{z}{|z|} \right)^n$$

$$- A_n \frac{e_{15}}{k_{11}} \sum_{n=-\infty}^{+\infty} \left\{ H_n^{(1)}(k|z|) \left(\frac{z}{|z|} \right)^n + H_n^{(1)}(k|z-2ih|) \left(\frac{z-2ih}{|z-2ih|} \right)^{-n} \right\}$$

$$- D_n k^{-n} \frac{e_{15}}{k_{11}} \sum_{1}^{+\infty} [z^{-n} + (\bar{z}+2ih)^{-n}] - E_n k^{-n} \frac{e_{15}}{k_{11}} \sum_{1}^{+\infty} [(\bar{z})^{-n} + (z-2ih)^{-n}]$$

$$+ \frac{e_{15}^I}{k_{11}^I} L_n \sum_{n=1}^{+\infty} z^n + \frac{e_{15}^I}{k_{11}^I} I_n \sum_{n=0}^{\infty} \bar{z}^n$$

$$= \frac{e_{15}}{k_{11}} w_0 e^{i\frac{k}{2}[(z-ih)e^{-i\alpha}+(\bar{z}+ih)e^{i\alpha}]} + \frac{e_{15}}{k_{11}} w_0 e^{i\frac{k}{2}[(z-ih)e^{i\alpha}+(\bar{z}+ih)e^{-i\alpha}]} - I_0$$

$$\Rightarrow M_n \sum_{n=\infty}^{\infty} J_n(k|z|) \left(\frac{z}{|z|} \right)^n$$

$$- A_n \frac{e_{15}}{e_{15}^I} \frac{k_{11}^I}{k_{11}} \sum_{n=-\infty}^{+\infty} \left\{ H_n^{(1)}(k|z|) \left(\frac{z}{|z|} \right)^n + H_n^{(1)}\left(k|z-2ih|\right) \left(\frac{z-2ih}{|z-2ih|} \right)^{-n} \right\}$$

$$- D_n k^{-n} \frac{e_{15}}{e_{15}^I} \frac{k_{11}^I}{k_{11}} [z^{-n} + (\bar{z}+2ih)^{-n}] - E_n k^{-n} \frac{e_{15}}{e_{15}^I} \frac{k_{11}^I}{k_{11}} \sum_{1}^{+\infty} [(\bar{z})^{-n} + (z-2ih)^{-n}]$$

181

$$+ L_n \sum_{n=1}^{+\infty} z^n + I_n \sum_{n=0}^{\infty} \bar{z}^n = \frac{e_{15}}{e_{15}^I} \frac{k_{11}^I}{k_{11}} w_0 \mathrm{e}^{\mathrm{i}\frac{k}{2}[(z-\mathrm{i}h)\mathrm{e}^{-\mathrm{i}\alpha}+(\bar{z}+\mathrm{i}h)\mathrm{e}^{\mathrm{i}\alpha}]}$$

$$+ \frac{e_{15}}{e_{15}^I} \frac{k_{11}^I}{k_{11}} w_0 \mathrm{e}^{\mathrm{i}\frac{k}{2}[(z-\mathrm{i}h)\mathrm{e}^{\mathrm{i}\alpha}+(\bar{z}+\mathrm{i}h)\mathrm{e}^{-\mathrm{i}\alpha}]} - \frac{k_{11}^I}{e_{15}^I} I_0 \qquad (5\text{-}170)$$

$$w^1 = w^{(i)} + w^{(r)} + w^{(s)}$$

$$\Rightarrow \sum_{n=-\infty}^{\infty} M_n J_n(k'|z|) \left(\frac{z}{|z|}\right)^n = w_0 \mathrm{e}^{\mathrm{i}\frac{k}{2}[(z-\mathrm{i}h)\mathrm{e}^{-\mathrm{i}\alpha}+(\bar{z}+\mathrm{i}h)\mathrm{e}^{\mathrm{i}\alpha}]} + w_0 \mathrm{e}^{\mathrm{i}\frac{k}{2}[(z-\mathrm{i}h)\mathrm{e}^{\mathrm{i}\alpha}+(\bar{z}+\mathrm{i}h)\mathrm{e}^{-\mathrm{i}\alpha}]}$$

$$+ \sum_{n=-\infty}^{+\infty} A_n \left\{ H_n^{(1)}(k|z+\mathrm{i}h|) \left(\frac{z+\mathrm{i}h}{|z+\mathrm{i}h|}\right)^n + H_n^{(1)}(k|z-2\mathrm{i}h|) \left(\frac{z-\mathrm{i}h}{|z-\mathrm{i}h|}\right)^{-n} \right\}$$

$$\Rightarrow M_n \sum_{n=-\infty}^{\infty} J_n(k^I|z|) \left(\frac{z}{|z|}\right)^n$$

$$- A_n \sum_{n=-\infty}^{+\infty} \left\{ H_n^{(1)}(k|z+\mathrm{i}h|) \left(\frac{z+\mathrm{i}h}{|z+\mathrm{i}h|}\right)^n + H_n^{(1)}(k|z-2\mathrm{i}h|) \left(\frac{z-\mathrm{i}h}{|z-\mathrm{i}h|}\right)^{-n} \right\}$$

$$= w_0 \mathrm{e}^{\mathrm{i}\frac{k}{2}[(z-\mathrm{i}h)\mathrm{e}^{-\mathrm{i}\alpha}+(\bar{z}+\mathrm{i}h)\mathrm{e}^{\mathrm{i}\alpha}]} + w_0 \mathrm{e}^{\mathrm{i}\frac{k}{2}[(z-\mathrm{i}h)\mathrm{e}^{\mathrm{i}\alpha}+(\bar{z}+\mathrm{i}h)\mathrm{e}^{-\mathrm{i}\alpha}]} \qquad (5\text{-}171)$$

引入代表压电材料基本特性的一个无量纲参数 $\lambda = \dfrac{e_{15}^2}{c_{44} k_{11}}$, $\lambda^I = \dfrac{e_{15}^{I2}}{c_{44}^I k_{11}^I}$。

令 $\tau_0 = c_{44} k w_0$, $\tau_0' = c_{44}' k^I w_0$, 其物理意义代表非压电的弹性材料中入射波产生的应力幅值。于是有

$$\sum_{-\infty}^{\infty} A_n \xi^{(11)} + \sum_{n=1}^{\infty} D_n \xi^{(12)} + \sum_{n=1}^{\infty} E_n \xi^{(13)} + \sum_{n=1}^{\infty} I_n \xi^{(14)} + \sum_{n=1}^{\infty} L_n \xi^{(15)} + \sum_{n=1}^{\infty} M_n \xi^{(16)} = \xi^{(1)}$$

$$(5\text{-}172)$$

$$\sum_{n=1}^{\infty} D_n \xi^{(22)} + \sum_{n=1}^{\infty} E_n \xi^{(23)} + \sum_{n=1}^{\infty} I_n \xi^{(24)} + \sum_{n=1}^{\infty} L_n \xi^{(25)} = \xi^{(2)} \qquad (5\text{-}173)$$

$$\sum_{-\infty}^{\infty} A_n \xi^{(31)} + \sum_{n=1}^{\infty} D_n \xi^{(32)} + \sum_{n=1}^{\infty} E_n \xi^{(33)} + \sum_{n=1}^{\infty} I_n \xi^{(34)} + \sum_{n=1}^{\infty} L_n \xi^{(35)} + \sum_{-\infty}^{\infty} M_n \xi^{(36)} = \xi^{(3)}$$

$$(5\text{-}174)$$

$$\sum_{-\infty}^{\infty} A_n \xi^{(41)} + \sum_{-\infty}^{\infty} M_n \xi^{(46)} = \xi^{(4)} \qquad (5\text{-}175)$$

式中,

$$\xi^{(11)} = \frac{k}{4\pi} \int_{-\pi}^{\pi} \left\{ \left[H_{n-1}^{(1)}(k|z|) \left(\frac{z}{|z|}\right)^{n-1} - H_{n+1}^{(1)}(k|z-2\mathrm{i}h|) \left(\frac{z-2\mathrm{i}h}{|z-2\mathrm{i}h|}\right)^{-(n+1)} \right] \mathrm{e}^{\mathrm{i}\theta} \right.$$

$$\left. + \left[-H_{n+1}^{(1)}(k|z|) \left(\frac{z}{|z|}\right)^{n+1} + H_{n-1}^{(1)}(k|z-2\mathrm{i}h|) \left(\frac{z-2\mathrm{i}h}{|z-2\mathrm{i}h|}\right)^{-(n+1)} \right] \mathrm{e}^{-\mathrm{i}\theta} \right\} \mathrm{e}^{-\mathrm{i}m\theta} \mathrm{d}\theta$$

第 5 章 半空间内含缺陷的压电介质的反平面动力学研究

$$= \frac{k}{4\pi} \int_{-\pi}^{\pi} \left\{ \left[H_{n-1}^{(1)}(k|z|)\left(\frac{z}{|z|}\right)^{n-1} - H_{n+1}^{(1)}(k|z-2ih|)\left(\frac{z-2ih}{|z-2ih|}\right)^{-(n+1)} \right] e^{i\theta} \right.$$
$$\left. + \left[-H_{n+1}^{(1)}(k|z|)\left(\frac{z}{|z|}\right)^{n+1} + H_{n-1}^{(1)}(k|z-2ih|)\left(\frac{z-2ih}{|z-2ih|}\right)^{-(n-1)} \right] e^{-i\theta} \right\} e^{-im\theta} d\theta$$

$$\xi^{(12)} = \frac{1}{2\pi} \frac{\lambda}{1+\lambda} \int_{-\pi}^{\pi} n[z^{-n-1}e^{i\theta} + (\bar{z}+2ih)^{-n-1}e^{-i\theta}] e^{-im\theta} d\theta$$

$$\xi^{(13)} = \frac{1}{2\pi} \frac{\lambda}{1+\lambda} \int_{-\pi}^{\pi} n[(z-2ih)^{-n-1}e^{i\theta} + (\bar{z})^{-n-1}e^{-i\theta}] e^{-im\theta} d\theta$$

$$\xi^{(14)} = \frac{1}{2\pi} \frac{c_{44}^{\mathrm{I}}}{c_{44}} \frac{\lambda'}{1+\lambda} \int_{-\pi}^{\pi} n z^{-n-1} e^{i\theta} e^{-im\theta} d\theta$$

$$\xi^{(15)} = \frac{1}{2\pi} \frac{c_{44}^{\mathrm{I}}}{c_{44}} \frac{\lambda'}{1+\lambda} \int_{-\pi}^{\pi} n z^{-n-1} e^{i\theta} e^{-im\theta} d\theta$$

$$\xi^{(16)} = \frac{1}{4\pi} k^{\mathrm{I}} \frac{c_{44}^{\mathrm{I}}(1+\lambda^{\mathrm{I}})}{c_{44}(1+\lambda)} \int_{-\pi}^{\pi} \left[e^{i\theta} J_{n-1}(k'|z|)\left(\frac{z}{|z|}\right)^{n-1} - e^{-i\theta} J_{n+1}(k'|z|)\left(\frac{z}{|z|}\right)^{n+1} \right] e^{-im\theta} d\theta$$

$$\xi^{(1)} = \frac{w_0 k}{2\pi} \int_{-\pi}^{\pi} \left\{ (i^n e^{in\alpha}(J_{n-1}(k|z-ih|) - J_{n+1}(k|z-ih|))\left[\frac{z-ih}{|z-ih|}\right]^n \right.$$
$$\left. + i^n e^{-in\alpha}(J_{n-1}(k|z-ih|) - J_{n+1}(k|z-ih|))\left(\frac{z-ih}{|z-ih|}\right)^n \right\} e^{-im\theta} d\theta$$

$$\xi^{(22)} = \frac{1}{2\pi} \int_{-\pi}^{\pi} [(\bar{z}+2ih)^{-n-1} e^{-i\theta} + (z)^{-n-1} e^{i\theta}] n e^{-im\theta} d\theta$$

$$\xi^{(23)} = \frac{1}{2\pi} \int_{-\pi}^{\pi} n[(z-2ih)^{-n-1} e^{i\theta} + (\bar{z})^{-n-1} e^{-i\theta}] e^{-im\theta} d\theta$$

$$\xi^{(24)} = \frac{1}{2\pi} \frac{\lambda^{\mathrm{I}}}{e_{15}} c_{44}^{\mathrm{I}} \int_{-\pi}^{\pi} n \bar{z}^{n-1} e^{-i\theta} e^{-im\theta} d\theta$$

$$\xi^{(25)} = \frac{1}{2\pi} \frac{\lambda^{\mathrm{I}}}{e_{15}} c_{44}^{\mathrm{I}} \int_{-\pi}^{\pi} n(\bar{z})^{n-1} e^{i\theta} e^{-im\theta} d\theta$$

$$\xi^{(2)} = 0$$

$$\xi^{(31)} = -\frac{1}{2\pi} k^{-n} \frac{e_{15}}{k_{11}} \int_{-\pi}^{\pi} \left[H_n^{(1)}(k|z|)\left(\frac{z}{|z|}\right)^n + H_n^{(1)}(k|z-2ih|)\left(\frac{z-2ih}{|z-2ih|}\right)^{-n} \right] e^{-im\theta} d\theta$$

$$\xi^{(32)} = -\frac{1}{2\pi} k^{-n} \frac{e_{15}}{k_{11}} \int_{-\pi}^{\pi} [z^{-n} + (\bar{z}+2ih)^{-n}] e^{-im\theta} d\theta$$

$$\xi^{(33)} = -\frac{1}{2\pi} \frac{e_{15}}{k_{11}} \int_{-\pi}^{\pi} [(\bar{z})^{-n} + (z-2ih)^{-n}] e^{-im\theta} d\theta$$

$$\xi^{(34)} = \frac{1}{2\pi} \frac{e_{15}^{\mathrm{I}}}{k_{11}^{\mathrm{I}}} \int_{-\pi}^{\pi} \bar{z}^n e^{-im\theta} d\theta$$

$$\xi^{(35)} = \frac{1}{2\pi} \frac{e_{15}^{\mathrm{I}}}{k_{11}^{\mathrm{I}}} \int_{-\pi}^{\pi} (\bar{z})^n \mathrm{e}^{-\mathrm{i}m\theta} \mathrm{d}\theta$$

$$\xi^{(36)} = \frac{1}{2\pi} \frac{e_{15}^{\mathrm{I}}}{k_{11}^{\mathrm{I}}} \int_{-\pi}^{\pi} J_n(k|z|) \left(\frac{z}{|z|}\right)^n \mathrm{e}^{-\mathrm{i}m\theta} \mathrm{d}\theta$$

$$\xi^{(3)} = \frac{1}{2\pi} \frac{e_{15}}{k_{11}} \int_{-\pi}^{\pi} \left[w_0 \mathrm{e}^{\mathrm{i}\frac{k}{2}((z-\mathrm{i}h)\mathrm{e}^{-\mathrm{i}\alpha}+(\bar{z}+\mathrm{i}h)\mathrm{e}^{\mathrm{i}\alpha})} + w_0 \mathrm{e}^{\mathrm{i}\frac{k}{2}((z-\mathrm{i}h)\mathrm{e}^{\mathrm{i}\alpha}+(\bar{z}+\mathrm{i}h)\mathrm{e}^{-\mathrm{i}\alpha})} - L_0 \right] \mathrm{e}^{-\mathrm{i}m\theta} \mathrm{d}\theta$$

$$\xi^{(41)} = -\frac{1}{2\pi} \int_{-\pi}^{\pi} \left[H_n^{(1)}(k|z+\mathrm{i}h|) \left(\frac{z+\mathrm{i}h}{|z+\mathrm{i}h|}\right)^{n-1} + H_n^{(1)}(k|z-\mathrm{i}h|) \left(\frac{z-\mathrm{i}h}{|z-\mathrm{i}h|}\right)^{-n} \right] \mathrm{e}^{-\mathrm{i}m\theta} \mathrm{d}\theta$$

$$\xi^{(46)} = \frac{1}{2\pi} J_n(k'|z|) \left(\frac{z}{|z|}\right)^n \mathrm{e}^{-\mathrm{i}m\theta} \mathrm{d}\theta$$

$$\xi^{(4)} = \frac{1}{2\pi} \int_{-\pi}^{\pi} \left[w_0 \mathrm{e}^{\mathrm{i}\frac{k}{2}((z-\mathrm{i}h)\mathrm{e}^{-\mathrm{i}\alpha}+(\bar{z}+\mathrm{i}h)\mathrm{e}^{\mathrm{i}\alpha})} + w_0 \mathrm{e}^{\mathrm{i}\frac{k}{2}((z-\mathrm{i}h)\mathrm{e}^{\mathrm{i}\alpha}+(\bar{z}+\mathrm{i}h)\mathrm{e}^{-\mathrm{i}\alpha})} \right] \mathrm{e}^{-\mathrm{i}m\theta} \mathrm{d}\theta$$

为了求解无穷代数方程组，可以利用柱函数的收敛性，将式中 n 的最大正整数取值 $N_{\max}$，即有 $n=0,\pm 1,\pm 2,\cdots,\pm N_{\max}$。则 4 组代数方程可以构建 $(2N_{\max}+1)+2N_{\max}+(2N_{\max}+1)+(2N_{\max}+1)=(8N_{\max}+3)$ 个方程，而未知数 A_n、D_n、E_n、I_n、L_n、M_n 的项数分别为 $(2N_{\max}+1)$、$N_{\max}$、$N_{\max}$、$(N_{\max}+1)$、$N_{\max}$、$(2N_{\max}+1)$ 共有 $(8N_{\max}+3)$ 个未知数。

显然，求解未知数的条件是充分的，问题转化为求解 $(8N_{\max}+3)$ 个未知数的线性代数方程组。于是，可以利用线性代数理论 $\boldsymbol{AX}=\boldsymbol{B}$ 来求解方程。式中，$\boldsymbol{X}$ 为 $(8N_{\max}+3)$ 个未知数构成的 $(8N_{\max}+3)$ 阶列向量。$\boldsymbol{A}$ 为系数矩阵，其阶数为 $(8N_{\max}+3)\times(8N_{\max}+3)$，$\boldsymbol{B}$ 为非齐次项系数列阵。然后利用 $\boldsymbol{X}=\boldsymbol{A}^{-1}\boldsymbol{B}$，得到待求未知数构成的列阵。

5.3.5 动应力集中系数

在入射波作用之下，求得动应力集中系数是一项重要的任务。在本问题中，主要研究圆柱夹杂边缘的动应力集中。

通常动应力集中系数 $\tau_{\theta z}^* = \dfrac{\tau_{\theta z}^{(i)}}{\tau_0}$，将式 (5-121)，式 (5-125)，式 (5-157)，式 (5-154) 代入式 (5-120) 第二式，得

$$\begin{aligned}\tau_{\theta z}^{(i)} &= -\mathrm{i}\left(c_{44}+\frac{e_{15}^2}{k_{11}}\right) w_0 k \sin(\theta-\alpha) \mathrm{e}^{\mathrm{i}\frac{k}{2}((z-\mathrm{i}h)\mathrm{e}^{-\mathrm{i}\alpha}+(\bar{z}+\mathrm{i}h)\mathrm{e}^{\mathrm{i}\alpha})} \\ &= -\mathrm{i}(1+\lambda)\tau_0 \sin(\theta-\alpha) \mathrm{e}^{\mathrm{i}\frac{k}{2}((z-\mathrm{i}h)\mathrm{e}^{-\mathrm{i}\alpha}+(\bar{z}+\mathrm{i}h)\mathrm{e}^{\mathrm{i}\alpha})}\end{aligned} \quad (5\text{-}176)$$

第5章 半空间内含缺陷的压电介质的反平面动力学研究

$$\tau_{\theta z}^{(r)} = -\mathrm{i}\left(c_{44}+\frac{e_{15}^2}{k_{11}}\right)w_0 k\sin(\theta+\alpha)\mathrm{e}^{\mathrm{i}\frac{k}{2}((z-\mathrm{i}h)\mathrm{e}^{\mathrm{i}\alpha}+(\bar{z}+\mathrm{i}h)\mathrm{e}^{-\mathrm{i}\alpha})}$$

$$= -\mathrm{i}(1+\lambda)\tau_0\sin(\theta+\alpha)\mathrm{e}^{\mathrm{i}\frac{k}{2}((z-\mathrm{i}h)\mathrm{e}^{\mathrm{i}\alpha}+(\bar{z}+\mathrm{i}h)\mathrm{e}^{-\mathrm{i}\alpha})} \quad (5-177)$$

$$\begin{aligned}\tau_{\theta z}^{(s)} &= \left(c_{44}+\frac{e_{15}^2}{k_{11}}\right)\mathrm{i}\frac{k}{2}\sum_{-\infty}^{\infty}A_n\left\{\left[H_{n-1}^{(1)}(k|z|)\left(\frac{z}{|z|}\right)^{n-1}-H_{n+1}^{(1)}(k|z-2\mathrm{i}h|)\left(\frac{z-2\mathrm{i}h}{|z-2\mathrm{i}h|}\right)^{-(n+1)}\right]\mathrm{e}^{\mathrm{i}\theta}\right.\\
&\quad \left.-\left[-H_{n+1}^{(1)}(k|z|)\left(\frac{z}{|z|}\right)^{n+1}+H_{n-1}^{(1)}(k|z-2\mathrm{i}h|)\left(\frac{z-2\mathrm{i}h}{|z-2\mathrm{i}h|}\right)^{-(n-1)}\right]\mathrm{e}^{-\mathrm{i}\theta}\right\}\\
&\quad -\frac{e_{15}^2}{k_{11}}\mathrm{i}\sum_{1}^{\infty}n\{[D_n z^{-n-1}+E_n(z-2\mathrm{i}h)^{-n-1}]\mathrm{e}^{\mathrm{i}\theta}-[D_n(\bar{z}+2\mathrm{i}h)^{-n-1}+E_n \bar{z}^{-n-1}]\mathrm{e}^{-\mathrm{i}\theta}\}\\
&= (1+\lambda)\mathrm{i}\frac{1}{2}\sum_{-\infty}^{\infty}A_n\left\{\left[H_{n-1}^{(1)}(k|z|)\left(\frac{z}{|z|}\right)^{n-1}-H_{n+1}^{(1)}(k|z-2\mathrm{i}h|)\left(\frac{z-2\mathrm{i}h}{|z-2\mathrm{i}h|}\right)^{-(n+1)}\right]\mathrm{e}^{\mathrm{i}\theta}\right.\\
&\quad \left.-\left[-H_{n+1}^{(1)}(k|z|)\left(\frac{z}{|z|}\right)^{n+1}+H_{n-1}^{(1)}(k|z-2\mathrm{i}h|)\left(\frac{z-2\mathrm{i}h}{|z-2\mathrm{i}h|}\right)^{-(n-1)}\right]\mathrm{e}^{-\mathrm{i}\theta}\right\}\\
&\quad -\frac{\lambda}{k}\mathrm{i}\sum_{1}^{\infty}n\{[D_n z^{-n-1}+E_n(z-2\mathrm{i}h)^{-n-1}]\mathrm{e}^{\mathrm{i}\theta}-[D_n(\bar{z}+2\mathrm{i}h)^{-n-1}+E_n \bar{z}^{-n-1}]\mathrm{e}^{-\mathrm{i}\theta}\}\end{aligned} \quad (5-178)$$

$$\begin{aligned}\tau_{\theta z}^{*} &= -\mathrm{i}(1+\lambda)\tau_0\sin(\theta-\alpha)\mathrm{e}^{\mathrm{i}\frac{k}{2}((z-\mathrm{i}h)\mathrm{e}^{-\mathrm{i}\alpha}+(\bar{z}+\mathrm{i}h)\mathrm{e}^{\mathrm{i}\alpha})}\\
&\quad -\mathrm{i}(1+\lambda)\tau_0\sin(\theta+\alpha)\mathrm{e}^{\mathrm{i}\frac{k}{2}((z-\mathrm{i}h)\mathrm{e}^{\mathrm{i}\alpha}+(\bar{z}+\mathrm{i}h)\mathrm{e}^{-\mathrm{i}\alpha})}\\
&\quad +(1+\lambda)\mathrm{i}\frac{1}{2}\sum_{-\infty}^{\infty}A_n\left\{\left[H_{n-1}^{(1)}(k|z|)\left(\frac{z}{|z|}\right)^{n-1}-H_{n+1}^{(1)}(k|z-2\mathrm{i}h|)\left(\frac{z-2\mathrm{i}h}{|z-2\mathrm{i}h|}\right)^{-(n+1)}\right]\mathrm{e}^{\mathrm{i}\theta}\right.\\
&\quad \left.-\left[-H_{n+1}^{(1)}(k|z|)\left(\frac{z}{|z|}\right)^{n+1}+H_{n-1}^{(1)}(k|z-2\mathrm{i}h|)\left(\frac{z-2\mathrm{i}h}{|z-2\mathrm{i}h|}\right)^{-(n-1)}\right]\mathrm{e}^{-\mathrm{i}\theta}\right\}\\
&\quad -\frac{\lambda}{k}\mathrm{i}\sum_{1}^{\infty}nk^{-n}\{[D_n z^{-n-1}+E_n(z-2\mathrm{i}h)^{-n-1}]\mathrm{e}^{\mathrm{i}\theta}-[D_n(\bar{z}+2\mathrm{i}h)^{-n-1}+E_n \bar{z}^{-n-1}]\mathrm{e}^{-\mathrm{i}\theta}\}\end{aligned}$$

$$(5-179)$$

5.3.6 算例和结果讨论

本节在上一节理论推导的基础上,给出了压电材料中界面附近圆柱夹杂在不同参数匹配情况下的算例,绘制出计算曲线,讨论了动应力集中系数与外加电场、入射波角度和频率,以及圆柱夹杂中心到界面的距离与夹杂半径比的依赖关系。计算结果分析表明,对于含界面附近圆柱夹杂的压电材料进行低频、大压电特征参数的动力分析十分重要。

5.3.6.1 压电材料中界面附近圆柱夹杂的解答

在上一节里,我们讨论了压电材料中界面附近圆柱夹杂的动力反平面特性，给出了动应力集中情况的一般表达式。本章以压电材料中界面附近圆柱夹杂对SH波的散射作为算例。沿α角入射的SH波作用于含圆柱夹杂的半无限空间如图5.45所示。

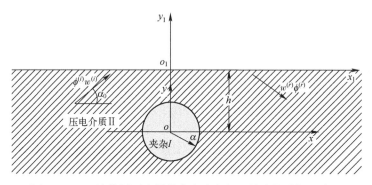

图5.45 SH波作用下含圆柱夹杂半空间区域内的波场示意图

对于压电材料中界面附近圆柱夹杂情况，上一节推导得到的动应力集中系数为

$$\begin{aligned}\tau_{\theta z}^* = &-\mathrm{i}(1+\lambda)\tau_0\sin(\theta-\alpha)\mathrm{e}^{\mathrm{i}\frac{k}{2}((z-\mathrm{i}h)\mathrm{e}^{-\mathrm{i}\alpha}+(\bar{z}+\mathrm{i}h)\mathrm{e}^{\mathrm{i}\alpha})}\\ &-\mathrm{i}(1+\lambda)\tau_0\sin(\theta+\alpha)\mathrm{e}^{\mathrm{i}\frac{k}{2}((z-\mathrm{i}h)\mathrm{e}^{\mathrm{i}\alpha}+(\bar{z}+\mathrm{i}h)\mathrm{e}^{-\mathrm{i}\alpha})}\\ &+(1+\lambda)\mathrm{i}\frac{1}{2}\sum_{-\infty}^{\infty}A_n\left\{\left[H_{n-1}^{(1)}(k|z|)\left(\frac{z}{|z|}\right)^{n-1}-H_{n+1}^{(1)}(k|z-2\mathrm{i}h|)\left(\frac{z-2\mathrm{i}h}{|z-2\mathrm{i}h|}\right)^{-(n+1)}\right]\mathrm{e}^{\mathrm{i}\theta}\right.\\ &\left.-\left[-H_{n+1}^{(1)}(k|z|)\left(\frac{z}{|z|}\right)^{n+1}+H_{n-1}^{(1)}(k|z-2\mathrm{i}h|)\left(\frac{z-2\mathrm{i}h}{|z-2\mathrm{i}h|}\right)^{-(n-1)}\right]\mathrm{e}^{-\mathrm{i}\theta}\right\}\\ &-\frac{\lambda}{k}\mathrm{i}\sum_{1}^{\infty}nk^{-n}\{[D_n z^{-n-1}+E_n(z-2\mathrm{i}h)^{-n-1}]\mathrm{e}^{\mathrm{i}\theta}-[D_n(\bar{z}+2\mathrm{i}h)^{-n-1}+E_n\bar{z}^{-n-1}]\mathrm{e}^{-\mathrm{i}\theta}\}\end{aligned}$$

5.3.6.2 压电材料中界面附近圆柱夹杂算例

情况一：入射角$\alpha=\dfrac{\pi}{2}$，$c_{44}^{\mathrm{I}}/c_{44}=2$，$k_{11}^{\mathrm{I}}/k_{11}=1$，$e_{15}^{\mathrm{I}}/e_{15}=1$，$h/a=1.5$时动应力集中系数在圆孔周边的分布，每组图分别取不同的波数k，k'值或不同的压电综合参数λ值，如图5.46和图5.47所示。

情况二：入射角$\alpha=\dfrac{\pi}{6}$、$\dfrac{\pi}{4}$、$\dfrac{\pi}{3}$，$c_{44}^{\mathrm{I}}/c_{44}=5$，$k_{11}^{\mathrm{I}}/k_{11}=1$，$e_{15}^{\mathrm{I}}/e_{15}=1$，$h/a=1.5$，$\theta=\pi/2$时动应力集中系数随无量纲量波数$ka$的改变，每组图分别取不同的$\lambda$值，如图5.48~图5.50所示。

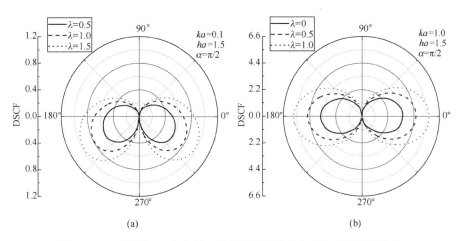

图 5.46　SH 波沿 90°角入射，圆柱夹杂周边动应力集中系数的分布

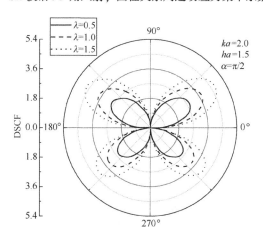

图 5.47　SH 波沿 90°角高频入射，圆柱夹杂周边动应力集中系数的分布

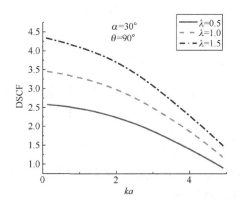

图 5.48　SH 波沿 30°角入射，圆柱夹杂周边动应力集中系数随入射波数 ka 的变化

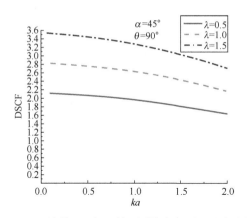

图 5.49 SH 波沿 45°角入射,圆柱夹杂周边动应力集中系数随入射波数 ka 的变化

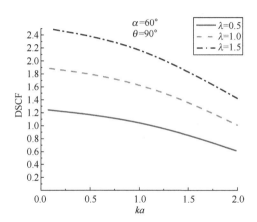

图 5.50 SH 波沿 60°角入射,圆柱夹杂周边动应力集中系数随入射波数 ka 的变化

情况三:入射角 $\alpha=\dfrac{\pi}{4}$,$c_{44}^{\mathrm{I}}/c_{44}=2$,$k_{11}^{\mathrm{I}}/k_{11}=1$,$e_{15}^{\mathrm{I}}/e_{15}=1$,$h/a=1.5$,$\theta=\pi/2$ 时动应力集中系数随无量纲量波数 ka 的改变,每组图分别取不同的 λ 值,如图 5.51 所示。

情况四:入射角 $\alpha=\dfrac{\pi}{4}$、$\dfrac{\pi}{2}$,$c_{44}^{\mathrm{I}}/c_{44}=5$,$k_{11}^{\mathrm{I}}/k_{11}=1$,$e_{15}^{\mathrm{I}}/e_{15}=1$,$h/a=1.5$,$\theta=\pi/2$ 或 $\theta=0$ 时动应力集中系数随 h/a 的改变,每组图分别取不同的 ka 值及 λ 值,如图 5.52~图 5.55 所示。

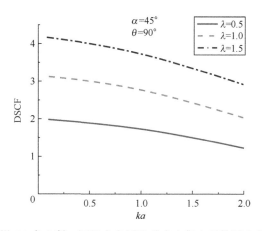

图 5.51 SH 波沿 45°角入射，圆柱夹杂周边动应力集中系数随入射波数 ka 的变化

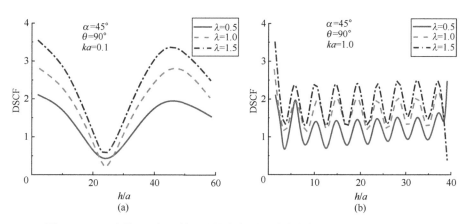

图 5.52 SH 波沿 45°角入射，圆柱夹杂周边动应力集中系数随 h/a 的变化

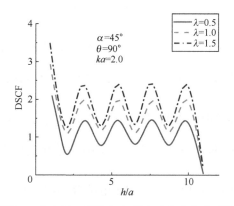

图 5.53 SH 波沿 45°角入射，圆柱夹杂周边动应力集中系数随 h/a 的变化

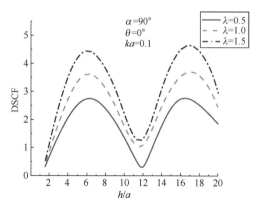

图 5.54　SH 波沿 90°角入射，$ka=0.1$，圆柱夹杂周边动应力集中系数随 h/a 的变化

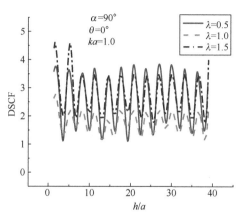

图 5.55　SH 波沿 90°角入射，$ka=1.0$，圆柱夹杂周边动应力集中系数随 h/a 的变化

情况五：入射角 $\alpha=\dfrac{\pi}{4}$，$c_{44}^{\mathrm{I}}/c_{44}=2$，$k_{11}^{\mathrm{I}}/k_{11}=1$，$e_{15}^{\mathrm{I}}/e_{15}=1$，$h/a=1.5$，$\theta=\pi/2$ 时动应力集中系数随 h/a 的改变，每组图分别取不同的 h/a 值及 λ 值，如图 5.56~图 5.58 所示。

情况六：反极性情况，即当 $e_{15}^{\mathrm{I}}/e_{15}=-1$，$c_{44}^{\mathrm{I}}/c_{44}=1$，$k_{11}^{\mathrm{I}}/k_{11}=1$，$ka^{\mathrm{I}}/ka=1$ 时，入射角度 $\alpha=\dfrac{\pi}{2}$，$h/a=1.5$，动应力集中系数在圆柱夹杂周边的分布，每组图分别取不同的波数 ka 值或不同的压电综合参数 λ 值；入射角度 $\alpha=\dfrac{\pi}{4}$、

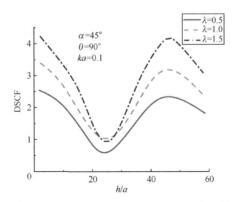

图 5.56 当 $c_{44}^I/c_{44}=2$ 时，$ka=0.1$，SH 波沿 45°角入射，圆柱夹杂周边动应力集中系数随 h/a 的变化

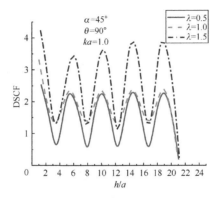

图 5.57 当 $c_{44}^I/c_{44}=2$ 时，$ka=1.0$，SH 波沿 45°角入射，圆柱夹杂周边动应力集中系数随 h/a 的变化

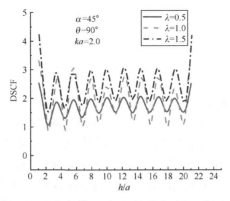

图 5.58 当 $c_{44}^I/c_{44}=2$ 时，$ka=2.0$，SH 波沿 45°角入射，圆柱夹杂周边动应力集中系数随 h/a 的变化

$\alpha = \dfrac{\pi}{2}$ 动应力集中系数随无量纲量波数 ka 的改变,每组图分别取不同的 λ 值,如图 5.59~图 5.61 所示。

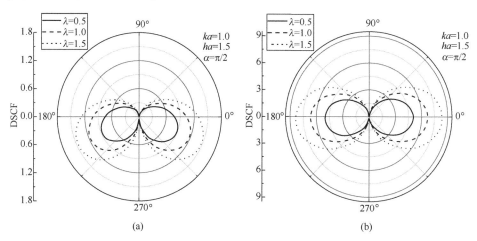

图 5.59　当反极性时,SH 波沿 90°角入射,含圆柱夹杂周边动应力集中系数的分布

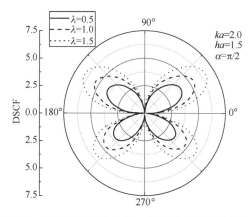

图 5.60　当反极性时,SH 波沿 90°角入射,圆柱夹杂周边动应力集中系数的分布

5.3.6.3　结果分析

作为算例,本节给出了压电材料中界面附近圆柱夹杂散射的数值结果,讨论了不同的波数、入射角度及不同的压电特征参数对动应力集中系数的影响。其中,波数由 k 来表示,压电特征参数由 λ 来表示。那么,考虑圆柱夹杂中心与界面的距离和圆柱夹杂半径之比 h/a,由于在各种情况下,包括不同的入射角和不同的压电特征参数。随着圆柱夹杂与界面距离的增加,总的趋势是动应力集中系数 $|\tau_{\theta z}^*|$ 要减小。而且,当 h/a 达到 6 倍以上时,可以不考虑自由边

第 5 章 半空间内含缺陷的压电介质的反平面动力学研究

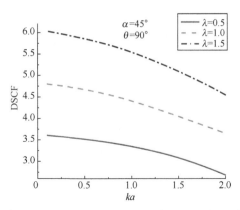

图 5.61 当反极性时，SH 波沿 45°角入射，圆柱夹杂周边动应力集中系数随入射波数 ka 的变化

界与圆柱夹杂相互之间的影响，本书重点研究界面附近的计算，即 $h/a=1.5$ 的情况。

(1) 图 5.46 和图 5.47 中，当 $c_{44}^{\text{I}}/c_{44}=2$ 时，情况和 $c_{44}^{\text{I}}/c_{44}=5$ 时类似，但是动应力集中系数值要随比值的减小而增大。

(2) 当 $c_{44}^{\text{I}}/c_{44}=5$ 时，圆柱夹杂周边上的动应力集中系数 $|\tau_{\theta z}^{*}|$ 与无量纲波数 k 的关系。

图 5.48~图 5.50 给出了不同 λ 值情况下，$\alpha=\dfrac{\pi}{6}$、$\dfrac{\pi}{4}$、$\dfrac{\pi}{3}$ 处 $|\tau_{\theta z}^{*}|$ 随波数 ka 的变化情况，当 $\alpha=\dfrac{\pi}{6}$、$\dfrac{\pi}{4}$、$\dfrac{\pi}{3}$ 时，$\theta=\pi/2$ 处可以看到动应力集中系数的峰值在低频段 $ka=0.3$~0.5。可以看到动应力集中系数随无量纲量波数 ka 的增大而减小，而随材料的压电特征参数的增大而增大。

图 5.51 中当 $c_{44}^{\text{I}}/c_{44}=2$ 时，情况和 $c_{44}^{\text{I}}/c_{44}=5$ 时类似，动应力集中系数随无量纲量波数 ka 的增大而减小，而随材料的压电特征参数 λ 的增大而增大，但是动应力集中系数值要随内外弹性常数 c_{44} 的比值的减小而增大，峰值同样出现在低频 $ka=0.3$~0.5。

(3) 当 $c_{44}^{\text{I}}/c_{44}=5$ 时，圆柱夹杂周边上的动应力集中系数 $|\tau_{\theta z}^{*}|$ 与 h/a 的关系。

图 5.52~图 5.55 给出了 SH 波以 $\alpha=45°$ 入射时，$\theta=90°$ 处和 $\alpha=90°$ 入射时 $\theta=0°$ 处的 $|\tau_{\theta z}^{*}|$ 随 h/a 的变化规律。当 $ka=0.1$、1.0、2.0 时，各种情况曲线的峰值基本不变，体现了水平界面的影响。随 h/a 的变化规律，总的趋势是随 h/a 的增大，动应力集中系数 $|\tau_{\theta z}^{*}|$ 要减小。

如图 5.56~图 5.58 所示，当 $c_{44}^I/c_{44}=2$ 时，情况和 $c_{44}^I/c_{44}=5$ 时类似，但是动应力集中系数值要随内外弹性常数 c_{44} 比值的减小而增大。

（4）当反极性时，见图 5.59~图 5.61，可知动应力集中系数变化趋势基本一致，但是数值有较明显的增大。

5.4 半空间内含界面附近局部脱胶圆柱夹杂的压电介质的反平面动力学研究

本节将利用 Green 函数法对半无限压电材料界面附近局部脱胶圆柱夹杂受 SH 波作用的动态问题进行理论推导。在构造半空间压电介质中圆柱夹杂对 SH 波散射的前提下，推导出夹杂与压电介质完全结合的格林函数，然后利用裂纹切割的方法构造出夹杂与压电介质局部"脱胶"的力学模型，从而推出圆柱夹杂局部脱胶时的总位移场及总电位势场。最后，研究裂纹尖端的动应力强度因子。

5.4.1 模型与控制方程

5.4.1.1 模型的建立

沿 α 角入射的 SH 波作用于含局部脱胶圆柱夹杂的半无限压电空间如图 5.62 所示：在无限大半空间压电材料界面附近含有一个局部脱胶的圆柱夹杂，脱胶部位沿 x 轴对称分布，一束稳态的 SH 波沿 α 方向从压电介质基体中射入，作用于基体及圆柱夹杂，图中 α 为脱胶尺寸的大小，即弧形裂纹所对应的圆心角。为了方便计算推导，在模型中设置了两个坐标系 xoy 和 $x_1o_1y_1$，它们之间换算关系如下：

$$x=x_1, y=y_1-\mathrm{i}h$$

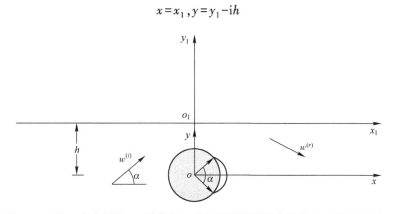

图 5.62 沿 α 角入射的 SH 波作用于含局部脱胶圆柱夹杂的半无限压电空间

5.4.1.2 控制方程

将本节所研究的问题抽象为一个最简单的模型,即反平面剪切运动的 SH 波模型,这是由于这种模型在 SH 波的作用下所产生 xy 平面内的位移 $w(x,y,t)$ 垂直于 xy 平面,且只是 x 与 y 的函数。

我们可将受荷载作用的稳态弹性场和电场的场变量用时间谐和因子与空间变量分离形式表示出来,具体表达式如下:

$$A^*(x,y,t) = A(x,y)\mathrm{e}^{-\mathrm{i}\omega t} \tag{5-180}$$

在式(5-180)中:A^* 是一个复变量,而且它的实部 A 为问题的解,在求解过程中待解的场变量 A^* 将被 A 代替,而成为主要的研究对象。

压电介质中,设电极化方向垂直于 xy 平面,则稳态(时间谐和)的反平面动力学问题的控制方程为

$$\begin{cases} \dfrac{\partial \tau_{xz}}{\partial x}+\dfrac{\partial \tau_{yz}}{\partial y}+\rho\omega^2 w=0 \\ \dfrac{\partial D_x}{\partial x}+\dfrac{\partial D_y}{\partial y}=0 \end{cases} \tag{5-181}$$

式中,τ_{xz} 和 τ_{yz} 为剪应力分量;D_x 和 D_y 为电位移分量;w,ω 分别为出平面位移、SH 波的圆频率。压电材料的本构关系可以写成

$$\begin{cases} \tau_{xz}=c_{44}\dfrac{\partial w}{\partial x}+e_{15}\dfrac{\partial \phi}{\partial x} \\ \tau_{yz}=c_{44}\dfrac{\partial w}{\partial y}+e_{15}\dfrac{\partial \phi}{\partial y} \\ D_x=e_{15}\dfrac{\partial w}{\partial x}-k_{11}\dfrac{\partial \phi}{\partial x} \\ D_y=e_{15}\dfrac{\partial w}{\partial y}-k_{11}\dfrac{\partial \phi}{\partial y} \end{cases} \tag{5-182}$$

式中,c_{44}、e_{15} 和 k_{11} 分别是压电材料的弹性常数、压电常数和介电常数;ϕ 为介质中的电位势。将本构关系式(5-182)代入控制方程(5-181),则可得

$$\begin{cases} c_{44}\nabla^2 w+e_{15}\nabla^2 \phi+\rho\omega^2 w=0 \\ e_{15}\nabla^2 w-k_{11}\nabla^2 \phi=0 \end{cases} \tag{5-183}$$

式(5-183)可以化简为

$$\begin{cases} \nabla^2 w+k^2 w=0 \\ \nabla^2 f=0 \end{cases} \tag{5-184}$$

式中,k 为波数,$c^*=c_{44}+\dfrac{e_{15}^2}{k_{11}}$,且 $k^2=\dfrac{\rho\omega^2}{c^*}$。而电位势为

$$\phi = \frac{e_{15}}{k_{11}} w + f$$

为了方便计算将上式写成

$$\phi = \frac{e_{15}}{k_{11}} (w+f) \tag{5-185}$$

在极坐标系中,控制方程(5-183)可写成:

$$\begin{cases} \dfrac{\partial^2 w}{\partial r^2} + \dfrac{1}{r}\dfrac{\partial w}{\partial r} + \dfrac{1}{r^2}\dfrac{\partial^2 w}{\partial \theta^2} + k^2 w = 0 \\ \dfrac{\partial^2 f}{\partial r^2} + \dfrac{1}{r}\dfrac{\partial f}{\partial r} + \dfrac{1}{r^2}\dfrac{\partial^2 f}{\partial \theta^2} = 0 \end{cases} \tag{5-186}$$

而本构关系式(5-182)则为

$$\begin{cases} \tau_{rz} = c_{44}\dfrac{\partial w}{\partial r} + e_{15}\dfrac{\partial \phi}{\partial r} \\ \tau_{\theta z} = c_{44}\dfrac{1}{r}\dfrac{\partial w}{\partial \theta} + e_{15}\dfrac{1}{r}\dfrac{\partial \phi}{\partial \theta} \\ D_r = e_{15}\dfrac{\partial w}{\partial r} - k_{11}\dfrac{\partial \phi}{\partial r} \\ D_\theta = e_{15}\dfrac{1}{r}\dfrac{\partial w}{\partial \theta} - k_{11}\dfrac{1}{r}\dfrac{\partial \phi}{\partial \theta} \end{cases} \tag{5-187}$$

引入复变量 $z = x+\mathrm{i}y, \bar{z} = x-\mathrm{i}y$,在复平面 $(z,\bar{z})$ 上,控制方程(5-184)则变为

$$\begin{cases} \dfrac{\partial^2 w}{\partial z \partial \bar{z}} + \dfrac{1}{4}k^2 w = 0 \\ \dfrac{\partial^2 f}{\partial z \partial \bar{z}} = 0 \end{cases} \tag{5-188}$$

复平面 $(z,\bar{z})$ 上,式(5-182)变为

$$\begin{cases} \tau_x = \left(c_{44} + \dfrac{e_{15}^2}{k_{11}}\right)\left(\dfrac{\partial w}{\partial z} + \dfrac{\partial w}{\partial \bar{z}}\right) + \dfrac{e_{15}^2}{k_{11}}\left(\dfrac{\partial f}{\partial z} + \dfrac{\partial f}{\partial \bar{z}}\right) \\ \tau_{yz} = \left(c_{44} + \dfrac{e_{15}^2}{k_{11}}\right)\mathrm{i}\left(\dfrac{\partial w}{\partial z} - \dfrac{\partial w}{\partial \bar{z}}\right) + \dfrac{e_{15}^2}{k_{11}}\mathrm{i}\left(\dfrac{\partial f}{\partial z} - \dfrac{\partial f}{\partial \bar{z}}\right) \\ D_x = -e_{15}\left(\dfrac{\partial f}{\partial z} + \dfrac{\partial f}{\partial \bar{z}}\right) \\ D_y = -e_{15}\mathrm{i}\left(\dfrac{\partial f}{\partial z} - \dfrac{\partial f}{\partial \bar{z}}\right) \end{cases} \tag{5-189}$$

又 $z=re^{i\theta}, \bar{z}=re^{-i\theta}$，则复平面 $(z,\bar{z})$ 上，式（5-187）变为

$$\begin{cases} \tau_{rz} = \left(c_{44}+\dfrac{e_{15}^2}{k_{11}}\right)\left(\dfrac{\partial w}{\partial z}e^{i\theta}+\dfrac{\partial w}{\partial \bar{z}}e^{-i\theta}\right)+\dfrac{e_{15}^2}{k_{11}}\left(\dfrac{\partial f}{\partial z}e^{i\theta}+\dfrac{\partial f}{\partial \bar{z}}e^{-i\theta}\right) \\ \tau_{\theta z} = \left(c_{44}+\dfrac{e_{15}^2}{k_{11}}\right)i\left(\dfrac{\partial w}{\partial z}e^{i\theta}-\dfrac{\partial w}{\partial \bar{z}}e^{-i\theta}\right)+\dfrac{e_{15}^2}{k_{11}}i\left(\dfrac{\partial f}{\partial z}e^{i\theta}-\dfrac{\partial f}{\partial \bar{z}}e^{-i\theta}\right) \\ D_r = -e_{15}\left(\dfrac{\partial f}{\partial z}e^{i\theta}+\dfrac{\partial f}{\partial \bar{z}}e^{-i\theta}\right) \\ D_\theta = -e_{15}i\left(\dfrac{\partial f}{\partial z}e^{i\theta}-\dfrac{\partial f}{\partial \bar{z}}e^{-i\theta}\right) \end{cases} \quad (5\text{-}190)$$

5.4.2 格林函数

5.4.2.1 格林函数的基本概念

在数学物理方法中，每一个数学物理方程都有自己的物理意义，如泊松方程代表静电场与电荷分布的关系，热传导方程代表温度场与热源之间的关系，等等。所以，一个数学物理方程可以表示这样一种关系，即一种"源"与由这种源所产生的"场"所对应的关系。如果将源看成由很多点源组合而成并设法知道点源所产生的场，那么就可以利用叠加原理求出满足同样边界条件下任意源的场，这种方法称为格林函数法，点源所产生的场称为格林函数。由于格林函数法是建立在叠加原理上的，所以，这种方法只适用于线性系统。我们先看一个线性的非齐次微分方程：

$$Lu(x) = a_0(x)D^n + a_1(x)D^{n-1} + \cdots + a_{n-1}(x)D + a_n(x) = f(x) \quad (5\text{-}191)$$

式中，L 表示一个微分算子，$D=\dfrac{d}{dx}$，$a_0(x)\neq 0$，$f(x)$ 是一个连续函数。

对于式（5-191）中等式右端的连续函数 $f(x)$，其表达式为

$$f(x) = \int_{-\infty}^{+\infty}\delta(x-y)f(y)dy \quad (5\text{-}192)$$

以上方程的意义为：将空间中连续分布外源 $f(x)$ 分解为鳞次排列的许许多多点源。其中，δ 函数是一个重要的广义函数，可以实现用非常简洁的数学形式将一些很复杂的极限过程表示出来，所以，它在线性问题中描写点源或瞬时量时应用非常广泛。常常将 $\delta(x)$ 函数表示成：

$$\delta(x) = \begin{cases} 0, x\neq 0 \\ \infty, x=0 \end{cases}; \int_{-\infty}^{+\infty}\delta(x)=1 \quad (5\text{-}193)$$

因为微分方程是线性的，可用叠加原理。若 u_1 和 u_2 分别是 $Lu_i=f_i(i=1,2)$

的解，则 $u=b_1u_1+b_2u_2$ 是微分方程 $Lu=f=b_1f_1+b_2f_2$ 的解，其中的 b_1 和 b_2 是任意常数。这样的叠加可以推广到 i 为无穷多个，即连续分布的情形。将式（5-192）左边的函数 $f(x)$ 看成右边一系列连续分布 $\delta(x-y)f(y)$ 之和。

令 $G(x,y)$ 作为式（5-191）的基本解，则根据函数的线性特征可知：

$$LG(x,y)=\delta(x-y) \tag{5-194}$$

将式（5-194）代入式（5-192），再将式（5-192）代入式（5-191），推导出关系式：

$$u(x)=\int_{-\infty}^{+\infty}G(x,y)f(y)\mathrm{d}y \tag{5-195}$$

在式（5-195）中，$G(x,y)$ 为点源函数产生的响应，给 G 乘以任意常数 $f(y)$ 并将它们相加（即对 y 积分）即可得

$$f(x)=\int_{-\infty}^{+\infty}\delta(x-y)f(y)\mathrm{d}y=\int_{-\infty}^{+\infty}LG(x,y)f(y)\mathrm{d}y=L\int_{-\infty}^{+\infty}G(x,y)f(y)\mathrm{d}y=Lu$$

从上式可以知道，求解方程（5-191）中的前提是必须先得到单位点源产生的响应 $G(x,y)$，由此可见 $G(x,y)$ 的重要性，一般地，定义 $G(x,y)$ 为算子 L 的基本解。

微分方程边值问题的求解往往要满足一定的边界条件，相应的基本解 $G(x,y)$ 也应该满足一定的边界条件，则称这种基本解 $G(x,y)$（满足边界条件）为格林函数。在力学中，格林函数有着重要的物理意义，它代表了在任意点处作用一个源（力、温度等）所产生的场，则称方程（5-191）右边的 f 为强迫项，当 f 为脉冲函数时，格林函数 $G(x,y)$ 是微分方程（5-191）的解。

5.4.2.2 格林函数的控制方程和边界条件

如图 5.63 所示，在时间谐和的反平面线源力电荷载作用下界面附近含有圆柱夹杂的半无限压电材料的位移场的基本解用 G 表示，G 即为本书所研究问题的格林函数。由于 G 与时间 t 的关系为 $\mathrm{e}^{-\mathrm{i}\omega t}$，所以，在直角坐标系中 G 满足亥姆霍兹控制方程：

$$\frac{\partial^2 G}{\partial x^2}+\frac{\partial^2 G}{\partial y^2}+k^2G=0 \tag{5-196}$$

式中，$k=\dfrac{\omega}{c_s}$，ω 表示位移函数的圆频率；$c_s=\sqrt{\dfrac{\mu}{\rho}}$ 表示介质的剪切波速；ρ、μ 分别表示介质的质量密度以及剪切模量。

边界条件：半无限压电介质界面处应力自由且电绝缘；圆柱夹杂周边处法向应力、法向电位移和电位势连续，见式（5-197）和式（5-198）。

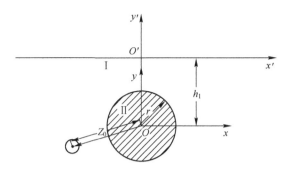

图 5.63 受出平面线源荷载作用的含有圆柱夹杂的半无限压电介质模型

$$\begin{cases} \tau_{\theta'z'}=0, D_{r}=0, \theta'=0, \pi \\ \tau_{rz}=\tau_{rz}^{(i)}+\tau_{rz}^{(r)}+\tau_{rz}^{(s)}=\tau_{rz}^{\mathrm{I}} \\ D_{r}=D_{r}^{\mathrm{I}} \end{cases} \tag{5-197}$$

$$\begin{cases} \phi^{(i)}+\phi^{(r)}+\phi^{(s)}=\phi^{\mathrm{I}} \\ w^{(i)}+w^{(r)}+w^{(s)}=w^{\mathrm{I}} \end{cases} \tag{5-198}$$

5.4.2.3 格林函数的导出

1. 弹性场中的解

在图 5.62 所示模型中，满足控制方程（5-196）以及边界条件的基本解主要包括出平面线源荷载的扰动和由圆柱夹杂所激发的散射波两部分。

在一个完整的弹性空间中，$\delta(\boldsymbol{r}-\boldsymbol{r}_0)$（出平面线源荷载）所产生的波场，即全空间问题的基本解已经知道，用字符 $w^{(i)}$ 表示，称为入射波，其表达式如下：

$$w^{(i)}=\frac{\mathrm{i}}{4c_{44}(1+\lambda)}H_0^{(1)}(k|r'-r_0'|)\mathrm{e}^{-\mathrm{i}\omega t} \tag{5-199}$$

在式（5-199）中，$\lambda=\dfrac{e_{15}^2}{c_{44}k_{11}}$，$\lambda$ 是一个无量纲参数，是压电材料的一个基本特性，$H_0^{(1)}(\cdot)$ 是第一类零阶汉克尔函数，根据贝塞尔函数的加法定理，忽略时间因子 $\mathrm{e}^{-\mathrm{i}\omega t}$，可以将式（5-199）写成：

$$G_w^{(i)}=\frac{\mathrm{i}}{4c_{44}(1+\lambda)}\sum_{m=0}^{\infty}\varepsilon_m\cos m(\theta'-\theta_0')\begin{cases} J_m(kr_0')H_m^{(1)}(kr'), r'>r_0' \\ J_m(kr')H_m^{(1)}(kr_0'), r'<r_0' \end{cases} \tag{5-200}$$

在式（5-200）中，$m=0$ 时，$\varepsilon_m=1$；$m\geqslant 1$ 时，$\varepsilon_m=2$。

利用坐标系间的转换关系，将式（5-200）写为

$$w^{(i)} = \frac{\mathrm{i}}{4c_{44}(1+\lambda)} H_0^{(1)}(k|z'-z_0'|) \tag{5-201}$$

入射波在遇到水平面时所产生的反射波 $w^{(r)}$ 可写成:

$$w^{(r)} = \frac{\mathrm{i}}{4c_{44}(1+\lambda)} H_0^{(1)}(k|z'-\bar{z}_0'|) \tag{5-202}$$

在复平面 $(z, \bar{z})$ 上, 式 (5-201) 与式 (5-202) 将分别变为

$$w^{(i)} = \frac{\mathrm{i}}{4c_{44}(1+\lambda)} H_0^{(1)}(k|z-z_0|) \tag{5-203}$$

$$w^{(r)} = \frac{\mathrm{i}}{4c_{44}(1+\lambda)} H_0^{(1)}(k|z-\bar{z}_0-2\mathrm{i}h_1|) \tag{5-204}$$

半空间中由于圆柱形夹杂而激发的且满足水平界面应力自由的散射波 $w^{(s)}$ 的表达式如下:

$$w^{(s)} = \frac{\mathrm{i}}{4c_{44}(1+\lambda)} \sum_{n=-\infty}^{\infty} P_n \left[H_n^{(1)}(k|z|) \left(\frac{z}{|z|}\right)^n + H_n^{(1)}(k|z-2\mathrm{i}h_1|) \left(\frac{z-2\mathrm{i}h_1}{|z-2\mathrm{i}h_1|}\right)^{-n} \right] \tag{5-205}$$

式中, P_n 为未知系数, 可通过圆柱夹杂周边的应力连续的边界条件求解。

圆柱夹杂之外的压电介质中总的波场 $w^{(t)}$ 可写成:

$$\begin{aligned} w^{(t)} &= w^{(r)} + w^{(i)} + w^{(s)} \\ &= \frac{\mathrm{i}}{4c_{44}(1+\lambda)} [H_0^{(1)}(k|z-z_0|) + H_0^{(1)}(k|z-\bar{z}_0-2\mathrm{i}h_1|)] \\ &= \frac{\mathrm{i}}{4c_{44}(1+\lambda)} \sum_{n=-\infty}^{\infty} P_n \left[H_n^{(1)}(k|z|) \left(\frac{z}{|z|}\right)^n + H_n^{(1)}(k|z-2\mathrm{i}h_1|) \left(\frac{z-2\mathrm{i}h_1}{|z-2\mathrm{i}h_1|}\right)^{-n} \right] \end{aligned} \tag{5-206}$$

2. 电场中的解

下面将分别给出入射波、反射波和散射波所对应的电场表达式。

1) 入射波的电场

用字符 $\phi^{(i)}$ 表示入射波所对应的电位势, 它的表达式如下:

$$\phi^{(i)} = \frac{e_{15}}{k_{11}} w^{(i)} \tag{5-207}$$

即

$$\phi^{(i)} = \frac{e_{15}}{k_{11}} \frac{\mathrm{i}}{4c_{44}(1+\lambda)} H_0^{(1)}(k|z-z_0|) \tag{5-208}$$

2) 反射波的电场

用字符 $\phi^{(r)}$ 表示反射波所对应的电位势, 由于半空间问题存在界面, 当采

用 $(z,\bar{z})$ 复平面上的表达式（5-204）所表示的反射波时，$\phi^{(r)}$ 的表达式如下：

$$\phi^{(r)} = \frac{e_{15}}{k_{11}}(w^{(r)} + g_r) \tag{5-209}$$

根据式（5-188）可推出：

$$\nabla^2 g_r = 0 \tag{5-210}$$

所以

$$g_r = \sum_{n=-\infty}^{+\infty} [R_n(z-ih_1)^n + T_n(\bar{z}+ih_1)^n] \tag{5-211}$$

因为无穷远处电位势不能为无穷大，所以式（5-211）写成：

$$g_r = \sum_{0}^{+\infty} [R_n(z-ih_1)^{-n} + T_n(\bar{z}+ih_1)^{-n}] \tag{5-212}$$

式中，R_n、T_n 为未知系数，可根据界面处的应力为零以及电绝缘条件来确定它们的值，即

$$\tau_{yz} = 0, D_y = 0 \tag{5-213}$$

在复平面 $(z,\bar{z})$ 上，由式（5-189）求得入射波和反射波所对应的应力 $\tau_{yz}^{(i)}$ 和 $\tau_{yz}^{(r)}$ 的表达式为

$$\tau_{yz}^{(i)} = \frac{k}{8}\left[H_1^{(1)}(k|z-z_0|)\frac{|z-z_0|}{z-z_0} - H_1^{(1)}(k|z-z_0|)\frac{z-z_0}{|z-z_0|}\right] \tag{5-214}$$

$$\tau_{yz}^{(r)} = \frac{k}{8}\left[H_1^{(1)}(k|z-\bar{z}_0-2ih_1|)\frac{|z-\bar{z}_0-2ih_1|}{z-\bar{z}_0-2ih_1} - H_1^{(1)}(k|z-\bar{z}_0-2ih_1|)\frac{z-\bar{z}_0-2ih_1}{|z-\bar{z}_0-2ih_1|}\right]$$
$$-i\frac{e_{15}^2}{k_{11}}\sum_{0}^{+\infty} n[R_n(z-ih_1)^{-n-1} - T_n(\bar{z}+ih_1)^{-n-1}] \tag{5-215}$$

由 $\tau_{yz}^{(i)} + \tau_{yz}^{(r)} = \tau_{yz}$，有

$$\tau_{yz} = \frac{k}{8}H_1^{(1)}(k|z-z_0|)\frac{|z-z_0|}{z-z_0} - \frac{k}{8}H_1^{(1)}(k|z-z_0|)\frac{z-z_0}{|z-z_0|}$$
$$+ \frac{k}{8}H_1^{(1)}(k|z-\bar{z}_0-2ih_1|)\frac{|z-\bar{z}_0-2ih_1|}{z-\bar{z}_0-2ih_1}$$
$$- \frac{k}{8}H_1^{(1)}(k|z-\bar{z}_0-2ih_1|)\frac{z-\bar{z}_0-2ih_1}{|z-\bar{z}_0-2ih_1|}$$
$$- i\frac{e_{15}^2}{k_{11}}\sum_{0}^{+\infty} n[R_n(z-ih_1)^{-n-1} - T_n(\bar{z}+ih_1)^{-n-1}] \tag{5-216}$$

在界面处，将 $z=x+ih_1$ 代入 τ_{yz} 的第一项，有

$$\frac{k}{8}\left[H_1^{(1)}(k|x+\mathrm{i}h_1-z_0|)\frac{|x+\mathrm{i}h_1-z_0|}{x+\mathrm{i}h_1-z_0}-H_1^{(1)}(k|x+\mathrm{i}h_1-z_0|)\frac{x+\mathrm{i}h_1-z_0}{|x+\mathrm{i}h_1-z_0|}\right.$$
$$\left.+H_1^{(1)}(k|x-\mathrm{i}h_1-\bar{z}_0|)\frac{|x-\mathrm{i}h_1-\bar{z}_0|}{x-\mathrm{i}h_1-\bar{z}_0}-H_1^{(1)}(k|x-\mathrm{i}h_1-\bar{z}_0|)\frac{x-\mathrm{i}h_1-\bar{z}_0}{|x-\mathrm{i}h_1-\bar{z}_0|}\right]=0 \quad (5-217)$$

所以，τ_{yz} 的第二项为零，即

$$-\mathrm{i}\frac{e_{15}^2}{k_{11}}\sum_0^{+\infty}n[R_n(z-\mathrm{i}h_1)^{-n-1}-T_n(\bar{z}+\mathrm{i}h_1)^{-n-1}]=0 \quad (5-218)$$

对于界面处的电绝缘条件，即 $D_y=0$，有

$$D_y=\mathrm{i}e_{15}\sum_0^{+\infty}n[R_n(z-\mathrm{i}h_1)^{-n-1}-T_n(\bar{z}+\mathrm{i}h_1)^{-n-1}] \quad (5-219)$$

经过观察，发现式（5-218）与式（5-219）是等同的。将 $z=x+\mathrm{i}h_1$ 以及 $\bar{z}=x-\mathrm{i}h_1$ 代入式（5-219），可得

$$R_n(z-\mathrm{i}h_1)^{-n-1}-T_n(\bar{z}+\mathrm{i}h_1)^{-n-1}\Big|_{\substack{z=x+\mathrm{i}h_1 \\ \bar{z}=x-\mathrm{i}h_1}}=R_nx^{-n-1}-T_nx^{-n-1}=0 \quad (5-220)$$

由于式（5-220）对于任意的 x 都成立，所以有：$R_n=T_n$。

于是，式（5-212）变为

$$g_r=\sum_0^{+\infty}R_n(z-\mathrm{i}h_1)^{-n}=R_0+\sum_1^{+\infty}R_n(z-\mathrm{i}h_1)^{-n} \quad (5-221)$$

用字符 ϕ 表示压电介质中总的电位势，其表达式可以写成：

$$\phi=\phi^{(i)}+\phi^{(r)}=\frac{e_{15}}{k_{11}}w+\frac{e_{15}}{k_{11}}R_n(z-\mathrm{i}h_1)^{-n} \quad (5-222)$$

当 $n=0$ 且 $r\to\infty$ 时，$R_0=0$。

则

$$g_r=\sum_0^{+\infty}R_n(z-\mathrm{i}h_1)^{-n} \quad (5-223)$$

g_r 在界面处应为有限值，将 $z=x+\mathrm{i}h_1$ 代入式（5-223），有

$$g_r\big|_{z=x+\mathrm{i}h_1}=\sum_1^{+\infty}R_nx^{-n} \quad (5-224)$$

当 $x=0$ 时，式（5-224）应为有限值，则当 $n\geqslant 1$ 时，只能 $R_n=0$，则有 $g_r=0$，因此反射波所对应的电位势为

$$\phi^{(r)}=\frac{e_{15}}{k_{11}}w^{(r)}=\frac{e_{15}}{k_{11}}\frac{\mathrm{i}}{4c_{44}(1+\lambda)}H_0^{(1)}(k|z-\bar{z}_0-2\mathrm{i}h_1|) \quad (5-225)$$

3）散射波的电场

在图 5.62 所示模型中，用字符 $\phi^{(s)}$ 表示圆柱夹杂激发的散射波所对应的电位势，它的表达式如下：

第5章 半空间内含缺陷的压电介质的反平面动力学研究

$$\phi^{(s)} = \frac{e_{15}}{k_{11}}(w^{(s)} + g_s) \qquad (5\text{-}226)$$

根据式（5-188）可推出：$\nabla^2 g_s = 0$。

所以 g_s 可以写成：

$$g_s = \sum_{-\infty}^{+\infty}\left[Q_n(z)^n + S_n(\bar{z})^n + U_n(z - 2ih_1)^{-n} + V_n(\bar{z} + 2ih_1)^{-n}\right]$$

$$(5\text{-}227)$$

前面已经提到 g_s 应满足无穷远处为有限值，所以，式（5-227）可以写成：

$$g_s = \sum_{0}^{+\infty}\left[Q_n(z)^{-n} + S_n(\bar{z})^{-n} + U_n(z - 2ih_1)^{-n} + V_n(\bar{z} + 2ih_1)^{-n}\right]$$

$$(5\text{-}228)$$

式中，Q_n、S_n、U_n、V_n 是未知系数。可根据界面处的应力为零以及电绝缘条件来确定它们的值，即 $\tau_{yz} = 0, D_y = 0$。

在复平面 $(z, \bar{z})$ 上，由式（5-189）求得散射波所对应的应力 $\tau_{yz}^{(s)}$ 和电位移 D_y 的表达式分别为

$$\begin{aligned}
\tau_{yz}^{(s)} = &-\frac{k}{8}\sum_{n=-\infty}^{\infty} P_n \left\{\left[H_{n-1}^{(1)}(k|z|)\left(\frac{z}{|z|}\right)^{n-1} - H_{n+1}^{(1)}(k|z - 2ih_1|)\left(\frac{z - 2ih_1}{|z - 2ih_1|}\right)^{-n-1}\right]\right. \\
&\left. -\left[-H_{n+1}^{(1)}(k|z|)\left(\frac{z}{|z|}\right)^{n+1} + H_{n-1}^{(1)}(k|z - 2ih_1|)\left(\frac{z - 2ih_1}{|z - 2ih_1|}\right)^{-n+1}\right]\right\} \\
&- i\frac{e_{15}^2}{k_{11}}\sum_{0}^{+\infty} n\left[Q_n(z)^{-n-1} - S_n(\bar{z})^{-n-1} + U_n(z - 2ih_1)^{-n-1} - V_n(\bar{z} + 2ih_1)^{-n-1}\right]
\end{aligned}$$

$$(5\text{-}229)$$

$$D_y = ie_{15}\sum_{0}^{+\infty} n\left[Q_n(z)^{-n-1} - S_n(\bar{z})^{-n-1} + U_n(z - 2ih_1)^{-n-1} - V_n(\bar{z} + 2ih_1)^{-n-1}\right]$$

$$(5\text{-}230)$$

对于界面处的应力为零的条件，即 $\tau_{yz} = 0$，则

$$\tau_{yz} = \tau_{yz}^{(s)} + \tau_{yz}^{(i)} + \tau_{yz}^{(r)}$$

根据前面的推导可知，$\tau_{yz}^{(i)}$ 与 $\tau_{yz}^{(r)}$ 之和在界面处为0，所以，上式只需满足 $\tau_{yz}^{(s)}$ 在界面处为0，即满足 $\tau_{yz} = 0$。在界面处，将 $z = x + ih_1$ 代入 $\tau_{yz}^{(s)}$ 的第一项，有

$$\tau_{yz}^{(s)}\big|_{z = x + ih_1}$$

$$= -\frac{k}{8}\sum_{n=-\infty}^{\infty} P_n\left\{\left[H_{n-1}^{(1)}(k|x + ih_1|)\left(\frac{x + ih_1}{|x + ih_1|}\right)^{n-1} - H_{n+1}^{(1)}(k|x - ih_1|)\left(\frac{x - ih_1}{|x - ih_1|}\right)^{-n-1}\right]\right.$$

$$-\left[-H_{n+1}^{(1)}(k|x+ih_1|)\left(\frac{x+ih_1}{|x+ih_1|}\right)^{n+1}+H_{n-1}^{(1)}(k|x-ih_1|)\left(\frac{x-ih_1}{|x-ih_1|}\right)^{-n+1}\right]\right\}=0$$

(5-231)

所以 $\tau_{yz}^{(s)}$ 的第二项为 0，即

$$-\mathrm{i}\frac{e_{15}^2}{k_{11}}\sum_{0}^{+\infty}n[Q_n(z)^{-n-1}-S_n(\bar{z})^{-n-1}+U_n(z-2ih_1)^{-n-1}-V_n(\bar{z}+2ih_1)^{-n-1}]=0$$

(5-232)

对于界面处电绝缘条件，即 $D_y=0$，有

$$D_y=\mathrm{i}e_{15}\sum_{0}^{+\infty}n[Q_n(z)^{-n-1}-S_n(\bar{z})^{-n-1}+U_n(z-2ih_1)^{-n-1}-V_n(\bar{z}+2ih_1)^{-n-1}]=0$$

(5-233)

经过观察发现，式（5-232）与式（5-233）是等同的，将 $z=x+ih_1$，$\bar{z}=x-ih_1$ 代入式（5-233），则

$$D_y\Big|_{\bar{z}=x-ih_1}^{z=x+ih_1}$$

$$=\mathrm{i}e_{15}\sum_{0}^{+\infty}n[Q_n(x+ih_1)^{-n-1}-S_n(x-ih_1)^{-n-1}+U_n(x-ih_1)^{-n-1}-V_n(x+ih_1)^{-n-1}]=0$$

可以推出：$Q_n=V_n$，$S_n=U_n$，所以式（5-228）变为

$$g_s=\sum_{0}^{+\infty}\{Q_n[(z)^{-n}+(\bar{z}+2ih_1)^{-n}]+S_n[(\bar{z})^{-n}+(z-2ih_1)^{-n}]\}$$

(5-234)

压电介质中总弹性位移场和总电位势可分别表示为

$$w=w^{(i)}+w^{(r)}+w^{(s)}$$

$$\phi=\frac{e_{15}}{k_{11}}w+\frac{e_{15}}{k_{11}}\sum_{0}^{+\infty}\{Q_n[(z)^{-n}+(\bar{z}+2ih_1)^{-n}]+S_n[(\bar{z})^{-n}+(z-2ih_1)^{-n}]\}$$

(5-235)

当 $n=0$ 且 $r\to\infty$，$\phi\to\phi^{(i)}+\phi^{(r)}$ 的无穷远处条件，可得 $Q_0=S_0=0$。所以有

$$g_s=\sum_{1}^{+\infty}\{Q_n[(z)^{-n}+(\bar{z}+2ih_1)^{-n}]+S_n[(\bar{z})^{-n}+(z-2ih_1)^{-n}]\}$$

(5-236)

我们知道 g_s 在界面处为有限值，将 $z=x+ih_1$ 代入式（5-236），得

$$g_s\Big|_{z=x+ih_1}=\sum_{1}^{+\infty}\{Q_n[(x+ih_1)^{-n}+(x+ih_1)^{-n}]+S_n[(x-ih_1)^{-n}+(x-ih_1)^{-n}]\}$$

$$= 2\sum_{1}^{+\infty}\{Q_n[(x+ih_1)^{-n}] + S_n[(x-ih_1)^{-n}]\} \tag{5-237}$$

可见当 $x=0$ 或任意值时，g_s 满足在界面处为有限值。

当 $x\to\infty$ 时满足 $g_s\to 0$，故

$$g_s = \sum_{1}^{+\infty}\{Q_n[(\bar{z})^{-n} + (\bar{z}+2ih_1)^{-n}] + S_n[(\bar{z})^{-n} + (z-2ih_1)^{-n}]\} \tag{5-238}$$

所以散射波对应的电位势 $\phi^{(s)}$ 的表达式如下：

$$\phi^{(s)} = \frac{e_{15}}{k_{11}}w^{(s)} + \frac{e_{15}}{k_{11}}g_s$$

$$= \frac{e_{15}}{k_{11}}\frac{i}{4c_{44}(1+\lambda)}\sum_{n=-\infty}^{\infty} P_n\left[H_n^{(1)}(k|z|)\left(\frac{z}{|z|}\right)^n + H_n^{(1)}(k|z-2ih_1|)\left(\frac{z-2ih_1}{|z-2ih_1|}\right)^{-n}\right]$$

$$+ \frac{e_{15}}{k_{11}}\frac{i}{4c_{44}(1+\lambda)}\sum_{1}^{+\infty}\{Q_n[z^{-n} + (\bar{z}+2ih_1)^{-n}] + S_n[\bar{z}^{-n} + (z-2ih_1)^{-n}]\} \tag{5-239}$$

3. 压电介质中的应力和电位移

在复平面 $(z,\bar{z})$ 中，将式（5-203）、式（5-204）、式（5-205）、式（5-208）、式（5-225）、式（5-239）代入本构方程式（5-190）中，即可得到圆柱夹杂外压电介质中的应力及电位移表达式分别为

$$\tau_{rz}^{(i)} = -\frac{ik}{8}\left\{\left[H_1^{(1)}(k|z-z_0|)\frac{|z-z_0|}{z-z_0}\right]e^{i\theta} + \left[H_1^{(1)}(k|z-z_0|)\frac{z-z_0}{|z-z_0|}\right]e^{-i\theta}\right\} \tag{5-240}$$

$$\tau_{\theta z}^{(i)} = \frac{k}{8}\left\{\left[H_1^{(1)}(k|z-z_0|)\frac{|z-z_0|}{z-z_0}\right]e^{i\theta} + \left[H_1^{(1)}(k|z-z_0|)\frac{z-z_0}{|z-z_0|}\right]e^{-i\theta}\right\} \tag{5-241}$$

$$\begin{cases}\tau_{rz}^{(r)} = -\frac{ik}{8}\left\{\left[H_1^{(1)}(k|z-\bar{z}_0-2ih_1|)\frac{|z-\bar{z}_0-2ih_1|}{z-\bar{z}_0-2ih_1}\right]e^{i\theta}\right. \\ \left.+\left[H_1^{(1)}(k|z-\bar{z}_0-2ih_1|)\frac{z-\bar{z}_0-2ih_1}{|z-\bar{z}_0-2ih_1|}\right]e^{-i\theta}\right\} \tag{5-242}\\ \tau_{\theta z}^{(r)} = \frac{k}{8}\left\{\left[H_1^{(1)}(k|z-\bar{z}_0-2ih_1|)\frac{|z-\bar{z}_0-2ih_1|}{z-\bar{z}_0-2ih_1}\right]e^{i\theta}\right. \\ \left.-\left[H_1^{(1)}(k|z-\bar{z}_0-2ih_1|)\frac{z-\bar{z}_0-2ih_1}{|z-\bar{z}_0-2ih_1|}\right]e^{-i\theta}\right\} \tag{5-243}\end{cases}$$

$$\tau_{rz}^{(s)} = \frac{ik}{8}\sum_{n=-\infty}^{\infty} P_n\left\{\left[H_{n-1}^{(1)}(k|z|)\left(\frac{z}{|z|}\right)^{n-1} - H_{n+1}^{(1)}(k|z-2ih_1|)\left(\frac{z-2ih_1}{|z-2ih_1|}\right)^{-n-1}\right]e^{i\theta}\right.$$

$$+\left[-H_{n+1}^{(1)}(k|z|)\left(\frac{z}{|z|}\right)^{n+1}+H_{n-1}^{(1)}(k|z-2ih_1|)\left(\frac{z-2ih_1}{|z-2ih_1|}\right)^{-n+1}\right]e^{-i\theta}\Bigg\}$$

$$-\frac{e_{15}^2}{k_{11}}\frac{i}{4c_{44}(1+\lambda)}\sum_1^{+\infty}n\{[Q_n z^{-n-1}+S_n(z-2ih_1)^{-n-1}]e^{i\theta}$$

$$+[Q_n(\bar{z}+2ih_1)^{-n-1}+S_n\bar{z}^{-n-1}]e^{-i\theta}\} \tag{5-244}$$

$$\tau_{\theta z}^{(s)}=-\frac{k}{8}\sum_{n=-\infty}^{\infty}P_n\Bigg[H_{n-1}^{(1)}(k|z|)\left(\frac{z}{|z|}\right)^{n-1}e^{i\theta}+H_{n+1}^{(1)}(k|z|)\left(\frac{z}{|z|}\right)^{n+1}e^{-i\theta}$$

$$-H_{n+1}^{(1)}(k|z-2ih_1|)\left(\frac{z-2ih_1}{|z-2ih_1|}\right)^{-n-1}e^{i\theta}-H_{n-1}^{(1)}(k|z-2ih_1|)\left(\frac{z-2ih_1}{|z-2ih_1|}\right)^{-n+1}e^{-i\theta}\Bigg]$$

$$+\frac{e_{15}^2}{k_{11}}\frac{1}{4c_{44}(1+\lambda)}\sum_1^{\infty}n\{[Q_n z^{-n-1}+S_n(z-2ih_1)^{-n-1}]e^{i\theta}-[Q_n(\bar{z}+2ih_1)^{-n-1}+S_n\bar{z}^{-n-1}]e^{-i\theta}\}$$

$$\tag{5-245}$$

$$D_r=e_{15}\frac{i}{4c_{44}(1+\lambda)}\sum_1^{+\infty}n\{[Q_n z^{-n-1}+S_n(z-2ih_1)^{-n-1}]e^{i\theta}$$

$$+[Q_n(\bar{z}+2ih_1)^{-n-1}+S_n\bar{z}^{-n-1}]e^{-i\theta}\} \tag{5-246}$$

4. 圆柱形夹杂内部的电场

用字符 ϕ^I、w^I、D_r^I、τ_{rz}^I 分别表示圆柱形夹杂内部的电位势、位移、电位移以及应力。它们的表达式分别为

$$\phi^I=\frac{e_{15}^I}{k_{11}^I}\frac{i}{4c_{44}^I(1+\lambda^I)}\left[w^I+U_0+\sum_{n=1}^{+\infty}U_n z^n+V_n\bar{z}^n\right] \tag{5-247}$$

$$w^I=\frac{i}{4c_{44}^I(1+\lambda^I)}\sum_{n=-\infty}^{\infty}M_n J_n(k^I|z|)\left|\frac{z}{|z|}\right|^n \tag{5-248}$$

$$D_r^I=-\frac{ie_{15}^I}{4c_{44}^I(1+\lambda^I)}\sum_{n=1}^{+\infty}n[U_n z^{n-1}e^{i\theta}+V_n\bar{z}^{n-1}e^{-i\theta}] \tag{5-249}$$

$$\tau_{rz}^I=\frac{ik^I}{8}\Bigg\{\Bigg[\sum_{n=-\infty}^{\infty}M_n J_{n-1}(k^I|z|)\left|\frac{z}{|z|}\right|^{n-1}\Bigg]e^{i\theta}-\Bigg[\sum_{n=-\infty}^{\infty}M_n J_{n+1}(k^I|z|)\left|\frac{z}{|z|}\right|^{n+1}\Bigg]e^{-i\theta}\Bigg\}$$

$$+\frac{e_{15}^{I2}}{k_{11}^I}\frac{i}{4c_{44}^I(1+\lambda^I)}\Bigg[\sum_{n=1}^{+\infty}nU_n z^{n-1}e^{i\theta}+nV_n\bar{z}^{n-1}e^{-i\theta}\Bigg] \tag{5-250}$$

在以上各式中，用上标 I 表示圆柱形夹杂内部的物理量。

5.4.2.4 边值问题

在研究半无限压电介质中界面附近圆柱形夹杂的散射问题时，夹杂周边上的边界条件应满足：介质和圆柱夹杂内的电位势、电位移、位移以及应力在边界处连续。所以，在复平面 $(z,\bar{z})$ 上，边界条件如下：

第5章 半空间内含缺陷的压电介质的反平面动力学研究

$$\begin{cases} \tau_{rz} = \tau_{rz}^{(i)} + \tau_{rz}^{(r)} + \tau_{rz}^{(s)} = \tau_{rz}^{\mathrm{I}} \\ D_r = D_r^{\mathrm{I}} \\ \phi^{(i)} + \phi^{(r)} + \phi^{(s)} = \phi^{\mathrm{I}} \\ w^{(i)} + w^{(r)} + w^{(s)} = w^{\mathrm{I}} \end{cases} \tag{5-251}$$

则有

$$-\frac{\mathrm{i}k}{8}\left\{\left[H_1^{(1)}(k|z-z_0|)\frac{|z-z_0|}{z-z_0}\right]\mathrm{e}^{\mathrm{i}\theta} + \left[H_1^{(1)}(k|z-z_0|)\frac{z-z_0}{|z-z_0|}\right]\mathrm{e}^{-\mathrm{i}\theta}\right.$$

$$+ \left[H_1^{(1)}(k|z-\bar{z}_0-2\mathrm{i}h_1|)\frac{|z-\bar{z}_0-2\mathrm{i}h_1|}{z-\bar{z}_0-2\mathrm{i}h_1}\right]\mathrm{e}^{\mathrm{i}\theta}$$

$$+ \left[H_1^{(1)}(k|z-\bar{z}_0-2\mathrm{i}h_1|)\frac{z-\bar{z}_0-2\mathrm{i}h_1}{|z-\bar{z}_0-2\mathrm{i}h_1|}\right]\mathrm{e}^{-\mathrm{i}\theta}\right\}$$

$$+ \frac{\mathrm{i}k}{8}\sum_{n=-\infty}^{\infty}P_n\left\{\left[H_{n-1}^{(1)}(k|z|)\left(\frac{z}{|z|}\right)^{n-1} - H_{n+1}^{(1)}(k|z-2\mathrm{i}h_1|)\left(\frac{z-2\mathrm{i}h_1}{|z-2\mathrm{i}h_1|}\right)^{-n-1}\right]\mathrm{e}^{\mathrm{i}\theta}\right.$$

$$+ \left[-H_{n+1}^{(1)}(k|z|)\left(\frac{z}{|z|}\right)^{n+1} + H_{n-1}^{(1)}(k|z-2\mathrm{i}h_1|)\left(\frac{z-2\mathrm{i}h_1}{|z-2\mathrm{i}h_1|}\right)^{-n+1}\right]\mathrm{e}^{-\mathrm{i}\theta}\right\}$$

$$-\frac{e_{15}^2}{k_{11}}\frac{\mathrm{i}}{4c_{44}(1+\lambda)}\sum_{1}^{+\infty}n\left\{\left[Q_n z^{-n-1} + S_n(z-2\mathrm{i}h_1)^{-n-1}\right]\mathrm{e}^{\mathrm{i}\theta}\right.$$

$$+ \left[Q_n(\bar{z}+2\mathrm{i}h_1)^{-n-1} + S_n\bar{z}^{-n-1}\right]\mathrm{e}^{-\mathrm{i}\theta}\right\}$$

$$= \frac{\mathrm{i}k}{8}\left\{\left\{\sum_{n=-\infty}^{\infty}M_n J_{n-1}(k^{\mathrm{I}}|z|)\left|\frac{z}{|z|}\right|^{n-1}\right\}\mathrm{e}^{\mathrm{i}\theta} - \left\{\sum_{n=-\infty}^{\infty}M_n J_{n+1}(k^{\mathrm{I}}|z|)\left|\frac{z}{|z|}\right|^{n+1}\right\}\mathrm{e}^{-\mathrm{i}\theta}\right\}$$

$$+ \frac{e_{15}^{\mathrm{I}}}{k_{11}^{\mathrm{I}}}\frac{\mathrm{i}}{4c_{44}^{\mathrm{I}}(1+\lambda^{\mathrm{I}})}\left[\sum_{n=1}^{+\infty}n U_n z^{n-1}\mathrm{e}^{\mathrm{i}\theta} + n V_n \bar{z}^{n-1}\mathrm{e}^{-\mathrm{i}\theta}\right] \tag{5-252}$$

$$e_{15}\frac{\mathrm{i}}{4c_{44}(1+\lambda)}\sum_{1}^{+\infty}n\left\{\left[Q_n z^{-n-1} + S_n(z-2\mathrm{i}h_1)^{-n-1}\right]\mathrm{e}^{\mathrm{i}\theta}\right.$$

$$+ \left[Q_n(\bar{z}+2\mathrm{i}h_1)^{-n-1} + S_n\bar{z}^{-n-1}\right]\mathrm{e}^{-\mathrm{i}\theta}\right\}$$

$$= -\frac{\mathrm{i}e_{15}^{\mathrm{I}}}{4c_{44}^{\mathrm{I}}(1+\lambda^{\mathrm{I}})}\sum_{n=1}^{+\infty}n\left[U_n z^{n-1}\mathrm{e}^{\mathrm{i}\theta} + V_n \bar{z}^{n-1}\mathrm{e}^{-\mathrm{i}\theta}\right] \tag{5-253}$$

$$e_{15}\frac{\mathrm{i}}{4c_{44}(1+\lambda)}H_0^{(1)}(k|z-z_0|) + \frac{e_{15}}{k_{11}}\frac{\mathrm{i}}{4c_{44}(1+\lambda)}H_0^{(1)}(k|z-\bar{z}_0-2\mathrm{i}h_1|)$$

$$+ \frac{e_{15}}{k_{11}}\frac{\mathrm{i}}{4c_{44}(1+\lambda)}\sum_{n=-\infty}^{\infty}P_n\left[H_n^{(1)}(k|z|)\left(\frac{z}{|z|}\right)^n + H_n^{(1)}(k|z-2\mathrm{i}h_1|)\left(\frac{z-2\mathrm{i}h_1}{|z-2\mathrm{i}h_1|}\right)^{-n}\right]$$

$$+ \frac{e_{15}}{k_{11}}\frac{\mathrm{i}}{4c_{44}(1+\lambda)}\sum_{1}^{+\infty}\left\{Q_n\left[z^{-n} + (\bar{z}+2\mathrm{i}h_1)^{-n}\right] + S_n\left[\bar{z}^{-n} + (z-2\mathrm{i}h_1)^{-n}\right]\right\}$$

$$= \frac{e_{15}^{\mathrm{I}}}{k_{11}^{\mathrm{I}}} \frac{\mathrm{i}}{4c_{44}^{\mathrm{I}}(1+\lambda^{\mathrm{I}})} \left[\sum_{n=-\infty}^{\infty} M_n J_n(k^{\mathrm{I}}|z|) \left|\frac{z}{|z|}\right|^n + U_0 + \sum_{n=1}^{+\infty} U_n z^n + V_n \bar{z}^n \right] \quad (5-254)$$

$$\frac{\mathrm{i}}{4c_{44}(1+\lambda)} [H_0^{(1)}(k|z-z_0|) + H_0^{(1)}(k|z-\bar{z}_0-2\mathrm{i}h_1|)]$$

$$+ \frac{\mathrm{i}}{4c_{44}(1+\lambda)} \sum_{n=-\infty}^{\infty} P_n \left[H_n^{(1)}(k|z|) \left(\frac{z}{|z|}\right)^n + H_n^{(1)}(k|z-2\mathrm{i}h_1|) \left(\frac{z-2\mathrm{i}h_1}{|z-2\mathrm{i}h_1|}\right)^{-n} \right]$$

$$= \frac{\mathrm{i}}{4c_{44}^{\mathrm{I}}(1+\lambda^{\mathrm{I}})} \sum_{n=-\infty}^{\infty} M_n J_n(k^{\mathrm{I}}|z|) \left|\frac{z}{|z|}\right|^n \quad (5-255)$$

上面4个式可以写成：

$$\sum_{-\infty}^{\infty} P_n \xi^{(11)} + \sum_{1}^{\infty} Q_n \xi^{(12)} + \sum_{1}^{\infty} S_n \xi^{(13)} + \sum_{1}^{\infty} U_n \xi^{(14)} + \sum_{1}^{\infty} V_n \xi^{(15)} + \sum_{-\infty}^{\infty} M_n \xi^{(16)} = \xi^{(1)}$$
$$(5-256)$$

$$\sum_{1}^{\infty} Q_n \xi^{(22)} + \sum_{1}^{\infty} S_n \xi^{(23)} + \sum_{1}^{\infty} U_n \xi^{(24)} + \sum_{1}^{\infty} V_n \xi^{(25)} = \xi^{(2)} \quad (5-257)$$

$$\sum_{-\infty}^{\infty} P_n \xi^{(31)} + \sum_{1}^{\infty} Q_n \xi^{(32)} + \sum_{1}^{\infty} S_n \xi^{(33)} + \sum_{1}^{\infty} U_n \xi^{(34)} + \sum_{1}^{\infty} V_n \xi^{(35)} + \sum_{-\infty}^{\infty} M_n \xi^{(36)} = \xi^{(3)} + U_0$$
$$(5-258)$$

$$\sum_{-\infty}^{\infty} P_n \xi^{(41)} + \sum_{-\infty}^{\infty} M_n \xi^{(46)} = \xi^{(4)} \quad (5-259)$$

方程组两边同乘 $\mathrm{e}^{-\mathrm{i}m\theta}$，并在 $(-\pi, \pi)$ 上积分，则

$$\sum_{-\infty}^{\infty} P_n \xi_{mn}^{(11)} + \sum_{1}^{\infty} Q_n \xi_{mn}^{(12)} + \sum_{1}^{\infty} S_n \xi_{mn}^{(13)} + \sum_{1}^{\infty} U_n \xi_{mn}^{(14)} + \sum_{1}^{\infty} V_n \xi_{mn}^{(15)} + \sum_{-\infty}^{\infty} M_n \xi_{mn}^{(16)} = \xi_m^{(1)}$$
$$(5-260)$$

$$\sum_{1}^{\infty} Q_n \xi_{mn}^{(22)} + \sum_{1}^{\infty} S_n \xi_{mn}^{(23)} + \sum_{1}^{\infty} U_n \xi_{mn}^{(24)} + \sum_{1}^{\infty} V_n \xi_{mn}^{(25)} = \xi_m^{(2)} \quad (5-261)$$

$$\sum_{-\infty}^{\infty} P_n \xi_{mn}^{(31)} + \sum_{1}^{\infty} Q_n \xi_{mn}^{(32)} + \sum_{1}^{\infty} S_n \xi_{mn}^{(33)} + \sum_{1}^{\infty} U_n \xi_{mn}^{(34)} + \sum_{1}^{\infty} V_n \xi_{mn}^{(35)} + \sum_{-\infty}^{\infty} M_n \xi_{mn}^{(36)} = \xi_m^{(3)} + U_0$$
$$(5-262)$$

$$\sum_{-\infty}^{\infty} P_n \xi_{mn}^{(41)} + \sum_{-\infty}^{\infty} M_n \xi_{mn}^{(46)} = \xi_m^{(4)} \quad (5-263)$$

式中，

$$\xi_{mn}^{(11)} = \frac{1}{2\pi} \int_{-\pi}^{\pi} \left\{ \left[H_{n-1}^{(1)}(k|z|) \left(\frac{z}{|z|}\right)^{n-1} - H_{n+1}^{(1)}(k|z-2\mathrm{i}h_1|) \left(\frac{z-2\mathrm{i}h_1}{|z-2\mathrm{i}h_1|}\right)^{-n-1} \right] \mathrm{e}^{\mathrm{i}\theta} \right.$$

$$+ \left[-H_{n+1}^{(1)}(k|z|)\left(\frac{z}{|z|}\right)^{n+1} + H_{n-1}^{(1)}(k|z-2ih_1|)\left(\frac{z-2ih_1}{|z-2ih_1|}\right)^{-n+1} \right] e^{-i\theta} \right\} e^{-im\theta} d\theta$$

$$\xi_{mn}^{(12)} = -\frac{2\lambda}{k(1+\lambda)} \frac{1}{2\pi} \int_{-\pi}^{\pi} n[z^{-n-1}e^{i\theta} + (\bar{z}+2ih_1)^{-n-1}e^{-i\theta}] e^{-im\theta} d\theta$$

$$\xi_{mn}^{(13)} = -\frac{2\lambda}{k(1+\lambda)} \frac{1}{2\pi} \int_{-\pi}^{\pi} n[(z-2ih_1)^{-n-1}e^{i\theta} + \bar{z}^{-n-1}e^{-i\theta}] e^{-im\theta} d\theta$$

$$\xi_{mn}^{(14)} = -\frac{2\lambda^{\mathrm{I}}}{k(1+\lambda^{\mathrm{I}})} \frac{1}{2\pi} \int_{-\pi}^{\pi} n[z^{n-1}e^{i\theta}] e^{-im\theta} d\theta$$

$$\xi_{mn}^{(15)} = -\frac{2\lambda^{\mathrm{I}}}{k(1+\lambda^{\mathrm{I}})} \frac{1}{2\pi} \int_{-\pi}^{\pi} n[\bar{z}^{n-1}e^{-i\theta}] e^{-im\theta} d\theta$$

$$\xi_{mn}^{(16)} = -\frac{k^{\mathrm{I}}}{k} \frac{1}{2\pi} \int_{-\pi}^{\pi} \left\{ \left[J_{n-1}(k^{\mathrm{I}}|z|)\left(\frac{z}{|z|}\right)^{n-1} \right] e^{i\theta} - \left[J_{n+1}(k^{\mathrm{I}}|z|)\left(\frac{z}{|z|}\right)^{n+1} \right] e^{-i\theta} \right\} e^{-im\theta} d\theta$$

$$\xi_m^{(1)} = \frac{1}{2\pi} \int_{-\pi}^{\pi} \left\{ \left[H_1^{(1)}(k|z-z_0|)\frac{|z-z_0|}{z-z_0} \right] e^{i\theta} + \left[H_1^{(1)}(k|z-z_0|)\frac{z-z_0}{|z-z_0|} \right] e^{-i\theta} \right.$$
$$+ \left[H_1^{(1)}(k|z-\bar{z}_0-2ih_1|)\frac{|z-\bar{z}_0-2ih_1|}{z-\bar{z}_0-2ih_1} \right] e^{i\theta}$$
$$\left. + \left[H_1^{(1)}(k|z-\bar{z}_0-2ih_1|)\frac{z-\bar{z}_0-2ih_1}{|z-\bar{z}_0-2ih_1|} \right] e^{-i\theta} \right\} e^{-im\theta} d\theta$$

$$\xi_{mn}^{(22)} = \frac{1}{2\pi} \frac{e_{15}}{e_{15}^{\mathrm{I}}} \frac{c_{44}^{\mathrm{I}}(1+\lambda^{\mathrm{I}})}{c_{44}(1+\lambda)} \int_{-\pi}^{\pi} n[z^{-n-1}e^{i\theta} + (\bar{z}+2ih_1)^{-n-1}e^{-i\theta}] e^{-im\theta} d\theta$$

$$\xi_{mn}^{(23)} = \frac{1}{2\pi} \frac{e_{15}}{e_{15}^{\mathrm{I}}} \frac{c_{44}^{\mathrm{I}}(1+\lambda^{\mathrm{I}})}{c_{44}(1+\lambda)} \int_{-\pi}^{\pi} n[(z-2ih_1)^{-n-1}e^{i\theta} + \bar{z}^{-n-1}e^{-i\theta}] e^{-im\theta} d\theta$$

$$\xi_{mn}^{(24)} = \frac{1}{2\pi} \int_{-\pi}^{\pi} n[z^{n-1}e^{i\theta}] e^{-im\theta} d\theta$$

$$\xi_{mn}^{(25)} = \frac{1}{2\pi} \int_{-\pi}^{\pi} n[\bar{z}^{n-1}e^{-i\theta}] e^{-im\theta} d\theta$$

$$\xi_m^{(2)} = 0$$

$$\xi_{mn}^{(31)} = \frac{1}{2\pi} \int_{-\pi}^{\pi} \left[H_n^{(1)}(k|z|)\left(\frac{z}{|z|}\right)^n + H_n^{(1)}(k|z-2ih_1|)\left(\frac{z-2ih_1}{|z-2ih_1|}\right)^{-n} \right] e^{-im\theta} d\theta$$

$$\xi_{mn}^{(32)} = \frac{1}{2\pi} \int_{-\pi}^{\pi} [z^{-n} + (\bar{z}+2ih_1)^{-n}] e^{-im\theta} d\theta$$

$$\xi_{mn}^{(33)} = \frac{1}{2\pi} \int_{-\pi}^{\pi} [\bar{z}^{-n} + (z-2ih_1)^{-n}] e^{-im\theta} d\theta$$

$$\xi_{mn}^{(34)} = -\frac{1}{2\pi}\frac{e_{15}\lambda^{\mathrm{I}}(1+\lambda)}{e_{15}^{\mathrm{I}}\lambda(1+\lambda^{\mathrm{I}})}\int_{-\pi}^{\pi}z^{n}\mathrm{e}^{-\mathrm{i}m\theta}\mathrm{d}\theta$$

$$\xi_{mn}^{(35)} = -\frac{1}{2\pi}\frac{e_{15}\lambda^{\mathrm{I}}(1+\lambda)}{e_{15}^{\mathrm{I}}\lambda(1+\lambda^{\mathrm{I}})}\int_{-\pi}^{\pi}\bar{z}^{n}\mathrm{e}^{-\mathrm{i}m\theta}\mathrm{d}\theta$$

$$\xi_{mn}^{(36)} = -\frac{1}{2\pi}\frac{e_{15}\lambda^{\mathrm{I}}(1+\lambda)}{e_{15}^{\mathrm{I}}\lambda(1+\lambda^{\mathrm{I}})}\int_{-\pi}^{\pi}J_{n}(k^{\mathrm{I}}|z|)\left(\frac{z}{|z|}\right)^{n}\mathrm{e}^{-\mathrm{i}m\theta}\mathrm{d}\theta$$

$$\xi_{m}^{(3)} = -\frac{1}{2\pi}\int_{-\pi}^{\pi}\left[H_{0}^{(1)}(k|z-z_{0}|)+H_{0}^{(1)}(k|z-\bar{z}_{0}-2\mathrm{i}h_{1}|)\right]\mathrm{e}^{-\mathrm{i}m\theta}\mathrm{d}\theta$$

$$\xi_{mn}^{(41)} = \frac{1}{2\pi}\int_{-\pi}^{\pi}\left[H_{n}^{(1)}(k|z|)\left(\frac{z}{|z|}\right)^{n}+H_{n}^{(1)}(k|z-2\mathrm{i}h_{1}|)\left(\frac{z-2\mathrm{i}h_{1}}{|z-2\mathrm{i}h_{1}|}\right)^{-n}\right]\mathrm{e}^{-\mathrm{i}m\theta}\mathrm{d}\theta$$

$$\xi_{mn}^{(46)} = -\frac{1}{2\pi}\frac{c_{44}(1+\lambda)}{c_{44}^{\mathrm{I}}(1+\lambda^{\mathrm{I}})}\int_{-\pi}^{\pi}J_{n}(k^{\mathrm{I}}|z|)\left(\frac{z}{|z|}\right)^{n}\mathrm{e}^{-\mathrm{i}m\theta}\mathrm{d}\theta$$

$$\xi_{m}^{(4)} = -\frac{1}{2\pi}\int_{-\pi}^{\pi}\left[H_{0}^{(1)}(k|z-z_{0}|)+H_{0}^{(1)}(k|z-\bar{z}_{0}-2\mathrm{i}h_{1}|)\right]\mathrm{e}^{-\mathrm{i}m\theta}\mathrm{d}\theta$$

方程式（5-260）、式（5-261）、式（5-262）、式（5-263）即为求解未知系数的无穷代数方程组。在具体的求解过程中，利用柱函数的收敛性，将式中 n 和 m 的最大正整数取值为 N，则未知系数的项数分别为 $(2N+1),N,N,(N+1),N,(2N+1)$ 共有 $(8N+3)$ 个未知数，又由于 $m=0,\pm1,\pm2,\cdots,\pm N$，4 组方程可以构建 $(2N+1)+2N+(2N+1)+2N=(8N+3)$ 个方程。所以，问题转化为求解 $(8N+3)$ 个未知系数的线性方程组，采用线性代数理论即可求出未知系数所组成的列阵。

5.4.3 SH 波对界面附近局部脱胶圆柱夹杂的散射

考虑与时间谐和的稳态 SH 波 $w^{(i)}$ 沿与界面成 α 的角度入射到一个不含任何缺陷的半无限压电介质中，遇到界面时会产生一个反射波 $w^{(r)}$，它们在复平面 $(z,\bar{z})$ 上可以写成：

$$w^{(i)} = w_{0}\exp\left\{\mathrm{i}\frac{k}{2}\left[(z-\mathrm{i}h_{1})\mathrm{e}^{-\mathrm{i}\alpha}+(\bar{z}+\mathrm{i}h_{1})\mathrm{e}^{\mathrm{i}\alpha}\right]\right\} \quad (5-264)$$

$$w^{(r)} = w_{0}\exp\left\{\mathrm{i}\frac{k}{2}\left[(z-\mathrm{i}h_{1})\mathrm{e}^{\mathrm{i}\alpha}+(\bar{z}+\mathrm{i}h_{1})\mathrm{e}^{-\mathrm{i}\alpha}\right]\right\} \quad (5-265)$$

在夹杂外介质中，由圆柱夹杂所激发散射波 $w^{(s)}$ 在复平面 $(z,\bar{z})$ 上的形式为

第5章 半空间内含缺陷的压电介质的反平面动力学研究

$$w^{(s)} = w_0 \sum_{n=-\infty}^{+\infty} A_n \left\{ H_n^{(1)}(k|z|) \left(\frac{z}{|z|}\right)^n + H_n^{(1)}(k|z-2ih_1|) \left(\frac{z-2ih_1}{|z-2ih_1|}\right)^{-n} \right\}$$
(5-266)

与上述入射波、反射波、散射波所对应的电场分别如下：

$$\phi^{(i)} = \frac{e_{15}}{k_{11}} w_0 \exp\left\{ i\frac{k}{2}[(z-ih_1)e^{-i\alpha} + (\bar{z}+ih_1)e^{i\alpha}] \right\}$$
(5-267)

$$\phi^{(r)} = \frac{e_{15}}{k_{11}} w_0 \exp\left\{ i\frac{k}{2}[(z-ih_1)e^{i\alpha} + (\bar{z}+ih_1)e^{-i\alpha}] \right\}$$
(5-268)

$$\phi^{(s)} = \frac{e_{15}}{k_{11}} w_0 \sum_{n=-\infty}^{+\infty} A_n \left\{ H_n^{(1)}(k|z|) \left(\frac{z}{|z|}\right)^n + H_n^{(1)}(k|z-2ih_1|) \left(\frac{z-2ih_1}{|z-2ih_1|}\right)^{-n} \right\}$$

$$+ \frac{e_{15}}{k_{11}} w_0 \sum_{1}^{+\infty} \{ D_n[z^{-n} + (\bar{z}+2ih_1)^{-n}] + E_n[\bar{z}^{-n} + (z-2ih_1)^{-n}] \}$$ (5-269)

相应的应力写成：

$$\tau_{\theta_z}^{(i)} = -i\left(c_{44} + \frac{e_{15}^2}{k_{11}}\right) w_0 k \sin(\theta-\alpha) \exp\left\{ i\frac{k}{2}[(z-ih_1)e^{-i\alpha} + (\bar{z}+ih_1)e^{i\alpha}] \right\}$$

$$= -i(1+\lambda)\tau_0 \sin(\theta-\alpha) \exp\left\{ i\frac{k}{2}[(z-ih_1)e^{-i\alpha} + (\bar{z}+ih_1)e^{i\alpha}] \right\}$$ (5-270)

$$\tau_{\theta_z}^{(r)} = -i\left(c_{44} + \frac{e_{15}^2}{k_{11}}\right) w_0 k \sin(\theta+\alpha) \exp\left\{ i\frac{k}{2}[(z-ih_1)e^{i\alpha} + (\bar{z}+ih_1)e^{-i\alpha}] \right\}$$

$$= -i(1+\lambda)\tau_0 \sin(\theta+\alpha) \exp\left\{ i\frac{k}{2}[(z-ih_1)e^{i\alpha} + (\bar{z}+ih_1)e^{-i\alpha}] \right\}$$ (5-271)

$$\tau_{\theta_z}^{(s)} = \left(c_{44} + \frac{e_{15}^2}{k_{11}}\right) i\frac{k}{2} w_0 \sum_{n=-\infty}^{\infty} A_n \left\{ \left[H_{n-1}^{(1)}(k|z|) \left(\frac{z}{|z|}\right)^{n-1} \right. \right.$$

$$\left. - H_{n+1}^{(1)}(k|z-2ih_1|) \left(\frac{z-2ih_1}{|z-2ih_1|}\right)^{-n-1} \right] e^{i\theta}$$

$$\left. - \left[-H_{n+1}^{(1)}(k|z|) \left(\frac{z}{|z|}\right)^{n+1} + H_{n-1}^{(1)}(k|z-2ih_1|) \left(\frac{z-2ih_1}{|z-2ih_1|}\right)^{-n+1} \right] e^{-i\theta} \right\}$$

$$- \frac{e_{15}^2}{k_{11}} i w_0 \sum_{1}^{\infty} n \{ [D_n z^{-n-1} + E_n (z-2ih_1)^{-n-1}] e^{i\theta}$$

$$- [D_n (\bar{z}+2ih_1)^{-n-1} + E_n \bar{z}^{-n-1}] e^{-i\theta} \}$$

$$= \frac{1}{2}(1+\lambda) i\tau_0 \sum_{n=-\infty}^{\infty} A_n \left\{ \left[H_{n-1}^{(1)}(k|z|) \left(\frac{z}{|z|}\right)^{n-1} \right. \right.$$

$$\left. - H_{n+1}^{(1)}(k|z-2ih_1|) \left(\frac{z-2ih_1}{|z-2ih_1|}\right)^{-n-1} \right] e^{i\theta} - \left[-H_{n+1}^{(1)}(k|z|) \left(\frac{z}{|z|}\right)^{n+1} \right.$$

211

$$+ H_{n-1}^{(1)}(k|z-2ih_1|)\left(\frac{z-2ih_1}{|z-2ih_1|}\right)^{-n+1}\right]e^{-i\theta}\bigg\}$$

$$-\left[-H_{n+1}^{(1)}(k|z|)\left(\frac{z}{|z|}\right)^{n+1} + H_{n-1}^{(1)}(k|z-2ih_1|)\left(\frac{z-2ih_1}{|z-2ih_1|}\right)^{-n+1}\right]e^{-i\theta}$$

(5-272)

得

$$\tau_{\theta_z} = \tau_{\theta_z}^{(i)} + \tau_{\theta_z}^{(r)} + \tau_{\theta_z}^{(s)}$$

$$\tau_{(rz)}^{(i)} = i\left(c_{44} + \frac{e_{15}^2}{k_{11}}\right)w_0 k\cos(\alpha-\theta)\exp\left\{i\frac{k}{2}\left[(z-ih)e^{-i\alpha} + (\bar{z}+ih)e^{i\alpha}\right]\right\}$$

$$= i(1+\lambda)\tau_0\cos(\alpha-\theta)\exp\left\{i\frac{k}{2}\left[(z-ih)e^{-i\alpha} + (\bar{z}+ih)e^{i\alpha}\right]\right\} \quad (5-273)$$

$$\tau_{rz}^{(r)} = i\left(c_{44} + \frac{e_{15}^2}{k_{11}}\right)w_0 k\cos(\alpha+\theta)\exp\left\{i\frac{k}{2}\left[(z-ih)e^{i\alpha} + (\bar{z}+ih)e^{-i\alpha}\right]\right\}$$

$$= i(1+\lambda)\tau_0\cos(\alpha+\theta)\exp\left\{i\frac{k}{2}\left[(z-ih)e^{i\alpha} + (\bar{z}+ih)e^{-i\alpha}\right]\right\} \quad (5-274)$$

$$\tau_{rz}^{(s)} = \left(c_{44} + \frac{e_{15}^2}{k_{11}}\right)\frac{k}{2}\sum_{n=-\infty}^{+\infty}A_n\bigg\{\left[H_{n-1}^{(1)}(k|z|)\left(\frac{z}{|z|}\right)^{n-1} - H_{n+1}^{(1)}(k|z-2ih|)\left(\frac{z-2ih}{|z-2ih|}\right)^{-(n+1)}\right]e^{i\theta}$$

$$+\left[-H_{n+1}^{(1)}(k|z|)\left(\frac{z}{|z|}\right)^{n+1} + H_{n-1}^{(1)}(k|z-2ih|)\left(\frac{z-2ih}{|z-2ih|}\right)^{-(n-1)}\right]e^{-i\theta}\bigg\}$$

$$-\frac{e_{15}^2}{k_{11}}\sum_{1}^{\infty}k^{-n}n\{[D_n(z)^{-n-1} + E_n(z-2ih)^{-n-1}]e^{i\theta} + [E_n(\bar{z})^{-n-1} + D_n(z+2ih)^{-n-1}]e^{-i\theta}\}$$

(5-275)

$$D_r = e_{15}\sum_{1}^{\infty}n\{[D_n(z)^{-n-1} + E_n(z-2ih)^{-n-1}]e^{i\theta} + [E_n\bar{z}^{-n-1} + D_n(\bar{z}+2ih)^{-n-1}]e^{-i\theta}\}$$

(5-276)

圆柱夹杂内部的电位势、位移、电位移及应力可分别写为

$$\varphi^{\mathrm{I}} = \frac{e_{15}^{\mathrm{I}}}{\kappa_{11}^{\mathrm{I}}}\left(w^{\mathrm{I}} + L_0 + \sum_{n=1}^{+\infty}[L_n z^n + I_n \bar{z}^n]\right) \quad (5-277)$$

$$w^{\mathrm{I}} = \sum_{n=-\infty}^{\infty} M_n J_n(\kappa^{\mathrm{I}}|z|)\left(\frac{z}{|z|}\right)^n \quad (5-278)$$

$$D_r^{\mathrm{I}} = -\frac{e_{15}^{\mathrm{I}2}}{k_{11}^{\mathrm{I}}}\sum_{n=1}^{\infty}(L_n z^{n-1}n e^{i\theta} + I_n \bar{z}^{n-1}n e^{-i\theta}) \quad (5-279)$$

$$\tau_{rz}^{\mathrm{I}} = \frac{1}{2}k^{\mathrm{I}}\left(c_{44}^{\mathrm{I}} + \frac{e_{15}^{\mathrm{I}2}}{k_{11}^{\mathrm{I}}}\right)\left\{\sum_{n=-\infty}^{\infty} M_n J_{n-1}(k^{\mathrm{I}}|z|)\left(\frac{z}{|z|}\right)^{n-1}\right\}e^{i\theta}$$

$$-\left\{\sum_{n=-\infty}^{\infty} M_n J_{n+1}(k^{\mathrm{I}}|z|)\left(\frac{z}{|z|}\right)^{n+1} \mathrm{e}^{-\mathrm{i}\theta}\right\}$$

$$+\frac{k^{\mathrm{I}}}{2}\frac{e_{15}^{\mathrm{I}2}}{k_{11}^{\mathrm{I}}}\left(\sum_{n=1}^{\infty} nL_n z^{n-1}\mathrm{e}^{\mathrm{i}\theta}+\sum_{n=1}^{\infty} nI_n \bar{z}^{n-1}\mathrm{e}^{-\mathrm{i}\theta}\right) \quad (5-280)$$

圆柱夹杂周边上的边界条件为

$$\begin{cases} \tau_{rz}^{\mathrm{I}}=\tau_{rz}^{i}+\tau_{rz}^{r}+\tau_{rz}^{s} \\ D_r^{\mathrm{I}}=D_r^{i}+D_r^{r}+D_r^{s} \\ \varphi_r^{\mathrm{I}}=\varphi_r^{i}+\varphi_r^{r}+\varphi_r^{s} \\ w^{\mathrm{I}}=w^{i}+w^{r}+w^{s} \end{cases} \quad (5-281)$$

根据以上边界条件，即可像 5.4.2.4 节中求格林函数的系数方法求出未知系数 A_n、D_n、E_n、L_n、I_n、M_n。半无限压电材料界面附近含圆柱夹杂的位移场、应力场、电位势、电位移都可以得到。下面来构造圆柱夹杂局部脱胶。

我们可以通过分析圆柱夹杂脱胶部分的边界条件来构造"脱胶"的力学模型，脱胶处表面应力为零，并且采用电导通的电边界条件，所以，可先计算圆柱夹杂周边的应力，再在脱胶处施加和它等大反向的应力，使得该处应力为零，这样就得到了圆柱夹杂局部脱胶的模型。在这种情况下，夹杂外压电介质中的总位移场以及总电位势分别变成：

$$w^{(t)}=w^{(i)}+w^{(r)}+w^{(s)}-\int_{\theta_1}^{\theta_2}\tau_{rz}\Big|_{z-z_0}\times G_w(z,z_0,\theta,\theta_0)\mathrm{d}\theta_0 \quad (5-282)$$

$$\phi^{(t)}=\frac{e_{15}}{k_{11}}w^{(t)}+w_0\frac{e_{15}}{k_{11}}\sum_{1}^{+\infty}\{D_n[z^{-n}+(\bar{z}+2\mathrm{i}h)^{-n}]+E_n[\bar{z}^{-n}+(z-2\mathrm{i}h)^{-n}]\}$$

$$(5-283)$$

5.4.4 动应力强度因子

我们知道，裂纹尖端的动应力强度因子（Dynamic Stress Intensity Factor, DSIF）是研究裂纹问题中非常重要的物理量，它在一定程度上反映了裂纹在动态荷载作用下的集中程度，裂纹扩展的实质是裂尖的应力超过材料的断裂韧度，这也是导致结构破坏的原因。半无限压电介质中圆柱夹杂局部脱胶实际也是裂纹问题。在利用线弹性理论求解裂纹尖端的动应力强度因子时，应力场具有平方根奇异性，但实际上，当应力达到一定值时，裂纹尖端进入塑性流动状态，此时，应力会重新分布，所以，应力应为有限值。并且采用裂纹尖端附近微小距离处的应力除以应力幅值及裂纹的特征尺寸参数来表示裂纹尖端的动应力强度因子。它的表达式可以写成：

$$k_3 = \left| \frac{\tau_{rz}|_{\bar{r}=\bar{r}_1}}{\tau_0 Q} \right| \qquad (5-284)$$

式中，$\tau_{rz}|_{\bar{r}=\bar{r}_1}$ 表示裂纹尖端附近微小距离的应力；Q 是裂纹具有长度平方根量纲的特征尺寸。

5.4.5 算例和结果讨论

本节以一个具体算例，结合半无限压电材料界面附近局部脱胶圆柱夹杂在不同情况下受 SH 波作用时的动应力强度因子的数值结果，对入射角度 α、入射波波数 kR、压电材料的压电综合参数 λ、圆柱夹杂中心与界面的距离和圆柱夹杂半径的比值 h/R，以及反映圆柱夹杂脱胶程度的张角 α（弧形裂纹所对应的圆心角）等因素变化时对 DSIF 所造成的影响进行讨论分析。结果发现对半无限压电材料界面附近局部脱胶圆柱夹杂进行低频、大压电特征参数的动力分析十分重要。

5.4.5.1 半无限压电材料界面附近圆柱夹杂的动态脱胶问题算例

上一节对半无限压电材料界面附近局部脱胶圆柱夹杂受稳态 SH 波作用时的动态特性进行了理论推导，并且写出了裂纹尖端动应力强度因子的表达式。本节将通过一个具体的算例来讨论半无限压电材料界面附近圆柱夹杂的动态脱胶问题，算例模型见图 5.62。

本节将以裂纹上尖端点的动应力强度因子为例，通过改变 SH 波的入射角度、频率、压电材料的物理参数以及结构的几何参数，来研究这些因素对裂纹尖端强度因子的影响。在下面的图形中，将用 α_0 来代表 SH 波的入射角度，用 kR 代表无量纲波数，用 λ 代表压电综合参数，用 h/R 代表圆柱夹杂中心与界面的距离和夹杂半径的比值，用 α 代表裂纹所对应的圆心角。下面给出在各种参数变化情况下裂纹尖端的动应力强度因子的数值结果。

第一种情况：取 $h/R=100$，将圆柱夹杂远离界面，即可认为把半空间中含局部脱胶圆柱夹杂的模型退化到全空间中含局部脱胶圆柱夹杂的模型。在图 5.64 中，取 α（反映圆柱夹杂脱胶程度）为 π，入射波角分别为 $\pi/4$、$\pi/2$ 时动应力强度因子随 kR 的变化。

第二种情况：取 $c_{44}^{\mathrm{I}}/c_{44}=5$，$k_{11}^{\mathrm{I}}/k_{11}=1$，$e_{15}^{\mathrm{I}}/e_{15}=1$，$h/R=1.5$，入射角度 α_0 分别为 $0°$、$\pi/4$、$\pi/2$ 时，裂纹尖端动应力强度因子随波数 kR 的变化，图 5.65~图 5.67 中将包含不同的压电综合参数 λ，每幅图之间 α（反映圆柱夹杂脱胶程度）取不同的角度（图 5.65 描述入射角为 0；图 5.66 描述入射角为 $\pi/4$；图 5.67 描述入射角为 $\pi/2$）。

第 5 章 半空间内含缺陷的压电介质的反平面动力学研究

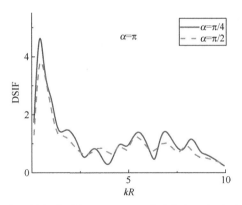

图 5.64 SH 波入射角分别为 $\pi/4$、$\pi/2$ 时动应力强度因子随 kR 的变化

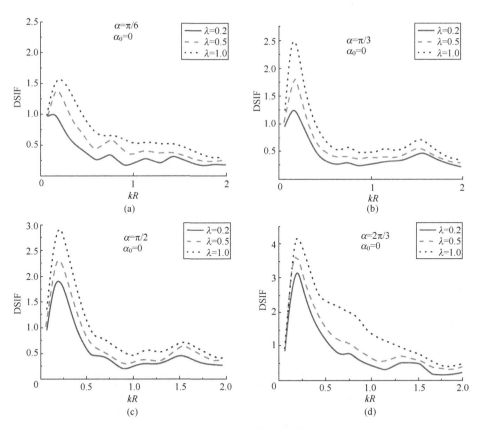

图 5.65 SH 波入射角为 0° 时，动应力强度因子随 kR、λ 及张角 α 的变化

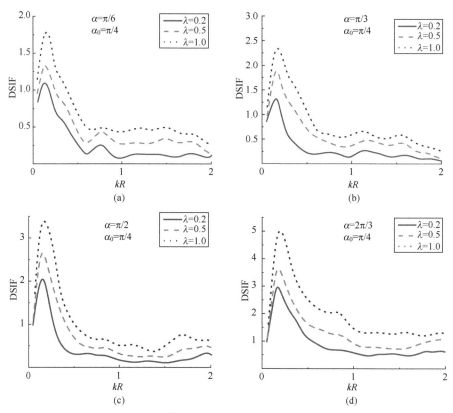

图 5.66 SH 波入射角为 $\dfrac{\pi}{4}$ 时,动应力强度因子随 kR、λ 及张角 α 的变化

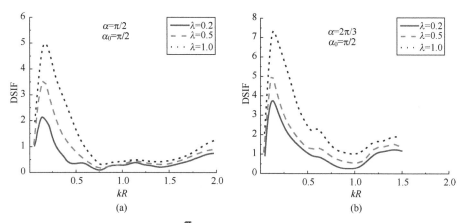

图 5.67 SH 波入射角分别为 $\dfrac{\pi}{2}$ 时,动应力强度因子随 kR、λ 及张角 α 的变化

第三种情况：取 $\alpha = \pi/2$，$c_{44}^{\mathrm{I}}/c_{44} = 5$，$k_{11}^{\mathrm{I}}/k_{11} = 1$，$e_{15}^{\mathrm{I}}/e_{15} = 1$，入射角度 α 分别为 $0°$、$\pi/4$、$\pi/2$ 时，裂纹尖端动应力强度因子随波数 h/R（圆柱夹杂中心与界面的距离和夹杂半径的比值）的变化，图 5.68~图 5.70 中将包含不同的压电综合参数 λ，每幅图之间分别取不同的波数 kR（图 5.68 描述入射角为 0；图 5.69 描述入射角为 $\pi/4$；图 5.70 描述入射角为 $\pi/2$）。

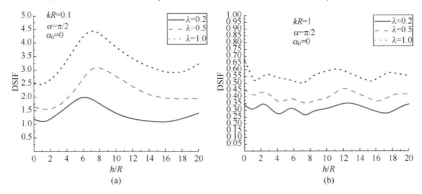

图 5.68 SH 波入射角为 $0°$ 时，动应力强度因子随 h/R、λ 及 kR 的变化

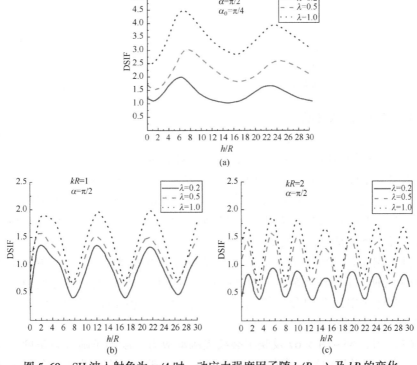

图 5.69 SH 波入射角为 $\pi/4$ 时，动应力强度因子随 h/R、λ 及 kR 的变化

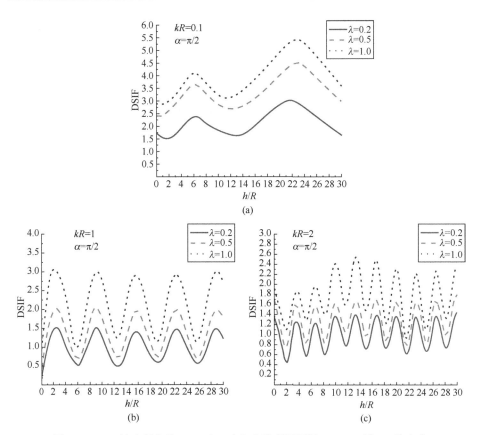

图 5.70 SH 波入射角为 π/2 时，动应力强度因子随 h/R、λ 及 kR 的变化

5.4.5.2 结果分析

在上面的算例中，结合半无限压电材料界面附近局部脱胶圆柱夹杂在不同情况下受 SH 波作用时的数值结果，将对在各种因素变化时裂纹尖端动应力强度因子的变化规律做出分析。这些因素主要包含 SH 波的入射角度 α、入射波波数 kR、压电材料的压电综合参数 λ、圆柱夹杂中心与界面的距离和圆柱夹杂半径的比值 h/R 以及反映圆柱夹杂脱胶程度的张角 α（弧形裂纹所对应的圆心角）等。下面是分析所得的结论：

（1）图 5.64 中取圆柱夹杂中心与界面的距离和圆柱夹杂半径的比值 h/R =100，此时由于圆柱夹杂离界面足够远，可以认为局部脱胶圆柱夹杂处于全空间压电材料中，图中分别给出了入射角为 π/4 和 π/2、裂纹张角为 π 时 DSIF 随 kR 的变化情况。

（2）图 5.65~图 5.67 反映了裂纹尖端动应力强度因子随入射角度、入射波数、张角以及压电综合参数的变化情况。经过观察，我们发现：每幅图中裂纹尖端动应力强度因子随着入射波数的增大呈振荡性衰减，而且在低频段（$kR<1$）时，对应的 DSIF 的峰值要高于高频段（$kR>1$）所对应的峰值，这表明半无限压电材料界面附近局部脱胶圆柱夹杂在低频情况下的动力学分析更为重要。对比图 5.65~图 5.67 的每组图，我们发现：裂纹尖端动应力强度因子的峰值随着张角 α（即脱胶程度）的增大而增大；当裂纹张角 α（即脱胶程度）相同时，裂纹强度因子在斜入射时比水平入射或垂直入射时的峰值大。

（3）图 5.68~图 5.70 反映了裂纹尖端动应力强度因子随入射角度、入射波数、圆柱夹杂中心与界面的距离和圆柱夹杂半径的比值 h/R 以及压电综合参数的变化情况。经过观察，我们发现：每幅图中裂纹尖端动应力强度因子随着 h/R 的增大呈周期性变化。对比图 5.68~图 5.70 的每组图，我们发现：随着 kR 的增大，裂纹尖端动应力强度因子随 h/R 变化的周期变短。

（4）在上面所有的数值结果图中，我们发现，裂纹尖端动应力强度因子随压电综合参数 λ 的增大而增大，从而得出这样一个结论：半无限压电材料界面附近局部脱胶圆柱夹杂在 SH 波作用下的动力学特性比非压电材料的半空间界面附近局部脱胶圆柱夹杂更为明显。

5.5 半空间内含界面附近圆孔及裂纹的压电介质的反平面动力学研究

本节将采用格林函数法研究含圆孔的半无限压电介质中任意位置、任意方位有限长度裂纹对 SH 波的散射。首先，构造半空间中圆孔对波的散射波；其次，构造适合本问题的格林函数，利用裂纹"切割"方法在任意位置构造任意方位的裂纹。进而得到圆孔和基体中裂纹同时存在条件下的总位移与总电场的表达式，进一步研究圆形孔洞对 SH 波的散射和动应力集中系数，以及裂纹尖端动应力强度因子。

5.5.1 模型与控制方程

5.5.1.1 模型的建立

SH 波作用于压电介质含圆形孔洞及其附近裂纹的半无限空间模型如图 5.71 所示。其包含 xoy、$x'o'y'$ 和 $x''o''y''$ 三个坐标系，它们之间存在下列关系：

$$x''=x\cos\beta_0+y\sin\beta_0, y''=y\cos\beta_0-x\sin\beta_0+h_2$$

5.5.1.2 控制方程

在各向同性介质中研究弹性波对孔洞的散射问题，其最为简单的模型就是

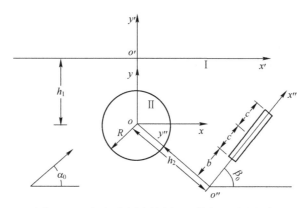

图 5.71　SH 波作用于压电介质含圆形孔洞及其附近裂纹的半无限空间模型

反平面剪切运动的 SH 波模型。在 xy 平面内的 SH 波所激发的位移 $w=(x,y,t)$ 垂直于 xy 平面，且只与 xy 轴有关。

对于荷载作用之下的稳态弹性场和电场，其场变量均可表示成时间谐和因子与空间变量分离形式：

$$A^*(x,y,t)=A(x,y)\mathrm{e}^{-\mathrm{i}\omega t} \qquad (5-285)$$

式中，A^* 为复变量，且其实部为问题的解，在求解过程中待解的场变量 A^* 将被 A 代替，而成为主要的研究对象。

压电介质中，设电极化方向为垂直于 xy 平面的 z 轴，则稳态（时间谐和）的反平面动力学问题的控制方程为

$$\begin{cases}\dfrac{\partial \tau_{xz}}{\partial x}+\dfrac{\partial \tau_{yz}}{\partial y}+\rho\omega^2 w=0 \\ \dfrac{\partial D_x}{\partial x}+\dfrac{\partial D_y}{\partial y}=0\end{cases} \qquad (5-286)$$

式中，τ_{xz} 和 τ_{yz} 为剪应力分量；D_x 和 D_y 为电位移分量；ω、ρ、w 分别为出平面位移、介质密度和 SH 波的圆频率。压电材料的本构关系可以写成：

$$\begin{cases}\tau_{xz}=c_{44}\dfrac{\partial w}{\partial x}+e_{15}\dfrac{\partial \phi}{\partial x} \\ \tau_{yz}=c_{44}\dfrac{\partial w}{\partial y}+e_{15}\dfrac{\partial \phi}{\partial y} \\ D_x=e_{15}\dfrac{\partial w}{\partial x}-k_{11}\dfrac{\partial \phi}{\partial x} \\ D_y=e_{15}\dfrac{\partial w}{\partial y}-k_{11}\dfrac{\partial \phi}{\partial y}\end{cases} \qquad (5-287)$$

第5章 半空间内含缺陷的压电介质的反平面动力学研究

式中，c_{44}、e_{15}和k_{11}分别是压电材料的弹性常数、压电常数和介电常数；ϕ为介质中的电位势。代本构关系式（5-287）至控制方程（5-286），则可得

$$\begin{cases} c_{44}\nabla^2 w + e_{15}\nabla^2\phi + \rho\omega^2 w = 0 \\ e_{15}\nabla^2 w - k_{11}\nabla^2\phi = 0 \end{cases} \tag{5-288}$$

式（5-288）可以化简为

$$\begin{cases} \nabla^2 w + k^2 w = 0 \\ \nabla^2 f = 0 \end{cases} \tag{5-289}$$

式中：k为波数，$c^* = c_{44} + \dfrac{e_{15}^2}{k_{11}}$，且$k^2 = \dfrac{\rho\omega^2}{c^*}$。而电位势公式为

$$\phi = \frac{e_{15}}{k_{11}}w + f$$

为了方便计算，将上式写成：

$$\phi = \frac{e_{15}}{k_{11}}(w+f) \tag{5-290}$$

在极坐标系中，控制方程（5-288）可写为

$$\begin{cases} \dfrac{\partial^2 w}{\partial r^2} + \dfrac{1}{r}\dfrac{\partial w}{\partial r} + \dfrac{1}{r^2}\dfrac{\partial^2 w}{\partial \theta^2} + k^2 w = 0 \\ \dfrac{\partial^2 f}{\partial r^2} + \dfrac{1}{r}\dfrac{\partial f}{\partial r} + \dfrac{1}{r^2}\dfrac{\partial^2 f}{\partial \theta^2} = 0 \end{cases} \tag{5-291}$$

而本构关系式（5-287）则为

$$\begin{cases} \tau_{rz} = c_{44}\dfrac{\partial w}{\partial r} + e_{15}\dfrac{\partial \phi}{\partial r} \\ \tau_{\theta z} = c_{44}\dfrac{1}{r}\dfrac{\partial w}{\partial \theta} + e_{15}\dfrac{1}{r}\dfrac{\partial \phi}{\partial \theta} \\ D_r = e_{15}\dfrac{\partial w}{\partial r} - k_{11}\dfrac{\partial \phi}{\partial r} \\ D_\theta = e_{15}\dfrac{1}{r}\dfrac{\partial w}{\partial \theta} - k_{11}\dfrac{1}{r}\dfrac{\partial \phi}{\partial \theta} \end{cases} \tag{5-292}$$

引入复变量$z = x+\mathrm{i}y$，$\bar{z} = x-\mathrm{i}y$，在复平面$(z,\bar{z})$上，控制方程（5-289）则变为

$$\begin{cases} \dfrac{\partial^2 w}{\partial z \partial \bar{z}} + \dfrac{1}{4}k^2 w = 0 \\ \dfrac{\partial^2 f}{\partial z \partial \bar{z}} = 0 \end{cases} \tag{5-293}$$

在复平面$(z,\bar{z})$上，式（5-287）变为

$$\begin{cases}\tau_x = \left(c_{44}+\dfrac{e_{15}^2}{k_{11}}\right)\left(\dfrac{\partial w}{\partial z}+\dfrac{\partial w}{\partial \bar{z}}\right)+\dfrac{e_{15}^2}{k_{11}}\left(\dfrac{\partial f}{\partial z}+\dfrac{\partial f}{\partial \bar{z}}\right) \\ \tau_{yz} = \left(c_{44}+\dfrac{e_{15}^2}{k_{11}}\right)i\left(\dfrac{\partial w}{\partial z}-\dfrac{\partial w}{\partial \bar{z}}\right)+\dfrac{e_{15}^2}{k_{11}}i\left(\dfrac{\partial f}{\partial z}-\dfrac{\partial f}{\partial \bar{z}}\right) \\ D_x = -e_{15}\left(\dfrac{\partial f}{\partial z}+\dfrac{\partial f}{\partial \bar{z}}\right) \\ D_y = -e_{15}i\left(\dfrac{\partial f}{\partial z}-\dfrac{\partial f}{\partial \bar{z}}\right)\end{cases} \quad (5\text{-}294)$$

又$z=re^{i\theta}$，$\bar{z}=re^{-i\theta}$，则复平面$(z,\bar{z})$上，式（5-292）变为

$$\begin{cases}\tau_{rz} = \left(c_{44}+\dfrac{e_{15}^2}{k_{11}}\right)\left(\dfrac{\partial w}{\partial z}e^{i\theta}+\dfrac{\partial w}{\partial \bar{z}}e^{-i\theta}\right)+\dfrac{e_{15}^2}{k_{11}}\left(\dfrac{\partial f}{\partial z}e^{i\theta}+\dfrac{\partial f}{\partial \bar{z}}e^{-i\theta}\right) \\ \tau_{\theta z} = \left(c_{44}+\dfrac{e_{15}^2}{k_{11}}\right)i\left(\dfrac{\partial w}{\partial z}e^{i\theta}-\dfrac{\partial w}{\partial \bar{z}}e^{-i\theta}\right)+\dfrac{e_{15}^2}{k_{11}}i\left(\dfrac{\partial f}{\partial z}e^{i\theta}-\dfrac{\partial f}{\partial \bar{z}}e^{-i\theta}\right) \\ D_r = -e_{15}\left(\dfrac{\partial f}{\partial z}e^{i\theta}+\dfrac{\partial f}{\partial \bar{z}}e^{-i\theta}\right) \\ D_\theta = -e_{15}i\left(\dfrac{\partial f}{\partial z}e^{i\theta}-\dfrac{\partial f}{\partial \bar{z}}e^{-i\theta}\right)\end{cases} \quad (5\text{-}295)$$

5.5.2 格林函数

5.5.2.1 格林函数的一般定义和性质

在数学物理方法中，每一个数学物理方程都有自己的物理意义，如泊松方程代表静电场与电荷分布的关系，热传导方程代表温度场与热源之间的关系，等等。所以，一个数学物理方程可以表示这样一种关系，即一种"源"与由这种源所产生的"场"所对应的关系。如果将源看成由很多点源组合而成并设法知道点源所产生的场，那么就可以利用叠加原理求出满足同样边界条件下任意源的场，这种方法称为格林函数法，点源所产生的场称为格林函数。由于格林函数法是建立在叠加原理上的，所以，这种方法只适用于线性系统。我们先看一个线性的非齐次微分方程：

$$Lu(x)=a_0(x)D^n+a_1(x)D^{n-1}+\cdots+a_{n-1}(x)D+a_n(x)=f(x) \quad (5\text{-}296)$$

式中，L表示一个微分算子，$D=\dfrac{d}{dx}$，$a_0(x)\neq 0$，$f(x)$是一个连续函数。

对于式（5-296）中等式右端的连续函数$f(x)$，其表达式为

$$f(x) = \int_{-\infty}^{+\infty} \delta(x-y)f(y)\mathrm{d}y \tag{5-297}$$

以上方程的意义为：将空间中连续分布外源 $f(x)$ 分解为鳞次排列的许许多多点源。其中，δ 函数是一个重要的广义函数，可以实现用非常简洁的数学形式将一些很复杂的极限过程表示出来，所以，它在线性问题中描写点源或瞬时量时应用非常广泛。常常将 $\delta(x)$ 函数表示：

$$\delta(x) = \begin{cases} 0, x \neq 0 \\ \infty, x = 0 \end{cases}, \int_{-\infty}^{+\infty}\delta(x) = 1 \tag{5-298}$$

因为微分方程是线性的，可用叠加原理。若 u_1 和 u_2 分别是 $Lu_i = f_i (i=1,2)$ 的解，则 $u = b_1 u_1 + b_2 u_2$ 是微分方程 $Lu = f = b_1 f_1 + b_2 f_2$ 的解，其中的 b_1 和 b_2 是任意常数。这样的叠加可以推广到 i 为无穷多个，即连续分布的情形。将式（5-297）左边的函数 $f(x)$ 看成右边一系列连续分布 $\delta(x-y)f(y)$ 之和。

令 $G(x,y)$ 作为式（5-296）的基本解，则根据函数的线性特征可知：

$$LG(x,y) = \delta(x-y) \tag{5-299}$$

将式（5-299）代入式（5-297），再将式（5-297）代入式（5-296），推导出关系式：

$$u(x) = \int_{-\infty}^{+\infty} G(x,y)f(y)\mathrm{d}y \tag{5-300}$$

在式（5-300）中，$G(x,y)$ 为点源函数产生的响应，给 G 乘以任意常数 $f(y)$ 并将它们相加（即对 y 积分）即可得

$$f(x) = \int_{-\infty}^{+\infty}\delta(x-y)f(y)\mathrm{d}y = \int_{-\infty}^{+\infty}LG(x,y)f(y)\mathrm{d}y = L\int_{-\infty}^{+\infty}G(x,y)f(y)\mathrm{d}y = Lu$$

从上式可以知道，求解方程（5-296）中的前提是必须先得到单位点源产生的响应 $G(x,y)$，由此可见 $G(x,y)$ 的重要性，一般地，定义 $G(x,y)$ 为算子 L 的基本解。

微分方程边值问题的求解往往要满足一定的边界条件，相应的基本解 $G(x,y)$ 也应该满足一定的边界条件，称这种基本解 $G(x,y)$（满足边界条件）为格林函数。在力学中，格林函数有着重要的物理意义，它代表了在任意点处作用一个源（力、温度等）所产生的场，则称方程（5-296）右边的 f 为强迫项，当 f 为脉冲函数时，格林函数 $G(x,y)$ 是微分方程（5-296）的解。

5.5.2.2 格林函数控制方程和边界条件

本节研究的格林函数是一个在含有圆柱形孔洞的半无限压电介质内任意一点承受时间谐和的出平面线源荷载作用是位移场的基本解，如图 5.72 所示。位移函数 G 与时间的依赖关系为 $\mathrm{e}^{-\mathrm{i}\omega t}$，且满足控制方程：

$$\frac{\partial^2 G}{\partial x^2}+\frac{\partial^2 G}{\partial y^2}+k^2 G=0 \qquad (5-301)$$

式中，$k=\frac{\omega}{c_s}$，ω 表示位移函数的圆频率；$c_s=\sqrt{\frac{\mu}{\rho}}$ 表示介质的剪切波速；ρ、μ 分别表示介质的质量密度以及剪切模量。

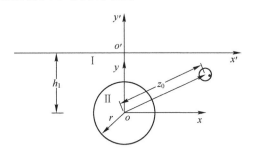

图 5.72　出平面线源荷载作用于压电介质含圆孔的半空间模型

边界条件：半无限压电介质界面处应力自由且电绝缘；圆孔周边处法向应力为零，法向电位移和电位势连续：

$$\tau_{\theta'z'}=0, D_r=0, \theta'=0, \pi \qquad (5-302)$$

$$\tau_{rz}=0, |z|=R \qquad (5-303)$$

5.5.2.3　格林函数的导出

在上述边界条件约束下，满足控制方程（5-301）的基本解，应包括两部分运动：出平面线源荷载的扰动和由圆孔所激发的散射波。

1. 线源荷载的扰动

对于出平面线源荷载 $\delta(\boldsymbol{r}-\boldsymbol{r}_0)$ 在一个完整弹性空间中所产生的波场为 $w^{(i)}$，可将其示为入射波，它是已知的，即全空间问题的基本解。

$$w^{(i)}=\frac{\mathrm{i}}{4c_{44}(1+\lambda)}H_0^{(1)}(k|r'-r'_0|)\mathrm{e}^{-\mathrm{i}\omega t} \qquad (5-304)$$

式中，$\lambda=\frac{e_{15}^2}{c_{44}k_{11}}$，$\lambda$ 是一个无量纲参数，是压电材料的一个基本特性；$H_0^{(1)}(\cdot)$ 是第一类零阶汉克尔函数，根据贝塞尔函数的加法定理，忽略时间因子 $\mathrm{e}^{-\mathrm{i}\omega t}$，可以将式（5-304）写成：

$$w^{(i)}=\frac{\mathrm{i}}{4c_{44}(1+\lambda)}\sum_{m=0}^{\infty}\varepsilon_m\cos m(\theta'-\theta'_0)\begin{cases}J_m(kr'_0)H_m^{(1)}(kr'), r'>r'_0 \\ J_m(kr')H_m^{(1)}(kr'_0), r'<r'_0\end{cases}$$

$$(5-305)$$

式中，$m=0$ 时，$\varepsilon_m=1$；$m \geqslant 1$ 时，$\varepsilon_m=2$。

利用坐标系间的转换关系，可以将式（5-305）写为

$$w^{(i)} = \frac{i}{4c_{44}(1+\lambda)} H_0^{(1)}(k|z'-z_0'|) \tag{5-306}$$

入射波在遇到水平面时所产生的反射波 $w^{(r)}$ 可以写为

$$w^{(r)} = \frac{i}{4c_{44}(1+\lambda)} H_0^{(1)}(k|z'-\bar{z}_0'|) \tag{5-307}$$

在复平面 $(z,\bar{z})$ 上，式（5-306）与式（5-307）将分别变为

$$w^{(i)} = \frac{i}{4c_{44}(1+\lambda)} H_0^{(1)}(k|z-z_0|) \tag{5-308}$$

$$w^{(r)} = \frac{i}{4c_{44}(1+\lambda)} H_0^{(1)}(k|z-\bar{z}_0-2ih_1|) \tag{5-309}$$

对于由圆孔所激发且自动满足水平界面应力自由的散射波，可以写成：

$$w^{(s)} = \frac{i}{4c_{44}(1+\lambda)} \sum_{n=-\infty}^{\infty} P_n \left[H_n^{(1)}(k|z|) \left(\frac{z}{|z|}\right)^n + H_n^{(1)}(k|z-2ih_1|) \left(\frac{z-2ih_1}{|z-2ih_1|}\right)^{-n} \right] \tag{5-310}$$

式中，P_n 为待定的未知系数，可通过圆孔周边应力自由的边界条件求解。

总波场可以写成：

$$\begin{aligned} w^{(t)} &= w^{(r)} + w^{(i)} + w^{(s)} \\ &= \frac{i}{4c_{44}(1+\lambda)} [H_0^{(1)}(k|z-z_0|) + H_0^{(1)}(k|z-\bar{z}_0-2ih_1|)] \\ &= \frac{i}{4c_{44}(1+\lambda)} \sum_{n=-\infty}^{\infty} P_n \left[H_n^{(1)}(k|z|) \left(\frac{z}{|z|}\right)^n + H_n^{(1)}(k|z-2ih_1|) \left(\frac{z-2ih_1}{|z-2ih_1|}\right)^{-n} \right] \end{aligned} \tag{5-311}$$

2. 电场中的解

下面分别给出入射波，反射波和散射波对应的电场。

1）入射波的电场

入射波所对应的电位势，它的表达式如下：

$$\phi^{(i)} = \frac{e_{15}}{k_{11}} w^{(i)} \tag{5-312}$$

即

$$\phi^{(i)} = \frac{e_{15}}{k_{11}} \frac{i}{4c_{44}(1+\lambda)} H_0^{(1)}(k|z-z_0|) \tag{5-313}$$

2) 反射波的电场

由于界面的存在，这里反射波的形式取 $(z, \bar{z})$ 复平面上的表达式 (5-309)，那么反射波对应的电位势设为

$$\phi^{(r)} = \frac{e_{15}}{k_{11}}(w^{(r)} + g_r) \quad (5-314)$$

根据式 (5-293) 可得

$$\nabla^2 g_r = 0 \quad (5-315)$$

故取

$$g_r = \sum_{n=-\infty}^{+\infty} [R_n (z - ih_1)^n + T_n (\bar{z} + ih_1)^n] \quad (5-316)$$

因为无穷远处电位势不能为无穷大，所以式 (5-316) 可变为

$$g_r = \sum_{0}^{+\infty} [R_n (z - ih_1)^{-n} + T_n (\bar{z} + ih_1)^{-n}] \quad (5-317)$$

式中，R_n、T_n 为待定系数，可根据界面处的应力自由以及电绝缘条件来确定它们的值，即

$$\tau_{yz} = 0, D_y = 0 \quad (5-318)$$

在复平面 $(z, \bar{z})$ 上，由式 (5-294) 求得入射波和反射波所对应的应力 $\tau_{yz}^{(i)}$ 和 $\tau_{yz}^{(r)}$ 的表达式为

$$\tau_{yz}^{(i)} = \frac{k}{8} \left[H_1^{(1)}(k|z-z_0|) \frac{|z-z_0|}{z-z_0} - H_1^{(1)}(k|z-z_0|) \frac{z-z_0}{|z-z_0|} \right] \quad (5-319)$$

$$\tau_{yz}^{(r)} = \frac{k}{8} \left[H_1^{(1)}(k|z-\bar{z}_0 - 2ih_1|) \frac{|z-\bar{z}_0 - 2ih_1|}{z-\bar{z}_0 - 2ih_1} - H_1^{(1)}(k|z-\bar{z}_0 - 2ih_1|) \frac{z-\bar{z}_0 - 2ih_1}{|z-\bar{z}_0 - 2ih_1|} \right]$$

$$- i \frac{e_{15}^2}{k_{11}} k \sum_{0}^{+\infty} n [R_n (z - ih_1)^{-n-1} - T_n (\bar{z} + ih_1)^{-n-1}] \quad (5-320)$$

由 $\tau_{yz}^{(i)} + \tau_{yz}^{(r)} = \tau_{yz}$，有

$$\tau_{yz} = \frac{k}{8} \left[H_1^{(1)}(k|z-z_0|) \frac{|z-z_0|}{z-z_0} - H_1^{(1)}(k|z-z_0|) \frac{z-z_0}{|z-z_0|} \right.$$

$$\left. + H_1^{(1)}(k|z-\bar{z}_0 - 2ih_1|) \frac{|z-\bar{z}_0 - 2ih_1|}{z-\bar{z}_0 - 2ih_1} - H_1^{(1)}(k|z-\bar{z}_0 - 2ih_1|) \frac{z-\bar{z}_0 - 2ih_1}{|z-\bar{z}_0 - 2ih_1|} \right]$$

$$- i \frac{e_{15}^2}{k_{11}} \sum_{0}^{+\infty} n [R_n (z - ih_1)^{-n-1} - T_n (\bar{z} + ih_1)^{-n-1}] \quad (5-321)$$

对于 τ_{yz} 的第一项，在界面处，即 $z = x + ih_1$ 处，将 $z = x + ih_1$ 代入式 (5-321)，得

$$\frac{k}{8} \left[H_1^{(1)}(k|x+ih_1-z_0|) \frac{|x+ih_1-z_0|}{x+ih_1-z_0} - H_1^{(1)}(k|x+ih_1-z_0|) \frac{x+ih_1-z_0}{|x+ih_1-z_0|} \right.$$

$$+H_1^{(1)}(k|x-\mathrm{i}h_1-\bar{z}_0|)\frac{|x-\mathrm{i}h_1-\bar{z}_0|}{x-\mathrm{i}h_1-\bar{z}_0}-H_1^{(1)}(k|x-\mathrm{i}h_1-\bar{z}_0|)\frac{x-\mathrm{i}h_1-\bar{z}_0}{|x-\mathrm{i}h_1-\bar{z}_0|}\bigg]=0 \tag{5-322}$$

则需要考虑第二项为零，即表达式：

$$-\mathrm{i}\frac{e_{15}^2}{k_{11}}\sum_0^{+\infty}n[R_n(z-\mathrm{i}h_1)^{-n-1}-T_n(\bar{z}+\mathrm{i}h_1)^{-n-1}]=0 \tag{5-323}$$

对于 $D_y=0$：

$$D_y=\mathrm{i}e_{15}\sum_0^{+\infty}n[R_n(z-\mathrm{i}h_1)^{-n-1}-T_n(\bar{z}+\mathrm{i}h_1)^{-n-1}] \tag{5-324}$$

可以看出，式（5-323）与式（5-324）是等价的。将 $z=x+\mathrm{i}h_1$，$\bar{z}=x-\mathrm{i}h_1$ 代入式（5-324），可得

$$R_n(z-\mathrm{i}h_1)^{-n-1}-T_n(\bar{z}+\mathrm{i}h_1)^{-n-1}\big|_{\substack{z=x+\mathrm{i}h_1 \\ \bar{z}=x-\mathrm{i}h_1}}=R_nx^{-n-1}-T_nx^{-n-1}=0 \tag{5-325}$$

因为式（5-325）对于任意的 x 都成立，则得到：$R_n=T_n$。

所以，式（5-317）简化为

$$g_r=\sum_0^{+\infty}R_n(z-\mathrm{i}h_1)^{-n}=R_0+\sum_1^{+\infty}R_n(z-\mathrm{i}h_1)^{-n} \tag{5-326}$$

用字符 ϕ 表示压电介质中总的电位势，其表达式可以写成：

$$\phi=\phi^{(i)}+\phi^{(r)}=\frac{e_{15}}{k_{11}}w+\frac{e_{15}}{k_{11}}R_n(z-\mathrm{i}h_1)^{-n} \tag{5-327}$$

当 $n=0$ 且 $r\to\infty$ 时，$R_0=0$

则

$$g_r=\sum_0^{+\infty}R_n(z-\mathrm{i}h_1)^{-n} \tag{5-328}$$

g_r 在界面处即 $z=x+\mathrm{i}h_1$ 处应该满足不能为无穷大，将 $z=x+\mathrm{i}h_1$ 代入式（5-328），有

$$g_r\big|_{z=x+\mathrm{i}h_1}=\sum_1^{+\infty}R_nx^{-n} \tag{5-329}$$

那么，当 $x=0$ 时，式（5-329）不能为无穷大。则当 $n\geq 1$ 时，只能 $R_n=0$，则有 $g_r=0$，所以反射波所对应的电位势为

$$\phi^{(r)}=\frac{e_{15}}{k_{11}}w^{(r)}=\frac{e_{15}}{k_{11}}\frac{\mathrm{i}}{4c_{44}(1+\lambda)}H_0^{(1)}(k|z-\bar{z}_0-2\mathrm{i}h_1|) \tag{5-330}$$

3）散射波的电场

模型见图 5.71，散射波所对应的电位势项的表达式如下：

$$\phi^{(s)} = \frac{e_{15}}{k_{11}}(w^{(s)} + g_s) \quad (5\text{-}331)$$

根据式（5-293）可推出：$\nabla^2 g_s = 0$。

故取

$$g_s = \sum_{-\infty}^{+\infty} \left[Q_n(z)^n + S_n(\bar{z})^n + U_n (z-2ih_1)^{-n} + V_n (\bar{z}+2ih_1)^{-n} \right]$$

$$(5\text{-}332)$$

同样 g_s 应满足无穷远处不能为无穷大，那么式（5-332）简化为

$$g_s = \sum_{0}^{+\infty} \left[Q_n(z)^{-n} + S_n(\bar{z})^{-n} + U_n (z-2ih_1)^{-n} + V_n (\bar{z}+2ih_1)^{-n} \right]$$

$$(5\text{-}333)$$

式中，Q_n、S_n、U_n、V_n 为待定系数。其值可由水平界面处的应力自由和电绝缘条件来确定，即 $\tau_{yz}=0, D_y=0$。

在复平面 $(z, \bar{z})$ 上，由式（5-294）求得散射波所对应的应力 $\tau_{yz}^{(s)}$ 和电位移 D_y 的表达式分别为

$$\tau_{yz}^{(s)} = -\frac{k}{8} \sum_{n=-\infty}^{\infty} P_n \left\{ \left[H_{n-1}^{(1)}(k|z|)\left(\frac{z}{|z|}\right)^{n-1} - H_{n+1}^{(1)}(k|z-2ih_1|)\left(\frac{z-2ih_1}{|z-2ih_1|}\right)^{-n-1} \right] \right.$$
$$\left. - \left[-H_{n+1}^{(1)}(k|z|)\left(\frac{z}{|z|}\right)^{n+1} + H_{n-1}^{(1)}(k|z-2ih_1|)\left(\frac{z-2ih_1}{|z-2ih_1|}\right)^{-n+1} \right] \right\}$$
$$-i\frac{e_{15}^2}{k_{11}} \sum_0^{+\infty} n \left[Q_n(z)^{-n-1} - S_n(\bar{z})^{-n-1} + U_n(z-2ih_1)^{-n-1} - V_n(\bar{z}+2ih_1)^{-n-1} \right]$$

$$(5\text{-}334)$$

$$D_y = ie_{15} \sum_0^{+\infty} n \left[Q_n(z)^{-n-1} - S_n(\bar{z})^{-n-1} + U_n(z-2ih_1)^{-n-1} - V_n(\bar{z}+2ih_1)^{-n-1} \right]$$

$$(5\text{-}335)$$

对于界面处的应力为零的条件，即 $\tau_{yz}=0$，则

$$\tau_{yz} = \tau_{yz}^{(s)} + \tau_{yz}^{(i)} + \tau_{yz}^{(r)}$$

由前面的推导可知，$\tau_{yz}^{(i)}$ 与 $\tau_{yz}^{(r)}$ 之和在界面处为 0 已经满足，所以，上式只需满足 $\tau_{yz}^{(s)}$ 在界面处为 0 即可，即满足 $\tau_{yz}=0$。先分析 $\tau_{yz}^{(s)}$ 的第一项，将 $z=x+ih$ 代入，则有

$$\tau_{yz}^{(s)}\Big|_{z=x+ih_1} = -\frac{k}{8} \sum_{n=-\infty}^{\infty} P_n \left\{ H_{n-1}^{(1)}(k|x+ih_1|)\left(\frac{x+ih_1}{|x+ih_1|}\right)^{n-1} \right.$$

第5章 半空间内含缺陷的压电介质的反平面动力学研究

$$-H_{n+1}^{(1)}(k|x-\mathrm{i}h_1|)\left(\frac{x-\mathrm{i}h_1}{|x-\mathrm{i}h_1|}\right)^{-n-1}\Bigg]$$

$$-\Bigg[-H_{n+1}^{(1)}(k|x+\mathrm{i}h_1|)\left(\frac{x+\mathrm{i}h_1}{|x+\mathrm{i}h_1|}\right)^{n+1}$$

$$+H_{n-1}^{(1)}(k|x-\mathrm{i}h_1|)\left(\frac{x-\mathrm{i}h_1}{|x-\mathrm{i}h_1|}\right)^{-n+1}\Bigg]\Bigg\}=0 \quad (5\text{-}336)$$

自动满足。所以需要考虑 $\tau_{yz}^{(s)}$ 的第二项为 0，即表达式为

$$-\mathrm{i}\frac{e_{15}^2}{k_{11}}\sum_0^{+\infty}n[Q_n(z)^{-n-1}-S_n(\bar{z})^{-n-1}+U_n(z-2\mathrm{i}h_1)^{-n-1}-V_n(\bar{z}+2\mathrm{i}h_1)^{-n-1}]=0$$

(5-337)

对于界面处于电绝缘条件，即 $D_y=0$，有

$$D_y=\mathrm{i}e_{15}\sum_0^{+\infty}n[Q_n(z)^{-n-1}-S_n(\bar{z})^{-n-1}+U_n(z-2\mathrm{i}h_1)^{-n-1}-V_n(\bar{z}+2\mathrm{i}h_1)^{-n-1}]=0$$

(5-338)

可以看出，式（5-337）与式（5-338）是等价的，得知能同时满足水平界面处的应力自由和电绝缘的条件，将 $z=x+\mathrm{i}h_1$, $\bar{z}=x-\mathrm{i}h_1$ 代入式（5-338），则

$$D_y\Big|_{\substack{z=x+\mathrm{i}h_1\\\bar{z}=x-\mathrm{i}h_1}}=\mathrm{i}e_{15}\sum_0^{+\infty}n[Q_n(x+\mathrm{i}h_1)^{-n-1}-S_n(x-\mathrm{i}h_1)^{-n-1}$$

$$+U_n(x-\mathrm{i}h_1)^{-n-1}-V_n(x+\mathrm{i}h_1)^{-n-1}]=0$$

可以得到：$Q_n=V_n$, $S_n=U_n$，所以式（5-333）简化为

$$g_s=\sum_0^{+\infty}\{Q_n[(z)^{-n}+(\bar{z}+2\mathrm{i}h_1)^{-n}]+S_n[(\bar{z})^{-n}+(z-2\mathrm{i}h_1)^{-n}]\}$$

(5-339)

所以，压电介质中总弹性位移场和总电位势可分别表示为

$$w=w^{(i)}+w^{(r)}+w^{(s)}$$

$$\phi=\frac{e_{15}}{k_{11}}w+\frac{e_{15}}{k_{11}}\sum_0^{+\infty}\{Q_n[(z)^{-n}+(\bar{z}+2\mathrm{i}h_1)^{-n}]+S_n[(\bar{z})^{-n}+(z-2\mathrm{i}h_1)^{-n}]\}$$

(5-340)

当 $n=0$ 且 $r\to\infty$，$\phi\to\phi^{(i)}+\phi^{(r)}$ 的无穷远处条件，可得 $Q_0=S_0=0$。所以有

$$g_s=\sum_1^{+\infty}\{Q_n[(z)^{-n}+(\bar{z}+2\mathrm{i}h_1)^{-n}]+S_n[(\bar{z})^{-n}+(z-2\mathrm{i}h_1)^{-n}]\}$$

(5-341)

g_s 在界面处不能为无穷大，将 $z=x+\mathrm{i}h_1$ 代入式（5-341），得

$$g_s|_{z=x+\mathrm{i}h_1} = \sum_1^{+\infty} \{Q_n[(x+\mathrm{i}h_1)^{-n}+(x+\mathrm{i}h_1)^{-n}]+S_n[(x-\mathrm{i}h_1)^{-n}+(x-\mathrm{i}h_1)^{-n}]\}$$

$$= 2\sum_1^{+\infty} \{Q_n[(x+\mathrm{i}h_1)^{-n}]+S_n[(x-\mathrm{i}h_1)^{-n}]\} \quad (5-342)$$

可见当 $x=0$ 或任意值时，g_s 满足在界面处不能为无穷大。

当 $x\to\infty$ 时满足 $g_s\to 0$，故

$$g_s = \sum_1^{+\infty} \{Q_n[(z)^{-n}+(\bar{z}+2\mathrm{i}h_1)^{-n}]+S_n[(\bar{z})^{-n}+(z-2\mathrm{i}h_1)^{-n}]\} \quad (5-343)$$

所以散射波对应的电位势 $\phi^{(s)}$ 的表达式如下：

$$\phi^{(s)} = \frac{e_{15}}{k_{11}}w^{(s)}+\frac{e_{15}}{k_{11}}g_s$$

$$= \frac{e_{15}}{k_{11}}\frac{\mathrm{i}}{4c_{44}(1+\lambda)}\sum_{n=-\infty}^{\infty} P_n\left[H_n^{(1)}(k|z|)\left(\frac{z}{|z|}\right)^n+H_n^{(1)}(k|z-2\mathrm{i}h_1|)\left(\frac{z-2\mathrm{i}h_1}{|z-2\mathrm{i}h_1|}\right)^{-n}\right]$$

$$+\frac{e_{15}}{k_{11}}\frac{\mathrm{i}}{4c_{44}(1+\lambda)}\sum_1^{+\infty} \{Q_n[z^{-n}+(\bar{z}+2\mathrm{i}h_1)^{-n}]+S_n[\bar{z}^{-n}+(z-2\mathrm{i}h_1)^{-n}]\} \quad (5-344)$$

3. 压电介质中的应力和电位移

在复坐标系 $(z,\bar{z})$ 中，将式（5-308）、式（5-309）、式（5-310）、式（5-313）、式（5-330）、式（5-344）代入本构方程式（5-295）中，即可得到介质中的应力及电位移表达式：

$$\tau_{rz}^{(i)} = -\frac{\mathrm{i}k}{8}\left\{\left[H_1^{(1)}(k|z-z_0|)\frac{|z-z_0|}{z-z_0}\right]\mathrm{e}^{\mathrm{i}\theta}+\left[H_1^{(1)}(k|z-z_0|)\frac{z-z_0}{|z-z_0|}\right]\mathrm{e}^{-\mathrm{i}\theta}\right\}$$

$$(5-345)$$

$$\tau_{\theta z}^{(i)} = \frac{k}{8}\left\{\left[H_1^{(1)}(k|z-z_0|)\frac{|z-z_0|}{z-z_0}\right]\mathrm{e}^{\mathrm{i}\theta}+\left[H_1^{(1)}(k|z-z_0|)\frac{z-z_0}{|z-z_0|}\right]\mathrm{e}^{-\mathrm{i}\theta}\right\}$$

$$(5-346)$$

$$\begin{cases}\tau_{rz}^{(r)} = -\frac{\mathrm{i}k}{8}\left\{\left[H_1^{(1)}(k|z-\bar{z}_0-2\mathrm{i}h_1|)\frac{|z-\bar{z}_0-2\mathrm{i}h_1|}{z-\bar{z}_0-2\mathrm{i}h_1}\right]\mathrm{e}^{\mathrm{i}\theta}\right. \\ \left.+\left[H_1^{(1)}(k|z-\bar{z}_0-2\mathrm{i}h_1|)\frac{z-\bar{z}_0-2\mathrm{i}h_1}{|z-\bar{z}_0-2\mathrm{i}h_1|}\right]\mathrm{e}^{-\mathrm{i}\theta}\right\} \\ \tau_{\theta z}^{(r)} = \frac{k}{8}\left\{\left[H_1^{(1)}(k|z-\bar{z}_0-2\mathrm{i}h_1|)\frac{|z-\bar{z}_0-2\mathrm{i}h_1|}{z-\bar{z}_0-2\mathrm{i}h_1}\right]\mathrm{e}^{\mathrm{i}\theta}\right. \\ \left.-\left[H_1^{(1)}(k|z-\bar{z}_0-2\mathrm{i}h_1|)\frac{z-\bar{z}_0-2\mathrm{i}h_1}{|z-\bar{z}_0-2\mathrm{i}h_1|}\right]\mathrm{e}^{-\mathrm{i}\theta}\right\}\end{cases}$$

$$(5-347)$$

$$(5-348)$$

第5章 半空间内含缺陷的压电介质的反平面动力学研究

$$\tau_{rz}^{(s)} = \frac{ik}{8}\sum_{n=-\infty}^{\infty} P_n\left\{\left[H_{n-1}^{(1)}(k|z|)\left(\frac{z}{|z|}\right)^{n-1} - H_{n+1}^{(1)}(k|z-2ih_1|)\left(\frac{z-2ih_1}{|z-2ih_1|}\right)^{-n-1}\right]e^{i\theta}\right.$$

$$\left. + \left[-H_{n+1}^{(1)}(k|z|)\left(\frac{z}{|z|}\right)^{n+1} + H_{n-1}^{(1)}(k|z-2ih_1|)\left(\frac{z-2ih_1}{|z-2ih_1|}\right)^{-n+1}\right]e^{-i\theta}\right\}$$

$$- \frac{e_{15}^2}{k_{11}}\frac{i}{4c_{44}(1+\lambda)}\sum_1^{+\infty} n\{[Q_n z^{-n-1} + S_n(z-2ih_1)^{-n-1}]e^{i\theta}$$

$$+ [Q_n(\bar{z}+2ih_1)^{-n-1} + S_n \bar{z}^{-n-1}]e^{-i\theta}\} \tag{5-349}$$

$$\tau_{\theta z}^{(s)} = -\frac{k}{8}\sum_{n=-\infty}^{\infty} P_n\left[H_{n-1}^{(1)}(k|z|)\left(\frac{z}{|z|}\right)^{n-1}e^{i\theta} + H_{n+1}^{(1)}(k|z|)\left(\frac{z}{|z|}\right)^{n+1}e^{-i\theta}\right.$$

$$\left. - H_{n+1}^{(1)}(k|z-2ih_1|)\left(\frac{z-2ih_1}{|z-2ih_1|}\right)^{-n-1}e^{i\theta}\right.$$

$$\left. - H_{n-1}^{(1)}(k|z-2ih_1|)\left(\frac{z-2ih_1}{|z-2ih_1|}\right)^{-n+1}e^{-i\theta}\right]$$

$$+ \frac{e_{15}^2}{k_{11}}\frac{1}{4c_{44}(1+\lambda)}\sum_1^{\infty} n\{[Q_n z^{-n-1} + S_n(z-2ih_1)^{-n-1}]e^{i\theta}$$

$$- [Q_n(\bar{z}+2ih_1)^{-n-1} + S_n \bar{z}^{-n-1}]e^{-i\theta}\} \tag{5-350}$$

$$D_r = e_{15}\frac{i}{4c_{44}(1+\lambda)}\sum_1^{+\infty} n\{[Q_n z^{-n-1} + S_n(z-2ih_1)^{-n-1}]e^{i\theta}$$

$$+ [Q_n(\bar{z}+2ih_1)^{-n-1} + S_n \bar{z}^{-n-1}]e^{-i\theta}\} \tag{5-351}$$

4. 圆孔内部的电场

圆孔内部只有电场,而且电位势应满足在孔心处不能为无穷大,那么圆孔内电位势及电位移表达式为

$$\phi^I = \frac{e_{15}}{k_{11}}\frac{i}{4c_{44}(1+\lambda)}\left[U_0 + \sum_{n=1}^{+\infty} U_n z^n + V_n \bar{z}^n\right] \tag{5-352}$$

$$D_r^I = -\frac{e_{15}}{k_{11}}\frac{i}{4c_{44}(1+\lambda)}k_0\sum_{n=1}^{+\infty} n[U_n z^{n-1}e^{i\theta} + V_n \bar{z}^{n-1}e^{-i\theta}] \tag{5-353}$$

式中,k_0表示圆孔内部的介电常数;上标 I 表示圆孔内部的物理量。

5.5.2.4 边值问题

在研究半无限压电介质中界面附近圆孔的散射和动应力集中问题时,圆孔周边上的边界条件应满足:介质和圆孔内的电位势、电位移和位移在边界处连续;圆孔表面法向应力 τ_{rz} 为零。因此,在复平面 $(z,\bar{z})$ 上,边界条件可以表示为

$$\begin{cases} \tau_{rz} = \tau_{rz}^{(i)} + \tau_{rz}^{(r)} + \tau_{rz}^{(s)} = 0 \\ D_r = D_r^I \\ \phi^{(i)} + \phi^{(r)} + \phi^{(s)} = \phi^I \end{cases} \quad (5\text{-}354)$$

则有

$$-\frac{ik}{8} \Biggl\{ \left[H_1^{(1)}(k|z-z_0|) \frac{|z-z_0|}{z-z_0} \right] e^{i\theta} + \left[H_1^{(1)}(k|z-z_0|) \frac{z-z_0}{|z-z_0|} \right] e^{-i\theta}$$

$$+ \left[H_1^{(1)}(k|z-\bar{z}_0-2ih_1|) \frac{|z-\bar{z}_0-2ih_1|}{z-\bar{z}_0-2ih_1} \right] e^{i\theta}$$

$$+ \left[H_1^{(1)}(k|z-\bar{z}_0-2ih_1|) \frac{z-\bar{z}_0-2ih_1}{|z-\bar{z}_0-2ih_1|} \right] e^{-i\theta} \Biggr\}$$

$$+ \frac{ik}{8} \sum_{n=-\infty}^{\infty} P_n \Biggl\{ \left[H_{n-1}^{(1)}(k|z|) \left(\frac{z}{|z|} \right)^{n-1} - H_{n+1}^{(1)}(k|z-2ih_1|) \left(\frac{z-2ih_1}{|z-2ih_1|} \right)^{-n-1} \right] e^{i\theta}$$

$$+ \left[-H_{n+1}^{(1)}(k|z|) \left(\frac{z}{|z|} \right)^{n+1} + H_{n-1}^{(1)}(k|z-2ih_1|) \left(\frac{z-2ih_1}{|z-2ih_1|} \right)^{-n+1} \right] e^{-i\theta} \Biggr\}$$

$$-\frac{e_{15}^2}{k_{11}} \frac{i}{4c_{44}(1+\lambda)} \sum_{1}^{+\infty} n \{ [Q_n z^{-n-1} + S_n (z-2ih_1)^{-n-1}] e^{i\theta}$$

$$+ [Q_n (\bar{z}+2ih_1)^{-n-1} + S_n \bar{z}^{-n-1}] e^{-i\theta} \} = 0 \quad (5\text{-}355)$$

$$\frac{e_{15}}{k_{11}} \frac{i}{4c_{44}(1+\lambda)} \sum_{1}^{+\infty} n \{ [Q_n z^{-n-1} + S_n (z-2ih_1)^{-n-1}] e^{i\theta}$$

$$+ [Q_n (\bar{z}+2ih_1)^{-n-1} + S_n \bar{z}^{-n-1}] e^{-i\theta} \}$$

$$= -\frac{e_{15}}{k_{11}} \frac{i}{4c_{44}(1+\lambda)} k_0 \sum_{n=1}^{+\infty} n [U_n z^{n-1} e^{i\theta} + V_n \bar{z}^{n-1} e^{-i\theta}] \quad (5\text{-}356)$$

$$\frac{e_{15}}{k_{11}} \frac{i}{4c_{44}(1+\lambda)} H_0^{(1)}(k|z-z_0|) + \frac{e_{15}}{k_{11}} \frac{i}{4c_{44}(1+\lambda)} H_0^{(1)}(k|z-\bar{z}_0-2ih_1|) +$$

$$\frac{e_{15}}{k_{11}} \frac{i}{4c_{44}(1+\lambda)} \sum_{n=-\infty}^{\infty} P_n \left[H_n^{(1)}(k|z|) \left(\frac{z}{|z|} \right)^n + H_n^{(1)}(k|z-2ih_1|) \left(\frac{z-2ih_1}{|z-2ih_1|} \right)^{-n} \right] +$$

$$\frac{e_{15}}{k_{11}} \frac{i}{4c_{44}(1+\lambda)} \sum_{1}^{+\infty} \{ Q_n [z^{-n} + (\bar{z}+2ih_1)^{-n}] + S_n [\bar{z}^{-n} + (z-2ih_1)^{-n}] \}$$

$$= \frac{e_{15}}{k_{11}} \frac{i}{4c_{44}(1+\lambda)} \left[U_0 + \sum_{n=1}^{+\infty} U_n z^n + V_n \bar{z}^n \right] \quad (5\text{-}357)$$

上面三式可以写成：

$$\sum_{-\infty}^{\infty} P_n \xi^{(11)} + \sum_{1}^{\infty} [Q_n \xi^{(12)} + S_n \xi^{(13)}] = \xi^{(1)} \quad (5\text{-}358)$$

第5章 半空间内含缺陷的压电介质的反平面动力学研究

$$\sum_1^\infty Q_n \xi^{(22)} + \sum_1^\infty S_n \xi^{(23)} + \sum_1^\infty U_n \xi^{(24)} + \sum_1^\infty V_n \xi^{(25)} = \xi^{(2)} \quad (5-359)$$

$$\sum_{-\infty}^\infty P_n \xi^{(31)} + \sum_1^\infty Q_n \xi^{(32)} + \sum_1^\infty S_n \xi^{(33)} + \sum_1^\infty U_n \xi^{(34)} + \sum_1^\infty V_n \xi^{(35)} + \sum_{-\infty}^\infty M_n \xi^{(36)} = \xi^{(3)} + U_0 \quad (5-360)$$

方程组两边同乘 $e^{-im\theta}$，并在 $(-\pi,\pi)$ 上积分，则

$$\sum_{-\infty}^\infty P_n \xi_{mn}^{(11)} + \sum_1^\infty [Q_n \xi_{mn}^{(12)} + S_n \xi_{mn}^{(13)}] = \xi_m^{(1)} \quad (5-361)$$

$$\sum_1^\infty Q_n \xi_{mn}^{(22)} + \sum_1^\infty S_n \xi_{mn}^{(23)} + \sum_1^\infty U_n \xi_{mn}^{(24)} + \sum_1^\infty V_n \xi_{mn}^{(25)} = \xi_m^{(2)} \quad (5-362)$$

$$\sum_{-\infty}^\infty P_n \xi_{mn}^{(31)} + \sum_1^\infty Q_n \xi_{mn}^{(32)} + \sum_1^\infty S_n \xi_{mn}^{(33)} + \sum_1^\infty U_n \xi_{mn}^{(34)} + \sum_1^\infty V_n \xi_{mn}^{(35)} = \xi_m^{(3)} + U_0 \quad (5-363)$$

式中，

$$\xi_{mn}^{(11)} = \frac{1}{2\pi} \int_{-\pi}^\pi \left\{ \left[H_{n-1}^{(1)}(k|z|) \left(\frac{z}{|z|}\right)^{n-1} - H_{n+1}^{(1)}(k|z-2ih_1|) \left(\frac{z-2ih_1}{|z-2ih_1|}\right)^{-n-1} \right] e^{i\theta} \right.$$
$$\left. + \left[-H_{n+1}^{(1)}(k|z|) \left(\frac{z}{|z|}\right)^{n+1} + H_{n-1}^{(1)}(k|z-2ih_1|) \left(\frac{z-2ih_1}{|z-2ih_1|}\right)^{-n+1} \right] e^{-i\theta} \right\} e^{-im\theta} d\theta$$

$$\xi_{mn}^{(12)} = -\frac{2\lambda}{k(1+\lambda)} \frac{1}{2\pi} \int_{-\pi}^\pi n[z^{-n-1}e^{i\theta} + (\bar{z}+2ih_1)^{-n-1}e^{-i\theta}] e^{-im\theta} d\theta$$

$$\xi_{mn}^{(13)} = -\frac{2\lambda}{k(1+\lambda)} \frac{1}{2\pi} \int_{-\pi}^\pi n[(z-2ih_1)^{-n-1}e^{i\theta} + \bar{z}^{-n-1}e^{-i\theta}] e^{-im\theta} d\theta$$

$$\xi_m^{(1)} = \frac{1}{2\pi} \int_{-\pi}^\pi \left\{ \left[H_1^{(1)}(k|z-z_0|) \frac{|z-z_0|}{z-z_0} \right] e^{i\theta} + \left[H_1^{(1)}(k|z-z_0|) \frac{z-z_0}{|z-z_0|} \right] e^{-i\theta} \right.$$
$$+ \left[H_1^{(1)}(k|z-\bar{z}_0-2ih_1|) \frac{|z-\bar{z}_0-2ih_1|}{z-\bar{z}_0-2ih_1} \right] e^{i\theta}$$
$$\left. + \left[H_1^{(1)}(k|z-\bar{z}_0-2ih_1|) \frac{z-\bar{z}_0-2ih_1}{|z-\bar{z}_0-2ih_1|} \right] e^{-i\theta} \right\} e^{-im\theta} d\theta$$

$$\xi_{mn}^{(22)} = \frac{1}{2\pi} \frac{k_{11}}{k_0} \int_{-\pi}^\pi n[z^{-n-1}e^{i\theta} + (\bar{z}+2ih_1)^{-n-1}e^{-i\theta}] e^{-im\theta} d\theta$$

$$\xi_{mn}^{(23)} = \frac{1}{2\pi} \frac{k_{11}}{k_0} \int_{-\pi}^\pi n[(z-2ih_1)^{-n-1}e^{i\theta} + \bar{z}^{-n-1}e^{-i\theta}] e^{-im\theta} d\theta$$

$$\xi_{mn}^{(24)} = \frac{1}{2\pi} \int_{-\pi}^\pi n[z^{n-1}e^{i\theta}] e^{-im\theta} d\theta$$

$$\xi_{mn}^{(25)} = \frac{1}{2\pi}\int_{-\pi}^{\pi} n[\bar{z}^{n-1}\mathrm{e}^{-\mathrm{i}\theta}]\mathrm{e}^{-\mathrm{i}m\theta}\mathrm{d}\theta$$

$$\xi_{m}^{(2)} = 0$$

$$\xi_{mn}^{(31)} = \frac{1}{2\pi}\int_{-\pi}^{\pi}\left[H_{n}^{(1)}(k|z|)\left(\frac{z}{|z|}\right)^{n} + H_{n}^{(1)}(k|z-2\mathrm{i}h_{1}|)\left(\frac{z-2\mathrm{i}h_{1}}{|z-2\mathrm{i}h_{1}|}\right)^{-n}\right]\mathrm{e}^{-\mathrm{i}m\theta}\mathrm{d}\theta$$

$$\xi_{mn}^{(32)} = \frac{1}{2\pi}\int_{-\pi}^{\pi}\left[z^{-n} + (\bar{z}+2\mathrm{i}h_{1})^{-n}\right]\mathrm{e}^{-\mathrm{i}m\theta}\mathrm{d}\theta$$

$$\xi_{mn}^{(33)} = \frac{1}{2\pi}\int_{-\pi}^{\pi}\left[\bar{z}^{-n} + (z-2\mathrm{i}h_{1})^{-n}\right]\mathrm{e}^{-\mathrm{i}m\theta}\mathrm{d}\theta$$

$$\xi_{mn}^{(34)} = -\frac{1}{2\pi}\int_{-\pi}^{\pi}z^{n}\mathrm{e}^{-\mathrm{i}m\theta}\mathrm{d}\theta$$

$$\xi_{mn}^{(35)} = -\frac{1}{2\pi}\int_{-\pi}^{\pi}\bar{z}^{n}\mathrm{e}^{-\mathrm{i}m\theta}\mathrm{d}\theta$$

$$\xi_{m}^{(3)} = -\frac{1}{2\pi}\int_{-\pi}^{\pi}\left[H_{0}^{(1)}(k|z-z_{0}|) + H_{0}^{(1)}(k|z-\bar{z}_{0}-2\mathrm{i}h_{1}|)\right]\mathrm{e}^{-\mathrm{i}m\theta}\mathrm{d}\theta$$

为了求解无穷代数方程组，可以利用柱函数的收敛性，将式中 n 的最大正整数取值 N，即有 $m=0,\pm 1,\pm 2,\cdots,\pm N$，则未知数 P_n，Q_n，S_n，U_n，V_n 的项数分别为 $(2N+1)$，N，N，$(N+1)$，N，共有 $(6N+2)$ 个未知数，三组代数方程可以构建 $(2N+1)+(2N+1)+2N=(6N+2)$ 个方程。显然，求解未知数的条件是充分的，问题转化为求解 $(6N+2)$ 个未知数的线性方程组。利用线性代数理论 $\boldsymbol{AX}=\boldsymbol{B}$ 来求解方程。式中 $\boldsymbol{X}$ 为 $(6N+2)$ 个未知数构成的 $(6N+2)\times 1$ 阶列向量。$\boldsymbol{A}$ 为系数矩阵，其阶数为 $(6N+2)\times(6N+2)$，$\boldsymbol{B}$ 为非齐次项系数矩阵。然后利用 $\boldsymbol{X}=\boldsymbol{A}^{-1}\boldsymbol{B}$，得到待求未知数构成的列阵。

5.5.3 SH 波对界面附近圆孔及裂纹的散射

在一个完整的半无限压电介质中，有一个稳态的 SH 波 $w^{(i)}$ 沿与界面成 α 的角度入射，在界面上就会产生一个反射的 SH 波 $w^{(r)}$，它们在复平面 $(z,\bar{z})$ 上可以写成：

$$w^{(i)} = w_0\exp\left\{\mathrm{i}\frac{k}{2}\left[(z-\mathrm{i}h_1)\mathrm{e}^{-\mathrm{i}\alpha} + (\bar{z}+\mathrm{i}h_1)\mathrm{e}^{\mathrm{i}\alpha}\right]\right\} \quad (5\text{-}364)$$

$$w^{(r)} = w_0\exp\left\{\mathrm{i}\frac{k}{2}\left[(z-\mathrm{i}h_1)\mathrm{e}^{\mathrm{i}\alpha} + (\bar{z}+\mathrm{i}h_1)\mathrm{e}^{-\mathrm{i}\alpha}\right]\right\} \quad (5\text{-}365)$$

介质中由于圆孔而激发的散射波 $w^{(s)}$ 在复平面 $(z,\bar{z})$ 上的形式为

第5章 半空间内含缺陷的压电介质的反平面动力学研究

$$w^{(s)} = w_0 \sum_{n=-\infty}^{+\infty} A_n \left\{ H_n^{(1)}(k|z|) \left(\frac{z}{|z|}\right)^n + H_n^{(1)}(k|z-2\mathrm{i}h_1|) \left(\frac{z-2\mathrm{i}h_1}{|z-2\mathrm{i}h_1|}\right)^{-n} \right\}$$
(5-366)

与入射波、反射波、散射波所对应的电场分别如下:

$$\phi^{(i)} = \frac{e_{15}}{k_{11}} w_0 \exp\left\{ \mathrm{i}\frac{k}{2} [(z-\mathrm{i}h_1)\mathrm{e}^{-\mathrm{i}\alpha} + (\bar{z}+\mathrm{i}h_1)\mathrm{e}^{\mathrm{i}\alpha}] \right\}$$
(5-367)

$$\phi^{(r)} = \frac{e_{15}}{k_{11}} w_0 \exp\left\{ \mathrm{i}\frac{k}{2} [(z-\mathrm{i}h_1)\mathrm{e}^{\mathrm{i}\alpha} + (\bar{z}+\mathrm{i}h_1)\mathrm{e}^{-\mathrm{i}\alpha}] \right\}$$
(5-368)

$$\phi^{(s)} = \frac{e_{15}}{k_{11}} w_0 \sum_{n=-\infty}^{+\infty} A_n \left\{ H_n^{(1)}(k|z|) \left(\frac{z}{|z|}\right)^n + H_n^{(1)}(k|z-2\mathrm{i}h_1|) \left(\frac{z-2\mathrm{i}h_1}{|z-2\mathrm{i}h_1|}\right)^{-n} \right\}$$
$$+ \frac{e_{15}}{k_{11}} w_0 \sum_{1}^{+\infty} \left\{ D_n[z^{-n} + (\bar{z}+2\mathrm{i}h_1)^{-n}] + E_n[\bar{z}^{-n} + (z-2\mathrm{i}h_1)^{-n}] \right\}$$
(5-369)

与之对应的应力表达式为

$$\tau_{\theta_z}^{(i)} = -\mathrm{i}\left(c_{44} + \frac{e_{15}^2}{k_{11}}\right) w_0 k \sin(\theta-\alpha) \exp\left\{ \mathrm{i}\frac{k}{2}[(z-\mathrm{i}h_1)\mathrm{e}^{-\mathrm{i}\alpha} + (\bar{z}+\mathrm{i}h_1)\mathrm{e}^{\mathrm{i}\alpha}] \right\}$$
$$= -\mathrm{i}(1+\lambda)\tau_0 \sin(\theta-\alpha) \exp\left\{ \mathrm{i}\frac{k}{2}[(z-\mathrm{i}h_1)\mathrm{e}^{-\mathrm{i}\alpha} + (\bar{z}+\mathrm{i}h_1)\mathrm{e}^{\mathrm{i}\alpha}] \right\}$$
(5-370)

$$\tau_{\theta_z}^{(r)} = -\mathrm{i}\left(c_{44} + \frac{e_{15}^2}{k_{11}}\right) w_0 k \sin(\theta+\alpha) \exp\left\{ \mathrm{i}\frac{k}{2}[(z-\mathrm{i}h_1)\mathrm{e}^{\mathrm{i}\alpha} + (\bar{z}+\mathrm{i}h_1)\mathrm{e}^{-\mathrm{i}\alpha}] \right\}$$
$$= -\mathrm{i}(1+\lambda)\tau_0 \sin(\theta+\alpha) \exp\left\{ \mathrm{i}\frac{k}{2}[(z-\mathrm{i}h_1)\mathrm{e}^{\mathrm{i}\alpha} + (\bar{z}+\mathrm{i}h_1)\mathrm{e}^{-\mathrm{i}\alpha}] \right\}$$
(5-371)

$$\tau_{\theta_2}^{(s)} = \left(c_{44} + \frac{e_{15}^2}{k_{11}}\right) \mathrm{i}\frac{k}{2} w_0 \sum_{n=-\infty}^{\infty} A_n \left\{ \left[H_{n-1}^{(1)}(k|z|) \left(\frac{z}{|z|}\right)^{n-1} \right.\right.$$
$$\left. - H_{n+1}^{(1)}(k|z-2\mathrm{i}h_1|) \left(\frac{z-2\mathrm{i}h_1}{|z-2\mathrm{i}h_1|}\right)^{-n-1} \right] \mathrm{e}^{\mathrm{i}\theta}$$
$$- \left[-H_{n+1}^{(1)}(k|z|) \left(\frac{z}{|z|}\right)^{n+1} + H_{n-1}^{(1)}(k|z-2\mathrm{i}h_1|) \left(\frac{z-2\mathrm{i}h_1}{|z-2\mathrm{i}h_1|}\right)^{-n+1} \right] \mathrm{e}^{-\mathrm{i}\theta} \right\}$$
$$- \frac{e_{15}^2}{k_{11}} \mathrm{i} w_0 \sum_{1}^{\infty} n \left\{ [D_n z^{-n-1} + E_n(z-2\mathrm{i}h_1)^{-n-1}] \mathrm{e}^{\mathrm{i}\theta} \right.$$
$$\left. - [D_n(\bar{z}+2\mathrm{i}h_1)^{-n-1} + E_n \bar{z}^{-n-1}] \mathrm{e}^{-\mathrm{i}\theta} \right\}$$

$$= \frac{1}{2}(1+\lambda)\mathrm{i}\tau_0 \sum_{n=-\infty}^{\infty} A_n \left\{ \left[H_{n-1}^{(1)}(k|z|) \left(\frac{z}{|z|}\right)^{n-1} \right. \right.$$

$$\left. - H_{n+1}^{(1)}(k|z-2\mathrm{i}h_1|) \left(\frac{z-2\mathrm{i}h_1}{|z-2\mathrm{i}h_1|}\right)^{-n-1} \right] \mathrm{e}^{\mathrm{j}\theta}$$

$$- \left[-H_{n+1}^{(1)}(k|z|) \left(\frac{z}{|z|}\right)^{n+1} + H_{n-1}^{(1)}(k|z-2\mathrm{i}h_1|) \left(\frac{z-2\mathrm{i}h_1}{|z-2\mathrm{i}h_1|}\right)^{-n+1} \right] \mathrm{e}^{-\mathrm{i}\theta} \right\}$$

$$- \left[D_n (\bar{z}+2\mathrm{i}h_1)^{-n-1} + E_n \bar{z}^{-n-1} \right] \mathrm{e}^{-\mathrm{i}\theta} \right\}$$

(5-372)

所以有

$$\tau_{\theta_z} = \tau_{\theta_z}^{(i)} + \tau_{\theta_z}^{(r)} + \tau_{\theta_z}^{(s)}$$

由 xoy, $x''o''y''$ 两坐标系的转换关系可得在复平面 $(z'', \bar{z}'')$ 坐标系下:

$$\begin{cases} z = z'' \mathrm{e}^{\mathrm{i}\beta_0} - \mathrm{i}h_2 \mathrm{e}^{\mathrm{i}\beta_0} \\ \bar{z} = \bar{z}'' \mathrm{e}^{-\mathrm{i}\beta_0} + \mathrm{i}h_2 \mathrm{e}^{-\mathrm{i}\beta_0} \end{cases}$$

(5-373)

将上述转换关系式分别带入应力和格林函数的表达式中, 即得

$$\tau_{\theta'z'} = -\mathrm{i}(1+\lambda)\tau_0 \sin(\theta-\alpha) \exp\left\{ \mathrm{i}\frac{k}{2}\left[(z''\mathrm{e}^{\mathrm{i}\beta_0}-\mathrm{i}h_2\mathrm{e}^{\mathrm{i}\beta_0}-\mathrm{i}h_1)\mathrm{e}^{-\mathrm{i}\alpha} + (\bar{z}''\mathrm{e}^{-\mathrm{i}\beta_0}+\mathrm{i}h_2\mathrm{e}^{-\mathrm{i}\beta_0}+\mathrm{i}h_1\mathrm{e}^{\mathrm{i}\alpha}) \right] \right\}$$

$$-\mathrm{i}(1+\lambda)\tau_0 \sin(\theta+\alpha) \exp\left\{ \mathrm{i}\frac{k}{2}\left[(z''\mathrm{e}^{\mathrm{i}\beta_0}-\mathrm{i}h_2\mathrm{e}^{\mathrm{i}\beta_0}-\mathrm{i}h_1)\mathrm{e}^{\mathrm{i}\alpha} + (\bar{z}''\mathrm{e}^{-\mathrm{i}\beta_0}+\mathrm{i}h_2\mathrm{e}^{-\mathrm{i}\beta_0}+\mathrm{i}h_1)\mathrm{e}^{-\mathrm{i}\alpha} \right] \right\}$$

$$+\frac{1}{2}(1+\lambda)\mathrm{i}\tau_0 \sum_{n=-\infty}^{\infty} A_n \left\{ \left[H_{n-1}^{(1)}(k|z''\mathrm{e}^{\mathrm{i}\beta_0}-\mathrm{i}h_2\mathrm{e}^{\mathrm{i}\beta_0}|) \left(\frac{z''\mathrm{e}^{\mathrm{i}\beta_0}-\mathrm{i}h_2\mathrm{e}^{\mathrm{i}\beta_0}}{|z''\mathrm{e}^{\mathrm{i}\beta_0}-\mathrm{i}h_2\mathrm{e}^{\mathrm{i}\beta_0}|}\right)^{n-1} \right. \right.$$

$$\left. -H_{n+1}^{(1)}(k|z''\mathrm{e}^{\mathrm{i}\beta_0}-\mathrm{i}h_2\mathrm{e}^{\mathrm{i}\beta_0}-2\mathrm{i}h_1|) \left(\frac{z''\mathrm{e}^{\mathrm{i}\beta_0}-\mathrm{i}h_2\mathrm{e}^{\mathrm{i}\beta_0}-2\mathrm{i}h_1}{|z''\mathrm{e}^{\mathrm{i}\beta_0}-\mathrm{i}h_2\mathrm{e}^{\mathrm{i}\beta_0}-2\mathrm{i}h_1|}\right)^{-n-1} \right]\mathrm{e}^{\mathrm{i}\theta}$$

$$-\left[-H_{n+1}^{(1)}(k|z''\mathrm{e}^{\mathrm{i}\beta_0}-\mathrm{i}h_2\mathrm{e}^{\mathrm{i}\beta_0}|) \left(\frac{z''\mathrm{e}^{\mathrm{i}\beta_0}-\mathrm{i}h_2\mathrm{e}^{\mathrm{i}\beta_0}}{|z^{n'}\mathrm{e}^{\mathrm{i}\beta_0}-\mathrm{i}h_2\mathrm{e}^{\mathrm{i}\beta_0}|}\right)^{n+1} \right.$$

$$\left. -H_{n-1}^{(1)}(k|z''\mathrm{e}^{\mathrm{i}\beta_0}-\mathrm{i}h_2\mathrm{e}^{\mathrm{i}\beta_0}-2\mathrm{i}h_1|) \left(\frac{z''\mathrm{e}^{\mathrm{i}\beta_0}-\mathrm{i}h_2\mathrm{e}^{\mathrm{i}\beta_0}-2\mathrm{i}h_1}{|z''\mathrm{e}^{\mathrm{i}\beta_0}-\mathrm{i}h_2\mathrm{e}^{\mathrm{i}\beta_0}-2\mathrm{i}h_1|}\right)^{-n+1} \right]\mathrm{e}^{\mathrm{i}\theta} \right\}$$

$$-\frac{\lambda}{k}\mathrm{i}\tau_0 \sum_{1}^{\infty} n \left\{ \left[D_n (z''\mathrm{e}^{\mathrm{i}\beta_0}-\mathrm{i}h_2\mathrm{e}^{\mathrm{i}\beta_0})^{-n-1} + E_n (z''\mathrm{e}^{\mathrm{i}\beta_0}-\mathrm{i}h_2\mathrm{e}^{\mathrm{i}\beta_0}-2\mathrm{i}h_1)^{-n-1} \right]\mathrm{e}^{\mathrm{i}\theta} \right.$$

$$\left. -\left[D_n (\bar{z}''\mathrm{e}^{-\mathrm{i}\beta_0}+\mathrm{i}h_2\mathrm{e}^{-\mathrm{i}\beta_0}+2\mathrm{i}h_1)^{-n-1} + E_n (\bar{z}''\mathrm{e}^{-\mathrm{i}\beta_0}+\mathrm{i}h_2\mathrm{e}^{-\mathrm{i}\beta_0})^{-n-1} \right]\mathrm{e}^{-\mathrm{i}\theta} \right\}$$

(5-374)

$$G_w(z,z_0'') = \frac{\mathrm{i}}{4c_{44}(1+\lambda)} H_0^{(1)}(k|z - z_0''\mathrm{e}^{\mathrm{i}\beta_0} + \mathrm{i}h_2\mathrm{e}^{\mathrm{i}\beta_0}|)$$

$$+ \frac{\mathrm{i}}{4c_{44}(1+\lambda)} H_0^{(1)}(k|z - \bar{z}_0''\mathrm{e}^{-\mathrm{i}\beta_0} - \mathrm{i}h_2\mathrm{e}^{-\mathrm{i}\beta_0} - 2\mathrm{i}h_1|)$$

$$+ \frac{\mathrm{i}}{4c_{44}(1+\lambda)} \sum_{n=-\infty}^{\infty} P_n \left[H_n^{(1)}(k|z|) \left(\frac{z}{|z|} \right)^n \right.$$

$$\left. + H_n^{(1)}(k|z - 2\mathrm{i}h_1|) \left(\frac{z - 2\mathrm{i}h_1}{|z - 2\mathrm{i}h_1|} \right)^{-n} \right] \quad (5\text{-}375)$$

半无限压电介质内任意一点由入射波、反射波、散射波所产生的应力都可以求出，在该处施加与之等值反向的应力，此处应力为零。在欲出现裂纹处区域加置相应的大小相等、方向相反的平面荷载，从而构造出裂纹。此时的区域 I 的总位移和总电位势分别为

$$w^{(t)} = w^{(i)} + w^{(r)} + w^{(s)} - \int_{(b,0)}^{(2c+b,0)} \tau_{\theta''z''}|_{z''=z_0''} \times G_w(z,z_0'')\mathrm{d}z_0'' \quad (5\text{-}376)$$

$$\phi^{(t)} = \frac{e_{15}}{k_{11}} w^{(t)} + w_0 \frac{e_{15}}{k_{11}} \sum_{1}^{+\infty} \{ D_n [z^{-n} + (\bar{z} + 2\mathrm{i}h_1)^{-n}] + E_n [\bar{z}^{-n} + (z - 2\mathrm{i}h_1)^{-n}] \}$$

$$(5\text{-}377)$$

5.5.4 动应力集中系数和动应力强度因子

在入射的稳态 SH 波作用下，界面附近圆孔及裂纹的动应力分布通常用动应力集中系数 $\tau_{\theta z}^*$ 表示，可写成：

$$\tau_{\theta z}^* = |\tau_{\theta z}^{(t)}/\tau_0| \quad (5\text{-}378)$$

式中，$\tau_{\theta z}^{(t)}$ 为孔洞周边上的应力；$\tau_0 = c_{44}kw_0$ 为入射应力的最大幅值。

$$\tau_{\theta z}^* = -\mathrm{i}(1+\lambda)\sin(\theta - \alpha)\exp\left\{ \mathrm{i}\frac{k}{2}[(z - \mathrm{i}h_1)\mathrm{e}^{-\mathrm{i}\alpha} + (\bar{z} + \mathrm{i}h_1)\mathrm{e}^{\mathrm{i}\alpha}] \right\}$$

$$- \mathrm{i}(1+\lambda)\sin(\theta + \alpha)\exp\left\{ \mathrm{i}\frac{k}{2}[(z - \mathrm{i}h_1)\mathrm{e}^{\mathrm{i}\alpha} + (\bar{z} + \mathrm{i}h_1)\mathrm{e}^{-\mathrm{i}\alpha}] \right\}$$

$$+ \frac{1}{2}(1+\lambda)\mathrm{i} \sum_{n=-\infty}^{\infty} A_n \left\{ \left[H_{n-1}^{(1)}(k|z|) \left(\frac{z}{|z|} \right)^{n-1} \right. \right.$$

$$\left. - H_{n+1}^{(1)}(k|z - 2\mathrm{i}h_1|) \left(\frac{z - 2\mathrm{i}h_1}{|z - 2\mathrm{i}h_1|} \right)^{-n-1} \right] \mathrm{e}^{\mathrm{i}\theta}$$

$$\left. - \left[-H_{n+1}^{(1)}(k|z|) \left(\frac{z}{|z|} \right)^{n+1} + H_{n-1}^{(1)}(k|z - 2\mathrm{i}h_1|) \left(\frac{z - 2\mathrm{i}h_1}{|z - 2\mathrm{i}h_1|} \right)^{-n+1} \right] \mathrm{e}^{-\mathrm{i}\theta} \right\}$$

$$-\frac{\lambda}{k}\mathrm{i}\sum_{1}^{\infty}n\{[D_n z^{-n-1}+E_n(z-2\mathrm{i}h_1)^{-n-1}]\mathrm{e}^{\mathrm{i}\theta}-[D_n(\bar{z}+2\mathrm{i}h_1)^{-n-1}+E_n\bar{z}^{-n-1}]\mathrm{e}^{-\mathrm{i}\theta}\}$$

$$-\frac{k}{8}\int_{(b,0)}^{(2c+b,0)}\tau_{\theta''z''}|_{z''=z_0''}\times\left\{\left[H_1^{(1)}(k|z-z_0''\mathrm{e}^{\mathrm{i}\beta_0}+\mathrm{i}h_2\mathrm{e}^{\mathrm{i}\beta_0}|)\frac{|z-z_0''\mathrm{e}^{\mathrm{i}\beta_0}+\mathrm{i}h_2\mathrm{e}^{\mathrm{i}\beta_0}|}{z-z_0''\mathrm{e}^{\mathrm{i}\beta_0}+\mathrm{i}h_2\mathrm{e}^{\mathrm{i}\beta_0}}\right]\mathrm{e}^{\mathrm{i}\theta}\right.$$

$$-\left[H_1^{(1)}(k|z-z_0''\mathrm{e}^{\mathrm{i}\beta_0}+\mathrm{i}h_2\mathrm{e}^{\mathrm{i}\beta_0}|)\frac{z-z_0''\mathrm{e}^{\mathrm{i}\beta_0}+\mathrm{i}h_2\mathrm{e}^{\mathrm{i}\beta_0}}{|z-z_0''\mathrm{e}^{\mathrm{i}\beta_0}+\mathrm{i}h_2\mathrm{e}^{\mathrm{i}\beta_0}|}\right]\mathrm{e}^{-\mathrm{i}\theta}$$

$$+\left[H_1^{(1)}(k|z-z_0''\mathrm{e}^{-\mathrm{i}\beta_0}-\mathrm{i}h_2\mathrm{e}^{-\mathrm{i}\beta_0}-2\mathrm{i}h_1|)\frac{|z-z_0''\mathrm{e}^{-\mathrm{i}\beta_0}-\mathrm{i}h_2\mathrm{e}^{-\mathrm{i}\beta_0}-2\mathrm{i}h_1|}{z-z_0''\mathrm{e}^{-\mathrm{i}\beta_0}-\mathrm{i}h_2\mathrm{e}^{-\mathrm{i}\beta_0}-2\mathrm{i}h_1}\right]\mathrm{e}^{\mathrm{i}\theta}$$

$$-\left[H_1^{(1)}(k|z-z_0''\mathrm{e}^{-\mathrm{i}\beta_0}-\mathrm{i}h_2\mathrm{e}^{-\mathrm{i}\beta_0}-2\mathrm{i}h_1|)\frac{z-z_0''\mathrm{e}^{-\mathrm{i}\beta_0}-\mathrm{i}h_2\mathrm{e}^{-\mathrm{i}\beta_0}-2\mathrm{i}h_1}{|z-z_0''\mathrm{e}^{-\mathrm{i}\beta_0}-\mathrm{i}h_2\mathrm{e}^{-\mathrm{i}\beta_0}-2\mathrm{i}h_1|}\right]\mathrm{e}^{-\mathrm{i}\theta}$$

$$-\sum_{n=-\infty}^{\infty}P_n\left[H_{n-1}^{(1)}(k|z|)\left(\frac{z}{|z|}\right)^{n-1}\mathrm{e}^{\mathrm{i}\theta}+H_{n+1}^{(1)}(k|z|)\left(\frac{z}{|z|}\right)^{n+1}\mathrm{e}^{-\mathrm{i}\theta}\right.$$

$$\left.-H_{n+1}^{(1)}(k|z-2\mathrm{i}h_1|)\left(\frac{z-2\mathrm{i}h_1}{|z-2\mathrm{i}h_1|}\right)^{-n-1}\mathrm{e}^{\mathrm{i}\theta}-H_{n-1}^{(1)}(k|z-2\mathrm{i}h_1|)\left(\frac{z-2\mathrm{i}h_1}{|z-2\mathrm{i}h_1|}\right)^{-n-1}\mathrm{e}^{\mathrm{i}\theta}\right]\mathrm{d}z_0''\bigg\}$$

(5-379)

不论是 $H_0^{(1)}(k|r-r_0|)$ 还是 $H_0^{(1)'}(k|r-r_0|)$ 在像点与源点重合的情况, 都有奇异性。$H_0^{(1)}(k|r-r_0|)$ 是对数奇异的, $H_0^{(1)'}(k|r-r_0|)$ 是一次幂奇异的, 这就意味着当 $H_0^{(1)'}(k|r-r_0|)$ 参与积分过程后在像点与源点重合时, 会产生对数奇异问题, 因而不能简单地用求出的应力表达式除以入射波应力最大幅值来得到动应力强度因子。分析表明, 在裂纹尖端附近局部区域内, 取微小距离处的应力作为裂纹尖端场的名义应力, 可望得到符合实际情况的动应力强度因子。

$$k_3=\frac{\tau_{rz}|_{\bar{r}=\bar{r}_1}}{\tau_0 Q} \quad (5-380)$$

式中, $\tau_{rz}|_{\bar{r}=\bar{r}_1}$ 取附近区域内微小距离处的名义应力; Q 为特征尺寸, 具有长度平方根的量纲。

5.5.5 算例和结果讨论

本节在前一节理论推导的基础上, 根据裂纹与圆孔的相对位置给出了压电材料中界面附近圆孔与裂纹对 SH 波散射问题的三组算例。文中给出了一些不同参数匹配情况下的数值解, 得到了孔边动应力集中系数和裂纹尖端动应力强度因子对波数 kR、入射角度、压电特征参数、圆孔中心到界面的距离与圆孔半径的比值 h_1/R、圆孔中心至裂纹的垂直距离与圆孔半径的比值 h_2/R 的依赖关系。计算结果表明, 当 $\lambda=0$ 时 (纯弹性介质), 与稳态的 SH 波入射下半无限空间含孔洞与裂纹的计算结果基本一致。同时，计算结果分析表明，对于半无限空间界面附近孔洞与裂纹的压电材料进行低频、大压电特征参数的动力分析十分重要。

5.5.5.1 半无限压电材料界面附近圆孔与任意裂纹的算例

第4章讨论了半无限压电材料界面附近圆孔与裂纹的动力反平面特性。给出了圆孔周边动应力集中系数及裂纹尖端动应力强度因子一般情况下的表达式，一般情况分析见图5.73。本章针对以下三种特殊情况进行讨论分析。

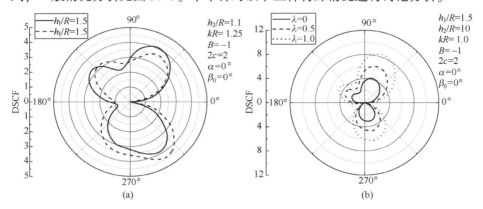

图 5.73　SH 波沿 α 分别入射到半无限压电介质中圆孔、弹性半空间内圆孔及裂纹时孔边动应力集中系数的分布

情况一：裂纹居于圆孔正下方且水平放置，$\beta_0 = 0$，$k_{11}/k_0 = 1000$，$2c = 2$，当入射角度 $\alpha = \pi/4$、$\pi/2$ 时动应力集中系数沿圆孔周边的分布，和裂纹尖端动应力强度因子、动应力集中系数随波数 kR、圆孔中心到界面的距离与圆孔半径的比值 h_1/R、圆孔中心至裂纹的垂直距离与圆孔半径的比值 h_2/R 的不同而变化情况。具体如图5.74~图5.86所示。

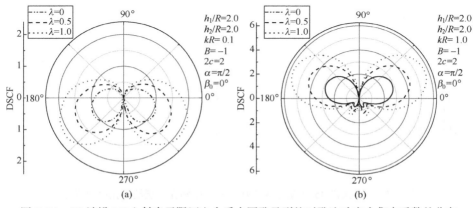

图 5.74　SH 波沿 90°入射半无限压电介质中圆孔及裂纹时孔边动应力集中系数的分布

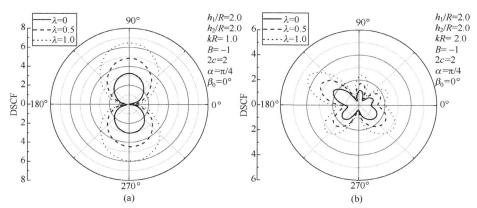

图 5.75　SH 波沿 45°入射半无限压电介质中圆孔及裂纹时孔边动应力集中系数的分布

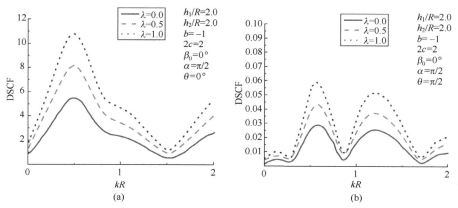

图 5.76　SH 波沿 90°入射半无限压电介质中圆孔及裂纹时孔边动应力
集中系数随 kR 的变化

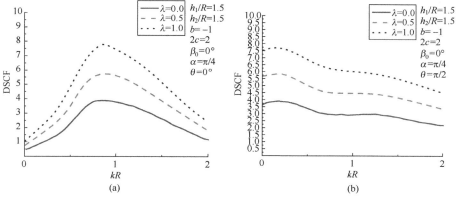

图 5.77　SH 波沿 45°入射半无限压电介质中圆孔及裂纹时孔边动应力
集中系数随 kR 的变化

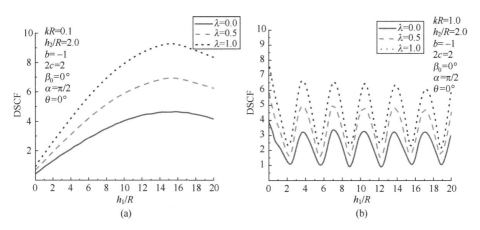

图 5.78 SH 波沿 90°入射半无限压电介质中圆孔及裂纹时孔边动应力集中系数随 h_1/R 的变化

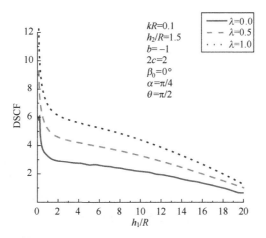

图 5.79 SH 波沿 45°入射半无限压电介质中圆孔及裂纹时孔边动应力集中系数随 h_1/R 的变化

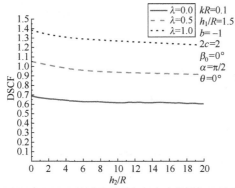

图 5.80 SH 波沿 90°入射半无限压电介质中圆孔及裂纹时孔边动应力集中系数随 h_2/R 的变化

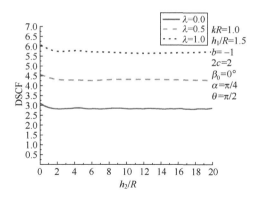

图 5.81　SH 波沿 45°入射半无限压电介质中圆孔及裂纹时孔边动应力集中系数随 h_2/R 的变化

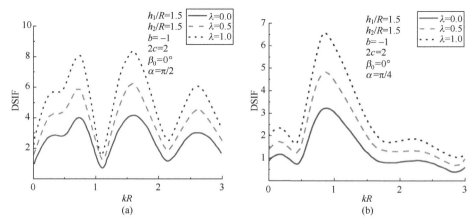

图 5.82　SH 波沿 90°、45°入射半无限压电介质中圆孔及裂纹时孔边动应力
集中系数随 kR 的变化

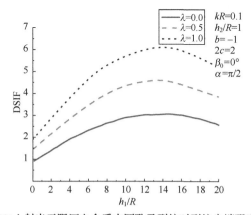

图 5.83　SH 波沿 90°入射半无限压电介质中圆孔及裂纹时裂纹尖端强度因子随 h_1/R 的变化

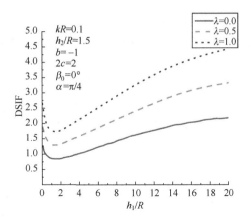

图 5.84 SH 波沿 45°入射半无限压电介质中圆孔及裂纹时裂纹尖端强度因子随 h_1/R 的变化

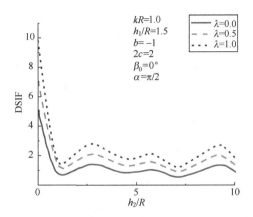

图 5.85 SH 波沿 90°入射半无限压电介质中圆孔及裂纹时裂纹尖端强度因子随 h_2/R 的变化

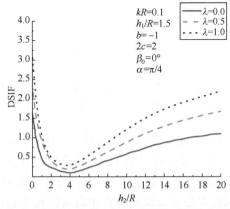

图 5.86 SH 波沿 45°入射半无限压电介质中圆孔及裂纹时裂纹尖端强度因子随 h_2/R 的变化

情况二：裂纹居于圆孔右方且水平放置，$\beta_0 = 0$，$h_2/R = 0$，$k_{11}/k_0 = 1000$，$2c = 2$，当入射角度 $\alpha = \pi/4$、$\pi/2$ 时动应力集中系数沿圆孔周边的分布，和裂纹尖端动应力强度因子、动应力集中系数随波数 kR、圆孔中心到界面的距离与圆孔半径的比值 h_1/R 的不同而变化情况。具体如图 5.87~图 5.95 所示。

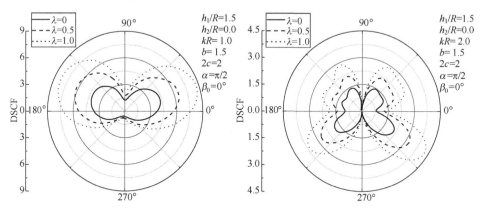

图 5.87　SH 波沿 90°入射半无限压电介质中圆孔及裂纹时孔边动应力集中系数的分布

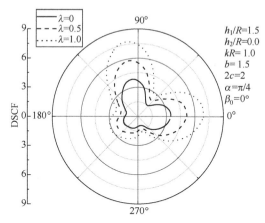

图 5.88　SH 波沿 45°入射半无限压电介质中圆孔及裂纹时孔边动应力集中系数的分布

情况三：裂纹居于圆孔右下方 45°方向放置，$\beta_0 = \pi/4$，$k_{11}/k_0 = 1000$，$2c = 2$，当入射角度 $\alpha = 0$、$\pi/2$ 时动应力集中系数沿圆孔周边的分布，和裂纹尖端动应力强度因子、动应力集中系数随波数 kR、圆孔中心到界面的距离与圆孔半径的比值 h_1/R、圆孔中心至裂纹的垂直距离与圆孔半径的比值 h_2/R 的不同而变化情况。具体如图 5.96~图 5.107 所示。

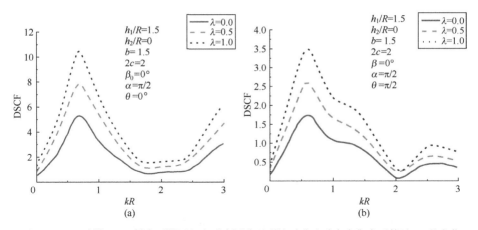

图 5.89 SH 波沿 90°入射半无限压电介质中圆孔及裂纹时孔边动应力集中系数随 kR 的变化

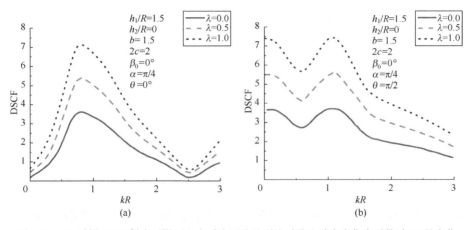

图 5.90 SH 波沿 45°入射半无限压电介质中圆孔及裂纹时孔边动应力集中系数随 kR 的变化

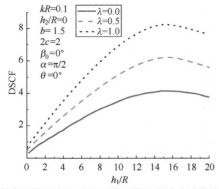

图 5.91 SH 波沿 90°入射半无限压电介质中圆孔及裂纹时孔边动应力集中系数随 h_1/R 的变化

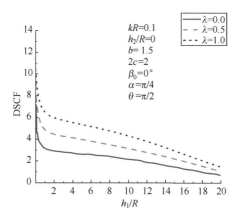

图 5.92　SH 波沿 45°入射半无限压电介质中圆孔及裂纹时孔边动应力集中系数随 h_1/R 的变化

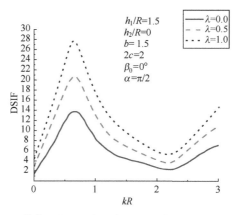

图 5.93　SH 波沿 90°、45°入射半无限压电介质中圆孔及裂纹时孔边动应力集中系数随 kR 的变化

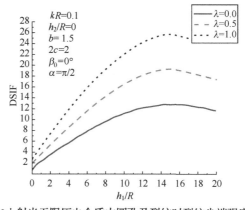

图 5.94　SH 波沿 90°入射半无限压电介质中圆孔及裂纹时裂纹尖端强度因子随 h_1/R 的变化

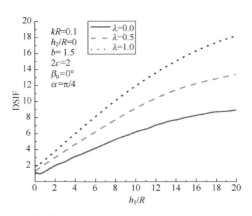

图 5.95　SH 波沿 45°入射半无限压电介质中圆孔及裂纹时裂纹尖端强度因子随 h_1/R 的变化

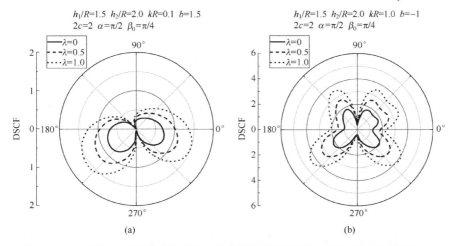

图 5.96　SH 波沿 90°入射半无限压电介质中圆孔及裂纹时孔边动应力集中系数的分布

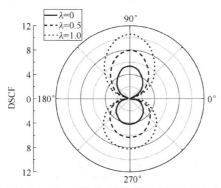

图 5.97　SH 波沿 0°入射半无限压电介质中圆孔及裂纹时孔边动应力集中系数的分布

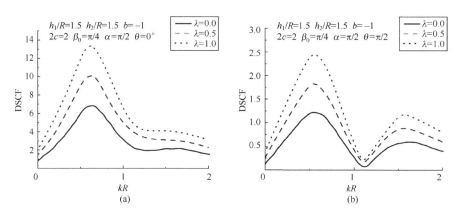

图 5.98　SH 波沿 90°入射半无限压电介质中圆孔及裂纹时孔边动应力集中系数随 kR 的变化

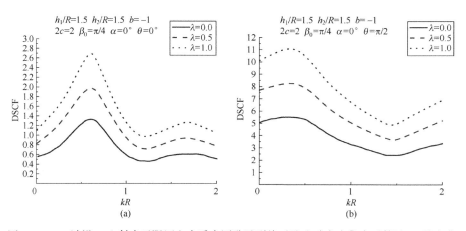

图 5.99　SH 波沿 0°入射半无限压电介质中圆孔及裂纹时孔边动应力集中系数随 kR 的变化

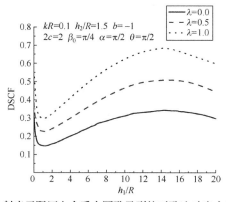

图 5.100　SH 波沿 90°入射半无限压电介质中圆孔及裂纹时孔边动应力集中系数随 h_1/R 的变化

第5章 半空间内含缺陷的压电介质的反平面动力学研究

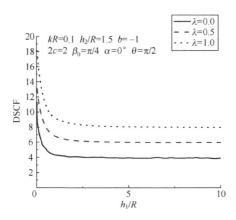

图 5.101　SH 波沿 0°入射半无限压电介质中圆孔及裂纹时孔边动应力集中系数随 h_1/R 的变化

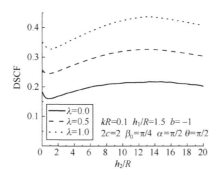

图 5.102　SH 波沿 90°入射半无限压电介质中圆孔及裂纹时孔边动应力集中系数随 h_2/R 的变化

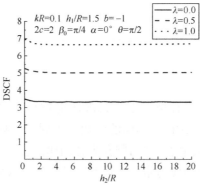

图 5.103　SH 波沿 0°入射半无限压电介质中圆孔及裂纹时孔边动应力集中系数随 h_2/R 的变化

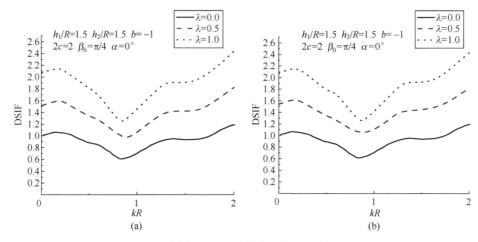

图 5.104　SH 波沿 90°、45° 入射半无限压电介质中圆孔及
裂纹时裂纹尖端强度因子随 kR 的变化

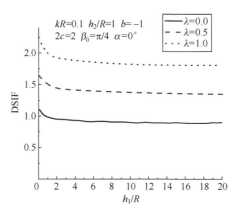

图 5.105　SH 波沿 0° 入射半无限压电介质中圆孔及裂纹时
裂纹尖端强度因子随 h_1/R 的变化

5.5.5.2　结果分析

作为算例，给出了三种情况下半无限压电材料中界面附近圆孔及裂纹对 SH 波散射的数值结果，讨论了不同的波数、不同的入射角度、不同的压电特征参数、圆孔中心到界面的距离与圆孔半径的比值、圆孔中心至裂纹的垂直距离与圆孔半径的比值对动应力集中系数和裂纹尖端动应力强度因子的影响。由于压电介质的介电常数比真空或空气大三个数量级，而且当 $k_{11}/k_0 = 500 \sim 1200$ 时计算结果几乎一样，本书计算中取 $k_{11}/k_0 = 1000$。

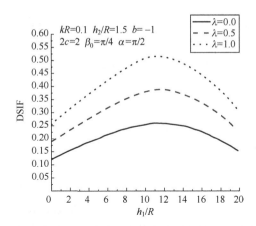

图 5.106　SH 波沿 90°入射半无限压电介质中圆孔及裂纹时裂纹
尖端强度因子随 h_1/R 的变化

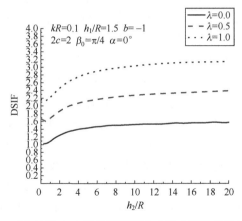

图 5.107　SH 波沿 0°入射半无限压电介质中圆孔及裂纹时裂纹
尖端强度因子随 h_2/R 的变化

（1）图 5.73（a）是退化到非压电弹性体半空间界面附近圆孔及裂纹对 SH 波的散射，即 $\lambda=0$，结果与理论基本一致。图 5.73（b）是退化到半无限压电材料中界面附近圆孔结构对 SH 波的散射，当裂纹与圆孔距离很远时裂纹对圆孔的影响很小，结果与参考文献 [3] 相吻合。

（2）图 5.74、图 5.75、图 5.87、图 5.88、图 5.96、图 5.97 分别给出在三种情况下孔边动应力集中系数的分布情况。由图可以看出，入射角 α 不同时，孔边动应力集中系数变化较大。当 SH 波沿 90°入射时，对情况一图形的左右是对称的；对情况二、情况三，靠近裂纹的圆孔周边动应力集中系数较大。当SH波斜入射或水平入射时，斜入射可分解为有部分水平入射，由于有界面的影响，圆孔上半部分的动应力集中系数比下半部分大，在波数 $kR=1.0$ 时，背波面动应力集中系数明显高于迎波面，而在波数 $kR=2.0$ 时，迎波面动应力集中系数却高于背波面。

（3）图 5.76、图 5.77、图 5.89、图 5.90、图 5.98、图 5.99 分别给出在三种情况下孔边 $\theta=90°$、$0°$ 处的动应力集中系数随波数 kR 的变化。随着入射波数的增大，动应力集中系数呈振荡性衰减。当波沿 $90°$ 入射时，$\theta=0°$ 处动应力集中系数的峰值出现在 $kR=0.5\sim0.8$ 之间；$\theta=90°$ 处动应力集中系数衰减时波动性大。当波沿 $45°$ 入射时，$\theta=0°$ 处动应力集中系数的峰值出现在 $kR=0.8\sim1.0$ 之间，对于情况三中 SH 波水平入射时，$\theta=0°$ 处动应力集中系数的峰值出现在 $kR=0.7$ 左右；$\theta=90°$ 处动应力集中系数衰减的趋势比较缓慢。这说明在低频波入射时对含圆孔与裂纹的半无限压电介质进行动应力分析很重要。

（4）图 5.78、图 5.79、图 5.91、图 5.92、图 5.100、图 5.101 分别给出了在三种情况下孔边 $\theta=90°$、$0°$ 处的动应力集中系数随圆孔中心到界面的距离与圆孔半径的比值 h_1/R 的变化。动应力集中系数随 h_1/R 的增大呈周期性变化，且趋于稳定。随着波数的增大，振荡性增强。

（5）图 5.80、图 5.81、图 5.102、图 5.103 分别给出了在情况一和情况三下孔边 $\theta=90°$、$0°$ 处的动应力集中系数随圆孔中心至裂纹的垂直距离与圆孔半径的比值 h_2/R 的变化。随着 h_2/R 的增大，DSCF 衰减得特别快。当 SH 波斜入射或水平入射，$kR=0.1$ 时，$\theta=90°$ 处的动应力集中系数随着 h_2/R 增大没有明显的变化，可见当有水平波入射时界面比裂纹对动应力集中系数的影响大得多，裂纹的影响基本上可以忽略。另外，随着波数的增大，振荡性越明显。

（6）图 5.82、图 5.93、图 5.104 分别给出了在三种情况下裂纹尖端动应力强度因子随波数 kR 的变化。随着入射波数的增大，裂纹尖端动应力强度因子呈振荡性衰减。在同一种情况下，SH 垂直入射比斜入射或水平入射时的峰值大。

（7）图 5.83、图 5.84、图 5.94、图 5.95、图 5.105、图 5.106 分别给出了在三种情况下裂纹尖端动应力强度因子随圆孔中心到界面的距离与圆孔半径的比值 h_1/R 的变化。裂纹尖端动应力强度因子随 h_1/R 的增大呈周期性变化。

（8）图 5.85、图 5.86、图 5.107 分别给出了在三种情况下裂纹尖端动应力强度因子随圆孔中心至裂纹的垂直距离与圆孔半径的比值 h_2/R 的变化。动应力强度因子随 h_2/R 的增大逐渐减小，当距离很远时，动应力强度因子的变化就很小了，但仍然有周期性的波动。

（9）当 $\lambda\neq0$ 时，可以看到在三种情况下孔边动应力集中系数和裂纹尖端动应力强度因子随压电特征参数 λ 的增大而增大，这样，由不同压电特征参数的压电材料构成的界面附近圆孔与裂纹结构和非压电弹性材料界面附近圆孔与裂纹结构相比较，具有更为明显的动力学特性。

参 考 文 献

[1] 宋天舒，刘殿魁，于新华. SH 波在压电材料中的散射和动应力集中 [J]. 哈尔滨工程大学学报，2002，23（1）：120-123.

[2] KWON S M, KANG Y L. Analysis of stress and electric fields in a rectangular piezoelectric body with a center crack under anti-plane shear loading [J]. International Journal of Solids and Structures, 2000, 37 (35): 4859-4869.

[3] 王士龙. 压电材料中界面附近圆孔对 SH 波的散射及动应力集中 [D]. 哈尔滨：哈尔滨工程大学，2006.

[4] 孙丽丽. 含多个圆孔压电介质的动力反平面行为 [D]. 哈尔滨：哈尔滨工程大学，2006.

[5] 王自强. 压电材料裂纹顶端条状电饱和区模型的力学分析 [J]. 力学学报，1999，31（3）：56-64.

[6] HAN J, CHEN Y. Multiple parallel cracks interaction problem inpiezoelectric ceramics [J]. International Journal of Solids and Structures, 1999, 36 (22): 3375-3390.

第6章 双相压电介质内含缺陷的反平面动力学研究

6.1 双相压电介质内含界面裂纹的反平面动力学研究

缺陷广泛存在于工程材料及结构中，如目前航空航天及船舶等工业中大量应用的复合材料、各种含结合黏结的结构等。而且，在应用前人工材料及结构要经过生产、加工等过程，所以难以避免地要产生各种各样的缺陷[1]，这些缺陷经常位于介质或结构中材料性质变化剧烈的区域，即界面区域之上。本章采用格林函数方法研究受 SH 波和稳态电载荷联合作用的含有限长度界面裂纹的双相压电材料的动力学问题，思路是将本章问题视为"契合"问题，即将其模型剖分为上下两个压电介质的弹性半空间，利用"切割"方法在界面构造裂纹，即在剖分面上欲出现裂纹区域加置压电介质空间中 SH 波入射和平面内电位移入射时产生的相对应的大小相等、方向相反的出平面荷载，从而构造出可导通裂纹。在剖分面其余区域上加置未知的外力场，并根据裂纹面以外区域的连接条件，建立决定待解外力系的积分方程组，从而对其进行计算求解。求得界面附加外力系后，再进一步研究裂纹尖端的动应力强度因子。

6.1.1 问题描述

图 6.1 表示沿 $y=0$ 相接的由两种不同的各向同性的压电介质组成的空间，且在 $y=0$，$-A<x<A$ 上存在一条长度为 $2A$ 的直线界面裂纹。$y<0$ 半空间中压电介质的 4 个参数表示为 $c_{44}^A, e_{15}^A, k_{11}^A$ 和 ρ^A；$y>0$ 半空间中压电介质的各个参数相应地表示为 $c_{44}^B, e_{15}^B, k_{11}^B$ 和 ρ^B。简谐平面 SH 波在 $y<0$ 的半空间中沿 α 入射到 $y=0$ 上；稳态电载荷 $D_y = \dfrac{k_{11}^A}{e_{15}^A} D_0 e^{-i\omega t}$ 在 $y=0$ 的界面上沿 y 轴入射到两个压电介质的半空间。

建立两组坐标系：一组直角坐标系 (x,y)，另一组极坐标系 (r,θ)，方便以后求解问题时两组坐标系之间互相转化，它们之间的关系为

第6章 双相压电介质内含缺陷的反平面动力学研究

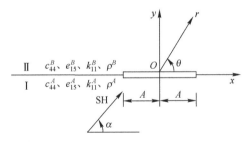

图 6.1 稳态 SH 波和电场作用于含界面裂纹的双相压电介质空间模型

$$\begin{cases} x = r\cos\theta \\ y = r\sin\theta \end{cases} \quad (6-1)$$

6.1.2 本问题的格林函数

本章所采用的位移格林函数是一个压电介质的弹性半空间在其水平表面上任意一点承受时间谐和的出平面线源荷载作用时位移函数的基本解，如图 6.2 所示，一个出平面线源荷载 δ 作用于半空间水平表面上任意一点 (r_0, θ_0)，线源荷载沿 z 轴为无限长 z，其正方向与轴正方向相同（按右手坐标系法则），压电介质的弹性半空间由于受线源荷载的作用而在其体内任意一点 (r,θ) 产生出平面位移场。

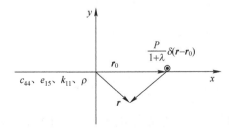

图 6.2 线源荷载作用的半空间

位移函数 w 与时间的依赖关系为 $\mathrm{e}^{-\mathrm{i}\omega t}$，满足控制方程：

$$\frac{\partial^2 w}{\partial x^2} + \frac{\partial^2 w}{\partial y^2} + k^2 w = 0 \quad (6-2)$$

式中，k 为波数，且 $k^2 = \dfrac{\rho\omega^2}{c^*}$，$c^* = c_{44} + \dfrac{e_{15}^2}{k_{11}}$ 为压电介质中的剪切波速；c_{44}、e_{15}、k_{11} 分别为压电材料的弹性常数、压电系数和介电常数；w、ρ 和 ω 分别表示出平面位移、质量密度和入射 SH 波的圆频率。

在平面极坐标系中控制方程变为

$$\frac{\partial^2 w}{\partial r^2}+\frac{1}{r}\cdot\frac{\partial w}{\partial r}+\frac{1}{r^2}\cdot\frac{\partial^2 w}{\partial \theta^2}+k^2 w=0 \qquad (6-3)$$

边界条件可以表述为

$$\begin{cases} \tau_{\theta z}=0, \text{在 } \theta=0, \pi (\text{除 } r=r_0 \text{外}) \\ \tau_{\theta z}=\frac{P}{1+\lambda}\delta(r-r_0), \text{在 } \tau_{\theta z}=\frac{P}{1+\lambda}\delta(r-r_0) \end{cases} \qquad (6-4)$$

式中，$\delta(*)^*$ 为狄拉克 δ（Dirac's-Delta）函数；r_0、r 分别代表源点和像点的位置矢量；P 为线源强度，它的量纲为 N/m，将在后边利用边界条件解出其相对值；$\lambda=\dfrac{e_{15}^2}{c_{44}k_{11}}$ 为无量纲压电参数，代表压电材料的基本特征。

由式（6-3）和式（6-4）所代表的控制方程和边界条件可以转化为定解问题，即

$$\frac{\partial^2 w}{\partial r^2}+\frac{1}{r}\cdot\frac{\partial w}{\partial r}+\frac{1}{r^2}\cdot\frac{\partial^2 w}{\partial \theta^2}+k^2 w=-\frac{P}{1+\lambda}\delta(r-r_0) \qquad (6-5)$$

$$\tau_{\theta z}=0, \quad \text{在 } \theta=0, \pi \qquad (6-6)$$

上述定解问题的解 w 就是压电介质的弹性半空间在其水平表面上任意一点承受时间谐和的出平面线源荷载作用时关于位移场的格林函数。

对于位于水平表面上的线源荷载 $\dfrac{P}{1+\lambda}\delta(r-r_0)$ 在一个完整的压电介质弹性半空间中所产生的扰动是已知的，即为完整半空间问题的基本解：

$$w=\frac{\mathrm{i}\cdot\left(P+\dfrac{e_{15}}{k_{11}}Q\right)}{2c_{44}(1+\lambda)^2}H_0^{(1)}(k|r-r_0|)\mathrm{e}^{-\mathrm{i}\omega t} \qquad (6-7)$$

式中，$H_0^{(1)}(*)$ 为零阶的第一类汉克尔函数，它与本章设定的时间因子配对，表明 w 是由原点向外传播的发散波，与其物理意义吻合。利用汉克尔函数的加法公式，在忽略时间因子的情况下可将式（6-7）写成：

$$w=\frac{\mathrm{i}\cdot\left(P+\dfrac{e_{15}}{k_{11}}Q\right)}{2c_{44}(1+\lambda)^2}\sum_{m=0}^{\infty}\varepsilon_m\cos[m(\theta-\theta_0)]\begin{cases} J_m(kr_0)H_m^{(1)}(kr), & r\geqslant r_0 \\ J_m(kr)H_m^{(1)}(kr_0), & r<r_0 \end{cases} \qquad (6-8)$$

式中，r_0、θ_0 和 r、θ 分别代表源点和像点的极径与极角。

本章所研究的电场格林函数是一个压电介质的弹性半空间在其水平表面上任意一点放置一个沿 z 轴的正电荷线源时电位势函数的基本解，如图 6.3 所示，一个沿 z 轴正向的正电荷线源 δ 作用于半空间水平表面上任意一点 $(r_0,$

第6章 双相压电介质内含缺陷的反平面动力学研究

θ_0),压电介质的弹性半空间由于受正电荷线源作用而在其体内任意一点(r,θ)产生电位势场。

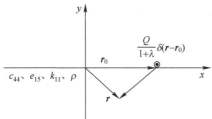

图 6.3 正电荷线源作用的半空间

电位势函数 ϕ 满足控制方程:

$$\begin{cases} \phi = \dfrac{e_{15}}{k_{11}}(w+g) \\ \dfrac{\partial^2 g}{\partial x^2} + \dfrac{\partial^2 g}{\partial y^2} = 0 \end{cases} \tag{6-9}$$

式中,ϕ 表示压电介质空间中的电位势;w 仍为出平面位移,其表达式已给出;e_{15}、k_{11} 的物理意义前面也已说明。

在平面极坐标系中,式(6-9)中的第二式变为

$$\frac{\partial^2 g}{\partial r^2} + \frac{1}{r} \cdot \frac{\partial g}{\partial r} = 0 \tag{6-10}$$

边界条件可以表述为

$$\begin{cases} D_\theta = 0, \ \pi \ 在 \ \theta = 0(除 \ r = r_0 \ 外) \\ D_\theta = \dfrac{Q}{1+\lambda}\delta(r-r_0), \ 在 \ \theta = 0, \pi \end{cases} \tag{6-11}$$

式中,$\delta(*)$ 为狄拉克 δ 函数 r_0、r 分别代表源点和像点的位置矢量;Q 为线源强度,它的量纲为 c/m,将在后边利用边界条件解出其相对值;λ 值前面已经定义。

由式(6-10)和式(6-11)所代表的控制方程和边界条件也可以转化为定解问题:

$$\frac{\partial^2 g}{\partial r^2} + \frac{1}{r} \cdot \frac{\partial g}{\partial r} = -\frac{Q}{1+\lambda}\delta(r-r_0) \tag{6-12}$$

$$D_\theta = 0, \quad 在 \ \theta = 0, \pi \tag{6-13}$$

上述定解问题的解 g 代入式(6-9)中的第一式便可得 ϕ,这就是压电介质的弹性半空间在其水平表面上任意一点放置一沿 z 轴的正电荷线源时关于电场的格林函数。

对于位于水平表面上的正电荷线源 $\dfrac{Q}{1+\lambda}\delta(\boldsymbol{r}-\boldsymbol{r}_0)$ 在一个完整的压电介质弹性半空间中所产生的电位势的解为

$$g=-\dfrac{1}{\pi}\cdot\dfrac{Q}{e_{15}(1+\lambda)}[\ln(k|\boldsymbol{r}-\boldsymbol{r}_0|)+C] \quad (6\text{-}14)$$

则根据（6-9）中的第一式可得

$$\begin{aligned}\phi&=\dfrac{e_{15}}{k_{11}}(w+g)\\&=\dfrac{e_{15}}{k_{11}}w-\dfrac{1}{\pi}\cdot\dfrac{Q}{k_{11}(1+\lambda)}[\ln(k|\boldsymbol{r}-\boldsymbol{r}_0|)+C]\\&=\dfrac{\mathrm{i}\cdot\lambda\left(P+\dfrac{e_{15}}{k_{11}}Q\right)}{2e_{15}(1+\lambda)^2}H_0^{(1)}(k|\boldsymbol{r}-\boldsymbol{r}_0|)-\dfrac{1}{\pi}\cdot\dfrac{Q}{k_{11}(1+\lambda)}[\ln(k|\boldsymbol{r}-\boldsymbol{r}_0|)+C]\end{aligned} \quad (6\text{-}15)$$

对于压电介质的弹性半空间，在其界面上应除点源所在点外其他区域上应力自由、电位移为零，由这两个条件可以计算位移格林函数和电场格林函数中 P、Q 的相对值，即

$$\begin{cases}\tau_{rz}=0\\ D_r=0\end{cases}\quad(r\neq r_0;\theta=0,\pi)$$

根据第 2 章中所得到的适用于本章的本构方程，将位移格林函数 G_w 和电场格林函数 $D_r=0$ 的表达式代入上述边界条件，只需解出 P、Q 的相对值，在计算过程中可令 $\lambda=1$，由此可解出 $Q=e_{15}/c_{44}$。将解出的 P、Q 的相对值代入位移格林函数 w 和电场格林函数 λ，可得到简化后的表达式为

$$\begin{cases}w=\dfrac{\mathrm{i}}{2c_{44}(1+\lambda)}H_0^{(1)}(k|\boldsymbol{r}-\boldsymbol{r}_0|)\\ \lambda=\dfrac{\mathrm{i}\cdot\lambda}{2e_{15}(1+\lambda)}H_0^{(1)}(k|\boldsymbol{r}-\boldsymbol{r}_0|)-\dfrac{1}{\pi}\cdot\dfrac{\lambda}{e_{15}(1+\lambda)}[\ln(k|\boldsymbol{r}-\boldsymbol{r}_0|)+C]\end{cases} \quad (6\text{-}16)$$

对于压电介质的下半空间，其位移格林函数 w^A 和电场格林函数 ϕ^A 的表达式可以写成：

$$w^A=\dfrac{\mathrm{i}}{2c_{44}^A(1+\lambda^A)}H_0^{(1)}(k^A|\boldsymbol{r}-\boldsymbol{r}_0|) \quad (6\text{-}17)$$

$$\phi^A=\dfrac{\mathrm{i}\cdot\lambda^A}{2e_{15}^A(1+\lambda^A)}H_0^{(1)}(k^A|\boldsymbol{r}-\boldsymbol{r}_0|)-\dfrac{1}{\pi}\cdot\dfrac{\lambda^A}{e_{15}^A(1+\lambda^A)}[\ln(k^A|\boldsymbol{r}-\boldsymbol{r}_0|)+C]$$

$$(6\text{-}18)$$

同样，对于压电介质的上半空间，其位移格林函数 G_w^B 和电场格林函数 G_ϕ^B 的

表达式也可以写成：

$$w^B = \frac{\mathrm{i}}{2c_{44}^B(1+\lambda^B)} H_0^{(1)}(k^B|\boldsymbol{r}-\boldsymbol{r}_0|) \tag{6-19}$$

$$\phi^B = \frac{\mathrm{i}\cdot\lambda^B}{2e_{15}^B(1+\lambda^B)} H_0^{(1)}(k^B|\boldsymbol{r}-\boldsymbol{r}_0|) - \frac{1}{\pi}\cdot\frac{\lambda^B}{e_{15}^B(1+\lambda^B)}[\ln(k^B|\boldsymbol{r}-\boldsymbol{r}_0|)+C] \tag{6-20}$$

式（6-17）~式（6-20）中参数的上标"A"和"B"是为了区分压电介质的上下弹性半空间，没有其他物理意义。4个表达式中各个参数的物理意义前面已给予了说明，这里不再赘述。并注意在后面应用时，ϕ^A 和 ϕ^B 之间相差一个负号。

6.1.3 稳态 SH 波入射到两个相连的压电介质的半空间

首先考虑由两个互连的具有不同材料常数（$c_{44}^A, e_{15}^A, k_{11}^A, \rho^A; c_{44}^B, e_{15}^B, k_{11}^B, \rho^B$）的完整压电介质弹性半空间Ⅰ、Ⅱ构成的全空间中稳态 SH 波的入射问题，如图 6.4 所示。

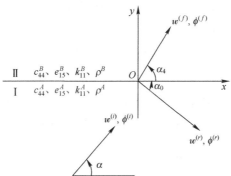

图 6.4 SH 波入射于两个相连的压电介质半空间

6.1.3.1 位移场的解答

稳态波是指弹性波在传播过程中可用调和函数表示为

$$\boldsymbol{w}(t) = w(t)\boldsymbol{n} = w_0\boldsymbol{n}\exp[\mathrm{i}(\boldsymbol{k}\cdot\boldsymbol{r}\pm\omega t)] \tag{6-21}$$

这种运动连绵不绝，无始无终，没有初始条件。稳态响应就相当于一个简谐分量，是指研究对象对某一频率的反应。一出平面稳态谐波入射于双材料组成的空间，入射波 $w^{(i)}$ 可以写为

$$w^{(i)} = w_0\exp\{\mathrm{i}[k^A r\cos(\theta-\alpha)-\omega t]\} \tag{6-22}$$

式中，w_0 为入射波的位移幅值；α 为入射角，是波振面法线与 x 轴正向的夹角。$k^A = \sqrt{\dfrac{\rho^A\omega^2}{c^{A*}}}$，$c^{A*} = c_{44}^A + \dfrac{(e_{15}^A)^2}{k_{11}^A}$；$c^A = \sqrt{\dfrac{c^{A*}}{\rho^A}}$ 为下半空间压电介质中的剪切波

速；c_{44}^A、e_{15}^A 和 k_{11}^A 分别为下半空间压电材料的弹性常数、压电系数和介电常数；ω 为入射 SH 波的圆频率。

注意式（6-21）中的时间简谐因子取正负号均可，取负号时和第一类汉克尔函数配对恰好表示发散波；若时间简谐因子取正号，则它必须和第二类汉克尔函数配对才能表示发散波，否则表示向心汇聚波，与本章问题的物理意义不符。式（6-22）中的时间简谐因子之所以取负号，是为了便于直接应用格林函数。

借助于几何光学的概念，由于界面的存在，在介质Ⅰ、Ⅱ中相应存在反射波 $w^{(r)}$ 和折射波 $w^{(f)}$，其表达式分别为

$$w^{(r)} = w_2 \exp\{i[k^A r\cos(\theta+\alpha) - \omega t]\} \tag{6-23}$$

$$w^{(f)} = w_4 \exp\{i[k^B r\cos(\theta-\alpha_4) - \omega t]\} \tag{6-24}$$

式中，$k^B = \sqrt{\dfrac{\rho^B \omega^2}{c^{B*}}}$，$c^{B*} = c_{44}^B + \dfrac{(e_{15}^B)^2}{k_{11}^B}$；$c^B = \sqrt{\dfrac{c^{B*}}{\rho^B}}$ 为上半空间压电介质中的剪切波速；c_{44}^B、e_{15}^B 和 k_{11}^B 分别为上半空间压电材料的弹性常数、压电系数和介电常数。

$$\begin{cases} \cos\alpha_4 = (c^B/c^A)\cos\alpha \\ w_2 = w_0[\sin\alpha - (c^{B*}/c^{A*})(c^A/c^B)\sin\alpha_4]/[\sin\alpha + (c^{B*}/c^{A*})(c^A/c^B)\sin\alpha_4] \\ w_4 = 2w_0\sin\alpha/[\sin\alpha + (c^{B*}/c^{A*})(c^A/c^B)\sin\alpha_4] \end{cases}$$

上述各个谐波成分都是关于极角 θ 的以 2π 为周期的周期性函数，把其展开成傅里叶级数的形式会方便问题的求解。对入射波 $w^{(i)}$ 作傅里叶展开，有

$$w^{(i)} = w_0 \sum_{n=-\infty}^{+\infty} \frac{1}{2\pi} \int_0^{2\pi} \exp[ik^A r\cos(\theta-\alpha) - in\theta]d\theta \cdot e^{in\theta} \cdot e^{-i\omega t}$$

对上式中的积分作进一步的化简，可得

$$w^{(i)} = w_0 \sum_{n=-\infty}^{+\infty} \frac{\exp(-in\alpha)}{2\pi} \int_{-\alpha}^{2\pi-\alpha} \exp[ik^A r\cos\theta]\cos(n\theta)d\theta \cdot e^{in\theta} \cdot e^{-i\omega t}$$

对于周期为 $2L$ 的函数 $f(x)$，有公式成立：

$$\int_c^{c+2L} f(x)\cos\left(\frac{n\pi x}{L}\right)dx = \int_0^{2L} f(x)\cos\left(\frac{n\pi x}{L}\right)dx$$

第一类贝塞尔函数的定义为

$$2\pi i^n J_n(z) = \int_0^{2\pi} \exp(iz\cos\theta)\cos(n\theta)d\theta$$

而且，贝塞尔函数满足关系式：

$$J_{-n}(z) = (-1)^n J_n(z)$$

以上三个关系式代入进行傅里叶展开后的入射波的表达式，并略去时间因

子，即得

$$w^{(i)} = w_0 \sum_{n=0}^{\infty} i^n \varepsilon_n \cos[n(\theta - \alpha)] J_n(k^A r) \quad (6-25)$$

对式（6-23）和式（6-24）进行类似于对式（6-22）的转换过程，可得到以柱函数的级数之和形式表达的反射波和折射波，即

$$w^{(r)} = w_2 \sum_{n=0}^{\infty} i^n \varepsilon_n \cos[n(\theta + \alpha)] J_n(k^A r) \quad (6-26)$$

$$w^{(f)} = w_4 \sum_{n=0}^{\infty} i^n \varepsilon_n \cos[n(\theta - \alpha_4)] J_n(k^B r) \quad (6-27)$$

6.1.3.2 电场的解答

由于压电材料固有的力-电耦合性，当对压电材料作用有力时必然产生相应的电场，称为压电材料的正压电效应。正因为这样，当稳态的 SH 波入射到两个相连的完整压电介质弹性半空间 I、II 构成的全空间时，一定伴随有电场的出现。根据第 2 章中推导得出的位移 w 和电位势 ϕ 之间的关系 $\phi = \dfrac{e_{15}}{k_{11}}(w+g)$，可分别得到相应的电位势的表达式。

对于入射波 $w^{(i)}$ 产生的相应的电位势 $\phi^{(i)}$ 的表达式为

$$\begin{aligned}\phi^{(i)} &= \frac{e_{15}^A}{k_{11}^A}[w^{(i)} + g^{(i)}] \\ &= \frac{e_{15}^A}{k_{11}^A} w_0 \sum_{n=0}^{\infty} i^n \varepsilon_n \cos[n(\theta - \alpha)] J_n(k^A r)\end{aligned} \quad (6-28)$$

对于反射波 $w^{(r)}$ 产生的相应的电位势 $\phi^{(r)}$ 的表达式为

$$\begin{aligned}\phi^{(r)} &= \frac{e_{15}^A}{k_{11}^A}[w^{(r)} + g^{(r)}] \\ &= \frac{e_{15}^A}{k_{11}^A}\left\{w_2 \sum_{n=0}^{\infty} i^n \varepsilon_n \cos[n(\theta + \alpha)] J_n(k^A r) + g^{(r)}\right\}\end{aligned} \quad (6-29)$$

式中，表达式中的 $g^{(r)}$ 项表示反射波 $w^{(r)}$ 在 $y=0$ 界面上产生的感应电荷在下半空间中产生的相应的电位势，其表达式将在后面解出。

对于折射波 $w^{(f)}$ 产生的相应的电位势 $\phi^{(f)}$ 的表达式可写成

$$\begin{aligned}\phi^{(f)} &= \frac{e_{15}^B}{k_{11}^B}[w^{(f)} + g^{(f)}] \\ &= \frac{e_{15}^B}{k_{11}^B}[w_4 i^n \cos n(\theta - \alpha_4) J_n(k^B r) + g^{(f)}]\end{aligned} \quad (6-30)$$

同样，表达式中的 $g^{(f)}$ 项表示折射波 $w^{(f)}$ 在 $f=0$ 界面上产生的感应电荷在

上半空间中产生的相应的电位势，其表达式也将在后面解出。

对于反射波 $w^{(r)}$ 在 $y=0$ 界面上产生的感应电荷在下半空间中产生的相应的电位势，即 $g^{(r)}$ 应满足控制方程：

$$\nabla^2 g^{(r)} = 0$$

这是一个二维的拉普拉斯方程，其中 $\nabla^2 = \partial^2/\partial x^2 + \partial^2/\partial y^2$，其一般解在很多参考文献中都有解答，本章采用复平面 $(z, \bar{z})$ 上的解答。

引入复变量 $z=x+\mathrm{i}y$，$\bar{z}=x-\mathrm{i}y$，在复平面 $(z, \bar{z})$，控制方程变为

$$\frac{\partial^2 f}{\partial z \partial \bar{z}} = 0$$

则 $g^{(r)}$ 的表达式可写为 $g^{(r)} = \sum_{-\infty}^{+\infty} B_n z^n + C_n \bar{z}^n$，考虑到无穷远处的电位势不能为无穷大且原点处的电位势也应为有限值，所以必须有 $B_n = C_n = 0 \ (n \neq 0)$，这样 $g^{(r)}$ 的表达式变为 $g^{(r)} = B_0 + C_0 = M_0$，其中 M_0 为一有限值的常数，大小取决于零势能面的选取。

同理，对折射波 $w^{(f)}$ 在 $y=0$ 界面上产生的感应电荷在上半空间中产生的相应的电位势 $g^{(f)}$ 也进行与上面 $g^{(r)}$ 类似的讨论，可以得到 $g^{(f)} = N_0$，其中 N_0 也为一有限值的常数，大小取决于零势能面的选取。

6.1.4 平面内电载荷施加到两个压电介质的半空间

现在考虑将上一节所讨论的两个互相粘连的具有不同材料常数（$c_{44}^A, e_{15}^A, k_{11}^A, \rho^A; c_{44}^B, e_{15}^B, k_{11}^B, \rho^B$）的完整压电介质弹性半空间 I、II 构成的全空间沿界面分开，此时全空间还原为两个具有不同材料参数的压电介质半空间。在分开的原界面位置分别向两半空间施加同一个与时间谐和的电位移 $D_y = \dfrac{k_{11}^A}{e_{15}^A} D_0 \mathrm{e}^{-\mathrm{i}\omega t}$，如图 6.5 所示。

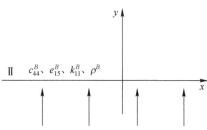

图 6.5 电载荷施加于压电介质的上半空间

根据第 2 章中得到的本构方程，可以分别写出上下两个压电介质弹性半空间中的位移和电位势的表达式，即

第6章 双相压电介质内含缺陷的反平面动力学研究

$$\begin{cases} w^{(eA)} = 0 \\ \phi^{(eA)} = -\dfrac{1}{e_{15}^{A}} D_0 y \mathrm{e}^{-\mathrm{i}\omega t} \end{cases} \quad (6\text{-}31)$$

$$\begin{cases} w^{(eB)} = 0 \\ \phi^{(eB)} = -\dfrac{\dfrac{k_{11}^{A}}{k_{11}^{B}}}{e_{15}^{A}} D_0 y \mathrm{e}^{-\mathrm{i}\omega t} \end{cases} \quad (6\text{-}32)$$

6.1.5 应力和电位移的表达式

上面已经求出了两个完整压电介质弹性半空间Ⅰ、Ⅱ中的位移和电位势的表达式，利用压电材料的本构方程式（2-69），可以得到压电介质上下两个弹性半空间中界面上的应力表达式和电位移表达式：

$$\begin{aligned}
\tau_{\theta z}^{(i)} &= c_{44}^{A} \frac{1}{r} \frac{\partial w^{(i)}}{\partial \theta} + e_{15}^{A} \frac{1}{r} \frac{\partial \phi^{(i)}}{\partial \theta} \\
&= c_{44}^{A} \frac{1}{r} \frac{\partial w^{(i)}}{\partial \theta} + e_{15}^{A} \frac{1}{r} \cdot \frac{e_{15}^{A}}{k_{11}^{A}} \cdot \frac{\partial w^{(i)}}{\partial \theta} \\
&= c_{44}^{A}(1+\lambda^{A}) \frac{1}{r} \frac{\partial w^{(i)}}{\partial \theta} \quad (6\text{-}33) \\
&= \begin{cases} c_{44}^{A}(1+\lambda^{A}) \dfrac{1}{r} w_0 \sum_{n=0}^{+\infty} n \mathrm{i}^n \varepsilon_n J_n(k^A r) \sin(n\alpha), & \theta = 0 \\ c_{44}^{A}(1+\lambda^{A}) \dfrac{1}{r} w_0 \sum_{n=0}^{+\infty} n \mathrm{i}^n \varepsilon_n J_n(k^A r) \{-\sin[n(\pi-\alpha)]\}, & \theta = \pi \end{cases}
\end{aligned}$$

$$\begin{aligned}
\tau_{\theta z}^{(r)} &= c_{44}^{A} \frac{1}{r} \frac{\partial w^{(r)}}{\partial \theta} + e_{15}^{A} \frac{1}{r} \frac{\partial \phi^{(r)}}{\partial \theta} \\
&= c_{44}^{A} \frac{1}{r} \frac{\partial w^{(r)}}{\partial \theta} + e_{15}^{A} \frac{1}{r} \cdot \frac{e_{15}^{A}}{k_{11}^{A}} \left[\frac{\partial w^{(r)}}{\partial \theta} + \frac{\partial g^{(r)}}{\partial \theta} \right] \\
&= c_{44}^{A}(1+\lambda^{A}) \frac{1}{r} \frac{\partial w^{(r)}}{\partial \theta} + c_{44}^{A} \lambda^{A} \cdot \frac{1}{r} \frac{\partial g^{(r)}}{\partial \theta} \quad (6\text{-}34) \\
&= \begin{cases} -c_{44}^{A}(1+\lambda^{A}) \dfrac{1}{r} w_2 \sum_{n=0}^{+\infty} n \mathrm{i}^n \varepsilon_n J_n(k^A r) \sin(n\alpha), & \theta = 0 \\ -c_{44}^{A}(1+\lambda^{A}) \dfrac{1}{r} w_2 \sum_{n=0}^{+\infty} n \mathrm{i}^n \varepsilon_n J_n(k^A r) \sin[n(\pi+\alpha)], & \theta = \pi \end{cases}
\end{aligned}$$

$$\tau_{\theta z}^{(eA)} = c_{44}^A \frac{1}{r} \frac{\partial w^{(eA)}}{\partial \theta} + e_{15}^A \frac{1}{r} \frac{\partial \phi^{(eA)}}{\partial \theta}$$

$$= e_{15}^A \frac{1}{r} \frac{\partial \phi^{(eA)}}{\partial \theta} = e_{15}^A \cdot \left(-\frac{D_0}{e_{15}^A}\right) \tag{6-35}$$

$$= -D_0$$

$$\tau_{\theta z}^{(f)} = c_{44}^B \frac{1}{r} \frac{\partial w^{(f)}}{\partial \theta} + e_{15}^B \frac{1}{r} \frac{\partial \phi^{(f)}}{\partial \theta}$$

$$= c_{44}^B \frac{1}{r} \frac{\partial w^{(f)}}{\partial \theta} + e_{15}^B \frac{1}{r} \cdot \frac{e_{15}^B}{k_{11}^B} \left[\frac{\partial w^{(f)}}{\partial \theta} + \frac{\partial g^{(f)}}{\partial \theta}\right]$$

$$= c_{44}^B (1 + \lambda^B) \frac{1}{r} \frac{\partial w^{(f)}}{\partial \theta} + c_{44}^B \lambda^B \cdot \frac{1}{r} \frac{\partial g^{(f)}}{\partial \theta} \tag{6-36}$$

$$= \begin{cases} -c_{44}^B(1+\lambda^B)\frac{1}{r}w_4\sum_{n=0}^{+\infty}ni^n\varepsilon_n J_n(k^B r)\sin[n(0-\alpha_4)], & \theta = 0 \\ -c_{44}^B(1+\lambda^B)\frac{1}{r}w_4\sum_{n=0}^{+\infty}ni^n\varepsilon_n J_n(k^B r)\sin[n(\pi-\alpha_4)], & \theta = \pi \end{cases}$$

$$\tau_{\theta z}^{(eB)} = c_{44}^B \frac{1}{r} \frac{\partial w^{(eB)}}{\partial \theta} + e_{15}^B \frac{1}{r} \frac{\partial \phi^{(eB)}}{\partial \theta}$$

$$= e_{15}^B \frac{1}{r} \frac{\partial \phi^{(eB)}}{\partial \theta} = e_{15}^B \cdot \left(-\frac{\frac{k_{11}^A}{k_{11}^B}}{e_{15}^A} D_0\right) \tag{6-37}$$

$$= -\frac{e_{15}^B}{e_{15}^A} \cdot \frac{k_{11}^A}{k_{11}^B} \cdot D_0$$

$$D_\theta^{(i)} = e_{15}^A \frac{1}{r} \frac{\partial w^{(i)}}{\partial \theta} - k_{11}^A \frac{1}{r} \frac{\partial \phi^{(i)}}{\partial \theta}$$

$$= e_{15}^A \frac{1}{r} \frac{\partial w^{(i)}}{\partial \theta} - k_{11}^A \frac{1}{r} \cdot \frac{e_{15}^A}{k_{11}^A} \cdot \frac{\partial w^{(i)}}{\partial \theta} = 0 \tag{6-38}$$

$$D_\theta^{(eA)} = \frac{k_{11}^A}{e_{15}^A} D_0 \tag{6-39}$$

$$D_\theta^{(r)} = e_{15}^A \frac{1}{r} \frac{\partial w^{(r)}}{\partial \theta} - k_{11}^A \frac{1}{r} \frac{\partial \phi^{(r)}}{\partial \theta}$$

$$= e_{15}^A \frac{1}{r} \frac{\partial w^{(r)}}{\partial \theta} - k_{11}^A \frac{1}{r} \cdot \frac{e_{15}^A}{k_{11}^A} \left[\frac{\partial w^{(r)}}{\partial \theta} + \frac{\partial g^{(r)}}{\partial \theta}\right] \tag{6-40}$$

$$= 0$$

第 6 章 双相压电介质内含缺陷的反平面动力学研究

$$D_\theta^{(f)} = e_{15}^B \frac{1}{r} \frac{\partial w^{(f)}}{\partial \theta} - k_{11}^B \frac{1}{r} \frac{\partial \phi^{(f)}}{\partial \theta}$$

$$= e_{15}^B \frac{1}{r} \frac{\partial w^{(f)}}{\partial \theta} - k_{11}^B \frac{1}{r} \cdot \frac{e_{15}^B}{k_{11}^B} \left[\frac{\partial w^{(f)}}{\partial \theta} + \frac{\partial g^{(f)}}{\partial \theta} \right] \quad (6\text{-}41)$$

$$= 0$$

$$D_\theta^{(eB)} = \frac{k_{11}^A}{e_{15}^A} D_0 \quad (6\text{-}42)$$

现在，压电介质上下两个弹性半空间中界面上的应力表达式和电位移表达式都已经得出。

6.1.6 定解积分方程组的推导

上面几节已经得到了入射波、反射波、折射波以及相应的应力场和电位移场，则可利用格林函数，按照"契合"的方法将问题归结为求解一组定解积分方程组。其具体做法是：沿 $y=0$ 界面将双相压电介质"剖分"为下半空间介质Ⅰ和上半空间介质Ⅱ。

在下半空间的"剖分"面上，总位移、总电位势、总应力和总电位移分别为

$$w^{(t1)} = w^{(i)} + w^{(r)} + w^{(eA)} \quad (6\text{-}43)$$

$$\phi^{(t1)} = \phi^{(i)} + \phi^{(r)} + \phi^{(eA)} \quad (6\text{-}44)$$

$$\tau_{\theta z}^{(t1)} = \tau_{\theta z}^{(i)} + \tau_{\theta z}^{(r)} + \tau_{\theta z}^{(eA)} \quad (6\text{-}45)$$

$$D_\theta^{(t1)} = D_\theta^{(i)} + D_\theta^{(r)} + D_\theta^{(eA)} \quad (6\text{-}46)$$

而在上半空间的"剖分"面上，总位移、总电位势、总应力和总电位移分别为

$$w^{(t2)} = w^{(f)} + w^{(eB)} \quad (6\text{-}47)$$

$$\phi^{(t2)} = \phi^{(f)} + \phi^{(eB)} \quad (6\text{-}48)$$

$$\tau_{\theta z}^{(t2)} = \tau_{\theta z}^{(f)} + \tau_{\theta z}^{(eB)} \quad (6\text{-}49)$$

$$D_\theta^{(t2)} = D_\theta^{(f)} + D_\theta^{(eB)} \quad (6\text{-}50)$$

然后，将由压电介质Ⅰ构成的下半空间与由压电介质Ⅱ构成的上半空间"契合"在一起，如图 6.6 所示。在这个过程中，需要满足界面连接条件以及界面裂纹表面应力自由且可导通的边界条件。①为满足界面裂纹表面应力自由且导通的边界条件，利用裂纹"切割"方法构造裂纹，即在介质Ⅰ的界面欲出现裂纹区域添加与应力 $\tau_{\theta z}^{(t1)}$ 相对应的大小相等、方向相反的出平面荷载

$[-\tau_{\theta z}^{(t1)}]$；在介质Ⅱ的界面欲出现裂纹区域添加与应力 $\tau_{\theta z}^{(t2)}$ 相对应的大小相等、方向相反的出平面荷载 $[-\tau_{\theta z}^{(t2)}]$。这样就使这些区间段的上（或下）剖面的合应力保持为零，由于上下剖面间距离为无限小，可以把这些区间段看作电可导通裂纹，从而构造出符合条件的界面裂纹。②由于在欲出现裂纹区间段的上下剖面施加了外力系，进一步扰乱了材料界面原来的不平衡状态，在界面的其他区间位移场、应力场肯定不会连续。为了满足剖面 $\theta=0,\pi$ 上裂纹以外区域的连续性条件，需要在介质Ⅰ的剖面的相应区域施加外力系 $f_1(r_0,\theta_0)\mathrm{e}^{-\mathrm{i}\omega t}$，在介质Ⅱ的剖面的相应区域施加外力系 $f_2(r_0,\theta_0)\mathrm{e}^{-\mathrm{i}\omega t}$，它们是待求的未知量。根据"契合"界面上的连续性条件，可得到决定未知外力系的定解积分方程组。

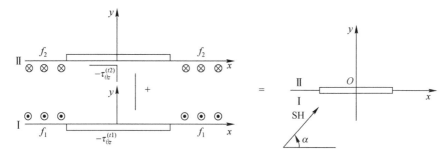

图 6.6　形成带界面裂纹的双相压电材料

界面上的应力连续条件写作：

$$\tau_{\theta z}^{(t1)}\cos\theta_0+f_1(r_0,\theta_0)=\tau_{\theta z}^{(t2)}\cos\theta_0+f_2(r_0,\theta_0) \tag{6-51}$$
$$\theta_0=0,\pi;\,|r|>A$$

利用 $\tau_{\theta z}^{(i)}+\tau_{\theta z}^{(r)}=\tau_{\theta z}^{(f)}$，可得

$$f_2(r_0,\theta_0)=f_1(r_0,\theta_0)+[\tau_{\theta z}^{(e1)}-\tau_{\theta z}^{(eB)}]\cos\theta_0,\quad \theta_0=0,\pi \tag{6-52}$$

式（6-51）和式（6-52）实际代表两个方程，分别表示位于正轴和负轴处的上下界面应力是连续的。界面位移连续性条件也是分段连续形式，可以表示为

$$w^{(t1)}(r,\theta)+w^{(f1)}(r,\theta)+w^{(c1)}(r,\theta)=w^{(t2)}(r,\theta)+w^{(f2)}(r,\theta)+w^{(c2)}(r,\theta) \tag{6-53}$$
$$\theta=0,\pi;\,|r|>A$$

式中，$w^{(t1)}$ 和 $w^{(t2)}$ 由式（6-43）和式（6-47）所定义。$w^{(f1)}$ 表示作用于介质Ⅰ剖面的附加外力系 $f_1(r_0,\theta_0)$ 在界面任意一点 (r,θ) 引起的位移场，$w^{(f2)}$ 表示作用于介质Ⅱ剖面的附加外力系 $f_2(r_0,\theta_0)$ 在界面任意一点 (r,θ) 引起的位移场。$w^{(c1)}$ 代表作用于下半部介质Ⅰ剖面裂纹区域的附加外力系 $[-\tau_{\theta z}^{(t1)}]$ 在其界面任

意一点(r,θ)引起的位移场，$w^{(c2)}$代表作用于上半部介质Ⅱ剖面裂纹区域的附加外力系$[-\tau_{\theta z}^{(t2)}]$在其界面任意一点$(r,\theta)$引起的位移场。利用前面得到的适用于本章问题的格林函数，可得

$$w^{(f1)}(r,\theta) = \int_A^\infty f_1(r_0,\pi) G_w^A(r,\theta;r_0,\pi) \mathrm{d}r_0 + \int_A^\infty f_1(r_0,0) G_w^A(r,\theta;r_0,0) \mathrm{d}r_0$$

$$w^{(f2)}(r,\theta) = -\int_A^\infty f_2(r_0,\pi) G_w^B(r,\theta;r_0,\pi) \mathrm{d}r_0 - \int_A^\infty f_2(r_0,0) G_w^B(r,\theta;r_0,0) \mathrm{d}r_0$$

$$w^{(c1)}(r,\theta) = \int_0^A [-\tau_{\theta z}^{(t1)}(r_0,0)] G_w^A(r,\theta;r_0,0) \mathrm{d}r_0 - \int_0^A [-\tau_{\theta z}^{(t1)}(r_0,\pi)] G_w^A(r,\theta;r_0,\pi) \mathrm{d}r_0$$

$$w^{(c2)}(r,\theta) = -\int_0^A [-\tau_{\theta z}^{(t2)}(r_0,0)] G_w^B(r,\theta;r_0,0) \mathrm{d}r_0 + \int_0^A [-\tau_{\theta z}^{(t2)}(r_0,\pi)] G_w^B(r,\theta;r_0,\pi) \mathrm{d}r_0$$

上述公式中位移分量的角度自变量 θ 分别取值 0 和 π，以和式（6-50）相对应，w^A 和 w^B 分别为介质Ⅰ、Ⅱ中的位移格林函数，由式（6-17）和式（6-19）所定义，并注意在应用时，w^A 和 w^B 之间相差一个负号。

将其代入位移连续性条件式（6-53），并注意到在 $\theta_0=0$、π 处有

$$f_2(r_0,\theta_0) = f_1(r_0,\theta_0) + [\tau_{\theta z}^{(eA)} - \tau_{\theta z}^{(eB)}]\cos\theta_0$$

$$w^{(i)} + w^{(r)} = w^{(f)}$$

则可以得到以界面上位移分段连续性条件为约束，求解未知外力系 $f_1(r_0,\theta_0)$ 的定解积分方程组：

$$\int_A^\infty f_1(r_0,\pi)[w^A(r,\pi;r_0,\pi) + w^B(r,\pi;r_0,\pi)] \mathrm{d}r_0$$

$$+ \int_A^\infty f_1(r_0,0)[w^A(r,\pi;r_0,0) + w^B(r,\pi;r_0,0)] \mathrm{d}r_0$$

$$= \int_A^\infty [\tau_{\theta z}^{(eA)}(r_0,\pi) - \tau_{\theta z}^{(eB)}(r_0,\pi)] w^B(r,\pi;r_0,\pi) \mathrm{d}r_0$$

$$- \int_A^\infty [\tau_{\theta z}^{(eA)}(r_0,0) - \tau_{\theta z}^{(eB)}(r_0,0)] w^B(r,\pi;r_0,0) \mathrm{d}r_0$$

$$+ \int_0^A \tau_{\theta z}^{(t1)}(r_0,0) w^A(r,\pi;r_0,0) \mathrm{d}r_0 - \int_0^A \tau_{\theta z}^{(t1)}(r_0,\pi) w^A(r,\pi;r_0,\pi) \mathrm{d}r_0$$

$$+ \int_0^A \tau_{\theta z}^{(t2)}(r_0,0) w^B(r,\pi;r_0,0) \mathrm{d}r_0 - \int_0^A \tau_{\theta z}^{(t2)}(r_0,\pi) w^B(r,\pi;r_0,\pi) \mathrm{d}r_0$$

(6-54)

$$\int_A^\infty f_1(r_0,\pi)\left[w^A(r,0;r_0,\pi)+w^B(r,0;r_0,\pi)\right]\mathrm{d}r_0$$

$$+\int_A^\infty f_1(r_0,0)\left[w^A(r,0;r_0,0)+w^B(r,0;r_0,0)\right]\mathrm{d}r_0$$

$$=\int_A^\infty\left[\tau_{\theta z}^{(eA)}(r_0,\pi)-\tau_{\theta z}^{(eB)}(r_0,\pi)\right]w^B(r,0;r_0,\pi)\mathrm{d}r_0$$

$$-\int_A^\infty\left[\tau_{\theta z}^{(eA)}(r_0,0)-\tau_{\theta z}^{(eB)}(r_0,0)\right]w^B(r,0;r_0,0)\mathrm{d}r_0$$

$$+\int_0^A\tau_{\theta z}^{(t1)}(r_0,0)w^A(r,0;r_0,0)\mathrm{d}r_0-\int_0^A\tau_{\theta z}^{(t1)}(r_0,\pi)w^A(r,0;r_0,\pi)\mathrm{d}r_0$$

$$+\int_0^A\tau_{\theta z}^{(t2)}(r_0,0)w^B(r,0;r_0,0)\mathrm{d}r_0-\int_0^A\tau_{\theta z}^{(t2)}(r_0,\pi)w^B(r,0;r_0,\pi)\mathrm{d}r_0$$

(6-55)

6.1.7 界面裂纹尖端的 DSIF 和定解积分方程的求解

6.1.7.1 界面裂纹的动应力强度因子

裂纹尖端的动应力强度因子，当采用线弹性理论求解含裂纹物体受动态荷载作用的问题时，裂纹尖端动态应力场存在平方根奇异性。实际上，此时裂纹尖端的局部区域已经进入塑性流动状态，应力场发生了重分布现象，裂尖点的动应力不会无限大，但是由线弹性理论得出的结果仍然有其理论意义和指导工程的作用。裂纹尖端的动应力强度因子反映了裂纹体受动态荷载作用时的动应力集中程度，当其大于材料的断裂韧度时，裂纹就会扩展，进而导致结构破坏。

考察本章工作可以推知附加外力系 f_1 在裂纹尖端点也具有平方根奇异性，引入裂纹的动态应力强度因子 k_{III}，在图 6.1 所示坐标系中，有

$$k_{\mathrm{III}}=\lim_{r\to A}f_1(r,\theta)\cdot\sqrt{2(r-A)} \quad (6\text{-}56)$$

式中，A 为裂纹的半长度。

上述关于动应力强度因子的定义常见于理论分析中，在工程中所采用的动应力强度因子的定义与其相差常数倍（$\sqrt{\pi}$）。由于 f_2 具有和 f_1 相同的奇异性，非奇异部分对动应力强度因子并无贡献，所以在式（6-56）中，也可用 f_2 代替 f_1，可取得一致的动应力强度因子值。

为在定解积分方程组中直接包含 k_{III}，对式（6-54）和式（6-55）中的被积函数在裂纹尖端点（$r_0=A$，$\theta_0=\pi$ 和 $r_0=A$，$\theta_0=0$）有

第6章 双相压电介质内含缺陷的反平面动力学研究

$$f \cdot (G_w^A + G_w^B) = [f] \cdot [G]$$

$$= \lim_{r_0 \to A} [f \cdot \sqrt{2(r_0 - A)}] \cdot \left[\frac{G_w^A + G_w^B}{\sqrt{2(r_0 - A)}}\right] \quad (6-57)$$

$$= k_{\mathrm{III}} \cdot \left[\frac{G_w^A + G_w^B}{\sqrt{2(r_0 - A)}}\right]$$

这样，代换后的定解积分方程组直接包含了 k_{III}，通过求解代换后的定解积分方程组可以直接给出 k_{III} 的数据结果。

在计算中，通常定义一个无量纲的动应力强度因子 k_3：

$$k_3 = |k_{\mathrm{III}}/(\tau_0 Q)|$$

式中，Q 为特征参数，具有长度的平方根的量纲；k_{III} 量纲为 $N/m^{(3/2)}$；对于长度为 $2A$ 的直线型穿透裂纹，$Q = \sqrt{A}$，即是界面裂纹的静态动力强度因子；τ_0 为沿 α 方向入射的谐和波 $w^{(i)}$ 在入射方向产生的应力最大幅值，即

$$\tau_0 = |\tau_{r2}^{(i)}| = c^{A*} k^A (w_0 - w_2) \sin\alpha = c^{B*} k^B w_4 \sin\alpha_4$$

当波数 k 趋于零时，此幅值保持为有限值。

6.1.7.2 定解积分方程组的求解

定解积分方程组已经求得，见式（6-54）和式（6-55）。尽管积分方程组的解是关于剖面附加外力系的，但它与所求的动应力强度因子通过式（6-57）直接相连，求解定解积分方程组与求解动应力强度因子是一致的。此定解积分方程组属于半无限域上含弱奇异性的第一类弗雷德霍姆积分方程组，其奇异性表现为格林函数的像点与源点重合时，被积核函数呈对数奇异性。而且由于进行了如式（6-57）的代换，使被积核函数在裂纹尖端点具有平方根奇异性，一旦格林函数的像点与源点重合在裂纹尖端点，则被积核函数会具有对数和平方根的复合奇异性。被积核函数表达式较为复杂，要在数学的严密性下直接求解积分方程组并给出解析解是相当困难的。本章采用数值求解的办法来求出积分方程中未知函数的解。

数值求解该积分方程组的方法是多种多样的，本章采用弱奇异积分方程组直接离散法，单独处理对数弱奇异性和裂纹尖端的平方根奇异性，结合散射波的衰减特性，把无穷积分方程组转化为仅含有限项的线性代数方程组，用高斯消元法求解出在一系列离散点上的待求函数值，裂纹尖端点处对应的函数值即为动应力强度因子 k_{III}。

设有一个如

$$\int_a^b F(x)g(x,y)\mathrm{d}y = B(x)$$

的积分方程。其中，F 为无奇异性的未知函数，g 为被积核函数，满足一定的连续条件，B 是一已知函数。把上述积分方程当作一个正常的积分来对待，采用关于积分的数值求解方法把上述积分在形式上离散为[2]

$$\sum_{i=1}^{n+1} C_i F(y_i) g(x, y_i) \approx B(x)$$

式中，C_i 为数值积分的系数，对于不同的数值求积的法则及不同的求积节点，系数 C_i 是不同的。y_i 表示数值积分的第 i 个节点对应的横坐标值，节点数目为 $(n+1)$ 个。上述将积分用有限求和近似代替的过程对于任意 $x \in [a,b]$ 都是成立的。令核函数中的 x 依次取 $(n+1)$ 个不同的节点值，则有

$$\sum_{i=1}^{n+1} C_i F(y_i) g(x_j, y_i) = B(x_j), \quad j = 1,2,\cdots n, n+1 \quad (6\text{-}58)$$

式（6-58）代表 $(n+1)$ 行×$(n+1)$ 列的线性代数方程组：

$$\boldsymbol{AF} = \boldsymbol{B}$$

式中，$\boldsymbol{F}$ 和 $\boldsymbol{B}$ 是列向量；$\boldsymbol{A}$ 是系数矩阵，$A_{ij} = C_i g(x_j, y_i)$，$B_j = B(x_j)$，$F_i = F(x_i)$，$i, j = 1, 2, \cdots, n, n+1$，由此可解出 $F(x)$，即得到函数 $F(x)$ 在一系列离散节点上的值。

对于本章中的积分方程组，采用数值积分将其离散。当采用关于求解积分的复合梯形公式时，有

$$\frac{h}{2}\sum_{i=1}^{n}\{F[a+(i-1)h]g[a+jh, a+(i-1)h] + F(a+ih)g[a+jh, a+ih]\}$$
$$= B(a+jh), \quad j = 1, 2, \cdots, n, n+1$$

式中，积分步长 $h = (b-a)/n$，为相邻节点间的距离。式（6-58）可以写为

$$\sum_{i=0}^{n} \frac{h}{2} \frac{\varepsilon_i \varepsilon_{i-n}}{2}\{F[a+ih]g[a+jh, a+ih]\} = B(a+jh), \quad j = 0, 1, 2, \cdots, n$$

$$(6\text{-}59)$$

其中通过 $\varepsilon_i \varepsilon_{i-n}/2$ 控制方程中的求积系数。

对于定解积分方程式（6-54）和式（6-55）中的含有未知外力系的积分，采用上面介绍的梯形法将其离散为分段求和的形式。在裂纹尖端附近，应力场具有较大的梯度，上下界面材料性质也可能差别较大，离散节点的数目应该相对多一些，使在裂尖附近节点的待求外力系值能较为准确地反映其变化剧烈的特点。因此，设定两个特殊的位置坐标（位于负半轴的 Γ_1 区间内）和 P_2

(位于正半轴的Γ_2区间内),在区间$[-P_1,-A]$和$[A,P_2]$上,采用较小步长的等距梯形积分法则,以满足精度的要求;在区间$[-S,-P_1]$和$[P_2,S]$上(S为一有限值,这是因为散射波具有随离开散射中心的距离增大而逐渐衰减的特点,若取S为一充分大值,使该点以外的附加外力几乎不影响要求的量,并有一定的精度做保证,则这种方法是可行的),采用较大步长的等距梯形积分法则,可以减小系数矩阵的规模。这种方法初步协调了计算速度和计算精度之间的矛盾。

设积分区间上相邻等距节点间的距离为h_1和h_2,且$h_1<h_2$,即分别为内外区间的积分步长。积分节点的数目分别为:$na_1=(P_1-A)/h_1+1$,$nb_1=(S-P_1)/h_2+1$,$na_2=(P_2-A)/h_1+1$,$nb_2=(S-P_2)/h_2+1$。分别对各个区间的积分应用式(6-59),这样可以将定解积分方程式(6-54)和式(6-55)离散为一个线性代数方程组,参考上面也可写成矩阵相乘的形式,即

$$Af=B$$

上述离散形式的定解方程组中,列向量f代表未知的附加外力系,其向量元素f_m($m=1,2,\cdots$)代表源点取在介质剖面一系列离散节点上时附加外力系的值,节点的个数为$nt=na_1+na_2+nb_1+nb_2-2$,这里合并了两个内节点。A为nt行$\times nt$列的系数矩阵,它通过令被积核函数的像点取一系列节点值,并且每一个像点与nt个源点值相对应而得到。B是nt阶的列向量,定解积分方程式(6-54)和式(6-55)右端表达式的像点取对应节点值而得到。列向量B的元素具体为

$$B_n = \int_0^A \tau_{\theta z}^{(11)}(r_0,0) w^A(r,\theta;r_0,0) \mathrm{d}r_0 - \int_0^A \tau_{\theta z}^{(1)}(r_0,\pi) w^A(r,\theta;r_0,\pi) \mathrm{d}r_0$$
$$+ \int_0^A \tau_{\theta z}^{(t2)}(r_0,0) w^B(r,\theta;r_0,0) \mathrm{d}r_0 - \int_0^A \tau_{\theta z}^{(t2)}(r_0,\pi) w^B(r,\theta;r_0,\pi) \mathrm{d}r_0$$

B_n是关于r和θ的函数,对于不同的行号n,r和θ取值如表6.1所列。

表6.1 不同的行号n,r和θ取值

行号n	r	θ	h
$1 \leq n \leq na_1$	$A+(n-1)h$	π	h_1
$na_1+1 \leq n \leq na_1+nb_1-1$	$P_1+(n-na_1)h$	π	h_2
$na_1+nb_1 \leq n \leq nt-nb_2+1$	$A+(n-na_1-nb_1)h$	0	h_1
$nt-nb_2+2 \leq n \leq nt$	$P_2+(n-na_1-nb_1-na_2)h$	0	h_2

f_m是关于r_0和θ_0的函数,对于不同的列号m,取值如表6.2所列。

表 6.2　不同的列号 m 中 f_m 与 r_0 和 θ_0 的关系

列号 m	元素 f_m	r_0	θ_0	h
$m=1$	k_{III}（左端）	A	π	h_1
$2 \leqslant m \leqslant na_1$	$f_1(r,\theta)$	$A+(m-1)h$	π	h_1
$na_1+1 \leqslant m \leqslant na_1+nb_1-1$	$f_1(r,\theta)$	$P_1+(m-na_1)h$	π	h_2
$m=na_1+nb_1$	k_{III}（右端）	A	0	h_1
$na_1+nb_1+1 \leqslant m \leqslant nt-nb_2+1$	$f_1(r,\theta)$	$A+(m-na_1-nb_1)h$	0	h_1
$nt-nb_2+2 \leqslant m \leqslant nt$	$f_1(r,\theta)$	$P_2+(m-na_1-nb_1-na_2)h$	0	h_2

系数矩阵 A 的分量 A_{nm} 的通式为：$A_{nm}=\dfrac{h}{2}\dfrac{\varepsilon_{m-m_1}\varepsilon_{m-m_2}}{2}[G_w^A(r,\theta,r_0,\theta_0)+G_w^B(r,\theta,r_0,\theta_0)]$，其中，通过 $\varepsilon_{m-m_1}\varepsilon_{m-m_2}/2$ 控制方程中的求积系数。对于不同行和列，其分量的表达式也不同，说明如下：

(1) 当 $l \leqslant n \leqslant na_1$ 时，$r=A+(n-1)/h_1$；当 $na_1+l \leqslant n \leqslant na_1+nb_1-1$ 时，$r=P_1+(n-na_1)/h_2$。定义 $m_1 \leqslant m \leqslant m_2$，其他有关的量如表 6.3 所列。

表 6.3　与 m_1、m_2 及其有关的量

m_1	m_2	r_0	θ	θ_0	h
1	na_1	$A+(m-1)h$	π	π	h_1
na_1	na_1+nb_1-1	$P_1+(m-na_1)h$	π	π	h_2
na_1+nb_1	$nt-nb_2+1$	$A+(m-na_1-nb_1)h$	π	0	h_1
$nt-nb_2+1$	nt	$P_2+(m-nt+nb_2-1)h$	π	0	h_2

(2) 当 $na_1+nb_1 \leqslant n \leqslant na_1+nb_1+na_2-1$ 时，$r=A+(n-na_1-nb_1)/h_1$；当 $na_1+nb_1+na_2 \leqslant n \leqslant nt$ 时，$r=P_2+(n-na_1-nb_1-na_2)/h_2$。例如上面定义 $m_1 \leqslant m \leqslant m_2$，若出现具有相同角标的项，则意味着二者相加才是系数矩阵分量的值。系数矩阵的分量中包含的自变量如表 6.4 所列。

表 6.4　系数矩阵的分量中包含的自变量

m_1	m_2	r_0	θ	θ_0	h
1	na_1	$A+(m-1)h$	0	π	h_1
na_1	na_1+nb_1-1	$P_1+(m-na_1)h$	0	π	h_2
na_1+nb_1	$nt-nb_2+1$	$A+(m-na_1-nb_1)h$	0	0	h_1
$nt-nb_2+1$	nt	$P_2+(m-nt+nb_2-1)h$	0	0	h_2

(3) 被积核函数中包含格林函数,当像点与源点重合时(即 $m=n$,但 $m=n\neq 1$ 且 $m=n\neq na_1+nb_1$),格林函数具有对数奇异性,系数矩阵的分量需要特殊处理。这个困难可以通过采取如式(3-24)所示的过程而克服,即对系数矩阵中位于对角线上的元素 A(除去 $m=n=1$ 和 $m=n=na_1+nb_1$ 两个元素)采用下式代替:

$$\begin{aligned}A_{nn}&=\frac{\int_{A+nh-\frac{h}{2}}^{A+nh+\frac{h}{2}}\{G_w^A(A+nh,\theta,r_0,\theta_0)+G_w^B(A+nh,\theta,r_0,\theta_0)\}}{\sqrt{2(r_0-A)}\,\mathrm{d}r_0}\\&=\frac{1}{\sqrt{2(r_0-A)}}\int_{A+nh-\frac{h}{2}}^{A+nh+\frac{h}{2}}\left\{\frac{\mathrm{i}}{2c_{44}^A(1+\lambda^A)}H_0^{(1)}(k_1|A+nh-r_0|)\right.\\&\quad\left.+\frac{\mathrm{i}}{2c_{44}^B(1+\lambda^B)}H_0^{(1)}(k_2|A+nh-r_0|)\right\}\mathrm{d}r_0\\&=\frac{h}{2}\frac{1}{\sqrt{2(r_0-A)}}\left\{\frac{1}{c_{44}^A(1+\lambda^A)}\left[\mathrm{i}-\frac{2}{\pi}\left(\gamma-1+\ln\frac{k_1h}{4}\right)\right]\right.\\&\quad\left.+\frac{1}{c_{44}^B(1+\lambda^B)}\left[\mathrm{i}-\frac{2}{\pi}\left(\gamma-1+\ln\frac{k_2h}{4}\right)\right]\right\}\\&=\frac{h}{2}\frac{1}{\sqrt{2nh}}\left\{\frac{1}{c_{44}^A(1+\lambda^A)}\left[\mathrm{i}-\frac{2}{\pi}\left(\gamma-1+\ln\frac{k_1h}{4}\right)\right]\right.\\&\quad\left.+\frac{1}{c_{44}^B(1+\lambda^B)}\left[\mathrm{i}-\frac{2}{\pi}\left(\gamma-1+\ln\frac{k_2h}{4}\right)\right]\right\}\end{aligned} \quad (6\text{-}60)$$

式中,$\gamma=0.5772$,是欧拉常数,$n=1,2,\cdots,n$,当像点与源点重合在积分区间的端点时,上述对奇异积分的估计法则仍然成立,只是其值要取半。

(4) 在裂纹尖端处,其应力场具有平方根奇异性。在处理奇异性时,使裂纹尖端邻域内的被积核函数也具有了平方根奇异性,因此对于包含裂纹尖端的奇异积分需要单独处理。由奇异积分形成的系数矩阵的分量都位于矩阵中特定的列上,即 $m=1$ 和 $m=na_1+nb_1$ 的列上,则有

$$\begin{aligned}A_{nm}&=\frac{\int_A^{A+\frac{h}{2}}[G_w^A(r,\theta,r_0,\theta_0)+G_w^B(r,\theta,r_0,\theta_0)]}{\sqrt{2(r_0-A)}\,\mathrm{d}r_0}\\&=\sqrt{2(r_0-A)}\cdot[G_w^A(r,\theta,r_0,\theta_0)+G_w^B(r,\theta,r_0,\theta_0)]\Big|_A^{A+\frac{h}{2}}\\&\quad-\int_A^{A+\frac{h}{2}}\sqrt{2(r_0-A)}\cdot[G_w^{A'}(r,\theta,r_0,\theta_0)+G_w^{B'}(r,\theta,r_0,\theta_0)]\mathrm{d}r_0\end{aligned}$$

$$= \sqrt{2}\sqrt{\frac{h}{2}}\left[G_w^A\left(r,\theta,A+\frac{h}{2},\theta_0\right)+G_w^B\left(r,\theta,A+\frac{h}{2},\theta_0\right)\right]$$

$$-\sqrt{2}\lim_{r_0\to A}\left[G_w^A(r,\theta,r_0,\theta_0)+G_w^B(r,\theta,r_0,\theta_0)\right]\cdot\sqrt{r_0-A}$$

$$+\frac{\mathrm{i}}{\sqrt{2}}\int_A^{A+\frac{h}{2}}\sqrt{r_0-A}\cdot\left\{\frac{k_1}{c_{44}^A(1+\lambda^A)}H_0^{(1)'}(k_1|\boldsymbol{r}-\boldsymbol{r}_0|)+\frac{k_2}{c_{44}^B(1+\lambda^B)}H_0^{(1)'}(k_2|\boldsymbol{r}-\boldsymbol{r}_0|)\right\}\mathrm{d}r_0$$

$$=\sqrt{h}\cdot\left[G_w^A\left(r,\theta,A+\frac{h}{2},\theta_0\right)+G_w^B\left(r,\theta,A+\frac{h}{2},\theta_0\right)\right]$$

$$+\frac{\mathrm{i}}{\sqrt{2}}\int_A^{A+\frac{h}{2}}\sqrt{r_0-A}\cdot\left\{\frac{k_1}{c_{44}^A(1+\lambda^A)}H_1^{(1)}(k_1|\boldsymbol{r}-\boldsymbol{r}_0|)+\frac{k_2}{c_{44}^B(1+\lambda^B)}H_1^{(1)}(k_2|\boldsymbol{r}-\boldsymbol{r}_0|)\right\}\mathrm{d}r_0$$

(6-61)

以上推导过程应用了分部积分，判定取极限的项的值是零，并隐含使用了条件 $r_0 \geqslant r\cos(\theta-\theta_0)$。根据像点与源点是否重合在裂纹尖端点，式（6-61）又分为两种情况。当像点与源点不在裂尖点重合，即 $m=1\ne n$ 和 $m=na_1+nb_1\ne n$ 时：

$$A_{nm}\approx\sqrt{h}\cdot\left[G_w^A\left(r,\theta,A+\frac{h}{2},\theta_0\right)+G_w^B\left(r,\theta,A+\frac{h}{2},\theta_0\right)\right]$$

$$+\frac{\mathrm{i}}{\sqrt{2}}\frac{k_1}{c_{44}^A(1+\lambda^A)}H_1^{(1)}(k_1|r\cos(\theta-\theta_0)-A|)\int_A^{A+\frac{h}{2}}\sqrt{r_0-A}\,\mathrm{d}r_0$$

$$+\frac{\mathrm{i}}{\sqrt{2}}\frac{k_2}{c_{44}^B(1+\lambda^B)}H_1^{(1)}(k_2|r\cos(\theta-\theta_0)-A|)\int_A^{A+\frac{h}{2}}\sqrt{r_0-A}\,\mathrm{d}r_0$$

$$=\sqrt{h}\cdot\left[G_w^A\left(r,\theta,A+\frac{h}{2},\theta_0\right)+G_w^B\left(r,\theta,A+\frac{h}{2},\theta_0\right)\right]$$

$$+\frac{\mathrm{i}}{\sqrt{2}}\cdot\frac{(h/2)^{\frac{3}{2}}}{\frac{3}{2}}\left[\frac{k_1}{c_{44}^A(1+\lambda^A)}H_1^{(1)}(k_1|r\cos(\theta-\theta_0)-A|)\right.$$

$$\left.+\frac{k_2}{c_{44}^B(1+\lambda^B)}H_1^{(1)}(k_2|r\cos(\theta-\theta_0)-A|)\right]$$

(6-62)

当像点与源点重合在裂尖点，即 $m=1=n$ 和 $m=na_1+nb_1=n$ 时，由于格林函数本身是奇异的，所以应同时考虑积分号内的平方根奇异性和对数奇异性。对一阶的汉克尔函数在自变量充分小时可作渐进展开，即

$$H_1^{(1)}(x)\to-\frac{\mathrm{i}}{\pi}\frac{2}{x}[1+x^2]$$

第6章 双相压电介质内含缺陷的反平面动力学研究

将上式代入式 (6-61), 可得 $m=1=n$ 和 $m=na_1+nb_1=n$ 时的 A_{nm}:

$$\begin{aligned}A_{nm} \approx &\sqrt{h} \cdot \left[G_w^A\left(r,\theta,A+\frac{h}{2},\theta_0\right) + G_w^B\left(r,\theta,A+\frac{h}{2},\theta_0\right) \right] \\
&+ \frac{\mathrm{i}}{\sqrt{2}} \frac{k_1}{c_{44}^A(1+\lambda^A)} \int_A^{A+\frac{h}{2}} \sqrt{r_0-A} \cdot H_1^{(1)}(k_1|A-r_0|)\mathrm{d}r_0 \\
&+ \frac{\mathrm{i}}{\sqrt{2}} \frac{k_2}{c_{44}^B(1+\lambda^B)} \int_A^{A+\frac{h}{2}} \sqrt{r_0-A} \cdot H_1^{(1)}(k_2|A-r_0|)\mathrm{d}r_0 \\
=& \sqrt{h}\left\{ \frac{1}{c_{44}^A(1+\lambda^A)}\left[\frac{\mathrm{i}}{2} - \frac{1}{\pi}\left(\gamma + \ln\frac{k_1 h}{4}\right)\right] \right. \\
&\left. + \frac{1}{c_{44}^B(1+\lambda^B)}\left[\frac{\mathrm{i}}{2} - \frac{1}{\pi}\left(\gamma + \ln\frac{k_2 h}{4}\right)\right] \right\} \\
&+ \frac{\sqrt{2}}{\pi} \frac{1}{c_{44}^A(1+\lambda^A)}\left[2\sqrt{\frac{h}{2}} + 2k_1^2(h/2)^{\frac{5}{2}}/5\right] \\
&+ \frac{\sqrt{2}}{\pi} \frac{1}{c_{44}^B(1+\lambda^B)}\left[2\sqrt{\frac{h}{2}} + 2k_2^2(h/2)^{\frac{5}{2}}/5\right]\end{aligned} \quad (6\text{-}63)$$

对于方程组是否会出现奇异或系数行列式是否会为零的问题，本章没有给出数学上的证明，此处只给予一个说明。由问题的物理意义和实际算例的结果，可以知道在绝大多数情况下，方程组不会呈现病态，是可解的。

6.1.8 算例和分析

本章是双相压电材料的问题，其上下压电介质半空间各有4组参数，即 $(c_{44}^A, e_{15}^A, k_{11}^A, \rho^A)$ 和 $(c_{44}^B, e_{15}^B, k_{11}^B, \rho^B)$。因此，本节算例分别考虑了三种情况下裂纹尖端动应力强度因子的曲线。

为了说明本章计算方法和计算过程的正确性，本节还将问题分别退化为无限大各向同性弹性介质和压电介质中含有一直线裂纹的情况和无限大双相弹性介质含有一界面裂纹的情况，以便将得到的结果与已有参考文献中的结果进行比较。计算中取裂纹半长度 $A=1.0$, 入射波的位移幅值 $w_0=1.0$, 下半空间介质中的剪切波速 $c^A=3.0$, 弹性常数 $c_{44}^A=1.0$, $D^*=\frac{k_{11}^A}{e_{15}^A}D_0/\tau$, 其中 $\tau = c_{44}^A k^A(w_0 - w_2)\sin\alpha$。具体如图6.7和图6.8所示。

情况一：上下压电介质半空间中压电系数比 e_{15}^B/e_{15}^A 取不同值 1.4 和 1.2, 入射角度 $\alpha=\pi/2$、$\pi/4$, 弹性常数比 $c_{44}^B/c_{44}^A=1.0$, 介电常数比 $k_{11}^B/k_{11}^A=1.0$, 密

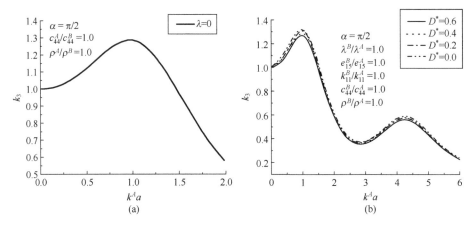

图 6.7 SH 波垂直入射于无限大弹性介质和压电介质时的 DSIF

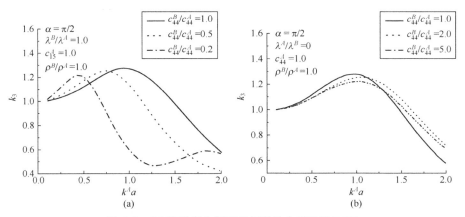

图 6.8 SH 波垂直入射于双相弹性介质时的 DSIF

度比 $\rho^B/\rho^A=1.0$ 时,裂纹尖端的动应力强度因子在不同波数下随入射电场强度 D^* 和下半空间压电常数 λ^A 的变化曲线,如图 6.9~图 6.15 所示。

情况二:上下压电介质半空间中弹性常数比 c_{44}^B/c_{44}^A 取不同值 2.0 和 0.5,入射角度 $\alpha=\pi/2$,压电系数比 $e_{15}^B/e_{15}^A=1.0$,介电常数比 $k_{11}^B/k_{11}^A=1.0$,密度比 $\rho^B/\rho^A=1.0$ 时,裂纹尖端的动应力强度因子在不同波数下随入射电场强度 D^* 和下半空间压电常数 λ^A 的变化曲线,如图 6.16~图 6.20 所示。

情况三:上下压电介质半空间中介电常数比 k_{11}^B/k_{11}^A 取不同值 0.6 和 0.8,入射角度 $\alpha=\pi/2$,弹性常数比 $c_{44}^B/c_{44}^A=1.0$,压电系数比 $e_{15}^B/e_{15}^A=1.0$,密度比 $\rho^B/\rho^A=1.0$ 时,裂纹尖端的动应力强度因子在不同波数下随入射电场强度 D^* 和下半空间压电常数 λ^A 的变化曲线,如图 6.21~图 6.25 所示。

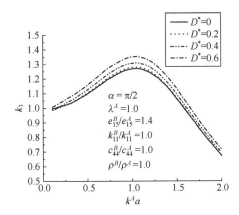

图 6.9 SH 波垂直入射时随 D^* 变化的 DSIF（一）

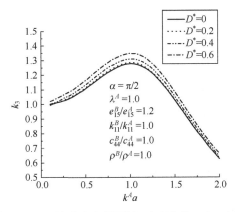

图 6.10 SH 波垂直入射时随 D^* 变化的 DSIF（二）

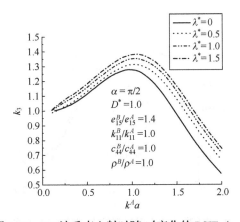

图 6.11 SH 波垂直入射时随 λ^A 变化的 DSIF（一）

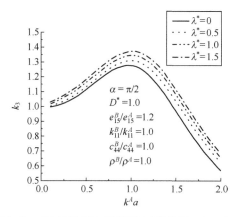

图 6.12 SH 波垂直入射时随 λ^A 变化的 DSIF (二)

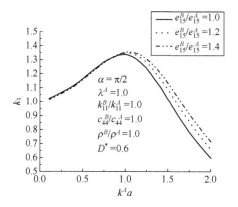

图 6.13 SH 波垂直入射时随 e_{15}^B/e_{15}^A 变化的 DSIF

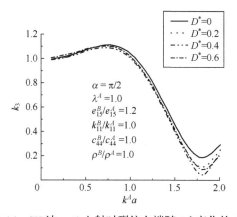

图 6.14 SH 波 $\pi/4$ 入射时裂纹左端随 D^* 变化的 DSIF

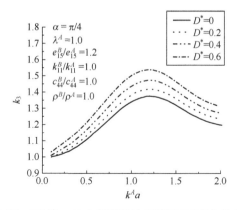

图 6.15 SH 波 π/4 入射时裂纹右端随 D^* 变化的 DSIF

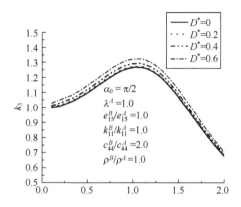

图 6.16 SH 波垂直入射时随 D^* 变化的 DSIF（一）

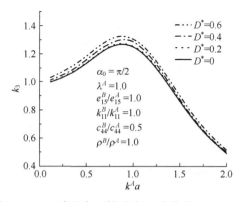

图 6.17 SH 波垂直入射时随 D^* 变化的 DSIF（二）

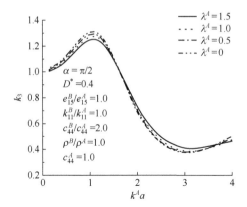

图 6.18 SH 波垂直入射时随 λ^A 变化的 DSIF（一）

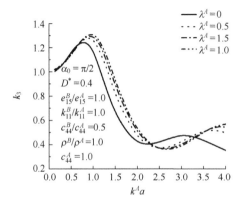

图 6.19 SH 波垂直入射时随 λ^A 变化的 DSIF（二）

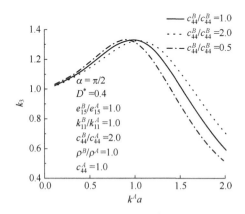

图 6.20 SH 波垂直入射时随 c_{44}^B/c_{44}^A 变化的 DSIF

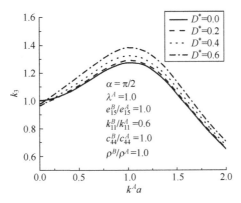

图 6.21　SH 波垂直入射时随 D^* 变化的 DSIF（一）

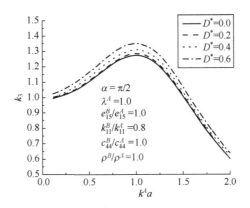

图 6.22　SH 波垂直入射时随 D^* 变化的 DSIF（二）

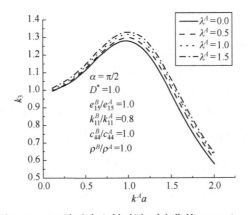

图 6.23　SH 波垂直入射时随 λ^A 变化的 DSIF（一）

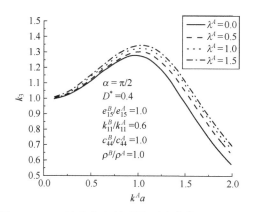

图 6.24 SH 波垂直入射时随 λ^A 变化的 DSIF（二）

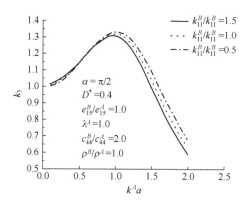

图 6.25 SH 波垂直入射时随 k_{11}^B/k_{11}^A 变化的 DSIF

作为算例，上面给出了三种情况下含界面裂纹的双相压电材料对 SH 波和面内电位移动态响应的数值结果，讨论了不同波数、不同压电特征参数比值、不同入射角度对裂纹尖端动应力强度因子的影响。

（1）图 6.7 中（a）是退化到各向同性的含裂纹的无限大弹性材料对 SH 波的动态响应情况，即 $\lambda=0$，$D^*=0$，结果与已有参考文献 [3] 的经典解基本一致，当 ka 在 0.95 附近时，动应力强度因子 k_3 有最大值约为 1.2839；图 6.7（b）是退化到各向同性的无限大压电材料的情况，即 $e_{15}^B/e_{15}^A=1.0$、$c_{44}^B/c_{44}^A=1.0$、$k_{11}^B/k_{11}^A=1.0$、$\dfrac{\rho^B}{\rho^A}=1.0$，结果与参考文献 [4-5] 中的结果相吻合；图 6.8 是退化到双相弹性材料情况下的响应，将结果与参考文献 [6] 中的相应情况进行比较，显示基本一致。由此可说明本章的计算方法是可行的，而且计算过程是正确的。

(2) 图6.9、图6.10分别给出了当e_{15}^B/e_{15}^A取1.4和1.2时,在不同电位移强度D^*作用下DSIF随波数$k^A a$的变化。由图形可以看出,当SH波垂直入射时,动应力强度因子随D^*的增大而增大;当波$k^A a$取1.0左右时,动应力强度因子取得峰值。以$D^*=0.6$时的DSIF曲线为例,在$e_{15}^B/e_{15}^A=1.4$情况下,其峰值比$e_{15}^B/e_{15}^A=1.2$情况下的峰值略大,只有0.34%,而当$e_{15}^B/e_{15}^A=1.0$,即均匀材料情况时,峰值在$k^A a=0.95$附近取得,其值为1.3404,与$e_{15}^B/e_{15}^A=1.4$时相比小1.26%。

(3) 图6.11、图6.12分别给出了当e_{15}^B/e_{15}^A取1.4和1.2时,在不同材料压电常数λ^A情况作用下DSIF随波数$k^A a$的变化。由图形可以看出,当SH波垂直入射时,动应力强度因子随λ^A的增大而增大;当波$k^A a$在0.9~1.1之间时几条曲线可以取得峰值,而且峰值点的位置随λ^A值的增大有向右($k^A a$增大方向)移动的趋势,当$e_{15}^B/e_{15}^A=1.4$时这种趋势更明显。以$\lambda^A=1.5$时的DSIF曲线为例,$e_{15}^B/e_{15}^A=1.4$情况下的峰值比$e_{15}^B/e_{15}^A=1.2$情况下的峰值约大0.63%。

(4) 图6.13给出的是当e_{15}^B/e_{15}^A取1.4和1.2时,DSIF随波数$k^A a$的变化曲线。由图形可以很明显地看出当$k^A a$在低频阶段($k^A a \leqslant 0.9$左右)时,三条曲线几乎重合,这说明在低频阶段材料参数比e_{15}^B/e_{15}^A对DSIF几乎没有影响,到了高频阶段这种影响才开始明显显现出来。这也解释了图6.9、图6.10、图6.11、图6.12中,对应曲线峰值差距不大的原因。

(5) 图6.14、图6.15是当(SH波45°入射)e_{15}^B/e_{15}^A取1.2时,在不同电位移强度D^*作用下DSIF随波数$k^A a$的变化曲线。其中,图6.14是裂纹左端的DSIF曲线,图6.15是裂纹右端的DSIF曲线。由左端的曲线可以看出,D^*的变化对DSIF影响不大,其峰值也有很大减小,仅有1.1左右。由右端的曲线可以看出,随外加电场D^*的增大,DSIF的值也相应增大,且其峰值也远远大于裂纹左端曲线。

(6) 图6.16、图6.17给出的是当c_{44}^B/c_{44}^A分别取2.0和0.5时,在不同电位移强度D^*作用下DSIF随波数$k^A a$变化的曲线。当SH波垂直入射时,在两种情况下DSIF的值都随外加电场D^*的增加而增大,但不是线性增大。另外,两种情况下取得峰值时所对应的波数不同,在$e_{15}^B/e_{15}^A=2.0$时为$k^A a=1.0$,在$c_{44}^B/c_{44}^A=0.5$时为$k^A a=0.9$。由此可以说明随着c_{44}^B/c_{44}^A的增大,峰值所对应的波数也相应增加。

(7) 图6.18、图6.19给出的是当c_{44}^B/c_{44}^A分别取2.0和0.5时,在不同材

料压电常数 λ^A 情况下 DSIF 的变化。比较发现两幅图形的差别较大，在图 6.18 中，DSIF 峰值所对应的波数约为 1.0，而且出现了一个很有趣的现象，即峰值越高而谷值越低。在图 6.18 中，高而谷值越低。在图 6.19 中，在 $k^A a < 0.7$ 左右时，λ^A 的变化对 DSIF 的影响很小。随着 λ^A 的增加，曲线的峰值也在不断增大，而且取得峰值的波数也在增加。当处于高频阶段($k^A a \geqslant 1.0$)时，DSIF 受 λ^A 变化的影响非常大。

（8）图 6.20 是当其他参数一定，c_{44}^B/c_{44}^A 取不同值时对应的 DSIF 曲线。由图形可看出，三条曲线的峰值差别不大，只是取得峰值的波数随 c_{44}^B/c_{44}^A 的增大而增加。在高频阶段($k^A a \geqslant 1.0$)，DSIF 受 c_{44}^B/c_{44}^A 值变化的影响明显比低频阶段($k^A a < 1.0$)大得多。

（9）图 6.21、图 6.22 给出的是当 k_{11}^B/k_{11}^A 分别取 0.6 和 0.8 时，在不同电位移强度 D^* 作用下 DSIF 的变化曲线。当波垂直入射时，DSIF 的值随外加电场 D^* 增加而增大，以 $D^* = 0.6$ 曲线为例，当 k_{11}^B/k_{11}^A 取 0.6 时其峰值比 k_{11}^B/k_{11}^A 取 0.8 时的峰值约大 1.92%，比 k_{11}^B/k_{11}^A 取 1.0 时的峰值约大 3.28%。这符合实际情况，因为当介电常数小时，材料的导电性能就会好，这样外加电场产生的应力也相应增加。另外，它们的峰值对应的波数都是在 $k^A a = 1.0$ 附近。

（10）图 6.23、图 6.24 给出的是当 k_{11}^B/k_{11}^A 分别取 0.8 和 0.6 时，在不同材料压电常数 λ^A 情况下 DSIF 随波数的变化曲线。观察两幅图可以看出，随着 λ^A 的增大，DSIF 值也增大，但却不是线性增加，取得峰值时所对应的波数也相应增加。另外，在高频阶段($k^A a \geqslant 1.0$)DSIF 受 λ^A 变化的影响要比低频阶段($k^A a < 1.0$)明显。以 $\lambda^A = 1.5$ 曲线为例，图 6.23 中的曲线峰值比图 6.24 中的峰值大约增加 1.1%，它们对应的波数在 $k^A a = 1.0$ 附近。

（11）图 6.25 是其他参数一定，k_{11}^B/k_{11}^A 取不同值时 DSIF 的变化曲线。由图形可以看出，在波数 $k^A a > 0.8$ 左右时 DSIF 受介电常数比值的影响开始显现，而在波数 $k^A a < 0.8$ 阶段里其影响不明显，并且在 $k^A a$ 小于 0.4 左右时，介电常数比大的 DSIF 值比介电常数比小的 DSIF 值有些许增加。

根据以上案例得出主要结论如下：

（1）动应力强度因子随外加电位移强度 D^* 的增加而增大，同时随压电材料常数 λ^A 的增加也相应增大，这说明如果在制造压电元件时选用压电材料常数较小的材料或者在应用元件时考虑施加一反向电位移，这样就可以减小裂纹尖端点的动应力集中，使之寿命比较长久。

（2）两种材料的压电系数比 c_{11}^B/c_{11}^A 在低频阶段时对 DSIF 几乎没有影响，

到了高频阶段这种影响才开始明显显现出来；弹性常数比 c_{44}^B/c_{44}^A 的取值不同时，对应曲线的峰值差别不大，但取得峰值时的波数却随其值的增大而增加，并且在高频阶段，DSIF 受 c_{44}^B/c_{44}^A 值变化的影响明显比低频时要大得多；介电常数比 k_{11}^B/k_{11}^A 取不同值时，在波数 $k^Aa>0.8$ 左右时对 DSIF 的影响开始显现，而在波数 $k^Aa<0.8$ 阶段里其影响不明显；密度比 ρ^B/ρ^A 的变化对 DSIF 值的影响非常明显。当两者密度不同时，其 DSIF 峰值比相同时约下降了 2.44%，而且取得峰值时各曲线对应的波数也不同，其趋势是当 ρ^B/ρ^A 的值越小时波数越大。

6.2 双相压电介质界面附近含圆孔缺陷问题

随着各类功能材料、复合材料等先进材料的工业应用范围的不断扩大，由不同材料组成的界面的力学行为，越来越受到人们的重视。两种不同或者相同的材料，利用某种结合方法连接在一起使用的结构或组合材料，称为结合材料。结合材料界面附近不仅容易存在这样那样的缺陷，导致结合强度的低下，而且会因界面的存在而引发应力集中，使界面附近的材料处于较高的应力水平[7]。

本节将对双相压电介质界面附近含圆孔缺陷的问题进行分析，并讨论在一组稳态的力电波场作用下，材料的物理参数和几何参数以及入射波场的频率对缺陷附近应力集中和电场强度集中的影响。

6.2.1 界面附近的单一圆形孔洞问题

界面附近含圆孔的双相压电介质模型如图 6.26 所示。圆孔半径为 R_0，圆心与界面的距离为 h，在复平面里，两组坐标间的关系为 $z_1=z+ih$，一组与时间谐和的稳态的均匀力电场沿与界面呈 α 的方向入射。

圆孔处的边界条件可表示为

$$\tau_{rz}^{(t1)}=0, \quad D_r^{(t1)}=D_r^c, \quad \phi^{(t1)}=\phi^c, \quad |z|=R_0 \tag{6-64}$$

式中，上标 $t1$ 和 c 分别表示上半空间介质中和圆孔内的物理量。

6.2.2 此问题的格林函数

本节的格林函数是一个压电介质的弹性半空间在其水平表面上任一点作用与时间谐和的出平面力电线源荷载时位移函数和电场函数的基本解。力电线源荷载作用的半空间如图 6.27 所示，解答满足控制方程（6-66）。

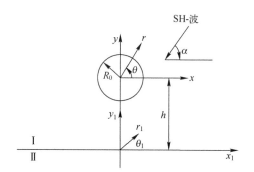

图 6.26 界面附近含圆孔的双相压电介质模型

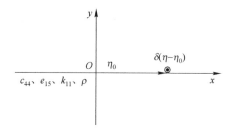

图 6.27 力电线源荷载作用的半空间

位移格林函数 G_w 和电场格林函数 G_ϕ 与时间的依赖关系为 $\exp(\mathrm{i}\omega t)$，满足控制方程：

$$\begin{cases} \dfrac{\partial^2 G_w}{\partial r^2}+\dfrac{1}{r}\dfrac{\partial G_w}{\partial r}+\dfrac{1}{r^2}\dfrac{\partial^2 G_w}{\partial \theta^2}+k^2 G_w=0 \\ G_\phi=\dfrac{e_{15}}{k_{11}}G_w+G_f \\ \dfrac{\partial^2 G_f}{\partial r^2}+\dfrac{1}{r}\dfrac{\partial G_f}{\partial r}+\dfrac{1}{r^2}\dfrac{\partial^2 G_f}{\partial \theta^2}=0 \end{cases} \quad (6-65)$$

式中，k 为波数，且 $k^2=\dfrac{\rho\omega^2}{c^*}$，$c^*=c_{44}+\dfrac{e_{15}^2}{k_{11}}$ 为压电介质中的剪切波速；c_{44}、e_{15}、k_{11} 分别为压电材料的弹性常数、压电系数和介电常数；G_w、G_ϕ、ρ 和 ω 分别表示出平面位移、平面内电位势、质量密度和入射 SH 波的圆频率。

引入复变量 $z=x+\mathrm{i}y$，$\bar{z}=x-\mathrm{i}y(z,\bar{z})$ 在复平面 $(z,\bar{z})$ 上，控制方程（6-64）变为

$$\dfrac{\partial^2 G_w}{\partial z \partial \bar{z}}+\dfrac{1}{4}k^2 G_w=0,\quad G_\phi=\dfrac{e_{15}}{k_{11}}G_w+G_f,\quad \dfrac{\partial^2 G_f}{\partial z \partial \bar{z}}=0 \quad (6-66)$$

第6章 双相压电介质内含缺陷的反平面动力学研究

当在水平表面上任意一点作用力电线源荷载 $\delta(z-\bar{z})$ 时,其在完整压电介质半空间中的基本解是已知的[8],表达式为

$$G_w = \frac{i}{2c_{44}(1+\lambda)} H_0^{(1)}(k|z-z_0|), \quad G_\phi = \frac{e_{15}}{k_{11}} G_w \qquad (6-67)$$

式中,$H_0^{(1)}(*)$ 为零阶的第一类汉克尔函数;$\lambda = \dfrac{e_{15}^2}{c_{44}k_{11}}$ 为无量纲的压电常数,代表压电材料的综合物理参数。

本节的格林函数是一个具有圆形孔洞的压电介质弹性半空间,在其水平表面上任一点作用与时间谐和的出平面力电线源荷载时位移函数和电位势函数的基本解,满足控制方程(6-66),其模型如图 6.28 所示。它由力电线源荷载产生的扰动和圆孔所激发的散射波两部分组成,分别用上标 i 和 s 表示,其中扰动部分可表示为

$$G_w^{(i)} = \frac{i}{2c_{44}(1+\lambda)} H_0^{(1)}(k|\boldsymbol{r}-\boldsymbol{r}_0|) e^{-i\omega t}, \quad G_\phi^{(i)} = \frac{e_{15}}{k_{11}} G_w^{(i)} \qquad (6-68)$$

散射波部分可写为

$$\begin{cases} G_w^{(s)} = \displaystyle\sum_{n=-\infty}^{\infty} A_n [\chi_n^{(1)} + \chi_n^{(2)}] \\ G_\phi^{(s)} = \dfrac{e_{15}}{k_{11}} G_w^{(s)} + \displaystyle\sum_{n=1}^{\infty} [B_n \chi_n^{(3)} + C_n \chi_n^{(4)}] \end{cases} \qquad (6-69)$$

式中,

$$\begin{cases} \chi_n^{(1)} = H_n^{(1)}(k|z|) \left[\dfrac{z}{|z|}\right]^n \\ \chi_n^{(2)} = H_n^{(1)}(k|z+2ih|) \left[\dfrac{z+2ih}{|z+2ih|}\right]^{-n} \\ \chi_n^{(3)} = z^{-n} + (\bar{z}-2ih)^{-n} \\ \chi_n^{(4)} = \bar{z}^{-n} + (z+2ih)^{-n} \end{cases}$$

含圆孔压电介质半空间的位移格林函数 G_w 和电场格林函数 G_ϕ 的表达式可分别表示为

$$G_w = G_w^{(i)} + G_w^{(s)}, \quad G_\phi = G_\phi^{(i)} + G_\phi^{(s)} \qquad (6-70)$$

圆孔内部没有位移场只有电场,其电位势 G_ϕ^c 应满足 $\dfrac{\partial^2 G_\phi^c}{\partial z \partial \bar{z}} = 0$,此方程的通解为

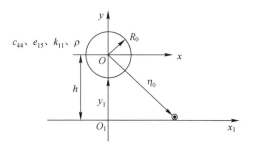

图 6.28 力电线源荷载作用的含圆孔的半空间模型

$$G_\phi^c = \sum_{n=-\infty}^{\infty} [D_n z^n + E_n \bar{z}^n] \tag{6-71}$$

考虑到圆孔内部的电位势应为有限值，且圆心处的电位势不能为无穷大，则有

$$G_\phi^c = D_0 + \sum_{n=1}^{\infty} [D_n z^n + E_n \bar{z}^n] \tag{6-72}$$

圆孔处的边界条件可写为

$$\tau_{rz} = 0, \quad D_r = D_r^c, \quad G_\phi = G_\phi^c, \quad |z| = R_0 \tag{6-73}$$

根据边界条件式（6-73）便可解得未知系数 A_n、B_n、C_n、D_n、E_n 的值。其具体求解过程如下：

$$\frac{\partial G_w}{\partial z} = \frac{\mathrm{i}}{2c_{44}(1+\lambda)} H_0^{(1)'}(k|z-z_0|) \cdot \frac{k}{2} \cdot \frac{\bar{z}-\bar{z}_0}{|z-z_0|}$$
$$+ \sum_{n=-\infty}^{+\infty} A_n \left[\frac{k}{2} H_{n-1}^{(1)}(k|z|) \left(\frac{z}{|z|}\right)^{n-1} - \frac{k}{2} H_{n+1}^{(1)}(k|z+2\mathrm{i}h|) \left(\frac{z+2\mathrm{i}h}{|z+2\mathrm{i}h|}\right)^{-(n+1)} \right]$$

$$\frac{\partial G_w}{\partial \bar{z}} = \frac{\mathrm{i}}{2c_{44}(1+\lambda)} H_0^{(1)'}(k|z-z_0|) \cdot \frac{k}{2} \cdot \frac{z-z_0}{|z-z_0|}$$
$$+ \sum_{n=-\infty}^{+\infty} A_n \left[-\frac{k}{2} H_{n+1}^{(1)}(k|z|) \left(\frac{z}{|z|}\right)^{n+1} + \frac{k}{2} H_{n-1}^{(1)}(k|z+2\mathrm{i}h|) \left(\frac{z+2\mathrm{i}h}{|z+2\mathrm{i}h|}\right)^{-(n-1)} \right]$$

$$\frac{\partial G_\phi}{\partial z} = \frac{e_{15}}{k_{11}} \frac{\partial G_w}{\partial z} + \sum_{n=1}^{+\infty} B_n \cdot (-n) \cdot z^{-(n+1)} + \sum_{n=1}^{+\infty} C_n \cdot (-n) \cdot (z+2\mathrm{i}h)^{-(n+1)}$$

$$\frac{\partial G_\phi}{\partial \bar{z}} = \frac{e_{15}}{k_{11}} \frac{\partial G_w}{\partial \bar{z}} + \sum_{n=1}^{+\infty} B_n \cdot (-n) \cdot (\bar{z}-2\mathrm{i}h)^{-(n+1)} + \sum_{n=1}^{+\infty} C_n \cdot (-n) \cdot \bar{z}^{-(n+1)}$$

$$\frac{\partial G_\phi^c}{\partial z} = \sum_{n=1}^{+\infty} D_n \cdot n \cdot z^{n-1}$$

$$\frac{\partial G_\phi^c}{\partial \bar{z}} = \sum_{n=1}^{+\infty} E_n \cdot n \cdot \bar{z}^{n-1}$$

将上述各式代入相应的本构方程可得应力和电位移分量的表达式为

$$\tau_{rz} = \frac{ki}{4} H_0^{(1)}(k|z-z_0|) \cdot \left[\frac{\bar{z}-\bar{z}_0}{|z-z_0|} \cdot e^{i\theta} + \frac{z-z_0}{|z-z_0|} \cdot e^{-i\theta} \right]$$

$$+ c_{44}(1+\lambda) \cdot \frac{k}{2} \cdot \sum_{n=-\infty}^{+\infty} A_n \left\{ \left[H_{n-1}^{(1)}(k|z|) \left(\frac{z}{|z|} \right)^{n-1} \right. \right.$$

$$\left. - H_{n+1}^{(1)}(k|z+2ih|) \left(\frac{z+2ih}{|z+2ih|} \right)^{-(n+1)} \right] \cdot e^{i\theta}$$

$$+ \left[-H_{n+1}^{(1)}(k|z|) \left(\frac{z}{|z|} \right)^{n+1} + H_{n-1}^{(1)}(k|z+2ih|) \left(\frac{z+2ih}{|z+2ih|} \right)^{-(n-1)} \right] \cdot e^{-i\theta} \right\}$$

$$+ e_{15} \cdot \sum_{n=1}^{\infty} B_n [(-n)z^{-(n+1)} \cdot e^{i\theta} + (-n)(\bar{z}-2ih)^{-(n+1)} \cdot e^{-i\theta}]$$

$$+ e_{15} \cdot \sum_{n=1}^{\infty} C_n [(-n)(z+2ih)^{-(n+1)} \cdot e^{i\theta} + (-n)\bar{z}^{-(n+1)} \cdot e^{-i\theta}]$$

$$D_r = -k_{11} \cdot \sum_{n=1}^{\infty} B_n [(-n)z^{-(n+1)} \cdot e^{i\theta} + (-n)(\bar{z}-2ih)^{-(n+1)} \cdot e^{-i\theta}]$$

$$- k_{11} \cdot \sum_{n=1}^{\infty} C_n [(-n)(z+2ih)^{-(n+1)} \cdot e^{i\theta} + (-n)\bar{z}^{-(n+1)} \cdot e^{-i\theta}]$$

$$D_r^c = -k_0 \cdot \sum_{n=1}^{\infty} D_n \cdot n \cdot z^{n-1} \cdot e^{i\theta} - k_0 \cdot \sum_{n=1}^{\infty} E_n \cdot n \cdot \bar{z}^{n-1} \cdot e^{-i\theta}$$

将上面应力和电位移的分量表达式分别代入式（6-73），可得求解未知系数的无穷代数方程组：

$$\begin{cases} \sum_{n=-\infty}^{\infty} A_n \xi_n^{(11)} + \sum_{n=1}^{\infty} B_n \xi_n^{(12)} + \sum_{n=1}^{\infty} C_n \xi_n^{(13)} = \zeta^{(1)} \\ \sum_{n=1}^{\infty} B_n \xi_n^{(22)} + \sum_{n=1}^{\infty} C_n \xi_n^{(23)} + \sum_{n=1}^{\infty} D_n \xi_n^{(24)} + \sum_{n=1}^{\infty} E_n \xi_n^{(25)} = \zeta^{(2)} (z=R_0 \cdot e^{i\theta}) \\ \sum_{n=-\infty}^{\infty} A_n \xi_n^{(31)} + \sum_{n=1}^{\infty} B_n \xi_n^{(32)} + \sum_{n=1}^{\infty} C_n \xi_n^{(33)} + \sum_{n=0}^{\infty} D_n \xi_n^{(34)} + \sum_{n=1}^{\infty} E_n \xi_n^{(35)} = \zeta^{(3)} \end{cases}$$

其中，$\xi_n^{(jk)}$ 和 $\zeta^{(j)}$ $(j=1,2,3;k=1,2,\cdots,5)$ 的具体表达式如下：

$$\xi_n^{(11)} = c_{44}(1+\lambda) \cdot \frac{k}{2} \cdot \left\{ \left[H_{n-1}^{(1)}(k|z|) \left(\frac{z}{|z|} \right)^{n-1} \right. \right.$$

$$\left. - H_{n+1}^{(1)}(k|z+2ih|) \left(\frac{z+2ih}{|z+2ih|} \right)^{-(n+1)} \right] \cdot e^{i\theta}$$

$$+ \left[-H_{n+1}^{(1)}(k|z|) \left(\frac{z}{|z|} \right)^{n+1} + H_{n-1}^{(1)}(k|z+2ih|) \left(\frac{z+2ih}{|z+2ih|} \right)^{-(n-1)} \right] \cdot e^{-i\theta} \right\}$$

(6-74)

$$\xi_n^{(12)} = e_{15} \cdot [(-n)z^{-(n+1)} \cdot e^{i\theta} + (-n)(\bar{z}-2ih)^{-(n+1)} \cdot e^{-i\theta}]$$

$$\xi_n^{(13)} = e_{15} \cdot [(-n)(z+2ih)^{-(n+1)} \cdot e^{i\theta} + (-n)\bar{z}^{-(n+1)} \cdot e^{-i\theta}]$$

$$\xi_n^{(22)} = \frac{k_{11}}{k_0}[nz^{-(n+1)} \cdot e^{i\theta} + n(\bar{z}-2ih)^{-(n+1)} \cdot e^{-i\theta}]$$

$$\xi_n^{(23)} = \frac{k_{11}}{k_0}[n(z+2ih)^{-(n+1)} \cdot e^{i\theta} + n\bar{z}^{-(n+1)} \cdot e^{-i\theta}]$$

$$\xi_n^{(24)} = nz^{n-1} \cdot e^{i\theta}, \quad \xi_n^{(25)} = n\bar{z}^{n-1} \cdot e^{-i\theta}$$

$$\xi_n^{(24)} = nz^{n-1} \cdot e^{i\theta}, \quad \xi_n^{(25)} = n\bar{z}^{n-1} \cdot e^{-i\theta}$$

$$\xi_n^{(3)} = \frac{e_{15}}{k_{11}} \cdot \left[H_n^{(1)}(k|z|)\left(\frac{z}{|z|}\right)^n + H_n^{(1)}(k|z+2ih|)\left(\frac{z+2ih}{|z+2ih|}\right)^{-n} \right]$$

$$\xi_n^{(32)} = z^{-n} + (\bar{z}-2ih)^{-n}$$

$$\xi_n^{(33)} = \bar{z}^{-n} + (z+2ih)^{-n}$$

$$\xi_n^{(34)} = -z^n$$

$$\xi_n^{(35)} = -\bar{z}^n$$

$$\zeta^{(1)} = \frac{k \cdot i}{4} H_1^{(1)}(k|z-z_0|) \cdot \left[\frac{\bar{z}-\bar{z}_0}{|z-z_0|} \cdot e^{i\theta} + \frac{z-z_0}{|z-z_0|} \cdot e^{-i\theta} \right]$$

$$\zeta^{(2)} = 0$$

$$\zeta^{(3)} = \frac{e_{15}}{k_{11}} \cdot \frac{i}{2c_{44}(1+\lambda)} H_0^{(1)}(k|z-z_0|)$$

式(6-74)方程的两边同乘 $\exp(-im\theta)$，$(m = 0, \pm 1, \pm 2, \cdots)$，$(-\pi, \pi)$ 上积分可得

$$\begin{cases} \sum_{n=-\infty}^{\infty} A_n \xi_{mn}^{(11)} + \sum_{n=1}^{\infty} B_n \xi_{mn}^{(12)} + \sum_{n=1}^{\infty} C_n \xi_{mn}^{(13)} = \zeta_m^{(1)} \\ \sum_{n=1}^{\infty} B_n \xi_{mn}^{(22)} + \sum_{n=1}^{\infty} C_n \xi_{mn}^{(23)} + \sum_{n=1}^{\infty} D_n \xi_{mn}^{(24)} + \sum_{n=1}^{\infty} E_n \xi_{mn}^{(25)} = \zeta_m^{(2)} \quad (z = R_0 \cdot e^{i\theta}) \\ \sum_{n=-\infty}^{\infty} A_n \xi_{mn}^{(31)} + \sum_{n=1}^{\infty} B_n \xi_{mn}^{(32)} + \sum_{n=1}^{\infty} C_n \xi_{mn}^{(33)} + \sum_{n=0}^{\infty} D_n \xi_{mn}^{(34)} + \sum_{n=1}^{\infty} E_n \xi_{mn}^{(35)} = \zeta_m^{(3)} \end{cases}$$

(6-75)

式中，$\xi_{mn}^{(jk)} = \frac{1}{2\pi}\int_{-\pi}^{\pi} \xi_n^{(jk)} e^{-im\theta} d\theta$，$\zeta_m^{(j)} = \frac{1}{2\pi}\int_{-\pi}^{\pi} \zeta^{(j)} e^{-im\theta} d\theta$，$j$ 和 k 的含义同上。这里应用了周期函数的正交性。

式（6-75）即为求解系数 A_n、B_n、C_n、D_n、E_n 的无穷代数方程组。在具体求解过程中，由于柱函数的收敛性，可将式中 n 和 m 的最大正整数取值为 N，则未知系数的项数分别是 $(2N+1)$，N，N，$(N+1)$，N，共有 $(6N+2)$ 个未知

数。且由于 $m=0,\pm1,\pm2,\cdots,\pm N$ 三个无穷代数方程组可构建 $(2N+1)+2N+(2N+1)=(6N+2)$ 个方程。显然，求解这些未知数的条件已经充分了，问题转化为求解 $(6N+2)$ 元一次线性代数方程组，利用线性代数理论便可求得未知系数的值。

6.2.3 单圆孔问题的求解

关于时间谐和的出平面入射位移场 $w^{(i)}$ 和平面内电位势场 $\phi^{(i)}$ 的表达式可写为

$$w^{(i)}=w_0 T_1, \quad \phi^{(i)}=\phi_0 T_1 \tag{6-76}$$

根据界面上的位移、电位势、应力和电位移的连续性条件，上下半空间介质中反射和透射力电场的表达式分别为

$$w^{(r)}=w_1 T_2, \quad \phi^{(r)}=\phi_1 T_2 \tag{6-77}$$

$$w^{(t)}=w_2 T_3, \quad \phi^{(t)}=\phi_2 T_3 \tag{6-78}$$

式中，

$$T_1=\exp\left\{-\mathrm{i}\frac{k_\mathrm{I}}{2}\left[(z+\mathrm{i}h)\mathrm{e}^{-\mathrm{i}\alpha}+(\bar{z}-\mathrm{i}h)\mathrm{e}^{\mathrm{i}\alpha}\right]\right\}$$

$$T_2=\exp\left\{-\mathrm{i}\frac{k_\mathrm{I}}{2}\left[(z+\mathrm{i}h)\mathrm{e}^{\mathrm{i}\alpha}+(\bar{z}-\mathrm{i}h)\mathrm{e}^{-\mathrm{i}\alpha}\right]\right\}$$

$$T_3=\exp\left\{-\mathrm{i}\frac{k_\mathrm{II}}{2}\left[(z+\mathrm{i}h)\mathrm{e}^{-\mathrm{i}\alpha_2}+(\bar{z}-\mathrm{i}h)\mathrm{e}^{\mathrm{i}\alpha_2}\right]\right\}$$

下标 II 表示下半空间介质中的物理量。

将式 (6-76)、式 (6-77)、式 (6-78) 分别对 z 和 $\bar{z}$ 求导得

$$\begin{cases}\dfrac{\partial w^{(i)}}{\partial z}=-\mathrm{i}\dfrac{k_\mathrm{I}}{2}w_0\mathrm{e}^{-\mathrm{i}\alpha}\cdot T_1, \quad \dfrac{\partial w^{(i)}}{\partial \bar{z}}=-\mathrm{i}\dfrac{k_\mathrm{I}}{2}w_0\mathrm{e}^{\mathrm{i}\alpha}\cdot T_1\\[6pt]\dfrac{\partial \phi^{(i)}}{\partial z}=-\mathrm{i}\dfrac{k_\mathrm{I}}{2}\phi_0\mathrm{e}^{-\mathrm{i}\alpha}\cdot T_1, \quad \dfrac{\partial \phi^{(i)}}{\partial \bar{z}}=-\mathrm{i}\dfrac{k_\mathrm{I}}{2}\phi_0\mathrm{e}^{\mathrm{i}\alpha}\cdot T_1\\[6pt]\dfrac{\partial w^{(r)}}{\partial z}=-\mathrm{i}\dfrac{k_\mathrm{I}}{2}w_2\mathrm{e}^{\mathrm{i}\alpha}\cdot T_2, \quad \dfrac{\partial w^{(r)}}{\partial \bar{z}}=-\mathrm{i}\dfrac{k_\mathrm{I}}{2}w_2\mathrm{e}^{-\mathrm{i}\alpha}\cdot T_2\\[6pt]\dfrac{\partial \phi^{(r)}}{\partial z}=-\mathrm{i}\dfrac{k_\mathrm{I}}{2}\phi_2\mathrm{e}^{\mathrm{i}\alpha}\cdot T_2, \quad \dfrac{\partial \phi^{(r)}}{\partial \bar{z}}=-\mathrm{i}\dfrac{k_\mathrm{I}}{2}\phi_2\mathrm{e}^{-\mathrm{i}\alpha}\cdot T_2\\[6pt]\dfrac{\partial w^{(t)}}{\partial z}=-\mathrm{i}\dfrac{k_\mathrm{II}}{2}w_4\mathrm{e}^{-\mathrm{i}\alpha_2}\cdot T_3, \quad \dfrac{\partial w^{(t)}}{\partial \bar{z}}=-\mathrm{i}\dfrac{k_\mathrm{II}}{2}w_4\mathrm{e}^{\mathrm{i}\alpha_2}\cdot T_3\\[6pt]\dfrac{\partial \phi^{(t)}}{\partial z}=-\mathrm{i}\dfrac{k_\mathrm{II}}{2}\phi_4\mathrm{e}^{-\mathrm{i}\alpha_2}\cdot T_3, \quad \dfrac{\partial \phi^{(t)}}{\partial \bar{z}}=-\mathrm{i}\dfrac{k_\mathrm{II}}{2}\phi_4\mathrm{e}^{\mathrm{i}\alpha_2}\cdot T_3\end{cases}$$

将上述各式代入本构方程式（2-72）并进行部分化简，可得各应力和电位移的表达式如下：

$$\begin{cases} \tau_{rz}^{(i)} = -\mathrm{i} \cdot k_{\mathrm{I}} \cdot T_1 \cos(\theta-\alpha) \cdot (c_{44}^A w_0 + e_{15}^A \phi_0) \\ \tau_{\theta z}^{(i)} = \mathrm{i} \cdot k_{\mathrm{I}} \cdot T_1 \sin(\theta-\alpha) \cdot (c_{44}^A w_0 + e_{15}^A \phi_0) \\ D_r^{(i)} = -\mathrm{i} \cdot k_{\mathrm{I}} \cdot T_1 \cos(\theta-\alpha) \cdot (e_{15}^A w_0 - k_{11}^A \phi_0) \\ D_\theta^{(i)} = \mathrm{i} \cdot k_{\mathrm{I}} \cdot T_1 \sin(\theta-\alpha) \cdot (e_{15}^A w_0 - k_{11}^A \phi_0) \end{cases} \quad (6-79)$$

$$\begin{cases} \tau_{rz}^{(r)} = -\mathrm{i} \cdot k_{\mathrm{I}} \cdot T_2 \cos(\theta+\alpha) \cdot (c_{44}^A w_2 + e_{15}^A \phi_2) \\ \tau_{\theta z}^{(r)} = \mathrm{i} \cdot k_{\mathrm{I}} \cdot T_2 \sin(\theta+\alpha) \cdot (c_{44}^A w_2 + e_{15}^A \phi_2) \\ D_r^{(r)} = -\mathrm{i} \cdot k_{\mathrm{I}} \cdot T_2 \cos(\theta+\alpha) \cdot (e_{15}^A w_2 - k_{11}^A \phi_2) \\ D_\theta^{(r)} = \mathrm{i} \cdot k_{\mathrm{I}} \cdot T_2 \sin(\theta+\alpha) \cdot (e_{15}^A w_2 - k_{11}^A \phi_2) \end{cases} \quad (6-80)$$

$$\begin{cases} \tau_{rz}^{(t)} = -\mathrm{i} \cdot k_{\mathrm{II}} \cdot T_3 \cos(\theta-\alpha_2) \cdot (c_{44}^B w_4 + e_{15}^B \phi_4) \\ \tau_{\theta z}^{(t)} = \mathrm{i} \cdot k_{\mathrm{II}} \cdot T_3 \sin(\theta-\alpha_2) \cdot (c_{44}^B w_4 + e_{15}^B \phi_4) \\ D_r^{(t)} = -\mathrm{i} \cdot k_{\mathrm{II}} \cdot T_3 \cos(\theta-\alpha_2) \cdot (e_{15}^B w_4 - k_{11}^B \phi_4) \\ D_\theta^{(t)} = \mathrm{i} \cdot k_{\mathrm{II}} \cdot T_3 \sin(\theta-\alpha_2) \cdot (e_{15}^B w_4 - k_{11}^B \phi_4) \end{cases} \quad (6-81)$$

接下来构造由介质 I 中的圆形孔洞所激发的散射力电场，有

$$\begin{cases} w^{(s)} = \sum_{n=-\infty}^{\infty} F_n \left[H_n^{(1)}(k_{\mathrm{I}} |z|) \left(\frac{z}{|z|}\right)^n + H_n^{(1)}(k_{\mathrm{I}} |z+2\mathrm{i}h|) \left(\frac{z+2\mathrm{i}h}{|z+2\mathrm{i}h|}\right)^{-n} \right] \\ \phi^{(s)} = \frac{e_{15}^A}{k_{11}^A} w^{(s)} + f^{(s)} \\ f^{(s)} = \sum_{n=1}^{+\infty} D_n [z^{-n} + (\bar{z}-2\mathrm{i}h)^{-n}] + \sum_{n=1}^{+\infty} E_n [\bar{z}^{-n} + (z+2\mathrm{i}h)^{-n}] \end{cases} \quad (6-82)$$

将式（6-82）也对 z 和 $\bar{z}$ 求导得

$$\frac{\partial w^{(s)}}{\partial z} = \frac{k_{\mathrm{I}}}{2} \sum_{n=-\infty}^{+\infty} A_n \left[H_{n-1}^{(1)}(k_{\mathrm{I}} |z|) \cdot \left(\frac{z}{|z|}\right)^{n-1} \right. \\ \left. - H_{n+1}^{(1)}(k_{\mathrm{I}} |z+2\mathrm{i}h|) \cdot \left(\frac{z+2\mathrm{i}h}{|z+2\mathrm{i}h|}\right)^{-(n+1)} \right]$$

$$\frac{\partial w^{(s)}}{\partial \bar{z}} = \frac{k_{\mathrm{I}}}{2} \sum_{n=-\infty}^{+\infty} A_n \left[-H_{n+1}^{(1)}(k_{\mathrm{I}} |z|) \cdot \left(\frac{z}{|z|}\right)^{n+1} \right. \\ \left. + H_{n-1}^{(1)}(k_{\mathrm{I}} |z+2\mathrm{i}h|) \cdot \left(\frac{z+2\mathrm{i}h}{|z+2\mathrm{i}h|}\right)^{-(n-1)} \right]$$

$$\frac{\partial f^{(s)}}{\partial z} = \sum_{n=1}^{+\infty} [D_n \cdot (-n) \cdot z^{-(n+1)} + E_n \cdot (-n) \cdot (z+2ih)^{-(n+1)}]$$

$$\frac{\partial f^{(s)}}{\partial \bar{z}} = \sum_{n=1}^{+\infty} [D_n \cdot (-n) \cdot (\bar{z}-2ih)^{-(n+1)} + E_n \cdot (-n) \cdot \bar{z}^{-(n+1)}]$$

将其代入本构方程式（2-72），可得各应力和电位移分量的表达式：

$$\begin{aligned}\tau_{rz}^{(s)} = & c_{44}^A (1+\lambda_{\mathrm{I}}) \frac{k_{\mathrm{I}}}{2} \sum_{n=-\infty}^{+\infty} A_n \left\{ \left[H_{n-1}^{(1)}(k_{\mathrm{I}}|z|) \left(\frac{z}{|z|}\right)^{n-1} \right.\right. \\ & \left. - H_{n+1}^{(1)}(k_{\mathrm{I}}|z+2ih|) \left(\frac{z+2ih}{|z+2ih|}\right)^{-(n+1)} \right] e^{i\theta} \\ & + \left[-H_{n+1}^{(1)}(k_{\mathrm{I}}|z|) \left(\frac{z}{|z|}\right)^{n+1} + H_{n-1}^{(1)}(k_{\mathrm{I}}|z+2ih|) \left(\frac{z+2ih}{|z+2ih|}\right)^{-(n-1)} \right] \cdot e^{-i\theta} \right\} \\ & + e_{15}^A \cdot \sum_{n=1}^{\infty} D_n [(-n)z^{-(n+1)} \cdot e^{i\theta} + (-n)(\bar{z}-2ih)^{-(n+1)} \cdot e^{-i\theta}] \\ & + e_{15}^A \cdot \sum_{n=1}^{\infty} E_n [(-n)(z+2ih)^{-(n+1)} \cdot e^{i\theta} + (-n)\bar{z}^{-(n+1)} \cdot e^{-i\theta}] \end{aligned}$$

(6-83)

$$\begin{aligned}\tau_{\theta z}^{(s)} = & c_{44}^A (1+\lambda_{\mathrm{I}}) \cdot \frac{ik_{\mathrm{I}}}{2} \cdot \sum_{n=-\infty}^{+\infty} A_n \left\{ \left[H_{n-1}^{(1)}(k_{\mathrm{I}}|z|) \left(\frac{z}{|z|}\right)^{n-1} \right.\right. \\ & \left. \left(-H_{n+1}^{(1)}(k_{\mathrm{I}}|z+2ih|) \left(\frac{z+2ih}{|z+2ih|}\right)^{-(n+1)} \right] \cdot e^{i\theta} \\ & - \left[-H_{n+1}^{(1)}(k_{\mathrm{I}}|z|) \left(\frac{z}{|z|}\right)^{n+1} + H_{n-1}^{(1)}(k_{\mathrm{I}}|z+2ih|) \left(\frac{z+2ih}{|z+2ih|}\right)^{-(n-1)} \right] \cdot e^{-i\theta} \right\} \\ & + e_{15}^A \cdot i \cdot \sum_{n=1}^{\infty} D_n [(-n)z^{-(n+1)} \cdot e^{i\theta} - (-n)(\bar{z}-2ih)^{-(n+1)} \cdot e^{-i\theta}] \\ & + e_{15}^A \cdot i \cdot \sum_{n=1}^{\infty} E_n [(-n)(z+2ih)^{-(n+1)} \cdot e^{i\theta} - (-n)\bar{z}^{-(n+1)} \cdot e^{-i\theta}] \end{aligned}$$

(6-84)

$$\begin{aligned}D_r^{(s)} = & -k_{11}^A \cdot \sum_{n=1}^{\infty} D_n[(-n)z^{-(n+1)} \cdot e^{i\theta} + (-n)(\bar{z}-2ih)^{-(n+1)} \cdot e^{-i\theta}] \\ & -k_{11}^A \cdot \sum_{n=1}^{\infty} E_n[(-n)(z+2ih)^{-(n+1)} \cdot e^{i\theta} + (-n)\bar{z}^{-(n+1)} \cdot e^{-i\theta}]\end{aligned}$$

(6-85)

$$D_\theta^{(s)} = -k_{11}^A \cdot i \cdot \sum_{n=1}^{\infty} D_n [(-n)z^{-(n+1)} \cdot e^{i\theta} - (-n)(\bar{z}-2ih)^{-(n+1)} \cdot e^{-i\theta}]$$

$$-k_{11}^A \cdot i \cdot \sum_{n=1}^{\infty} E_n[(-n)(z+2ih)^{-(n+1)} \cdot e^{i\theta} - (-n)\bar{z}^{-(n+1)} \cdot e^{-i\theta}]$$

(6-86)

上半空间介质的圆孔内只有电场而没有弹性位移场，电位势 ϕ^c 同样应满足控制方程 $\dfrac{\partial \phi^c}{\partial z \partial \bar{z}}=0$，表达式可写为

$$\phi^c = F_0 + \sum_{n=1}^{\infty} [F_n z^n + L_n \bar{z}^n] \tag{6-87}$$

式 (6-87) 对 z 和 $\bar{z}$ 求导可得

$$\frac{\partial \phi^c}{\partial z} = \sum_{n=1}^{\infty} F_n \cdot n \cdot z^{n-1}, \quad \frac{\partial \phi^c}{\partial \bar{z}} = \sum_{n=1}^{\infty} L_n \cdot n \cdot \bar{z}^{n-1}$$

将上式代入相应的本构方程可得电位移分量的表达式为

$$D_r^c = -k_0 \cdot \sum_{n=1}^{\infty} F_n \cdot n \cdot z^{n-1} e^{i\theta} - k_0 \cdot \sum_{n=1}^{\infty} L_n \cdot n \cdot \bar{z}^{n-1} e^{-i\theta} \tag{6-88}$$

半空间介质 I 中的总位移场、电位势场、应力场和电位移场可写为

$$\begin{cases} w^{(t1)} = w^{(i)} + w^{(r)} + w^{(s)}, \quad \phi^{(t1)} = \phi^{(i)} + \phi^{(r)} + \phi^{(s)} \\ \tau_r^{(t1)} = \tau_r^{(i)} + \tau_{rz}^{(r)} + \tau_{rz}^{(s)}, \quad \tau_\theta^{(t1)} = \tau_{\theta z}^{(i)} + \tau_{\theta z}^{(r)} + \tau_{\theta z}^{(s)} \\ D_r^{(t1)} = D_r^{(i)} + D_r^{(r)} + D_r^{(s)}, \quad D_\theta^{(t1)} = D_\theta^{(i)} + D_\theta^{(r)} + D_\theta^{(s)} \end{cases} \tag{6-89}$$

将式 (6-87)、式 (6-88)、式 (6-89) 代入圆孔处的边界条件式 (6-73)，便可得求解未知系数 A_n、D_n、E_n、F_n、L_n 的无穷代数方程组：

$$\begin{cases} \zeta^{(1)} = \sum_{n=-\infty}^{\infty} A_n \xi_n^{(11)} + \sum_{n=1}^{\infty} D_n \xi_n^{(12)} + \sum_{n=1}^{\infty} E_n \xi_n^{(13)} \\ \zeta^{(2)} = \sum_{n=1}^{\infty} D_n \xi_n^{(22)} + \sum_{n=1}^{\infty} E_n \xi_n^{(23)} + \sum_{n=1}^{\infty} F_n \xi_n^{(24)} + \sum_{n=1}^{\infty} L_n \xi_n^{(25)} (z = R_0 \cdot e^{i\theta}) \\ \zeta^{(3)} = \sum_{n=-\infty}^{\infty} A_n \xi_n^{(31)} + \sum_{n=1}^{\infty} D_n \xi_n^{(32)} + \sum_{n=1}^{\infty} E_n \xi_n^{(33)} + \sum_{n=0}^{\infty} F_n \xi_n^{(34)} + \sum_{n=1}^{\infty} L_n \xi_n^{(35)} \end{cases}$$

(6-90)

式中，$\xi_n^{(jk)}$ 和 $\zeta^{(j)}$ ($j=1,2,3; k=1,2,\cdots,5$) 的表达式如下：

$$\xi_n^{(1)} = c_{44}^A (1+\lambda^A) \cdot \frac{k_1}{2} \cdot \left\{ \left[H_{n-1}^{(1)}(k_I |z|) \left(\frac{z}{|z|}\right)^{n-1} - H_{n+1}^{(1)}(k_I |z+2ih|) \left(\frac{z+2ih}{|z+2ih|}\right)^{-(n+1)} \right] \cdot e^{i\theta} \right.$$

$$\left. + \left[H_{n-1}^{(1)}(k_I |z+2ih|) \left(\frac{z+2ih}{|z+2ih|}\right)^{-(n-1)} - H_{n+1}^{(1)}(k_I |z|) \left(\frac{z}{|z|}\right)^{n+1} \right] \cdot e^{-i\theta} \right\}$$

$$\xi_n^{(12)} = -e_{15}^A \cdot [n \cdot z^{-(n+1)} \cdot e^{i\theta} + n \cdot (\bar{z} - 2ih)^{-(n+1)} \cdot e^{-i\theta}]$$

$$\xi_n^{(13)} = -e_{15}^A \cdot [n \cdot (z + 2ih)^{-(n+1)} \cdot e^{i\theta} + n \cdot \bar{z}^{-(n+1)} \cdot e^{-i\theta}]$$

$$\xi_n^{(22)} = k_{11}^A \cdot [n \cdot z^{-(n+1)} \cdot e^{i\theta} + n \cdot (\bar{z} - 2ih)^{-(n+1)} \cdot e^{-i\theta}]$$

$$\xi_n^{(23)} = k_{11}^A \cdot [n \cdot (z + 2ih)^{-(n+1)} \cdot e^{i\theta} + n \cdot \bar{z}^{-(n+1)} \cdot e^{-i\theta}]$$

$$\xi_n^{(24)} = k_0^A \cdot n \cdot z^{n-1} \cdot e^{i\theta}$$

$$\xi_n^{(25)} = k_0^A \cdot n \cdot \bar{z}^{n-1} \cdot e^{-i\theta}$$

$$\xi_n^{(31)} = \frac{e_{15}^A}{k_{11}^A} \cdot \left[H_n^{(1)}(k_I |z|) \left(\frac{z}{|z|} \right)^n + H_n^{(1)}(k_I |z+2ih|) \left(\frac{z+2ih}{|z+2ih|} \right)^{-n} \right]$$

$$\xi_n^{(32)} = z^{-n} + (\bar{z} - 2ih)^{-n}$$

$$\xi_n^{(33)} = \bar{z}^{-n} + (z + 2ih)^{-n}$$

$$\xi_n^{(34)} = -z^n$$

$$\xi_n^{(35)} = -\bar{z}^n$$

$$\zeta^{(1)} = i \cdot k_I \cdot [T_1 \cos(\theta - \alpha) \cdot (c_{44}^A w_0 + e_{15}^A \phi_0) + T_2 \cos(\theta + \alpha) \cdot (c_{44}^A w_2 + e_{15}^A \phi_2)]$$

$$\zeta^{(2)} = i \cdot k_I \cdot [T_1 \cos(\theta - \alpha) \cdot (e_{15}^A w_0 - k_{11}^A \phi_0) + T_2 \cos(\theta + \alpha) \cdot (e_{15}^A w_2 - k_{11}^A \phi_2)]$$

$$\zeta^{(3)} = -\phi_0 \cdot T_1 - \phi_2 \cdot T_2$$

式 (6-90) 的两边同乘 $\exp(-im\theta)$, $(m = 0, \pm 1, \pm 2, \cdots)$, 并在 $(-\pi, \pi)$ 上积分可得

$$\begin{cases} \sum_{n=-\infty}^{\infty} A_n \xi_{mn}^{(11)} + \sum_{n=1}^{\infty} D_n \xi_{mn}^{(12)} + \sum_{n=1}^{\infty} E_n \xi_{mn}^{(13)} = \zeta_m^{(1)} \\ \sum_{n=1}^{\infty} D_n \xi_{mn}^{(22)} + \sum_{n=1}^{\infty} E_n \xi_{mn}^{(23)} + \sum_{n=1}^{\infty} F_n \xi_{mn}^{(24)} + \sum_{n=1}^{\infty} L_n \xi_{mn}^{(25)} = \zeta_m^{(2)} \quad (z = R_0 \cdot e^{i\theta}) \\ \sum_{n=-\infty}^{\infty} A_n \xi_{mn}^{(31)} + \sum_{n=1}^{\infty} D_n \xi_{mn}^{(32)} + \sum_{n=1}^{\infty} E_n \xi_{mn}^{(33)} + \sum_{n=0}^{\infty} F_n \xi_{mn}^{(34)} + \sum_{n=1}^{\infty} L_n \xi_{mn}^{(35)} = \zeta_m^{(3)} \end{cases}$$

(6-91)

式中, $\xi_{mn}^{(jk)} = \frac{1}{2\pi} \int_{-\pi}^{\pi} \xi_n^{(jk)} e^{-im\theta} d\theta$, $\zeta_m^{(j)} = \frac{1}{2\pi} \int_{-\pi}^{\pi} \zeta^{(j)} e^{-im\theta} d\theta$, j 和 k 的含义同上。此无穷代数方程组的解法与上节格林函数中的思路相同, 这里不再赘述。

半空间介质 II 中没有圆形孔洞, 故只存在透射力电场。其总位移场、电位势场、应力场和电位移场可写为

$$w^{(t2)} = w^{(t)}, \quad \phi^{(t2)} = \phi^{(t)}, \quad \tau_{rz}^{(t2)} = \tau_{rz}^{(t)}, \quad \tau_{\theta z}^{(t2)} = \tau_{\theta z}^{(t)}, \quad D_r^{(t2)} = D_r^{(t)}, \quad D_\theta^{(t2)} = D_\theta^{(t)}$$

(6-92)

根据得到的格林函数和半空间介质 I、II 中的力电场, 可按照契合思想将

两个半无限空间介质构造成双相压电介质界面附近含单一圆形孔洞的理论模型，如图6.29所示。

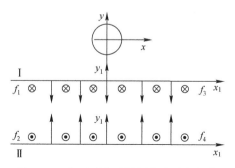

图6.29 上下两半无限压电介质的契合

其构造过程是：首先沿 $y=-h$ 界面将双相压电介质剖分为上半空间介质 I 和下半空间介质 II，在介质 I 的剖面上包含着位移 $w^{(t1)}$、电位势 $\phi^{(t1)}$、应力 $\tau^{(t1)}_{\theta'_1 z}$ 和电位移 $D^{(t1)}_{\theta'_1}$。在介质 II 的剖面上包含着位移 $w^{(t2)}$、电位势 $\phi^{(t2)}$、应力 $\tau^{(t2)}_{\theta'_1 z}$ 和电位移 $D^{(t2)}_{\theta'_1}$。然后，将剖分后的两个半空间"契合"在一起，为了满足剖分面上的位移、电位势、应力和电位移的连续性条件，在上下剖面的相应区域分别施加一对待求的反平面外力系 $f_1(r_{01},\theta_{01})\mathrm{e}^{\mathrm{i}\omega t}$、$f_2(r_{01},\theta_{01})\mathrm{e}^{\mathrm{i}\omega t}$ 和一对待求的平面内电场 $f_3(r_{01},\theta_{01})\mathrm{e}^{\mathrm{i}\omega t}$、$f_4(r_{01},\theta_{01})\mathrm{e}^{\mathrm{i}\omega t}$。契合面上的位移、电位势、应力和电位移的连续性条件可分别写为

$$w^{(t1)}(r_1,\theta_1)+w^{(f_1)}(r_1,\theta_1)=w^{(t2)}(r_1,\theta_1)+w^{(f_2)}(r_1,\theta_1) \quad (6\text{-}93)$$

$$\phi^{(t1)}(r_1,\theta_1)+\phi^{(f_3)}(r_1,\theta_1)=\phi^{(t2)}(r_1,\theta_1)+\phi^{(f_4)}(r_1,\theta_1) \quad (6\text{-}94)$$

$$\tau^{(t1)}_{\theta'_1 z}\cos\theta_{01}+f_1(r_{01},\theta_{01})=\tau^{(t2)}_{\theta'_1 z}\cos\theta_{01}+f_2(r_{01},\theta_{01}) \quad (6\text{-}95)$$

$$D^{(t1)}_{\theta'_1}\cos\theta_{01}+f_3(r_{01},\theta_{01})=D^{(t2)}_{\theta'_1}\cos\theta_{01}+f_4(r_{01},\theta_{01}) \quad (6\text{-}96)$$

式中，$w^{(t1)}$、$w^{(t2)}$、$\phi^{(t1)}$ 和 $\phi^{(t2)}$ 的表达式可见式（6-89）、式（6-91），而

$$w^{(f_1)}=\int_0^\infty f_1(r_{01},\pi)G_w^A(r_1,\theta_1;r_{01},\pi)\mathrm{d}r_{01}+\int_0^\infty f_1(r_{01},0)G_w^A(r_1,\theta_1;r_{01},0)\mathrm{d}r_{01}$$

$$w^{(f_2)}=-\int_0^\infty f_2(r_{01},\pi)G_w^B(r_1,\theta_1;r_{01},\pi)\mathrm{d}r_{01}-\int_0^\infty f_2(r_{01},0)G_w^B(r_1,\theta_1;r_{01},0)\mathrm{d}r_{01}$$

$$\phi^{(f_3)}=\int_0^\infty f_3(r_{01},\pi)G_\phi^A(r_1,\theta_1;r_{01},\pi)\mathrm{d}r_{01}+\int_0^\infty f_3(r_{01},0)G_\phi^A(r_1,\theta_1;r_{01},0)\mathrm{d}r_{01}$$

$$\phi^{(f_4)}=-\int_0^\infty f_4(r_{01},\pi)G_\phi^B(r_1,\theta_1;r_{01},\pi)\mathrm{d}r_{01}-\int_0^\infty f_4(r_{01},0)G_\phi^B(r_1,\theta_1;r_{01},0)\mathrm{d}r_{01}$$

将上述方程代入式（6-93）和式（6-92），并结合连续性条件式（6-95）和式（6-96）便可得到求解未知外力系和外电场的定解积分方程：

$$\int_0^\infty f_1(r_{01},\pi)[G_w^A(r_1,\theta_1;r_{01},\pi)+G_w^B(r_1,\theta_1;r_{01},\pi)]\mathrm{d}r_{01}$$
$$+\int_0^\infty f_1(r_{01},0)[G_w^A(r_1,\theta_1;r_{01},0)+G_w^B(r_1,\theta_1;r_{01},0)]\mathrm{d}r_{01} \quad (6\text{-}97)$$
$$=-w^{(s)}(r_1,\theta_1),\theta_1=0,\pi$$

$$\int_0^\infty f_3(r_{01},\pi)[G_\phi^A(r_1,\theta_1;r_{01},\pi)+G_\phi^B(r_1,\theta_1;r_{01},\pi)]\mathrm{d}r_{01}$$
$$+\int_0^\infty f_3(r_{01},0)[G_\phi^A(r_1,\theta_1;r_{01},0)+G_\phi^B(r_1,\theta_1;r_{01},0)]\mathrm{d}r_{01} \quad (6\text{-}98)$$
$$=-\phi^{(s)}(r_1,\theta_1),\theta_1=0,\pi$$

式中，G_w^A 和 G_ϕ^A 的表达式由式（6-70）给出，G_w^B 和 G_ϕ^B 的表达式由式（6-68）给出。

式（6-96）和式（6-97）属于半无限域上含弱奇异性的第一类弗雷德霍姆型积分方程，本节采用直接数值积分方法对其进行求解。

求得剖分面上的附加外力系和外电场以后，便可利用格林函数进一步求出圆孔周边上的切向应力和电场强度表达式。

介质Ⅰ中，圆孔周边的剪切应力为

$$\tau_{\theta z}=\tau_{\theta z}^A+c_{44}^A\mathrm{i}\int_0^\infty f_1(z_{01})\left(\frac{\partial G_w^A}{\partial z}\mathrm{e}^{\mathrm{i}\theta}-\frac{\partial G_w^A}{\partial \bar{z}}\mathrm{e}^{-\mathrm{i}\theta}\right)\mathrm{d}|z_{01}|$$
$$+e_{15}^A\mathrm{i}\int_0^\infty f_3(z_{01})\left(\frac{\partial G_\phi^A}{\partial z}\mathrm{e}^{\mathrm{i}\theta}-\frac{\partial G_\phi^A}{\partial \bar{z}}\mathrm{e}^{-\mathrm{i}\theta}\right)\mathrm{d}|z_{01}| \quad (6\text{-}99)$$

周向电场强度 $E_\theta=-\mathrm{i}\left(\dfrac{\partial \phi}{\partial z}\cdot\mathrm{e}^{\mathrm{i}\theta}-\dfrac{\partial \phi}{\partial \bar{z}}\cdot\mathrm{e}^{-\mathrm{i}\theta}\right)$，则有

$$E_\theta=E_\theta^{(i)}+E_\theta^{(r)}-\mathrm{i}\int_0^\infty f_3(z_{01})\left(\frac{\partial G_\phi^A}{\partial z}\mathrm{e}^{\mathrm{i}\theta}-\frac{\partial G_\phi^A}{\partial \bar{z}}\mathrm{e}^{-\mathrm{i}\theta}\right)\mathrm{d}|z_{01}| \quad (6\text{-}100)$$

无量纲的孔边动应力集中系数 τ^* 为

$$\tau^*=\left|\frac{\tau_{\theta z}|_{z=R_0\mathrm{e}^{\mathrm{i}\theta}}}{\tau_0}\right| \quad (6\text{-}101)$$

电场强度集中系数 E^* 为

$$E^*=\left|\frac{E_\theta|_{z=R_0\mathrm{e}^{\mathrm{i}\theta}}}{E_0}\right| \quad (6\text{-}102)$$

式中，$\tau_0=-\mathrm{i}k_1(c_{44}^A w_0+e_{15}^A\phi_0)$，为入射波剪应力的幅值；$E_0=\mathrm{i}k_1\phi_0$，为入射波电场强度的幅值。

6.2.4 算例和分析

作为算例,本节给出了双相压电介质中界面附近单一圆形孔洞周边的动应力集中系数和电场强度集中系数随入射波频率、材料的几何参数和相关物理参数变化的计算结果。部分计算结果与已有的文献进行了比较。

(1) 图 6.30 给出了波垂直入射时,在 $\lambda_{\text{II}}=1.0$, $h/R_0=1.5$ 情况下,当无量纲波数 $k_{\text{I}}R_0$ 取不同值时圆孔周边的动应力集中系数 τ^* 随无量纲压电综合参数 λ 的变化。由图中可见,$\lambda_{\text{I}}=1$ 时上下两半空间介质的物理参数相同,即双相压电介质模型退化为无限域压电介质中含单一圆形孔洞的模型,此时的结果与参考文献 [9] 吻合得很好。当无量纲波数 $k_{\text{I}}R_0=0.1$ 时,即准静态情况,动应力集中系数 τ^* 的分布与静力情况相差无几,图形几乎以 $\theta=0°$ 轴对称,其值随 λ_{I} 的增大而增大。当无量纲波数 $k_{\text{I}}R_0=2.0$ 时,迎波面圆孔一侧(图的上半部分)的 τ^* 值要比背波面圆孔一侧(图的下半部分)的 τ^* 值大,其值随 λ_{I} 的增大反而减小,这和低频入射时的情况相比较正好相反。

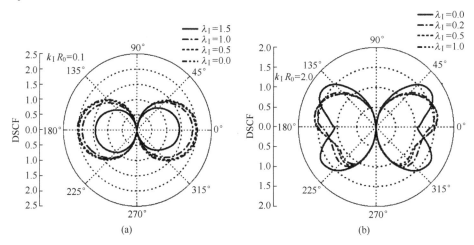

图 6.30 应力集中系数随 $k_{\text{I}}R_0$ 和 λ_{I} 的变化

(2) 图 6.31 给出了波垂直入射时,在 $\lambda_{\text{I}}=0.0$,$\lambda_{\text{II}}=1.0$ 情况下,当无量纲波数 $k_{\text{I}}R_0$ 取不同值时圆孔周边的动应力集中系数 τ^* 随圆孔中心距界面的距离 h 的变化。从图中容易看出,在低频情况 $k_{\text{I}}R_0=0.1$ 时,圆孔周边的动应力集中系数 τ^* 取得最大值的点几乎为 $\theta=0°$ 和 π 两点,且其值随距离 h 的增加而增大。在高频情况 $k_{\text{I}}R_0=2.0$ 时,动应力集中系数 τ^* 取得最大值的点发生变化,其随距离 h 的增加逐渐向 $\theta=0°$ 和 π 两点接近,且 τ^* 的最大值随距离 h 的增加而增大。

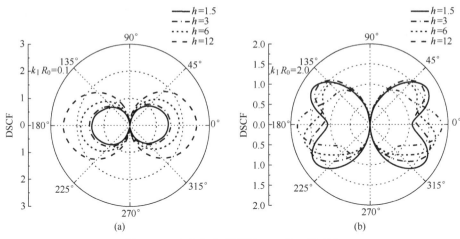

图6.31 应力集中系数随 $k_I R_0$ 和 h 的变化

（3）图6.32给出了波垂直入射时，孔边 $\theta=0°$ 点处的动应力集中系数 τ^* 的值在孔心距界面距离 h 一定的情况下随无量纲波数 $k_I R_0$ 和无量纲压电综合参数 λ_I 的变化。从图中可以看到，各曲线的动应力集中系数 τ^* 的最大值均发生在低频段 $k_I R_0 = 0.4 \sim 0.8$。当 $k_I R_0 \leqslant 0.5$ 左右时，动应力集中系数 τ^* 的值随 λ_I 的增大而增大，而当无量纲波数 $0.5 \leqslant k_I R_0 \leqslant 1.6$ 左右时，动应力集中系数 τ^* 的值随 λ_I 的增大反而减小。随着无量纲波数 $k_I R_0$ 的增加，动应力集中系数 τ^* 的值还有类似的波动性变化。

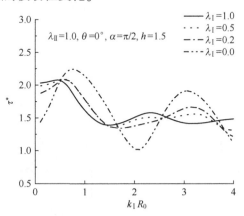

图6.32 孔边 $\theta=0°$ 处动应力集中系数随 $k_I R_0$ 和 λ_I 的变化

（4）图6.33给出了波垂直入射时，孔边 $\theta=0°$ 点处的电场强度集中系数 E^* 的值在孔心距界面距离 h 一定的情况下随无量纲波数 $k_I R_0$ 和无量纲压电综

合参数 λ_I 的变化。从图中容易看到，各曲线的电场强度集中系数 E^* 的值随无量纲波数 $k_I R_0$ 的增加而振荡衰减，同样出现了峰值越高而谷值越低的现象，各曲线的最大值均出现在低频段 $k_I R_0 \le 0.5$ 左右。

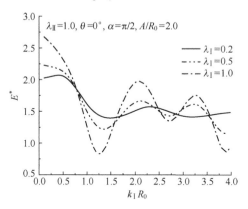

图 6.33 孔边 $\theta = 0°$ 处场强集中系数随 $k_I R_0$ 和 λ_I 的变化

(5) 图 6.34 给出了波垂直入射时，在 $\lambda_{II} = 1.0$, $h/R_0 = 1.5$ 情况下，当无量纲波数 $k_I R_0$ 取不同值时圆孔周边的电场强度集中系数 E^* 随无量纲压电综合参数 λ_I 的变化。由图可见，电场强度集中系数 E^* 值的变化与相应情况下动应力集中系数的变化类似，只是其电场强度集中系数 E^* 的值随 λ_I 的减小反而增大，以 $k_I R_0 = 0.1$ 时为例，$\lambda_I = 0.2$ 时曲线的最大值为 2.68，比 $\lambda_I = 1.0$ 时的最大值大 32%。这说明当材料不匹配时，可能会由于缺陷附近的电击穿而使结构破坏。

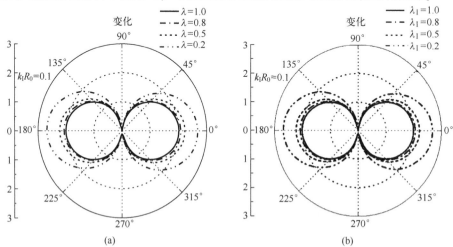

图 6.34 场强集中系数随 $k_I R_0$ 和 λ_I 的变化

6.3 双相压电介质界面裂纹与圆孔相互作用问题的求解

6.3.1 理论模型及边界条件

双相压电介质中界面裂纹及其附近圆孔的相互作用模型如图 6.35 所示。坐标系已在图中标出，圆孔半径为 R，圆心与界面的垂直距离为 h，界面裂纹的半长度为 A。在复平面 $(z,\bar{z})$ 上有 $z=x+y\mathrm{i}=r\mathrm{e}^{\mathrm{i}\theta}$，$z_1=x_1+y_1\mathrm{i}=r_1\mathrm{e}^{\mathrm{i}\theta}$，$z$ 与 z_1 之间的关系为 $z_1=z-\mathrm{i}h$。一束波沿与 x 轴负向成 α 的角度入射到含界面导通裂纹及附近圆孔缺陷的双相材料中，本节拟推导圆孔周围的动应力集中系数和界面裂纹尖端的动应力强度因子的解析解，通过数值算例分析影响界面裂纹与圆孔之间相互作用的几何参数和物理参数。

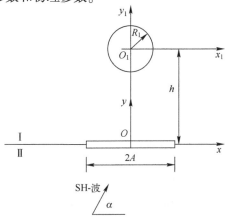

图 6.35　双相压电介质中界面裂纹及其附近圆孔的相互作用模型

本问题的边界条件可写为

$$\begin{cases} w^{(t1)}(z,\bar{z})=w^{(t2)}(z,\bar{z}), \tau_{\theta z}^{(t1)}(z,\bar{z})=\tau_{\theta z}^{(t2)}(z,\bar{z}) \\ \phi^{(t1)}(z,\bar{z})=\phi^{(t2)}(z,\bar{z}), D_{\theta}^{(t1)}(z,\bar{z})=D_{\theta}^{(t2)}(z,\bar{z}) \end{cases}, \quad \begin{cases} z=x, x>A \\ z=x, x<-A \end{cases} \quad (6\text{-}103)$$

$$\begin{cases} D_{\theta}^{(t1)}(z,\bar{z})=D_{\theta}^{(t2)}(z,\bar{z}), \tau_{\theta z}^{(t1)}(z,\bar{z})=0 \\ \tau_{\theta z}^{(t2)}(z,\bar{z})=0, \phi^{(t1)}(z,\bar{z})=\phi^{(t2)}(z,\bar{z}) \end{cases}, \quad z=x, -A\leqslant x\leqslant A \quad (6\text{-}104)$$

$$\begin{cases} \tau_{rz}^{(t2)}(z_1,\bar{z}_1)=0 \\ \phi^{(t2)}(z_1,\bar{z}_1)=\phi^{c}(z_1,\bar{z}_1), \quad |z_1|=R \\ D_r^{(t2)}(z_1,\bar{z}_1)=D_r^{c}(z_1,\bar{z}_1) \end{cases} \quad (6\text{-}105)$$

式中，w 表示介质中的位移场；ϕ 表示介质中的电位势场；$\tau_{\theta z}$、τ_{rz}、D_θ 和 D_r 分

别表示介质中的应力分量和电位移分量;上标Ⅰ、Ⅱ和 c 则分别表示上、下半空间介质中和圆孔内的物理量。

6.3.2 定解积分方程的推导

首先,求解介质中只含单一圆孔不含界面裂纹情况下上半空间介质Ⅰ和下半空间介质Ⅱ中的总位移场、总电位势场以及各总应力和总电位移分量的解答,这一过程与前面的内容相同,这里不再赘述。

根据已经得到的格林函数和上下半空间介质Ⅰ、Ⅱ中的力电场,可按照"裂纹切割"方法并结合"契合"思想构造出含界面导通裂纹及其附近圆孔的双相压电介质对 SH 波散射的力学模型,如图 6.36 所示。

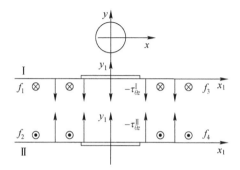

图 6.36 上下两半无限压电介质的契合

首先,沿 $y=-h$ 界面将含圆孔双相压电介质剖分为上半空间介质Ⅰ和下半空间介质Ⅱ,在介质Ⅰ的剖面上包含位移 $w^{(t1)}$、电位势 $\phi^{(t1)}$、应力 $\tau_{\theta_1 z}^{(t1)}$ 和电位移 $D_{\theta_1}^{(t1)}$。在介质Ⅱ的剖面上包含位移 $w^{(t2)}$、电位势 $\phi^{(t2)}$、应力 $\tau_{\theta_1 z}^{(t2)}$ 和电位移 $D_{\theta_1}^{(t2)}$。各位移、电位势、应力和电位移的具体表达式可见式(6-89)和式(6-91)。

其次,将剖分后的两个半空间"装配"在一起。在此过程中需满足两个条件,即裂纹面上的应力自由电位移连续条件以及界面上裂纹以外区域的连续性条件。为满足第一个条件,需要在欲出现裂纹区域的上剖面上施加与介质Ⅰ剖面上的应力 $\tau_{\theta_1 z}^{(t1)}$ 大小相等、方向相反的应力 $[-\tau_{\theta_1 z}^{(t1)}]$,在欲出现裂纹区域的下剖面上施加与介质Ⅱ剖面上的应力 $\tau_{\theta_1 z}^{(t2)}$ 大小相等、方向相反的应力 $[-\tau_{\theta_1 z}^{(t2)}]$,这样欲出现裂纹区间段的上下剖面上的合应力就为零,上下两剖面之间的距离无限小,因此这一区间段便可以看成裂纹。为满足第二个条件,在上下剖面的裂纹以外区域分别施加一对待求的反平面外力系 $f_1(r_{01},\theta_{01})e^{-i\omega t}$、$f_2(r_{01},\theta_{01})e^{-i\omega t}$,同时在剖面的相应区域施加一对待求的平面内电场 $f_3(r_{01},\theta_{01})e^{-i\omega t}$、

$f_4(r_{01},\theta_{01})\mathrm{e}^{-\mathrm{i}\omega t}$,在这里,要注意反平面外力系和平面内电场所施加的区间不同,具体见图 6.36。

最后,根据契合界面上的连续性条件便可得到求解未知外力系和外电场的定解积分方程。

契合界面上的应力、位移、电位移和电位势的连续性条件可分别写为

$$\tau_{\theta_1 z}^{(t1)}\cos\theta_{01}+f_1(r_{01},\theta_{01})=\tau_{\theta_1 z}^{(t2)}\cos\theta_{01}+f_2(r_{01},\theta_{01}),\quad r_{01}>A,\theta_{01}=0,\pi \quad (6\text{-}106)$$

$$w^{(t1)}(r_1,\theta_1)+w^{(f_1)}(r_1,\theta_1)+w^{(c_1)}(r_1,\theta_1)$$
$$=w^{(t2)}(r_1,\theta_1)+w^{(f_2)}(r_1,\theta_1)+w^{(c_2)}(r_1,\theta_1),\quad r_1>A,\theta_1=0,\pi \quad (6\text{-}107)$$

$$D_{\theta_1}^{(t1)}\cos\theta_{01}+f_3(r_{01},\theta_{01})=D_{\theta_1}^{(t2)}\cos\theta_{01}+f_4(r_{01},\theta_{01}) \quad (6\text{-}108)$$

$$\phi^{(t1)}(r_1,\theta_1)+\phi^{(f_3)}(r_1,\theta_1)=\phi^{(t2)}(r_1,\theta_1)+\phi^{(f_4)}(r_1,\theta_1) \quad (6\text{-}109)$$

式中,

$$w^{(f_1)}=\int_A^\infty f_1(r_{01},\pi)G_w^A(r_1,\theta_1;r_{01},\pi)\mathrm{d}r_{01}+\int_A^\infty f_1(r_{01},0)G_w^A(r_1,\theta_1;r_{01},0)\mathrm{d}r_{01}$$

$$w^{(f_2)}=-\int_A^\infty f_2(r_{01},\pi)G_w^B(r_1,\theta_1;r_{01},\pi)\mathrm{d}r_{01}-\int_A^\infty f_2(r_{01},0)G_w^B(r_1,\theta_1;r_{01},0)\mathrm{d}r_{01}$$

$$w^{(c_1)}=\int_0^A \tau_{\theta_1 z}^{(t1)}(r_{01},\pi)G_w^A(r_1,\theta_1;r_{01},\pi)\mathrm{d}r_{01}-\int_0^A \tau_{\theta_1 z}^{(t1)}(r_{01},0)G_w^A(r_1,\theta_1;r_{01},0)\mathrm{d}r_{01}$$

$$w^{(c_2)}=-\int_0^A \tau_{\theta_1 z}^{(t2)}(r_{01},\pi)G_w^B(r_1,\theta_1;r_{01},\pi)\mathrm{d}r_{01}+\int_0^A \tau_{\theta_1 z}^{(t2)}(r_{01},0)G_w^B(r_1,\theta_1;r_{01},0)\mathrm{d}r_{01}$$

$$\phi^{(f_3)}=\int_A^\infty f_3(r_{01},\pi)G_\phi^A(r_1,\theta_1;r_{01},\pi)\mathrm{d}r_{01}+\int_A^\infty f_3(r_{01},0)G_\phi^A(r_1,\theta_1;r_{01},0)\mathrm{d}r_{01}$$

$$\phi^{(f_4)}=-\int_A^\infty f_4(r_{01},\pi)G_\phi^B(r_1,\theta_1;r_{01},\pi)\mathrm{d}r_{01}-\int_A^\infty f_4(r_{01},0)G_\phi^B(r_1,\theta_1;r_{01},0)\mathrm{d}r_{01}$$

将上述各方程代入式(6-107)和式(6-109),并结合连续性条件式(6-106)、式(6-108)便可得到求解未知外力系和外电场的定解积分方程:

$$\int_0^\infty f_1(r_{01},\pi)\left[G_w^A(r_1,\theta_1;r_{01},\pi)+G_w^B(r_1,\theta_1;r_{01},\pi)\right]\mathrm{d}r_{01}$$

$$+\int_0^\infty f_1(r_{01},0)\left[G_w^A(r_1,\theta_1;r_{01},0)+G_w^B(r_1,\theta_1;r_{01},0)\right]\mathrm{d}r_{01}$$

$$=-w^{(s)}(r_1,\theta_1)(\theta_1=0,\pi)-\int_0^A \tau_{\theta_1 z}^{(t1)}(r_{01},\pi)G_w^A(r_1,\theta_1;r_{01},\pi)\mathrm{d}r_{01}$$

$$+\int_0^A \tau_{\theta_1 z}^{(t1)}(r_{01},0)G_w^A(r_1,\theta_1;r_{01},0)\mathrm{d}r_{01}-\int_0^A \tau_{\theta_1 z}^{(t2)}(r_{01},\pi)G_w^B(r_1,\theta_1;r_{01},\pi)\mathrm{d}r_{01}$$

$$+\int_0^A \tau_{\theta_1 z}^{(t2)}(r_{01},0)G_w^B(r_1,\theta_1;r_{01},0)\mathrm{d}r_{01}$$

$$(6\text{-}110)$$

$$\int_0^\infty f_3(r_{01},\pi)\left[G_\phi^A(r_1,\theta_1;r_{01},\pi)+G_\phi^B(r_1,\theta_1;r_{01},\pi)\right]\mathrm{d}r_{01}$$
$$+\int_0^\infty f_3(r_{01},0)\left[G_\phi^A(r_1,\theta_1;r_{01},0)+G_\phi^B(r_1,\theta_1;r_{01},0)\right]\mathrm{d}r_{01} \quad (6\text{-}111)$$
$$=-\phi^{(s)}(r_1,\theta_1),\theta_1=0,\pi$$

式中，G_w^A 和 G_ϕ^A 的表达式由式（6-70）给出，G_w^B 和 G_ϕ^B 的表达式由式（6-67）给出。

上式属于半无限域上含弱奇异性的第一类弗雷德霍姆型积分方程，本节拟采用直接离散法对式（6-110）和式（6-111）进行求解。

6.3.3 圆孔边的动应力集中系数

在求得剖分面上的附加外力系和外电场的值以后，利用格林函数和本构方程便可进一步求出圆孔周边上切向应力的表达式。

圆孔周边的剪切应力为

$$\tau_{\theta z}=\tau_{0z}^{(t1)}+c_{44}^{(t1)}\mathrm{i}\int_0^\infty f_1(z_{01})\left(\frac{\partial G_w^A}{\partial z}\mathrm{e}^{\mathrm{i}\theta}-\frac{\partial G_w^A}{\partial \bar{z}}\mathrm{e}^{-\mathrm{i}\theta}\right)\mathrm{d}|z_{01}|$$
$$+e_{15}^A\mathrm{i}\int_0^\infty f_3(z_{01})\left(\frac{\partial G_\phi^A}{\partial z}\mathrm{e}^{\mathrm{i}\theta}-\frac{\partial G_\phi^A}{\partial \bar{z}}\mathrm{e}^{-\mathrm{i}\theta}\right)\mathrm{d}|z_{01}| \quad (6\text{-}112)$$

定义孔边动应力集中系数 τ^* 为

$$\tau^*=\left|\frac{\tau_{\theta z}|_{z=R\mathrm{e}^{\mathrm{i}\theta}}}{\tau_0}\right| \quad (6\text{-}113)$$

式中，$\tau_0=-\mathrm{i}k_1(c_{44}^A w_0+e_{15}^A\phi_0)$。

6.3.4 裂纹尖端的动应力强度因子

裂纹尖端点的动应力强度因子反映裂纹体受到动态载荷作用时裂纹尖端的动应力集中程度，当采用线弹性理论对含裂纹结构受动态载荷作用问题求解时，裂纹尖端点的动态应力场一般存在平方根奇异性。本节引入裂纹的动态应力强度因子 k_III，即

$$k_\mathrm{III}=\lim_{r_{01}\to A}f_1(r_{01},\theta_{01})\sqrt{2(r_{01}-A)} \quad (6\text{-}114)$$

由于外力系 f_2 和 f_1 具有相同的奇异性，而非奇异部分对裂纹尖端的动应力强度因子没有贡献，所以式（6-114）中也可以用 f_2 换下 f_1，可取得相同的结果。

为了方便求解，可以在定解积分方程中直接包含动态应力强度因子 k_III。

现在对式（6-110）中的被积函数在裂纹的尖端点处作如下代换：

$$f_1 \cdot [G_w^A + G_w^B] \& = \lim_{r_{01} \to A} [f_1(r_{01}, \theta_{01})\sqrt{2(r_{01}-A)}] \cdot \left[\frac{G_w^A + G_w^B}{\sqrt{2(r_{01}-A)}}\right] = k_{\mathrm{III}} \cdot \left[\frac{G_w^A + G_w^B}{\sqrt{2(r_{01}-A)}}\right] \quad (6\text{-}115)$$

可见代换后的定解积分方程中已经直接包含动态应力强度因子 k_{III}，求解代换后的定解积分方程式（6-110）便可以直接给出 k_{III} 的数值结果。但在应用中，通常定义一个无量纲的动应力强度因子 k_3^σ，即

$$k_3^\sigma = \left|\frac{k_{\mathrm{III}}}{\tau_0 Q}\right| \quad (6\text{-}116)$$

式中，τ_0 已在前面有定义，Q 为特征尺寸，具有长度平方根的量纲，对于本节中直线型穿透裂纹的情况，Q 可取为

$$Q = \sqrt{A} \quad (6\text{-}117)$$

6.3.5 算例和分析

作为算例，本节给出了裂纹左尖端点的动应力强度因子 k_3^σ 和圆孔周边的动应力集中系数 τ^* 的结果。讨论它们分别随入射波频率、材料的几何参数和物理参数变化的计算结果，同时部分结果与已有文献进行了比较。在以下分析中，无量纲波数用 $k_1 R$ 来表示，圆孔中心到界面的距离与圆孔半径的比值用 h/R 来表示，界面裂纹半长度与圆孔半径的比值用 A/R 来表示，介质Ⅰ中的压电综合参数用 λ_{I} 表示，介质Ⅱ中的压电综合参数用 λ_{II} 表示，并且用无量纲参数 k^* 来表示 $k_{\mathrm{II}}/k_{\mathrm{I}}$ 的值，它在 λ_{I} 和 λ_{II} 一定时，实际表示的是材料密度的比值。

（1）图 6.37 给出了结构退化到双相弹性材料时，在剪切弹性模量不变的情况下圆孔周边的动应力集中系数随介质密度的变化曲线。将这几幅图与参考文献 [10] 相比较，发现结果基本吻合。

（2）图 6.38 给出了波垂直入射时，在 $k_{\mathrm{I}} R = 0.1$，$h/R = 1.5$，$A/R = 1.0$，$\lambda_{\mathrm{I}} = \lambda_{\mathrm{II}} = 1.0$ 情况下，圆孔周边的动应力集中系数随 k^* 的变化。从图中可以看出，随着 k^* 的增大，动应力集中系数的值也相应增大，且其取得最大值的点也随之逐渐偏离 $\theta = 0°$，π 两点向背波面变化。图 6.39 给出了波垂直入射时，在 $k_{\mathrm{I}} R = 0.1$，$h/R = 12.0$，$A/R = 1.0$，$\lambda_{\mathrm{I}} = \lambda_{\mathrm{II}} = 1.0$ 情况下圆孔周边的动应力集中系数随 k^* 的变化。由图可见，动应力集中系数的值随 k^* 的增大反而减小，其趋势与 $h/R = 1.5$ 时相比正好相反，这说明了界面以及裂纹对应力分布的影响。

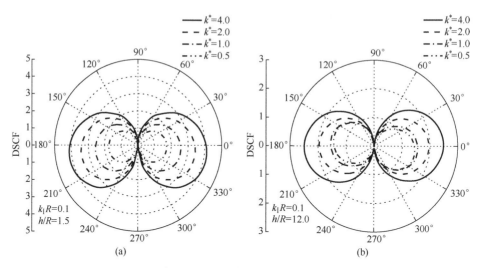

图 6.37 双相弹性材料时的结果

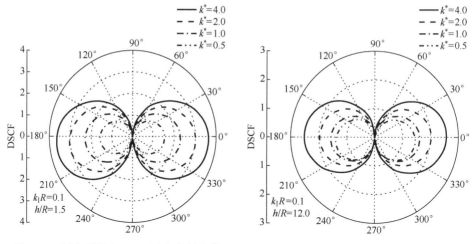

图 6.38 压电材料中 DSCF 随密度的变化　　图 6.39 压电材料中 DSCF 随密度的变化

（3）图 6.40 给出了波垂直入射时，在 $k_1R=1.0$，$h/R=1.5$，$A/R=1.0$，$\lambda_I=\lambda_{II}=1.0$ 情况下，圆孔周边的动应力集中系数随 k^* 的变化。图 6.41 给出了其他条件相同而 $h/R=12.0$ 情况下的变化图。从两幅图中可以看到，k^* 的变化很大程度改变了圆孔周边的应力分布，动应力集中系数的值随 k^* 的增加不再规律性变化，其取得最大值的点也不再是 $\theta=0,\pi$ 两点。

（4）图 6.42 给出了波垂直入射时，在 $k_1R=2.0$，$h/R=1.5$，$A/R=1.0$，$\lambda_I=\lambda_{II}=1.0$ 情况下，圆孔周边的动应力集中系数随 k^* 的变化。图 6.43 给出

了其他条件相同而 $h/R=12.0$ 情况下的变化图。从两幅图中可以看到，k^* 的增大使圆孔周边动应力集中系数的最大值也相应变大，同等情况下的动应力集中系数的最大值在 $h/R=1.5$ 时要比 $h/R=12.0$ 大，这是界面裂纹的影响。当 $h/R=12.0$ 时圆孔周边的应力分布与不含界面裂纹情况几乎相同，这说明当圆孔与裂纹间的距离达到一定程度时二者间的相互作用可以忽略。

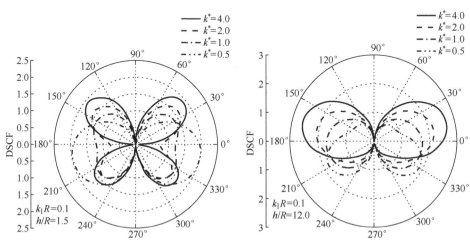

图 6.40　压电材料中 DSCF 随密度的变化　　　图 6.41　压电材料中 DSCF 随密度的变化

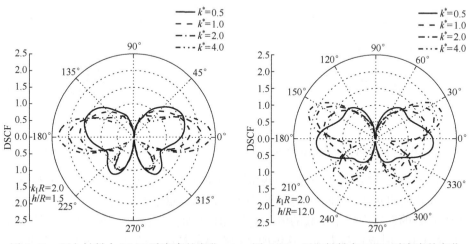

图 6.42　压电材料中 DSCF 随密度的变化　　　图 6.43　压电材料中 DSCF 随密度的变化

(5) 图 6.44~图 6.46 给出了波垂直入射时，在 $A/R=1.0$，$\lambda_{\mathrm{I}}=0.2$，$\lambda_{\mathrm{II}}=1.0$ 情况下，圆孔周边的动应力集中系数在无量纲波数 $k_1 R$ 取不同值时随 h/R 的变化。从图中可见，h/R 的变化改变了圆孔周边的应力分布，与 $h/R=12.0$

曲线的最大值相比，其他曲线的最大值有的大于也有的小于其值，这说明界面裂纹的存在不总是增加圆孔处的应力集中，当适当选取参数时它反而可以降低结构破坏的可能性。

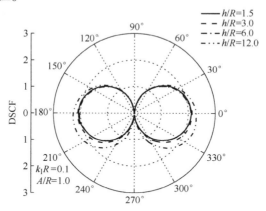

图 6.44 DSCF 随压电常数 λ_I 的变化

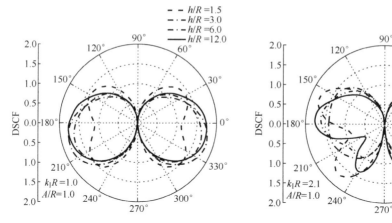

图 6.45 DSCF 随 h/R 比值的变化　　　　图 6.46 DSCF 随 h/R 比值的变化

（6）图 6.47 给出了波垂直入射时，在 $h/R=1.5$，$\lambda_\mathrm{I}=0.2$，$\lambda_\mathrm{II}=1.0$ 情况下，圆孔周边 $\theta=0$ 点处的动应力集中系数值随无量纲波数 k_1R 和 A/R 的变化，$\theta=0$ 点处的动应力集中系数的值随 k_1R 的增大而振荡衰减，各曲线均在低频段（$k_1R<1.0$）时取得最大值，这说明结构在低频情况下的动力学分析非常重要。图 6.48 给出了波垂直入射时，在 $A/R=1.0$，$\lambda_\mathrm{I}=0.2$，$\lambda_\mathrm{II}=1.0$ 情况下，圆孔周边 $\theta=0°$ 点处的动应力集中系数值随无量纲波数 k_1R 和 h/R 的变化。从图可见，随无量纲波数的增大动应力集中系数的值振荡衰减，且其取得峰值的最小距离随 h/R 的增大而减小。

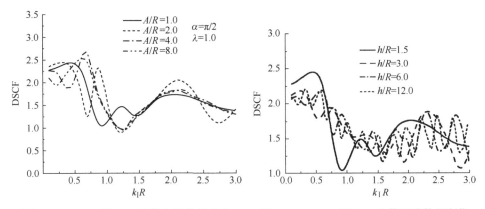

图 6.47 DSCF 随 A/R 比值和波数的变化　　图 6.48 DSCF 随 h/R 比值和波数的变化

(7) 图 6.49 给出了结构退化到双相弹性材料时裂纹尖端的动应力强度因子计算结果图,将其与已有参考文献 [10] 相比发现,结果基本吻合。图 6.50 给出了波垂直入射时在 $A/R=1.0$, $h/R=1.5$, $\lambda_{II}=1.0$ 情况下,裂纹尖端点的动应力强度因子随无量纲波数 $k_1 R$ 和 λ_I 的变化。可以看到,各条曲线均在 $k_1 R=1.15\sim1.25$ 之间取得最大值。在 $k_1 R \leqslant 1.2$ 左右时,动应力强度因子随 λ_I 的增大而增大,当 $k_1 R>1.2$ 左右时,趋势刚好相反。

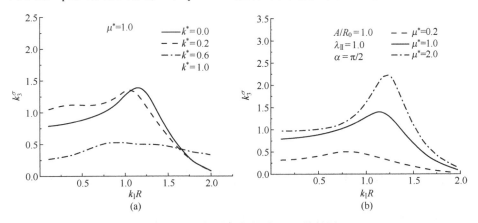

图 6.49 双相弹性材料时 DSIF 的结果

(8) 图 6.51 给出了波垂直入射时,在 $h/R=1.5$, $\lambda_I=0.5$, $\lambda_{II}=1.0$ 情况下,裂纹尖端的动应力强度因子随无量纲波数 $k_1 R$ 和 A/R 的变化。图中显示,随着 A/R 值的增大,动应力强度因子各曲线出现最大峰值的波数逐渐减小。当 $A/R=2.0$ 时其动应力强度因子的最大峰值比其他情况下都大,说明此种情况下圆孔与裂纹之间的相互作用影响比较明显。

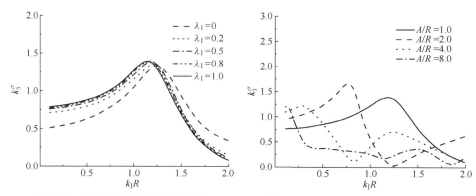

图 6.50　DSIF 随波数和 λ_I 的变化　　图 6.51　DSIF 随波数和 A/R 的变化

(9) 图 6.52 给出了波垂直入射时，在 $A/R=1.0$，$\lambda_\mathrm{I}=0.5$，$\lambda_\mathrm{II}=1.0$ 情况下，裂纹尖端的动应力强度因子随无量纲波数 $k_\mathrm{I}R$ 和 h/R 的变化。图中表明，随着 h/R 的增加，动应力强度因子各曲线出现峰值的频率加快。$h/R=1.5$ 时的曲线最大峰值比其他情况下的最大峰值要大，这应该是圆孔影响的结果。

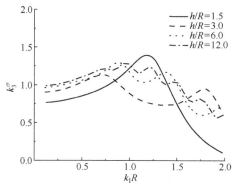

图 6.52　DSIF 随波数和 h/R 的变化

6.4　双相压电介质内含界面圆孔的反平面动力学研究

缺陷广泛存在于天然介质和工程材料及结构中，如地下岩层、层合板、复合材料、各种焊接和黏接的结构等。同时，由于自然界处于永恒的变化中，人工材料及结构要经过生产、加工和使用等过程，所以难以避免地要产生各种各样的缺陷，而且这些缺陷经常位于介质或结构中材料性质变化剧烈的区域，即界面区域。

随着压电材料在智能材料中的广泛应用，界面问题已成为学者们倍加关注的问题。在已经发表的诸多关于界面动力学的研究成果中，界面缺陷几乎都是以裂纹（直线形或圆弧形）的形式出现的，有关其他形式的界面缺陷的动力

第6章 双相压电介质内含缺陷的反平面动力学研究

分析极少出现。一方面，固然是因为裂纹缺陷的动应力集中程度较为严重，容易导致材料破坏或结构失效，研究者给予了较多的重视；另一方面，我们不能不看到，有效的研究方法的匮乏是导致关于各种形式的界面缺陷的动力分析的文献极少出现的主要原因，即使对于典型的界面圆孔缺陷的散射问题的研究成果也难以见到。

本节将利用格林函数方法研究界面圆孔对 SH 波的散射问题。在求得含半圆形缺口的压电弹性介质半空间的线源问题基本解的基础上，从无缺陷的双材料界面波动问题和均匀介质中圆孔对 SH 波散射问题的已有解答出发，将界面圆孔对 SH 波的散射问题视为"契合"问题，即将其模型剖分为两个带半圆形缺口的压电弹性介质半空间，分别在剖分面上加置维持界面连续的、未知的出平面荷载，并利用格林函数写出界面位移的连续性条件，建立决定待解外力系的积分方程组，从而对其进行计算求解。求得界面附加外力系后，进一步研究孔边动应力集中系数问题。

6.4.1 此问题的格林函数

本节将对界面缺陷进行动力分析，在该问题的研究中，其最为简单的理论模型就是 SH 波的问题。寻求界面圆孔对 SH 波散射问题的解答，不但为研究界面缺陷增添一个新的模型，而且可为弹性波的研究增添一个新方法，也会为深入研究这类复杂问题开拓一些新思路。用格林函数方法研究这类问题，首要任务就是要构造含有表面缺陷的半空间问题的格林函数。

本节所采用的格林函数是一个具有半圆缺口的弹性半空间在其水平表面上任意一点承受时间谐和的出平面线源荷载作用时位移函数的基本解。半圆缺口的半径为 R_0，一个出平面线源荷载 δ 作用于半空间水平表面上任意一点(r_0, θ_0)，线源荷载沿 z 轴为无限长，其正方向与 z 轴正方向相同（按右手坐标系法则）。具有半圆形缺口的弹性半空间由于受线源荷载的作用而在其体内任意一点(r, θ)产生出平面位移场。位移场关于时间是协调的，设位移函数 G_w 与时间的依赖关系为 $\exp(i\omega t)$，则位移函数满足控制方程：

$$\frac{\partial^2 G_w}{\partial x^2}+\frac{\partial^2 G_w}{\partial y^2}+k^2 G_w=0 \tag{6-118}$$

在平面极坐标下为

$$\frac{\partial^2 G_w}{\partial r^2}+\frac{1}{r}\frac{\partial G_w}{\partial r}+\frac{1}{r^2}\frac{\partial^2 G_w}{\partial \theta^2}+k^2 G_w=0 \tag{6-119}$$

式中，k 为波数，且 $k^2=\dfrac{\rho\omega^2}{c^*}$，$c^*=c_{44}+\dfrac{e_{15}^2}{k_{11}}$ 为压电介质中的剪切波速；c_{44}、e_{15}、

k_{11} 分别为压电材料的弹性常数、压电系数和介电常数。

边界条件表述为

$$\begin{cases} \tau_{rZ}=0, & \text{在 } r=R \text{ 处} \\ \tau_{\theta Z}=\delta(\boldsymbol{r}-\boldsymbol{r}_0), & \text{在 } \theta=0,\pi \text{ 处} \end{cases} \quad (6-120)$$

在式（6-120）所给出的边界条件约束下，满足控制方程（6-118）的基本解 G_w 由两部分组成，即水平面线源荷载的扰动和半圆形缺口的散射，对于前一项其解已知，即为完整半空间问题的基本解[11]：

$$G_w^{(i)} = \frac{\mathrm{i}}{2c_{44}(1+\lambda)} H_0^{(1)}(k|\boldsymbol{r}-\boldsymbol{r}_0|)\mathrm{e}^{-\mathrm{i}\omega t} \quad (6-121)$$

式中，$H_0^{(1)}(*)$ 为零阶的第一类汉克尔函数；$\lambda = \dfrac{e_{15}^2}{c_{44}k_{11}}$ 为无量纲的压电常数，代表压电材料的综合物理参数。

利用汉克尔函数的加法公式，在忽略时间因子的情况下可将式（6-121）写成：

$$G_w = \frac{\mathrm{i}\cdot\left(P+\dfrac{e_{15}}{k_{11}}Q\right)}{2c_{44}(1+\lambda)^2}\sum_{m=0}^{\infty}\varepsilon_m\cos[m(\theta-\theta_0)]\begin{cases} J_m(kr_0)H_m^{(1)}(kr), & r\geqslant r_0 \\ J_m(kr)H_m^{(1)}(kr_0), & r<r_0 \end{cases}$$

$$(6-122)$$

式中，当 $m=0$ 时，$\varepsilon_m=1$；当 $m\geqslant 1$ 时，$\varepsilon_m=2$；r_0、θ_0 和 r、θ 分别代表源点和像点的极径和极角。

对于后一项，考虑其应满足边界条件中水平表面应力自由条件，可将其写成[12]：

$$G_w^{(s)} = \frac{\mathrm{i}}{2c_{44}(1+\lambda)}\sum_{m=0}^{\infty} A_m H_m^{(1)}(kr)\cos[m(\theta-\theta_0)] \quad (6-123)$$

式中，A_m 为待定常数。

则问题的总位移格林函数可写成：

$$\begin{aligned} G_w &= G_w^{(i)} + G_w^{(s)} \\ &= \frac{\mathrm{i}}{2c_{44}(1+\lambda)}\sum_{m=0}^{\infty}\varepsilon_m\cos(m\theta)\cdot\cos(m\theta_0)\begin{cases} J_m(kr_0)H_m^{(1)}(kr), & r\geqslant r_0 \\ J_m(kr)H_m^{(1)}(kr_0), & r<r_0 \end{cases} \\ &\quad + \frac{\mathrm{i}}{2c_{44}(1+\lambda)}\sum_{m=0}^{\infty} A_m H_m^{(1)}(kr)\cos[m(\theta-\theta_0)] \end{aligned} \quad (6-124)$$

本节所采用的电场格林函数 G，应满足的控制方程为

$$\begin{cases} \nabla^2 f = 0 \\ G_\phi = \dfrac{e_{15}}{k_{11}}(G_w + f) \end{cases} \qquad (6\text{-}125)$$

边界条件表述为

$$\begin{cases} \tau_{\theta z} = 0, \theta = 0, \pi \\ D_\theta = 0, \theta = 0, \pi \\ \tau_{rz} = 0, r = R_0 \\ D_r = D_r^{\mathrm{I}}, r = R_0 \\ \phi = \phi^{\mathrm{I}}, r = R_0 \end{cases} \qquad (6\text{-}126)$$

式中，D_r^{I} 中的上标 "I" 表示凹陷内部的电场，其解将在后面给出。

控制方程中的项 f 表示半圆凹陷散射产生的电位势和半空间界面上的感应电荷产生的电位势，其解满足拉普拉斯方程，即

$$\nabla^2 f = 0$$

可将其写为

$$f = \frac{\mathrm{i}}{2c_{44}(1+\lambda)} \sum_{m=0}^{\infty} B_m (kr)^{-m} \cos(m\theta) \qquad (6\text{-}127)$$

式中，B_m 为待定常数。

则电场格林函数

$$G_\phi = \frac{e_{15}}{k_{11}}(G_w + f)$$

$$= \frac{e_{15}\mathrm{i}}{2k_{11}c_{44}(1+\lambda)} \sum_{m=0}^{\infty} \varepsilon_m \cos(m\theta)\cos(m\theta_0) \begin{cases} J_m(kr_0) H_m^{(1)}(kr) \\ J_m(kr) H_m^{(1)}(kr_0) \end{cases}$$

$$+ \frac{e_{15}\mathrm{i}}{2k_{11}c_{44}(1+\lambda)} \left[\sum_{m=0}^{\infty} A_m H_m^{(1)}(kr) \cos[m(\theta-\theta_0)] + \sum_{m=0}^{\infty} B_m (kr)^{-m} \cos(m\theta) \right]$$

$$(6\text{-}128)$$

凹陷内部空气的电场 ϕ^{I} 同样满足拉普拉斯方程，即

$$\nabla^2 \phi^{\mathrm{I}} = 0$$

可将其写为

$$\phi^{\mathrm{I}} = \frac{e_{15}\mathrm{i}}{2c_{44}k_{11}(1+\lambda)} \sum_{m=0}^{\infty} C_m (kr)^m \cos(m\theta) \quad (r < R_0) \qquad (6\text{-}129)$$

式中，C_m 为待定常数。将式（6-124）、式（6-128）和式（6-129）代入本构关系式（2-69），可分别得到 $\tau_{\theta z}$、D_θ、τ_{rz}、D_r 的表达式，D_r^{I} 的表达式同样可

以得到（半圆形凹陷内部的位移场），则 $D_r^I = -k_0 \dfrac{\partial \phi^I}{\partial r}$（$k_0$ 为真空中的介电常数）。根据边界条件式（6-126），可求出各待定常数如下：

$$\begin{cases} A_0 = -\dfrac{J_0'(kR_0)H_0^{(1)}(kr_0)}{H_0'^{(1)}(kR_0)} \\ B_0 = 0 \\ C_0 = \left[J_0(kR_0) - \dfrac{J_0'(kR_0)}{H_0'^{(1)}(kR_0)}H_0^{(1)}(kR_0)\right]H_0^{(1)}(kr_0) \\ A_m = \dfrac{m\lambda B_m}{(1+\lambda)(kR_0)^{m+1}H_m'^{(1)}(kR_0)} - \dfrac{\varepsilon_m J_m'(kR_0)H_m^{(1)}(kr_0)}{H_m'^{(1)}(kR_0)} \\ B_m = \dfrac{(kR_0)^{m+1}\varepsilon_m H_m^{(1)}(kr_0)\left[J_m'(kR_0)H_m^{(1)}(kR_0) - J_m(kR_0)H_m'^{(1)}(kR_0)\right]}{\left(1+\dfrac{k_{11}}{k_0}\right)kR_0 H_m'^{(1)}(kR_0) + \dfrac{\lambda}{1+\lambda}mH_m^{(1)}(kR_0)} \\ C_m = -\dfrac{k_{11}}{k_0}\dfrac{B_m}{(kR_0)^{2m}} \quad (m \geq 1) \end{cases}$$

(6-130)

式中，$\lambda = \dfrac{e_{15}^2}{c_{44}k_{11}}$ 是一个无量纲压电参数，代表压电材料的基本特征。

由此下半空间的位移格林函数 G_w 和电场格林函数 G_ϕ 已经求出；对于上半空间中的相应格林函数，其表达式与下半空间类似，只是将其中涉及的 c_{44}、k_{11}、e_{15}、ρ 四个参数换成上半空间的参数 c_{44}^B、k_{11}^B、e_{15}^B、ρ^B 即可。

6.4.2 稳态 SH 波的入射、反射、折射和散射

界面圆孔对 SH 波的散射问题的求解，是从研究无孔的双压电材料界面波动问题和均匀介质中圆孔对 SH 波的散射问题出发的。为以下行文方便，有必要先介绍 SH 波入射到两个相连的半空间引起的反射和折射，以及均匀的无限大介质中圆柱状孔洞对 SH 波的散射，并给出波场的适宜表达式。

6.4.2.1 稳态 SH 波入射到两个相连的半空间

首先考虑由两个互连的具有不同材料常数（$c_{44}^A, k_{11}^A, e_{15}^A, \rho^A; c_{44}^B, k_{11}^B, e_{15}^B, \rho^B$）的完整半空间 I、II 构成的全空间中稳态 SH 波的入射问题，如图 6.53 所示略去时间因子后，入射波 $w^{(i)}$ 的表达式可写为

$$w^{(i)} = w_0 \sum_{n=0}^{\infty} \varepsilon_n i^n \cos[n(\theta - \alpha)] J_n(k_1 r) \quad (6\text{-}131)$$

第6章 双相压电介质内含缺陷的反平面动力学研究

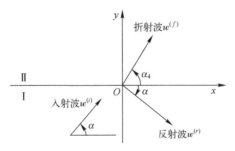

图 6.53 SH 波入射于两个相连的半空间

反射波的表达式可写为

$$w^{(r)} = w_2 \sum_{n=0}^{\infty} \varepsilon_n i^n \cos[n(\theta+\alpha)] J_n(k_1 r) \quad (6-132)$$

折射波的表达式可写为

$$w^{(f)} = w_4 \sum_{n=0}^{\infty} \varepsilon_n i^n \cos[n(\theta-\alpha_4)] J_n(k_2 r) \quad (6-133)$$

其相应的电场中电位势可写为

$$\phi^{(i)} = \frac{e_{15}^A}{k_{11}^A} w^{(i)}, \quad \phi^{(r)} = \frac{e_{15}^A}{k_{11}^A}(w^{(r)}+C_1), \quad \phi^{(f)} = \frac{e_{15}^B}{k_{11}^B}(w^{(f)}+C_2) \quad (6-134)$$

式中,w_0、w_2、w_4、C_1、C_2 为已知的常数。

并且已知:

$$k_1 = \frac{\omega}{c_1}, \quad c_1 = \sqrt{c_{44}^A(1+\lambda^A)/\rho^A}$$

$$k_2 = \frac{\omega}{c_2}, \quad c_2 = \sqrt{c_{44}^B(1+\lambda^B)/\rho^B}$$

$$w_2 = w_0[\sin\alpha - (c^{B*}/c^{A*})(c^A/c^B)\sin\alpha_4]/[\sin\alpha + (c^{B*}/c^{A*})(c^A/c^B)\sin\alpha_4]$$

$$w_4 = 2w_0 \sin\alpha/[\sin\alpha + (c^{B*}/c^{A*})(c^A/c^B)\sin\alpha_4]$$

根据界面电场连续性条件:

$$\phi^{(i)} + \phi^{(r)} = \phi^{(f)}, \quad \theta = 0, \pi$$

可以得出 C_1、C_2 的关系:

$$C_1 = \frac{e_{15}^B k_{11}^A}{k_{11}^B e_{15}^A} C_2 + \frac{e_{15}^B k_{11}^A}{k_{11}^B e_{15}^A} w_4 \sum_{n=0}^{\infty} \varepsilon_n i^n \cos n(\theta-\alpha_4) J_n(k_2 r)$$

$$- w_0 \sum_{n=0}^{\infty} \varepsilon_n i^n \cos[n(\theta-\alpha)] J_n(k_1 r) - w_2 \sum_{n=0}^{\infty} \varepsilon_n i^n \cos[n(\theta+\alpha)] J_n(k_1 r)$$

6.4.2.2 稳态 SH 波对圆柱状孔洞的散射

现把上述 $w^{(i)}$、$w^{(r)}$、$\phi^{(i)}$、$\phi^{(r)}$ 分别作为入射波作用于含圆孔的全空间介质

I 中，把 $w^{(f)}$、$\phi^{(f)}$ 作为入射波作用于含圆孔介质 II 中，如图 6.54 所示[6]。

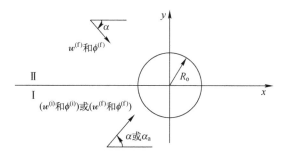

图 6.54 SH 波入射于含圆孔的无限大均匀介质

对于 $w^{(i)}$、$\phi^{(i)}$，其散射波场可以写为

$$w^{(is)} = \sum_{n=0}^{\infty} A_n^{(is)} H_n^{(1)}(k_1 r) \cos[n(\theta - \alpha)]$$

$$\phi^{(is)} = \Big[\sum_{n=0}^{\infty} B_n^{(is)} \cos[n(\theta - \alpha)] + w^{(is)} \Big] \frac{e_{15}^A}{k_{11}^A}$$

(6-135)

式中，$A_n^{(is)}$、$B_n^{(is)}$ 为待定常数，可通过圆孔周边的边界条件求得。

边界条件为

$$\begin{cases} \tau_{rz} = 0 \\ D_r = D_r^I, \quad r = R_0 \\ \phi = \phi^I \end{cases}$$

(6-136)

式中，

$$\tau_{rz} = c_{44}^A \frac{\partial w^{(t)}}{\partial r} + e_{15}^A \frac{\partial \phi^{(t)}}{\partial r}, D_r = e_{15}^A \frac{\partial w^{(t)}}{\partial r} - k_{11}^A \frac{\partial \phi^{(t)}}{\partial r}$$

$$\phi = \phi^{(i)} + \phi^{(is)}, \phi^I = \Big\{ \sum_{n=0}^{\infty} C_n (k_1 r)^n \cos[n(\theta - \alpha)] \Big\} \frac{e_{15}^A}{k_{11}^A}$$

(6-137)

将式（6-135）和式（6-137）代入式（6-136），即可求得未知系数 $A_n^{(is)}$、$B_n^{(is)}$、$C_n^{(is)}$：

$$\begin{cases} A_n^{(is)} = \dfrac{n\lambda^A B_n^{(is)}}{(1+\lambda^A)(k_1 R_0) H_n^{\prime(1)}(k_1 R_0)} - \dfrac{w_0 \varepsilon_n i^n J_n'(k_1 R_0)}{H_n^{\prime(1)}(k_0 R_0)} \\ B_n^{(is)} = \dfrac{w_0 (k_1 R_0)^{n-1} \varepsilon_n i^n S_n}{\left(1+\dfrac{k_{11}^A}{k_0}\right) k_1 R_0 H_n^{(1)}(k_1 R_0) + \dfrac{\lambda^A}{1+\lambda^A} n H_n^{(1)}(k_1 R_0)} \\ C_n^{(is)} = -\dfrac{k_{11}^A}{k_0} B_n^{(is)} (k_1 R_0)^{-2n} \end{cases}$$

(6-138)

第6章 双相压电介质内含缺陷的反平面动力学研究

对于 $w^{(r)}$、$\phi^{(r)}$ 而言，可有

$$\begin{cases} w^{(rs)} = A_n^{(rs)} H_n^{(1)}(k_1 r) \cos \sum n(\theta + \alpha) \\ \phi^{(rs)} = \left\{ \sum_{n=0}^{\infty} B_n^{(rs)} \cos[n(\theta + \alpha)](k_1 r)^{-n} + w^{(rs)} \right\} \dfrac{e_{15}^A}{k_{11}^A} \end{cases} \quad (6\text{-}139)$$

此时

$$\phi^{\mathrm{I}} = \left\{ \sum_{n=0}^{\infty} C_n^{(rs)} (k_1 r)^n \cos[n(\theta + \alpha)] \right\} \dfrac{e_{15}^A}{k_{11}^A} \quad (6\text{-}140)$$

同上可求得未知系数 $A_n^{(rs)}$、$B_n^{(rs)}$、$C_n^{(rs)}$：

$$\begin{cases} A_n^{(rs)} = \dfrac{n \lambda^A B_n^{(rs)}}{(1+\lambda^A)(k_1 R_0)^{(n+1)} H_n^{(1)}(k_1 R_0)} - \dfrac{w_2 \varepsilon_n \mathrm{i}^n J_n'(k_1 R_0)}{H_n^{(1)}(k_0 R_0)} \\ B_n^{(rs)} = \dfrac{w_2 (k_1 R_0)^{n-1} \varepsilon_n \mathrm{i}^n S_n + C_1 (k_1 R_0)^{(n+1)} H_n^{(1)}(k_1 R_0)}{\left(1+\dfrac{k_{11}^A}{k_0}\right) k_1 R_0 H_n^{(1)}(k_1 R_0) + \dfrac{\lambda^A}{1+\lambda^A} n H_n^{(1)}(k_1 R_0)} \\ C_n^{(rs)} = -\dfrac{k_{11}^A}{k_0} B_n^{(rs)} (k_1 R_0)^{-2n} \end{cases} \quad (6\text{-}141)$$

对于 $w^{(f)}$、$\phi^{(f)}$ 而言，可有

$$\begin{cases} w^{(fs)} = \sum_{n=0}^{\infty} A_n^{(fs)} H_n^{(1)}(k_2 r) \cos[n(\theta - \alpha_4)] \\ \phi^{(fs)} = \left\{ \sum_{n=0}^{\infty} B_n^{(fs)} \cos[n(\theta - \alpha_4)](k_2 r)^{-n} + w^{(fs)} \right\} \dfrac{e_{15}^B}{k_{11}^B} \end{cases} \quad (6\text{-}142)$$

此时

$$\phi^{\mathrm{I}} = \left\{ \sum_{n=0}^{\infty} C_n^{(fs)} (k_2 r)^n \cos[n(\theta - \alpha_4)] \right\} \dfrac{e_{15}^B}{k_{11}^B} \quad (6\text{-}143)$$

同上可求得未知系数 $A_n^{(fs)}$、$B_n^{(fs)}$、$C_n^{(fs)}$：

$$\begin{cases} A_n^{(fs)} = \dfrac{n \lambda^B B_n^{(fs)}}{(1+\lambda^B)(k_2 R_0)^{(n+1)} H_n^{(1)}(k_2 R_0)} - \dfrac{w_4 \varepsilon_n \mathrm{i}^n J_n'(k_2 R_0)}{H_n^{(1)}(k_0 R_0)} \\ B_n^{(fs)} = \dfrac{w_4 (k_2 R_0)^{n-1} \varepsilon_n \mathrm{i}^n R_n + C_2 (k_2 R_0)^{(n+1)} H_n^{(1)}(k_2 R_0)}{\left(1+\dfrac{k_{11}^B}{k_0}\right) k_2 R_0 H_n^{(1)}(k_2 R_0) + \dfrac{\lambda^B}{1+\lambda^B} n H_n^{(1)}(k_2 R_0)} \\ C_n^{(fs)} = -\dfrac{k_{11}^B}{k_0} B_n^{(fs)} (k_2 R_0)^{-2n} \end{cases} \quad (6\text{-}144)$$

式中，

$$S_n = J'_n(k_1 R_0) H_n^{(1)}(k_1 R_0) - J_n(k_1 R_0) H_n^{(1)}(k_1 R_0)$$
$$R_n = J'_n(k_2 R_0) H_n^{(1)}(k_2 R_0) - J_n(k_2 R_0) H_n^{(1)}(k_2 R_0)$$

利用本构关系式(2-69)可写出 $\tau_{\theta z}^{(i)}, \tau_{\theta z}^{(r)}, \tau_{\theta z}^{(f)}, \tau_{\theta z}^{(is)}, \tau_{\theta z}^{(rs)}, \tau_{\theta z}^{(fs)}; D_\theta^{(i)}, D_\theta^{(r)}, D_\theta^{(f)}, D_\theta^{(is)}, D_\theta^{(rs)}, D_\theta^{(fs)}$:

$$\begin{cases}
\tau_{\theta z}^{(i)} = \left(c_{44}^A + \dfrac{(e_{15}^A)^2}{k_{11}^A}\right) \dfrac{1}{r} w_0 \sum_{n=1}^{\infty} 2\mathrm{i}^n (-n) \sin[n(\theta-\alpha)] J_n(k_1 r) \\[2mm]
\tau_{\theta z}^{(r)} = \left(c_{44}^A + \dfrac{(e_{15}^A)^2}{k_{11}^A}\right) \dfrac{1}{r} w_2 \sum_{n=1}^{\infty} 2\mathrm{i}^n (-n) \sin[n(\theta+\alpha)] J_n(k_1 r) \\[2mm]
\tau_{\theta z}^{(f)} = \left(c_{44}^B + \dfrac{(e_{15}^B)^2}{k_{11}^B}\right) \dfrac{1}{r} w_4 \sum_{n=1}^{\infty} 2\mathrm{i}^n (-n) \sin[n(\theta-\alpha_4)] J_n(k_2 r) \\[2mm]
\tau_{\theta z}^{(is)} = \left(c_{44}^A + \dfrac{(e_{15}^A)^2}{k_{11}^A}\right) \dfrac{1}{r} \sum_{n=1}^{\infty} A_n^{(is)} H_n^{(1)}(k_1 r)(-n) \sin[n(\theta-\alpha)] \\[2mm]
\qquad + \dfrac{(e_{15}^A)^2}{k_{11}^A r} \sum_{n=1}^{\infty} B_n^{(is)} (k_1 r)^{-n} \sin[n(\theta-\alpha)] \\[2mm]
\tau_{\theta z}^{(rs)} = \left(c_{44}^A + \dfrac{(e_{15}^A)^2}{k_{11}^A}\right) \dfrac{1}{r} \sum_{n=1}^{\infty} A_n^{(rs)} H_n^{(1)}(k_1 r)(-n) \sin[n(\theta+\alpha)] \\[2mm]
\qquad + \dfrac{(e_{15}^A)^2}{k_{11}^A r} \sum_{n=1}^{\infty} B_n^{(rs)} (k_1 r)^{-n} \sin[n(\theta+\alpha)] \\[2mm]
\tau_{\theta z}^{(fs)} = \left(c_{44}^B + \dfrac{(e_{15}^B)^2}{k_{11}^B}\right) \dfrac{1}{r} \sum_{n=1}^{\infty} A_n^{(fs)} H_n^{(1)}(k_2 r)(-n) \sin[n(\theta-\alpha_4)] \\[2mm]
\qquad + \dfrac{(e_{15}^B)^2}{k_{11}^B r} \sum_{n=1}^{\infty} B_n^{(fs)} (k_2 r)^{-n} \sin[n(\theta-\alpha_4)] \\[2mm]
D_\theta^{(i)} = 0 \\
D_\theta^{(r)} = 0 \\
D_\theta^{(f)} = 0 \\
D_\theta^{(is)} = -\dfrac{e_{15}^A}{r} \sum_{n=1}^{\infty} B_n^{(is)} (k_1 r)^{-n}(-n) \sin[n(\theta-\alpha)] \\[2mm]
\begin{cases} D_\theta^{(rs)} = -\dfrac{e_{15}^A}{r} \sum_{n=1}^{\infty} B_n^{(rs)} (k_1 r)^{-n}(-n) \sin[n(\theta+\alpha)] \\[2mm]
D_\theta^{(fs)} = -\dfrac{e_{15}^B}{r} \sum_{n=1}^{\infty} B_n^{(fs)} (k_2 r)^{-n}(-n) \sin[n(\theta-\alpha_4)] \end{cases}
\end{cases} \quad (6-145)$$

6.4.3 界面圆孔对稳态 SH 波的散射

6.4.3.1 定解方程

根据已经得到的格林函数、入射波、反射波、折射波以及这三种波对圆孔产生的散射波，可以按"契合"的方式得到含界面圆孔的双相材料结构对 SH 波散射的定解积分方程。首先把入射波 $w^{(i)}$ 和反射波 $w^{(r)}$ 作用的含圆孔的全空间介质 I 沿 x 轴剖开，在剖面 $\theta=0, \pi$ 包含位移 $w^{(t1)}$、电位势 $\phi^{(t1)}$、应力 $\tau_{\theta z}^{(t1)}$ 和电位移 $D_{\theta z}^{(t1)}$，如图 6.55 所示。

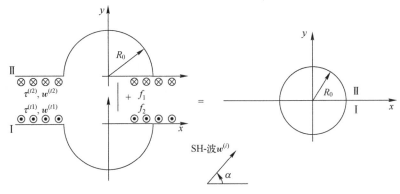

图 6.55 形成双相材料体

$$w^{(t1)} = w^{(i)} + w^{(is)} + w^{(r)} + w^{(rs)}$$
$$= \sum_{n=0}^{\infty} \varepsilon_n i^n J_n(k_1 r) \{w_0 \cos[n(\theta-\alpha)] + w_2 \cos[n(\theta+\alpha)]\}$$
$$+ \sum_{n=0}^{\infty} A_n^{(is)} H_n^{(1)}(k_1 r) \cos[n(\theta-\alpha)] + \sum_{n=0}^{\infty} A_n^{(rs)} J_n(k_1 r) \cos[n(\theta+\alpha)]$$

(6-146)

$$\phi^{(t1)} = \phi^{(i)} + \phi^{(is)} + \phi^{(r)} + \phi^{(rs)}$$
$$= \frac{e_{15}^A}{k_{11}^A} \sum_{n=0}^{\infty} \varepsilon_n i^n J_n(k_1 r) \{w_0 \cos[n(\theta-\alpha)] + w_2 \cos[n(\theta+\alpha)]\}$$
$$+ \frac{e_{15}^A}{k_{11}^A} \sum_{n=0}^{\infty} (k_1 r)^{-n} \{B_n^{(is)} \cos[n(\theta-\alpha)] + B_n^{(rs)} \cos[n(\theta+\alpha)]\}$$
$$+ \frac{e_{15}^A}{k_{11}^A} \sum_{n=0}^{\infty} H_n^{(1)}(k_1 r) \{A_n^{(is)} \cos[n(\theta-\alpha)] + A_n^{(rs)} \cos[n(\theta+\alpha)]\} + \frac{e_{15}^A}{k_{11}^A} c_1$$

(6-147)

$$\tau_{\theta z}^{(t1)} = \tau_{\theta z}^{(i)} + \tau_{\theta z}^{(is)} + \tau_{\theta z}^{(r)} + \tau_{\theta z}^{(rs)}$$

$$= c_{44}^A (1 + \lambda^A) \frac{1}{r} \sum_{n=1}^{\infty} \varepsilon_n i^n (-n) J_n(k_1 r) \{w_0 \sin[n(\theta - \alpha)] + w_2 \sin[n(\theta + \alpha)]\}$$

$$+ c_{44}^A (1 + \lambda^A) \frac{1}{r} \sum_{n=1}^{\infty} A_n^{(is)} (-n) H_n^{(1)}(k_1 r) \{\sin[n(\theta - \alpha)] + \sin[n(\theta + \alpha)]\}$$

$$+ c_{44}^A \lambda^A \frac{1}{r} \sum_{n=1}^{\infty} (-n)(k_1 r)^{-n} \{B_n^{(is)} \sin[n(\theta - \alpha)] + B_n^{(rs)} \sin[n(\theta + \alpha)]\}$$

$$(6-148)$$

$$D_{\theta z}^{(t1)} = D_{\theta z}^{(i)} + D_{\theta z}^{(is)} + D_{\theta z}^{(r)} + D_{\theta z}^{(rs)}$$

$$= -\frac{e_{15}^A}{r} \sum_{n=1}^{\infty} (-n)(k_1 r)^{-n} \{B_n^{(is)} \sin[n(\theta - \alpha)] + B_n^{(rs)} \sin[n(\theta + \alpha)]\} \quad (6-149)$$

其次，将折射波 $w^{(f)}$ 作用的含圆孔的全空间介质 II 沿 x 轴剖开，在剖面 $\theta = 0°$，π 包含着位移 $w^{(t2)}$、电位势 $\phi^{(t2)}$、应力 $\tau_{\theta z}^{(t2)}$ 和电位移 $D_{\theta z}^{(t2)}$，见图 6.55。

$$w^{(t2)} = w^{(f)} + w^{(fs)} = \sum_{n=0}^{\infty} [w_4 \varepsilon_n i^n J_n(k_2 r) + A_n^{(fs)} H_n^{(1)}(k_2 r)] \cos[n(\theta - \alpha_4)]$$

$$(6-150)$$

$$\phi^{(t2)} = \phi^{(f)} + \phi^{(fs)}$$

$$= \frac{e_{15}^B}{k_{11}^B} \sum_{n=0}^{\infty} [w_4 \varepsilon_n i^n J_n(k_2 r) + A_n^{(fs)} H_n^{(1)}(k_2 r) + B_n^{(fs)} (k_2 r)^{-n}] \cos[n(\theta - \alpha_4)] + \frac{e_{15}^B}{k_{11}^B} C_2$$

$$(6-151)$$

$$\tau_{\theta z}^{(t2)} = \tau_{\theta z}^{(f)} + \tau_{\theta z}^{(fs)} = c_{44}^B (1 + \lambda^B) \frac{1}{r} \sum_{n=1}^{\infty} (-n) \left[w_4 \varepsilon_n i^n J_n(k_2 r) + A_n^{(fs)} H_n^{(1)}(k_2 r) \right.$$

$$\left. + \frac{\lambda^B}{1 + \lambda^B} B_n^{(fs)} (k_2 r)^{-n} \right] \sin[n(\theta - \alpha_4)] \quad (6-152)$$

$$D_{\theta z}^{(t2)} \& = D_{\theta z}^{(f)} + D_{\theta z}^{(fs)} = -\frac{e_{15}^B}{r} \sum_{n=1}^{\infty} B_n^{(fs)} (k_2 r)(-n) \sin[n(\theta - \alpha_4)] \quad (6-153)$$

式中，系数 $A_n^{(is)}$、$B_n^{(is)}$、$A_n^{(rs)}$、$B_n^{(rs)}$、$A_n^{(fs)}$、$B_n^{(fs)}$ 前面已经求出，常数 C_2 如前面所定义。

最后，将由介质 I 构成的下半空间与介质 II 构成的上半空间"契合"在一起，见图 6.55。并且为了满足剖面 $\theta = 0°$，π 上的连续性条件，在介质 I 的剖面上施加外力系 $f_1(r_0, \theta_0) e^{-i\omega t}$，外电场 $f_3(r_0, \theta_0) e^{-i\omega t}$；在介质 II 的剖面上施加外力系 $f_2(r_0, \theta_0) e^{-i\omega t}$，外电场 $f_4(r_0, \theta_0) e^{-i\omega t}$，它们是待求的未知量。根据"契合"界面上的连续性条件，可得决定未知外力系的定解积分方程组。

界面上的应力连续条件写为

第6章 双相压电介质内含缺陷的反平面动力学研究

$$\tau_{\theta z}^{(t1)}\cos\theta_0+f_1(r_0,\theta_0)=\tau_{\theta z}^{(t2)}\cos\theta_0+f_2(r_0,\theta_0), \quad \theta=0,\pi \quad (6\text{-}154)$$

实际代表两个方程，分别表示位于正 x 轴处的上下界面应力是连续的。界面位移连续性条件也是分段连续形式，可以表示为

$$w^{(t1)}(r,\theta)+w^{(f1)}(r,\theta)=w^{(t2)}(r,\theta)+w^{(f2)}(r,\theta), \quad \theta=0,\pi \quad (6\text{-}155)$$

式中：$w^{(t1)}$ 和 $w^{(t2)}$ 由式 (6-146) 和式 (6-150) 所定义。$w^{(f1)}$ 代表作用于介质Ⅰ剖面的附加外力系 $f_1(r_0,\theta_0)$ 在界面任意一点 (r,θ) 引起的位移场，$w^{(f2)}$ 代表作用于介质Ⅱ剖面的附加外力系 $f_2(r_0,\theta_0)$ 在界面任意一点 (r,θ) 引起的位移场。利用第2章求得的适合本章问题的格林函数，并应用式 (3-5)，可得

$$w^{(f1)}(r,\theta)=\int_{R_0}^{\infty}f_1(r_0,\pi)G_1(r,\theta;r_0,\pi)\mathrm{d}r_0+\int_{R_0}^{\infty}f_1(r_0,0)G_1(r,\theta;r_0,0)\mathrm{d}r_0$$

$$w^{(f2)}(r,\theta)=\int_{R_0}^{\infty}f_2(r_0,\pi)G_2(r,\theta;r_0,\pi)\mathrm{d}r_0+\int_{R_0}^{\infty}f_2(r_0,0)G_2(r,\theta;r_0,0)\mathrm{d}r_0$$

上述公式中位移分量的角度自变量 θ 分别取值 0 和 π，以和式 (6-155) 相对应。G_1 和 G_2 分别为介质Ⅰ、Ⅱ中的格林函数，由式 (6-124) 和式 (6-128) 所定义。并注意在应用时，G_1 和 G_2 之间相差一个负号。

上述界面连续性条件式 (6-154) 和式 (6-155) 中共计包含 4 个未知的连续函数，即 $f_1(r_0,0)$、$f_1(r_0,\pi)$、$f_2(r_0,0)$ 和 $f_2(r_0,\pi)$，而界面连续性条件所包含方程的数目恰好也是 4 个，方程式 (3-69) 和式 (3-70) 构成了问题的定解积分方程组。可以化简上述定解积分方程组，使其中包含作用于介质Ⅰ剖面上的一组未知外力系 f_1，从而得到简化的定解积分方程组。界面应力连续性条件式 (3-69) 可以改写成：

$$f_2(r_0,\theta_0)=f_1(r_0,\theta_0)+(\tau_{\theta z}^{(t1)}-\tau_{\theta z}^{(t2)})\cos\theta_0, \theta_0=0,\pi$$

将其代入位移连续性条件式 (3-70)，并注意到 $\tau_{\theta z}^{(i)}+\tau_{\theta z}^{(r)}=\tau_{\theta z}^{(f)}$，$w^{(i)}+w^{(r)}=w^{(f)}$，则可以得到以界面上位移分段连续性条件为约束，求解未知外力系 $f_1(r_0,\theta_0)$ 的定解积分方程组：

$$\int_{R_0}^{\infty}\{f_1(r_0,\pi)[G_1(r,\pi,r_0,\pi)+G_2(r,\pi,r_0,\pi)]+f_1(r_0,0)[G_1(r,\pi,r_0,0)$$
$$+G_2(r,\pi r,r_0,0)]\}\mathrm{d}r_0$$
$$=[w^{(s)}-w^{(is)}-w^{(s)}]_{\theta=\pi}+\int_{R_0}^{\infty}[\tau_{\theta z}^{(i)}+\tau_{\theta z}^{(r)}-\tau_{\theta z}^{(s)}]_{\theta=\pi}G_2(r,\pi r,r_0,\pi)\mathrm{d}r_0$$
$$-\int_{R_1}^{\infty}[\tau_{\theta z}^{(is)}+\tau_{\theta z}^{(s)}-\tau_{\theta z}^{(f)}]_{\theta=\pi}G_2(r,\pi r,r_0,0)\mathrm{d}r_0 \quad (6\text{-}156)$$

$$\int_{R_1}^{\infty}\{f_1(r_0,\pi)[G_1(r,0;r_0,\pi)+G_2(r,0,r_0,\pi)]+f_1(r_0,0)[G_1(r,0;r_0,0)$$
$$+G_2(r,0;r_0,0)]\}\mathrm{d}r_0$$

$$= \left[w^{(s)} - w^{(is)} - w^{(rs)} \right]_{\theta=0} + \int_{R_2}^{\infty} \left[\tau_{\theta z}^{(is)} + \tau_{\theta z}^{(rs)} - \tau_{\theta z}^{(fs)} \right]_{\theta=0} G_2(r,\pi;r_0,\pi) \mathrm{d}r_0$$

$$- \int_{R_1}^{\infty} \left[\tau_{\theta z}^{(is)} + \tau_{\theta z}^{(rs)} - \tau_{\theta z}^{(fs)} \right]_{\theta=0} G_2(r,\pi;r_0,0) \mathrm{d}r_0 \tag{6-157}$$

其中，被积函数中的应力分量和位移分量在第 2 章中有所定义。

6.4.3.2 定界积分方程的求解

上一小节，由界面应力和位移分段连续性条件得出了问题的定解积分方程组式（6-155），并对其化简得到只含有一组未知函数的积分方程组式（6-156）。若格林函数直接采用式（6-124）以及式（6-127），则上述简化的定解积分方程组属于半无限域含弱奇异性的第一类弗雷德霍姆积分方程组。其奇异性表现为格林函数的像点与源点重合时，被积核函数呈对数奇异性。与待求未知函数相连的被积核函数是格林函数的组合，较为复杂，方程组右端也包含一些难于给出显式表达的积分式，因此在数学的严密性下直接求解积分方程组（6-156）、方程组（6-157）并给出未知函数 f_1 的解析表达式是相当困难的。本节采用数值求解的办法来给出未知函数 f_1 的解。

数值求解该积分方程组的方法是多种多样的。本节采用弱奇异积分方程组直接离散法[16]，结合散射波的衰减特性，把积分方程组转化为线性代数方程组，求解出在一系列离散点上附加外力系 f_1 的值，进而由应力连续条件得到附加外力系 f_2 的计算值。

设有一个形如

$$\int_a^b F(x) g(x,y) \mathrm{d}y = B(x)$$

的积分方程。其中，$F(x)$ 为无奇异性的未知函数，$g(x,y)$ 为被积核函数，满足一定的连续条件，B 是一已知函数。把上述积分方程当作一个正常的积分来对待，采用关于积分的数值求解方法把上述积分在形式上离散为

$$\sum_{i=1}^{N+1} C_i F(y_i) g(x,y_i) \approx B(x)$$

式中，C_i 为数值积分的系数，对于不同的数值求积的法则及不同的求积节点，系数 C_i 是不同的。y_i 表示数值积分的第 i 个节点对应的横坐标值，节点数目为 $n+1$ 个。上述将积分用有限求和近似代替的过程对于任意 $x \in [a,b]$ 都是成立的。令核函数中的 x 依次取 $n+1$ 个不同的节点值，则有

$$\sum_{i=1}^{N+1} C_i F(y_i) g(x_j, y_i) = B(x_j), \quad j = 1, 2, \cdots, N, N+1 \tag{6-158}$$

式（6-158）代表 $(N+1) \times (N+1)$ 的线性代数方程组：

$$\boldsymbol{AF} = \boldsymbol{B}$$

式中，$\boldsymbol{F}$ 和 $\boldsymbol{B}$ 是列向量；$\boldsymbol{A}$ 是系数矩阵，$A_{ij}=C_i g(x_j,y_i)$，$B_j=B(x_j)$，$F_i=F(x_i)$ $i,j=1,2,\cdots,N+1$。由此可解出 $F(x)$，即得到函数 $F(x)$ 在一系列离散节点上的值。

对于本问题中的积分方程组，采用数值积分将其离散。当采用关于求解积分的复合梯形公式时，有

$$\frac{h}{2}\sum_{i=1}^{N}\{F[a+(i-1)h]g[a+jh,a+(i-1)h]+F(a+ih)g[a+jh,a+ih]\}$$
$$=B(a+jh),\quad j=1,2,\cdots,N,N+1$$

式中，积分步长 $h=(b-a)/N$，为相邻节点间的距离。式（3-28）可以写为

$$\sum_{i=0}^{N}\frac{h}{2}\frac{\varepsilon_i\varepsilon_{i-N}}{2}\{F(a+ih)g[a+jh,a+ih]\}=B(a+jh),\quad j=0,1,2,\cdots,N \tag{6-159}$$

式中，$\varepsilon_i\varepsilon_{i-N}/2$ 为控制方程中的系数。

将式（6-159）应用于化简后的定解积分方程组式（6-156），可得

$$\begin{cases}\displaystyle\sum_{i=0}^{N}\frac{\varepsilon_i\varepsilon_{i-N}}{2}\{G_{ijA}f_1(R_0+ih,\pi)+G_{ijB}f_1(R_0+ih,0)\}=\frac{2}{h}B_{jA}\\\displaystyle\sum_{i=0}^{N}\frac{\varepsilon_i\varepsilon_{i-N}}{2}\{G_{ijC}f_1(R_0+ih,\pi)+G_{ijD}f_1(R_0+ih,0)\}=\frac{2}{h}B_{jB}\end{cases},\quad j=0,1,2,\cdots,N \tag{6-160}$$

式中，

$$G_{ijA}=G_1(R_0+jh,\pi;R_0+ih,\pi)+G_2(R_0+jh,\pi;R_0+ih,\pi)$$
$$G_{ijB}=G_1(R_0+jh,\pi;R_0+ih,0)+G_2(R_0+jh,\pi;R_0+ih,0)$$
$$G_{ijC}=G_1(R_0+jh,0;R_0+ih,\pi)+G_2(R_0+jh,0;R_0+ih,\pi)$$
$$G_{ijD}=G_1(R_0+jh,0;R_0+ih,0)+G_2(R_0+jh,0;R_0+ih,0)$$
$$B_{jA}=w^{(ss2)}(R_0+jh,\pi)-w^{(ss)}(R_0+jh,\pi)$$
$$\quad-\int_{R_0}^{S}[\tau_{\theta z}^{(ss1)}(r_0,\pi)-\tau_{\theta z}^{(s2)}(r_0,\pi)]\cos\pi\cdot G_2(R_0+jh,\pi;r_0,\pi)\mathrm{d}r_0$$
$$\quad-\int_{R_0}^{S}[\tau_{\theta z}^{(s1)}(r_0,0)-\tau_{\theta z}^{(s2)}(r_0,0)]\cos 0\cdot G_2(R_0+jh,\pi;r_0,0)\mathrm{d}r_0$$
$$B_{jB}=w^{(ts2)}(R_0+jh,0)-w^{(ts1)}(R_0+jh,0)$$
$$\quad-\int_{R_0}^{S}[\tau_{\theta z}^{(ts1)}(r_0,\pi)-\tau_{\theta z}^{(ts2)}(r_0,\pi)]\cos\pi\cdot G_2(R_0+jh,0;r_0,\pi)\mathrm{d}r_0$$

$$-\int_{R_0}^{S}[\tau_{\theta z}^{(ts1)}(r_0,0)-\tau_{\theta z}^{(ts2)}(r_0,0)]\cos 0 \cdot G_2(R_0+jh,0;r_0,0)\mathrm{d}r_0$$

$$\tau_{\theta z}^{(ts1)}(r_0,\theta_0) \& = \tau_{\theta z}^{(is)}(r_0,\theta_0)+\tau_{\theta z}^{(rs)}(r_0,\theta_0)$$

$$\tau_{\theta z}^{(ts2)}(r_0,\theta_0) \& = \tau_{\theta z}^{(fs)}(r_0,\theta_0)$$

$$w^{(ts1)}(r,\theta) \& = w^{(is)}(r,\theta)+w^{(rs)}(r,\theta)$$

$$w^{(ts2)}(r,\theta) \& = w^{(fs)}(r,\theta)$$

上述离散形式的定解积分方程组是一组线性代数方程，未知数为 $f_1(R_0+ih,\pi)$ 和 $f_1(R_0+ih,0)$，$i=0,1,2,\cdots,N$。它们代表在介质 I 界面一系列节点上附加外力系 f_1 的值。离散节点的个数为 $2(N+l)$ 个，相应的未知数的个数也为 $2(N+1)$ 个，令像点取一系列节点值，并与源点取值相对应，线性代数方程的个数恰好是 $2(N+1)$ 个。系数矩阵 A 由格林函数的组合而形成，是 $2(N+1)$ 阶的方阵。因此，方程式（6-160）代表具有 $2(N+1)$ 个方程并含有 $2(N+1)$ 个未知数的代数方程组。写成矩阵相乘的形式：

$$Af=B \tag{6-161}$$

式中，

$$A_{nm}=\frac{\varepsilon_{m-1}\varepsilon_{n-1}}{2}G_{mnA}[R_0+(n-1)h,R_0+(m-1)h], \quad 1\leqslant m\leqslant N+1, 1\leqslant n\leqslant N+1$$

$$A_{nm}=\frac{\varepsilon_{m-N-2}\varepsilon_{n-1}}{2}G_{mnB}[R_0+(n-1)h,R_0+(m-N-2)h], \quad N+2\leqslant m\leqslant 2(N+1)$$

$$A_{nm}=\frac{\varepsilon_{m-1}\varepsilon_{n-N-2}}{2}G_{mnC}[R_0+(n-N-2)h,R_0+(m-1)h], \quad 1\leqslant m\leqslant N+1, N+2\leqslant n\leqslant 2(N+1)$$

$$A_{nm}=\frac{\varepsilon_{mN-21}\varepsilon_{n-N-2}G_{mnD}[R_0+(n-N-2)h,R_0+(m-N-2)h]}{2}$$

$$N+2\leqslant m\leqslant 2(N+1), \quad N+2\leqslant n\leqslant 2(N+1)$$

$$B_n=\frac{2}{h}B_{nA}[R_0+(n-1)h], \quad 1\leqslant n\leqslant N+1$$

$$B_n=\frac{2}{h}B_{nB}[R_0+(n-N-2)h], \quad N+2\leqslant n\leqslant 2(N+1)$$

$$f_m=f_1[R_0+(m-1)h,\pi], \quad 1\leqslant m\leqslant N+1$$

$$f_m=f_1[R_0+(m-N-2)h,0], \quad N+2\leqslant m\leqslant 2(N+1)$$

系数矩阵形成的行列式的值不为零，则可求出未知数 $f_1(R_0+ih,\pi)$ 和 $f_1(R_0+ih,0)$，$i=0,1,2,\cdots,N$。

当像点与源点重合时，从定解积分方程组（6-156）、方程组（6-157）

到离散为线性代数方程组（6-160）的过程有一个困难，因为此时格林函数是奇异的。但这个困难可以克服，即对系数矩阵中位于对角线上的元素 A_{jj} 采用下式代替：

$$A_{jj} = \int_{R_0-jh-\frac{h}{2}}^{R_0+jh+\frac{h}{2}} \{G_1(R_0+jh,\theta;R_0+jh,\theta_0) + G_2(R_0+jh,\theta;R_0+jh,\theta_0)\} dr_0$$

$$\approx \left\{\frac{1}{c_{44}^A(1+\lambda^A)}\left[i - \frac{2}{\pi}\left(\gamma - 1 + \ln\frac{k_1 h}{2}\right)\right] + \frac{1}{c_{44}^B(1+\lambda^B)}\left[i - \frac{2}{\pi}\left(\gamma - 1 + \ln\frac{k_2 h}{2}\right)\right]\right\}$$

$$+ [G_1^{(s)}(R_0+jh,\theta;R_0+jh,\theta_0) + G_2^{(s)}(R_0+jh,\theta;R_0+jh,\theta_0)]h$$

(6-162)

式中，$\gamma = 0.5772$，是欧拉常数，$j = 1,2,\cdots,2(N+1)$。$G_1^{(s)}$ 和 $G_2^{(s)}$ 是构成格林函数的散射波部分（非奇异，无须特殊处理）对形成系数矩阵元素 A_{jj} 的贡献，其定义见式（6-123）。当像点与源点重合在积分区间的端点时（$i = j = 1, N+1, N+2, 2N+2$），上述对奇异积分的估计法则仍然成立，只是其值取半。

在方程组（6-160）右端带有积分的表达式中，积分的下限为圆孔半径，上限本应该为沿 x 轴的无穷远处，但在此处取为一有限值 S。这是因为散射波具有随离开散射中心（圆孔圆心）的距离增大而逐渐衰减的特点。若取 S 为一充分大值，使该点以外的附加外力几乎不影响要求解的量，则该方法是可行的，并有一定的精度作保证。对于不同的问题，S 的取值有所不同，具体和材料常数以及波的参量有关。在算例中还要进一步说明。

对于方程组是否会出现奇异或系数行列式是否会为零的问题，本节没有给出数学上的证明，此处只给予一个说明。观察式（6-161），形成系数矩阵的式子都是关于格林函数的积分离散形式，表示为格林函数的组合在各个节点的值与数值积分系数的乘积。当像点与源点重合时，像点极径 $r = a+jh$ 与源点极径 $r_0 = a+ih$ 相等，即有 $i = j$；而此时格林函数奇异，因而在奇异点邻域内的积分值形成了位于系数行列式对角线（$i = j$）上的一个元素。在关于格林函数的积分中，奇异点邻域内的贡献明显大于其他节点处的积分值，因此式（6-161）代表的线性代数方程组的系数矩阵在主对角线上呈稠密状态，不会形成奇异矩阵。另外，由问题的物理意义和实际算例的结果，也知道在绝大多数情况下，方程组不会呈现病态，是可解的。附加外力系 f_1 可由方程组（6-161）求出。进而由应力连续条件式（6-154）计算附加外力系 f_2 的值。

由方程组（6-161）求出的附加外力系是未知函数在界面上一系列离散点 (r_{0j}, θ_0) 处的具体数值 $f_j = f(r_{0j}, \theta_0)$，$j = 1,2,\cdots,2(N+1)$。为了便于以后的应用，需要给出以连续函数形式表达的附加外力系。根据已经求出的外力系在许许多多离散点上的具体数值 f_j，可以应用最小二乘法进行曲线拟合或建立切比雪夫（chebyshev）插值函数，得到外力系的近似连续表达式。

由方程组（6-160）容易证明，在只给定双相压电材料特征参数之比 $c_{44}^A(1+\lambda^A)/c_{44}^B(1+\lambda^B)$ 而不给出两种压电介质特征参数具体值的情况下，由方程组（6-160）仍然可以给出关于附加外力系的值，只不过求出的是附加外力系与介质 Ⅰ 压电材料特征参数的比值 $f_1/c_{44}^A(1+\lambda^A)$。但这并不影响以后对动应力集中系数等的求解。

6.4.4 动应力集中系数

6.4.4.1 弹性波散射近场解答的意义

应力集中是指由于几何不连续，如孔洞、空穴、缺口、转角、界面突然改变等原因，在物体或结构上引起的局部应力的增加。动力荷载作用于物体时会产生在其体内传播的弹性波，当弹性波穿越几何不连续点时会发生波的散射，并引起几何间断周围局部区域出现动应力陡然增大的现象，称为动应力集中。因此，动应力集中是弹性波散射的结果。带有界面缺陷的复合材料受动态荷载作用时，材料破坏与否往往取决于界面缺陷附近的动态应力场的性质，即弹性波在界面缺陷附近的散射特性。界面缺陷产生的散射场决定了缺陷处的动应力集中程度或表征了缺陷的断裂特性，因此在动力学问题的研究中，界面缺陷对于弹性波的散射问题一直受到众多研究者的重视。研究界面波动问题的一个主要目的是确定带有各种各样缺陷的物体的动应力集中程度，为工程设计提供依据。动应力集中的严重程度用动应力集中系数来表达，又称为动应力集中因子，它是全波在某一点上产生的动应力与入射波在同一点上产生动应力的比值。

稳态 SH 波入射到含界面圆孔的双相材料体，由于界面和圆孔缺陷的共同作用，除了存在波的几何场，同时还存在波的散射场，引起界面圆孔孔边局部区域出现动应力的异常分布，并出现动应力值偏高的区域。故本节将研究界面圆孔对 SH 波散射引起的动应力集中问题。

6.4.4.2 界面圆孔对稳态 SH 波散射的动应力集中系数

在上一节，利用式（6-160）和式（6-154），求得了介质 Ⅰ、Ⅱ 的剖分面上施加的分布力 f_1 和 f_2。应用格林函数的有关概念和结果，可进一步求得界面圆孔周边上的动应力分布。

在介质 Ⅰ 中 $(\pi \leqslant \theta \leqslant 2\pi)$，$r=R_0$ 上，沿圆孔周边的周向剪切应力为

$$\tau_{\theta z}^{(\mathrm{I})}(r,\theta) = \&\tau_{\theta z}^{(t1)}(r,\theta) + \int_{R_0}^{S} f_1(r_0,\pi) \frac{c_{44}^A(1+\lambda^A)}{r} \frac{\partial}{\partial \theta}[G_1(r,\theta;r_0,\pi)] \mathrm{d}r_0$$

$$+ \int_{R_0}^{S} f_1(r_0, 0) \frac{c_{44}^A(1+\lambda^A)}{r} \frac{\partial}{\partial \theta} [G_1(r,\theta;r_0,0)] dr_0 \quad (6\text{-}163)$$

在介质 II 中 $(0 \leqslant \theta \leqslant \pi)$，$r = R_0$ 上，沿圆孔周边的周向剪切应力为

$$\tau_{\theta z}^{(\text{II})}(r,\theta) = \tau_{\theta z}^{(t2)}(r,\theta) + \int_{R_0}^{S} f_2(r_0,\pi) \frac{c_{44}^B(1+\lambda^B)}{r} \frac{\partial}{\partial \theta} [G_2(r,\theta;r_0,\pi)] dr_0$$

$$+ \int_{R_0}^{S} f_2(r_0,0) \frac{c_{44}^B(1+\lambda^B)}{r} \frac{\partial}{\partial \theta} [G_2(r,\theta;r_0,0)] dr_0 \quad (6\text{-}164)$$

在式（6-163）和式（6-164）中出现的积分公式，代表附加外力系对圆孔周边动态应力场的影响，根据式（6-165）和（6-169）得出。附加外力系 f_1 和 f_2 是以连续函数的形式出现的，可由对上节求出的离散点处的外力系之值进行曲线拟合或建立插值函数而得到。公式中出现的 $\tau_{\theta z}^{(t1)}(r,\theta)$ 和 $\tau_{\theta z}^{(t2)}(r,\theta)$ 分别由式（6-145）和式（6-152）定义。因为本节研究散射波近场问题，此时总有源点极径大于像点极径，所以格林函数取式（6-124）和式（6-128）中 $r \leqslant r_0$ 的情况，并与介质 I、II 相适应，即

$$G_j(r,\theta;r_0,\theta_0) = \frac{\mathrm{i}}{2c_{44}^j(1+\lambda^j)} \sum_{m=0}^{\infty} \varepsilon_m \cos(m\theta) \cos(m\theta_0) J_m(k_j r) H_m^{(1)}(k_j r_0)$$

$$+ \frac{\mathrm{i}}{2c_{44}^j(1+\lambda^j)} \sum_{m=0}^{\infty} A_m H_m^{(1)}(k_j r_0) \cos[m(\theta-\theta_0)]$$

对于圆孔周边界面点处剪切应力值，若采用式（6-163）或式（6-164）来求解，从表面上看会有一个困难。在计算附加外力系对该点应力的贡献时，由于格林函数的像点与源点会重合于界面点处，因而作为被积函数的格林函数奇异，实际上，可以直接求出圆孔周边界面点处周向剪切应力值，而不需要采用式（6-163）或式（6-164）。孔边界面用极体坐标表示为 $(R_0, 0)$，(R_0, π)，这两个像点的极角与公式中的 θ 对应，将 $\theta = 0, \pi$ 代入

$$\frac{\partial}{\partial \theta} G_j(r,\theta;r_0,\theta_0) = \frac{-\mathrm{i}}{2c_{44}^j(1+\lambda^j)} \sum_{m=0}^{\infty} m\varepsilon_m \cos(m\theta_0) J_m(k_j r) H_m^{(1)}(k_j r_0) \sin(m\theta)$$

$$+ \frac{-\mathrm{i}}{2c_{44}^j(1+\lambda^j)} \sum_{m=0}^{\infty} mA_m H_m^{(1)}(k_j r_0) \sin[m(\theta-\theta_0)]$$

可知其值恒为零，即除去作用于该界面点的外力值，整个附加外力系对该点应力的贡献为零。而作用于该界面点的外力 f 是以 $\tau_{\theta z}$ 的方式加载，故

$$\tau_{\theta z}^{(\text{I})}(R_0,\theta) = \tau_{\theta z}^{(t1)}(R_0,\theta) + f_1(R_0,\theta), \theta = 0, \pi$$

$$\tau_{\theta z}^{(\text{II})}(R_0,\theta) = \tau_{\theta z}^{(t2)}(R_0,\theta) + f_2(R_0,\theta), \theta = 0, \pi$$

在介质 I 中沿 α 方向入射的谐和波 $w^{(i)}$ 由式（6-131）定义，它在入射方

向 $\theta=\alpha$ 产生的应力为

$$\tau_{rz}^{(i)} = c_{44}^A(1+\lambda^A)kw_0 e^{i\left[k_1 r\cos\left(\theta-\alpha-\omega t+\frac{\pi}{2}\right)\right]} \quad (6-165)$$

其最大幅值为

$$\tau_0 = |\tau_{rz}^{(i)}| = c_{44}^A(1+\lambda^A)k_1 w_0$$

实际上,由式 (6-163) 或式 (6-164) 知,介质 I 或介质 II 中的总波场对应的应力 $\tau_{rz}^{(I)}$,$\tau_{rz}^{(II)}$,是角变量 θ 的一个复变函数,其形式为 $A+iB$,它们与时间因子 $e^{-i\omega t}$ 配对组成了一个新的复数,$(A+iB)e^{-i\omega t}$。我们取其积的实部,即 $A\cos(\omega t)+B\sin(\omega t)$ 作为该应力的解。所以,在一个以 $T=2\pi/\omega$ 为周期的完整循环中,实部 A 表示在 $t=T$ 时的应力值,虚部 B 表示在 $t=T/4$ 时的应力值。峰值应力,即为此复数的绝对值,记为 $\tau_{rz}^{(I)}$ 或 $\tau_{rz}^{(II)}$。在应用时,通常定义动应力集中系数 τ^* 为

$$\tau^* = \frac{|\tau_{\theta z}^{(*)}|}{\tau_0} \quad (6-166)$$

根据动应力集中系数的定义,可马上求出 SH 波受含圆孔的均匀无限大介质 I 散射的动应力集中系数。这里,入射波由式 (6-131) 所定义,均匀介质 I 中的圆孔产生的散射波由式 (6-134) 所定义。它产生的入射应力和散射应力见式 (6-145)。总波场的应力为

$$\tau_{\theta z}^*(r,\theta)\big|_{r=R_0} = [\tau_{\theta z}^{(i)}(r,\theta) + \tau_{\theta z}^{(is)}(r,\theta)]_{r=R_0}$$

$$= \Bigg\{ c_{44}(1+\lambda)\frac{1}{r}w_0 \sum_{n=1}^{\infty} \varepsilon_n i^n(-n) J_n(k_1 r)\sin[n(\theta-\alpha)]$$

$$+ c_{44}(1+\lambda)\frac{1}{r}\sum_{n=1}^{\infty} A_n^{(is)}(-n) H_n^{(1)}(k_1 r)\sin[n(\theta-\alpha)]$$

$$+ c_{44}\lambda \frac{1}{r}\sum_{n=1}^{\infty} B_n^{(is)}(-n) H_n^{(1)}(k_1 r)\sin[n(\theta-\alpha)] \Bigg\}_{r=R_0}$$

$$= \Bigg\{ c_{44}(1+\lambda)\frac{1}{R_0}w_0 \sum_{n=1}^{\infty} \varepsilon_n i^n(-n) J_n(k_1 R_0)\sin[n(\theta-\alpha)]$$

$$+ c_{44}(1+\lambda)\frac{1}{R_0}\sum_{n=1}^{\infty} A_n^{(is)}(-n) H_n^{(1)}(k_1 R_0)\sin[n(\theta-\alpha)]$$

$$+ c_{44}\lambda \frac{1}{R_0}\sum_{n=1}^{\infty} B_n^{(is)}(-n) H_n^{(1)}(k_1 R_0)\sin[n(\theta-\alpha)] \Bigg\}$$

由此得到均匀介质中圆孔周边的动应力集中系数为

$$\tau^* = \frac{1}{k_1 R_0 w_0} w_0 \sum_{n=1}^{\infty} \varepsilon_n i^n(-n) J_n(k_1 R_0)\sin[n(\theta-\alpha)]$$

$$+ \sum_{n=1}^{\infty} A_n^{(is)}(-n) H_n^{(1)}(k_1 R_0) \sin[n(\theta-\alpha)]$$

$$+ \frac{\lambda}{1+\lambda} \sum_{n=1}^{\infty} B_n^{(is)}(-n)(k_1 R_0)^{-n} \sin[n(\theta-\alpha)] \quad (6\text{-}167)$$

对于界面圆孔对 SH 波散射引起的界面圆孔周边的动应力集中系数,可将式 (6-163) 和式 (6-164) 代入式 (6-166) 而得到。

在介质 I 中 ($\pi \leqslant \theta \leqslant 2\pi$), $r=R$ 上,沿界面圆孔周边动应力集中系数:

$$\tau_I^* = \frac{1}{k_1 R_0 w_0} \Big\{ \sum_{n=1}^{\infty} w_0 \varepsilon_n i^n(-n) \sin[n(\theta-\alpha)] J_n(k_1 R_0) \Big\}$$

$$- \Big\{ \sum_{n=1}^{\infty} A_n^{(is)}(-n) \sin[n(\theta-\alpha)] H_n^{(1)}(k_1 R_0)$$

$$- \frac{\lambda^A}{1+\lambda^A} \sum_{n=1}^{\infty} B_n^{(is)}(k_1 R_0)^{-n}(-n) \sin[n(\theta-\alpha)] \Big\}$$

$$+ \Big\{ \sum_{n=1}^{\infty} w_2 \varepsilon_n i^n(-n) \sin[n(\theta-\alpha)] J_n(k_1 R_0) \Big\}$$

$$- \Big\{ \sum_{n=1}^{\infty} A_n^{(rs)}(-n) \sin[n(\theta-\alpha)] H_n^{(1)}(k_1 R_0)$$

$$- \frac{\lambda^A}{1+\lambda^A} \sum_{n=1}^{\infty} B_n^{(rs)}(k_1 R_0)^{-n}(-n) \sin[n(\theta-\alpha)] \Big\}$$

$$+ \Big[\int_{R_0}^{s} f_1(r_0, \pi) \frac{\partial}{\partial \theta} [G_1(r, \theta; r_0, \pi)] dr_0$$

$$+ \int_{R_0}^{s} f_1(r_0, 0) \frac{c_{44}^A(1+\lambda^A)}{r} \frac{\partial}{\partial \theta} [G_1(r, \theta; r_0, 0)] dr_0 \Big] \quad (6\text{-}168)$$

在介质 II 中 ($0 \leqslant \theta \leqslant \pi$), $r=R$ 上,沿界面圆孔周边动应力集中系数为

$$\tau_{II}^* = \frac{1}{k_2 R_0 w_0} \Big\{ \sum_{n=1}^{\infty} w_0 \varepsilon_n i^n(-n) \sin[n(\theta-\alpha_4)] J_n(k_2 R_0) \Big\}$$

$$- \Big\{ \sum_{n=1}^{\infty} A_n^{(fs)}(-n) \sin[n(\theta-\alpha_4)] H_n^{(1)}(k_2 R_0)$$

$$- \frac{\lambda^B}{1+\lambda^B} \sum_{n=1}^{\infty} B_n^{(fs)}(k_2 R_0)^{-n}(-n) \sin[n(\theta-\alpha_4)] \Big\}$$

$$+ \Big[\int_{R_0}^{S} f_2(r_0, \pi) \frac{\partial}{\partial \theta} [G_2(r, \theta; r_0, \pi)] dr_0$$

$$+ \int_{R_0}^{S} f_2(r_0, 0) \frac{c_{44}^B(1+\lambda^B)}{r} \frac{\partial}{\partial \theta} [G_2(r, \theta; r_0, 0)] dr_0 \Big] \quad (6\text{-}169)$$

6.4.5 含界面圆孔的压电弹性介质的动应力集中问题算例

孔边周向剪切动应力分别如式（6-163）和式（6-164）所定义。本节主要给出不同材料组合时界面圆孔周边的动应力集中系数的变化，并加以分析。其中，上下介质不同材料的组合用4个与材料特征参数有关的无量纲参数 $c_{44}^* = \dfrac{c_{44}^B}{c_{44}^A}$，$k_{11}^* = k_{11}^B/k_{11}^A$，$e_{15}^* = e_{15}^B/e_{15}^A$ 和 $\rho^* = \rho^B/\rho^A$ 来表达。

由前面的理论公式，取 $c_{44}^* = \dfrac{c_{44}^B}{c_{44}^A} = 1$；$k_{11}^* = k_{11}^B/k_{11}^A = 1$，$e_{15}^* = e_{15}^B/e_{15}^A = 1$，$\rho^* = \rho^B/\rho^A = 1$，$k_{11}/k_0 = 2$，将本节的问题退化为含圆孔的无限大压电弹性介质的动应力集中问题，如图 6.56~图 6.58 所示。

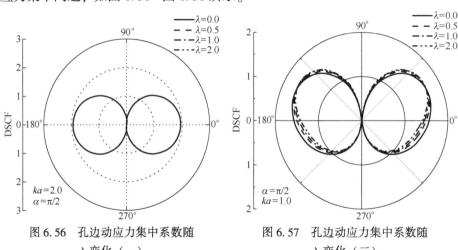

图 6.56 孔边动应力集中系数随 λ 变化（一）

图 6.57 孔边动应力集中系数随 λ 变化（二）

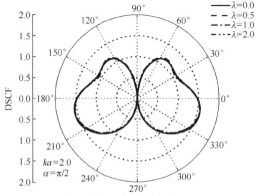

图 6.58 孔边动应力集中系数随 λ 变化（三）

将图 6.56～图 6.58 与 SH 波在含界面圆孔的双相压电介质中的动应力集中系数比较，并将这些图形与 SH 波在含圆孔的无限大压电介质中的动应力集中系数进行比较[9]，情况吻合。

情况一：$c_{44}^* = c_{44}^B/c_{44}^A = 2$，$k_{11}^* = k_{11}^B/k_{11}^A = 1$，$e_{15}^* = e_{15}^B/e_{15}^A = 1$，$\rho^* = \rho^B/\rho^A = 1$，$k_{11}^B/k_0 = 1000$，相应的 $\lambda^A/\lambda^B = 2$，取 $\lambda^A = 0.2, 0.5, 1.0, 1.2$。如图 6.59～图 6.64 所示。

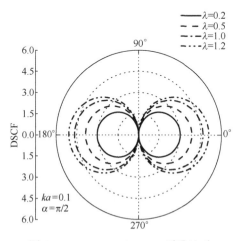

图 6.59 $\alpha = \pi/2$，$ka = 0.1$ 时孔边动应力集中系数随 λ 变化

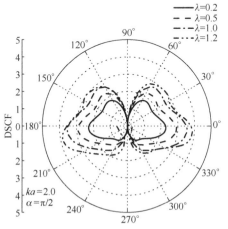

图 6.60 $\alpha = \pi/2$，$ka = 2.0$ 时孔边动应力集中系数随 λ 变化

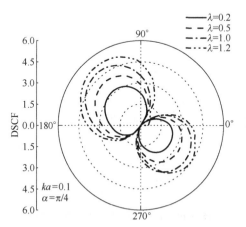

图 6.61 $\alpha = \pi/4$，$ka = 0.1$ 时孔边动应力集中系数随 λ 变化

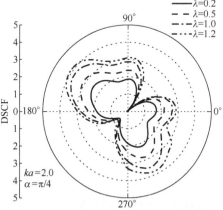

图 6.62 $\alpha = \pi/4$，$ka = 2.0$ 时孔边动应力集中系数随 λ 变化

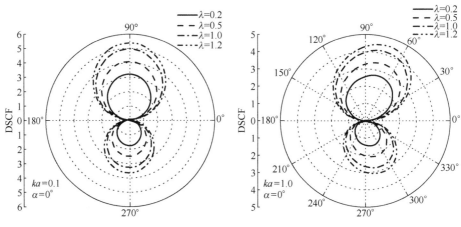

图 6.63　$\alpha=0°$，$ka=0.1$ 时孔边动应力集中系数随 λ 变化

图 6.64　$\alpha=0°$，$ka=0.1$ 时孔边动应力集中系数随 λ 变化

情况二：$c_{44}^{*}=c_{44}^{B}/c_{44}^{A}=4$，$k_{11}^{*}=k_{11}^{B}/k_{11}^{A}=1$，$e_{15}^{*}=e_{15}^{B}/e_{15}^{A}=1$，$\rho^{*}=\rho^{B}/\rho^{A}=1$，$k_{11}^{B}/k_{0}=1000$，相应的 $\lambda^{A}/\lambda^{B}=4$，取 $\lambda^{A}=0.2,0.5,1.0,1.2$。如图 6.65～图 6.69 所示。

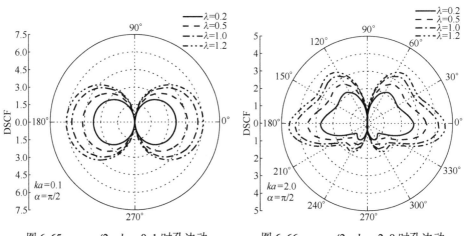

图 6.65　$\alpha=\pi/2$，$ka=0.1$ 时孔边动应力集中系数随 λ 变化

图 6.66　$\alpha=\pi/2$，$ka=2.0$ 时孔边动应力集中系数随 λ 变化

情况三：$c_{44}^{*}=c_{44}^{B}/c_{44}^{A}=1$，$k_{11}^{*}=k_{11}^{B}/k_{11}^{A}=2$，$e_{15}^{*}=e_{15}^{B}/e_{15}^{A}=1$，$\rho^{*}=\rho^{B}/\rho^{A}=1$，$k_{11}^{B}/k_{0}=1000$，相应的 $\lambda^{A}/\lambda^{B}=2$，取 $\lambda^{A}=0.2,0.5,1.0,1.2$。如图 6.70～图 6.76 所示。

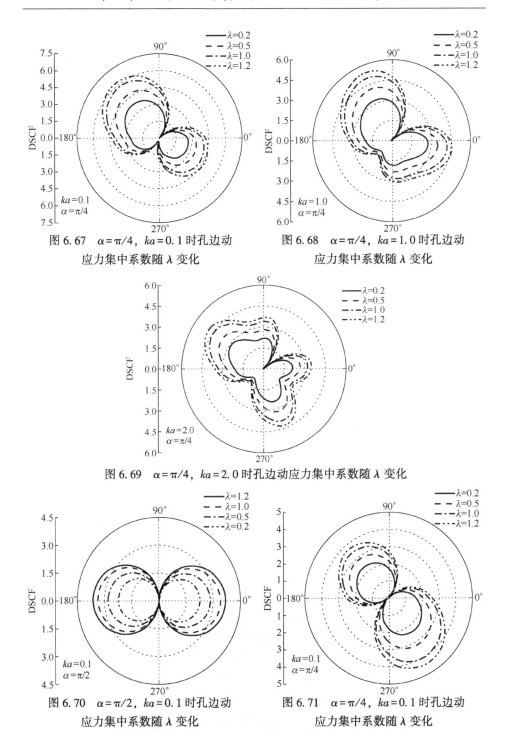

图 6.67 $\alpha=\pi/4$，$ka=0.1$ 时孔边动应力集中系数随 λ 变化

图 6.68 $\alpha=\pi/4$，$ka=1.0$ 时孔边动应力集中系数随 λ 变化

图 6.69 $\alpha=\pi/4$，$ka=2.0$ 时孔边动应力集中系数随 λ 变化

图 6.70 $\alpha=\pi/2$，$ka=0.1$ 时孔边动应力集中系数随 λ 变化

图 6.71 $\alpha=\pi/4$，$ka=0.1$ 时孔边动应力集中系数随 λ 变化

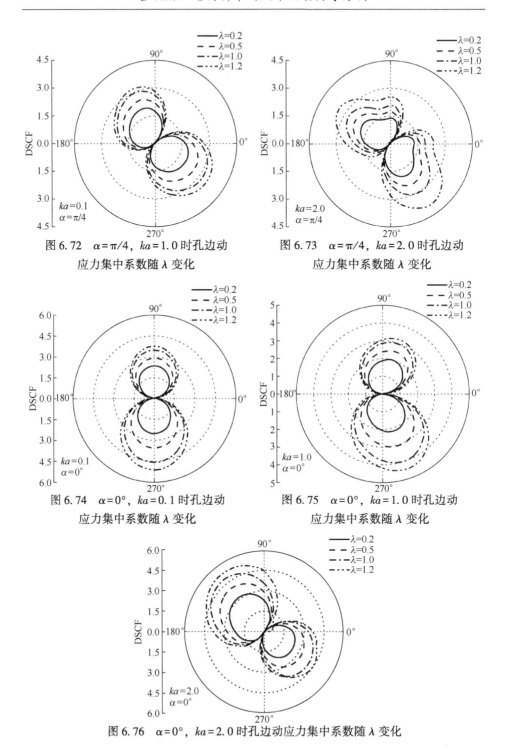

图 6.72 α=π/4，ka=1.0 时孔边动应力集中系数随 λ 变化

图 6.73 α=π/4，ka=2.0 时孔边动应力集中系数随 λ 变化

图 6.74 α=0°，ka=0.1 时孔边动应力集中系数随 λ 变化

图 6.75 α=0°，ka=1.0 时孔边动应力集中系数随 λ 变化

图 6.76 α=0°，ka=2.0 时孔边动应力集中系数随 λ 变化

第6章 双相压电介质内含缺陷的反平面动力学研究

根据计算结果和图 6.56~图 6.76 可以看出：

(1) 图 6.56~图 6.58 是将界面圆孔退化为无限大压电材料中的圆孔，给出了 SH 波垂直入射且具有不同波数的时间谐和 SH 波在不同 λ 值（压电特征参数）情况下引起沿圆孔边界分布的动应力集中系数。可以看出：当波数 $ka=1.0$ 时，背波面 $(0<\theta<\pi)$ 动应力集中系数明显高于迎波面 $(\pi<\theta<2\pi)$；当波数 $ka=2.0$ 时，迎波面动应力集中系数明显高于背波面。

(2) 当 $c_{44}^*=c_{44}^B/c_{44}^A=1$，$k_{11}^*=k_{11}^B/k_{11}^A=1$，$e_{15}^*=e_{15}^B/e_{15}^A=1$，$\rho^*=\rho^B/\rho^A=1$ 时（即无限大均质压电介质），即稳态 SH 波对含圆孔的无限大压电均匀介质的散射，其圆孔周边的动应力集中系数与参考文献 [14] 中含圆孔的无限大压电均匀介质中孔边动应力集中系数的计算结果是一致的。

图 6.59~图 6.64 给出了 $c_{44}^*=c_{44}^B/c_{44}^A=2$，$k_{11}^*=k_{11}^B/k_{11}^A=1$，$e_{15}^*=e_{15}^B/e_{15}^A=1$，$\rho^*=\rho^B/\rho^A=1$ 时，孔边动应力集中系数随 λ^A，λ^B 的变化情况。稳态 SH 波分别以 $\alpha=\pi/2,\pi/4,0$ 三种情况入射。图 6.59~图 6.60 给出了 SH 波垂直入射到不同的介质组合而成的界面圆孔时，动应力集中系数沿圆孔周边的分布。与图 6.59 对应的是入射波数 $ka=0.1$ 的所谓"准静力"情况，与图 6.60 对应的是入射波数 $ka=2.0$ 的情况。与含圆孔的均匀压电介质受剪切荷载作用时静应力集中系数相比，静应力集中系数的最大值很明显几乎出现在界面点 $\theta=0°,\pi$ 处。显然，与单一圆孔附近的动应力集中情况相比，较为不利的材料组合时的动应力集中系数提高 1 倍左右。图 6.60 相对于图 6.59 来说，在低频和长波长极限分析的范围内，它已经是"高频"时的结果，孔变动应力集中程度明显降低。

图 6.61~图 6.62 给出入射角 $\alpha=\pi/4$ 时，斜入射的 SH 波引起的界面圆孔上动应力集中系数 τ^* 的计算结果。此时，动应力集中系数的最大值不在界面点上。对于均匀压电介质中斜入射的 SH 波，其引起的孔边动应力集中系数的两个最大值同时出现在同一波振面上；对于介质不同的情况，孔边的上下部分各存在一个动应力集中系数的极大值。当入射波数增大时，可能存在多个极值点，而且变化复杂。

图 6.63~图 6.64 给出入射角 $\alpha=0$ 时，水平入射的 SH 波引起的界面圆孔上动应力集中系数 τ^* 的计算结果。此时，动应力集中系数的最大值不在界面点上。对于均匀压电介质中斜入射的 SH 波，其引起的孔边动应力集中系数的两个最大值同时出现在同一波振面上对于介质不同的情况，孔边的上下部分各存在一个动应力集中系数的极大值。

(3) 图 6.65~图 6.69 给出的是 $c_{44}^*=c_{44}^B/c_{44}^A=4$，其他压电特征参数不变的情况，随着 $c_{44}^B/c_{44}^A=4$ 的比值增大，界面圆孔孔边动应力集中系数总体趋势比

$c_{44}^*=c_{44}^B/c_{44}^A=2$ 的情况增大了，也就是随着上下两种压电介质的弹性常数比值的增大，界面缺陷更趋于不安全。

（4）图 6.70～图 6.76 给出了 $k_{11}^*=k_{11}^B/k_{11}^A=4$，其他压电特征参数不变情况下的界面圆孔周边动应力集中系数 τ^* 的计算结果。与 $c_{44}^*=c_{44}^B/c_{44}^A=2$ 情况下界面圆孔周边动应力集中系数 τ^* 的计算结果相比，总体影响趋势相近，区别在于 $c_{44}^*=c_{44}^B/c_{44}^A=4$ 时的上半侧的动应力集中系数比下半侧的动应力集中系数的极大值大，而 $k_{11}^*=k_{11}^B/k_{11}^A=2$ 时，下半侧的动应力集中系数比上半侧的动应力集中系数的极大值大。

通过对具体算例所给出的数据结果，可以得到一些初步的结论：

（1）界面圆孔对 SH 波散射及近场的解答，受到控制或影响的物理量如下：

无量纲入射波数：ka

两种压电介质的弹性常数之比：$c_{44}^*=c_{44}^B/c_{44}^A$

两种压电介质的介电常数之比：$k_{11}^*=k_{11}^B/k_{11}^A$

两种压电介质压电常数之比：$e_{15}^*=e_{15}^B/e_{15}^A$

两种压电介质密度之比：$\rho^*=\rho^B/\rho^A$

入射角度：α

波数之比：$k^*=k^B+k^A$

其中，无量纲参数 c^*、k_{11}^*、e_{15}^*、ρ^*、k^* 五者只有两个是独立的。

（2）比较界面圆孔与均匀压电介质中圆孔对 SH 波的散射，上下材料性质不同时，孔边动应力集中系数也不同于均匀压电介质的情况。当入射波由硬介质（波速大）进入软介质（波速小），孔边动应力集中系数要提高；而当入射波由软介质进入硬介质时，动应力集中系数要减小。当压电材料特征参数比值 c^*、k_{11}^*、$e_{15}^*\gg1$ 时，材料组合最为不利，孔边动应力集中系数大于均匀介质情况不止 1 倍。

（3）综合上述结果可以看出，含有界面缺陷的材料性质的急剧变化会引起缺陷附近动应力集中程度的明显提高，以及散射能量在较低频率时发生异常增多现象。当 SH 波垂直入射时，孔边界面点处的动应力集中系数最大，而界面一般都是复合材料最薄弱的位置，对此应给予足够的重视。孔边界面点处的动应力过高，会引起材料沿界面开裂。

6.5 双相压电介质中界面圆孔边的裂纹问题

材料在生产、加工和使用过程中可能产生多种形式的缺陷，如空腔、缺口、夹杂等，裂纹也是其中的一种，但是由于其特殊性而常常被单独指出研究。含有非裂纹缺陷的材料受外加荷载作用时在缺陷处会产生应力集中[16-17]，很可能在应力最大点处起源裂纹，从而形成非裂纹缺陷与裂纹组成的复合缺陷。在以往有关的研究中，这类复合缺陷通常被简化为单一的格里菲斯直线裂纹，并认为是偏于安全的简化。但在实际过程中，含有此类缺陷的材料在受外加荷载作用时，非裂纹缺陷和其边缘萌生的裂纹肯定会相互作用，从而影响裂纹尖端场的力学特性。本节即从这方面入手，对双相压电介质中圆孔边裂纹问题分别进行理论研究。

6.5.1 理论模型及边界条件

设双相压电介质中界面圆孔边界含径向有限长度裂纹的模型如图 6.77 所示。圆形孔洞的半径为 R_0，坐标系如图，在 x 轴正负半轴上分别含有长度为 A_1，A_2 的有限长界面裂纹。模型中上半区域为压电介质 I，下半区域为压电介质 II，它们有不同的物理参数。一束力电波沿与 x 轴负方向成 α 的角度入射到含圆孔边径向有限裂纹缺陷的双相压电介质中。

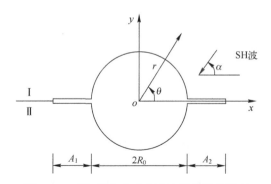

图 6.77 双相压电介质中孔边径向裂纹模型

双相压电介质中界面圆孔边界径向有限导通裂纹问题的边界条件可表示为

$$\begin{cases} w^{(t1)}(r,\theta)=w^{(t2)}(r,\theta), & \tau_{\theta z}^{(t1)}(r,\theta)=\tau_{\theta z}^{(t2)}(r,\theta) \\ \phi^{(t1)}(r,\theta)=\phi^{(t2)}(r,\theta), & D_\theta^{(t1)}(r,\theta)=D_\theta^{(t2)}(r,\theta) \end{cases}$$
$$\begin{cases} r>R_0+A_1, & \theta=\pi \\ r>R_0+A_2, & \theta=0 \end{cases} \quad (6\text{-}170)$$
$$\begin{cases} \tau_{\theta z}^{(t1)}(r,\theta)=0, & \tau_{\theta z}^{(t2)}(r,\theta)=0 \\ \phi^{(t1)}(r,\theta)=\phi^{(t2)}(r,\theta), & D_\theta^{(t1)}(r,\theta)=D_\theta^{(t2)}(r,\theta) \end{cases}$$

$$\begin{cases} r \in [R_0, R_0+A_1], & \theta=\pi \\ r \in [R_0, R_0+A_2], & \theta=0 \end{cases} \quad (6-171)$$

$$\begin{cases} \tau_{rz}^{(t1)}(r,\theta)=0, & \tau_{rz}^{(t2)}(r,\theta)=0 \\ \phi^{(t1)}(r,\theta)=\phi^c, & \phi^{(t2)}(r,\theta)=\phi^c, & |r|=R_0 \\ D_r^{(t1)}(r,\theta)=D_r^c, & D_r^{(t2)}(r,\theta)=D_r^c \end{cases} \quad (6-172)$$

式中，上标"$t1$"和"$t2$"分别表示上半空间介质和下半空间介质中的场量；上标"c"表示圆孔内部的相应场量。

6.5.2 定解积分方程的推导

6.5.2.1 波的入射

考虑一束与时间谐和的稳态波沿与界面成 α 的角度入射到不含任何缺陷的双相压电介质（界面处认为是理想连接）中，如图 6.78 所示。双相压电介质中的各波场在参考文献 [13] 中已经由 Wang 给出，这里直接引用。

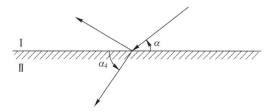

图 6.78 波在界面处的反射和透射

介质中的入射波、反射波和透射波场分别表示为

$$w^{(i)}=w_0 \mathrm{e}^{-\mathrm{i}k_\mathrm{I}(x\cos\alpha+y\sin\alpha)}, \quad \phi^{(i)}=\phi_0 \mathrm{e}^{-\mathrm{i}k_\mathrm{I}(x\cos\alpha+y\sin\alpha)} \quad (6-173)$$

$$w^{(r)}=w_1 \mathrm{e}^{-\mathrm{i}k_\mathrm{I}(x\cos\alpha-y\sin\alpha)}, \quad \phi^{(r)}=\phi_1 \mathrm{e}^{-\mathrm{i}k_\mathrm{I}(x\cos\alpha-y\sin\alpha)} \quad (6-174)$$

$$w^{(f)}=w_2 \mathrm{e}^{-\mathrm{i}k_\mathrm{II}(x\cos\alpha_2+y\sin\alpha_2)}, \quad \phi^{(f)}=\phi_2 \mathrm{e}^{-\mathrm{i}k_\mathrm{II}(x\cos\alpha_2+y\sin\alpha_2)} \quad (6-175)$$

这里，$k_\mathrm{I}\cos\alpha=k_\mathrm{II}\cos\alpha_2$，$w_2=w_0+w_1$，$\phi_2=\phi_0+\phi_1$。

式中，

$$w_1=(F_1 w_0+F_2 \phi_0)/F, \quad \phi_1=(F_3 w_0+F_4 \phi_0)/F$$

$$F_1=-(k_\mathrm{II}\sin\alpha_2 k_{11}^\mathrm{B}+k_{11}^\mathrm{A} k_\mathrm{I}\sin\alpha)(k_\mathrm{I}\sin\alpha c_{44}^\mathrm{A}-c_{44}^\mathrm{B} k_\mathrm{II}\sin\alpha_2)$$
$$-(k_\mathrm{II}\sin\alpha_2 e_{15}^\mathrm{B}+e_{15}^\mathrm{A} k_\mathrm{I}\sin\alpha)(k_\mathrm{I}\sin\alpha e_{15}^\mathrm{B}-e_{15}^\mathrm{A} k_\mathrm{II}\sin\alpha_2)$$

$$F_2=-(k_\mathrm{II}\sin\alpha_2 k_{11}^\mathrm{B}+k_{11}^\mathrm{A} k_\mathrm{I}\sin\alpha)(k_\mathrm{I}\sin\alpha e_{15}^\mathrm{A}-e_{15}^\mathrm{B} k_\mathrm{II}\sin\alpha_2)$$
$$+(k_\mathrm{II}\sin\alpha_2 k_{11}^\mathrm{B}-k_{11}^\mathrm{A} k_\mathrm{I}\sin\alpha)(k_\mathrm{II}\sin\alpha_2 e_{15}^\mathrm{B}+e_{15}^\mathrm{A} k_\mathrm{I}\sin\alpha)$$

$$F_3=(k_\mathrm{I}\sin\alpha_2 e_{15}^\mathrm{B}-e_{15}^\mathrm{A} k_\mathrm{I}\sin\alpha)(k_\mathrm{II}\sin\alpha_2 c_{44}^\mathrm{B}+c_{44}^\mathrm{A} k_\mathrm{I}\sin\alpha)$$

$$-(k_{\mathrm{I}}\sin\alpha c_{44}^{\mathrm{A}}-c_{44}^{\mathrm{B}}k_{\mathrm{II}}\sin\alpha_2)(k_{\mathrm{II}}\sin\alpha_2 e_{15}^{\mathrm{B}}+e_{15}^{\mathrm{A}}k_{\mathrm{I}}\sin\alpha)$$

$$F_4 = -(k_{\mathrm{I}}\sin\alpha e_{15}^{\mathrm{A}}-e_{15}^{\mathrm{B}}k_{\mathrm{II}}\sin\alpha_2)(k_{\mathrm{II}}\sin\alpha_2 e_{15}^{\mathrm{B}}+e_{15}^{\mathrm{A}}k_{\mathrm{I}}\sin\alpha)$$

$$-(k_{\mathrm{II}}\sin\alpha_2 k_{11}^{\mathrm{B}}-k_{11}^{\mathrm{A}}k_{\mathrm{I}}\sin\alpha)(k_{\mathrm{I}}\sin\alpha c_{44}^{\mathrm{A}}+c_{44}^{\mathrm{B}}k_{\mathrm{II}}\sin\alpha_2)$$

$$F = -(k_{\mathrm{I}}\sin\alpha c_{44}^{\mathrm{A}}+c_{44}^{\mathrm{B}}k_{\mathrm{II}}\sin\alpha_2)(k_{\mathrm{II}}\sin\alpha_2 k_{11}^{\mathrm{B}}+k_{11}^{\mathrm{A}}k_{\mathrm{I}}\sin\alpha)$$

将上面各个波场的表达式进行傅里叶展开，分别有

$$w^{(i)} = w_0 \sum_{m=0}^{+\infty}(-1)^m \mathrm{i}^m \varepsilon_m J_m(k_{\mathrm{I}} r)\cos[m(\theta-\alpha)]$$

$$\phi^{(i)} = \phi_0 \sum_{m=0}^{+\infty}(-1)^m \mathrm{i}^m \varepsilon_m J_m(k_{\mathrm{I}} r)\cos[m(\theta-\alpha)] \quad (6-176)$$

$$w^{(r)} = w_1 \sum_{m=0}^{+\infty}(-1)^m \mathrm{i}^m \varepsilon_m J_m(k_{\mathrm{I}} r)\cos[m(\theta+\alpha)]$$

$$\phi^{(r)} = \phi_1 \sum_{m=0}^{+\infty}(-1)^m \mathrm{i}^m \varepsilon_m J_m(k_{\mathrm{I}} r)\cos[m(\theta+\alpha)] \quad (6-177)$$

$$w^{(f)} = w_2 \sum_{m=0}^{+\infty}(-1)^m \mathrm{i}^m \varepsilon_m J_m(k_{\mathrm{II}} r)\cos[m(\theta-\alpha_2)]$$

$$\phi^{(f)} = \phi_2 \sum_{m=0}^{+\infty}(-1)^m \mathrm{i}^m \varepsilon_m J_m(k_{\mathrm{II}} r)\cos[m(\theta-\alpha_2)] \quad (6-178)$$

其中，当 $m=0$ 时，$\varepsilon_m=1$；当 $m\geq 1$ 时，$\varepsilon_m=2$。

6.5.2.2 波的散射

现在将上述入射波场和反射波场分别作为入射波作用与含圆孔的全空间介质 I 中，把透射波场作为入射波作用于含圆孔的全空间介质 II 中，如图 6.79 所示。由于介质中圆孔的存在，入射波会产生散射波场。

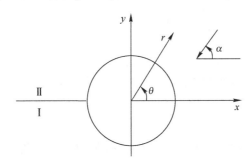

图 6.79 波入射到含圆孔的无限域压电介质

首先对于 $w^{(i)}$ 和 $\phi^{(i)}$ 单独作用于含圆孔的无限域各向同性压电介质 I 中时产生的散射波场可表示为

$$w^{(is)} = \sum_{m=0}^{+\infty} D_m^{(is)} H_m^{(1)}(k_\mathrm{I} r) \cos[m(\theta-\alpha)]$$

$$\phi^{(is)} = \frac{e_{15}^\mathrm{A}}{k_{11}^\mathrm{A}} w^{(is)} + \sum_{m=0}^{\infty} E_m^{(is)} (k_\mathrm{I} r)^{-m} \cos[m(\theta-\alpha)] \quad (6\text{-}179)$$

则此时无限域压电介质 I 中的总场为

$$w^{(t1)} = w^{(i)} + w^{(is)}, \quad \phi^{(t1)} = \phi^{(i)} + \phi^{(is)} \quad (6\text{-}180)$$

圆孔内部没有位移场而只有电场，其表达式可写为

$$\phi^c = \sum_{m=0}^{\infty} F_m^{(is)} (kr)^m \cos[m(\theta-\alpha)] \quad (6\text{-}181)$$

圆孔（$r=R_0$）处的边界条件可表示为

$$\tau_{rz}^{(t1)} = 0, \quad D_r^{(t1)} = D_r^c, \quad \phi^{(t1)} = \phi^c \quad (6\text{-}182)$$

根据式 (6-182) 便可求出未知系数 $D_m^{(is)}$, $E_m^{(is)}$, $F_m^{(is)}$ 的值如下：

$$\begin{cases} D_0^{(is)} = -\dfrac{c_{44}^\mathrm{A} w_0 + e_{15}^\mathrm{A} \phi_0}{c_{44}^\mathrm{A}(1+\lambda_\mathrm{I})} \cdot \dfrac{J_0'(k_\mathrm{I} R_0)}{H_0^{(1)}(k R_0)} \\ E_0^{(is)} = 0 \qquad\qquad\qquad\qquad\qquad (m=0)\\ F_0^{(is)} = \phi_0 \cdot J_0(k_\mathrm{I} R_0) + \dfrac{e_{15}^\mathrm{A}}{k_{11}^\mathrm{A}} H_0^{(1)}(k R_0) \cdot D_0^{(is)} \end{cases}$$

$$\begin{cases} D_m^{(is)} = (-1)^{m+1} \mathrm{i}^m \varepsilon_m \cdot \dfrac{c_{44}^\mathrm{A} w_0 + e_{15}^\mathrm{A} \phi_0}{c_{44}^\mathrm{A}(1+\lambda_\mathrm{I})} \cdot \dfrac{J_m'(k_\mathrm{I} R_0)}{H_m^{(1)'}(k_\mathrm{I} R_0)} + \dfrac{e_{15}^\mathrm{A} \cdot m \cdot (k_\mathrm{I} R_0)^{-(m+1)}}{c_{44}^\mathrm{A}(1+\lambda_\mathrm{I}) H_m^{(1)'}(k_\mathrm{I} R_0)} \cdot E_m^{(is)} \\ E_m^{(is)} = \dfrac{(-1)^{m+1} \mathrm{i}^m \varepsilon_m (k_\mathrm{I} R_0)^{m+1}(\beta_1-\beta_2+\beta_3)}{m\lambda_\mathrm{I} H_m^{(1)}(k_\mathrm{I} R_0) + \left(1+\dfrac{k_{11}^\mathrm{A}}{k_0}\right) \cdot (1+\lambda_\mathrm{I})(k_\mathrm{I} R_0) H_m^{(1)'}(k_\mathrm{I} R_0)} \qquad, \quad m \geqslant 1 \\ F_m^{(is)} = (-1)^{m+1} \mathrm{i}^m \varepsilon_m \cdot \dfrac{e_{15}^\mathrm{A} w_0 - k_{11}^\mathrm{A} \phi_0}{k_0 m (k_\mathrm{I} R_0)^{m-1}} \cdot J_m'(k_\mathrm{I} R_0) - \dfrac{k_{11}^\mathrm{A}}{k_0} \cdot (k_\mathrm{I} R_0)^{-2m} \cdot E_m^{(is)} \end{cases}$$

$$(6\text{-}183)$$

式中，

$$\beta_1 = \phi_0 \cdot (1+\lambda_\mathrm{I}) \cdot J_m(k_\mathrm{I} R_0) H_m^{(1)'}(k_\mathrm{I} R_0)$$

$$\beta_2 = \frac{\lambda_\mathrm{I}}{e_{15}^\mathrm{A}} (c_{44}^\mathrm{A} w_0 + e_{15}^\mathrm{A} \phi_0) \cdot H_m^{(1)}(k_\mathrm{I} R_0) J_m'(k_\mathrm{I} R_0)$$

$$\beta_3 = \frac{e_{15}^\mathrm{A} w_0 - k_{11}^\mathrm{A} \phi_0}{k_0 m} (k_\mathrm{I} R_0) \cdot (1+\lambda_\mathrm{I}) \cdot J_m'(k_\mathrm{I} R_0) H_m^{(1)'}(k_\mathrm{I} R_0)$$

同理，将反射波场 $w^{(r)}$、$\phi^{(r)}$ 和透射波场 $w^{(f)}$、$\phi^{(f)}$ 分别单独作用于含圆孔

无限域均匀介质时的散射波场可分别表示为

$$\begin{cases} w^{(rs)} = \sum_{m=0}^{\infty} D_m^{(rs)} H_m^{(1)}(k_{\mathrm{I}} r) \cos[m(\theta + \alpha)] \\ \phi^{(rs)} = \dfrac{e_{15}^{\mathrm{A}}}{k_{11}^{\mathrm{A}}} w^{(s)} + \sum_{m=0}^{\infty} E_m^{(s)} (k_{\mathrm{I}} r)^{-m} \cos[m(\theta + \alpha)] \end{cases} \quad (6\text{-}184)$$

$$\begin{cases} w^{(fs)} = \sum_{m=0}^{\infty} D_m^{(s)} H_m^{(1)}(k_{\mathrm{II}} r) \cos[m(\theta - \alpha_2)] \\ \phi^{(s)} = \dfrac{e_{15}^{\mathrm{B}}}{k_{11}^{\mathrm{B}}} w^{(s)} + \sum_{m=0}^{\infty} E_m^{(s)} (k_{\mathrm{II}} r)^{-m} \cos[m(\theta - \alpha_2)] \end{cases} \quad (6\text{-}185)$$

式中，系数 $D_m^{(rs)}$，$E_m^{(rs)}$ 和 $D_m^{(fs)}$，$E_m^{(fs)}$ 同样可以利用圆孔处边界条件求得。

6.5.2.3 定解积分方程的建立

根据已经得到的本问题的格林函数、入射波、反射波、透射波以及这三种波场分别由圆孔产生的散射波，可根据参考文献 [14] 中的思路按"裂纹切割"的方式并结合"契合"思想构造出双相压电材料中长度分别为 A_1 和 A_2 的孔边径向导通裂纹对 SH 波散射的力学模型，如图 6.80 所示，从而将问题转化为求解一组定解积分方程。

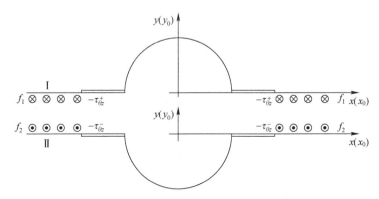

图 6.80 双相压电介质中裂纹的切割与界面契合模型

其构造过程是：首先沿 x 轴将入射波和反射波作用的含圆孔的全空间压电介质 I 剖开，在剖面 $\theta = 0°, \pi$ 上包含着位移 $w^{(t1)} = w^{(i)} + w^{(is)} + w^{(r)} + w^{(rs)}$ 和应力 $\tau_{\theta z}^{(t1)} = \tau_{\theta z}^{(i)} + \tau_{\theta z}^{(is)} + \tau_{\theta z}^{(r)} + \tau_{\theta z}^{(rs)}$；同时，将透射波作用的含圆孔的全空间压电介质 II 也沿 x 轴剖开，其剖分面上有位移 $w^{(t2)} = w^{(f)} + w^{(fs)}$ 和应力 $\tau_{\theta z}^{(t2)} = \tau_{\theta z}^{(f)} + \tau_{\theta z}^{(fs)}$。其次，在出现裂纹的相应区域的剖面上施加一对大小相等而方向相反的出平面反

力，其大小分别为 $[-\tau_{\theta z}^{(t1)}]$ 和 $[\tau_{\theta z}^{(t2)}]$，则这些相应区域上下剖面的合应力为零，而电场因没有受到干扰仍然连续，又因上下剖面之间的距离无限小，即可看作导通裂纹。但是所施加的这对反力扰乱了剖分面上裂纹以外区域的应力和位移连续性条件，为了使其重新达到平衡，必须在裂纹以外区域的上下剖面上继续施加一对待求的出平面外力系 $f_1(r_0,\theta_0)\mathrm{e}^{-\mathrm{i}\omega t}$ 和 $f_2(r_0,\theta_0)\mathrm{e}^{-\mathrm{i}\omega t}$，它们是待求的未知量。

"契合"面上的应力连续性条件可写为

$$\tau_{\theta z}^{(t1)}(r_0,\theta_0)\cos\theta_0+f_1(r_0,\theta_0)=\tau_{\theta z}^{(t2)}(r_0,\theta_0)\cos\theta_0+f_2(r_0,\theta_0)$$
$$\theta_0=0,\quad r_0\geqslant A_2;\quad \theta_0=\pi,\quad r_0\geqslant A_1 \quad (6\text{-}186)$$

位移分段连续性条件表示为

$$w^{(t1)}(r,\theta)+w^{(f_1)}(r,\theta)+w^{(c\mathrm{I})}(r,\theta)=w^{(t2)}(r,\theta)+w^{(f_2)}(r,\theta)+w^{(c\mathrm{II})}(r,\theta)$$
$$\theta=0,\quad r\geqslant A_2;\quad \theta=\pi,\quad r\geqslant A_1 \quad (6\text{-}187)$$

式中，$w^{(t1)}$ 和 $w^{(t2)}$ 的表达式已经给出，$w^{(f_1)}$、$w^{(f_2)}$、$w^{(c\mathrm{I})}$ 和 $w^{(c\mathrm{II})}$ 的表达式可分别表示为

$$w^{(f_1)}=\int_{A_1+R_0}^{\infty}f_1(r_0,\pi)G_w^A(r,\theta;r_0,\pi)\mathrm{d}r_0+\int_{A_2+R_0}^{\infty}f_1(r_0,0)G_w^A(r,\theta;r_0,0)\mathrm{d}r_0$$

$$w^{(f_2)}=-\int_{A_1+R_0}^{\infty}f_2(r_0,\pi)G_w^B(r,\theta;r_0,\pi)\mathrm{d}r_0-\int_{A_2+R_0}^{\infty}f_2(r_0,0)G_w^B(r,\theta;r_0,0)\mathrm{d}r_0$$

$$w^{(c\mathrm{I})}=\int_{R_0}^{A_1+R_0}\tau_{\theta z}^{(t1)}(r_0,\pi)G_w^A(r,\theta;r_0,\pi)\mathrm{d}r_0-\int_{R_0}^{A_2+R_0}\tau_{\theta z}^{(t1)}(r_0,0)G_w^A(r,\theta;r_0,0)\mathrm{d}r_0$$

$$w^{(c\mathrm{II})}\&=-\int_{R_0}^{A_1+R_0}\tau_{\theta z}^{(t2)}(r_0,\pi)G_w^B(r,\theta;r_0,\pi)\mathrm{d}r_0+\int_{R_0}^{A_2+R_0}\tau_{\theta z}^{(t2)}(r_0,0)G_w^B(r,\theta;r_0,0)\mathrm{d}r_0$$

将上述各式代入式（6-187），并结合应力连续条件式（6-186），便可得求解问题的定解积分方程组：

$$\int_{A_1+R_0}^{\infty}f_1(r_0,\pi)[G_w^A(r,\pi;r_0,\pi)+G_w^B(r,\pi;r_0,\pi)]\mathrm{d}r_0$$
$$+\int_{A_2+R_0}^{\infty}f_1(r_0,0)[G_w^A(r,\pi;r_0,0)+G_w^B(r,\pi;r_0,0)]\mathrm{d}r_0$$
$$=[w^{(fs)}(r,\pi)-w^{(is)}(r,\pi)-w^{(rs)}(r,\pi)]$$
$$+\int_{A_1+R_0}^{\infty}[\tau_{\theta z}^{(t1)}(r_0,\pi)-\tau_{\theta z}^{(t2)}(r_0,\pi)]G_w^{(t2)}(r,\pi;r_0,\pi)\mathrm{d}r_0$$
$$-\int_{A_2+R_0}^{\infty}[\tau_{\theta z}^{(t1)}(r_0,0)-\tau_{\theta z}^{(t2)}(r_0,0)]G_w^B(r,\pi;r_0,0)\mathrm{d}r_0$$
$$-\int_{R_0}^{A_1+R_0}\tau_{\theta z}^{(t1)}(r_0,\pi)G_w^A(r,\pi;r_0,\pi)\mathrm{d}r_0+\int_{R_0}^{A_2+R_0}\tau_{\theta z}^{(t1)}(r_0,0)G_w^A(r,\pi;r_0,0)\mathrm{d}r_0$$

$$-\int_{R_0}^{A_1+R_0} \tau_{\theta z}^{(t2)}(r_0,\pi) G_w^B(r,\pi;r_0,\pi) \mathrm{d}r_0 + \int_{R_0}^{A_2+R_0} \tau_{\theta z}^B(r_0,0) G_w^B(r,\pi;r_0,0) \mathrm{d}r_0$$

$$(6\text{-}188)$$

$$\int_{A_1+R_0}^{\infty} f_1(r_0,\pi)[G_w^A(r,0;r_0,\pi)+G_w^B(r,0;r_0,\pi)]\mathrm{d}r_0$$
$$+\int_{A_2+R_0}^{\infty} f_1(r_0,0)[G_w^A(r,0;r_0,0)+G_w^B(r,0;r_0,0)]\mathrm{d}r_0$$
$$=[w^{(fs)}(r,0)-w^{(is)}(r,0)-w^{(rs)}(r,0)]$$
$$+\int_{A_1+R_0}^{\infty}[\tau_{\theta z}^{(t1)}(r_0,\pi)-\tau_{\theta z}^{(t2)}(r_0,\pi)]G_w^B(r,0;r_0,\pi)\mathrm{d}r_0$$
$$-\int_{A_2+R_0}^{\infty}[\tau_{\theta z}^{(t1)}(r_0,0)-\tau_{\theta z}^B(r_0,0)]G_w^B(r,0;r_0,0)\mathrm{d}r_0$$
$$-\int_{R_0}^{A_1+R_0}\tau_{\theta z}^{(t1)}(r_0,\pi)G_w^A(r,0;r_0,\pi)\mathrm{d}r_0+\int_{R_0}^{A_2+R_0}\tau_{\theta z}^{(t1)}(r_0,0)G_w^A(r,0;r_0,0)\mathrm{d}r_0$$
$$-\int_{R_0}^{A_1+R_0}\tau_{\theta z}^B(r_0,\pi)G_w^B(r,0;r_0,\pi)\mathrm{d}r_0+\int_{R_0}^{A_2+R_0}\tau_{\theta z}^B(r_0,0)G_w^B(r,0;r_0,0)\mathrm{d}r_0$$

$$(6\text{-}189)$$

式中，G_w^A和G_w^B分别代表压电介质Ⅰ、Ⅱ中的位移格林函数，它们的表达式分别由式（6-67）、式（6-70）给出。

6.5.3 动应力强度因子

在界面圆孔边裂纹的尖端点，动应力场仍然具有平方根奇异性，这里引入界面圆孔边径向裂纹的动态应力强度因子k_III，有关系式：

$$k_\mathrm{III}=\lim_{r_0\to R_0+A}f_1(r_0,\theta_0)\cdot\sqrt{2(r_0-R_0-A)},\quad A=A_1,A_2 \qquad (6\text{-}190)$$

与上节中类似，对式（6-188）和式（6-189）中的被积函数作代换：

$$f_1(r_0,\theta_0)\cdot(G_w^A+G_w^B)=[f_1(r_0,\theta_0)\cdot\sqrt{2(r_0-R_0-A)}]\cdot[(G_w^A+G_w^B)/\sqrt{2(r_0-R_0-A)}]$$

$$(6\text{-}191)$$

那么，在界面孔边裂纹的尖端点处则有

$$\lim_{r_0\to R_0+A}[f_1(r_0,\theta_0)\cdot\sqrt{2(r_0-R_0-A)}]\cdot\left[\frac{(G_w^A+G_w^B)}{\sqrt{2(r_0-R_0-A)}}\right]$$
$$=k_\mathrm{III}\cdot\left[\frac{(G_w^A+G_w^B)}{\sqrt{2(r_0-R_0-A)}}\right] \qquad (6\text{-}192)$$

这样，代换后的定解积分方程就可以直接给出k_III的数值结果。但是在具体应用中，一般定义一个无量纲的动应力强度因子k_3^σ：

$$k_3^{\sigma} = \left| \frac{k_{\mathrm{III}}}{(\tau_0 Q)} \right| \tag{6-193}$$

式中，τ_0 为与透射波相对应的剪切应力的最大幅值，$\tau_0 = -\mathrm{i}k_2(c_{44}^{\mathrm{B}} w_2 + e_{15}^{\mathrm{B}} \phi_2) Q$ 仍为特征尺寸，具有长度平方根的量纲。同上节中一样，对于对称的界面孔边径向共线裂纹，Q 取表达式：

$$Q = \frac{\sqrt{(A+R_0)^4 - R_0^4}}{\sqrt{(A+R_0)^3}} \tag{6-194}$$

而对于界面孔边径向单裂纹情况，Q 仍取表达式：

$$Q = \sqrt{\frac{A}{2} + R_0} \tag{6-195}$$

对于代换后的定解积分方程式（6-188）和式（6-189）属于第一类弗雷德霍姆积分方程，它仍具有对数奇异性和平方根奇异性。对于方程的求解还是采用上节中用到的直接数值积分方法，其过程与上节中相同，这里不再赘述。

6.5.4 算例和分析

作为算例，本节给出了界面圆孔两边含对称相等裂纹和圆孔左边含单一长度为 A 的裂纹两种情况下的计算结果，给出波入射时，动应力强度因子随入射波频率、材料的物理参数和结构几何参数的变化规律。以下均以裂纹左端尖点为例进行讨论。图中以 λ_{I} 和 λ_{II} 分别表示上下介质中的压电综合参数，α 表示入射波的角度，$k_{\mathrm{I}} R_0$ 表示无量纲波数，A/R_0 表示裂纹长度与圆孔半径的比值，c_{I}^* 和 c_{II}^* 分别表示上下介质中的剪切弹性模量。图 6.81~图 6.87 给出的是双相压电介质中孔边对称裂纹模型的结果，图 6.88~图 6.90 给出的是双相压电介质中孔边单裂纹模型时的结果。

(1) 图 6.81 给出了 SH 波垂直入射，在 $\lambda_{\mathrm{I}} = \lambda_{\mathrm{II}} = 0.0$，圆孔半径趋于零，即退化到含直线型界面裂纹的双相各向同性弹性材料时的结果，与 Loeber 和 Sih 在参考文献 [15] 中采用其他方法得到的结果基本吻合，最大误差不超过 1.5%。

(2) 图 6.82 给出了 SH 波垂直入射时，取两组不同的频率，两个模型中裂纹尖端的 DSIF 分别随 A/R_0 的变化。从图中可以看到，尽管随着裂纹长度的相对增加圆孔的影响逐渐变小，但孔边裂纹的 DSIF 值和简化后的直线型裂纹的 DSIF 值大小交替变化，范围从 -18% 至 52%。

(3) 图 6.83 给出了 SH 波垂直入射孔边裂纹，压电参数 $\lambda_{\mathrm{II}} = 1.0$，裂纹长度与孔径比 $A/R_0 = 1.0$，λ_{I} 取不同值时，裂纹尖端的 DSIF 随无量纲波数 $k_{\mathrm{I}} R_0$

的变化。可以看到，在低频段($k_\mathrm{I} R_0 < 1.0$)时，压电参数λ_I越小，对应的DSIF的峰值越高，谷值越低。而在高频段($k_\mathrm{I} R_0 > 1.0$)时，其趋势正好相反，这点与单裂纹时情况不同。

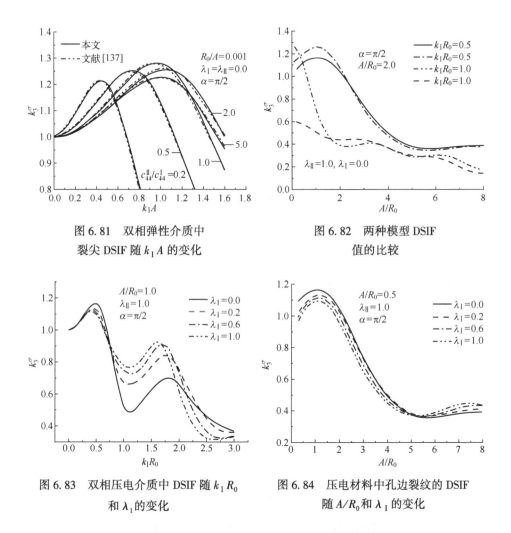

图 6.81 双相弹性介质中裂尖 DSIF 随 $k_\mathrm{I} A$ 的变化

图 6.82 两种模型 DSIF 值的比较

图 6.83 双相压电介质中 DSIF 随 $k_\mathrm{I} R_0$ 和 λ_I 的变化

图 6.84 压电材料中孔边裂纹的 DSIF 随 A/R_0 和 λ_I 的变化

(4) 图 6.84 给出了 SH 波垂直入射孔边裂纹，压电参数 $\lambda_\mathrm{II} = 1.0$，无量纲波数 $k_\mathrm{I} R_0 = 0.5$，λ_I 取不同值时，裂纹尖端的 DSIF 随比率 A/R_0 的变化。从图中可以发现，压电参数 λ_I 越小，对应的 DSIF 的峰值反而越高，谷值越低，且在裂纹长度与圆孔半径相差不多时 DSIF 的值比其他情况要明显大很多。

(5) 图 6.85 给出了 SH 波垂直入射，$e_{15}^A = e_{15}^B = 0.0$，且 $\rho^A = \rho^B$、$c_\mathrm{I}^* / c_\mathrm{II}^*$

(c^* 在前面已有定义)取不同值时,裂纹尖端的 DSIF 随无量纲波数 $k_1 R_0$ 的变化。从图中可以看到,随着无量纲波数的增大,裂纹尖端的 DSIF 值振荡衰减,其最大峰值随 c_1^*/c_{II}^* 值的增大而相对于波数出现得越早,且其值也略微增大。

(6) 图6.86给出了 SH 波垂直入射孔边裂纹,压电参数 $\lambda_I = 0.0$、$\lambda_{II} = 1.0$,无量纲波数 $k_1 R_0$ 取不同值时,裂纹尖端的 DSIF 随比率 A/R_0 的变化。可以看到,各 DSIF 曲线的峰值均在 $A/R_0 < 1.5$ 左右时出现,并且低频 $k_1 R_0 = 0.5$ 时对应的 DSIF 值明显大于另外两条曲线,这说明对材料在低频情况下的动力学分析是很有必要的。

(7) 图6.87给出了 SH 波垂直入射,压电常参数 $\lambda_I = 0.0$、$\lambda_{II} = 1.0$ 裂纹半长度与孔径比 A/R_0 取不同值时,裂纹尖端的 DSIF 随无量纲波数 $k_1 R_0$ 的变化。从中可以看到,各 DSIF 曲线的最大峰值均在 $k_1 R_0 = 0.3 \sim 0.7$ 时出现,并且随着比率 A/R_0 的值越大,其对应的 DSIF 峰值越大。

(8) 图6.88给出了 SH 波垂直入射孔边单一裂纹,压电参数 $\lambda_{II} = 1.0$,裂纹长度与孔径比 $A/R_0 = 1.0$,λ_I 取不同值时,裂纹尖端的 DSIF 随无量纲波数 $k_1 R_0$ 的变化。从图中可以看到,在低频段 $k_1 R_0 < 0.8$ 左右时,DSIF 曲线的峰值随压电参数 λ_I 的越小而增大。在 $0.8 < k_1 R_0 < 2.0$ 左右时,其趋势正好相反。而且各 DSIF 曲线在低频段时的值要明显比高频段大得多,所以低频情况下的动力学分析更为重要。

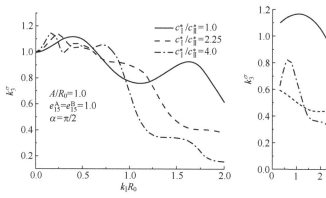

图6.85 双相压电介质中 DSIF 随 $k_1 R_0$ 和 c_1^*/c_{II}^* 的变化

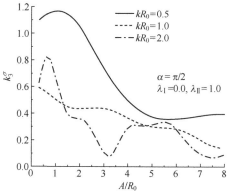

图6.86 双相压电介质中 DSIF 随 A/R_0 和 $k_1 R_0$ 的变化

(9) 图6.89给出了 SH 波垂直入射,压电常参数 $\lambda_I = 0.0$、$\lambda_{II} = 1.0$,裂纹半长度与孔径比 A/R_0 取不同值时,裂纹尖端的 DSIF 随无量纲波数 $k_1 R_0$ 的变化。可以发现,各 DSIF 曲线均在 $k_1 R_0 = 0.4 \sim 0.6$ 时取得最大峰值。随着比

率 A/R_0 的增加，其对应的 DSIF 最大峰值也相应增大，且最大峰值对应的频率向低频移动。

（10）图 6.90 给出了 SH 波垂直入射，$\lambda_{\mathrm{I}}=\lambda_{\mathrm{II}}=0.0$、$\rho^A=\rho^B$、$c_{44}^{\mathrm{I}}/c_{44}^{\mathrm{II}}$ 取不同值时，裂尖的 DSJF 随无量纲波数 $k_{\mathrm{I}}R_0$ 的变化。可以看到，裂尖的 DSIF 值随波数的增大而振荡衰减，随 $c_{44}^{\mathrm{I}}/c_{44}^{\mathrm{II}}$ 值的增大其最大峰值相应增大，且最大峰值相对于波数出现得也越早。

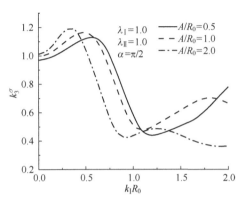

图 6.87 双相压电介质中 DSIF 随 A/R_0 和 $k_{\mathrm{I}}R_0$ 的变化

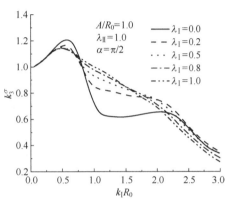

图 6.88 双相压电介质中 DSIF 随 $k_{\mathrm{I}}R_0$ 和 λ_{I} 的变化

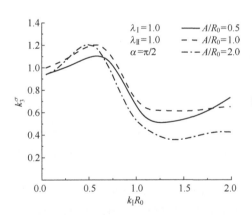

图 6.89 双相压电介质中 DSIF 随 A/R_0 和 $k_{\mathrm{I}}R_0$ 的变化

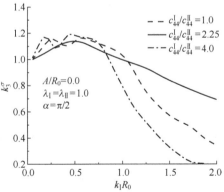

图 6.90 弹性材料时 DSIF 随 $k_{\mathrm{I}}R_0$ 和 $c_{44}^A/c_{44}^B\lambda_{\mathrm{I}}$ 的变化

通过对具体算例所给出的数据结果，可以得到一些初步的结论：

（1）在动态分析中，孔边裂纹的 DSIF 并不总是小于将圆孔看作直线型裂纹的一部分而得到的直线型裂纹的 DSIF，它围绕直线型裂纹 DSIF 曲线呈现出波动性。尤其当孔边裂纹的长度与圆孔半径为一个数量级时，将此类缺陷按直线型裂纹的简化计算将引起一定的误差。

（2）随着入射波频率的增加，缺陷附近的动应力和电场强度的集中呈现出振荡衰减的现象，因此对含缺陷压电材料在低频情况下的动力学分析更为重要。

（3）在双相压电介质中，界面的存在可能增加也可能减小，缺陷附近的动应力和电场强度集中。综合考虑压电材料结构的几何参数和物理参数，选取适当的介质组合可以降低结构破坏的可能性。

参 考 文 献

[1] 李冬. 含界面附近多种缺陷压电介质动力反平面行为 [D]. 哈尔滨：哈尔滨工程大学，2011.

[2] DAVIS P J, RABINOWITZ P. Numerical Integration [J]. Mathematics of Computation, 1967, 22 (102).

[3] LOEBER J F. Diffraction of Antiplane Shear Waves by a Finite Crack [J]. The Journal of the Acoustical Society of America, 1968, 44 (1): 90-98.

[4] MEGUID S A, WANG X D. Dynamic antiplane behaviour of interacting cracks in a piezoelectric medium [J]. International Journal of Fracture, 1998, 91 (4): 391-403.

[5] WANG X D, MEGUID S A. Effect of electromechanical coupling on the dynamic interaction of cracks in piezoelectric materials [J]. Acta Mechanica, 2000, 143 (1-2): 1-15.

[6] 刘宏伟. 界面圆孔和孔边裂纹对SH波散射问题的研究 [D]. 哈尔滨：哈尔滨工程大学，1997.

[7] 许金泉. 界面力学 [M]. 北京：科学出版社，2006.

[8] 刘殿魁，林宏. SH波对双相介质界面附近圆形孔洞的散射 [J]. 固体力学学报，2003, 24 (2): 197-204. DOI: 10.19636/j.cnki.cjsm42-1250/o3.2003.02.010.

[9] 宋天舒，刘殿魁，于新华. SH波在压电材料中的散射和动应力集中 [J]. 哈尔滨工程大学，2002, 23 (1): 120-123.

[10] LIU D, HONG L. Scattering of SH-waves by an interacting interface linear crack and a circular cavity near bimaterial interface [J]. 力学学报（英文版），2004, 20 (3): 10.

[11] ACHENBACH J D, THAU S A. Wave propagation in elastic solids [J]. Journal of Applied Mechanics, 1980, 41 (2): 544.

[12] PAO Y H, Mow C C. The Diffraction of Elastic Waves and Dynamic Stress Concentrations [J]. Journal of Applied Mechanics, 1973.

[13] WANG X D. On the dynamic behaviour of interacting interfacial cracks in piezoelectric media [J]. International Journal of Solids and Structures, 2001, 38 (5): 815-831.

[14] 刘殿魁,刘宏伟. 孔边裂纹对 SH 波的散射及其动应力强度因子 [J]. 力学学报, 1999 (3): 292-299.
[15] LOEBER J F, SIH G C. Transmission of anti-plane shear waves past an interface crack in dissimilar media [J]. Engineering Fracture Mechanics, 1973, 5 (3): 699-725.
[16] 李冬. 含界面裂纹的双相压电材料的动力反平面行为 [D]. 哈尔滨:哈尔滨工程大学, 2008.
[17] 李志刚. 含界面圆孔的双相压电介质的动力反平面行为 [D]. 哈尔滨:哈尔滨工程大学, 2008.
[18] 云天铨. 积分方程及其在力学中的应用 [M]. 广州:华南理工大学出版社, 1990.

第 7 章 直角域内含缺陷的压电介质的反平面动力学研究

7.1 直角域内含圆孔缺陷的压电介质的反平面动力学研究

7.1.1 基本控制方程

在压电介质中,设电极化方向垂直于 xy 平面,则稳态反平面动力学问题的控制方程为[1-2]

$$\begin{cases} c_{44}\nabla^2 w + e_{15}\nabla^2 \phi + \rho\omega^2 w = 0 \\ e_{15}\nabla^2 w - k_{11}\nabla^2 \phi = 0 \end{cases} \tag{7-1}$$

式 (7-1) 省略了时间谐和因子 $\exp(-\mathrm{i}\omega t)$(以下相同)。其中,$c_{44}$、$e_{15}$ 和 k_{11} 分别为压电材料的弹性常数、压电系数和介电常数;w、ϕ、ρ 和 ω 分别表示出平面位移、介质中的电位势、质量密度和 SH 波的圆频率。控制方程 (7-1) 可进一步简化为

$$\nabla^2 w + k^2 w = 0, \quad \phi = \frac{e_{15}}{k_{11}}(w+f), \quad \nabla^2 f = 0 \tag{7-2}$$

式中,k 为波数,$k^2 = \rho\omega^2/c^*$,$c^* = c_{44} + e_{15}^2/k_{11}$。

引入复变量 $z = x+\mathrm{i}y$,$\bar{z} = x-\mathrm{i}y$,在复平面 $(z,\bar{z})$ 上,控制方程 (7-2) 变为

$$\frac{\partial w}{\partial z \partial \bar{z}} + \frac{1}{4}k^2 w = 0, \quad \frac{\partial^2 f}{\partial z \partial \bar{z}} = 0 \tag{7-3}$$

在复平面上 $z = r\mathrm{e}^{\mathrm{i}\theta}$,$\bar{z} = r\mathrm{e}^{-\mathrm{i}\theta}$ 本构关系为

$$\begin{cases} \tau_{rz} = c_{44}\left(\dfrac{\partial w}{\partial z}\mathrm{e}^{\mathrm{i}\theta} + \dfrac{\partial w}{\partial \bar{z}}\mathrm{e}^{-\mathrm{i}\theta}\right) + e_{15}\left(\dfrac{\partial \phi}{\partial z}\mathrm{e}^{\mathrm{i}\theta} + \dfrac{\partial \phi}{\partial \bar{z}}\mathrm{e}^{-\mathrm{i}\theta}\right) \\[2mm] \tau_{\theta z} = \mathrm{i}c_{44}\left(\dfrac{\partial w}{\partial z}\mathrm{e}^{\mathrm{i}\theta} - \dfrac{\partial w}{\partial \bar{z}}\mathrm{e}^{-\mathrm{i}\theta}\right) + \mathrm{i}e_{15}\left(\dfrac{\partial \phi}{\partial z}\mathrm{e}^{\mathrm{i}\theta} - \dfrac{\partial \phi}{\partial \bar{z}}\mathrm{e}^{-\mathrm{i}\theta}\right) \\[2mm] D_r = e_{15}\left(\dfrac{\partial w}{\partial z}\mathrm{e}^{\mathrm{i}\theta} + \dfrac{\partial w}{\partial \bar{z}}\mathrm{e}^{-\mathrm{i}\theta}\right) - k_{11}\left(\dfrac{\partial \phi}{\partial z}\mathrm{e}^{\mathrm{i}\theta} + \dfrac{\partial \phi}{\partial \bar{z}}\mathrm{e}^{-\mathrm{i}\theta}\right) \\[2mm] D_\theta = \mathrm{i}e_{15}\left(\dfrac{\partial w}{\partial z}\mathrm{e}^{\mathrm{i}\theta} + \dfrac{\partial w}{\partial \bar{z}}\mathrm{e}^{-\mathrm{i}\theta}\right) - \mathrm{i}k_{11}\left(\dfrac{\partial \phi}{\partial z}\mathrm{e}^{\mathrm{i}\theta} - \dfrac{\partial \phi}{\partial \bar{z}}\mathrm{e}^{-\mathrm{i}\theta}\right) \end{cases} \tag{7-4}$$

式中，τ_{rz} 和 $\tau_{\theta z}$ 为剪应力；D_r 和 D_θ 为电位移。

7.1.2 问题的物理模型与理论分析

含圆孔直角平面区域的模型如图 7.1 所示。直角坐标系 xoy 的原点与半径为 R 的圆孔孔心重合，其与两个界面的距离分别为 h 和 d。一组稳态波沿与 x 轴负向成 α 的方向入射。问题的边界条件为

$$\begin{cases} \Gamma_H: \tau_{yz}=0, \quad D_y=0 \,(y=h) \\ \Gamma_V: \tau_{xz}=0, \quad D_x=0 \,(x=-d) \\ \Gamma_R: \tau_{rz}=0, \quad D_r=D_r^c, \quad \phi=\phi^c \,(r=R) \end{cases} \quad (7-5)$$

式中，D_r^c 和 ϕ^c 分别为圆孔内的电位移和电位势。在上述边界条件下，满足方程（7-3）的解答包括入射波场和由圆孔激发的散射场两部分。

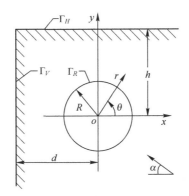

图 7.1 含圆孔直角平面区域的模型

在直角域内，位移场 $w^{(i)}$ 和电场 $\phi^{(i)}$ 可分别表示为

$$\begin{cases} w^{(i)} = w_0 \exp\{(z-\mathrm{i}h)\mathrm{e}^{-\mathrm{i}\beta_0} + (\bar{z}+\mathrm{i}h)\mathrm{e}^{\mathrm{i}\beta_0}\} \\ \phi^{(i)} = e_{15}/k_{11} \cdot w^{(i)} \end{cases} \quad (7-6)$$

式中，w_0 为入射波的最大位移幅值；$\beta_0 = \pi - \alpha$。

基于散射场的对称性，利用参考文献 [3] 给出的镜像法将含有圆孔的直角平面区域镜像成半无限空间[4-5]，镜像模型如图 7.2 所示。镜像后的等效位移场 $w^{(ie)}$ 和等效电场 $\phi^{(ie)}$ 能满足边界 Γ_V 上应力自由和电绝缘的边界条件。这样可以将直角域转化为半无限域中的动力学问题。

在半无限空间中，等效入射位移场 $w^{(ie)}$ 和等效电场 $\phi^{(ie)}$ 的表达式可写为

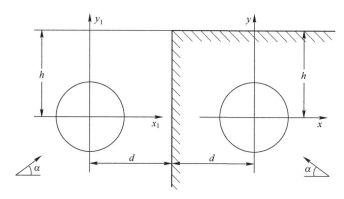

图 7.2 直角平面区域镜像模型

$$\begin{cases} w^{(ie)} = w_0 \exp\{ik/2 \cdot [(z-ih)e^{-i\beta_0} + (\bar{z}+ih)e^{i\beta_0}]\} + w_0 \exp\{ik/2 \cdot [(z-ih)e^{-i\alpha} + (\bar{z}+ih)e^{i\alpha}]\} \\ \phi^{(ie)} = e_{15}/k_{11} \cdot w^{(ie)} \end{cases}$$

(7-7)

式中，$z_1 = z + 2d$，$\bar{z}_1 = \bar{z} + 2d$。

相应的等效反射位移场 $w^{(re)}$ 和电场 $\phi^{(re)}$ 可写为

$$\begin{cases} w^{(re)} = w_0 \exp\{ik/2 \cdot [(z-ih)e^{i\beta_0} + (\bar{z}+ih)e^{-i\beta_0}]\} + w_0 \exp\{ik/2 \cdot [(z-ih)e^{i\alpha} + (\bar{z}+ih)e^{-i\alpha}]\} \\ \phi^{(re)} = e_{15}/k_{11} \cdot w^{(re)} \end{cases}$$

(7-8)

对于圆孔产生的散射场，求解控制方程 (7-3)，并让解预先满足二维直角平面两条直角边上的应力自由和电绝缘条件，则由圆孔边界在直角平面介质内产生的散射位移场 $w^{(s)}$ 和散射电场 $\phi^{(s)}$ 的表达式为

$$w^{(s)} = \sum_{n=-\infty}^{\infty} A_n \sum_{j=1}^{4} S_n^{(j)}, \quad \phi^{(s)} = e_{15}/k_{11} \cdot (w^{(s)} + f^{(s)}) \quad (7-9)$$

式中：

$$S_n^{(1)} = H_n^{(1)}(k|z|)[z/|z|]^n$$
$$S_n^{(2)} = H_n^{(1)}(k|z-2ih|)[(z-2ih)/|z-2ih|]^{-n}$$
$$S_n^{(3)} = (-1)^n H_n^{(1)}(k|z_1|)[z_1/|z_1|]^{-n}$$
$$S_n^{(4)} = (-1)^n H_n^{(1)}(k|z_1-2ih|)[(z_1-2ih)/|z_1-2ih|]^n$$

$$f = \sum_{n=1}^{\infty} D_n[z^{-n} + (\bar{z}+2ih)^{-n} + (-1)^n(z_1-2ih)^{-n} + (-1)^n \bar{z}_1^{-n}]$$
$$+ \sum_{n=1}^{\infty} E_n[\bar{z}^{-n} + (z-2ih)^{-n} + (-1)^n z_1^{-n} + (-1)^n(\bar{z}_1+2ih)^{-n}]$$

第7章 直角域内含缺陷的压电介质的反平面动力学研究

式中，A_n、D_n、E_n 为待定系数；$H_n^{(1)}$ 为 n 阶第一类汉克尔函数。

圆孔内只有电场，其电位势应为有限值：

$$\phi^c = e_{15}/k_{11} \cdot \left[\sum_{n=0}^{\infty} F_n z^n + \sum_{n=1}^{\infty} L_n \bar{z}^n \right] \quad (7\text{-}10)$$

式中，F_n，L_n 为待定系数。

压电材料直角域内的总位移场和总电位势为

$$w^{(t)} = w^{(ie)} + w^{(re)} + w^{(s)}, \quad \phi^{(t)} = \phi^{(ie)} + \phi^{(re)} + \phi^{(s)} \quad (7\text{-}11)$$

将式（7-11）代入本构方程式（7-4），得到相应的应力和电位移，利用式（7-5）中第三式的圆孔边界条件可得出确定待定系数 A_n、D_n、E_n、F_n、L_n 的无穷代数方程组：

$$\begin{cases}
\zeta^{(1)} = \sum_{n=-\infty}^{\infty} A_n \xi_n^{(11)} + \sum_{n=1}^{\infty} D_n \xi_n^{(12)} + \sum_{n=1}^{\infty} E_n \xi_n^{(13)} \\
\zeta^{(2)} = \sum_{n=1}^{\infty} D_n \xi_n^{(22)} + \sum_{n=1}^{\infty} E_n \xi_n^{(22)} + \sum_{n=1}^{\infty} F_n \xi_n^{(24)} + \sum_{n=1}^{\infty} L_n \xi_n^{(25)} \\
\zeta^{(3)} = \sum_{n=-\infty}^{\infty} A_n \xi_n^{(31)} + \sum_{n=1}^{\infty} D_n \xi_n^{(32)} + \sum_{n=1}^{\infty} E_n \xi_n^{(33)} + \sum_{n=0}^{\infty} F_n \xi^{(34)} + \sum_{n=1}^{\infty} L_n \xi^{(35)}
\end{cases} \quad (7\text{-}12)$$

式中，

$$\xi_n^{(11)} = \frac{k(1+\lambda)}{2} \left[\sum_{j=1}^{4} \chi_n^{(j)} \exp(i\theta) + \sum_{j=1}^{4} \gamma_n^{(j)} \exp(-i\theta) \right]$$

$$\xi_n^{(12)} = \lambda \left[\sum_{j=1}^{2} \xi_n^{(j)} \exp(i\theta) + \sum_{j=1}^{2} \vartheta_n^{(j)} \exp(-i\theta) \right]$$

$$\xi_n^{(13)} = \lambda \left[\sum_{j=1}^{2} v_n^{(j)} \exp(i\theta) + \sum_{j=1}^{2} \psi_n^{(j)} \exp(-i\theta) \right]$$

$$\xi_n^{(22)} = k_{11} \left[\sum_{j=1}^{2} \zeta_n^{(j)} \exp(i\theta) + \sum_{j=1}^{2} \vartheta_n^{(j)} \exp(-i\theta) \right]$$

$$\xi_n^{(23)} = k_{11} \left[\sum_{j=1}^{2} u_n^{(j)} \exp(i\theta) + \sum_{j=1}^{2} \psi_n^{(j)} \exp(-i\theta) \right]$$

$$\xi_n^{(24)} = -k_0 n z^{n-1} \exp(i\theta)$$

$$\xi_n^{(25)} = -k_0 n \bar{z}^{n-1} \exp(-i\theta)$$

$$\xi_n^{(31)} = \sum_{j=1}^{4} S_n^{(j)}$$

$$\xi_n^{(32)} = z^{-n} + (\bar{z}+2ih)^{-n} + (-1)^n (z_1-2ih)^{-n} + (-1)^n \bar{z}_1^{-n}$$

$$\xi_n^{(33)} = \bar{z}^{-n} + (z-2ih)^{-n} + (-1)^n z_1^{-n} + (-1)^n (\bar{z}_1+2ih)^{-n}$$
$$\xi_n^{(34)} = z^{-n}$$
$$\xi_n^{(35)} = -\bar{z}^{-n}$$
$$\zeta^{(1)} = -\mathrm{i}(1+\lambda)kw_0[T_1\cos(\theta-\beta_0)+T_2\cos(\theta-\beta_0)+T_3\cos(\theta+\beta_0)+T_4\cos(\theta+\alpha)]$$
$$\zeta^{(2)} = 0$$
$$\zeta^{(3)} = -w_0[T_1+T_2+T_3+T_4]$$
$$\chi_n^{(1)} = H_{n-1}^{(1)}(k|z|)[z/|z|]^{n-1}$$
$$\chi_n^{(2)} = -H_{n+1}^{(1)}(k|z-2ih|)[(z-2ih)/|z-2ih|]^{-(n+1)}$$
$$\chi_n^{(3)} = (-1)^n H_{n+1}^{(1)}(k|z_1|)[z_1/|z_1|]^{-(n+1)}$$
$$\chi_n^{(4)} = (-1)^n H_{n-1}^{(1)}(k|z_1-2ih|)[(z_1-2ih)/|z_1-2ih|]^{n-1}$$
$$\gamma_n^{(1)} = -H_{n-1}^{(1)}(k|z|)[z/|z|]^{n+1}$$
$$\gamma_n^{(2)} = H_{n-1}^{(1)}(k|z-2ih|)[(z-2ih)/|z-2ih|]^{-(n-1)}$$
$$\gamma_n^{(3)} = -(-1)^n H_{n-1}^{(1)}(k|z_1|)[z_1/|z_1|]^{-(n-1)}$$
$$\gamma_n^{(4)} = -(-1)^n H_{n+1}^{(1)}(k|z_1-2ih|)[(z_1-2ih)/|z_1-2ih|]^{n+1}$$
$$\zeta_n^{(1)} = (-n) \cdot z^{-(n+1)}$$
$$\zeta_n^{(2)} = (-n)^{n+1} \cdot n(z_1-2ih)^{-(n+1)}$$
$$\partial_n^{(1)} = (-n) \cdot (\bar{z}+2ih)^{-(n+1)}$$
$$\partial_n^{(2)} = (-1)^{n+1} \cdot n\bar{z}^{-(n+1)}$$
$$\psi_n^{(1)} = (-n) \cdot \bar{z}^{-(n+1)}$$
$$\psi_n^{(2)} = (-1)^{n+1} \cdot n(\bar{z}_1+2ih)^{-(n+1)}$$
$$T_1 = \exp\{ik/2 \cdot [(z-ih)e^{-i\beta_0}+(\bar{z}+ih)e^{i\beta_0}]\}$$
$$T_2 = \exp\{ik/2 \cdot [(z_1-ih)e^{-i\alpha}+(\bar{z}_1+ih)e^{i\alpha}]\}$$
$$T_3 = \exp\{ik/2 \cdot [(z-ih)e^{i\beta_0}+(\bar{z}+ih)e^{-i\beta_0}]\}$$
$$T_4 = \exp\{ik/2 \cdot [(z_1-ih)e^{i\alpha}+(\bar{z}_1+ih)e^{-i\alpha}]\}$$

式中，$\lambda = e_{15}^2/(c_{44}k_{11})$，$k_0$ 为圆孔内的介电常数。

式 (7-12) 两边同乘 $e^{im\theta}$，并在 $(-\pi,\pi)$ 上积分，有

$$\begin{cases} \zeta_m^{(1)} = \sum_{n=-\infty}^{\infty} A_n \xi_{nn}^{(11)} + \sum_{n=1}^{\infty} D_n \xi_{nn}^{(12)} + \sum_{n=1}^{\infty} E_n \xi_{nn}^{(13)} \\ \xi_m^{(2)} = \sum_{n=1}^{\infty} D_n \xi_{nn}^{(22)} - \sum_{n=1}^{\infty} E_n \xi_{nn}^{(23)} + \sum_{n=1}^{\infty} F_n \xi_{nn}^{(24)} + \sum_{n=1}^{\infty} I_n \xi_{nn}^{(3)} \\ \zeta_m^{(3)} = \sum_{n=-\infty}^{\infty} A_n \xi_{nn}^{(31)} + \sum_{n=1}^{\infty} D_n \xi_{nn}^{(32)} + \sum_{n=1}^{\infty} F_n \xi_{nn}^{(33)} + \sum_{n=0}^{\infty} F_n \xi_{nn}^{(34)} + \sum_{n=1}^{\infty} I_n \xi_n^{(35)} \end{cases}$$

(7-13)

式中，

$$\xi_{nn}^{(11)} = \frac{1}{2\pi}\int_{-\pi}^{\pi} \xi_{nn}^{(11)} e^{im\theta} d\theta$$

$$\zeta_m^{(1)} = \frac{1}{2\pi}\int_{-\pi}^{\pi} \zeta_m^{(1)} e^{-im\theta} d\theta$$

式 (7-13) 即为决定未知系数 A_n、D_n、E_n、F_n、L_n 的无穷代数方程组。

7.1.3 动应力集中和电场强度集中

与压电直角域内的总位移场和总电位势对应的圆孔周边的环向应力与电场强度表达式为

$$\begin{cases} \tau_{\theta z}^t = \tau_{\theta z}^{ie} + \tau_{\theta z}^{re} + \tau_{\theta z}^s \\ E_\theta = -i(\partial \phi^t/\partial z \cdot e^{i\theta} - \partial \phi^t/\partial \bar{z} \cdot e^{-i\theta}) \\ r = R \end{cases} \quad (7\text{-}14)$$

于是，孔边动应力集中系数可表示为

$$\tau_{\theta z}^* = |\tau_{\theta z}^t|_{r=R}/\tau_0| \quad (7\text{-}15)$$

式中，$\tau_0 = c_{44}kw_0$，为弹性介质入射波应力幅值。

而孔边电场强度集中系数可表示为

$$E_\theta^* = |E_\theta|_{r=R}/E_0| \quad (7\text{-}16)$$

式中，$E_0 = kw_0 e_{15}/k_{11}$，为入射波的电场强度幅值。

7.1.4 数值计算和分析

作为算例，本节给出了圆孔边动应力集中系数和电场强度集中系数随材料的物理参数和结构的几何参数变化的数值结果。

(1) 图 7.3 给出稳态波以不同角度入射，其他参数不变时，孔边动应力集中系数 $\tau_{\theta z}^*$ 的变化。从图中看到，当波水平或垂直入射时，$\tau_{\theta z}^*$ 值最大，表明直角边界的存在对孔边动应力集中系数影响尤其显著。

(2) 图 7.4、图 7.5 给出孔边动应力集中系数随无量纲压电参数 λ 的变化。当 $\lambda=0$，即退化到纯弹性材料时，其值与参考文献 [5] 基本吻合。$\tau_{\theta z}^*$ 的值随 λ 的增大线性增大，且由于界面的影响，图形的上下两部分不对称。以图 7.4 (a) 中 $\lambda=1.0$ 曲线为例，其最大值为相同情况下半无限介质单圆孔[6]值的近 2 倍。

(3) 图 7.6 给出波水平入射，孔边 $\theta=\pi/2$ 处的 $\tau_{\theta z}^*$ 值随 kR 的变化。由图可见，当 $kR=0.2\sim0.6$ 时，各曲线出现最大值。以 $d/R=1.5$ 曲线为例，当 $kR=0.2\sim0.6$ 时 $\tau_{\theta z}^* \approx 16.6$，为半无限空间中单圆孔的 2.4 倍。

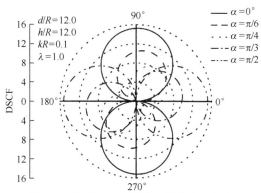

图 7.3 孔边 DSCF 随波入射角度的变化

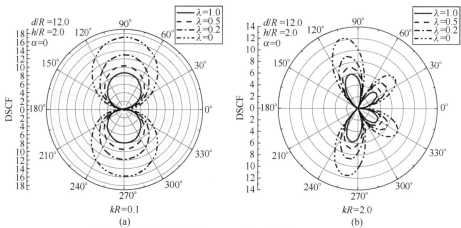

图 7.4 波水平入射时 DSCF 随 λ 的变化 ($d/R=12.0$)

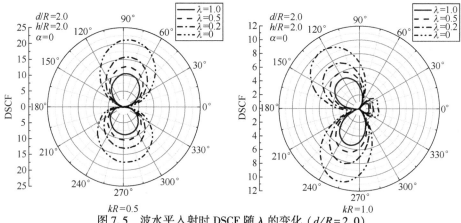

图 7.5 波水平入射时 DSCF 随 λ 的变化 ($d/R=2.0$)

第7章 直角域内含缺陷的压电介质的反平面动力学研究

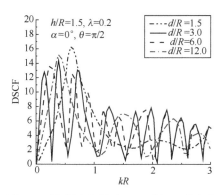

图 7.6 波水平入射时 DSCF 随 kR 的变化

（4）图 7.7、图 7.8 给出波水平入射，电场强度集中系数 E_θ^* 随 h/R 的变化。可见，曲线的上下两部分是不对称的。当 $kR=0.1$ 时，E_θ^* 值随 h/R 的增大逐渐减小，且当 $h/R>2.5$ 时，其值几乎不变；当 $kR=1.0$ 时，随 h/R 的增加，E_θ^* 值也逐渐增大。

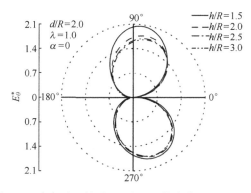

图 7.7 波水平入射时 E^* 随 h/R 的变化（$d/R=2.0$）

（5）图 7.9 给出波水平入射，孔边 $\theta=\pi/2$ 处电场强度集中系数 E_θ^* 随 h/R 的变化。$kR=0.1$ 时，当 h/R 达到 6 左右时，E_θ^* 值几乎不变，且 $d/R=12$ 时的曲线值远大于 $d/R=2$ 时的值；$kR=1.0$ 时，E_θ^* 值随 h/R 的增加振荡收敛，且 $d/R=12$ 时的 E_θ^* 值小于 $d/R=2$ 时的值。

（6）图 7.10 给出波水平入射，孔边 $\theta=\pi/2$ 处电场强度集中系数 E_θ^* 随 kR 的变化。当 $kR=0.2\sim0.8$ 时，各曲线出现峰值。随着 kR 的增加，E_θ^* 的值振荡性减小。以 $d/R=1.5$，$h/R=1.5$ 时曲线为例，在 $kR=0.6$ 左右取得峰值，约为 13.8。

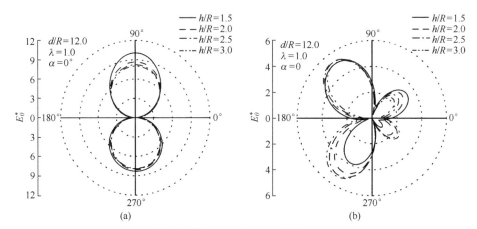

图 7.8 波水平入射时 E^* 随 h/R 的变化 ($d/R=12.0$)

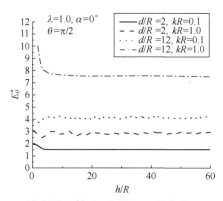

图 7.9 波水平入射时 E_θ^* 随 h/R 的变化 ($\theta=\pi/2$)

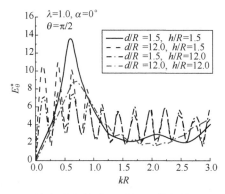

图 7.10 波水平入射时 E_θ^* 随 kR 的变化 ($\theta=\pi/2$)

7.2 直角域内含弹性导电夹杂的压电介质的动力反平面动力学研究

7.2.1 理论模型及边界条件

直角域压电介质中含单一圆柱形弹性导电夹杂的力学模型如图 7.11 所示。圆柱形夹杂的半径为 R,夹杂中心与两个直角边界面的距离分别为 h 和 d。一组稳态的力电场沿与 x 轴负向成 α 的角度入射到含圆柱形弹性导电夹杂的直角域压电介质模型中。在复平面 $(z,\bar{z})$ 上有 $z=x+\mathrm{i}y=r\mathrm{e}^{\mathrm{i}\theta}$, $\bar{z}=x-\mathrm{i}y=r\mathrm{e}^{-\mathrm{i}\theta}$。

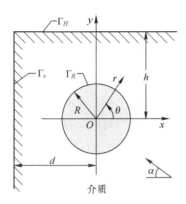

图 7.11 直角域内含圆柱形弹性导电夹杂的模型

本问题的边界条件可写为:

$$\begin{cases} \Gamma_H:\tau_{yz}^M=0, \quad D_y^M=0\,(y=h) \\ \Gamma_v:\tau_{xz}^M=0, \quad D_x^M=0\,(x=-d) \\ \Gamma_R:w^M=w^I, \quad \tau_{rz}^M=\tau_{rz}^I, \quad D_r^M=D_r^I, \quad \phi^M=\phi^I\,(r=R) \end{cases} \tag{7-17}$$

式中,上标"M"表示基体中的物理量,"I"表示夹杂中的物理量。

7.2.2 相关理论公式的推导

利用镜像法将含圆柱形导电夹杂的直角平面区域镜像成半无限域空间,满足式 (7-17) 中前两个边界条件的镜像后的等效位移场 $w^{(ie)}$、$w^{(re)}$、$w^{(s)}$ 和等效电位势场 $\phi^{(ie)}$、$\phi^{(re)}$、$\phi^{(s)}$ 的表达式与第 5 章中相同。

弹性夹杂内部的位移场根据弹性动力学的理论,其表达式为

$$w^{\mathrm{I}} = \sum_{n=-\infty}^{+\infty} F_n J_n(k^{\mathrm{I}}|z|) \left(\frac{z}{|z|}\right)^n \qquad (7-18)$$

夹杂内部的电位势场根据其应为有限值的限制条件,且满足控制方程$\nabla^2 \phi^i = 0$的表达式可以写为

$$\begin{cases} \phi^{\mathrm{I}} = \dfrac{e_{15}^{\mathrm{I}}}{k_{11}^{\mathrm{I}}} \cdot w^{\mathrm{I}} + f^{\mathrm{I}} \\ f^{\mathrm{I}} = \sum_{n=0}^{+\infty} L_n z^n + \sum_{n=1}^{+\infty} M_n \bar{z}^n \end{cases} \qquad (7-19)$$

式中,F_n、L_n、M_n为待定系数,结合等效位移场和电位势场中的未知系数A_n、D_n、E_n,利用边界条件便可求得它们的值。式(7-17)中的第三个边界条件可具体写为

$$\begin{cases} w^{(ie)} + w^{(re)} + w^{(s)} = w^{\mathrm{I}} \\ \tau_{rz}^{(ie)} + \tau_{rz}^{(re)} + \tau_{rz}^{(s)} = \tau_{rz}^{\mathrm{I}} \\ \phi^{(ie)} + \phi^{(re)} + \phi^{(s)} = \phi^{\mathrm{I}} \\ D_r^{(ie)} + D_r^{(re)} + D_r^{(s)} = D_r^{\mathrm{I}} \end{cases}, \quad r = R \qquad (7-20)$$

接下来将相关各场量分别代入式(7-20)中的边界条件便可得出确定未知系数A_n、D_n、E_n、F_n、L_n、M_n的无穷代数方程组如下:

$$\begin{cases} \zeta^{(1)} = \sum_{n=-\infty}^{\infty} A_n \xi_n^{(11)} + \sum_{n=-\infty}^{\infty} F_n \xi_n^{(14)} \\ \zeta^{(2)} = \sum_{n=-\infty}^{\infty} A_n \xi_n^{(21)} + \sum_{n=1}^{\infty} D_n \xi_n^{(22)} + \sum_{n=1}^{\infty} E_n \xi_n^{(23)} + \sum_{n=-\infty}^{\infty} F_n \xi_n^{(24)} + \sum_{n=0}^{\infty} L_n \xi_n^{(25)} + \sum_{n=1}^{\infty} M_n \xi_n^{(26)} \\ \zeta^{(3)} = \sum_{n=-\infty}^{\infty} A_n \xi_n^{(31)} + \sum_{n=1}^{\infty} D_n \xi_n^{(32)} + \sum_{n=1}^{\infty} E_n \xi_n^{(33)} + \sum_{n=-\infty}^{\infty} F_n \xi_n^{(34)} + \sum_{n=0}^{\infty} L_n \xi_n^{(35)} + \sum_{n=1}^{\infty} M_n \xi_n^{(30)} \\ \zeta^{(4)} = \sum_{n=1}^{\infty} D_n \xi_n^{(42)} + \sum_{n=1}^{\infty} E_n \xi_n^{(43)} + \sum_{n=1}^{\infty} L_n \xi_n^{(45)} + \sum_{n=1}^{\infty} M_n \xi_n^{(46)} \end{cases}$$

$$(7-21)$$

式中,

$$\xi_n^{(11)} = \sum_{j=1}^{4} S_n^{(j)}, \quad \xi_n^{(14)} = -J_n(k_{11}|z|) \cdot \left(\frac{z}{|z|}\right)^n$$

$$\xi_n^{(21)} = \frac{k^M}{2} c_{44}^M (1 + \lambda^M) \cdot \left[\sum_{j=1}^{4} \chi_n^{(j)} \exp(i\theta) + \sum_{j=1}^{4} \gamma_n^{(j)} \exp(-i\theta)\right]$$

$$\xi_n^{(22)} = e_{15}^M \left[\sum_{j=1}^{2} \zeta_n^{(j)} \exp(i\theta) + \sum_{j=1}^{2} \vartheta_n^{(j)} \exp(-i\theta) \right]$$

$$\xi_n^{(23)} = e_{15}^M \left[\sum_{j=1}^{2} v_n^{(j)} \exp(i\theta) + \sum_{j=1}^{2} \psi_n^{(j)} \exp(-i\theta) \right]$$

$$\xi_n^{(24)} = -\frac{k^{\mathrm{I}}}{2} c_{44}^{\mathrm{I}} (1+\lambda^{\mathrm{I}}) \cdot \left[J_{n-1}(k^{\mathrm{I}}|z|) \cdot \left(\frac{z}{|z|}\right)^{n-1} \exp(i\theta) \right.$$

$$\left. - J_{n+1}(k^{\mathrm{I}}|z|) \cdot \left(\frac{z}{|z|}\right)^{n+1} \exp(-i\theta) \right]$$

$$\xi_n^{(25)} = -e_{15}^{\mathrm{I}} \cdot n \cdot z^{n-1} \exp(i\theta)$$

$$\xi_n^{(26)} = -e_{15}^{\mathrm{I}} \cdot n \cdot \bar{z}^{n-1} \exp(-i\theta)$$

$$\xi_n^{(31)} = \frac{e_{15}^M}{k_{11}^M} \cdot \sum_{j=1}^{4} S_n^{(j)}$$

$$\xi_n^{(32)} = z^{-n} + (\bar{z}+2ih)^{-n} + (-1)^n (z_1 - 2ih)^{-n} + (-1)^n \bar{z}_1^{-n}$$

$$\xi_n^{(33)} = \bar{z}^{-n} + (z-2ih)^{-n} + (-1)^n z_1^{-n} + (-1)^n (\bar{z}_1 + 2ih)^{-n}$$

$$\xi_n^{(34)} = -\frac{e_{15}^{\mathrm{I}}}{k_{11}^{\mathrm{I}}} \cdot J_n(k^{\mathrm{I}}|z|) \cdot \left(\frac{z}{|z|}\right)^n$$

$$\xi_n^{(35)} = -z^n$$

$$\xi_n^{(36)} = -\bar{z}^n$$

$$\xi_n^{(42)} = k_{11}^M \cdot \left[\sum_{j=1}^{2} \zeta_n^{(j)} \exp(i\theta) + \sum_{j=1}^{2} \vartheta_n^{(j)} \exp(-i\theta) \right]$$

$$\xi_n^{(43)} = k_{11}^M \cdot \left[\sum_{j=1}^{2} v_n^{(j)} \exp(i\theta) + \sum_{j=1}^{2} \psi_n^{(j)} \exp(-i\theta) \right]$$

$$\xi_n^{(45)} = -k_{11}^{\mathrm{I}} \cdot n \cdot z^{n-1} \exp(i\theta)$$

$$\xi_n^{(46)} = -k_{11}^{\mathrm{I}} \cdot n \cdot \bar{z}^{n-1} \exp(-i\theta)$$

$$\zeta^{(1)} = -w_0 [T_1 + T_2 + T_3 + T_4]$$

$$\zeta^{(2)} = -i c_{44}^M (1+\lambda^M) k^M w_0 [T_1 \cos(\theta-\beta_0) + T_2 \cos(\theta-\alpha)$$
$$+ T_3 \cos(\theta+\beta_0) + T_4 \cos(\theta+\alpha)]$$

$$\zeta^{(3)} = -\frac{e_{15}^M}{k_{11}^M} \cdot w_0 \cdot [T_1 + T_2 + T_3 + T_4]$$

$$\zeta^{(4)} = 0$$

$$\chi_n^{(1)} = H_{n-1}^{(1)}(k^M |z|) \left(\frac{z}{|z|}\right)^{n-1}$$

$$\chi_n^{(2)} = -H_{n+1}^{(1)}(k^M |z-2\mathrm{i}h|)\left(\frac{z-2\mathrm{i}h}{|z-2\mathrm{i}h|}\right)^{-(n+1)}$$

$$\chi_n^{(3)} = -(-1)^n H_{n+1}^{(1)}(k^M |z_1|)\left(\frac{z_1}{|z_1|}\right)^{-(n+1)}$$

$$\chi_n^{(4)} = (-1)^n H_{n-1}^{(1)}(k^M |z_1-2\mathrm{i}h|)\left(\frac{z_1-2\mathrm{i}h}{|z_1-2\mathrm{i}h|}\right)^{n-1}$$

$$\gamma_n^{(1)} = -H_{n+1}^{(1)}(k^M |z|)\left(\frac{z}{|z|}\right)^{n+1}$$

$$\gamma_n^{(2)} = H_{n-1}^{(1)}(k^M |z-2\mathrm{i}h|)\left(\frac{z-2\mathrm{i}h}{|z-2\mathrm{i}h|}\right)^{-(n-1)}$$

$$\gamma_n^{(3)} = (-1)^n H_{n-1}^{(1)}(k^M |z_1|)\left(\frac{z_1}{|z_1|}\right)^{-(n-1)}$$

$$\gamma_n^{(4)} = -(-1)^n H_{n+1}^{(1)}(k^M |z_1-2\mathrm{i}h|)\left(\frac{z_1-2\mathrm{i}h}{|z_1-2\mathrm{i}h|}\right)^{n+1}$$

$$\varsigma_n^{(1)} = (-n) \cdot z^{-(n+1)}$$

$$\varsigma_n^{(2)} = (-1)^{n+1} \cdot n\,(z_1-2\mathrm{i}h)^{-(n+1)}$$

$$\vartheta_n^{(1)} = (-n) \cdot (\bar{z}+2\mathrm{i}h)^{-(n+1)}$$

$$\vartheta_n^{(2)} = (-1)^{n+1} \cdot n\bar{z}_1^{-(n+1)}$$

$$v_n^{(1)} = (-n) \cdot (z-2\mathrm{i}h)^{-(n+1)}$$

$$v_n^{(2)} = (-1)^{n+1} \cdot nz_1^{-(n+1)}$$

$$\psi_n^{(1)} = (-n) \cdot \bar{z}^{-(n+1)}$$

$$\psi_n^{(2)} = (-1)^{n+1} \cdot n\,(\bar{z}_1+2\mathrm{i}h)^{-(n+1)}$$

$$T_1 = \exp\left\{\frac{\mathrm{i}k^M}{2} \cdot \left[(z-\mathrm{i}h)\mathrm{e}^{-\mathrm{i}\beta_0}+(\bar{z}+\mathrm{i}h)\mathrm{e}^{\mathrm{i}\beta_0}\right]\right\}$$

$$T_2 = \exp\left\{\frac{\mathrm{i}k^M}{2} \cdot \left[(z_1-\mathrm{i}h)\mathrm{e}^{-\mathrm{i}\alpha}+(\bar{z}_1+\mathrm{i}h)\mathrm{e}^{\mathrm{i}\alpha}\right]\right\}$$

$$T_3 = \exp\left\{\frac{\mathrm{i}k^M}{2} \cdot \left[(z-\mathrm{i}h)\mathrm{e}^{\mathrm{i}\beta_0}+(\bar{z}+\mathrm{i}h)\mathrm{e}^{-\mathrm{i}\beta_0}\right]\right\}$$

$$T_4 = \exp\left\{\frac{\mathrm{i}k^M}{2} \cdot \left[(z_1-\mathrm{i}h)\mathrm{e}^{\mathrm{i}\alpha}+(\bar{z}_1+\mathrm{i}h)\mathrm{e}^{-\mathrm{i}\alpha}\right]\right\}$$

式 (7-21) 两边同乘 $\mathrm{e}^{-\mathrm{i}m\theta}$,并在 $(-\pi,\pi)$ 上积分,有

第 7 章 直角域内含缺陷的压电介质的反平面动力学研究

$$\begin{cases} \zeta_m^{(1)} = \sum_{n=-\infty}^{\infty} A_n \xi_{nm}^{(11)} + \sum_{n=-\infty}^{\infty} F_n \xi_{mn}^{(14)} \\ \zeta_m^{(2)} = \sum_{n=-\infty}^{\infty} A_n \xi_{mn}^{(21)} + \sum_{n=1}^{\infty} D_n \xi_{mn}^{(22)} + \sum_{n=1}^{\infty} E_n \xi_{mn}^{(23)} + \sum_{n=-\infty}^{\infty} F_n \xi_{mn}^{(24)} + \sum_{n=0}^{\infty} L_n \zeta_{mn}^{(25)} + \sum_{n=1}^{\infty} M_n \xi_{nm}^{(26)} \\ \zeta_m^{(3)} = \sum_{n=-\infty}^{\infty} A_n \xi_{mn}^{(31)} + \sum_{n=1}^{\infty} D_n \xi_{mn}^{(32)} + \sum_{n=1}^{\infty} E_n \xi_{mn}^{(33)} + \sum_{n=-\infty}^{\infty} F_n \xi_{mn}^{(34)} + \sum_{n=0}^{\infty} L_n \xi_{nm}^{(35)} + \sum_{n=1}^{\infty} M_n \xi_{mn}^{(36)} \\ \zeta_m^{(4)} = \sum_{n=1}^{\infty} D_n \xi_{mn}^{(42)} + \sum_{n=1}^{\infty} E_n \xi_{mn}^{(43)} + \sum_{n=1}^{\infty} L_n \xi_{mn}^{(45)} + \sum_{n=1}^{\infty} M_n \xi_{mn}^{(40)} \end{cases}$$

(7-22)

式中,$\xi_{nm}^{(11)} = \dfrac{1}{2\pi}\int_{-\pi}^{\pi}\xi_n^{(11)}\mathrm{e}^{-\mathrm{i}m\theta}\mathrm{d}\theta$,$\zeta_m^{(1)} = \dfrac{1}{2\pi}\int_{-\pi}^{\pi}\zeta^{(1)}\mathrm{e}^{-\mathrm{i}m\theta}\mathrm{d}\theta$,其余各式均相同。

式 (7-22) 即为决定未知系数 A_n、D_n、E_n、F_n、L_n、M_n 的无穷代数方程组。

利用柱函数的收敛性来求解此无穷代数方程组,将式中 n 的最大正整数取为 $N_{\max}$,即为 $n = 0, \pm 1, \pm 2, \cdots, \pm N_{\max}$,则未知系数 A_n、D_n、E_n、F_n、L_n、M_n 的项数分别为 $(2N_{\max}+1)$,$N_{\max}$,$N_{\max}$,$(2N_{\max}+1)$,$N_{\max}+1$,$N_{\max}$,共有 $(8N_{\max}+3)$ 个未知数,可以构建出 $(2N_{\max}+1)+(2N_{\max}+1)+(2N_{\max}+1)+2N_{\max}=(8N_{\max}+3)$ 个方程。显然,求解这些未知数的条件是充分的,问题转化为求解 $(8N_{\max}+3)$ 个未知数的线性方程组。由此便可以利用线性代数理论 $\boldsymbol{AX=B}$ 来求解方程。式中 $\boldsymbol{X}$ 为 $(8N_{\max}+3)$ 个未知数构成的 $(8N_{\max}+3)\times1$ 阶列向量。$\boldsymbol{A}$ 为系数矩阵,其阶数为 $(8N_{\max}+3)\times(8N_{\max}+3)$,$\boldsymbol{B}$ 为非齐次项系数矩阵。然后利用 $\boldsymbol{X=A^{-1}B}$,得到待求未知数构成的列阵。

7.2.3 动应力集中系数和电场强度集中系数

直角域压电介质中圆柱形夹杂周边的应力与电场强度表达式可分别写为

$$\begin{aligned}
\tau_{\theta z}^t &= \tau_{\theta z}^{(ie)} + \tau_{\theta z}^{(re)} + \tau_{\theta z}^{(s)} \\
&= \frac{\mathrm{i}k^M}{2}c_{44}^M(1+\lambda^M)\cdot\sum_{n=-\infty}^{+\infty}A_n\cdot\left[\sum_{j=1}^{4}\chi_n^{(j)}\exp(\mathrm{i}\theta) - \sum_{j=1}^{4}\gamma_n^{(j)}\exp(-\mathrm{i}\theta)\right] \\
&\quad + \mathrm{i}e_{15}^M\cdot\sum_{n=1}^{+\infty}D_n\cdot\left[\sum_{j=1}^{2}\varsigma_n^{(j)}\exp(\mathrm{i}\theta) - \sum_{j=1}^{2}\vartheta_n^{(j)}\exp(-\mathrm{i}\theta)\right] \\
&\quad + \mathrm{i}e_{15}^M\cdot\sum_{n=1}^{+\infty}E_n\cdot\left[\sum_{j=1}^{2}\upsilon_n^{(j)}\exp(\mathrm{i}\theta) - \sum_{j=1}^{2}\psi_n^{(j)}\exp(-\mathrm{i}\theta)\right] \\
&\quad - \mathrm{i}c_{44}^M(1+\lambda^M)k^M w_0\bigl[T_1\sin(\theta-\beta_0) + T_2\sin(\theta-\alpha)\bigr. \\
&\quad \bigl. + T_3\sin(\theta+\beta_0) + T_4\sin(\theta+\alpha)\bigr]
\end{aligned}$$

(7-23)

$$E_\theta^I = -i\left(\frac{\partial \phi^t}{\partial z} \cdot e^{i\theta} - \frac{\partial \phi^t}{\partial \bar{z}} \cdot e^{-i\theta}\right)$$

$$= -i\left[\frac{\partial(\phi^{(ie)} + \phi^{(re)} + \phi^{(s)})}{\partial z} \cdot e^{i\theta} - \frac{\partial(\phi^{(ie)} + \phi^{(re)} + \phi^{(s)})}{\partial \bar{z}} \cdot e^{-i\theta}\right]$$

$$= -\frac{ik^M}{2} \cdot \frac{e_{15}^M}{k_{11}^M} \sum_{n=-\infty}^{+\infty} A_n \left[\sum_{j=1}^{4} \chi_n^{(j)} \exp(i\theta) - \sum_{j=1}^{4} \gamma_n^{(j)} \exp(-i\theta)\right]$$

$$+ i\frac{e_{15}^M}{k_{11}^M} k^M w_0 T_1 \sin(\theta - \beta_0) + i\frac{e_{15}^M}{k_{11}^M} k^M w_0 T_2 \sin(\theta - \alpha)$$

$$+ i\frac{e_{15}^M}{k_{11}^M} k^M w_0 T_3 \sin(\theta + \beta_0) + i\frac{e_{15}^M}{k_{11}^M} k^M w_0 T_4 \sin(\theta + \alpha)$$

$$- i\sum_{n=1}^{+\infty} D_n \left[\sum_{j=1}^{2} \varsigma_n^{(j)} \exp(i\theta) - \sum_{j=1}^{2} \vartheta_n^{(j)} \exp(-i\theta)\right] - i\sum_{n=1}^{+\infty} E_n \left[\sum_{j=1}^{2} v_n^{(j)} \exp(i\theta)\right.$$

$$\left. - \sum_{j=1}^{2} \psi_n^{(j)} \exp(-i\theta)\right] \tag{7-24}$$

夹杂周边的无量纲动应力集中系数为

$$\tau^* = \left|\frac{\tau_{\theta z}^t|_{r=R}}{\tau_0}\right| \tag{7-25}$$

式中，$\tau_0 = c_{44}^M(1+\lambda^M)k^M w_0$，为压电介质中入射波应力幅值。

无量纲电场强度集中系数为

$$E^* = \left|\frac{E_\theta^t|_{r=R}}{E_0}\right| \tag{7-26}$$

式中，$E_0 = \frac{e_{15}^M}{k_{11}^M}(1+\lambda^M)k^M w_0$ 为入射波的电场强度幅值。

7.2.4 算例和结果分析

作为算例，本节给出了夹杂周边动应力集中系数和电场强度集中系数的计算结果，讨论了两组集中系数随材料的物理参数和结构几何参数变化的数值结果。图中以 λ^M 和 λ^I 分别表示基体和夹杂中的综合压电综合参数，α 表示入射波的角度，$k^M R$ 表示无量纲波数，h/R 和 d/R 分别表示夹杂中心到两直角边界的距离与夹杂半径的比值，上标 M、I 分别表示基体和夹杂内部的场量。图 7.12~图 7.19 给出的是动应力集中系数的结果，图 7.20~图 7.27 给出的是电场强度集中系数的结果。

(1) 图 7.12 给出的是圆柱形夹杂退化成孔洞时，在 $d/R = h/R = 12.0$，

$k^M R = 0.1$,$\lambda^M = 1.0$ 情况下,动应力集中系数 τ^* 随波入射角度的变化。其结果与文献 [5] 吻合得很好。图 7.13 给出的是 $d/R = h/R = 1.5$,$\lambda^M = 1.0$,$c_{44}^M/c_{44}^I = 2.0$ 情况下,夹杂周边 $\theta = \pi/2$ 点处的动应力集中系数 τ^* 随波入射角度的变化。可以看到,当波水平或垂直入射时,动应力集中系数的值最大,且 $k^M R = 0.1$ 对应曲线的值明显比其他三条曲线值大。

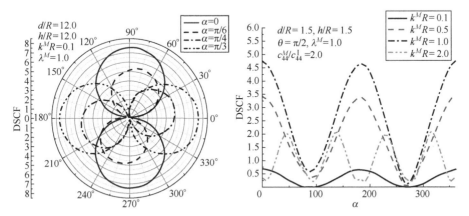

图 7.12　退化到圆孔时的数据图　　图 7.13　DSCF 随入射波角度的变化

(2) 图 7.14 给出的是波水平入射时,在 $d/R = h/R = 1.5$,$\lambda^M = 1.0$ 情况下动应力集中系数 τ^* 随 e_{15}^M/e_{15}^I 的变化。

(3) 图 7.15 给出的是波水平入射时,在 $d/R = h/R = 1.5$,$\lambda^M = 1.0$ 情况下动应力集中系数 τ^* 随 k_{11}^M/k_{11}^I 的变化。而在 $k^M R = 1.0$ 情况下,τ^* 的值随 k_{11}^M/k_{11}^I 的减小,τ^* 的值反而略微增大,且取得最大值时的位置也发生变化。

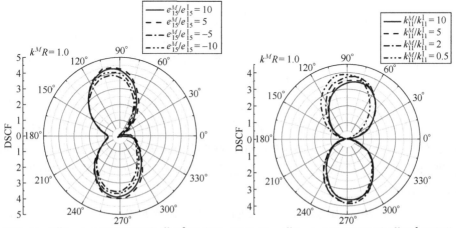

图 7.14　$k^M R = 1.0$ 时 DSCF 随 e_{15}^M/e_{15}^I 的变化　　图 7.15　$k^M R = 1.0$ 时 DSCF 随 k_{11}^M/k_{11}^I 的变化

(4) 图 7.16 给出的是波水平入射时,在 $d/R=1.5$,$e_{15}^M/e_{15}^I=5$,$\lambda^M=1.0$ 情况下动应力集中系数 τ^* 随 h/R 的变化。在 $k^M R=1.0$ 情况下,τ^* 在 $h/R=3$ 时的值要比 $h/R=1.5$ 时大,随着 h/R 的进一步增大,τ^* 的值略微减小,但在 h/R 到达 6 以后,其值几乎不再变化,说明当到达一定距离时直角域的上自由表面对 τ^* 值几乎不再有影响。

(5) 图 7.17 给出的是波水平入射时,在 $h/R=1.5$,$e_{15}^M/e_{15}^I=5$,$\lambda^M=1.0$ 情况下动应力集中系数 τ^* 随 d/R 的变化。在准静态 $k^M R=0.1$ 情况下,τ^* 的值随 d/R 的增大而增大,且取得最大值的位置逐渐向 $\theta=\pi/2$ 和 $\theta=3\pi/2$ 两点移动。

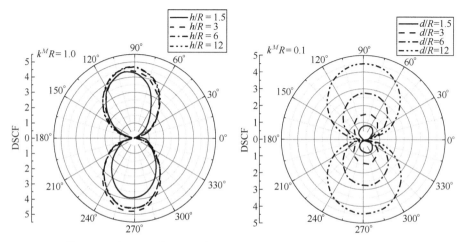

图 7.16　$k^M R=1.0$ 时 DSCF 随 h/R 的变化　　图 7.17　$k^M R=0.1$ 时 DSCF 随 d/R 的变化

(6) 图 7.18 给出的是波水平入射时,在 $d/R=h/R=1.5$,$\lambda^M=1.0$ 情况下夹杂周边 $\theta=\pi/2$ 点处的动应力集中系数 τ^* 随 $k^M R$ 的变化。从图中可以看到,随着 k_{11}^M/k_{11}^I 值的增大,各动应力集中系数曲线取得峰值的位置逐渐向高频移动,且峰值也相应地增大,呈现一种波动性的变化。

(7) 图 7.19 给出的是波水平入射时,在 d/R 或 $h/R=1.5$,$e_{15}^M/e_{15}^I=5$,$\lambda^M=1.0$ 情况下夹杂周边 $\theta=\pi/2$ 点处的动应力集中系数 τ^* 在 $k^M R$ 取值时的曲线。可以看到,4 条曲线中,$k^M R=1.0$ 对应的曲线值最大,随着 h/R 的增大 τ^* 值逐渐趋于平稳,这说明随着缺陷与界面距离的增大,界面对缺陷处应力集中的影响逐渐减小。

(8) 图 7.20 给出的是波水平入射时,在 d/R 或 $h/R=1.5$,$k^M R=1.0$,$\lambda^M=1.0$ 情况下夹杂周边 $\theta=\pi/2$ 点处的动应力集中系数 τ^* 在 e_{15}^M/e_{15}^I 取值时的曲

线。图中显示,在 $h/R=4$ 左右时各曲线取得峰值,随着 h/R 的增加,τ^* 曲线振荡性变化,在 $h/R=12$ 左右以后,其值几乎不再变化。同时,仍可以看到反极性情况时的 τ^* 值比较小,以 $e_{15}^M/e_{15}^I=5$ 和 $e_{15}^M/e_{15}^I=-5$ 两条曲线的峰值为例,前者的峰值为 4.784,后者为 4.385,后者比前者小 8.34%。

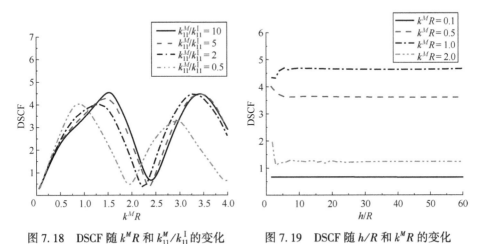

图 7.18　DSCF 随 $k^M R$ 和 k_{11}^M/k_{11}^I 的变化　　图 7.19　DSCF 随 h/R 和 $k^M R$ 的变化

(9) 图 7.21 给出的是波水平入射时,在 $d/R=h/R=1.5$,$\lambda^M=1.0$ 情况下电场强度集中系数 E^* 随 e_{15}^M/e_{15}^I 的变化。从图中可以看到,E^* 的值在反极性情况时总体要小,随 e_{15}^M/e_{15}^I 的增大,E^* 的值反而减小,但夹杂周边电场强度的分布规律基本没有变化。

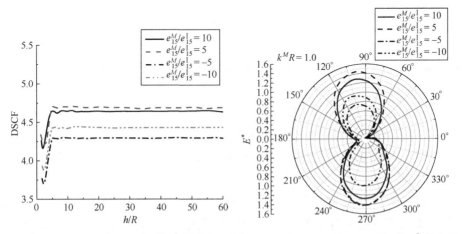

图 7.20　DSCF 随 h/R 和 e_{15}^M/e_{15}^I 的变化　　图 7.21　$k^M R=1.0$ 时 EFICF 随 e_{15}^M/e_{15}^I 的变化

(10) 图 7.22 给出的是波水平入射时,在 $d/R=h/R=1.5$,$\lambda^M=1.0$ 情况下电场强度集中系数 E^* 随 k_{11}^M/k_{11}^I 的变化。与前图趋势类似,E^* 的值随 k_{11}^M/k_{11}^I 的减小反而增大,但取得最大值时的位置基本没有变化。

(11) 图 7.23 给出的是波水平入射时,在 $d/R=1.5$,$e_{15}^M/e_{15}^I=5$,$\lambda^M=1.0$ 情况下电场强度集中系数 E^* 随 h/R 的变化。在 $k^MR=1.0$ 情况下,E^* 在 $h/R=3$ 时的值要比 $h/R=1.5$ 时大,随着 h/R 的进一步增大,E^* 的值在夹杂的上半部分继续增大而下半部分则略微减小,但在 $h/R=6$ 以后,其值几乎不再变化。

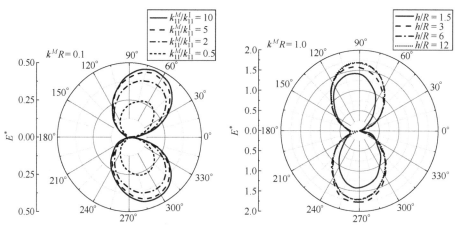

图 7.22　$k^MR=0.1$ 时 E^* 随 k_{11}^M/k_{11}^I 的变化　　图 7.23　$k^MR=1.0$ 时 E^* 随 h/R 的变化

(12) 图 7.24 给出的是波水平入射时,在 $h/R=1.5$,$e_{15}^M/e_{15}^I=5$,$\lambda^M=1.0$ 情况下电场强度集中系数 E^* 随 d/R 的变化。在准静态 $k^MR=0.1$ 情况下,与应力集中类似,E^* 的值也随 d/R 的增大而增大,取得最大值的位置逐渐向 $\theta=\pi/2$ 和 $\theta=3\pi/2$ 两点移动,但图形的上下两部分不对称,下半部分的值要略大一些。

(13) 图 7.25 给出的是波水平入射时,在 $h/R=d/R=1.5$,$\lambda^M=1.0$ 情况下夹杂周边 $\theta=\pi/2$ 点处的电场强度集中系数 E^* 随 k^MR 的变化。从图可以看到,随着 k_{11}^M/k_{11}^I 值的增大,E^* 峰值也相应增大,且曲线取得峰值的位置逐渐向高频移动。

(14) 图 7.26 给出的是波水平入射时,在 d/R 或 $h/R=1.5$,$e_{15}^M/e_{15}^I=5$,$\lambda^M=1.0$ 情况下夹杂周边 $\theta=\pi/2$ 点处的电场强度集中系数 E^* 在 k^MR 取值时的曲线。可以看到,与应力集中情况类似,随着 h/R 的增大 E^* 值逐渐趋于平稳,几乎不再发生变化。

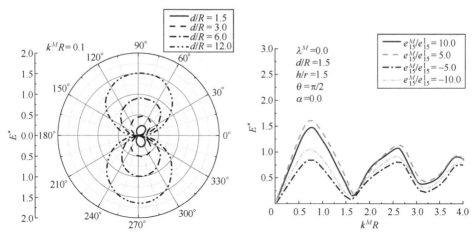

图 7.24　$k^M R=0.1$ 时 E^* 随 d/R 的变化　　图 7.25　E^* 随 $k^M R$ 和 k_{11}^M/k_{11}^I 的变化

(15) 图 7.27 给出的是波水平入射时，在 d/R 或 $h/R=1.5$，$k^M R=1.0$，$\lambda^M=1.0$ 情况下夹杂周边 $\theta=\pi/2$ 点处的电场强度集中系数 E^* 在 e_{15}^M/e_{15}^I 取值时的曲线。由图可以看到，随着 h/R 的增加 E^* 曲线振荡性变化，同样在 $h/R=12$ 左右以后，其值几乎不再变化。同时仍可以看到反极性情况时的 E^* 值比较小，这说明在一定情况下，使夹杂的极性相反可以降低其周边的电场强度集中。

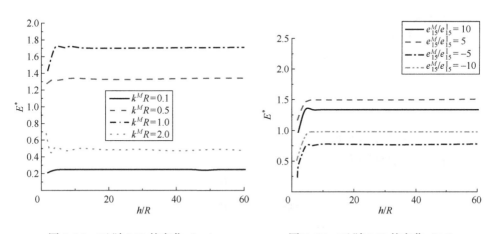

图 7.26　E^* 随 h/R 的变化（一）　　图 7.27　E^* 随 h/R 的变化（二）

7.3 直角域内含刚性导电夹杂的压电介质的动力反平面动力学研究

7.3.1 理论模型及边界条件

直角域压电介质中含单一圆柱形刚性导电夹杂的力学模型见图 7.11。圆柱形夹杂的半径为 R，夹杂中心与两个直角边界面的距离分别为 h 和 d。一组稳态的力电场沿与 x 轴负向成 α 的角度入射到含圆柱形刚性导电夹杂的直角域压电介质模型中。在复平面 $(z,\bar{z})$ 上有 $z=x+\mathrm{i}y=r\mathrm{e}^{\mathrm{i}\theta}$，$\bar{z}=x-\mathrm{i}y=r\mathrm{e}^{-\mathrm{i}\theta}$。

直角域内含刚性导电夹杂问题的边界条件可写为

$$\begin{cases} \varGamma_H: \tau_{yz}^M=0, & D_y^M=0, & y=h \\ \varGamma_R: w^M=0, & D_r^M=D_r^I, & \phi^M=\phi^I, & r=R \\ \varGamma_v: \tau_{xz}^M=0, & D_x^M=0, & x=-d \end{cases} \quad (7-27)$$

式中，上标 "M" 表示基体中的物理量；"I" 表示夹杂中的物理量。

7.3.2 相关理论公式的推导

利用镜像法将含圆柱形刚性导电夹杂的直角域镜像成半无限域空间，镜像后满足边界条件的等效位移场 $w^{(ie)}$、$w^{(re)}$、$w^{(s)}$ 和等效电场 $\phi^{(ie)}$、$\phi^{(re)}$、$\phi^{(s)}$ 的具体表达式与第5章相同。

刚性圆柱夹杂内部的位移场和电位势场分别根据弹性动力学的理论和电场应为有限值的限定条件，表达式可写为

$$w^I = 0 \quad (7-28)$$

$$\phi^I = \sum_{n=0}^{+\infty} L_n z^n + \sum_{n=1}^{+\infty} M_n \bar{z}^n \quad (7-29)$$

式中，L_n、M_n 为待定系数，可由夹杂处的边界条件求得。式（7-27）中第三个边界条件可具体写为

$$\begin{cases} w^{(ie)}+w^{(re)}+w^{(s)}=0 \\ \phi^{(ie)}+\phi^{(re)}+\phi^{(s)}=\phi^I, & r=R \\ D_r^{(ie)}+D_r^{(re)}+D_r^{(s)}=D_r^I \end{cases} \quad (7-30)$$

将各相应场量分别代入式（7-30）中的夹杂处边界条件，便可得出确定待定系数 A_n、D_n、E_n、F_n、L_n、M_n 的无穷代数方程组：

第 7 章 直角域内含缺陷的压电介质的反平面动力学研究

$$\begin{cases} \zeta^{(1)} = \sum_{n=-\infty}^{\infty} A_n \xi_n^{(11)} \\ \zeta^{(2)} = \sum_{n=\infty}^{\infty} A_n \xi_n^{(21)} + \sum_{n=1}^{\infty} D_n \xi_n^{(22)} + \sum_{n=1}^{\infty} E_n \xi_n^{(23)} + \sum_{n=0}^{\infty} L_n \xi_n^{(25)} + \sum_{n=1}^{\infty} M_n \xi_n^{(26)} \\ \zeta^{(3)} = \sum_{n=1}^{\infty} D_n \xi_n^{(32)} + \sum_{n=1}^{\infty} E_n \xi_n^{(33)} + \sum_{n=1}^{\infty} L_n \xi_n^{(35)} + \sum_{n=1}^{\infty} M_n \xi_n^{(30)} \end{cases}$$

$$(7-31)$$

式中，

$$\xi_n^{(11)} = \sum_{j=1}^{4} S_n^{(j)}$$

$$\xi_n^{(22)} = z^{-n} + (\bar{z} - 2ih)^{-n} + (-1)^n (z_1 - 2ih)^{-n} + (-1)^n \bar{z}_1^{-n}$$

$$\xi_n^{(23)} = \bar{z}^{-n} + (z - 2ih)^{-n} + (-1)^n z_1^{-n} + (-1)^n (\bar{z}_1 + 2ih)^{-n}$$

$$\xi_n^{(24)} = -z^n$$

$$\xi_n^{(25)} = -\bar{z}^n$$

$$\xi_n^{(32)} = k_{11}^M \cdot \left[\sum_{j=1}^{2} \zeta_n^{(j)} \exp(i\theta) + \sum_{j=1}^{2} \vartheta_n^{(j)} \exp(-i\theta) \right]$$

$$\xi_n^{(33)} = k_{11}^M \cdot \left[\sum_{j=1}^{2} v_n^{(j)} \exp(i\theta) + \sum_{j=1}^{2} \psi_n^{(j)} \exp(-i\theta) \right]$$

$$\xi_n^{(34)} = -k_{11}^I \cdot n \cdot z^{n-1} \exp(i\theta)$$

$$\xi_n^{(35)} = -k_{11}^I \cdot n \cdot \bar{z}^{n-1} \exp(-i\theta)$$

$$\zeta^{(1)} = -w_0 [T_1 + T_2 + T_3 + T_4]$$

$$\zeta^{(2)} = -\frac{e_{15}^M}{k_{11}^M} \cdot w_0 \cdot [T_1 + T_2 + T_3 + T_4]$$

$$\zeta^{(3)} = 0$$

$$\zeta_n^{(1)} = (-n) \cdot z^{-(n+1)}$$

$$\zeta_n^{(2)} = (-1)^{n+1} \cdot n (z_1 - 2ih)^{-(n+1)}$$

$$\vartheta_n^{(1)} = (-n) \cdot (\bar{z} + 2ih)^{-(n+1)}$$

$$\vartheta_n^{(2)} = (-1)^{n+1} \cdot n \bar{z}_1^{-(n+1)}$$

$$v_n^{(1)} = (-n) \cdot (z - 2ih)^{-(n+1)}$$

$$v_n^{(2)} = (-1)^{n+1} \cdot n z_1^{-(n+1)}$$

$$\psi_n^{(1)} = (-n) \cdot \bar{z}^{-(n+1)}$$

$$\psi_n^{(2)} = (-1)^{n+1} \cdot n (\bar{z}_1 + 2ih)^{-(n+1)}$$

$$T_1 = \exp\left\{\frac{\mathrm{i}k^M}{2} \cdot \left[(z-\mathrm{i}h)\mathrm{e}^{-\mathrm{i}\beta_0} + (\bar{z}+\mathrm{i}h)\mathrm{e}^{\mathrm{i}\beta_0}\right]\right\}$$

$$T_2 = \exp\left\{\frac{\mathrm{i}k^M}{2} \cdot \left[(z_1-\mathrm{i}h)\mathrm{e}^{-\mathrm{i}\alpha} + (\bar{z}_1+\mathrm{i}h)\mathrm{e}^{\mathrm{i}\alpha}\right]\right\}$$

$$T_3 = \exp\left\{\frac{\mathrm{i}k^M}{2} \cdot \left[(z-\mathrm{i}h)\mathrm{e}^{\mathrm{i}\beta_0} + (\bar{z}+\mathrm{i}h)\mathrm{e}^{-\mathrm{i}\beta_0}\right]\right\}$$

$$T_4 = \exp\left\{\frac{\mathrm{i}k^M}{2} \cdot \left[(z_1-\mathrm{i}h)\mathrm{e}^{\mathrm{i}\alpha} + (\bar{z}_1+\mathrm{i}h)\mathrm{e}^{-\mathrm{i}\alpha}\right]\right\}$$

式（7-31）两边同乘 $\mathrm{e}^{-\mathrm{i}m\theta}$，并在 $(-\pi,\pi)$ 上积分，有

$$\begin{cases} \zeta_m^{(1)} = \sum_{n=-\infty}^{\infty} A_n \xi_{nm}^{(11)} \\ \zeta_m^{(2)} = \sum_{n=-\infty}^{\infty} A_n \xi_{mn}^{(21)} + \sum_{n=1}^{\infty} D_n \xi_{mn}^{(22)} + \sum_{n=1}^{\infty} E_n \xi_{mn}^{(23)} + \sum_{n=0}^{\infty} L_n \zeta_{mn}^{(24)} + \sum_{n=1}^{\infty} M_n \xi_{nm}^{(25)} \\ \zeta_m^{(3)} = \sum_{n=1}^{\infty} D_n \xi_{mn}^{(32)} + \sum_{n=1}^{\infty} E_n \xi_{mn}^{(33)} + \sum_{n=1}^{\infty} L_n \xi_{nm}^{(34)} + \sum_{n=1}^{\infty} M_n \xi_{mn}^{(35)} \end{cases}$$

(7-32)

式中，$\xi_{nm}^{(11)} = \frac{1}{2\pi}\int_{-\pi}^{\pi} \xi_n^{(11)} \mathrm{e}^{-\mathrm{i}m\theta}\mathrm{d}\theta$，$\zeta_m^{(1)} = \frac{1}{2\pi}\int_{-\pi}^{\pi} \zeta^{(1)} \mathrm{e}^{-\mathrm{i}m\theta}\mathrm{d}\theta$，其余各式均相同。式（7-32）即为决定未知系数 A_n、D_n、E_n、L_n、M_n 的无穷代数方程组。

利用柱函数的收敛性来求解此无穷代数方程组，将式中 n 的最大正整数取为 $N_{\max}$，即为 $n=0,\pm 1,\pm 2,\cdots,\pm N_{\max}$，则未知系数 A_n、D_n、E_n、L_n、M_n 的项数分别为 $(2N_{\max}+1)$，$N_{\max}$，$N_{\max}$，$(N_{\max}+1)$，$N_{\max}$，共有 $(6N_{\max}+2)$ 个未知数，可以构建出 $(2N_{\max}+1)+(2N_{\max}+1)+2N_{\max}=(6N_{\max}+2)$ 个方程。显然，求解这些未知数的条件是充分的，问题转化为求解 $(6N_{\max}+2)$ 个未知数的线性方程组。由此便可以利用线性代数理论 $\boldsymbol{AX}=\boldsymbol{B}$ 来求解方程。式中 $\boldsymbol{X}$ 为 $6N_{\max}+2$ 个未知数构成的 $(6N_{\max}+2)\times 1$ 阶列向量。$\boldsymbol{A}$ 为系数矩阵，其阶数为 $(6N_{\max}+2)\times(6N_{\max}+2)$，$\boldsymbol{B}$ 为非齐次项系数矩阵。然后利用 $\boldsymbol{X}=\boldsymbol{A}^{-1}\boldsymbol{B}$，得到待求未知数构成的列阵。

7.3.3 动应力集中系数和电场强度集中系数

将含圆柱形刚性夹杂的直角域压电介质中的总位移场和总电位势场代入相应的本构方程，可得应力与电场强度分量的表达式如下：

$$\tau_{rz}^t = \tau_{rz}^{(ie)} + \tau_{rz}^{(re)} + \tau_{rz}^{(s)}$$

第7章 直角域内含缺陷的压电介质的反平面动力学研究

$$= \frac{k^M}{2} c_{44}^M (1+\lambda^M) \cdot \sum_{n=-\infty}^{+\infty} A_n \cdot \left[\sum_{j=1}^{4} \chi_n^{(j)} \exp(i\theta) + \sum_{j=1}^{4} \gamma_n^{(j)} \exp(-i\theta) \right]$$

$$+ e_{15}^M \cdot \sum_{n=1}^{+\infty} D_n \cdot \left[\sum_{j=1}^{2} \varsigma_n^{(j)} \exp(i\theta) + \sum_{j=1}^{2} \vartheta_n^{(j)} \exp(-i\theta) \right]$$

$$+ e_{15}^M \cdot \sum_{n=1}^{+\infty} E_n \cdot \left[\sum_{j=1}^{2} v_n^{(j)} \exp(i\theta) - \sum_{j=1}^{2} \psi_n^{(j)} \exp(-i\theta) \right]$$

$$- ic_{44}^M (1+\lambda^M) k^M w_0 T_1 \cos(\theta-\beta_0) - ic_{44}^M (1+\lambda^M) k^M w_0 T_2 \cos(\theta-\alpha)$$

$$- ic_{44}^M (1+\lambda^M) k^M w_0 T_3 \cos(\theta+\beta_0) - ic_{44}^M (1+\lambda^M) k^M w_0 T_4 \cos(\theta+\alpha)$$

$$(7-33)$$

$$E_r^t = -\left(\frac{\partial \phi^t}{\partial z} \cdot e^{i\theta} - \frac{\partial \phi^t}{\partial \bar{z}} \cdot e^{-i\theta} \right)$$

$$= -\left[\frac{\partial (\phi^{(ie)}+\phi^{(re)}+\phi^{(s)})}{\partial z} \cdot e^{i\theta} - \frac{\partial (\phi^{(ie)}+\phi^{(re)}+\phi^{(s)})}{\partial \bar{z}} \cdot e^{-i\theta} \right]$$

$$= -\frac{k^M}{2} \cdot \frac{e_{15}^M}{k_{11}^M} \sum_{n=-\infty}^{+\infty} A_n \cdot \left[\sum_{j=1}^{4} \chi_n^{(j)} \exp(i\theta) + \sum_{j=1}^{4} \gamma_n^{(j)} \exp(-i\theta) \right]$$

$$- i\frac{e_{15}^M}{k_{11}^M} k^M w_0 T_1 \cos(\theta-\beta_0) - i\frac{e_{15}^M}{k_{11}^M} k^M w_0 T_2 \cos(\theta-\alpha)$$

$$- i\frac{e_{15}^M}{k_{11}^M} k^M w_0 T_3 \cos(\theta+\beta_0) - i\frac{e_{15}^M}{k_{11}^M} k^M w_0 T_4 \cos(\theta+\alpha)$$

$$- \sum_{n=1}^{+\infty} D_n \left[\sum_{j=1}^{2} \varsigma_n^{(j)} \exp(i\theta) + \sum_{j=1}^{2} \vartheta_n^{(j)} \exp(-i\theta) \right]$$

$$- \sum_{n=1}^{+\infty} E_n \left[\sum_{j=1}^{2} v_n^{(j)} \exp(i\theta) + \sum_{j=1}^{2} \psi_n^{(j)} \exp(-i\theta) \right] \quad (7-34)$$

同样,夹杂周边的无量纲动应力集中系数仍写为

$$\tau^* = \left| \frac{\tau_{rz}^t |_{r=R}}{\tau_0} \right| \quad (7-35)$$

式中,$\tau_0 = c_{44}^M (1+\lambda^M) k^M w_0$,为压电介质中入射波应力幅值。

夹杂周边的无量纲电场强度集中系数为

$$E^* = \left| \frac{E_r^t |_{r=R}}{E_0} \right| \quad (7-36)$$

式中,$E_0 = \frac{e_{15}^M}{k_{11}^M} (1+\lambda^M) k^M w_0$,为入射波的电场强度幅值。

7.3.4 算例和结果分析

作为算例，本节给出了刚性夹杂周边动应力集中系数和电场强度集中系数的结果，讨论了两组集中系数随入射波频率、材料的物理参数和结构几何参数变化的数值结果。图中仍以 λ 表示压电综合参数，α 表示入射波的角度，kR 表示无量纲波数，h/R 和 d/R 分别表示夹杂中心到两直角边界的距离与夹杂半径的比值，上标 M、I 分别表示基体和夹杂内部的场量。

（1）图 7.28 给出的是波水平入射时，在 $d/R=h/R=1.5$、$\lambda^M=1.0$、$k^MR=0.1$ 情况下，动应力集中系数 τ^* 随 c_{44}^M/c_{44}^I 的变化。可以看到，τ^* 的值随 c_{44}^M/c_{44}^I 的增大几乎不发生变化，4 条曲线重合在一起。同时本章还对 τ^* 随 e_{15}^M/e_{15}^I 和 k_{11}^M/k_{11}^I 的变化进行了计算，结果与此种情况一样。

（2）图 7.29 给出的是波水平入射时，在 $d/R=1.5$、$\lambda^M=1.0$、$e_{15}^M/e_{15}^I=5$ 情况下，动应力集中系数 τ^* 随 h/R 的变化。图中对应的是 $k^MR=0.1$ 情况。可以看到，在 $k^MR=0.1$ 时，随着 h/R 的增大，τ^* 值也相应增大，且其取得最大值的位置向上部移动。

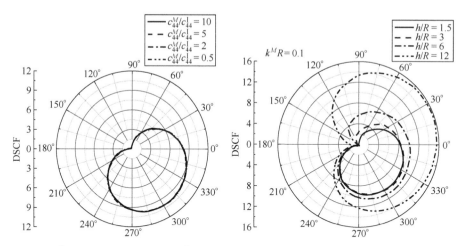

图 7.28　$k^MR=0.1$ 时 DSCF 随 c_{44}^M/c_{44}^I 的变化　图 7.29　$k^MR=0.1$ 时 DSCF 随 h/R 的变化

（3）图 7.30 给出的是波水平入射时，在 $h/R=1.5$、$\lambda^M=1.0$、$e_{15}^M/e_{15}^I=5$ 情况下，电场强度集中系数 E^* 随 d/R 的变化。图中对应的是 $k^MR=0.1$ 情况。可以看到，在 $k^MR=0.1$ 时，随着 d/R 的增大，E^* 值的分布发生变化，其取得最大值的位置向左边移动。

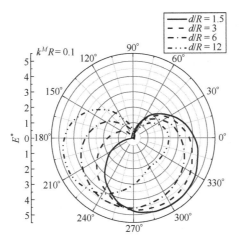

图 7.30 $k^M R = 0.1$ 时 E^* 随 d/R 的变化

7.4 直角域内含可移动刚性导电夹杂的压电介质的动力反平面动力学研究

7.4.1 理论模型和边界条件

直角域压电介质中含单一圆柱形刚性导电夹杂的力学模型见图 7.11。圆柱形夹杂的半径为 R，夹杂中心与两个直角边界面的距离分别为 h 和 d。一组稳态的力电场沿与 x 轴负向成 α 的角度入射到含圆柱形刚性导电夹杂的直角域压电介质模型中。在复平面 $(z, \bar{z})$ 上有 $z = x + iy = re^{i\theta}$，$\bar{z} = x - iy = re^{-i\theta}$。

本问题的边界条件可写为

$$\begin{cases} \Gamma_H : \tau_{yz}^M = 0, \quad D_y^M = 0 (y = h) \\ \Gamma_v : \tau_{xz}^M = 0, \quad D_x^M = 0 (x = -d) \\ \Gamma_R \begin{cases} w^M = w^I, D_r^M = D_r^I, \phi^M = \phi^I (r = R) \\ \rho^I \pi R^2 (-\omega^2) B_0 = \int_0^{2\pi} \tau_{rz}^M R d\theta \end{cases} \end{cases} \quad (7-37)$$

式中，B_0 是未知常数；上标"M"表示基体中的物理量；"I"表示夹杂中的物理量。

7.4.2 相关理论公式的推导

利用镜像法将含此种缺陷的直角域镜像成半无限域空间，镜像后满足边界条件的等效位移场 $w^{(ie)}$、$w^{(re)}$、$w^{(s)}$ 和等效电场 $\phi^{(ie)}$、$\phi^{(re)}$、$\phi^{(s)}$ 的表达式与第 5 章相同。

刚性圆柱夹杂内部的位移场和电场根据弹性动力学的理论和电场应为有限值的限定条件，其表达式可写为

$$w^{\mathrm{I}} = B_0 \mathrm{e}^{-\mathrm{i}\omega t} \tag{7-38}$$

$$\phi^{\mathrm{I}} = \frac{e_{15}^{\mathrm{I}}}{k_{11}^{\mathrm{I}}} w^{\mathrm{I}} + \sum_{n=0}^{+\infty} L_n z^n + \sum_{n=1}^{+\infty} M_n \bar{z}^n \tag{7-39}$$

式中，B_0，L_n，M_n 为待定系数。式 (7-37) 中第三个边界条件可具体写为

$$\begin{cases} w^{(ie)} + w^{(re)} + w^{(s)} = w^{\mathrm{I}} \\ \phi^{(ie)} + \phi^{(r)} + \phi^{(s)} = \phi^{\mathrm{I}} \\ D_r^{(ie)} + D_r^{(re)} + D_r^{(s)} = D_r^{\mathrm{I}} \quad , \quad r = R \\ \rho^{\mathrm{I}} \pi R^2 (-\omega^2) B_0 = \int_0^{2\pi} \tau_{rz}^{(ie+re+s)} R \mathrm{d}\theta \end{cases} \tag{7-40}$$

式中，ρ^{I} 为可移动刚性夹杂的密度；R 为圆柱形夹杂的半径；ω 为入射波的圆频率。

将位移场和电场的表达式代入本构方程，得到相应的应力和电位移，然后利用式 (7-40) 中的夹杂处边界条件便可求得待定系数 A_n，D_n，E_n，B_0，L_n，M_n 的值。

将各位移场的表达式代入式 (7-40) 中的第一个边界条件，可得

$$w_0 T_1 + w_0 T_2 + w_0 T_3 + w_0 T_4 + \sum_{n=-\infty}^{+\infty} A_n \cdot \sum_{j=1}^{4} S_n^{(j)} = B_0 \tag{7-41}$$

将各电位势的表达式代入式 (7-40) 中的第二个边界条件，可得

$$\frac{e_{15}^M}{k_{11}^M} \cdot w_0 (T_1 + T_2) + \frac{e_{15}^M}{k_{11}^M} \cdot w_0 (T_3 + T_4) + \frac{e_{15}^M}{k_{11}^M} \cdot \sum_{n=-\infty}^{+\infty} A_n \cdot \sum_{j=1}^{4} S_n^{(j)} + \sum_{n=1}^{\infty} D_n \cdot P_n^{(1)}$$

$$+ \sum_{n=1}^{\infty} E_n \cdot P_n^{(2)} = \frac{e_{15}^{\mathrm{I}}}{k_{11}^{\mathrm{I}}} \cdot B_0 + \sum_{n=0}^{\infty} L_n \cdot z^n + \sum_{n=1}^{\infty} M_n \cdot \bar{z}^n \tag{7-42}$$

将式 (7-41) 代入式 (7-42)，则有

$$\frac{e_{15}^M}{k_{11}^M} \cdot w_0 (T_1 + T_2 + T_3 + T_4) + \frac{e_{15}^M}{k_{11}^M} \cdot \sum_{n=-\infty}^{+\infty} A_n \cdot \sum_{j=1}^{4} S_n^{(j)} + \sum_{n=1}^{\infty} D_n \cdot P_n^{(1)} + \sum_{n=1}^{\infty} E_n \cdot P_n^{(2)} -$$

$$\frac{e_{15}^{\mathrm{I}}}{k_{11}^{\mathrm{I}}} \cdot w_0 (T_1 + T_2 + T_3 + T_4) - \frac{e_{15}^{\mathrm{I}}}{k_{11}^{\mathrm{I}}} \cdot \sum_{n=-\infty}^{+\infty} A_n \cdot \sum_{j=1}^{4} S_n^{(j)} - \sum_{n=0}^{\infty} L_n \cdot z^n - \sum_{n=1}^{\infty} M_n \cdot \bar{z}^n = 0$$

上式化简可得

$$\left(\frac{e_{15}^M}{k_{11}^M} - \frac{e_{15}^I}{k_{11}^I}\right) \sum_{n=-\infty}^{+\infty} A_n \sum_{j=1}^{4} S_n^{(j)} + \sum_{n=1}^{\infty} D_n P_n^{(1)} + \sum_{n=1}^{\infty} E_n P_n^{(2)} - \sum_{n=0}^{\infty} L_n z^n - \sum_{n=1}^{\infty} M_n \cdot \bar{z}^n$$

$$= -\left(\frac{e_{15}^M}{k_{11}^M} - \frac{e_{15}^I}{k_{11}^I}\right) \cdot w_0 (T_1 + T_2 + T_3 + T_4) \qquad (7\text{-}43)$$

将相应的电位移表达式代入式（7-40）中的第三个边界条件，可得

$$k_{11}^M \cdot \sum_{n=1}^{\infty} D_n \cdot \{[(-n) \cdot z^{-(n+1)} + (-1)^{n+1} \cdot n (z_1 - 2ih)^{-(n+1)}]\exp(i\theta)$$

$$+ [(-n) \cdot (\bar{z} + 2ih)^{-(n+1)} + (-1)^{n+1} \cdot n \bar{z}_1^{-(n+1)}]\exp(-i\theta)\}$$

$$+ k_{11}^M \cdot \sum_{n=1}^{\infty} E_n \cdot \{[(-n) \cdot (z - 2ih)^{-(n+1)} + (-1)^{n+1} \cdot n z_1^{-(n+1)}]\exp(i\theta)$$

$$+ [(-n) \cdot \bar{z}^{-(n+1)} + (-1)^{n+1} \cdot n (\bar{z}_1 + 2ih)^{-(n+1)}]\exp(-i\theta)\}$$

$$- k_{11}^I \cdot \sum_{n=1}^{\infty} L_n n z^{n-1} \cdot \exp(i\theta) - k_{11}^I \cdot \sum_{n=1}^{\infty} M_n n \bar{z}^{n-1} \cdot \exp(-i\theta) = 0 \qquad (7\text{-}44)$$

式（7-40）中的第四个边界条件可变为

$$-\frac{\rho^I}{\rho^M} \cdot c^{*M} \cdot \pi R \cdot \frac{\rho^M \omega^2}{c^{*M}} \cdot B_0 = \int_0^{2\pi} \tau_{rz}^{(ie+re+s)} R \mathrm{d}\theta$$

由于 $(k^M)^2 = \dfrac{\rho^M \omega^2}{c^{*M}}$，所以有

$$U_0 B_0 = \int_0^{2\pi} \tau_{rz}^{(ie+re+s)} R \mathrm{d}\theta \qquad (7\text{-}45)$$

式中，$U_0 = -\dfrac{\rho^I}{\rho^M} \cdot c^{*M} \cdot \pi R (k^M)^2$。

将位移场和电位势表达式代入本构方程可得应力 τ_{rz} 的表达式，即

$$\tau_{rz}^{(ie+re+s)} = \sum_{n=-\infty}^{+\infty} A_n \cdot U_n^{(1)} + \sum_{n=1}^{\infty} D_n \cdot U_n^{(2)} + \sum_{n=1}^{\infty} E_n \cdot U_n^{(3)} + U \qquad (7\text{-}46)$$

式中，

$$U_n^{(1)} = \frac{k^M}{2} \cdot c_{44}^M (1+\lambda^M) \cdot \left\{ \left[H_{n-1}^{(1)}(k^M |z|) \left(\frac{z}{|z|}\right)^{n-1} - H_{n+1}^{(1)}(k^M |z-2ih|) \left(\frac{z-2ih}{|z-2ih|}\right)^{-(n+1)} \right. \right.$$

$$\left. -(-1)^n H_{n+1}^{(1)}(k^M |z_1|) \left(\frac{z_1}{|z_1|}\right)^{n+1} + (-1)^n H_{n-1}^{(1)}(k^M |z_1-2ih|) \left(\frac{z_1-2ih}{|z_1-2ih|}\right)^{-(n-1)} \right]$$

$$\exp(i\theta) + \left[-H_{n+1}^{(1)}(k^M |z|) \left(\frac{z}{|z|}\right)^{n+1} + H_{n-1}^{(1)}(k^M |z-2ih|) \left(\frac{z-2ih}{|z-2ih|}\right)^{-(n-1)} \right.$$

$$+(-1)^n H_{n-1}^{(1)}(k^M |z_1|) \left(\frac{z_1}{|z_1|}\right)^{-(n-1)}$$

$$-(-1)^n H_{n+1}^{(1)}(k^M |z_1-2ih|) \left(\frac{z_1-2ih}{|z_1-2ih|}\right)^{n+1} \bigg] \exp(-i\theta) \bigg\}$$

$$U_n^{(2)} = e_{15}^M \cdot \{[(-n) \cdot z^{-(n+1)} + (-1)^{n+1} \cdot n(z-2ih)^{-(n+1)}] \exp(i\theta)$$

$$+ [(-n) \cdot (\bar{z}+2ih)^{-(n+1)} + (-1)^{n+1} \cdot n \bar{z}_1^{-(n+1)}] \exp(-i\theta)\}$$

$$U_n^{(3)} = e_{15}^M \cdot \{[(-n) \cdot (z-2ih)^{-(n+1)} + (-1)^{n+1} \cdot n z_1^{-(n+1)}] \exp(i\theta)$$

$$+ [(-n) \cdot \bar{z}^{-(n+1)} + (-1)^{n+1} \cdot n (\bar{z}_1+2ih)^{-(n+1)}] \exp(-i\theta)\}$$

$$U = ic_{44}^M(1+\lambda^M)k^M w_0 T_1 \cos(\theta-\beta_0) + ic_{44}^M(1+\lambda^M)k^M w_0 T_2 \cos(\theta-\alpha)$$

$$+ic_{44}^M(1+\lambda^M)k^M w_0 T_3 \cos(\theta+\beta_0) + ic_{44}^M(1+\lambda^M)k^M w_0 T_4 \cos(\theta+\alpha)$$

将式（7-41）和式（7-46）代入式（7-45），可得

$$U_0 \cdot \left[w_0 \cdot (T_1+T_2+T_3+T_4) + \sum_{n=-\infty}^{+\infty} A_n \cdot \sum_{j=1}^{4} S_n^{(j)}\right]$$

$$= \int_0^{2\pi} \left[\sum_{n=-\infty}^{+\infty} A_n \cdot U_n^{(1)} + \sum_{n=1}^{\infty} D_n \cdot U_n^{(2)} + \sum_{n=1}^{\infty} E_n \cdot U_n^{(3)} + U\right] d\theta \quad (7-47)$$

积分与求和交换顺序有

$$U_0 w_0(T_1+T_2+T_3+T_4) + \sum_{n=\infty}^{+\infty} A_n U_0 \sum_{j=1}^{4} S_n^{(j)} = \sum_{n=-\infty}^{+\infty} A_n Q_n^{(1)} + \sum_{n=1}^{\infty} D_n Q_n^{(2)} + \sum_{n=1}^{\infty} E_n Q_n^{(3)} + Q$$

式中，

$$Q_n^{(1)} = \int_0^{2\pi} U_n^{(1)} d\theta$$

$$Q_n^{(2)} = \int_0^{2\pi} U_n^{(2)} d\theta$$

$$Q_n^{(3)} = \int_0^{2\pi} U_n^{(3)} d\theta$$

$$Q = \int_0^{2\pi} U d\theta$$

将上式简化可得

$$\sum_{n=-\infty}^{+\infty} A_n \cdot \left[U_0 \cdot \sum_{j=1}^{4} S_n^{(j)} - Q_n^{(1)}\right] - \sum_{n=1}^{\infty} D_n \cdot Q_n^{(2)} - \sum_{n=1}^{\infty} E_n \cdot Q_n^{(3)}$$

$$= Q - U_0 \cdot w_0(T_1+T_2+T_3+T_4) \quad (7-48)$$

第7章 直角域内含缺陷的压电介质的反平面动力学研究

由此，根据式（7-40）、式（7-44）和式（7-48）便可以得到求解系数 A_n，D_n，E_n，L_n，M_n 的无穷代数方程组：

$$\begin{cases} \zeta^{(1)} = \sum_{n=\infty}^{\infty} A_n \xi_n^{(11)} + \sum_{n=1}^{\infty} D_n \xi_n^{(12)} + \sum_{n=1}^{\infty} E_n \xi_n^{(13)} + \sum_{n=0}^{\infty} L_n \xi_n^{(14)} + \sum_{n=1}^{\infty} M_n \xi_n^{(15)} \\ \zeta^{(2)} = \sum_{n=1}^{\infty} D_n \xi_n^{(22)} + \sum_{n=1}^{\infty} E_n \xi_n^{(23)} + \sum_{n=0}^{\infty} L_n \xi_n^{(24)} + \sum_{n=1}^{\infty} M_n \xi_n^{(25)} \\ \zeta^{(3)} = \sum_{n=-\infty}^{\infty} A_n \xi_n^{(31)} + \sum_{n=1}^{\infty} D_n \xi_n^{(32)} + \sum_{n=1}^{\infty} E_n \xi_n^{(33)} \end{cases} \quad (7\text{-}49)$$

式中，

$$\xi_n^{(11)} = \left(\frac{e_{15}^M}{k_{11}^M} - \frac{e_{15}^I}{k_{11}^I} \right) \cdot \sum_{j=1}^{4} S_n^{(j)}$$

$$\xi_n^{(12)} = p_n^{(1)}$$

$$\xi_n^{(13)} = p_n^{(2)}$$

$$\xi_n^{(14)} = -z^n$$

$$\xi_n^{(15)} = -\bar{z}^n$$

$$\xi_n^{(22)} = k_{11}^M \cdot \{ [(-n) \cdot z^{-(n+1)} + (-1)^{n+1} n (z_1 - 2ih)^{-(n+1)}] \exp(i\theta) \\ + [(-n) \cdot (\bar{z} + 2ih)^{-(n+1)} + (-1)^{n+1} \cdot n \bar{z}_1^{-(n+1)}] \exp(-i\theta) \}$$

$$\xi_n^{(23)} = k_{11}^M \cdot \{ [(-n)(z - 2ih)^{-(n+1)} + (-1)^{n+1} n z_1^{-(n+1)}] \exp(i\theta) \\ + [(-n) \bar{z}^{-(n+1)} + (-1)^{n+1} n (\bar{z}_1 + 2ih)^{-(n+1)}] \exp(-i\theta) \}$$

$$\xi_n^{(24)} = -k_{11}^I \cdot n \cdot z^{n-1} \exp(i\theta)$$

$$\xi_n^{(25)} = -k_{11}^I \cdot n \cdot \bar{z}^{n-1} \exp(-i\theta)$$

$$\xi_n^{(31)} = U_0 \cdot \sum_{j=1}^{4} S_n^{(j)} - Q_n^{(1)}$$

$$\xi_n^{(32)} = Q_n^{(2)}$$

$$\xi_n^{(33)} = Q_n^{(3)}$$

$$\zeta^{(1)} = -\left(\frac{e_{15}^M}{k_{11}^M} - \frac{e_{15}^I}{k_{11}^I} \right) \cdot w_0 [T_1 + T_2 + T_3 + T_4]$$

$$\zeta^{(2)} = 0$$

$$\zeta^{(3)} = Q - U_0 \cdot w_0 (T_1 + T_2 + T_3 + T_4)$$

式（7-49）两边同乘 $e^{-im\theta}$，并在 $(-\pi, \pi)$ 上积分，有

$$\begin{cases}\zeta_m^{(1)} = \sum_{n=-\infty}^{\infty} A_n \xi_{mn}^{(11)} + \sum_{n=1}^{\infty} D_n \xi_{mn}^{(12)} + \sum_{n=1}^{\infty} E_n \xi_m^{(13)} + \sum_{n=0}^{\infty} L_n \zeta_{mn}^{(14)} + \sum_{n=1}^{\infty} M_n \xi_{mn}^{(15)} \\ \zeta_m^{(2)} = \sum_{n=1}^{\infty} D_n \xi_{nm}^{(2)} + \sum_{n=1}^{\infty} E_n \xi_m^{(23)} + \sum_{n=0}^{\infty} L_n \xi_m^{(24)} + \sum_{n=1}^{\infty} M_n \xi_{mn}^{(25)} \\ \zeta_m^{(3)} = \sum_{n=-\infty}^{\infty} A_n \xi_{mn}^{(31)} + \sum_{n=1}^{\infty} D_n \xi_m^{(32)} + \sum_{n=1}^{\infty} E_n \xi_m^{(33)} \end{cases} \quad (7-50)$$

式中，$\xi_{nm}^{(11)} = \dfrac{1}{2\pi}\int_{-\pi}^{\pi} \xi_n^{(11)} e^{-im\theta} d\theta$，$\zeta_m^{(1)} = \dfrac{1}{2\pi}\int_{-\pi}^{\pi} \zeta^{(1)} e^{-im\theta} d\theta$，其余各式均相同。式（7-50）即为决定未知系数 A_n，D_n，E_n，L_n，M_n 的无穷代数方程组。

同样利用柱函数的收敛性来求解此无穷代数方程组，这里不再介绍。当求出系数 A_n 的值后，代入式（7-41）即可得到 B_0 的值。

7.4.3 动应力集中系数和电场强度集中系数

直角域压电介质中可移动刚性圆柱夹杂周边的应力与电场强度表达式可写为

$$\begin{aligned}\tau_{rz}^t &= \tau_{rz}^{(ie)} + \tau_{rz}^{(re)} + \tau_{rz}^{(s)} \\ &= \frac{k^M}{2} c_{44}^M (1+\lambda^M) \cdot \sum_{n=-\infty}^{+\infty} A_n \left[\sum_{j=1}^{4} \chi_n^{(j)} \exp(i\theta) + \sum_{j=1}^{4} \gamma_n^{(j)} \exp(-i\theta) \right] \\ &\quad + e_{15}^M \cdot \sum_{n=1}^{+\infty} D_n \cdot \left[\sum_{j=1}^{2} \varsigma_n^{(j)} \exp(i\theta) + \sum_{j=1}^{2} \vartheta_n^{(j)} \exp(-i\theta) \right] \\ &\quad + e_{15}^M \cdot \sum_{n=1}^{+\infty} E_n \cdot \left[\sum_{j=1}^{2} v_n^{(j)} \exp(i\theta) - \sum_{j=1}^{2} \psi_n^{(j)} \exp(-i\theta) \right] \\ &\quad + ic_{44}^M (1+\lambda^M) k^M w_0 T_1 \cos(\theta - \beta_0) + ic_{44}^M (1+\lambda^M) k^M w_0 T_2 \cos(\theta - \alpha) \\ &\quad + ic_{44}^M (1+\lambda^M) k^M w_0 T_3 \cos(\theta + \beta_0) + ic_{44}^M (1+\lambda^M) k^M w_0 T_4 \cos(\theta + \alpha) \end{aligned}$$
$$(7-51)$$

$$\begin{aligned} E_r^t &= -\left(\frac{\partial \phi^t}{\partial z} \cdot e^{i\theta} - \frac{\partial \phi^t}{\partial \bar{z}} \cdot e^{-i\theta} \right) \\ &= -\frac{\partial(\phi^{(ie)}+\phi^{(re)}+\phi^{(s)})}{\partial z} \cdot e^{i\theta} - \frac{\partial(\phi^{(ie)}+\phi^{(re)}+\phi^{(s)})}{\partial \bar{z}} \cdot e^{-i\theta} \\ &= -\frac{k^M}{2} \cdot \frac{e_{15}^M}{k_{11}^M} \sum_{n=-\infty}^{+\infty} A_n \cdot \left[\sum_{j=1}^{4} \chi_n^{(j)} \exp(i\theta) + \sum_{j=1}^{4} \gamma_n^{(j)} \exp(-i\theta) \right] \\ &\quad - i \frac{e_{15}^M}{k_{11}^M} k^M w_0 T_1 \cos(\theta - \beta_0) - i \frac{e_{15}^M}{k_{11}^M} k^M w_0 T_2 \cos(\theta - \alpha) \end{aligned}$$

$$-\mathrm{i}\frac{e_{15}^M}{k_{11}^M}k^M w_0 T_3 \cos(\theta+\beta_0) - \mathrm{i}\frac{e_{15}^M}{k_{11}^M}k^M w_0 T_4 \cos(\theta+\alpha)$$

$$-\sum_{n=1}^{+\infty} D_n \left[\sum_{j=1}^{2} \varsigma_n^{(j)} \exp(\mathrm{i}\theta) + \sum_{j=1}^{2} \vartheta_n^{(j)} \exp(-\mathrm{i}\theta) \right]$$

$$-\sum_{n=1}^{+\infty} E_n \left[\sum_{j=1}^{2} \upsilon_n^{(j)} \exp(\mathrm{i}\theta) + \sum_{j=1}^{2} \psi_n^{(j)} \exp(-\mathrm{i}\theta) \right] \tag{7-52}$$

夹杂周边的无量纲动应力集中系数为

$$\tau^* = \left| \frac{\tau_{rz}^t \big|_{r=R}}{\tau_0} \right| \tag{7-53}$$

式中，$\tau_0 = c_{44}^M (1+\lambda^M) k^M$。

夹杂周边的无量纲电场强度集中系数为

$$E^* = \left| \frac{E_r^t \big|_{r=R}}{E_0} \right| \tag{7-54}$$

式中，$E_0 = \frac{e_{15}^M}{k_{11}^M}(1+\lambda^M) k^M$；为入射波的电场强度幅值。

7.4.4 算例和结果分析

作为算例，本节给出了可移动刚性夹杂周边动应力集中系数和电场强度集中系数的计算结果，讨论了两组集中系数随材料的物理参数和结构几何参数变化的数值结果。图中仍以 λ 表示压电综合参数，α 表示入射波的角度，$k^M R$ 表示无量纲波数，h/R 和 d/R 分别表示夹杂中心到两直角边界的距离与夹杂半径的比值，上标 M、I 分别表示基体和夹杂内部的场量。

(1) 图 7.31 给出的是波水平入射时，在 $h/R = d/R$、$\lambda^M = 1.0$、$k^M R = 1.0$ 情况下，动应力集中系数 τ^* 随 c_{44}^M/c_{44}^I 的变化。图 7.32 给出的是波水平入射时，在 $h/R = d/R = 1.5$、$\lambda^M = 1.0$、$k^M R = 0.5$ 情况下，动应力集中系数 τ^* 随 e_{15}^M/e_{15}^I 的变化。可以看到，τ^* 的值随 c_{44}^M/c_{44}^I 和 e_{15}^M/e_{15}^I 的增大几乎不发生变化，4 条曲线重合在一起。同时，本节还对 τ^* 随 k_{11}^M/k_{11}^I 的变化进行了计算，结果同样如此。

(2) 图 7.33、图 7.34 给出的是波水平入射时，在 h/R 或 $d/R = 1.5$、$\lambda^M = 1.0$、$k_{11}^M/k_{11}^I = 5$ 情况下夹杂周边 $\theta = 0°$ 点处的动应力集中系数 τ^* 随 $k^M R$ 变化的曲线。图 7.33 是在 d/R 取不同值时的图，图 7.34 是在 h/R 取不同值时的图。由图 7.33 可以看到，各曲线均在低频段 $k^M R < 0.6$ 左右时取得最大峰值，且随着 d/R 值的增大，曲线最大峰值对应的频率逐渐向低频移动。图 7.34 显示，

各曲线在 $0.5<k^M R<0.8$ 时取得最大峰值，$h/R=3$ 对应曲线的最大峰值要比其他三条曲线大一些，这表明此情况时界面对夹杂周边应力分布的影响比较显著。随着无量纲波数的增大，各曲线均振荡衰减，这些都说明低频情况下的动力学分析更重要一些。

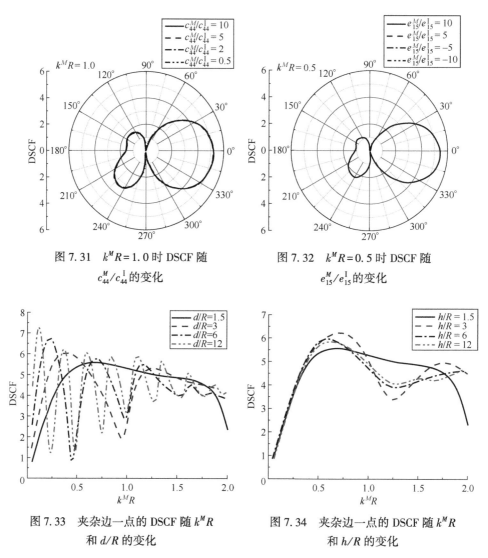

图 7.31　$k^M R=1.0$ 时 DSCF 随 c_{44}^M/c_{44}^I 的变化

图 7.32　$k^M R=0.5$ 时 DSCF 随 e_{15}^M/e_{15}^I 的变化

图 7.33　夹杂边一点的 DSCF 随 $k^M R$ 和 d/R 的变化

图 7.34　夹杂边一点的 DSCF 随 $k^M R$ 和 h/R 的变化

（3）图 7.35 给出的是波水平入射时，在 h/R 或 $d/R=1.5$，$\lambda^M=1.0$，$k_{11}^M/k_{11}^I=5$ 情况下夹杂周边 $\theta=0°$ 点处的动应力集中系数 τ^* 在 $k^M R$ 取值时的曲线。由图中可以看出，随着 h/R 的增大各曲线振荡衰减，均在 $h/R<5$ 左右时取得

最大值。而且从中还可以看到，$k^M R=0.5$ 时对应的曲线值明显比其他几条曲线要大，这再一次说明了低频情况时动力分析的重要性。

(4) 图 7.36 给出的是波水平入射时，在 $h/R=d/R=1.5$、$\lambda^M=\lambda^I=1.0$ 情况下夹杂周边 $\theta=0°$ 点处的动应力集中系数 τ^* 随 ρ^M/ρ^I 变化时的曲线。可以看到，随着 ρ^M/ρ^I 的增大各曲线的 τ^* 值逐渐趋于平稳。

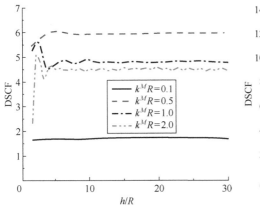

图 7.35　夹杂边一点的 DSCF 随 h/R 和 $k^M R$ 的变化

图 7.36　夹杂边一点的 DSCF 随 ρ^M/ρ^I 和波数 $k^M R$ 的变化

(5) 图 7.37 给出的是波水平入射时，在 $h/R=d/R=1.5$、$\lambda^M=1.0$、$k^M R=0.1$ 情况下，电场强度集中系数 E^* 随 e_{15}^M/e_{15}^I 的变化。图 7.38 给出的是波水平入射时，在 $h/R=d/R=1.5$，$\lambda^M=1.0$，$k^M R=2.0$ 情况下，电场强度集中系数 E^* 随 k_{11}^M/k_{11}^I 的变化。可以看到，与应力集中情况相似，E^* 的值随 e_{15}^M/e_{15}^I 和 $\dfrac{k_{11}^M}{k_{11}^I}$ 的增大几乎不发生变化。

(6) 图 7.39 给出的是波水平入射时，在 $h/R=1.5$、$\lambda^M=1.0$、$k_{11}^M/k_{11}^I=5$ 情况下夹杂周边 $\theta=0°$ 点处的电场强度集中系数 E^* 在 d/R 取不同值时随 $k^M R$ 变化的曲线。图 7.40 给出的是波水平入射时，在 $d/R=1.5$、$k_{11}^M/k_{11}^I=5$、$\lambda^M=1.0$ 情况下夹杂周边 $\theta=0°$ 点处的电场强度集中系数 E^* 在 $k^M R$ 取不同值时随 h/R 变化的曲线。可以发现，两组曲线的变化规律与相同情况下应力集中曲线相同，同时本书也对其余几种参数组合进行了计算，其变化规律也均与对应情况的应力集中曲线相同。

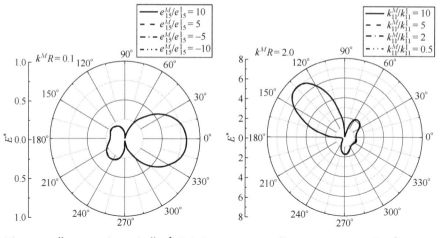

图 7.37 $k^M R=0.1$ 时 E^* 随 e_{15}^M/e_{15}^I 的变化

图 7.38 $k^M R=2.0$ 时 E^* 随 k_{11}^M/k_{11}^I 的变化

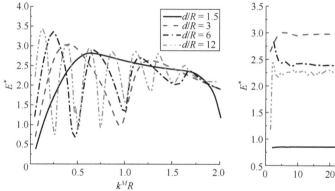
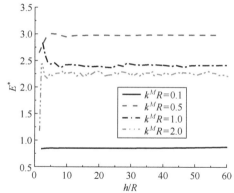

图 7.39 夹杂边一点的 E^* 随波数 $k^M R$ 和 d/R 的变化

图 7.40 夹杂边一点的 E^* 随 h/R 和波数 $k^M R$ 的变化

7.5 直角域内含圆柱形衬砌的压电介质的动力反平面动力学研究

7.5.1 基本控制方程

在压电介质中，设电极化方向垂直于 xy 平面，则稳态反平面动力学问题的控制方程为

$$c_{44}\nabla^2 w + e_{15}\nabla^2 \phi + \rho\omega^2 w = 0; \quad e_{15}\nabla^2 w - k_{11}\nabla^2 \phi = 0 \tag{7-55}$$

式中，c_{44}、e_{15} 和 k_{11} 分别为压电材料的弹性常数、压电系数和介电常数；w、ϕ、ρ 和 ω 分别为出平面位移、介质中的电位势、质量密度和 SH 波的圆频率。

引入一个新函数 $\varphi(x,y)$，满足

$$\varphi = \phi - \frac{e_{15}}{k_{12}}\omega \tag{7-56}$$

将式 (7-56) 代入式 (7-55) 中，控制方程简化为

$$\nabla^2 w + k^2 \omega = 0; \quad \nabla^2 \varphi = 0 \tag{7-57}$$

式中，k 为波数，$k^2 = \dfrac{\rho\omega^2}{c^*}$，且 $c^* = c_{44} + \dfrac{e_{15}^2}{k_{11}}$。

引入复变量 $z = x + \mathrm{i}y$，$\bar{z} = x - \mathrm{i}y$，在复平面 $(z,\bar{z})$ 上，控制方程 (7-57) 变为

$$\frac{\partial^2 w}{\partial z \partial \bar{z}} + \frac{1}{4}k^2 w = 0; \quad \frac{\partial^2 \varphi}{\partial z \partial \bar{z}} = 0 \tag{7-58}$$

在复平面 $z = r\mathrm{e}^{\mathrm{i}\theta}$，$\bar{z} = r\mathrm{e}^{-\mathrm{i}\theta}$ 上，本构关系为

$$\tau_{rz} = c_{44}\left(\frac{\partial w}{\partial z}\mathrm{e}^{\mathrm{i}\theta} + \frac{\partial w}{\partial \bar{z}}\mathrm{e}^{-\mathrm{i}\theta}\right) + e_{15}\left(\frac{\partial \phi}{\partial z}\mathrm{e}^{\mathrm{i}\theta} + \frac{\partial \phi}{\partial \bar{z}}\mathrm{e}^{-\mathrm{i}\theta}\right)$$

$$\tau_{\theta z} = \mathrm{i}c_{44}\left(\frac{\partial w}{\partial z}\mathrm{e}^{\mathrm{i}\theta} - \frac{\partial w}{\partial \bar{z}}\mathrm{e}^{-\mathrm{i}\theta}\right) + \mathrm{i}e_{15}\left(\frac{\partial \phi}{\partial z}\mathrm{e}^{\mathrm{i}\theta} - \frac{\partial \phi}{\partial \bar{z}}\mathrm{e}^{-\mathrm{i}\theta}\right)$$

$$D_r = e_{15}\left(\frac{\partial w}{\partial z}\mathrm{e}^{\mathrm{i}\theta} + \frac{\partial w}{\partial \bar{z}}\mathrm{e}^{-\mathrm{i}\theta}\right) - k_{11}\left(\frac{\partial \phi}{\partial z}\mathrm{e}^{\mathrm{i}\theta} + \frac{\partial \phi}{\partial \bar{z}}\mathrm{e}^{-\mathrm{i}\theta}\right)$$

$$D_\theta = \mathrm{i}e_{15}\left(\frac{\partial w}{\partial z}\mathrm{e}^{\mathrm{i}\theta} - \frac{\partial w}{\partial \bar{z}}\mathrm{e}^{-\mathrm{i}\theta}\right) - \mathrm{i}k_{11}\left(\frac{\partial \phi}{\partial z}\mathrm{e}^{\mathrm{i}\theta} - \frac{\partial \phi}{\partial \bar{z}}\mathrm{e}^{-\mathrm{i}\theta}\right) \tag{7-59}$$

式中，τ_{rz} 和 $\tau_{\theta z}$ 为剪应力；D_r 和 D_θ 为电位移。

7.5.2 问题的描述与理论分析

含圆柱形衬砌的直角域压电介质模型如图 7.41 所示。将坐标原点取在衬砌圆心，a、b 分别为衬砌的内、外半径，$w^{(i)}$ 为以 α 为入射角的 SH 波的位移场的表达式。h 和 d 分别为衬砌圆心到两个直角边界面的距离。基体、衬砌和中心圆孔分别以 Ⅰ、Ⅱ、Ⅲ 表示。

在直角域内，位移场 $w^{(i)}$ 和 $\phi^{(i)}$ 可分别表示为

$$w^{(i)} = w_0 \exp\left\{\frac{\mathrm{i}k}{2}\cdot\left[(z-\mathrm{i}h)\mathrm{e}^{-\mathrm{i}\beta_0} + (\bar{z}+\mathrm{i}h)\mathrm{e}^{\mathrm{i}\beta_0}\right]\right\}; \quad \phi^{(i)} = \frac{e_{15}}{k_{11}}\cdot w^{(i)} \tag{7-60}$$

式中，w_0 为入射波的幅值；$\beta_0 = \pi - \alpha$。

入射波在衬砌表面发生散射后的表达式为

$$w^{(s)} = \sum_{n=-\infty}^{\infty} A_n H_n^{(1)}(k^{\mathrm{I}}|z|)\left[\frac{z}{|z|}\right]^n \tag{7-61}$$

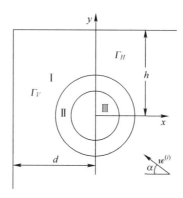

图 7.41 含圆柱形衬砌的直角域压电介质模型

式中，A_n 为待定系数；$H_n^{(1)}(*)$ 为 n 阶的第一类汉克尔函数。

根据圆孔产生的散射波波场的对称性质，采用镜像法处理直角域的情况，将其等效转换到全空间中研究。经过两次镜像，直角边界不复存在，不用再考虑其对 SH 波的反射问题。此时，等效入射位移场 $w^{(ie)}$ 和电场 $\phi^{(ie)}$ 的达式分别为

$$w^{(ie)} = w_0(T_1+T_2+T_3+T_4); \quad \phi^{(ie)} = \frac{e_{15}^{\mathrm{I}}}{k_{11}^{\mathrm{I}}} \cdot \phi^{(ie)} \tag{7-62}$$

此外

$$T_1 = \exp\left\{\frac{\mathrm{i}k^{\mathrm{I}}}{2} \cdot \left[(z-\mathrm{i}h)\mathrm{e}^{-\mathrm{i}\beta_0}+(\bar{z}+\mathrm{i}h)\mathrm{e}^{\mathrm{i}\beta_0}\right]\right\}$$

$$T_2 = \exp\left\{\frac{\mathrm{i}k^{\mathrm{I}}}{2} \cdot \left[(z_1-\mathrm{i}h)\mathrm{e}^{-\mathrm{i}\alpha_0}+(\bar{z}_1+\mathrm{i}h)\mathrm{e}^{\mathrm{i}\alpha}\right]\right\}$$

$$T_3 = \exp\left\{\frac{\mathrm{i}k^{\mathrm{I}}}{2} \cdot \left[(z-\mathrm{i}h)\mathrm{e}^{\mathrm{i}\beta_0}+(\bar{z}+\mathrm{i}h)\mathrm{e}^{-\mathrm{i}\beta_0}\right]\right\}$$

$$T_4 = \exp\left\{\frac{\mathrm{i}k^{\mathrm{I}}}{2} \cdot \left[(z_1-\mathrm{i}h)\mathrm{e}^{\mathrm{i}\alpha}+(\bar{z}_1+\mathrm{i}h)\mathrm{e}^{-\mathrm{i}\alpha}\right]\right\} \tag{7-63}$$

相应的等效散射位移场 $w^{(se)}$ 和电场 $\phi^{(se)}$ 的表达式为

$$w^{(se)} = \sum_{n=-\infty}^{\infty} A_n \sum_{j=1}^{4} S_n^{(j)}; \quad \phi^{(se)} = \frac{e_{15}^{\mathrm{I}}}{k_{11}^{\mathrm{I}}} \cdot w^{(se)} + f^{\mathrm{I}} \tag{7-64}$$

式中，

$$S_n^{(1)} = H_n^{(1)}(k^{\mathrm{I}}|z|)[z/|z|]^n$$

$$S_n^{(2)} = H_n^{(1)}(k^{\mathrm{I}}|z-2\mathrm{i}h|)[(z-2\mathrm{i}h)/|z-2\mathrm{i}h|]^{-n}$$

$$S_n^{(3)} = (-1)^n H_n^{(1)}(k^{\mathrm{I}}|z_1|)\left[\frac{z_1}{|z_1|}\right]^{-n}$$

$$S_n^{(4)} = (-1)^n H_n^{(1)}(k^{\mathrm{I}} |z_1-2ih|) \cdot [(z_1-2ih)/|z_1-2ih|]^n \quad (7-65)$$

f^{I} 为 $\nabla^2 f^{\mathrm{I}} = 0$ 在直角域中的解，写为

$$f^{\mathrm{I}} = \sum_{n=1}^{\infty} D_n P_n^{(1)} + \sum_{n=1}^{\infty} E_n P_n^{(2)} \quad (7-66)$$

$$P_n^{(1)} = z^{-n} + (\bar{z}+2ih)^{-n} + (-1)^n (z_1-2ih)^{-n} + (-1)^n \bar{z}_1^{-n}$$
$$P_n^{(2)} = \bar{z}^{-n} + (z-2ih)^{-n} + (-1)^n (\bar{z}_1+2ih)^{-n} + (-1)^n z_1^{-n}$$

式中，D_n、E_n 为未知系数。

综上所述，压电材料直角域内的总位移场和总电位势为

$$w^{(t)} = w^{(ie)} + w^{(se)}; \quad \phi^{(t)} = \phi^{(ie)} + \phi^{(se)} \quad (7-67)$$

衬砌中位移场和电场的表达式分别为

$$\begin{cases} w^{\mathrm{II}} = \sum_{n=-\infty}^{\infty} F_n H_n^{(1)}(k^{\mathrm{II}}|z|) \cdot \left(\dfrac{z}{|z|}\right)^n + \sum_{n=-\infty}^{\infty} G_n H_n^{(2)}(k^{\mathrm{II}}|z|) \cdot \left(\dfrac{z}{|z|}\right)^n \\ \phi^{\mathrm{II}} = \dfrac{e_{15}^{\mathrm{II}}}{k_{11}^{\mathrm{II}}} \cdot w^{\mathrm{II}} + f^{\mathrm{II}} \cdot f^{\mathrm{II}} = \sum_{-\infty}^{\infty} L_n z^n + \sum_{-\infty}^{\infty} M_n \bar{z}^n \end{cases}$$

$$(7-68)$$

式中，F_n，G_n，L_n，M_n 为未知系数；$H_n^{(2)}(*)$ 为 n 阶的第二类汉克尔函数。

圆孔内部只有电场，其电位势应为有限值，即

$$\phi^{\mathrm{III}} = \sum_{n=0}^{\infty} P_n z^n + \sum_{n=1}^{\infty} Q_n \bar{z}^n \quad (7-69)$$

式中，P_n、Q_n 为未知系数。

将位移场和电位势场代入本构方程，得到相应的应力和电位移。利用衬砌边界周围的应力、位移、电位势以及法向电位移为 0 或者连续的条件来构造方程，在衬砌边界 $r=b$ 处以及 $r=a$ 处一共有以下 7 个边界条件：

$$\begin{cases} r=b: w^{\mathrm{I}} = w^{\mathrm{II}}, \tau_{rz}^{\mathrm{I}} = \tau_{rz}^{\mathrm{II}}, D_r^{\mathrm{I}} = D_r^{\mathrm{II}}, \phi^{\mathrm{I}} = \phi^{\mathrm{II}} \\ r=a: \tau_{rz} = 0, D_r^{\mathrm{II}} = D_r^{\mathrm{III}}, \phi^{\mathrm{II}} = \phi^{\mathrm{III}} \end{cases} \quad (7-70)$$

可得 7 组关于未知系数的无穷代数方程组。在方程组的两边同时乘以 $\mathrm{e}^{-im\theta}$，并在 $(-\pi,\pi)$ 上积分。

7.5.3 动应力集中和电场强度集中

根据动应力和电场计算公式：

$$\begin{cases} \tau_{\theta z} = \mathrm{i} c_{44}\left(\dfrac{\partial w}{\partial z}\mathrm{e}^{\mathrm{i}\theta} - \dfrac{\partial w}{\partial \bar{z}}\mathrm{e}^{-\mathrm{i}\theta}\right) + \mathrm{i} e_{15}\left(\dfrac{\partial \phi}{\partial z}\mathrm{e}^{\mathrm{i}\theta} - \dfrac{\partial \phi}{\partial \bar{z}}\mathrm{e}^{-\mathrm{i}\theta}\right) \\ E_\theta^t = -\mathrm{i}\left(\dfrac{\partial \phi^t}{\partial z} \cdot \mathrm{e}^{\mathrm{i}\theta} - \dfrac{\partial \phi^t}{\partial \bar{z}}\mathrm{e}^{-\mathrm{i}\theta}\right) \end{cases} \quad (7-71)$$

计算衬砌边界处的动应力和电场集中系数。

(1) 衬砌边界 $r=b$ 处：

$$\tau_{\theta z}^b = \mathrm{i}c_{44}\left(\frac{\partial w^I}{\partial z}\mathrm{e}^{\mathrm{i}\theta} - \frac{\partial w^I}{\partial \bar{z}}\mathrm{e}^{-\mathrm{i}\theta}\right) + \mathrm{i}e_{15}\left(\frac{\partial \phi^I}{\partial z}\mathrm{e}^{\mathrm{i}\theta} - \frac{\partial \phi^I}{\partial \bar{z}}\mathrm{e}^{-\mathrm{i}\theta}\right)$$

$$= \frac{\mathrm{i}k^I}{2}c_{44}^I(1+\lambda^I)\sum_{n=-\infty}^{+\infty}A_n\left[\sum_{j=1}^{4}\chi_n^{(j)}\exp(\mathrm{i}\theta) - \sum_{j=1}^{4}\gamma_n^{(j)}\exp(-\mathrm{i}\theta)\right]$$

$$+ \mathrm{i}e_{15}^I\cdot\sum_{n=1}^{+\infty}D_n\cdot\left[\sum_{j=1}^{2}\zeta_n^{(j)}\exp(\mathrm{i}\theta) - \sum_{j=1}^{2}\vartheta_n^{(j)}\exp(-\mathrm{i}\theta)\right]$$

$$+ \mathrm{i}e_{15}^I\sum_{n=1}^{+\infty}E_n\cdot\left[\sum_{j=1}^{2}v_n^{(j)}\exp(\mathrm{i}\theta) - \sum_{j=1}^{2}\psi_n^{(j)}\exp(-\mathrm{i}\theta)\right]$$

$$-\mathrm{i}c_{44}^I(1+\lambda^I)k^I w_0 T_1\sin(\theta-\beta_0) - \mathrm{i}c_{44}^I(1+\lambda^I)k^I w_0 T_2\sin(\theta-\alpha)$$

$$-\mathrm{i}c_{44}^I(1+\lambda^I)k^I w_0 T_3\sin(\theta+\beta_0) - \mathrm{i}c_{44}^I(1+\lambda^I)k^I w_0 T_4\sin(\theta+\alpha)$$

$$E_\theta^b = -\mathrm{i}\left(\frac{\partial \phi^I}{\partial z}\cdot\mathrm{e}^{\mathrm{i}\theta} - \frac{\partial \phi^I}{\partial \bar{z}}\cdot\mathrm{e}^{-\mathrm{i}\theta}\right)$$

$$= -\frac{\mathrm{i}k^I}{2}\cdot\frac{e_{15}^I}{k_{11}^I}\sum_{n=-\infty}^{+\infty}A_n\cdot\left[\sum_{j=1}^{4}\chi_n^{(j)}\exp(\mathrm{i}\theta) - \sum_{j=1}^{4}\gamma_n^{(j)}\exp(-\mathrm{i}\theta)\right]$$

$$+ \mathrm{i}\frac{e_{15}^I}{k_{11}^I}k^I w_0 T_1\sin(\theta-\beta_0) + \mathrm{i}\frac{e_{15}^I}{k_{11}^I}k^I w_0 T_2\sin(\theta-\alpha)$$

$$+ \mathrm{i}\frac{e_{15}^I}{k_{11}^I}k^I w_0 T_3\sin(\theta+\beta_0) + \mathrm{i}\frac{e_{15}^I}{k_{11}^I}k^I w_0 T_4\sin(\theta+\alpha)$$

$$- \mathrm{i}\cdot\sum_{n=1}^{+\infty}D_n\cdot\left[\sum_{j=1}^{2}\zeta_n^{(j)}\exp(\mathrm{i}\theta) - \sum_{j=1}^{2}\vartheta_n^{(j)}\exp(-\mathrm{i}\theta)\right]$$

$$- \mathrm{i}\cdot\sum_{n=1}^{+\infty}E_n\cdot\left[\sum_{j=1}^{2}v_n^{(j)}\exp(\mathrm{i}\theta) - \sum_{j=1}^{2}\psi_n^{(j)}\exp(-\mathrm{i}\theta)\right]$$

(2) 衬砌边界 $r=a$ 处：

$$\tau_{\theta z}^a = \mathrm{i}c_{44}\left(\frac{\partial w^{II}}{\partial z}\mathrm{e}^{\mathrm{i}\theta} - \frac{\partial w^{II}}{\partial \bar{z}}\mathrm{e}^{-\mathrm{i}\theta}\right) + \mathrm{i}e_{15}\left(\frac{\partial \phi^{II}}{\partial z}\mathrm{e}^{\mathrm{i}\theta} - \frac{\partial \phi^{II}}{\partial \bar{z}}\mathrm{e}^{-\mathrm{i}\theta}\right)$$

$$= \frac{k^{II}}{2}c_{44}^I(1+\lambda^{II})\sum_{n=-\infty}^{+\infty}F_n\left[H_{n-1}^{(1)}(k^{II}|z|)\left(\frac{z}{|z|}\right)^{n-1}\exp(\mathrm{i}\theta)\right.$$

$$\left. + H_{n+1}^{(1)}(k^{II}|z|)\left(\frac{z}{|z|}\right)^{n+1}\exp(-\mathrm{i}\theta)\right]$$

$$+ \frac{k^{II}}{2}c_{44}^I(1+\lambda^{II})\sum_{n=-\infty}^{+\infty}G_n\left[H_{n-1}^{(2)}(k^{II}|z|)\left(\frac{z}{|z|}\right)^{n-1}\exp(\mathrm{i}\theta))\right.$$

$$+ H_{n+1}^{(2)}(k^{\mathrm{II}}|z|)\left(\frac{z}{|z|}\right)^{n+1}\exp(-\mathrm{i}\theta)\bigg]$$

$$+ e_{15}^{\mathrm{II}} \cdot \sum_{n=-\infty}^{+\infty} L_n n z^{n-1}\exp(\mathrm{i}\theta) - e_{15}^{\mathrm{II}} \sum_{n=-\infty}^{+\infty} M_n n \bar{z}^{n-1}\exp(-\mathrm{i}\theta)$$

（3）入射波产生的动应力和电场大小为

$$\tau_0 = c_{44}^{\mathrm{I}}(1+\lambda^{\mathrm{I}})k^{\mathrm{I}}w_0; \quad E_0 = \frac{e_{15}^{\mathrm{I}}}{k_{11}^{\mathrm{I}}}(1+\lambda^{\mathrm{I}})k^{\mathrm{I}}w_0$$

以此作为标准可计算衬砌周围的动应力和电场集中系数分别是：

① 衬砌边界 $r=b$ 处：$\tau_b^* = \left|\dfrac{\tau_{\theta z}^b}{\tau_0}\right|$；$E^* = \left|\dfrac{E_\theta^b}{E_0}\right|$。

② 衬砌边界 $r=a$ 处：$\tau_a^* = \left|\dfrac{\tau_{\theta z}^a}{\tau_0}\right|$；$E^* = \left|\dfrac{E_\theta^a}{E_0}\right|$。

7.5.4 算例和讨论

7.5.4.1 衬砌和基体取不同材料，且电极化方向相同

衬砌和基体取不同材料主要通过两者的物理参数比 $k_{11}^{\mathrm{II}}/k_{11}^{\mathrm{I}}$、$c_{44}^{\mathrm{II}}/c_{44}^{\mathrm{I}}$、$e_{15}^{\mathrm{I}}/e_{15}^{\mathrm{II}}$ 的不同来体现。从 7.5.3 节中的计算结果知，动应力集中系数和电场集中系数的变化趋势基本相同，内边界 $r=a$ 处的动应力集中系数是所有结果中最大的，即在衬砌内边界的动应力和电场集中情况最为严重，所以只给出 DECFII 的计算结果，如图 7.42~图 7.46 所示。

（1）图 7.42 给出了入射波波数取不同值时动应力集中系数随 $c_{44}^{\mathrm{II}}/c_{44}^{\mathrm{I}}$ 的变化规律。在入射波波数为 0.5 时，动应力集中系数很快就趋于稳定，而波数较小的情况下动应力集中系数随 $c_{44}^{\mathrm{II}}/c_{44}^{\mathrm{I}}$ 的变化虽然缓慢但变化率却几乎不变，即动应力集中系数在很大一个范围内会随着 $c_{44}^{\mathrm{II}}/c_{44}^{\mathrm{I}}$ 持续增加。

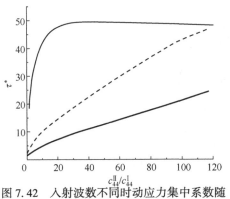

图 7.42 入射波数不同时动应力集中系数随 $c_{44}^{\mathrm{II}}/c_{44}^{\mathrm{I}}$ 的变化

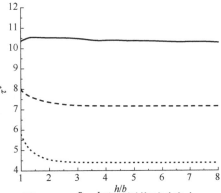

图 7.43 $c_{44}^{\mathrm{II}}/c_{44}^{\mathrm{I}}$ 取不同值时动应力集中系数随 h/b 的变化

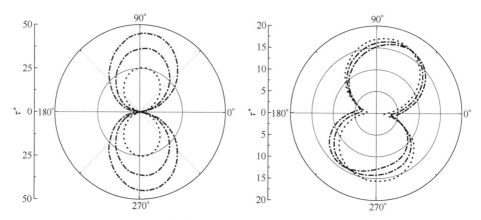

图 7.44 动应力集中系数随 c_{44}^{II}/c_{44}^{I} 的变化　　图 7.45 动应力集中系数随 k_{11}^{II}/k_{11}^{I} 的变化

（2）图 7.43 给出了 c_{44}^{II}/c_{44}^{I} 取不同值时动应力集中系数随 h/b 的变化情况。由图 7.43 可知，动应力集中系数随 h/b 的变化趋势与衬砌和基体取相同材料的情况下是相同的，取值大小随 c_{44}^{II}/c_{44}^{I} 的增大而增大。

（3）图 7.43 的结果发现，动应力集中系数随 h/b 的变化趋势与衬砌和基体取相同材料的情况下相同，但是取值大小与 c_{44}^{II}/c_{44}^{I} 的大小正相关。

（4）由图 7.44~图 7.46 可以发现，动应力集中系数随各个参数的变化情况各不相同，其中主要表现为：当 c_{44}^{II}/c_{44}^{I} 和 e_{15}^{I}/e_{15}^{II} 变化时动应力集中系数在取值范围上变化较大；而随 k_{11}^{II}/k_{11}^{I} 的变化不太明显，只是峰值所在位置的变化。

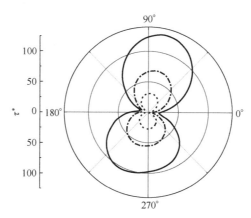

图 7.46 动应力集中系数随 e_{15}^{I}/e_{15}^{II} 的变化

7.5.4.2 衬砌和基体取不同材料，且电极化方向相反

相反的极化方向是通过衬砌和基体的压电常数的符号相反来体现的。图 7.47 表明当 $e_{15}^{\mathrm{I}}/e_{15}^{\mathrm{II}}$ 取值符号相反时，动应力和电场集中系数的值明显比二者同号时小，值的变化上区别不太大。

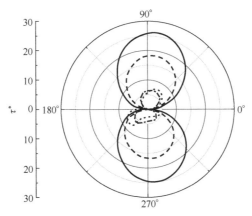

图 7.47 动应力集中系数随 $e_{15}^{\mathrm{I}}/e_{15}^{\mathrm{II}}$ 的变化

参 考 文 献

[1] MEGUID S A, WANG X D. Dynamic antiplane behaviour of interacting cracks in a piezoelectric medium [J]. International Journal of Fracture, 1998, 91 (4): 391-403.

[2] WANG X D, MEGUID S A. Effect of electromechanical coupling on the dynamic interaction of cracks in piezoelectric materials [J]. Acta Mechanica, 2000, 143 (1-2): 1-15.

[3] ACHENBACH J D, THAU S A. Wave propagation in elastic solids [J]. Journal of Applied Mechanics, 1980, 41 (2): 544.

[4] 史文谱, 刘殿魁, 宋永涛, 等. 直角平面内圆孔对稳态 SH 波的散射 [J]. 应用数学和力学, 2006, 27 (12): 1417-1423.

[5] 折勇, 齐辉, 杨在林. SH 波对直角平面区域内圆形孔洞的散射与地震动 [J]. 应用力学学报, 2008, 25 (3): 392-397, 538.

[6] SONG T, WANG S. Dynamic Stress Concentration on a Semi-Infinite Piezoelectric Medium With a Circular Cavity Near the Surface [C] // Asme International Design Engineering Technical Conferences & Computers & Information in Engineering Conference, 2007.

附　　录

α	入射角度
A^*	场变量（复变量）
τ_{xz}	剪应力分量
τ_{yz}	剪应力分量
D_x	电位移分量
D_y	电位移分量
w	出平面位移
$w^{(i)}$	入射波
$w^{(r)}$	反射波
$w^{(s)}$	散射波
ϕ	压电介质中的电位势
ρ	介质密度
ω	SH 波的圆频率
c_{44}	压电材料的弹性常数
e_{15}	压电材料的压电常数
k_{11}	压电材料的介电常数
c_{44}^A	双相压电材料 I 半空间的弹性常数
e_{15}^A	双相压电材料 I 半空间的压电常数
k_{11}^A	双相压电材料 I 半空间的介电常数
ρ^A	双相压电材料 I 半空间的介质密度
c_{44}^B	双相压电材料 II 半空间的弹性常数
e_{15}^B	双相压电材料 II 半空间的压电常数
k_{11}^B	双相压电材料 II 半空间的介电常数
ρ^B	双相压电材料 II 半空间的介质密度
G_w	压电介质空间中的平面位移
G_ϕ	压电介质空间中的电位势
k	波数

符号	含义
$H_n^{(1)}$	第一类汉克尔函数
$w^{(t)}$	压电材料中总弹性位移场
$\phi^{(t)}$	压电材料中总电位势
$w^{(t1)}$	双相压电材料 I 的"剖分"面上的总位移
$\phi^{(t1)}$	双相压电材料 I 的"剖分"面上的总电位势
$\tau_{\theta z}^{(t1)}$	双相压电材料 I 的"剖分"面上的总应力
$D_\theta^{(t1)}$	双相压电材料 I 的"剖分"面上的总电位移
$w^{(t2)}$	双相压电材料 II 的"剖分"面上的总位移
$\phi^{(t2)}$	双相压电材料 II 的"剖分"面上的总电位势
$\tau_{\theta z}^{(t2)}$	双相压电材料 II 的"剖分"面上的总应力
$D_\theta^{(t2)}$	双相压电材料 II 的"剖分"面上的总电位移
k_0	真空中的介电常数
λ	压电材料的基本特征(无量纲参数)
$\tau_{\theta z}^{(t)}$	孔边动应力
τ_z^*	孔边动应力集中系数
$|\tau_{\theta z}^*|$	动应力集中系数峰值
c^*	压电介质的剪切波速
w_0	弹性位移幅值
τ_{rz}	压电介质的径向应力
$\tau_{\theta z}$	压电介质的切向应力
D_r	电场的径向电位移
D_θ	电场的和切向电位移
f^s	电场附加函数
f^c	电场附加函数
E_θ	电场强度幅值
E_θ^*	电场强度集中系数
D_θ^*	位移集中系数
τ_0	入射波 ω^i 的应力幅值
$\tau_{\theta z}^{(t)}$	压电介质场中的总应力
Q	具有长度平方根量纲的特征参数
C_n	各圆孔中心到整体坐标系原点的距离
k_{III}	孔边径向裂纹的动应力强度因子
D_r^c	圆孔内的电位移

ϕ^c	圆孔内的电位势
$w^{(ie)}$	等效入射位移场
$\phi^{(ie)}$	等效电场
$w^{(re)}$	等效反射位移场
$\phi^{(re)}$	等效电场
$w^{(s)}$	散射位移场
$\phi^{(s)}$	散射电场
$w^{(se)}$	等效散射位移场
$\phi^{(se)}$	等效散射电场
$\tau_{\theta z}^t$	可移动刚性圆柱夹杂切向应力
E_θ^I	电介质中圆柱形夹杂周边的电场强度
τ^*	夹杂周边的无量纲动应力集中系数
w^I	刚性圆柱夹杂内部的位移场
ϕ^I	刚性圆柱夹杂内部的电位势场
w^{II}	衬砌中位移场
ϕ^{II}	衬砌中电场